"101 计划"核心教材
计算机领域

数据结构

俞勇　张铭　陈越　韩文弢　主编

编者（按姓氏笔画为序）

朱允刚　吉林大学

孙未未　复旦大学

李　佳　重庆大学

李荣华　北京理工大学

何钦铭　浙江大学

张同珍　上海交通大学

张　铭　北京大学

陈　越　浙江大学

陈键飞　清华大学

林　劼　电子科技大学

郑冠杰　上海交通大学

赵海燕　北京大学

赵满坤　天津大学

俞　勇　上海交通大学

韩文弢　清华大学

喻　梅　天津大学

戴　波　电子科技大学

中国教育出版传媒集团

高等教育出版社·北京

内容提要

本书是计算机领域本科教育教学改革试点工作（"101计划"）系列教材之一，秉承"发展经典，关注前沿；问题先导，内容溯源；章节灵活，难度适配"原则编写而成。全书共16章，包括绪论、线性表、栈与队列、字符串、树与二叉树、优先级队列、图、图应用、不相交集、内排序、查找、高级查找、外排序、索引、算法设计基础和高级算法设计等内容。本书提供配套教学课件、各章知识点教案、知识点讲解视频、习题解答与配套实验教材（C、C++、Python和Java等语言实现）、实践教学平台等教学资源。本书内容系统全面，各章除基础知识讲解外，还增加了应用与拓展知识，可供不同类型高校计算机类专业本科生学习"数据结构"课程使用。

数据结构

1. 计算机访问 http://abooks.hep.com.cn/1266246，或手机扫描二维码，访问新形态教材网小程序。
2. 注册并登录，进入"个人中心"，点击"绑定防伪码"。
3. 输入教材封底的防伪码（20位密码，刮开涂层可见），或通过新形态教材网小程序扫描封底防伪码，完成课程绑定。
4. 点击"我的学习"找到相应课程即可"开始学习"。

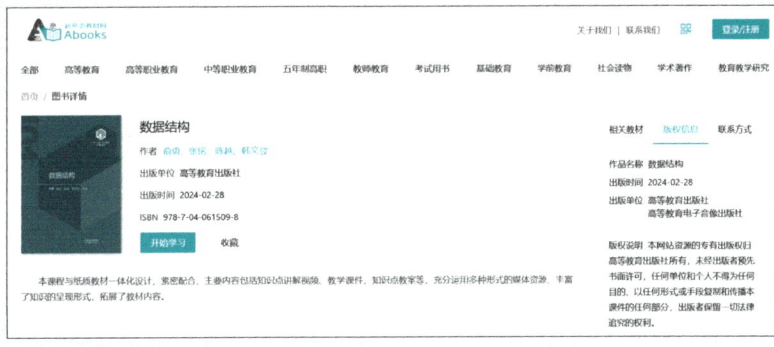

绑定成功后，课程使用有效期为一年。受硬件限制，部分内容无法在手机端显示，请按提示通过计算机访问学习。

如有使用问题，请发邮件至 abook@hep.com.cn。

扫描二维码
访问新形态教材网
小程序

出版说明

为深入实施新时代人才强国战略，加快建设世界重要人才中心和创新高地，教育部在2021年底正式启动实施计算机领域本科教育教学改革试点工作（简称"101计划"）。"101计划"以计算机类专业教育教学改革为突破口与试验区，从教育教学的基本规律和基础要素着手，充分借鉴国际先进资源和经验，首批改革试点工作以33所计算机类基础学科拔尖学生培养基地建设高校为主，探索建立核心课程体系和核心教材体系，提高课堂教学质量和水平，引领高校人才培养质量的整体提升。

核心教材体系建设是"101计划"的重要组成部分。"101计划"系列教材基于核心课程体系的建设成果，以计算概论（计算机科学导论）、数据结构、算法设计与分析、离散数学、计算机系统导论、操作系统、计算机组成与系统结构、编译原理、计算机网络、数据库系统、软件工程、人工智能引论等12门核心课程的知识体系为基础，充分调研国际先进课程和教材建设经验，汇聚国内具有丰富教学经验与学术水平的教师，成立本土化"核心课程建设及教材写作团队"，由12门核心课程负责人牵头，组织教材调研、确定教材编写方向以及把关教材内容。工作组成员高校教师协同分工，一体化建设教材内容、课程教学资源和实践教学内容，打造一批具有"中国特色、世界一流、101风格"的精品教材。

在教材内容上，"101计划"系列教材确立了如下的建设思路和特色：坚持思政元素的多元性，积极贯彻《习近平新时代中国特色社会主义思想进课程教材指南》，落实立德树人根本任务；坚持知识体系的系统性，构建核心课程的知识图谱，系统规划教学内容；坚持融合出版的创新性，规划"新形态教材+网络资源+实践平台+案例库"等多种出版形态；坚持能力提升的导向性，借助"虚拟教研室"组织形式、"导教班"培训方式等多渠道开展师资培训，提升课堂教学水平，提高学生综合能力；坚持产学协同的实践性，遴选一批领军企业参与，为教材的实践环节及平台建设提供技术支持。总体而言，"101计划"系列教材将探索适应专业知识快速更新的融合教材，在体现爱国精神、科学精神和创新精神的同时，推进教学理念、教学内容和教学手段方面的有效提升，为构建高质量教材体系提供建设经验。

本系列教材在教育部高等教育司的精心指导下，由高等教育出版社牵头，联合机械工业出版社、清华大学出版社、北京大学出版社等共同完成系列教材出版任务。"101

计划"工作组从项目启动实施至今，联合参与高校、教材编写组、参与出版社，经过
多次协调研讨，确定了教材出版规划和出版方案。同时，为保障教材质量，工作组邀
请23所高校的33位院士和资深专家完成了规划教材的编写方案评审工作，并由21位院
士、专家组成了教材主审专家组，对每本教材的撰写质量进行把关。

感谢"101计划"工作组33所成员高校的大力支持，感谢教育部高等教育司的悉心
指导，感谢北京大学郝平书记、龚旗煌校长和学校教师教学发展中心、教务部等相关部
门对"101计划"从酝酿、启动到建设全过程给予的悉心指导和大力支持。感谢各参与
出版社在教材申报、立项、评审、撰写、试用等出版环节的大力投入与支持，也特别感
谢12位课程建设负责人和各位教材编写教师的辛勤付出。

"101计划"是一个起点，其目标是探索适合中国本科教育教学的新理念、新体系
和新方法。"101计划"系列教材将作为计算机类专业12门核心课程建设的一个里程碑，
与"101计划"建设中的课程体系、知识点教案、课堂提升、师资培训等环节相辅相成，
有力推动我国计算机领域本科教育教学改革，全面促进课堂教学效果的进一步提升。

"101计划"工作组

前 言

不以规矩，不能成方圆。

——《孟子·离娄章句上》

人类社会从无到有，从无序到有序，并处于不断进化中。有序就是规矩，规和矩是校正圆形和方形的两种工具，没有规矩就不容易做出圆形和方形。于是可以引申为任何事物如果没有一定的规则，就难以成型。

所谓数据结构，就是用一定的"规则"对大千世界的"重塑"。这里的规则，既不像数学那么抽象，也不像物理那么具象，而是既要符合数学、物理及其他学科的思维，又要符合生活常理。尤为重要的是，需要计算机能表示，甚至能理解。这些规则有助于我们方便地通过计算机重塑现实世界，也为我们创造未来世界打下基础。

数据结构课程是计算机类专业最基础、也是最重要的核心课程之一，它为计算机学科其他后继课程的学习奠定了基础。当前计算机学科已经渗透到各个领域及行业，因此几乎所有专业都无法完全脱离计算机，很多高校在新工科专业的培养计划中也将该课程列为必修课程。数据结构课程的重要性由此可见。

一、本教材的编写缘由

2021 年 12 月，教育部启动了计算机领域本科教育教学改革试点工作（简称"101计划"）。通过"101 计划"的实施，将率先在计算机领域建设一批一流核心课程，开发一批一流核心教材，建设一支高水平核心师资团队，建设一批核心实践项目，探索计算机领域高质量人才培养新模式。该计划拟用两年时间推出一批计算机领域的名课、名师、名教材，重点打造包括数据结构课程在内的 12 门核心课程。

参与数据结构课程建设的单位有北京大学、清华大学、浙江大学、电子科技大学、吉林大学、上海交通大学、天津大学、复旦大学、北京理工大学、重庆大学等高校，牵头单位为上海交通大学。

二、本教材的内容与特色

本教材秉承"发展经典，关注前沿；问题先导，内容溯源；章节灵活，难度适配"的原则，广泛搜集素材，整合优质资源。全书内容丰富、全面，包含 16 章：第 1 章绪论；第 2~4 章线性表、栈与队列、字符串；第 5、6 章树与二叉树、优先级队列；第 7、

8 章图、图应用；第 9 章不相交集；第 10~12 章内排序、查找、高级查找；第 13、14 章外排序、索引；第 15、16 章算法设计基础、高级算法设计。各章结构主要包含问题引入、基本概念、相应数据结构及其应用介绍、拓展延伸、应用场景、本章小结、本章习题、溯源与参考文献等内容。

本教材主要特色如下：

- 以生活场景或常识作为问题引入，使读者在学习前率先体验"有用"。
- 以学科背景作为应用场景，使读者在学习后感受真实"落地"。
- 以追根溯源作为学习环节，使读者深入了解知识点乃至学科发展脉络。
- 以拓展延伸作为进阶学习，使读者了解更多高级且实用的数据结构。
- 以伪代码代替程序设计语言，使读者专注思维训练，无须考虑编程细节。
- 以基于 C、C++、Java、Python 等编程语言的实验教材作为配套教辅，使读者在理论学习、算法伪代码设计与具体编程语言实现的动手实践之间实现无缝衔接。
- 以课程知识体系为主线编写各章知识点教案、制作教学课件，并录制章首引入视频及知识点讲解视频，使读者能够更好地理解重要的知识点与各章主线，便于阅读和自主学习。

三、本教材的使用方法

为方便高校教师使用教材并设计不同的教学计划，适应不同对象、不同课时、不同需求的课程教学，我们给出以下几种类型的数据结构课程大纲建议方案（按层次就高不就低的原则），希望得到大家的及时反馈。

特别约定：本教材带有★标记的章节，可根据需要作为可选内容；带有☆标记的章节，建议引导学生通过自主探究形式拓展知识，不进行课堂讲授。

1. 面向"拔尖计划"高校计算机科学与技术专业

教学目标：熟练掌握数据结构概念、方法及实现，从问题求解的角度，培养学生运用数据结构和基本算法分析和解决问题的能力。注重实践能力和工程能力的培养，注重软件开发的规范性，掌握数据结构与基本算法设计和问题求解的方法。结合计算机学科场景，引导学生自主拓展知识体系，培养主动学习、探究知识及创新的意识。

授课内容：第 1~16 章全部内容。

建议课时：64 学时或 80 学时。

方案实施：授课学习与自主探究相结合，科技创新与工程实践相结合。

2. 面向"双一流"高校计算机科学与技术专业

教学目标：熟练掌握数据结构概念、方法及实现，从问题求解的角度，培养学生运用数据结构和基本算法分析和解决问题的能力。注重实践能力和工程能力的培养，注重软件开发的规范性，掌握数据结构与基本算法设计和问题求解的方法。

授课内容：第 1 章绪论；第 2~4 章线性表、栈与队列、字符串；第 5、6 章树与二叉树、优先级队列；第 7、8 章图、图应用；第 9 章不相交集；第 10~12 章内排序、查找、高级查找；第 13、14 章外排序、索引；第 15 章算法设计基础和第 16 章高级算法设计可适当选用。

建议课时：64 学时。

方案实施：授课学习与自主学习相结合，课程设计与工程实践相结合。

3. 面向非"双一流"高校计算机科学与技术专业

教学目标：掌握数据结构概念、方法及实现，能初步运用数据结构及基本算法求解问题，具有较好的实践能力和工程能力，同时培养学生良好的编程技能。

授课内容：第 1 章绪论；第 2~4 章线性表、栈与队列、字符串；第 5、6 章树与二叉树、优先级队列；第 7、8 章图、图应用；第 9 章不相交集；第 10、11 章内排序、查找；第 15 章算法设计基础可适当选用。

建议课时：48 学时或 64 学时。

方案实施：授课学习与基础实践相结合，简单应用与工程实践相结合。

4. 面向高校"新工科"专业（非计算机科学与技术专业）

教学目标：理解数据结构概念、方法及实现，并能根据所学专业的需求，初步学会运用数据结构及基本算法解决专业场景问题，注重培养学生工程思维及能力。

授课内容：第 1 章绪论；第 2~4 章线性表、栈与队列、字符串；第 5、6 章树与二叉树、优先级队列；第 7 章图；第 10、11 章内排序、查找。

建议课时：36 学时或 48 学时。

方案实施：授课学习与基础实践相结合，工科场景与工程实践相结合。

需要说明的是：以上仅为建议方案，教师在具体实施时可根据实际情况予以调整，如能结合实验教材一起使用，效果将会更好。

四、本教材的编写过程与分工

本教材集聚参与"101 计划"数据结构课程建设的 10 所高校骨干教师的力量，组成由 17 名具有丰富教学经验和教材编写经历的教师参加的编写团队，其中有国家"万人计划"教学名师、学界知名教授以及优秀的一线教师，可谓阵容强大。

课程组于 2022 年 5 月 15 日召开启动会议，正式开始教材编写工作；2023 年 5 月底完成教材初稿，6 月 22 日召开主编统稿会议，8 月 4 日最终完成全部书稿。尽管编写团队中多位教师编写过同类教材，有着非常丰富的教材编写与组织协调经验，但是由于这次参与学校和编者人数都是前所未有的，大家难免有不同的意见与看法，甚至是"争执"；但大家的出发点和目标是共同的，都是围绕着有些知识点是否必要、有些提法是否妥当、章节安排是否合理、算法应讲解到什么程度等进行讨论。所有参与教师本着学术精神，实事求是，深入探究，认真实证，最终达成共识。尤其是 4 位主编和高等教育出版社的编辑倪文慧，从审稿之日起，先是一周线下集中初审，之后是长达 50 多天每晚九点或十点准时召开线上协调会（从 7 月 3 日起何钦铭教授作为教材的审稿专家也开始参与审稿），大家的专业、敬业、协作、高效，奠定了本教材的高水准基础，最终圆满地完成了既定任务，并成为"101 计划"首批正式出版的教材之一。尽管如此，本书成书时间仍显仓促，且作者水平有限，因此书中疏漏、不当及错误之处在所难免，敬请读者批评指正，以待再版改进。

本教材各章编写分工如下：第 1 章由上海交通大学俞勇、郑冠杰编写，第 2 章由浙江大学何钦铭编写，第 3 章由北京大学赵海燕编写，第 4 章由天津大学喻梅、赵满坤编写，第 5 章由重庆大学李佳编写，第 6 章由清华大学韩文弢编写，第 7 章由上海交通大学张同珍编写，第 8 章由北京理工大学李荣华编写，第 9 章由清华大学陈键飞编写，第 10 章由复旦大学孙未未编写，第 11 章由电子科技大学林劼编写，第 12 章由电子科技大学戴波编写，第 13、14 章由北京大学张铭编写，第 15 章由浙江大学陈越编写，第 16 章由吉林大学朱允刚编写。

本教材主编审稿分工如下：第 1、7、8、16 章由俞勇审阅，第 2、3、4、15 章由陈越审阅，第 5、6、9、10 章由韩文弢审阅，第 11~14 章由张铭审阅。此外，全书代码部分由陈越整理、审阅；全书拓展延伸部分由俞勇和韩文弢整理、审阅；全书习题部分由张铭和陈越整理、审阅；全书溯源与参考文献部分以及知识点教案由张铭整理、审阅；全书网上资源和术语对照部分由韩文弢整理、审阅；全书各章开篇、问题引入及小结部分由俞勇整理、审阅。全书由俞勇负责统稿。

本教材的最终全文审稿由何钦铭负责完成。

五、致谢

感谢所有参编教师的辛勤付出。

感谢清华大学邓俊辉老师、上海交通大学翁惠玉老师、北京交通大学王志海老师的友情支持。

感谢高等教育出版社刘茜、时阳、倪文慧的支持与相助。

感谢所有参与"101 计划"数据结构课程建设的高校、院系领导的支持与关心。

感谢"101 计划"工作组的指导与帮助。

无名，天地之始；有名，万物之母。

——《道德经》

我们生活在天圆地方的规则世界里，但改变世界、创造美好是我们共同的愿景。启航吧，未来者！

俞　勇

2024 年 4 月于上海

目　录

第 1 章

绪　论

当你步入书店，面对浩如烟海的书籍时，你能轻松地找到自己喜欢的图书；

当你走进超市，面对琳琅满目的商品时，你也能快速地购买到自己心仪的商品；

…………

本章引子

这些场景在日常生活中无处不在，但我们是否曾思考过其中的原因？我们是靠什么准确地找到自己想要的图书或商品？书店和超市中的书籍和商品又是以什么为依据进行摆放的？

其实，这些现象的背后都是因为有良好的商品存放和组织方式的支撑，才能使顾客便捷地购买到想要的商品。在计算机领域，数据的存储和组织方式就是数据结构。本书将带你走进计算机学科核心基础课程——数据结构，系统地讲述数据结构的基本概念、线性结构、树形结构、图结构、集合、查找、排序、算法设计基础等知识。

本章将以大型超市管理为例，从超市商品的分类方法与陈列原则展开，阐述问题求解过程，引入数据结构的基本概念，包括数据、数据间关系的表示、运算及其实现。本章 1.1 节以大型超市商品管理作为问题引入；1.2 节介绍问题求解的三个步骤；1.3 节介绍数据结构的相关基本概念及术语；1.4 节、1.5 节分别介绍算法的时间和空间复杂度概念及其优化；最后，1.6 节介绍数据结构在数据挖掘中的应用场景。

1.1 问题引入：大型超市商品管理

生活中，大型超市的商品种类繁多，整齐划一地陈列在不同区域、货架以及层板上。那么，顾客如何能快速地找到想要购买的商品，超市又是如何实现便捷补货呢？

解决该问题的关键在于如何陈列这些商品。从抽象的观点来看，每件商品都可以看作是数据。超市是通过适当的商品分类和合理的商品陈列（货架安排）来解决这个问题的。

1. 商品分类

商品分类是指为了一定的管理目的，选择适当的分类标志，将商品集合总体科学、系统地逐级划分门类，如大分类、中分类、小分类、品类，以至品种、花色、规格等的过程。图1-1所示即为按大、中、小三层分类的商品结构示例。

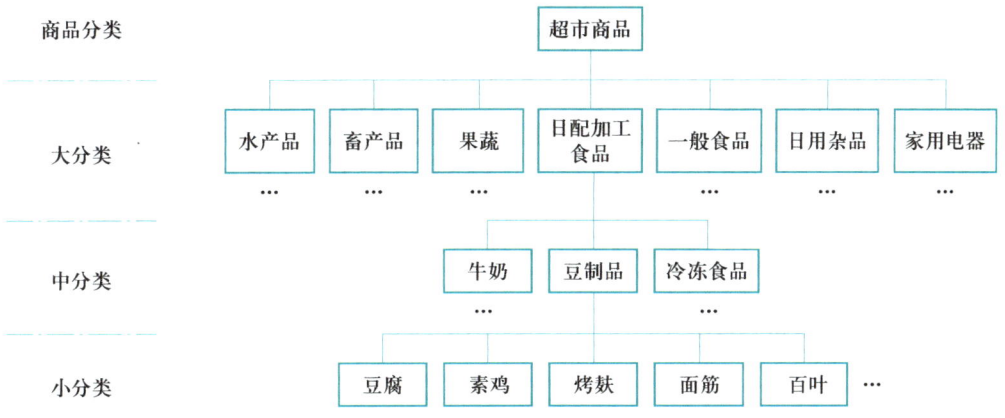

图 1-1　大型超市三层结构商品分类示例

这种由粗到细的划分方式不仅丰富了对商品的描述（即商品数据），而且使商品的管理更便利，如查找、上架、下架、补货、更换指定商品等。这里超市商品的管理可以分为库存管理和展示管理。库存管理涉及进货、入库、盘货、补货、清库等功能，展示管理则涉及上架、补架、下架等功能。

2. 商品陈列

这里介绍几种超市商品陈列原则。

① 商品分类陈列原则：根据商品的三层结构分类，将超市的商品陈列区按商品大

类分成若干个大区，每个大区再按中类进一步划分为若干个中区，每个中区再按小类分为若干个小区，对商品进行分类陈列。这种陈列方式方便顾客寻找商品所在的位置，同时也方便超市对商品的管理。

② 价格按序排列原则：在同类商品区中，将货架上的商品按照从下到上、从左到右、价格由低到高进行陈列。这种陈列方式方便顾客比较同类商品的价格，同时也能使顾客很自然地适应价格高的商品。

③ 先进先出陈列原则：对商品的补架先从尾部做起，注意商品的批号以确保其有效期，生鲜食品要保鲜、保质。这样同一种商品的摆放就像排队上车一样先到先上，从而减少上架时间，防止商品过期。

大型超市除了大分类区域外，还有特价区，一般设在最醒目的位置，使顾客易于发现。特价区的商品都以堆头车的形式陈列，堆头车上要么是尺寸不全的同类商品，要么是库存量很少的不同商品等。这种陈列方式能节省空间，但查找商品却需耗费较多的时间，而大分类区域虽需占用较大的空间，但查找商品的时间却相对较少。这两种陈列方式各有优劣，不存在哪一种方式更好，可根据实际情况选择更适合的方式。

大型超市的商品采用合理科学的分类及陈列方式，使顾客在较大的空间和种类繁多的商品中能够轻松有序地购物。顾客拥有了良好的购物体验，超市的销量自然也会提高。

从大型超市商品管理的例子引申来看，要对客观事物（商品）进行有效的管理，必须对数据（商品信息）进行合理的组织（商品分类）、存储（商品陈列），并提供必需的操作（补架、下架及查找等）。在设计存储方式时，还要考虑实现操作的时间与空间有效性（商品分类陈列、价格按序排列和先进先出陈列原则等）。如何管理数据以及管理数据的时间和空间有效性，正是数据结构课程需要研究的两个重要问题。

1.2　问题求解

通过对大型超市商品陈列方式的了解，我们引出了一系列涉及超市商品管理的问题。那么，如何有效地求解这些问题？一般地，问题求解的过程主要包括三个步骤：第一步是问题分析，即对具体的问题进行抽象，找到其合适的数学模型（数据组织与操作定义）；第二步是存储实现与算法设计，即针对选择的存储方式设计出相应的求解算法（数据存储与操作实现）；第三步是程序实现，即选择合适的程序设计语言编写程序，并依据所设计的算法解决问题。

本节针对1.1节的大型超市商品管理问题，运用问题求解的三个步骤来解决商品的补架和下架问题。这里只对问题求解的前两个步骤进行阐述，至于第三个步骤将在后续章节中以伪代码的形式呈现。

1.2.1　问题分析

在问题分析阶段，我们将为超市商品选择合适的存放方法并设计标准的操作。

超市中的商品都是一个个独立的个体，为方便管理，可以对商品进行分类，并为每一类商品赋相应的商品编码。这里采用图 1-1 所示的按大、中、小三层分类的商品结构进行商品编码。

分类编码后，可以对超市商品进行库存管理和展示管理。同时，顾客可以通过商品编码检索到该商品对应的信息，如产地、价格、出厂日期、保质期等。

这就是对具体问题的分析及抽象。

1.2.2　存储实现与算法设计

可以看出，几乎所有的超市商品管理工作都与商品的种类和超市的空间布局相关。必须将商品的数据信息与超市的空间布局结合起来，使商品与其陈列位置一一对应。

假设某超市将商品陈列区划分为 A、B、C、D、E、F、G 共 7 个区，每个区有 9 个货架，每个货架有 6 层层板。通过这种方式，我们可以定义商品编码与物理存储位置之间的对应关系。

根据该超市商品的布局，要找到一个商品的位置，应首先确定商品位于哪个区，然后确定商品放在该区的哪个货架上，最后确定商品放在该货架上的哪一层层板。因此，一个直观的方案是为每个商品定义一个代表其物理位置的三位编码（$a_1a_2a_3$），其中第一位编码 a_1 表示商品所在的区，第二位编码 a_2 表示商品所在的货架，第三位编码 a_3 表示商品所在的货架层板，并且三位编码的取值个数分别为 7、9、6。那么，它们的取值范围应该是多少呢？

最简单的方法是三位均用数字表示，则取值范围分别为 1~7、1~9、1~6。例如，C 区第 5 个货架第 4 层层板上的商品的物理位置编码为 354。这里的区也可以用字母来表示，如取值范围为 A~G，则上述商品编码为 C54，这样与超市的商品区域更容易对应。这里的商品编码就是商品的存储结构。

如果该超市的每个区有 12 个货架，可以用英文字母表示，取值范围为 A~L。如果每个区的货架数更多，应该采取什么策略？如果每个区的货架数不一样，又该如何处理？这些问题留给读者自己思考。

前面讨论了超市中商品存放的空间划分方式，以及与存放位置相对应的商品编码方法。接下来将讨论算法设计问题，即与超市商品操作及实现相关的问题。例如，在超市中最常见的操作：商品的补架和下架。

1. 商品补架

假设当超市货架上某商品的件数已售出20%左右时，该商品需补架。具体流程如下：

① 根据该商品的编码，从库存中取出该商品满架的20%件数，同时将库存减少相应的件数。

② 如果商品件数不够，需通知有关部门进行采购补货。

③ 将取出的商品放在指定的货架和层板上，使其满架。

2. 商品下架

假设当超市货架上某商品已到达失效期或长时间几乎无售出时，该商品将下架。具体流程如下：

① 将该商品在货架上的剩余件数全部取下，使货架为空。

② 将取下的商品放回库存，并增加相应的库存量。

③ 对该商品库存做相应处理后，使其编码失效。

上述商品补架和下架的流程称为对商品（数据）的操作，即算法设计与实现。当然，针对数据结构的操作会更复杂。1.3节将介绍在数据及数据间关系之上的操作。

1.3 数据结构定义

通过问题抽象建立问题的数学模型，以及通过算法进行问题求解，都需要在数据抽象建立的数据模型基础上实现。这里的数据模型就是一种数据结构。所谓数据结构，是指一组具有特定关系的同类数据元素的集合，包含三个要素：数据的逻辑结构、存储结构及其操作实现。在大型超市商品管理示例中，商品就是数据元素，商品编码表示商品的存储结构，商品的上架、下架和补架就是对商品的操作定义与实现。

1.3.1 数据的逻辑结构

在现实生活中，数据元素之间的关系复杂而多样。例如，景区的游客、排队上车的乘客、分类的商品、省际高铁运行线路等。但在逻辑上数据元素之间的关系只有4种：无关系、一对一关系、一对多关系和多对多关系。这4种逻辑关系总称为数据的逻辑结构。

根据数据元素之间逻辑关系的不同，可将数据的逻辑结构分为4类基本结构：集合、线性结构、树形结构和图结构（见图1-2）。

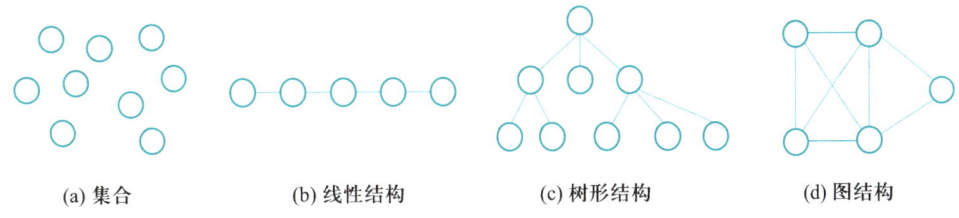

(a) 集合　　　　　　(b) 线性结构　　　　　(c) 树形结构　　　　　(d) 图结构

图 1-2　数据的逻辑结构示意图

1. 集合

集合包含的所有数据元素之间无关系，即数据元素之间的次序是任意的。记为

$\{x_i \mid x_i \in \text{ElemSet}, i=1, 2, \cdots, n, n>0\}$ 或 $\varnothing$（空集），其中 ElemSet 为数据元素集合。

数据元素 x_i 之间除了"属于同一个集合"关系外没有其他的关系，如图 1-2（a）所示。例如，操场上运动的学生、快递车上运输的包裹、博物馆参观的游客等，都可以看作是集合的元素。

2. 线性结构

线性结构包含的数据元素之间存在一对一的关系，即数据元素之间构成一个有序序列。记为

$\{<x_i, x_{i+1}> \mid x_i, x_{i+1} \in \text{ElemSet}, i=1, 2, \cdots, n-1\}$，其中 x_1 为首数据元素，x_n 为尾数据元素，ElemSet 为数据元素集合。

首数据元素 x_1 之前没有数据元素，尾数据元素 x_n 之后没有数据元素。除数据元素 x_1 和 x_n 之外，其余数据元素前面都有唯一的一个数据元素（称为前驱元素），后面也都有唯一的一个数据元素（称为后继元素），如图 1-2（b）所示。例如，《水浒传》中水泊梁山上的 108 条好汉形成了一个线性结构的数据集合，他们之间有次序之分：宋江排第一，卢俊义排第二，以此类推。

3. 树形结构

树形结构包含的数据元素（结点）之间存在一对多的关系，即数据元素之间形成一个层次关系。记为

设 $\{x_i \mid x_i \in \text{ElemSet}, i=1, 2, \cdots, n, n>0\}$，其中 ElemSet 为数据元素集合。若数据元素集合 ElemSet 为 $\varnothing$，则称为空树；否则，在 ElemSet 中存在唯一的根结点 root，当 $n>1$ 时，其余数据元素可分为 $k(k>0)$ 个互不相交的有限集 $tree_1$, $tree_2$, $\cdots$, $tree_k$，其中每一个有限集本身又是一棵树 tree，称为根结点 root 的子树。

除了一个特殊的根结点 root 外，每个数据元素 x_i 有且仅有一个前驱元素，后继元素数目不限，如图 1-2（c）所示。例如，一个家族的家谱就可以表示为树形结构，老祖宗是树根结点，老祖宗的儿子是其后继结点。每个人可以有多个儿子，因此后继结点数目不限，但每个人只能有一个父亲，因此只有一个前驱结点。老祖宗的每个儿子又可以形成一个子家谱，从而构成了一棵树。

4. 图结构

图结构包含的数据元素（顶点）之间存在多对多的关系，即图中每个数据元素的前驱元素和后继元素数目都不限。记为

设 $\{ v_i \mid v_i \in \text{ElemSet}, i=1, 2, \cdots, n, n>0 \}$，其中 ElemSet 为数据元素集合。图结构满足 $\{ <v_i, v_j> \text{或} (v_i, v_j) \mid v_i, v_j \in \text{ElemSet}，且\, p(v_i, v_j), i, j=1, 2, \cdots, n \}$，其中，$<v_i, v_j>$ 表示从顶点 v_i 到顶点 v_j 的一条单向边，(v_i, v_j) 表示顶点 v_i 与顶点 v_j 之间的一条双向边，$p(v_i, v_j)$ 定义了 $<v_i, v_j>$ 或 (v_i, v_j) 的意义或信息。

图结构是最一般的逻辑结构，如图 1-2（d）所示。例如，互联网的拓扑关系就是一个图结构，人与人之间的朋友关系也是一个图结构。

数据的逻辑结构除了上述 4 种划分之外，也可简单地划分为线性结构和非线性结构两种情况。

有了数据的逻辑结构，就可以从求解的问题中抽象出在其逻辑结构之上的操作（运算）。常见的操作有以下 4 种类型：

① 创建和释放结构：包括数据结构的创建、初始化，以及必要的释放结构操作。

② 属性操作：包括读取或设置数据结构中各基本属性的值。

③ 查找：包括特定搜索、访问和遍历操作。

④ 更新：包括插入、删除或修改数据元素的内容，或更新关系。

在实际应用中，不同类型的数据元素往往需要进行相同的操作，比如可以对两个数进行相加，不论这两个数是整数还是浮点数。即便数据元素类型一样，也可以采用不同的方式（算法）来实现，比如查找书架上的某本图书，可以逐一进行查找，也可以先按书名将图书排序，然后再用效率更高的方式进行查找。但不管采用何种方式，最终目的都是要判断所需的图书是否存在，如果存在就找到它的位置。所以，建立一个与数据元素及其实现无关的数据类型是非常有必要的。使用者只需了解数据元素之间的逻辑关系，无须关心具体的数据元素类型与实现方式，这正是面向对象思想的体现。这种数据类型称为抽象数据类型（abstract data type，ADT）。每种数据结构都对应一个抽象数据类型，我们在后续章节中将陆续进行讨论。本书将采用以下格式来描述抽象数据类型：

```
ADT 抽象数据类型名 {
    数据对象：
        <数据对象的定义 >
    数据关系：
        <数据关系的定义 >
    基本操作：
        <基本操作的定义 >
}
```

其中，数据对象和数据关系的定义可以用集合来描述，基本操作的定义可以描述为

　　基本操作名（参数表）：<操作结果描述>

　　例如，自然数的抽象数据类型定义如下：

ADT NaturalNumber {　　// 自然数的抽象数据类型定义

数据对象：

　　$\{ a_i \mid a_i \in \text{ElemSet}, i=1, 2, \cdots, n, n>0 \}$ 或 $\varnothing$（即空表），$\text{ElemSet} \subset \mathbf{N}$（自然数集合）。

数据关系：

　　$\{ <a_i, a_j> \mid a_i, a_j \in \text{ElemSet}, \ i, j=1, 2, \cdots, n \}$。

基本操作：

　　IsZero(x)：　　　如 $x=0$，则返回 True，否则返回 False。

　　Equal(x, y)：　　如 $x=y$，则返回 True，否则返回 False。

　　Successor(x)：　返回 $x+1$。

　　Add(x, y)：　　　返回 $x+y$。

　　Subtract(x, y)：如 $x<y$，则返回 0，否则返回 $x-y$。

}

　　数据结构除了关注数据的逻辑结构之外，还关注数据的存储结构及其操作实现，不过后者更多依赖于计算机的特性。

1.3.2　数据的存储结构

　　数据的存储结构，也称为数据的物理结构，是指数据在计算机内的存储方式。目前主要有 4 种数据的存储结构：顺序存储、链式存储、索引存储和散列存储。

1. 顺序存储

　　顺序存储是指将所有数据元素存放在一段连续的存储空间中，数据元素的存储位置反映了它们之间的逻辑关系。例如，线性结构中逻辑上相邻的数据元素，其相应的物理存储位置也是相邻的。顺序存储结构通常借助程序设计语言中的数组来实现。例如，学生宿舍按楼层顺序编号就是一种顺序存储。

2. 链式存储

　　链式存储是指逻辑上相邻的数据元素不需要在物理位置上也相邻。也就是说，数据元素的存储位置可以是任意的。每个数据元素所对应的存储表示由两部分组成，即数据元素和表示逻辑关系的指针，该指针存储与当前数据元素有逻辑关系的其他数据元素的存储地址。例如，现实生活中某人 A 需要寻找一个不认识的人 Z，则 A 会从身边可能认识 Z 的 B 开始查找，如 B 也不认识 Z，则 B 会从身边可能认识 Z 的 C 继续查找，以此类推，直到最终找到 Z 为止。这样的寻找过程就是链式存储。

3. 索引存储

索引存储是指在存储数据元素的同时还增加了一个索引表。索引表中的每一项包括关键字和地址,关键字是能够唯一标识一个数据元素的数据项,地址是指向该数据元素的存储地址。例如,一本书中的目录就是整本书的索引。

4. 散列存储

散列存储,也称为哈希存储,是指将数据元素存储在一个连续的区域,每一个数据元素的具体存储位置根据其关键字的值,通过散列(哈希)函数直接计算出来。例如,高校在校生的学号一般由数字组成,数字的每一位或多位表示不同的含义,如年级、专业、类型(本科生/硕士生/博士生)等,这样就可以很容易地通过学号查找到相应学生的信息。

这4种存储方式及其组合可以实现数据的灵活存储。需要指出的是,数据的逻辑结构表示数据元素之间的逻辑关系,与数据的具体存储无关,它是独立于计算机的;而数据的存储结构则包含数据元素及其逻辑关系在计算机中的存储表示,它是依赖于计算机的。

1.3.3 数据的操作实现

数据的操作实现包括操作的定义和实现。操作定义是对现实问题的抽象,它独立于计算机;而操作实现则是在数据的存储结构之上完成的,它依赖于计算机和具体的程序设计语言。例如,1.2.2小节中的商品补架和下架描述就是商品(数据)的操作实现。

本书将不涉及任何一种具体的程序设计语言,所有的操作(运算)和算法(即问题求解步骤的有限集合)都用伪代码描写,以便读者阅读与理解,同时也不会因程序设计语言的不同而受到限制。

1.4 算法分析

算法是指对问题求解步骤的准确而完整的描述,是解决问题的一系列清晰指令。然而,即便是正确的算法,也有可能因为运行时间过长、消耗资源过多等原因而无法用于解决实际问题。因此,为了衡量算法在理论上的资源消耗程度,算法设计人员需要首先对算法进行时间和空间上的分析。

1.4.1 算法的基本概念

为了解决一个预设的问题，算法设计人员可能会设计多种不同的算法实现。这时，就需要从不同的角度来考量和对比这些算法实现的优劣。通常会从以下几个方面对算法进行比较：

① 正确性：算法能够按照预定功能产生正确的输出。

② 易读性：算法逻辑清晰，结构明确，易于阅读、理解和维护。

③ 鲁棒性：算法对于边界条件输入和不频繁出现的输入能够产生正确的输出，对于非法输入能够输出相应提示，而不会出现崩溃。

④ 高效率：算法在时间和空间上高效，并需要较少的运行时间和存储空间。

然而，上述指标往往不能兼得。例如，为了增强代码的易读性，通常需要去除算法各个模块之间的耦合关系，但这可能会导致时间效率的下降。在计算机科学与技术专业的课程体系中，大部分课程已对前三种指标进行了覆盖，本书主要讨论在保证算法的正确性、易读性和鲁棒性的基础上，如何分析并优化算法的时间和空间性能。

本书的算法表示形式为：算法名称、输入、输出及伪代码（每行前加标号）。例如，求两个非负整数的最大公约数，其算法伪代码如算法0-0所示。

算法0-0[①]：求两个非负整数的最大公约数 $GCD(x, y)$

输入：$x, y \in$ 非负整数集
输出：x, y 的最大公约数

1. **if** $x < y$ **then**	//判断 x 与 y 的大小
2. | $x \leftrightarrow y$	//如 $x < y$，则交换 x 与 y
3. **end**	
4. **while** x **mod** $y \neq 0$ **do**	//当 x 不能被 y 整除时执行循环
5. | $r \leftarrow x$ **mod** y	//计算 x 除以 y 的余数 r
6. | $x \leftarrow y$	//用 y 重新赋值 x 值
7. | $y \leftarrow r$	//用 r 重新赋值 y 值
8. **end**	
9. **return** y	//能整除 x 的 y 即为最大公约数

1.4.2 时间复杂性的度量

通常情况下，程序代码执行的时间性能与以下因素相关：

① 计算机的硬件性能，如CPU、GPU的核心数和频率。

---

① 为方便读者阅读，本书在算法的伪代码描述中加入竖线"|"来表示缩进。例如，"|"表示一层缩进，"||"表示两层缩进，以此类推。实际编写的程序代码中并不带有竖线符号。

② 编程语言和生成代码的质量,如 Python、Java、C++等不同的高级语言,以及不同的编译标准和编译器在编译生成可执行的机器代码方面的效率。

③ 问题和数据的规模,如在 10 本书还是 1 000 本书中寻找所需的书籍。

④ 算法设计效率,如针对相同规模的输入,算法需要消耗的是线性时间还是二次幂时间。

在上述影响程序代码执行时间性能的因素中,计算机的硬件性能、编程语言和生成代码的质量因受工作环境的制约通常难以改变,而问题和数据的规模日益增长,在当今大数据时代又成为难以逾越的障碍。因此,提升算法设计效率是大数据时代必然的选择。

1. 算法运算量计算

如何衡量算法执行的时间呢?假如解决某问题有两段程序,一段用 Python 语言编写,运行在 32 核心、4.0 GHz 的 CPU 上,需要耗时 20 分钟;另一段用 C++语言编写,运行在 8 核心、2.7 GHz 的 CPU 上,需要耗时 1 小时。哪段程序的时间性能更好?

上述比较难分优劣,其原因是两段程序运行时的硬件环境和使用的编程语言都不一样,由此得到的时间性能与程序的算法本身无关。为了更好地表征算法设计的效率,消除上述两项因素对衡量算法优劣的影响,我们定义"运算量"这一概念来统计算法中涉及的不同操作(如判断、算术运算等)的总数量。此外,由于不同的硬件对于不同的操作(如正整数的加减乘除、浮点数的矩阵运算等)所消耗的时间不一样,所以还需要寻找一个统一的标准来比较不同算法的时间性能。因此,需要定义一种或几种标准操作,将其作为运算单位来衡量算法的运算量。

例如,要求一个一维正整数数组 *array* 中的值与正整数 m 的乘积的最大值,可以使用算法 1-1 和 1-2 两种算法。

算法 1-1:求数组与整数乘积的最大值 MaxProduct1(*array*, *m*)

输入:一维正整数数组 *array*,正整数 m
输出:*array* 中的值与 m 的乘积的最大值

1.　*max_p* ← 0
2.　*n* ← *array.size*
3.　**for** i ← 1 **to** n **do**
4.　| *p* ← *array*[*i*]×*m*
5.　| **if** *p* > *max_p* **then**
6.　| | *max_p* ← *p*
7.　| **end**
8.　**end**
9.　**return** *max_p*

算法1-2：求数组与整数乘积的最大值 MaxProduct2(*array*, *m*)

输入：一维正整数数组 *array*，正整数 *m*

输出：*array* 中的值与 *m* 的乘积的最大值

1. $max\_a \leftarrow 0$
2. $n \leftarrow array.size$
3. **for** $i \leftarrow 1$ **to** n **do**
4. | **if** $array[i] > max\_a$ **then**
5. | | $max\_a \leftarrow array[i]$
6. | **end**
7. **end**
8. $max\_p \leftarrow max\_a \times m$
9. **return** max_p

可以看到，算法1-1共涉及以下操作：$max\_p=0$ 语句1次赋值，$n=array.size$ 语句1次赋值，for语句中 n 次循环，$p=array[i] \times m$ 语句中 n 次乘法和赋值操作，if语句中 n 次比较，$max\_p=p$ 语句中至多 n 次赋值。统计下来，总共 n 次循环、n 次乘法、n 次比较和至多 $2+2n$ 次赋值。算法1-2共涉及以下操作：$max\_a=0$ 语句1次赋值，$n=array.size$ 语句1次赋值，for语句中 n 次循环，if语句中 n 次比较，$max\_a=array[i]$ 语句中至多 n 次赋值，以及 $max\_p=max\_a \times m$ 语句中1次乘法和1次赋值。统计下来，总共 n 次循环、1次乘法、n 次比较和至多 $n+3$ 次赋值。如果将这些操作都视为标准操作，那么算法1-1和算法1-2所涉及的标准操作分别为 $5n+2$ 和 $3n+4$ 次。如果 n 的值足够大，算法1-2将节省大量的乘法操作和赋值操作时间。

在此基础上，我们定义算法的时间复杂度来描述算法所需的运算量与问题和数据规模之间的关系。注意，这里之所以要考虑问题规模，是由于相同的算法在不同规模的相同问题上，所需的运算量大不相同。例如，统计全国14亿人口的平均年龄和统计上海市2 500万人口的平均年龄，采用同样的算法，即将所有被统计者的年龄相加再除以总人数，二者所需的运算量与问题的规模呈严格线性相关。

2. 渐近时间复杂度表示及计算

在定义完算法的时间复杂度的衡量标准后，一个复杂算法的时间复杂度可以按照如下步骤进行计算：

① 将算法进行逐步分解。

② 分析每一步的时间复杂度。

③ 将每一步的时间复杂度进行整合，计算总的时间复杂度。

基于前述例子，算法1-1和1-2的 $5n+2$ 和 $3n+4$ 的时间复杂度，究竟哪一个更快？当 $n>1$ 时，后者更快。但假若有两个算法的时间复杂度为 n^2 和 $100n$，当 $n<100$ 时，前者更快；而在 $n>100$ 之后，后者更快。如何在这种情况下来衡量算法的优劣？为了更准确地描述算法的时间复杂度，通常的做法是采用渐近时间复杂度来表示。表1-1所示为4种常用的渐近时间复杂度表示方法。

表 1-1　4种常用的渐近时间复杂度表示方法

$T(n)=O(f(n))$	$T(n)=\Omega(f(n))$	$T(n)=\Theta(f(n))$	$T(n)=o(f(n))$
存在一个常数c和正整数n_0，使得对所有$n \geq n_0$，满足$T(n) \leq cf(n)$	存在一个常数c和正整数n_0，使得对所有$n \geq n_0$，满足$T(n) \geq cf(n)$	存在一组常数c_1、c_2和正整数n_0，使得对所有$n \geq n_0$，满足$c_1 f(n) \leq T(n) \leq c_2 f(n)$	对所有常数$c>0$，存在一个正整数n_0的选择，满足对所有$n \geq n_0$，都有$T(n)<cf(n)$

定义1-1　大O表示法。若存在一个常数$c>0$和整数$n_0>0$，使得对所有$n \geq n_0$，满足$T(n) \leq cf(n)$，则称$T(n)=O(f(n))$。

例如，$T(n)=3n^2+100n$是$O(n^2)$，这是因为当$n \geq 100$时，设$c=4$，对于所有的n，$T(n) \leq cn^2$。据此，我们可以推导出，最高次幂为k的多项式为$O(n^k)$，而不是$O(n^{k-1})$。因此，大O表示法为待求解表达式提供了一个上界，描述其最多消耗$f(n)$数量级的时间。

定义1-2　大Ω表示法。若存在一个常数$c>0$和整数$n_0>0$，使得对所有$n \geq n_0$，满足$T(n) \geq cf(n)$，则称$T(n)=\Omega(f(n))$。

由上述定义易知，大Ω表示法为待求解表达式提供了一个下界，描述其最少消耗$f(n)$数量级的时间。例如，$T(n)=3n^2+100n$是$\Omega(n)$，这是因为当$n \geq 100$时，设$c=400$，对于所有的n，$T(n) \geq cn$。需要注意的是，这里的下界并不是一个下确界，读者可以轻易地找到比一次项更高的下界，如$\Omega(n^{1.5})$、$\Omega(n^2)$。

定义1-3　大Θ表示法。若存在一组常数c_1、$c_2>0$和整数$n_0>0$，使得对所有$n \geq n_0$，满足$c_1 f(n) \leq T(n) \leq c_2 f(n)$，则称$T(n)=\Theta(f(n))$。

综合定义1-2和1-3可以发现，大Θ表示法指出待求解表达式$T(n)$刚好具有$f(n)$的数量级，即上界和下界都被$f(n)$的某个常数倍数限制。因此，$T(n)=\Theta(f(n))$的充要条件即为$T(n)=O(f(n))$且$T(n)=\Omega(f(n))$。

定义1-4　小o表示法。若对所有常数$c>0$，存在一个整数$n_0>0$，使得对所有$n \geq n_0$，满足$T(n)<cf(n)$，则称$T(n)=o(f(n))$。

大O表示法表示$T(n)$的数量级小于或等于$f(n)$的数量级。与其不同，小o表示法则代表"严格小于"，即$T(n)$的数量级小于$f(n)$的数量级。这是因为，小o表示法要求对于所有的常数$c>0$（无论c有多小，例如0.000 01），都要能够找到一个正整数n_0，使得当$n \geq n_0$时，$T(n)<cf(n)$。常见的例子包括：对于任意的正整数k，$n^k=o(n^{k+1})$。

3. 最好、最坏和平均情况时间复杂度

假设现有一函数F，其功能是在一个无序的数组A中查找变量x出现的位置。如果找到则停止，并返回x在数组A中的下标，否则返回-1。那么函数F的时间复杂度是

$O(n)$ 吗？实则不然。因为要查找的变量 x 可能出现在数组的任意位置。如果数组中第一个元素正好是要查找的变量 x，则无须继续遍历剩下的 $n-1$ 个数据，时间复杂度为 $O(1)$。但如果数组中不存在变量 x，则需要对整个数组遍历一遍，时间复杂度就成为 $O(n)$。所以在不同的情况下，函数 F 的时间复杂度是不一样的。

为了表示代码在不同情况下的不同时间复杂度，这里引入三个概念：最好情况时间复杂度、最坏情况时间复杂度和平均情况时间复杂度。

① 最好情况时间复杂度。这是在最理想的情况下，算法所能达到的最高效率。以上述函数 F 为例，在最理想的情况下，要查找的变量 x 正好是数组的第一个元素，此时对应的时间复杂度就是最好情况时间复杂度。

② 最坏情况时间复杂度。这是算法可能遇到的最糟糕的情况的效率。此时通常假设算法遇到了一个耗时最长的输入。以函数 F 为例，如果数组中没有要查找的变量 x，则需将整个数组都遍历一遍，这种最糟糕情况下的时间复杂度就是最坏情况时间复杂度。

③ 平均情况时间复杂度。这是算法在所有可能输入下的平均效率。在计算平均情况时间复杂度时，通常假设所有输入出现的概率符合特定的分布（简单起见，可以假设所有输入都是等可能的）。以函数 F 为例，要查找的变量 x 在数组中的位置有 $n+1$ 种情况：在数组的 $0\sim(n-1)$ 位置中和不在数组中。我们把每种情况下查找需要遍历的元素个数累加起来，然后再除以 $(n+1)$，就可以得到需要遍历的元素个数的平均值，即

$$\frac{1+2+3+\cdots+n}{n+1}$$

由于在时间复杂度的大 O 表示法中可以省略系数、低阶和常量，所以对上式进行简化后，得到的平均情况时间复杂度就是 $O(n)$。

1.4.3 空间复杂性的度量

算法执行时的空间消耗包括程序代码本身所占的空间、存储数据所占的空间和中间过程使用的辅助空间等。需要注意的是，在计算机内部，相较于通常规模更大的硬盘（现阶段常以 TB 为单位），内存空间（现阶段常以 GB 为单位）才是算法运行的瓶颈。此外，每一段程序代码在执行时，都需要将其代码和所需的数据装入内存，若所需空间大于现有内存，则会出现内存溢出、宕机等情况。

算法的空间复杂性通常是度量它所使用的辅助空间大小和数据规模 n 之间的关系。空间复杂性也常使用渐近复杂度来表示，其定义方法与时间复杂性相似，在此不再赘述。这里，我们仍旧通过示例来了解空间复杂度的衡量。例如，要将一个数组倒序（反转）存放，可以写出以下算法 1-3 和 1-4 两种算法。

算法 1-3：将数组中元素反转存放 ReverseArray1(*array*)

输入：一维数组 *array*

输出：反转后的数组 *array*

1.　　$n \leftarrow array.size$
2.　　**for** $i \leftarrow 1$ **to** $n/2$ **do**
3.　　| $t \leftarrow array[i]$
4.　　| $array[i] \leftarrow array[n-i+1]$
5.　　| $array[n-i+1] \leftarrow t$
6.　　**end**

可以看到，算法 1-3 使用了大小为 1 的辅助空间（用来存储变量 t），其空间复杂度为 $O(1)$。

算法 1-4：将数组中元素反转存放 ReverseArray2(*array*)

输入：一维数组 *array*，数组长度 $n \geqslant 0$，数组的元素类型记为 ElemSet

输出：反转后的数组 *array*

1.　　$n \leftarrow array.size$
2.　　$b \leftarrow$ **new** ElemSet[n]　// 创建一个类型与 *array* 相同，大小为 n 的辅助数组 b
3.　　**for** $i \leftarrow 1$ **to** n **do**
4.　　| $b[i] \leftarrow array[n-i+1]$
5.　　**end**
6.　　**for** $i \leftarrow 1$ **to** n **do**
7.　　| $array[i] \leftarrow b[i]$
8.　　**end**
9.　　**delete** b

算法 1-4 使用了大小为 n 的辅助空间（用来存储数组 b），其空间复杂度 $O(n)$。

1.4.4　常用的时间复杂度函数

通常采用以下几种常用的时间复杂度函数：

$$O(\log n), \ O(n), \ O(n \log n), \ O(n^2), \ O(n^3), \ O(2^n), \ O(n!), \ O(n^n)$$

图 1-3 所示为这些时间复杂度函数的函数曲线图，可以看出，当 n 逐渐增大时，它们的时间复杂度由左到右依次增大。其中，算法中对数函数 log 级别的时间复杂度需要考虑具体的底数。本书后文将要介绍的递归分治法，如果采用二分法，可能会引入以 2 为底数的对数函数时间复杂度。值得注意的是，无论对数函数底数取值如何，在大 O 表示法下，这些对数函数都具有相同的增长率，即对于任何正数 a 和 b，函数 $O(\log_a n)$ 与 $O(\log_b n)$ 量级相同。在本书中，为了方便起见，在时间复杂度的大 O 表示法中，$\log_2 n$

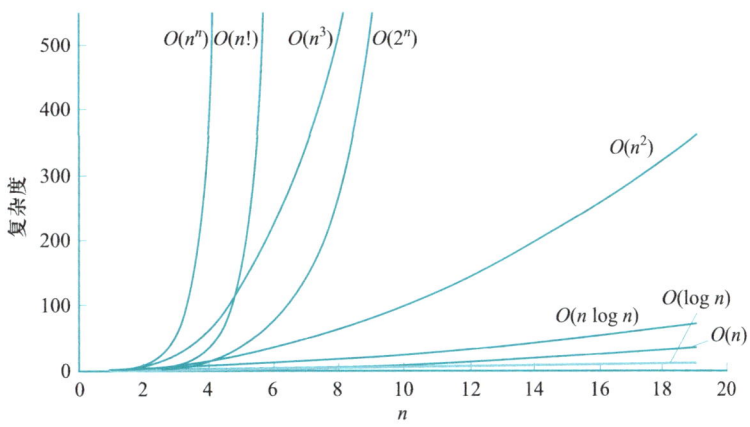

图 1-3　常用的时间复杂度函数曲线

均可被简写为 log n。若确因分析算法精确时间复杂度的需要，则将标注具体的底数，如 $\log_3 n$、$\log_{10} n$ 分别表示以 3 和 10 为底数的对数函数，ln n 表示以常数 e 为底数的对数函数。

1.4.5　渐近表示法的计算

定理1-1　求和定理。假设两个已知程序段的时间复杂度分别为 $T_1(n) = O(f(n))$ 和 $T_2(n) = O(g(n))$，那么顺序组合两个程序段后，得到的程序段的时间复杂度为 $T_1(n) + T_2(n) = O(\text{Max}(f(n), g(n)))$。

定理1-2　求积定理。假设两个已知程序段的时间复杂度分别为 $T_1(n) = O(f(n))$ 和 $T_2(n) = O(g(n))$，那么交叉乘法组合两个程序段后，得到的程序段的时间复杂度为 $T_1(n) \times T_2(n) = O(f(n) \times g(n))$。

例如，算法 1-5 中顺序执行的程序伪代码包含两个 for 循环的程序块。其中，第一个 for 循环的时间复杂度为 $O(n^2)$，第二个 for 循环的时间复杂度为 $O(n)$。依据定理1-1，两个 for 循环顺序组合的时间复杂度为 $O(\text{Max}(n, n^2)) = O(n^2)$。

算法 1-5： 计算 $1 \sim n^2$ 的和加上 $1 \sim n$ 的和 SumUp(n)

输入： 正整数 n

输出： $(1 + 2 + \cdots + n^2) + (1 + 2 + \cdots + n)$ 的结果

1.　$sum \leftarrow 0$
2.　**for** $i \leftarrow 1$ **to** n^2 **do**
3.　| $sum \leftarrow sum + i$
4.　**end**
5.　**for** $i \leftarrow 1$ **to** n **do**
6.　| $sum \leftarrow sum + i$
7.　**end**
8.　**return** sum

在包含循环语句的程序段中,整个循环语句的时间复杂度主要取决于循环条件和循环体的时间复杂度的组合。其中,循环条件的时间通常是常数时间乘以循环判断的次数(大于或等于循环体执行的次数),循环体的时间是单个循环体的时间复杂度乘以运行的次数。例如,在算法 1-6 的循环语句中,外层的 for 循环的时间复杂度为 $O(n)$,内层的 for 循环的时间复杂度为 $O(m)$,依据定理 1-2,两个 for 循环交叉乘法组合的时间复杂度为 $O(n \times m)$。

算法 1-6:计算正整数 1~n 与 1~m 中每一项相互乘积的和 SumProducts(n, m)

输入:正整数 n 和 m

输出:$\displaystyle\sum_{i=1}^{n}\sum_{j=1}^{m}(i \times j)$ 的值

1. $sum \leftarrow 0$
2.   **for** $i \leftarrow 1$ **to** n **do**
3. | **for** $j \leftarrow 1$ **to** m **do**
4. | | $sum \leftarrow sum + i \times j$
5. | **end**
6.   **end**
7.   **return** sum

1.5   算法优化

在对算法的时间复杂度和空间复杂度进行详尽分析的基础上,可以对其分别进行优化。

1. 时间复杂度优化

这里借助经典的连续子序列最大和问题来说明如何对算法的时间复杂度进行优化。连续子序列最大和问题关注一个序列 s,其元素值存储在一维整数数组 $s.array$ 中,数组大小为 $s.n$,希望从 $s.array$ 中找出一个连续子序列,该子序列中各元素的和最大。如果序列元素都是负数,则计算结果返回 0。例如,序列(4, −3, 5, −2, −1, 2, 6, −2)中,具有最大和的连续子序列是(4, −3, 5, −2, −1, 2, 6),其和是 11。

可以通过算法 1-7 解决该问题:先用 $O(n^2)$ 的时间遍历每个子序列的开始位置和结束位置,再用 $O(n)$ 的时间计算每个子序列的和。这样总的时间复杂度就是 $O(n^3)$。

算法1-7：计算连续子序列最大和的 $O(n^3)$ 算法 MaxSubsequenceSum1(s)

输入：序列 s，其元素值存储在一维整数数组 $s.array$ 中，数组大小 $s.n \geqslant 0$

输出：s 中连续子序列的最大和 $s.max\_sum$，以及该子序列的起始下标 $s.start$ 和末尾下标 $s.finish$

1.　$s.max\_sum \leftarrow 0$
2.　**for** $i \leftarrow 1$ **to** $s.n$ **do**
3.　| **for** $j \leftarrow i$ **to** $s.n$ **do**
4.　| | $this\_sum \leftarrow 0$
5.　| | **for** $k \leftarrow i$ **to** j **do**
6.　| | | $this\_sum \leftarrow this\_sum + s.array[k]$
7.　| | **end**
8.　| | **if** $this\_sum > s.max\_sum$ **then**
9.　| | | $s.max\_sum \leftarrow this\_sum$
10.　| | | $s.start \leftarrow i$
11.　| | | $s.finish \leftarrow j$
12.　| | **end**
13.　| **end**
14.　**end**
15.　**return** $s.max\_sum$

可以发现，算法 1-7 有可以优化之处：在遍历结束时，子序列的和可以在遍历中通过 $O(1)$ 的操作记录并维护，从而免去了 $O(n)$ 的计算子序列和的操作，见算法 1-8 所示。这样一来算法的时间复杂度被优化为 $O(n^2)$。

算法1-8：计算连续子序列最大和的 $O(n^2)$ 算法 MaxSubsequenceSum2(s)

输入：序列 s，其元素值存储在一维整数数组 $s.array$ 中，数组大小 $s.n \geqslant 0$

输出：s 中连续子序列最大和 $s.max\_sum$，以及该子序列的起始下标 $s.start$ 和末尾下标 $s.finish$

1.　$s.max\_sum \leftarrow 0$
2.　**for** $i \leftarrow 1$ **to** $s.n$ **do**
3.　| $this\_sum \leftarrow 0$
4.　| **for** $j \leftarrow i$ **to** $s.n$ **do**
5.　| | $this\_sum \leftarrow this\_sum + s.array[j]$
6.　| | **if** $this\_sum > s.max\_sum$ **then**
7.　| | | $s.max\_sum \leftarrow this\_sum$
8.　| | | $s.start \leftarrow i$
9.　| | | $s.finish \leftarrow j$
10.　| | **end**
11.　| **end**
12.　**end**
13.　**return** $s.max\_sum$

再对这个问题进行观察，可以得到如下的结论：如果一个子序列的和小于零，那么以它为起始或终止的更大子序列可以将该子序列舍去，余下的子序列将有更大的子序列和。基于这个结论，我们可以维护两个变量：一个变量用来记录当前子序列的开始位置，另一个变量用来记录当前子序列的和。如果当前子序列的和小于零，那么所有以它为起始的子序列可以将其舍去；重置这两个变量。在遍历的过程中，记录子序列和的最大值。调整后的算法见算法1-9所示。整个遍历花费的时间为$O(n)$。

算法1-9：计算连续子序列最大和的$O(n)$算法 MaxSubsequenceSum3(s)

输入：序列s，其中元素值存储在一维整数数组$s.array$，数组大小$s.n \geqslant 0$

输出：s中连续子序列最大和$s.max\_sum$，以及该子序列的起始下标$s.start$和末尾下标$s.finish$

---

1. $s.max\_sum \leftarrow 0$
2. $this\_sum \leftarrow 0$
3. $s.start \leftarrow 0$
4. $this\_start \leftarrow 0$
5.   **for** $j \leftarrow 1$ **to** $s.n$ **do**
6. | $this\_sum \leftarrow this\_sum + s.array[j]$
7. | **if** $this\_sum > s.max\_sum$ **then**
8. | | $s.max\_sum \leftarrow this\_sum$
9. | | $s.start \leftarrow this\_start$
10. | | $s.finish \leftarrow j$
11. | **else if** $this\_sum < 0$ **then**
12. | | $this\_sum \leftarrow 0$
13. | | $this\_start \leftarrow j+1$
14. | **end**
15.   **end**
16.   **return** $s.max\_sum$

2. 空间复杂度优化

我们用经典的"递归爆栈"问题来解释空间复杂度优化的重要性。

假设需要按由小到大的顺序输出1~n的所有数字。一个直观的想法是，可以通过采用递归调用的方法实现该需求，其伪代码如算法1-10所示。该算法递归地调用函数，直到$n=0$时返回上一层，并从1开始输出，直到n。然而，该函数通常在执行数万次后就会因递归层数过多、系统栈空间不足而报错。这是因为递归函数在调用时，每一次进入更深的一层都需要存储当前空间的状态，而这通常会消耗一定的内存空间。这样，数万层的递归就会引起内存空间危机。由于在计算机系统中通常用"系统堆栈"存储空间状态，所以这种递归调用引起的程序非正常退出的现象也称为"递归爆栈"。

算法 1-10：输出数字 1~n 的递归算法 RecursivePrint(n)

输入：整数 $n>0$

输出：1~n 的数字

初始调用：RecursivePrint(n)

1.　**if** $n>0$ **then**
2.　| RecursivePrint($n-1$)
3.　| **print**(n)
4.　**end**

若将该算法改写为循环调用，则不会引起内存溢出的问题，如算法 1-11 所示。该算法只涉及两个变量的维护，无论循环调用多少次，消耗的内存空间都是不变的。

算法 1-11：输出数字 1~n 的循环算法 IterativePrint (n)

输入：整数 $n>0$

输出：1~n 的数字

1.　**for** $i \leftarrow 1$ **to** n **do**
2.　| **print** (i)
3.　**end**

因此，如何写出一段在空间上更高效的算法，对于处理更大规模的数据和程序逻辑至关重要。

1.6　应用场景：数据挖掘

数据结构在各学科、各行业领域，以及日常生活中都有着广泛的应用。它是支撑各类应用最基本的数据表示、存储及其操作，从而影响了其运行效率。

例如，当打开计算机或手机时经常会收到各种应用程序推送的新闻、商品、美食等消息，而这些恰好是你所喜欢的。这就是数据挖掘在日常生活中的应用场景。

数据挖掘涉及最多的是有结构的图数据和时空数据，以及无结构的文本数据（广义的文本数据还包括 DNA 序列等字符串序列）。图数据需要使用图的存储、遍历等，通过最短路径、网络流、连通性判断等算法，实现诸如在社交网络中查找机器人、在文献引用图中查找最具影响力的论文等需求。时空数据通常需要使用树结构（比如线段树、KD 树、B 树等）做索引来支持快速查询最近的结点，用以构造分类器实现在地图上查找最近的加油站等功能。文本数据处理较多的就是一些字符串结构，如 KMP 算法、散列算法、后缀树、后缀自动机、AC 自动机等，都是很常见的处理字符串结构的数据结构与算法，用来支持高效的字符串匹配、查询等。比较常见的应用有：查找多个词的词组；在 DNA 序列中查找一些特殊情况，比如连续出现两三次的长 DNA 片段，或者连续出现几百次的短 DNA 片段，这些情况可能会与癌症的诊断相关，从而辅助医务人员进行疾病检验等。

　　这里很多的数据结构与算法将在本书后续章节中进行详细介绍。

本章小结

　　本章主要介绍了数据结构与算法分析两个重要概念。

　　数据结构是一组具有特定关系的同类数据元素的集合，包含三个要素：数据的逻辑结构、存储结构及其操作实现。数据的逻辑结构包括集合、线性结构、树形结构和图结构；数据的存储结构包括顺序存储、链式存储、索引存储及散列存储；数据的操作（也称运算）包括操作的定义和实现。

　　算法分析是对一个算法的时间复杂度和空间复杂度做定量分析，以此衡量算法的优劣。通常采用渐近表示法来分析算法复杂度的增长趋势。

　　本书后续章节将分别介绍数据结构中的这 4 种逻辑结构。

本章习题

　　1. 请参照本章 1.1 节中大型超市商品管理的例子，寻找日常生活中的场景，发现需要解决的问题，并按问题求解的过程叙述问题求解的三个步骤。

　　2. 数据结构研究的主要内容是什么？

　　3. 根据数据元素之间的不同逻辑关系，通常将其划分为哪几类结构？

　　4. 试说明下列数据集合中元素的逻辑关系：

　　（1）超市收银台排队等候结账的乘客。

　　（2）游乐园里的游客。

　　（3）个人手机通讯录中的人员。

　　（4）计算机中的文件夹。

　　5. 什么是存储实现？什么是运算实现？

　　6. 何谓算法的时间复杂度和空间复杂度？如何度量算法的时间复杂度和空间复杂度？

7. 什么是最好情况时间复杂度、平均情况时间复杂度和最坏情况时间复杂度?

8. 什么是多项式时间算法? 什么是指数时间算法?

9. 按增长率排列下列函数: $n, \sqrt{n}, n^{1.5}, n^2, n \log n, n \log(\log n), n \log^2 n, n \log(n^2), 2/n, 2^n, 37,$ $n^2 \log n, n^3$,并指出哪些函数以相同的增长率增长。

10. 设 $T_1(n) = O(f(n))$ 和 $T_2(n) = O(f(n))$,下列哪些等式成立?

(1) $T_1(n) + T_2(n) = O(f(n))$

(2) $T_1(n) - T_2(n) = o(f(n))$

(3) $T_1(n) / T_2(n) = O(1)$

(4) $T_1(n) = O(T_2(n))$

11. 证明:在计算大 O 表示法表示的时间复杂度时,取运行时间函数的主项是正确的。

12. 请分析算法 1-12 的时间复杂度:

算法 1-12: BinarySearch($array, x$)

输入:整数数组 $array$,待查找的整数 x
输出:如果 x 在 $array$ 中,输出其对应的下标;否则,输出 NIL

```
1.   n ← array.size
2.   left ← 0      //执行一次
3.   right ← n-1 //执行一次
4.   while left ≤ right do
5.   | middle ← (left+right)/2
6.   | if x=array[middle]  then
7.   | | return middle
8.   | else if x<array[middle] then
9.   | | right ← middle -1
10.  | else    // x>array[middle]
11.  | | left ← middle+1
12.  | end
13.  end
14.  return NIL
```

溯源与参考文献

数据结构的概念最早由瑞士计算机科学家 Niklaus Wirth 和英国计算机科学家 Charles A. R. Hoare 于 1966 年提出。文献 [1] 结合作者亲身编程经历详细论述了新语言设计的解决方案,其中提到数据的存储方式对语言的实现有着重要的影响,并首次出现 Data Structure(数据结构)一词。

1968 年,著名计算机科学家 Donald E. Knuth 出版了《计算机程序设计艺术:第一卷　基本算法》（*The Art of Computer Programming: Volume 1, Fundamental Algorithms*）[2]。这是第一部较为系统地阐述数据结构基本内容的著作。同年，Hoare 发表了"数据结构札记"（Notes on Data Structuring）[3]一文。这两部文献对数据结构的发展做出了重要贡献。

1965 年，苏联数学家、计算机科学家 Juris Hartmanis 和美国数学家、计算机科学家 Richard Stearns 发表了著名论文"算法的计算复杂性"（On the Computational Complexity of Algorithms）[4]。这篇论文开辟了计算复杂性研究的新领域，并奠定了理论基础。

1892 年，德国数论学家 Paul Bachmann 在其著作《解析数论》（*Die Analytische Zahlentheorie*）[5] 中最先引入了大 O 符号。大 O 表示法是用函数来描述一个函数运算量数量级的渐近上界，后被运用于时间和空间复杂度的渐近表示法。

本章参考文献

[1] WIRTH N, HOARE C A R. A contribution to the development of ALGOL[J]. Communications of the ACM, 1966, 9(6): 413−432. DOI: 10.1145/365696.365702.

[2] KNUTH D E. The art of computer programming: volume 1 fundamental algorithms[M]. Reading, Mass., Addison−Wesley, 1968.

[3] HOARE C A R. Notes on data structuring[J], 1968: 83−174. DOI: 10.5555/1243380.1243382.

[4] HARTMANIS J, STEARNS R. On the computational complexity of algorithms[J]. Transactions of the American Mathematical Society, 1965, 117: 285−306. DOI: 10.2307/2271275.

[5] BACHMANN P. Die analytische zahlentheorie [M]. Leipzig: Teubner, 1892.

第 2 章

线性表

线性表是最常见的数据结构。许多时候我们需要管理一个有序的序列，比如书架上的图书、多年收集的邮票、操作系统中等待运行的任务等。

本章引子

管理这样的序列，最常见的操作包括查找（寻找指定对象的放置位置）、插入（往序列中增加一个新对象）和删除（将指定对象从序列中移除）。从数据结构的角度，管理这样的序列涉及如何在计算机中存储该序列，以及如何高效地实现相应的查找、插入和删除操作。

线性结构是用于管理有序序列的数据结构，主要包括线性表、栈和队列、多维数组、多重列表、广义表等。其中，线性表是一种典型、相对简单的线性结构，栈和队列也是应用广泛的线性结构，而多维数组、多重列表、广义表等则是更复杂一些的线性结构。

本章主要介绍线性表的定义、存储方法、常用操作及实现方法。2.1 节通过一元多项式的例子引入本章拟重点讨论的问题；2.2 节介绍线性表的定义与结构；2.3 节、2.4 节是本章的重点，介绍线性表的顺序存储实现和链式存储实现方法；2.5 节介绍线性表在一元多项式加法运算和大整数处理中的应用；2.6 节是本章的拓展延伸内容，介绍广义表、多维数组和特殊矩阵、稀疏矩阵和舞蹈链；最后，2.7 节围绕操作系统中的空闲内存管理问题，介绍线性表的典型应用场景。

2.1 问题引入：一元多项式

数据结构的目标是在计算机中合理地表示相关的数据及其关系，并方便对数据进行操作。在数学中，多项式是一种形式简单但作用非常大的代数结构，比如可以用来逼近复杂的函数。我们来看下如何在计算机中存储表示一元多项式。

例2.1 一元多项式及其运算。

一元多项式的标准表达式可以写为

$$f(x) = a_0 + a_1 x + \cdots + a_{n-1} x^{n-1} + a_n x^n$$

与一元多项式相关的主要运算有多项式相加、相减、相乘等。那么，如何在计算机中存储一元多项式并实现相关的运算？

首先，重点考虑一下如何存储多项式。可以看出，决定一个多项式的关键数据是多项式项数 n、每一项的系数 a_i（当然也涉及相应的指数 i）。如果能直接或间接地保存这些数据，那就意味着在计算机中保存了一个一元多项式。下面来讨论一元多项式的三种不同的存储方法。

方法1：采用顺序存储结构直接存储一元多项式。

可以用一个数组 a 存储一元多项式的相关数据来直接表示：数组分量 $a[i]$ 表示项 x^i 的系数 a_i，即用数组分量的下标对应相应项的指数，而数组分量的值就是系数。数组中非零的分量数就等于多项式的项数。

例如，一元多项式 $4x^5 - 3x^2 + 1$ 可以用图 2-1 中的数组直接存储。

系数	1	0	−3	0	0	4	⋯
数组分量下标 i	0	1	2	3	4	5	⋯

图 2-1　一元多项式的数组直接存储示例

在一般情况下，这种存储方法对多项式实施运算还是比较方便的。比如，要实现两个多项式相加，只要把两个数组对应的分量相加就可以了，显然很容易编写其程序。但这种方法存在着重大的问题，即在多项式的项比较稀疏①的情况下，时间和空间效率都会比较差。比如表示 $1 + 2x^{30\,000}$ 这样的多项式，就必须采用一个大小至少为 30 001 的

---

① 指多项式有比较高的阶，但只有很少的非零项。

数组，而在这个数组中绝大部分数据为0，只有两项不为0，显然空间浪费严重。

方法2：采用顺序存储结构存储一元多项式的非零项。

一元多项式中的每个非零项 a_ix^i 涉及两个信息：指数 i 和系数 a_i。因此，可以将一个多项式看成是一个二元组 (a_i, i) 的集合。为了以后多项式运算方便，可以按照指数下降的顺序组织该二元组，形成一个有序的线性序列。所以，可以把一元多项式看成是二元组 (a_i, i) 的有序序列 $\{(a_n, n), (a_{n-1}, n-1), \cdots, (a_0, 0)\}$。

可以用一个结构数组来存储以上系数为非零项的二元组的有序序列，数组的大小根据非零项的个数（而不是根据多项式的最高阶数）来确定。显然，这样的表示方法，对于稀疏多项式的情况能节省大量空间，而反之则空间节省的优势就没有了，甚至需要的空间更多，因为需要同时记录每一项的系数和指数。

图2-2所示为一元多项式 $P_1(x)=9x^{12}+15x^8+3x^2$ 和 $P_2(x)=26x^{19}-4x^8-13x^6+82$ 的非零项的结构数组存储表示。

系数	9	15	3	—
指数	12	8	2	—
数组下标i	0	1	2	...

(a) $P_1(x)=9x^{12}+15x^8+3x^2$

系数	26	−4	−13	82	—
指数	19	8	6	0	—
数组下标i	0	1	2	3	...

(b) $P_2(x)=26x^{19}-4x^8-13x^6+82$

图 2-2　一元多项式的非零项的结构数组存储示例

显然，当采用方法2存储多项式的非零项时，相应的运算实现（如多项式相加）比方法1更复杂一些。此外，用数组表示还有灵活性不足的缺点：由于事先无法知道多项式可能的非零项数，因此只能根据可能的最大值事先确定数组大小；在实际的非零项数比较少时，存储空间的浪费同样严重。更进一步的解决方法是利用链式存储结构来存储线性的有序序列，该结构相比于数组表示更具有灵活性。

方法3：采用链式存储结构存储一元多项式的非零项。

可以用链表来存储一元多项式，每个链表结点存储一元多项式中的一个非零项，包括系数、指数两个数据域，以及一个指针域。其结点结构可以表示为

系数	指数	指针

例如，上述多项式 $P_1(x)=9x^{12}+15x^8+3x^2$ 和 $P_2(x)=26x^{19}-4x^8-13x^6+82$ 的非零项的链表存储形式如图2-3所示。

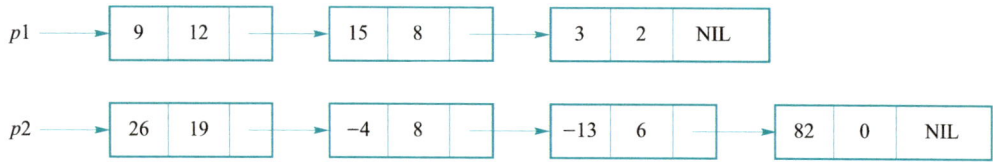

图 2-3　一元多项式的非零项的链表存储

如果要实现链表存储的两个多项式相加，可以采用从两个多项式第一项开始逐项比较的方法。具体实现见本章 2.5.1 小节"一元多项式的加法"。

由此可以看出，数据结构的操作与其存储方式密切相关。不同的数据存储方式，相应的操作实现方法是不一样的。比如，如果用数组直接存储一元多项式，则多项式的加法运算通过简单的数组对应项相加就可以实现；而如果采用链表来存储多项式的非零项，则其相加运算就要复杂得多。这两种方式比较起来，在多项式非零项相对较少的情况下，前者实现简单，但时间和存储空间浪费大；后者实现起来复杂，但时间和空间效率较高。所以，数据结构的设计往往需要在算法的简洁、可理解性与时间、空间效率之间权衡，针对具体问题选择合适的数据结构及设计相应的算法。

在前面的多项式例子中，一元多项式问题被抽象为由系数和指数所构成的二元组有序序列的存储与操作问题。线性表是若干个元素组成的有序序列，这是一类比较有共性问题的抽象表示，如银行等候队列的管理、班级学生的管理、计算机中空闲内存的管理等。

这里可以研究更一般的有序对象序列的组织与管理方法，其基本操作包括插入元素、删除元素等。这类问题就是本章要研究的线性表，也是典型的线性结构。

下面将介绍线性表的抽象定义，并分别讨论基于顺序存储和链式存储的线性表的实现方法，以及线性表的插入、删除等基本操作。

2.2 线性表的定义与结构

本节简要介绍线性表的定义与存储结构。

2.2.1 线性表的定义

线性表是由同一类型的数据元素构成的有序序列。线性表中元素的个数称为线性表的长度；当一个线性表中没有元素（长度为 0）时，称为空表。表的起始位置称为表头，表的结束位置称为表尾。

线性表的抽象数据类型定义如下所示：

ADT List { //线性表的抽象数据类型定义
数据对象：
　　$\{ a_i \mid a_i \in \text{ElemSet}, i=1, 2, \cdots, n, n>0 \}$ 或 $\varnothing$（即空表），ElemSet 为元素集合。
数据关系：
　　$\{ <a_i, a_{i+1}> \mid a_i, a_{i+1} \in \text{ElemSet}, i=1, 2, \cdots, n-1 \}$，$a_1$ 为表首元素，a_n 为表尾元素。

基本操作：

    InitList(*list*)：   初始化一个空的线性表 *list*。

    DestroyList(*list*)：释放线性表 *list* 占用的所有空间。

    Clear (*list*)：   清空线性表 *list*。

    IsEmpty (*list*)：   当线性表 *list* 为空时返回真值，否则返回假值。

    Length (*list*)：   返回线性表 *list* 中的元素个数，即表的长度。

    Get (*list*, *i*)：   返回线性表 *list* 中第 *i* 个元素的值。

    Search(*list*, *x*)：   在线性表 *list* 中查找元素 *x*，若查找成功，返回 *x* 的位置，否则返回
                           NIL。

    Insert (*list*, *i*, *x*)：在线性表 *list* 的第 *i* 个位置上插入元素 *x*。

    Remove (*list*, *i*)：从线性表 *list* 中删除第 *i* 个元素。

}

2.2.2　线性表的结构

线性表表示了数据元素之间线性的序列关系，这种线性序列反映的是线性表的逻辑结构，即数据元素之间的前驱和后继关系。

在数据结构研究中，我们不仅要关心逻辑结构，更要关心物理结构。线性表的物理结构是指线性表在计算机中的存储方式，又称为存储结构，即从程序实现的角度将逻辑结构映射到计算机的存储单元中。存储结构主要有两种形式：顺序存储结构和链式存储结构。

顺序存储结构一般通过数组的方式实现，比如例 2.1 中的方法 1 和方法 2。该结构的主要特点是数据元素被顺序地存储在连续的内存空间中，前驱和后继元素在物理空间上是相邻的。由于是按顺序进行存储的，所以根据数据元素在线性表中的序号即可容易地算出该元素在内存空间中的位置。但是，这种存储方式的缺点是数组的长度需要事先确定，这就限制了线性表中元素的最大个数。

链式存储结构则可以动态地申请存储数据的结点空间，并使用类似指针的方法将结点按顺序前后链接起来，比如例 2.1 中的方法 3。链表就是一种常见的链式存储结构，线性表也经常以链表的形式存储。链式存储结构的优点是线性表的长度不受限制（只要内存空间够），可以很方便地插入新结点或者删除已有结点，即具有很好的"动态性"。但是，由于每个结点需要有额外的空间表示指针，因此相对于顺序存储结构来说，链式存储结构需要更多的存储空间。

接下来的 2.3 节和 2.4 节将分别介绍线性表的顺序存储实现和链式存储实现。

2.3　线性表的顺序存储实现

线性表的顺序存储，是指在内存中用地址连续的一块存储空间顺序存放线性表的各元素。顺序存储的线性表称为顺序表。本节简要介绍顺序表的存储表示及基本操作。

2.3.1　顺序表

在程序设计语言中，一维数组在内存中占用的存储空间就是一组连续的存储区域。因此，用一维数组来表示顺序表的数据存储区域是再合适不过的。

考虑到顺序表的运算有插入、删除等，即表的长度是动态可变的，因此数组的容量需要设计得足够大。假设用 *list.data*[*kMaxSize*] 来表示，其中 *kMaxSize* 是一个根据实际问题定义的足够大的整数，顺序表中的数据从 *list.data*[0] 开始依次顺序存放。由于当前顺序表中的实际元素个数可能未达到 *kMaxSize* 个，因此需用一个变量 *list.last* 记录当前顺序表中最后一个元素在数组中的位置。*list.last* 相当于指针，始终指向顺序表中最后一个元素；表空时，*list.last*=−1。

顺序表的存储结构如图2-4所示。当前表长为 *list.last*+1，数据元素分别存放在 *list.data*[0]~*list.data*[*list.last*] 中。

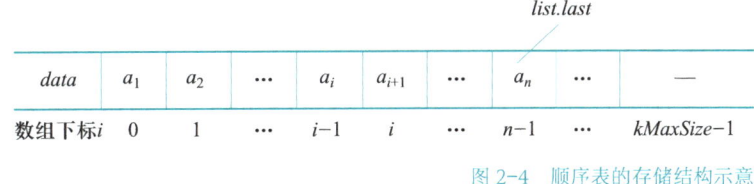

图 2-4　顺序表的存储结构示意

2.3.2　顺序表的基本操作

下面将介绍在上述存储方式的基础上实现顺序表的基本操作。

1. 初始化

顺序表的初始化即构造一个空表。首先动态分配表结构所需要的存储空间，然后将表中的 *list.last* 指针置为 −1，表示表中没有数据元素（见代码2-1）。

代码2-1：产生一个初始空顺序表 InitList(*list*)

输入：顺序表 *list*

输出：完成了初始化的空顺序表 *list*

1.　*list.data* ← **new** ElemSet[*kMaxSize*]　//申请顺序表空间
2.　*list.last* ← −1; //空表中 *list.last* 值为 −1

2. 查找

顺序表的查找主要是指在表中查找与给定值 x 相等的数据元素。由于顺序表的元素都存储在数组 *list.data* 中，所以该查找过程实际上就是在数组中的顺序查找：从第一个元素 a_1 起依次和 x 比较，直到找到一个与 x 相等的数据元素，返回它在顺序表中的存储下标；或者查遍整个表都没有找到与 x 相等的元素，返回 NIL（见算法 2-1）。

算法 2-1： 在顺序表 *list* 中查找元素 x Search(*list*, x)

输入： 顺序表 *list*，$x \in$ ElemSet

输出： 元素 x 在顺序表 *list* 中的位置 i（由于顺序表中的位置从 0 开始，x 的实际位序是 $i+1$）；
如果 x 不在顺序表中返回 NIL

1.　$i \leftarrow 0$;
2.　**while** $i \leq$ *list.last* 并且 *list.data*[i] $\neq x$ **do**
3.　| $i \leftarrow i+1$
4.　**end**
5.　**if** $i>$ *list.last* **then**　// 没找到，返回 NIL
6.　| $i \leftarrow$ NIL
7.　**end**
8.　**return** i

在算法 2-1 中，Search 函数的主要运算是比较。显然，比较的次数与 x 在表中的位置有关，也与表长有关。当 a_1 恰好等于 x 时，比较一次成功；当 a_n 等于 x 时比较 n 次成功。查找成功的平均比较次数为 $(n+1)/2$，平均时间复杂度为 $O(n)$。

3. 插入

顺序表的插入是指在表的第 i（$1 \leq i \leq n+1$）个位序上插入一个值为 x 的新元素，插入后使原表长为 n 的表（$a_1, a_2, \cdots, a_{i-1}, a_i, a_{i+1}, \cdots, a_n$）成为表长为 $n+1$ 的表（$a_1, a_2, \cdots, a_{i-1}, x, a_i, a_{i+1}, \cdots, a_n$）。

顺序表的插入运算步骤如下（伪代码见算法 2-2）：

① 将 $a_i \sim a_n$ 顺序向后移动（移动次序是从 a_n 到 a_i），为新元素让出位置。

② 将 x 置入空出的第 i 个位序。

③ 修改 *list.last* 指针（相当于修改表长），使之仍指向最后一个元素。

算法 2-2： 在顺序表 *list* 的第 i 个位置上插入元素 x Insert (*list*, i, x)

输入： 顺序表 *list*，i 是插入位置的序号（从 1 开始），$x \in$ ElemSet

输出： 完成插入后的顺序表 *list*

1.　**if** *list.last* = *kMaxSize*-1 **then** //表空间已满，不能插入
2.　| 表满不能插入，退出
3.　**end**
4.　**if** $i<1$ 或 $i>$ *list.last*$+2$ **then** //检查 i 的合法性。注意 i 代表位序，不是数组下标
5.　| 插入位置不合法，退出

6.   **end**
7.   **for** $j \leftarrow list.last$ **downto** i-1 **do**
8. | $list.data[j+1] \leftarrow list.data[j]$ // 将 a_i~a_n 顺序向后移动
9.   **end**
10. $list.data[i-1] \leftarrow x$ // 新元素插入
11. $list.last \leftarrow list.last+1$ // $list.last$ 仍指向最后一个元素

算法 2-2 需注意以下问题：

① 顺序表中的数据区域有 $kMaxSize$ 个存储单元。在向顺序表中做插入运算时，应先检查表空间是否已满，在表满的情况下不能再做插入，否则将产生溢出错误。

② 要检验插入位置的合法性。这里 i 是指序号而非数组中的下标，有效范围是 $1 \leqslant i \leqslant n+1$，其中 n 为原表长，即 $list.last+1$。

③ 注意数据的移动次序和方向。

顺序表上的插入运算时间主要消耗在数据的移动上。在第 i 个位置上插入 x，从 a_i 到 a_n 都要向后移动一个位置，共需移动 $n-i+1$ 个元素，而 i 的取值范围为 $1 \leqslant i \leqslant n+1$，即有 $n+1$ 个位置可以插入。设在第 i 个位置上做插入的概率为 p_i，则平均移动数据元素的次数为 $\sum\limits_{i=1}^{n+1} p_i(n-i+1)$。在等概率情况下，即 $p_i=1/(n+1)$ 时，平均移动次数则为

$$\sum\limits_{i=1}^{n+1} p_i(n-i+1) = \frac{1}{n+1}\sum\limits_{i=1}^{n+1}(n-i+1) = \frac{n}{2}。$$

这说明，在顺序表上做插入运算时，平均需移动表中一半的数据元素。显然，其时间复杂度为 $O(n)$。

4. 删除

顺序表的删除运算是指将表中第 i（$1 \leqslant i \leqslant n$）个元素从线性表中去掉，删除后使原表长为 n 的表（$a_1, a_2, \cdots, a_{i-1}, a_i, a_{i+1}, \cdots, a_n$）成为表长为 $n-1$ 的表（$a_1, a_2, \cdots, a_{i-1}, a_{i+1}, \cdots, a_n$）。

顺序表的删除运算步骤如下（伪代码见算法 2-3）：

① 将 a_{i+1}~a_n 顺序向前移动，a_i 元素被 a_{i+1} 元素覆盖。

② 修改 $list.last$ 指针（相当于修改表长），使之仍指向最后一个元素。

算法 2-3：从顺序表 $list$ 中删除第 i 个元素 Remove ($list, i$)

输入：顺序表 $list$，i 是删除元素的位置序号（从 1 开始）
输出：完成删除后的顺序表 $list$

1.   **if** $i<1$ 或 $i>list.last+1$ **then** // 检查是否空表及删除位置是否合法
2. | 不存在这个元素，退出
3.   **end**
4.   **for** $j \leftarrow i$ **to** $list.last$ **do**
5. | $list.data[j-1] \leftarrow list.data[j]$ // 将 a_{i+1}~a_n 顺序向前移动

6.　　**end**
7.　　*list.last←list.last*–1 *//list.last*仍指向最后一个元素

算法 2–3 需注意以下问题：

① 删除第 i 个元素，i 的取值必须为 $1 \leqslant i \leqslant n$，否则第 i 个元素不存在。因此，要检查删除位置的合法性。

② 当表空时不能做删除。因为表空时 *list.last* 的值为–1，条件"$i<1$ 或 $i>list.last+1$"也包括了对空表的检查。

③ 删除 a_i 之后，该数据已不存在。如果需要用该数据，可先将其取出，再做删除。

与插入运算相同，顺序表的删除运算时间主要消耗在移动表中元素上。删除第 i 个元素时，其后面的元素 $a_{i+1} \sim a_n$ 都要向前移动一个位置，共移动了 $n-i$ 个元素，所以平均移动数据元素的次数为 $\sum\limits_{i=1}^{n} p_i(n-i)$。在等概率情况下，即 $p_i=1/n$ 时，平均移动次数则为

$$\sum_{i=1}^{n} p_i(n-i) = \frac{1}{n}\sum_{i=1}^{n+1}(n-i) = \frac{n-1}{2}。$$

这说明顺序表上做删除运算时，平均需要移动表中一半的元素。显然，其时间复杂度为 $O(n)$。

2.4　线性表的链式存储实现

由于顺序表的存储特点是用物理上的相邻实现了逻辑上的相邻，它要求用连续的存储单元顺序存储线性表中各元素，因此对顺序表做插入、删除运算时，需要通过移动数据元素来实现，从而影响了运行效率。本节主要介绍线性表的几种链式存储结构及其基本操作，包括单链表、双向链表、循环链表等。线性表的链式存储结构不需要用地址连续的存储单元实现，不要求逻辑上相邻的两个数据元素物理上也相邻，而是通过"链"建立起数据元素之间的逻辑关系，因此对线性表的插入、删除运算不需要移动数据元素，只需要修改"链"。

2.4.1　单链表

用链表结构可以克服数组表示线性表的缺陷。图 2–5 为单链表（又称单向链表）的表示形式，它有 n 个数据单元，每个数据单元由数据域和链接域两部分组成。其中，数

据域*data*用来存放数值，用a_1, a_2, $\cdots$, a_n表示；链接域*next*是线性表数据单元的结构指针，用带箭头的线段表示。线性表的顺序是用各结点上指针构成的指针链实现的。

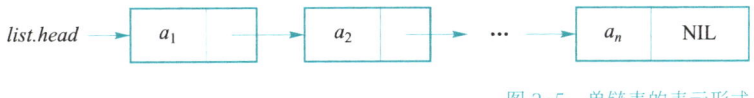

图2-5   单链表的表示形式

为了访问链表，必须先找到链表的第一个数据单元。因此，实际应用中常用一个称为"头指针"（*list.head*）的指针指向链表的第一个单元，并用它表示一个具体的链表。

2.4.2   单链表的基本操作

单链表的基本操作主要包括求表长，以及数据元素的查找、插入、删除等。

1. 求表长

在顺序存储的线性表中求表长是容易的事，直接返回*list.last*+1的值就可以了。但在链式存储的线性表中，则需要将链表从头到尾遍历一遍：设一个移动指针*p*和计数器*counter*；初始化后，*p*逐步往后移，同时计数器*counter*加1；当后面不再有结点时，*counter*的值就是结点个数，即表长（见算法2-4）。

算法2-4：求单链表*list*中的元素个数，即表长 Length (*list*)

输入：单链表*list*，其中*list.head*指向链表头结点

输出：单链表长度

---

1. $p \leftarrow list.head$
2. $counter \leftarrow 0$
3.   **while** $p \neq$ NIL **do**
4. | $counter \leftarrow counter + 1$
5. | $p \leftarrow p.next$
6.   **end**
7.   **return** $counter$

算法2-4的时间复杂度为$O(n)$。

2. 查找

在2.2.1小节线性表的抽象数据类型定义中，有关线性表的查找操作有两种，即按序号查找 Get(*list*, *i*)和按值查找 Search(*list*, *x*)。

① 按序号查找

对于顺序存储的线性表，按序号查找直接就可以实现，但对于链式存储表示的线性表，则需要采用与求表长类似的思路：从链表的第一个元素结点起，判断当前结点是否为第*i*个，若是，则返回该结点的值；否则继续后一个，直到表结束为止。如果没有

第 i 个结点，则返回错误码ErrorCode（见算法2-5）。

算法2-5：返回单链表 $list$ 中第 i 个元素的值 Get ($list$, i)

输入：单链表 $list$，$list.head$ 指向链表头结点，i 是待查找元素在链表中的位序（从1开始）

输出：第 i 个元素值；如果不存在，则返回错误码 ErrorCode

---

1. **if** $list.head$ = NIL 或 i = 0 **then**   //空表或查找位置不合法
2. | **return** ErrorCode
3. **end**
4. $p \leftarrow list.head$
5. $counter \leftarrow 1$
6. **while** $p \neq$ NIL 且 $counter < i$ **do**
7. | $p \leftarrow p.next$
8. | $counter \leftarrow counter + 1$
9. **end**
10. **if** $p \neq$ NIL **then**
11. | **return** $p.data$
12. **else**
13. | **return** ErrorCode   //不存在第 i 个元素
14. **end**

② 按值查找

按值查找的基本方法也是从头到尾遍历，直到找到为止：从链表的第一个元素结点起，判断当前结点值是否等于 x，若是，返回该结点的位置（即指向该结点的指针）；否则继续后一个，直到表结束为止。如果找不到值为 x 的结点，则返回NIL（见算法2-6）。

需注意的是，这里的返回值类型与顺序表对应的结果不同。在顺序表中（见算法2-1），元素在表中的位置即对应数组元素的下标，所以是一个整数 i；而在链表中，元素所在位置记录在指向该结点的指针 p 中，所以返回的是一个指针。

算法2-6：在单链表 $list$ 中查找元素 x 所在的结点 Search($list$, x)

输入：单链表 $list$，其中 $list.head$ 指向链表头结点，$x \in$ ElemSet

输出：元素 x 在单链表 $list$ 中的位置，即指向该结点的指针；如果 x 不在单链表中，返回NIL

---

1. $p \leftarrow list.head$
2. **while** $p \neq$ NIL 且 $p.data \neq x$ **do**
3. | $p \leftarrow p.next$
4. **end**
5. **return** p

上述两种查找算法的时间复杂度均为 $O(n)$。

3. 插入

在线性表 *list* 的第 *i* 个位置上插入元素 *x*，基本思路是：查找第 *i*−1 个结点；若第 *i*−1 个结点存在，则申请一个新结点的空间并填上相应值 *x*，然后将新结点插到第 *i*−1 个结点之后；如果不存在，则直接退出（见算法 2-7）。

算法 2-7： 在单链表 *list* 的第 *i* 个位置上插入元素 *x* Insert (*list, i, x*)

输入： 单链表 *list*，*i* 是插入位置的序号（从 1 开始），*x* ∈ ElemSet

输出： 完成插入后的单链表 *list*

---

1.   **if** *i* < 1 **then**
2. | 插入位置不合法，退出
3.   **end**
4.   **if** *i* = 1 **then** //插入第 1 个结点
5. | *new_node* ← **new** ListNode   //创建新的结点
6. | *new_node.data* ← *x*
7. | *new_node.next* ← *list.head*   //插入表头
8. | *list.head* ← *new_node*
9.   **else** // *i* > 1，寻找第 *i*−1 个结点并插入其后
10. | *p* ← *list.head*
11. | *counter* ← 1
12. | **while** *p* ≠ NIL 且 *counter* < *i*−1 **do**
13. | | *p* ← *p.next*
14. | | *counter* ← *counter* +1
15. | **end**
16. | **if** *p* ≠ NIL **then**   // *p* 指向第 *i*−1 个结点
17. | | *new_node* ← **new** ListNode   //创建新的结点
18. | | *new_node.data* ← *x*
19. | | *new_node.next* ← *p.next*
20. | | *p.next* ← *new_node*
21. | **else**
22. | | 插入位置不合法，退出
23. | **end**
24.   **end**

在算法 2-7 中，插入第 1 个结点必须作为一种特殊情况处理，因为它没有前驱结点。有时为了程序风格的一致性，避免将表头插入作为一种特殊情况处理，可以为链表增加一个空的头结点，而将真正的元素链接在这个头结点之后，如图 2-6 所示。这样做的好处是：第 1 个结点也有了前驱结点，表头插入无须再用不同的代码处理；并且无论在什么位置插入或删除，*list.head* 的值一直指向固定的头结点，不会改变。

对于带头结点的单链表，其插入和删除运算留给读者作为练习。

插入算法的时间复杂度为 *O*(*n*)。

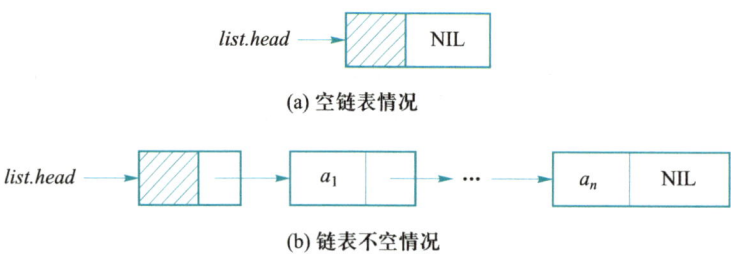

(a) 空链表情况

(b) 链表不空情况

图 2-6　带头结点的单链表

4. 删除

在单链表中删除指定位序为 i 的元素，首先需要找到被删除结点的前一个元素，然后再删除结点并释放空间（见算法 2-8）。

算法 2-8：从单链表 *list* 中删除第 i 个元素 Remove (*list*, i)

输入：单链表 *list*，i 是删除元素的位序（从 1 开始）

输出：完成删除后的单链表 *list*

1.　**if** $i < 1$ **then**
2.　| 删除位置不合法，退出
3.　**end**
4.　$p \leftarrow list.head$
5.　**if** $p \neq$ NIL 且 $i = 1$ **then**　//删除第 1 个结点
6.　| $list.head \leftarrow p.next$
7.　| **delete** p
8.　**else**　// $i > 1$，寻找第 i-1 个结点
9.　| $counter \leftarrow 1$
10.　| **while** $p \neq$ NIL 且 $counter < i$-1 **do**
11.　| | $p \leftarrow p.next$
12.　| | $counter \leftarrow counter + 1$
13.　| **end**
14.　| **if** $p \neq$ NIL 且 $p.next \neq$ NIL **then**　//p 指向第 i-1 个结点，且待删除结点存在
15.　| | $deleted\_node \leftarrow p.next$
16.　| | $p.next \leftarrow deleted\_node.next$
17.　| | **delete** $deleted\_node$
18.　| **else**
19.　| | 删除位置不合法，退出
20.　| **end**
21.　**end**

删除算法的时间复杂度为 $O(n)$。

从单链表的插入、删除运算的代码实现中可以看出：

① 在单链表上插入、删除一个结点，必须知道其前驱结点。

② 单链表不支持按元素序号进行随机访问，只能从头指针开始按顺序逐个进行查找。

前面讨论的主要是以单链表的形式存储线性表，这样的结构可以使每个结点很容易地找到其后继结点，但要找到其前驱结点，则必须从链表头开始查找。如果需要很方便地同时实现前后查找，则可以采用双向链表表示。但双向链表占用的空间相对更大，因为每个结点都需要用到两个指针域。

2.4.3 双向链表

双向链表就是链表中的结点前后之间实现双向链接，即每个结点都有两个指针：一个为next指针，指向后继结点；另一个为prior指针，指向前驱结点。这样一种结构不仅方便任何一个结点查找其前驱和后继结点，而且也方便从链表起始结点到终端结点的双向遍历。

与单链表相比，双向链表的插入和删除需要修改前后相关的两个结点的指针信息。例如，图2-7所示为在双向链表中指针p所指向的结点后插入指针t所指向的结点，相应的伪代码见代码2-2所示。

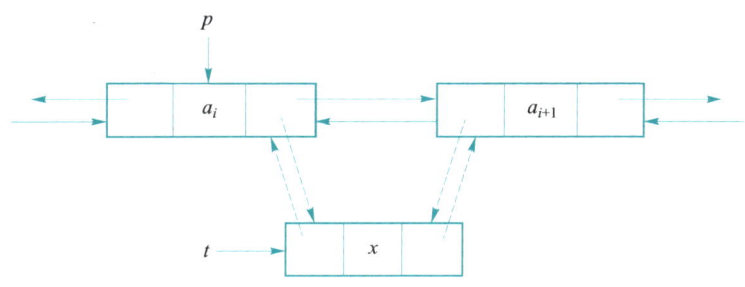

图 2-7　在双向链表中插入指针 t 所指向的新结点

代码2-2：在双向链表中p所指向的结点后插入t所指向的结点 DLLInsert(p, t)

输入：双向链表中某结点指针p，待插入结点的指针t

输出：插入完成后的双向链表$list$

1.　$p.next.prior \leftarrow t$
2.　$t.next \leftarrow p.next$
3.　$p.next \leftarrow t$
4.　$t.prior \leftarrow p$

如果将图2-8所示的双向链表中指针p所指向的结点删除，则相应的伪代码见代码2-3所示。

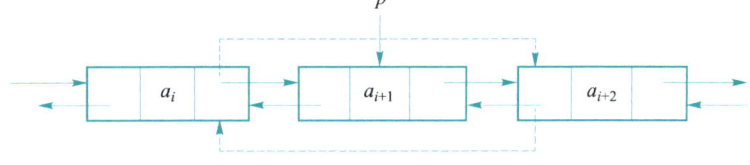

图 2-8　删除双向链表中指针 p 所指向的结点

代码 2-3：将双向链表中 p 所指向的结点删除 DDLDelete(p)

输入：双向链表中待删除结点的指针 p

输出：完成删除后的双向链表 $list$

1. $p.next.prior \leftarrow p.prior$
2. $p.prior.next \leftarrow p.next$
3.   **delete** p

图 2-9　带头结点的空双向链表

同样，为了程序处理方便，双向链表也可以设置一个空的头结点，而将真正的元素链接在这个头结点之后。图 2-9 所示是带头结点的空双向链表。

2.4.4　循环链表

有时需要循环地遍历链表中的序列（如本章习题 9 中的约瑟夫问题），这时只要将链表的头尾相接就可以了，从而形成了循环链表。单链表和双向链表都可以有相应的循环链表。对单循环链表而言，就是让链表终端结点的指针指向链表的起始结点，如图 2-10 所示；而对双向循环链表而言，就是让终端结点的后继指针指向链表的起始结点，同时让起始结点的前驱指针指向链表的终端结点，如图 2-11 所示。

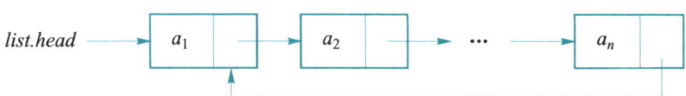

图 2-10　单循环链表

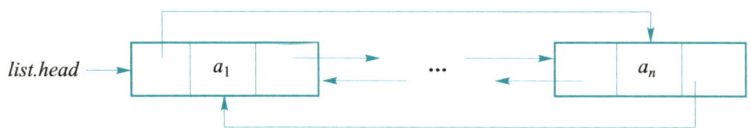

图 2-11　双向循环链表

基于循环链表，一种方便的操作是：可以从任意结点开始，将整个链表遍历一遍。例如，对于单循环链表中指针 $start$ 指向的任意结点，可以从 $start$ 出发将整个链表的每个结点遍历一遍。假设访问每个结点 p 的处理函数是 Visit(p)，则遍历过程如代码 2-4 所示。

代码2-4：从单循环链表中*start*指向的结点开始，遍历每个结点 CLLTraverse(*start*)

输入：起始结点的指针*start*

输出：Visit 函数处理每个访问结点的结果

1.　　$p \leftarrow start$　　//通过指针p遍历
2.　　**do**
3.　　| Visit(p)
4.　　| $p \leftarrow p.next$
5.　　**while** $p \neq start$

⭐2.4.5　静态链表

链表结构相比顺序表结构（数组）虽然需要额外的地址空间，但它提供了一种灵活的插入和删除方式，即不要求前后相邻的两个元素在物理存储上也必须相邻，而顺序表结构就有这个要求。因此，链表结构在插入、删除结点时不需要同时移动相邻的结点，而只需修改相邻结点的指针信息即可。另外，链表结构可以动态地新增和释放结点，不需要事先限定线性表中元素的个数。这种灵活性和动态性使得链表不仅应用于线性表中，而且在更复杂的数据结构（如树、图等）中也广泛使用。

实际上，也可以用数组来实现类似链表这样的动态结构，这就是静态链表。其基本思想是：用数组存放线性表中的元素，但并不按照元素顺序在数组中依序存放，而是给每个数组元素增加一个域，用于指示线性表中下一个元素的位置（即它在数组中的下标）。这种存储结构在物理存储空间上依赖于数组，但元素的逻辑链接关系却是采用了链表的思想，因此称之为静态链表。

静态链表仍需预先分配一个比较大的数组空间，但在线性表中插入和删除元素时，不需要移动其他元素，仅需要修改相应的链接信息。因此，静态链表虽然存储空间是数组，但也具有链表结构的灵活特性。图2-12是静态链表的一个例子，数组 *list* 存储的序列是（*a, b, c, d, e, f, g, h*），其第一个分量 *list*[0].*data* 不存放元素，但 *list*[0].*next* 用来指示序列第一个元素的位置，即本例中第一个元素 *a* 的下标3。*a* 元素分量的 *next* 则指示了下一个元素（元素 *b*）的位置（即下标5），依此类推，最后一个元素的 *next* 是0（相当于链表的 NIL）。

list(*i*).*data*		*g*	*d*	*a*	*e*	*b*	*f*		*h*	*c*	
list(*i*).*next*	3	8	4	5	6	9	1		0	2	
数组下标*i*	0	1	2	3	4	5	6	7	8	9	10

图 2-12　静态链表示例

代码2-5实现了对静态链表（数组）*list* 的遍历。这里假设访问下标为 *p* 的元素的处理函数是 Visit(p)。

代码2-5：将静态链表 *list* 的每个结点访问一遍 SLTraverse(*list*)

输入：静态链表 *list*

输出：Visit 函数处理每个访问结点的结果

1. $p \leftarrow list[0].next$
2. **while** $p \neq 0$ **do**
3. | Visit(p)
4. | $p \leftarrow list[p].next$
5. **end**

★2.4.6 块状链表

根据前文所述，线性表的实现方式主要有两种，即顺序存储和链式存储。对于不同的存储方式，线性表的查找、插入和删除操作的时间复杂性也有所不同。在顺序表中，查找第 k 个元素的时间复杂度是 $O(1)$，而插入/删除元素的时间复杂度是 $O(n)$。在链表中，查找第 k 个元素的时间复杂度是 $O(n)$，而插入/删除元素的时间复杂度是 $O(1)$。

这里要介绍的块状链表在传统的链表结构之上采用"分块"的思想进行改进，它平衡了查找和插入/删除操作的时间复杂度，使得它们的时间复杂度都是 $O(\sqrt{n})$。

块状链表采用双向链表维护总长度不超过 n 的线性表的各元素，并将元素分成若干个块，每个块所包含的元素个数为 $\lfloor\sqrt{n}\rfloor$（最后一个块内的元素个数可能不满）；同时采用一个额外的单链表来维护这些块。其结构示例如图2-13所示。每个块所对应的结点都包含两个指针，其中一个指针指向下一个块所对应的单链表结点，即图2-13单链表中的向右指针；另一个指针指向当前块包含的第一个元素所对应的双向链表结点，即图2-13单链表中的向下指针。图2-13所示的块状链表包含18个元素，每个块所包含的元素个数为 $\lfloor\sqrt{18}\rfloor = 4$。

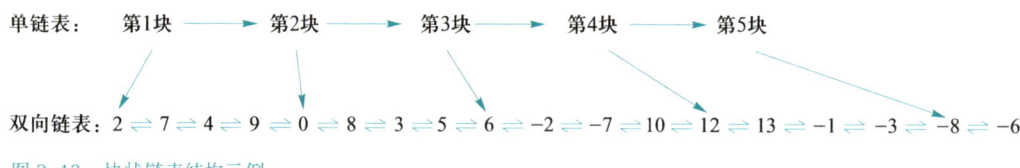

图 2-13   块状链表结构示例

1. 查找操作

在块状链表中，由于除最后一块外每个块内的元素个数都是 $\lfloor\sqrt{n}\rfloor$，因此可以在单链表上快速找到第 k 个元素所在的块，进而找到双向链表中该块的第一个结点。随后，可以从该结点出发快速定位到第 k 个元素所对应的结点。例如，在图2-13所示的块状链表中查找第10个元素的查找路径如下：

① 在单链表中遍历第1块、第2块、第3块。

② 进入第3块对应的双向链表继续查找结点6、结点-2，-2即为第10个元素。

2. 插入操作

如果需要在块状链表的第 k 个元素之后插入新元素，首先应基于查找操作找到第 k 个元素所对应的双向链表结点，随后在双向链表上执行插入操作。此时，由于新元素的插入，第 k 个元素所在的块多了一个元素，因此该块之后所有块指向的双向链表结点将变为原指向结点的前驱结点。

对于图2-13的示例，如果要在第10个元素-2之后插入新元素20，则在双向链表上的结点-2和-7之间插入新元素20，使其变为-2，20，-7。由于新元素的插入，使得原有元素的次序产生变化：原第11个元素变为现第12个元素、原第12个元素变为现第13个元素……。因此，需要将第4块所指向的双向链表结点从12更新为其前驱结点10，第5块所指向的双向链表结点从-8更新为其前驱结点-3。需注意的是，插入操作有可能导致新的块产生，在实现代码中需要处理好这种特殊情况。

3. 删除操作

与插入操作类似，删除操作应先找到第 k 个元素所对应的双向链表结点，随后在双向链表上执行删除操作。由于有元素被删除，该元素所对应的块减少了一个元素，同样需要更新该块之后所有块指向的双向链表结点，即变为原指向结点的后继结点。例如，如果要在图2-13所示的块状链表中删除第10个元素-2，则在双向链表中直接删除该元素，使得第3块的元素从6，-2，-7，10变为6，-7，10，并将元素10的后继元素12纳入第3块，保证第3块还是4个元素。因此，需要将第4块所指向的双向链表结点从12更新为其后继13，第5块所指向的双向链表结点从-8更新为其后继-6。同样，需注意的是，删除操作有可能导致块数减少，在实现代码中需要处理好这种特殊情况。

下面简单分析一下块状链表的时间复杂性。在块状链表中，可以近似地认为总共有 $\sqrt{n}$ 个块，每个块内的元素为 $\sqrt{n}$ 个。查找操作最多遍历 $\sqrt{n}$ 个块，再遍历块内 $\sqrt{n}$ 个元素，因此其时间复杂度为 $O(\sqrt{n})$。插入和删除操作在查找操作的基础上，还需要额外更新块所指向的双向链表结点，而需要更新的块的数量同样是不超过 $\sqrt{n}$ 个的，因此插入和删除操作的时间复杂度也是 $O(\sqrt{n})$。

总结一下，块状链表将原始链表上的元素分块，并用额外的一条单链表维护这些块。块状链表通过先在单链表上查找块，再在块内查找元素的方式，加速了原始链表结构上的查找操作。

2.5　线性表的应用

本节将介绍线性表的两个典型应用：一元多项式的加法和大整数处理。

2.5.1　一元多项式的加法

本章 2.1 节分析了一元多项式的三种可能的存储表示方法。这里将针对其中的第三种方法，即采用链表结构来存储多项式的非零项，进一步讨论一元多项式加法的实现。

用链表表示多项式时，每个链表结点存储多项式中的一个非零项，包括系数 $coef$、指数 $expon$ 两个数据域，以及一个指针域 $next$。我们采用不带头结点的单链表结构存储一元多项式，并按照指数递减的顺序排列各项。仍以两个多项式 $P_1(x) = 9x^{12} + 15x^8 + 3x^2$ 和 $P_2(x) = 26x^{19} - 4x^8 - 13x^6 + 82$ 为例，其链表存储形式见图 2-3 所示。

对链表存放的两个多项式进行加法运算，可以使用两个指针 $p1$ 和 $p2$。初始时，$p1$ 和 $p2$ 分别指向这两个多项式的第一个结点（即指数最高的项）。通过循环，不断比较 $p1$ 和 $p2$ 所指的各结点，比较结果为以下三种情况之一，并做不同处理：

① 两数据项指数相等：将系数相加，若结果不为 0，则作为结果多项式对应项的系数，连同指数一并存入结果多项式。接下来，沿两结点的指针域，使 $p1$ 和 $p2$ 都分别指向两个多项式的下一项，再进行新一轮的比较和处理。

② $p1$ 中的数据项指数较大：$p2$ 当前项不变，将 $p1$ 的当前项存入结果多项式，并使 $p1$ 指向下一项，再进行新一轮的比较和处理。

③ $p2$ 中的数据项指数较大：$p1$ 当前项不变，将 $p2$ 的当前项存入结果多项式，并使 $p2$ 指向下一项，再进行新一轮的比较和处理。

当某一多项式最后一个结点处理完时，停止上述求和过程，并将未处理完的另一个多项式的所有结点依次复制到结果多项式中。

算法 2-9 是对链式存储的两个多项式进行加法运算的伪代码实现。其中，函数 Attach($coef$, $expon$, $rear$) 将系数 $coef$ 和指数 $expon$ 构成的新的非零项加入结果多项式的末端（$rear$ 所指处），同时更新 $rear$ 值。注意：相加并不改变原有的多项式 $p1$ 和 $p2$。

算法 2-9：一元多项式加法运算 PolynomialAdd($p1$, $p2$)

输入：两个链式存储的多项式 $p1$ 和 $p2$

输出：$p1$ 和 $p2$ 的和多项式 p

1. $p \leftarrow$ **new** PolyNode　//为方便表头插入，产生一个临时空结点作为结果多项式链表的表头
2. $rear \leftarrow p$
3.   **while** $p1 \neq$ NIL 且 $p2 \neq$ NIL **do**　//当两个多项式都有非零项待处理时

4.　| **if** *p*1.*expon* > *p*2.*expon* **then** 　// *p*1 中的数据项指数较大

5.　| | *rear* ← Attach(*p*1.*coef*, *p*1.*expon*, *rear*)

6.　| | *p*1 ← *p*1.*next*

7.　| **else if** *p*1.*expon* < *p*2.*expon* **then** // *p*2 中的数据项指数较大

8.　| | *rear* ← Attach(*p*2.*coef*, *p*2.*expon*, *rear*)

9.　| | *p*2 ← *p*2.*next*

10.　| **else** 　// 两数据项指数相等

11.　| | *sum* ← *p*1.*coef* + *p*2.*coef*

12.　| | **if** *sum* ≠ 0 **then**

13.　| | | *rear* ← Attach(*sum*, *p*1.*expon*, *rear*)

14.　| | **end**

15.　| | *p*1 ← *p*1.*next*

16.　| | *p*2 ← *p*2.*next*

17.　| **end**

18.　**end**

19.　// 将未处理完的另一个多项式的所有结点依次复制到结果多项式中

20.　**while** *p*1 ≠ NIL **do**

21.　| *rear* ← Attach(*p*1.*coef*, *p*1.*expon*, *rear*)

22.　| *p*1 ← *p*1.*next*

23.　**end**

24.　**while** *p*2 ≠ NIL **do**

25.　| *rear* ← Attach(*p*2.*coef*, *p*2.*expon*, *rear*)

26.　| *p*2 ← *p*2.*next*

27.　**end**

28.　*temp* ← *p*

29.　*p* ← *p*.*next* 　// 令 *p* 指向结果多项式第一个非零项

30.　**delete** *temp* 　// 释放临时空表头结点

31.　**return** *p*

2.5.2 大整数处理

高级程序设计语言一般都提供一些事先定义好的数据类型供程序员直接使用，比如使用整型来表示一个 $[-2^{31}, 2^{31})$ 之间的整数。但是，当需要处理的整数的绝对值特别大时，这些预先定义好的数据类型就不再能满足使用需求了。此时，可以采用前文介绍的顺序表结构来表示这些大整数，即使用顺序表中的元素依次表示该大整数的个位数、十位数、百位数……。在这样的结构中，各位数字从低位到高位顺次存在数组 *digits* 中，另外还需要使用变量 *length* 记录其位数、*sign* 记录其正负。

举例而言，一个整数 *n* = -23 456 所对应的存储表示为：*digits*[] = {6, 5, 4, 3, 2}，*length* = 5，*sign* = -1。

在实际应用中，除了需要表示这些大整数之外，还可能需要基于大整数进行一些运算。接下来简要介绍最常用的大整数加法和乘法运算。

1. 大整数加法运算

简单起见，先假设两个大整数相加的结果是正数的情形。当需要计算一个正的大整数a加一个正的大整数b或一个正的大整数a加一个负的大整数$-b$（$a>b$）时，运算基本过程如下：

① 将两个大整数的位数对齐（位数较少的大整数的高位补0）。

② 将两个大整数对应的位数依次相加或相减，同时处理进位或借位，并将结果存入一个新的大整数c中。

③ 处理加法导致的最高位进位，或减法导致的前导0问题。

这一过程和小学加法算术基本一致。例如，计算96 789+4 321时，相应的数组$digits$分别为{9, 8, 7, 6, 9}和{1, 2, 3, 4}。首先，将位数对齐，得到{9, 8, 7, 6, 9}和{1, 2, 3, 4, 0}。随后，将对应位数相加，同时用一个记录进位的变量$carry$（初始化为0）处理进位问题。具体过程为：个位数与$carry$相加得到9+1+0=10，需要进位，则$carry=1$，结果的个位数字是10-10=0；十位数与$carry$相加时，得到8+2+1=11，需要进位，则$carry=1$，结果的十位数字是11-10=1；以此类推。注意在计算万位数字时，有9+0+1=10，需要进位，则需要再加一个十万位的数字，最终得到{0, 1, 1, 1, 0, 1}。因此，最终的运算结果是101 110。

当两个大整数做减法时，$carry$记录的是借位信息，需要借位时$carry=-1$，此时对应位的计算结果应该加10。另外，减法可能导致结果中有前导0，需要特别处理，更新结果c的$length$值，使其正确表示c的位数。

大整数加法运算的伪代码如算法2-10所示。

算法2-10：大整数加法运算 BigIntAdd(*a*, *b*)

输入：大整数a和b。注意：本算法只处理$a+b>0$的情况

输出：$a+b$的和c

1.　　$c.sign \leftarrow 1$　//需要保证$a+b>0$
2.　　$c.length \leftarrow$ Max($a.length$, $b.length$)　　//位数对齐
3.　　$carry \leftarrow 0$　　//进位/借位值初始化为0
4.　　**for** $i \leftarrow 0$ **to** $c.length-1$ **do**
5.　　| **if** $i<a.length$ **then**
6.　　| | $x \leftarrow a.sign \times a.digits[i]$
7.　　| **else**
8.　　| | $x \leftarrow 0$　　//最高位补0
9.　　| **end**
10.　| **if** $i<b.length$ **then**
11.　| | $y \leftarrow b.sign \times b.digits[i]$

```
12.  | else
13.  | | y ← 0    // 最高位补 0
14.  | end
15.  | c.digits[i] ← x+y+carry
16.  | if c.digits[i] ≥ 10 then   //处理进位
17.  | | carry ← 1
18.  | | c.digits[i] ← c.digits[i]-10
19.  | else if c.digits[i]<0 then   //处理借位
20.  | | carry ← -1
21.  | | c.digits[i] ← c.digits[i]+10
22.  | else
23.  | | carry ← 0
24.  | end
25.  end
26.  if carry>0 then    //加法导致最高位产生进位
27.  | c.digits[c.length] ← carry
28.  | c.length ← c.length+1
29.  end
30.  while c.length>0且c.digits[c.length-1]=0 do    //消除减法导致高位出现的前导0
31.  | c.length ← c.length -1
32.  end
33.  return c
```

前面介绍了大整数加法中最简单的情况，即计算结果一定为正。对于其他情形，可以通过提取符号来进行问题转换。比如：在处理一个正的大整数 a 加一个负的大整数 $-b$（$a<b$）时，可以转而计算 b 和 $-a$ 相加的结果，并将最终结果的符号位取反；在处理一个负的大整数 $-a$ 加一个负的大整数 $-b$ 时，可以转而计算 a 和 b 相加的结果，并将最终结果的符号位取反。

2. 大整数乘法运算

对于求两个大整数的乘积问题，只需要能够处理一个正的大整数与另一个正的大整数相乘，便能通过提取符号轻松处理大整数乘法的所有情形。

计算两个正的大整数 a 和 b 乘积的基本思路是：首先，用 i 和 j 的二重循环分别枚举大整数 a 和 b 的每一位（数组下标从0开始），对于 a 的第 i 位数字和 b 的第 j 位数字（按从低位到高位的顺序），将它们相乘并累加至表示计算结果的大整数 c 的第 $i+j$ 位上。然后，对于得到的大整数 c，从最低位到最高位依次处理进位问题，得到最终的计算结果。

例如，计算大整数 5 678 与 1 234 的乘积时，相应的数组 $digits$ 分别为 $\{8, 7, 6, 5\}$ 和 $\{4, 3, 2, 1\}$。按照上述步骤枚举这两个大整数的每一位，并将相乘的结果累加到对应的位数上。比如，对于大整数 5 678 的 $digits[2]=6$ 和大整数 1 234 的 $digits[1]=3$，得

到相乘的结果 $6 \times 3 = 18$，并将 18 累加到计算结果的 $digits[2+1]$ 上。由此得到的计算结果的数组 $digits$ 为 $\{8 \times 4, 8 \times 3+7 \times 4, 8 \times 2+7 \times 3+6 \times 4, 8 \times 1+7 \times 2+6 \times 3+5 \times 4, 7 \times 1+6 \times 2+5 \times 3, 6 \times 1+5 \times 2, 5 \times 1\}$，即 $\{32, 52, 61, 60, 34, 16, 5\}$。最终，从低位到高位处理进位问题，计算结果的数组 $digits$ 变为 $\{2, 5, 6, 6, 0, 0, 7\}$，即结果是 7 006 652。

相应的伪代码如算法 2-11 所示。

算法 2-11：大整数乘法运算 BigIntMultiply(a, b)

输入：大整数 a 和 b

输出：$a \times b$ 的积 c

1.　　**if** $a.length=0$ 或 $b.length=0$ **then**　　//处理结果为 0 的特殊情况
2.　　| $c.sign \leftarrow 1$
3.　　| $c.length \leftarrow 0$
4.　　**else**　//a 和 b 均不为 0
5.　　| **if** $a.sign=b.sign$ **then**　　//判断结果的符号位
6.　　| | $c.sign \leftarrow 1$
7.　　| **else**
8.　　| | $c.sign \leftarrow -1$
9.　　| **end**
10.　| $c.length \leftarrow a.length+b.length-1$　　//确定结果的位数
11.　| **for** $i \leftarrow 0$ **to** $c.length-1$ **do**　　　　//初始化 c
12.　| | $c.digits[i] \leftarrow 0$
13.　| **end**
14.　| **for** $i \leftarrow 0$ **to** $a.length-1$ **do**　　　　//计算并累加结果
15.　| | **for** $j \leftarrow 0$ **to** $b.length-1$ **do**
16.　| | | $c.digits[i+j] \leftarrow c.digits[i+j]+a.digits[i] \times b.digits[j]$
17.　| | **end**
18.　| **end**
19.　| $carry \leftarrow 0$　//初始化进位值
20.　| **for** $i \leftarrow 0$ **to** $c.length-1$ **then**　　　// 从最低位到最高位依次处理进位问题
21.　| | $temp \leftarrow c.digits[i]+carry$
22.　| | $c.digits[i] \leftarrow temp \% 10$
23.　| | $carry \leftarrow temp / 10$
24.　| **end**
25.　| **if** $carry>0$ **then**　　//最高位产生进位
26.　| | $c.digits[c.length] \leftarrow carry$
27.　| | $c.length \leftarrow c.length+1$
28.　| **end**
29.　**end**
30.　**return** c

从加法和乘法的计算过程可以看出，大整数处理的基本思路就是运用线性表来存储其每一位上的数字，在计算加法或乘法时按位进行。设参与运算的两个大整数的位数都不超过 n，在大整数加法中，需要遍历两个大整数的每一位并将其对应相加，因此时间复杂度是 $O(n)$。而在大整数乘法中，需要用一个二重循环分别遍历两个大整数的每一位，因此时间复杂度是 $O(n^2)$。

☆ 2.6　拓展延伸

本节简要介绍更复杂一些的线性结构，包括广义表、多维数组和特殊矩阵、稀疏矩阵和舞蹈链等内容。

2.6.1　广义表

首先我们来看一个例子：用线性表来表示一个单位的人员情况。一种简单的表示方法是按照人员入职的时间顺序进行排列：

（张三，李四，王五，钱六，孙七，……）

如果这些人又分布在同一单位的三个不同部门，如办公室、生产部和销售部，我们又希望体现不同员工的部门归属关系，那么可以用如下三个有序序列的子表构成的线性表来表示：

（（张三，……），（李四，孙七，……），（王五，钱六，……））

再进一步，如果想突出表示这个单位的负责人（如丁一），那么可将该负责人作为表的第一元素：

（丁一，（张三，……），（李四，孙七，……），（王五，钱六，……））

上述这类表就是一种"广义表"。广义表是线性表的推广，它与线性表一样，也是由 n 个元素组成的有序序列。其不同点在于：对于线性表而言，所有的 n 个元素都是基本的单元素；而在广义表中，这些元素不仅可以是单元素，也可以是另一个广义表。广义表在人工智能、文本处理等领域有着广泛的应用。例如，人工智能领域的表处理语言 LISP 的实现就是将广义表作为基本的数据结构。广义表不仅和线性表一样可以表达简单的线性顺序关系，而且可以表达更复杂的非线性多元关系。比如，本书后续章节将要介绍的树形结构就可以用广义表的方式来表示。

广义表一般记为

$$\text{GList} = (a_1, a_2, \cdots, a_{i-1}, a_i, a_{i+1}, \cdots, a_n)$$

其中，a_i可以是单元素，也可以是广义表。

由于广义表中的元素可以有不同的结构（单元素或广义表），因此不适合采用顺序存储方式表示，而通常采用链式存储结构。也就是用由结点组成的链表来表示广义表，结点对应每个元素；如果该元素还是一个广义表，则通过该结点引申出另一个链表。

针对广义表中的结点为单元素的情况，需要有一个$data$域来存储该单元素的值；而针对其结点为广义表的情况，则需要有一个sub_list域来指向另一个链表。

对同一个结点，上述两个域实际上只需要其中一种，因此可以用共用体（union）来实现这两个域的复用。图2-14（a）所示为广义表中数据的存储结构，图2-14（b）为上述按部门组织的单位员工表示例。

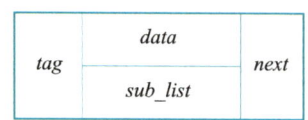

(a) 广义表中数据的存储结构

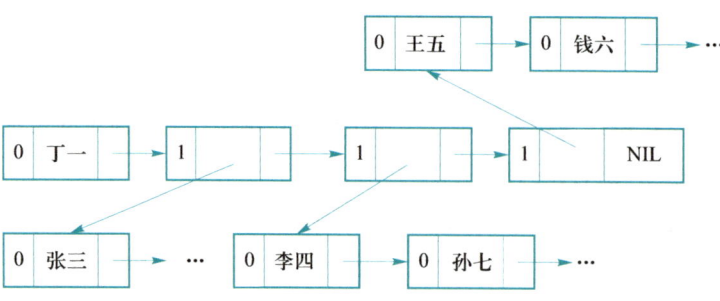

(b) 按部门组织的单位员工表示例

图2-14　广义表中数据的存储结构及示例

前面介绍了一元多项式非零项的线性表表示法，那么，对于二元多项式应该怎么表示呢？广义表就是一种可以考虑的表示方法。

例如，二元多项式$P(x, y) = 9x^{12}y^2 + 4x^{12} + 15x^8y^3 - x^8y + 3x^2$可以看成是关于$x$的一元多项式，其中的系数不仅是常数，而且可以是关于y的一元多项式，即$P(x, y) = (9y^2 + 4)x^{12} + (15y^3 - y)x^8 + 3x^2$。因此，可以采用如图2-15所示的广义表来表示。

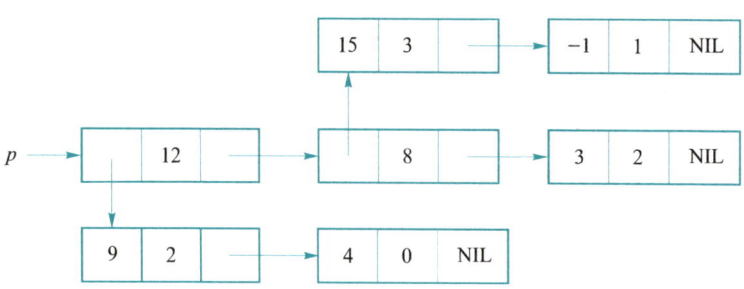

图2-15　二元多项式的广义表表示示例

需要注意的是，为了区分 x 的每一项系数是常量，还是关于 y 的一元多项式，需要在每个结点中增加一个标记，表示该结点是单元素还是一个单链表。另外，前面这种表示是否适合二元多项式，还要看相关的操作是什么。如果操作主要围绕 y 进行，那可以把二元多项式看成是关于 y 的一元多项式，而不是关于 x 的一元多项式。

2.6.2　多维数组和特殊矩阵

多维数组（包括矩阵）元素可以按照事先确定的顺序存放，从而可以以线性存储方式表示这些多维数组以及矩阵。对于某些特殊矩阵（如三角矩阵）甚至可以用线性存储方式实现数据存储空间的压缩。

1. 多维数组的线性存储

数组是最基本的构造类型，它是一组相同类型数据的有序集合。数组元素在内存中连续存放，每个元素都属于同一种数据类型。用数组名和下标可以唯一地确定数组元素，例如一维数组的引用形式为：数组名[下标]。

许多编程语言支持多维数组。最常见的多维数组是二维数组，主要用于表示二维表和矩阵等。引用二维数组的元素要指定两个下标，即行下标和列下标。其形式为：数组名[行下标][列下标]。

数组是采用顺序存储结构并按照确定的顺序存放的。如果是一维数组，则按照数组下标从小到大的顺序存放每一个元素。如果是多维数组，多数程序设计语言是按照行优先的顺序存放，即先存放第0行的元素，再存放第1行的元素……每一行中的元素再按照列的顺序存放。

例如，对于二维数组，可以将其看成是一维数组（每行）的一维数组。因此，采用逐行连续存放的方式存储二维数组中的每一个元素，各行元素再按照列从小到大的顺序存放。比如，二维整型数组 a[3][4] 的元素存放顺序如下：

a[0][0]	a[0][1]	a[0][2]	a[0][3]	a[1][0]	a[1][1]	a[1][2]	a[1][3]	a[2][0]	a[2][1]	a[2][2]	a[2][3]

基于上述存储规律，如果已知二维数组第一个元素 a[0][0] 的存储位置以及每个元素的存储空间大小，可以很容易地计算出任意一个元素 $u[i][j]$ 的存储位置。对于上述例子，如果 a[0][0] 的存储地址是 l_{00}，假设每个整型数存储单元的大小（$size$）是4个字节，那么 a[i][j] 的存储位置是 $l_{00}+(i \times 4+j) \times 4$，其中第一个4代表每行元素个数（即列数 n_c）。一般来说，二维数组元素 a[i][j] 的存储位置（地址）l_{ij} 的计算方法如下：

$$l_{ij} = l_{00} + (i \times n_c + j) \times size \qquad (2\text{-}1)$$

更一般地，可以把二维数组元素的位置计算方法推广到 n 维数组。设 n 维数组各维大小是 $(s_1, s_2, \cdots, s_n)$，第一个元素的地址是 $l_{(0, 0, \cdots, 0)}$，每个元素占用空间为 $size$ 个字节，则下标为（$i_1, i_2, \cdots, i_n$）的元素位置是：

$$l_{(i_1, i_2, \cdots, i_n)} = l_{(0, 0, \cdots, 0)} + (i_1 \times s_2 \times s_3 \times \cdots \times s_n + i_2 \times s_3 \times \cdots \times s_n + \cdots + i_{n-1} \times s_n + i_n) \times size \qquad （2-2）$$

可以看出，n 维数组中任意元素与第一个元素的相对位置不仅和该元素的下标有关，也和前 $n-1$ 维的大小以及元素占用空间的大小有关。按照这个公式，对 n 维数组任意元素的访问都可以用同样的时间计算出所要访问的地址。因此，访问时间也是固定的常量时间。所以，类似数组这样的访问方式又被称为随机访问。

2. 特殊矩阵

一种特殊的矩阵是三角矩阵，即在矩阵主对角线以上（或者以下）的三角区域内（不包含主对角线）的所有元素都是零。如果矩阵 $\boldsymbol{A} = (a_{ij})$，其主对角线的下三角部分元素均为 0，也就是不为零的元素均在主对角线的上三角部分，即满足 $a_{ij}=0$，$i>j$，这样的矩阵称为上三角矩阵；反之，如果主对角线的上三角部分元素均为 0，也就是不为零的元素均在主对角线的下三角部分，即满足 $a_{ij}=0$，$i<j$，这样的矩阵称为下三角矩阵，如图 2-16 所示。

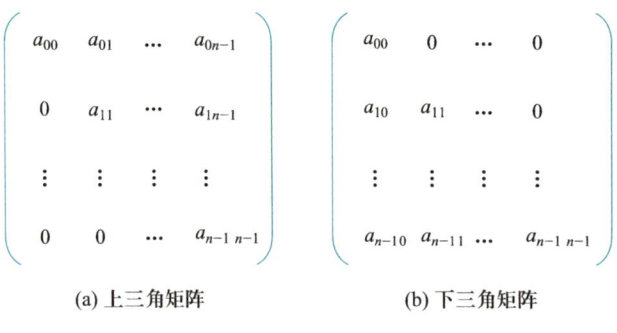

(a) 上三角矩阵　　　　　　(b) 下三角矩阵

图 2-16　特殊矩阵——三角矩阵示例

对于三角矩阵，显然不需要存储矩阵的所有元素，只要存储包含不为零元素的上三角或下三角（包含主对角线）的元素值就可以了。可以将上三角（或下三角）的元素以按行的顺序依次存放在一维数组中，也就是用顺序表的形式存放三角矩阵，以减少存储原始矩阵所需要的空间。假设矩阵大小是 $n \times n$，直接用二维数组的存储方法需要 $n \times n$ 个元素空间，而如果只存储上三角（或下三角）元素，则需要的存储空间个数是 $1+2+3+\cdots+n = n(n+1)/2$，减少了将近一半的存储空间。

这样的存储方法对元素的访问也还算比较方便，因为元素 a_{ij} 到一维数组的对应关系可以很容易地建立起来。比如，对于下三角矩阵，设单个元素所占的空间为 $size$，则 $a[i][j]$ 的存储位置 l_{ij} 与矩阵首个元素 $a[0][0]$ 的地址 l_{00} 之间的关系是：

$$l_{ij} = l_{00} + (i \times (i+1)/2 + j) \times size, \quad i \geqslant j \qquad （2-3）$$

这样一种压缩空间的存储方法同样适用于其他特殊矩阵，比如对称矩阵。对称矩阵是指一个 n 阶矩阵 $\boldsymbol{A} = (a_{ij})$，其中任意元素 a_{ij} 都等于 a_{ji}。也就是说，该矩阵的元素沿主对角线对称。因此,对称矩阵只要存储上三角(含主对角线)元素或下三角(含主对角线)元素就可以了。所以,可以用三角矩阵压缩存储的同样方法,将该矩阵元素映射到一个一维数组中存储。这样,同样可以减少将近一半的存储空间。

⋆2.6.3 稀疏矩阵和舞蹈链

为了节省含有较多零元素的稀疏矩阵的存储空间,典型的做法是采用一种复杂的多重链式存储结构——十字链表表示稀疏矩阵,其中每行和每列非零元素分别组成单向循环链表。舞蹈链则是一种每行每列分别由双向循环链表组成的十字链表,方便实现整行和整列的删除和恢复操作。

1. 稀疏矩阵

在矩阵中,若数值为零的元素数目远远多于非零元素的数目,并且非零元素的分布没有规律,则称该矩阵为稀疏矩阵。与之相反,若非零的元素数目占大多数时,则称该矩阵为稠密矩阵。我们定义非零元素的总数与矩阵所有元素的总数的比值为矩阵的稠密度。

如果直接用多维数组存储稀疏矩阵,由于存在大量零元素,显然空间利用率不高。例如,图2-17所示的 4×5 矩阵 A 中非零元素只有7个,只占整个矩阵元素的7/20。

为了更好地节省存储空间,可以采用只记录非零元素的方法,即用(行号,列号,元素值)这样的三元组来记录每个非零元素。对于图2-17所示的稀疏矩阵,只要用如下三元组构成的线性表,即三元组表就可以表示(行、列号均从0开始):

((0, 0, 18), (0, 3, 2), (1, 1, 27), (2, 3, −4), (3, 0, 23), (3, 1, −1), (3, 4, 12))

在物理存储方面,三元组表可以用顺序存储,也可以用链式存储。

(1)三元组表的顺序存储

如果元素类型是整数,可以简单地用 n 行3列的二维数组表示三元组表,其中第一列 row 为行号,第二列 col 为列号,第三列 $value$ 为元素值。

对于图2-17所示的例子,其结构数组的存储形式如图2-18所示。

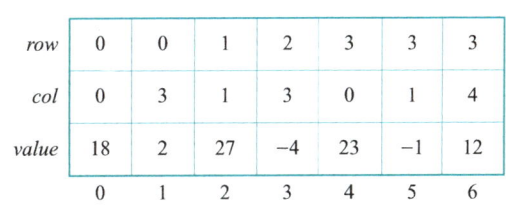

图 2-17 稀疏矩阵示例   图 2-18 图 2-17 稀疏矩阵 A 的结构数组存储

（2）三元组表的链式存储

在本章 2.4 节介绍的链表中，无论是单链表还是双向链表，每个结点基本上都属于同一个链表。有种更复杂的链表是"多重链表"，即链表中的结点属于多个链表。一般来说，多重链表中每个结点的指针域会是多个（如两个）。当然，包含两个指针域的链表并不一定是多重链表。例如，在双向链表中每个结点都包含了向前和向后两个指针域，但每个结点还是都属于同一个链表，所以尽管双向链表的结点有多个指针域，但不是多重链表。

可以采用一种典型的多重链表——十字链表来存储稀疏矩阵的三元组表。

十字链表中用于存放矩阵非零元素的每个结点有两个指针域，一个是行指针域（或称为向右指针）*right*，另一个是列指针域（或称为向下指针）*down*，结点的数据域存放元素的行坐标 *row*、列坐标 *col* 和数值 *value*。

对应每个行链表和列链表都有一个头结点，这里将两个头结点合并成一个，即第 *i* 行的头结点也是第 *i* 列的头结点。行链表和列链表与其相应的头结点用循环链表连接；而且各头结点本身也用链接域链起来，构成一个带头结点的循环链表。这三种循环链表实现了矩阵的多重链表表示。

为了区分行/列链表的头结点和非零元素结点，在两种结点中再增加一个标识域 *tag*，头结点的标识值为 *head*，矩阵非零元素结点的标识值为 *term*。图 2-19 给出了十字链表存储稀疏矩阵的结点结构示意图。

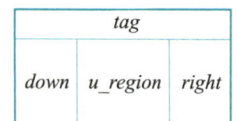 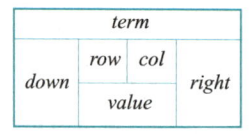 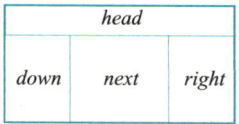

(a) 十字链表结点的总体结构　　(b) 矩阵非零元素结点的结构　　(c) 头结点的结构

图 2-19　十字链表存储稀疏矩阵的结点结构

上述定义中可以用 union 实现共用体 *u_region*，用结点标识 *tag* 将两种结点统一在一起定义。对于某一个具体结点，当该结点是头结点时，其结点标识域 *tag* 赋值为 *head*，相应的共用体 *u_region* 为结点指针 *next*；否则该结点是一个非零元素结点，其结点标识域赋值为 *term*，相应的共用体 *u_region* 为元素数据（*row, col, value*）。

图 2-20 为图 2-17 稀疏矩阵 *A* 的十字链表表示形式。头结点的个数为矩阵行、列数的较大者，这里取为 5。需要一提的是，头结点链表的头结点（图 2-20 中 *A* 所指结点）指向并代表了一个具体的稀疏矩阵，而且其构成与非零元素结点是一样的，但其 *row*、*col* 和 *value* 域的值分别为矩阵的行数、列数和非零元素总个数。

为了表示清晰起见，图 2-20 中画出了两组头结点，用水平排列的头结点表示列链表，它们的 *down* 域指向每个列链表的第一个元素结点；而垂直排列的头结点表示行链表，它

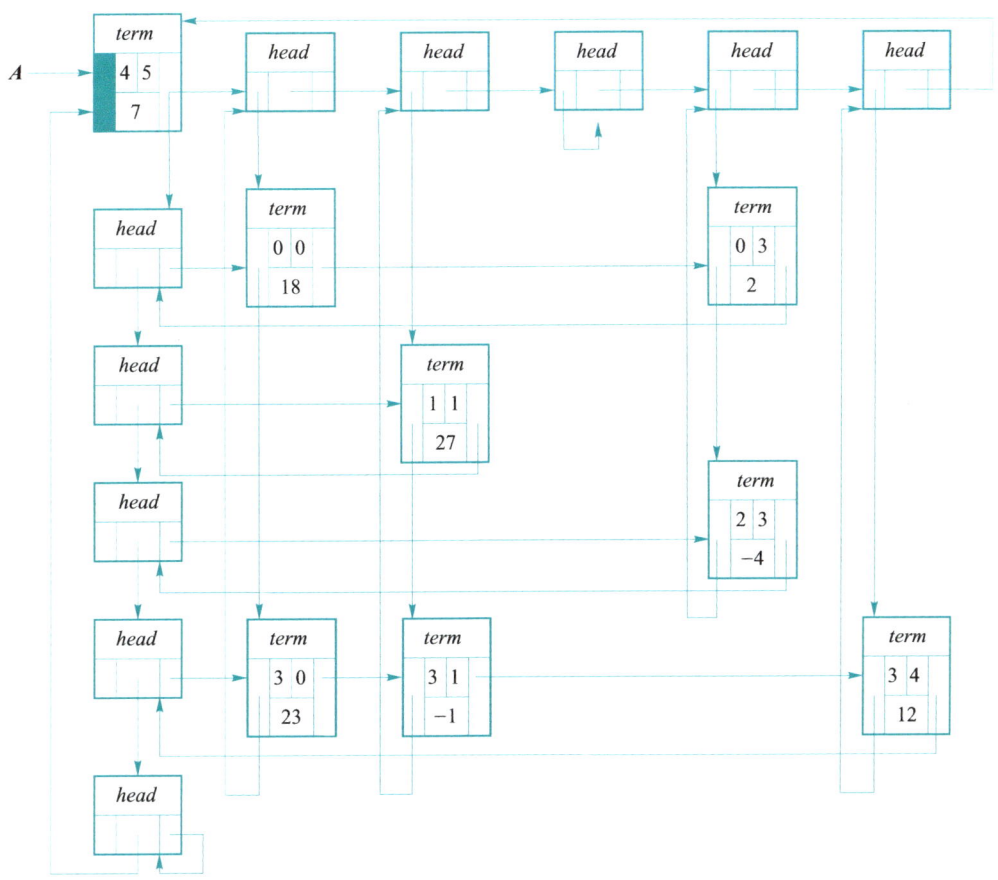

图 2-20　图 2-17 中矩阵 *A* 的十字链表表示

们的 *right* 域指向每个行链表的第一个元素结点。其实，水平和垂直的两组头结点实际上是同一组头结点，它们的 *down* 域和 *right* 域分别链接列链表和行链表，*next* 域则链接头结点。

2. 舞蹈链

我们来研究一个问题：给定一个元素值为 1 或 0 的 *n* 行 *m* 列矩阵，现在需要从中挑选若干行形成新的矩阵，要求新矩阵的每一列有且仅有一个元素为 1。例如，在图 2-21 中，右侧矩阵中用矩形框所选行形成的新矩阵中，所有列有且只有一个 1。这个问题就是典型的精确覆盖问题，它需要从矩阵中选取若干行，使得这些行中的 1 精确地覆盖原矩阵的每一列。

$$
\begin{pmatrix}
0 & 1 & 0 & 0 & 0 & 1 & 0 \\
0 & 0 & 0 & 1 & 1 & 1 & 0 \\
0 & 1 & 1 & 0 & 0 & 0 & 1 \\
1 & 0 & 0 & 1 & 0 & 0 & 1 \\
1 & 0 & 0 & 1 & 0 & 0 & 0 \\
0 & 0 & 1 & 0 & 1 & 0 & 1
\end{pmatrix}
\Rightarrow
\begin{pmatrix}
0 & 1 & 0 & 0 & 0 & 1 & 0 \\
0 & 0 & 0 & 1 & 1 & 1 & 0 \\
0 & 1 & 1 & 0 & 0 & 0 & 1 \\
1 & 0 & 0 & 1 & 0 & 0 & 1 \\
1 & 0 & 0 & 1 & 0 & 0 & 0 \\
0 & 0 & 1 & 0 & 1 & 0 & 1
\end{pmatrix}
$$

图 2-21　精确覆盖问题及其解示例

为了解决精确覆盖问题，图灵奖获得者 Donald E. Knuth 设计了基于递归和回溯的 X 算法。X 算法采用回溯搜索（见第 15 章）的思想，在矩阵中寻找合适的行实现精确覆盖。回溯搜索是在尝试搜索所有可能的过程中寻找问题的解，当发现已不满足求解条件时，就"回溯"返回，尝试别的路径。例如，如果在搜索中发现选中的行中有两个 1 位于同一列，那么就没必要再继续搜索下去，此时直接回溯；如果已选中了一行，那么该行中所有 1 所在的列也可以一起删除，以减小矩阵规模。

X 算法的执行需要大量的矩阵行、列删除操作以及恢复操作，因此需要有良好的矩阵数据结构支持。舞蹈链就是在此背景下被 Knuth 首次提出，用于支持 X 算法中的整行删除、整列删除操作以及恢复操作。

前面介绍了用于维护零元素较多的大型矩阵（即稀疏矩阵）的一种数据结构：十字链表，其中串联每行和每列非零元素的是单循环链表。舞蹈链则是一种双向循环十字链表结构，图 2-22 给出了舞蹈链的结构示例。

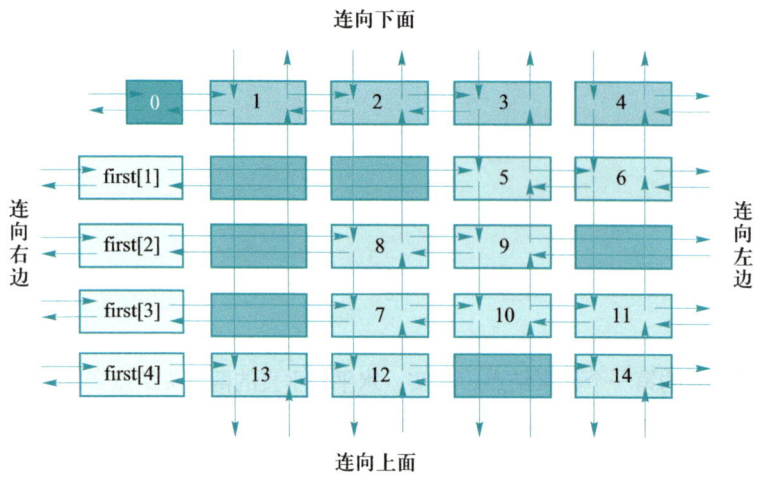

图 2-22   双向循环十字链表：舞蹈链结构示例

舞蹈链中的每个结点对应矩阵中的一个非零元素，存储该非零元素的值以及所在行和列的信息，且每个结点还包含上、下、左、右共 4 个指针，分别指向所在列链表及所在行链表的前驱和后继结点。此外，每一行都有一个行首指示结点，每一列也有一个列首指示结点。值得注意的是，与前面介绍的十字链表相比，舞蹈链中的行链表、列链表并非是顺序的。比如，列链表中的结点并非是按照所在行从低到高排好序的，同样，行链表中的结点也并非是按照所在列从左向右排好序的。也就是说，行链表、列链表可能是乱序的。

在舞蹈链中可以快速地删除矩阵的某一行，其步骤为：找到该行的行首结点，随后从行首结点开始遍历该行的所有结点，将这些结点从所在的列链表中删除。同理，也可以在舞蹈链中快速地删除矩阵的某一列。在舞蹈链中还可以快速地向矩阵第 r 行、第

c列插入一个元素，其步骤为：新建一个结点，将其所在行设为r、所在列设为c、值设为要插入的元素值，随后将该结点直接插入第r行对应的行链表、第c列对应的列链表。由于舞蹈链中的行、列链表是乱序的，在做插入运算时直接将结点插入对应的行、列链表的头部即可。

关于舞蹈链更多的背景知识，可以参考有关参考文献。

2.7 应用场景：内存管理

操作系统的主要功能是管理计算机系统资源，包括CPU、内存、硬盘（文件系统）、输入输出设备等。其中，内存管理需要为不同用户的进程动态地按请求分配内存并回收释放的内存资源。本节将讨论如何采用线性表实现操作系统空闲内存的动态管理。

一种简单的内存管理的基本模型是：最初整个内存区是一个连续的"空闲块"，称为内存池。随后，不断有用户提出分配不同大小内存的请求（如用户的malloc函数请求），内存管理需要为这些请求分配符合要求的连续内存空间，所分配的空间将由用户占用，这个过程称为内存分配。先前分配的内存可能在未来某一时刻被用户释放（如用户的free函数释放空间），内存管理就需要回收这些内存，也就是内存状态由"被占用"重新转为"空闲"状态。可以想象，由于随机的内存申请和释放，最初完整的空闲内存空间将会随时间推移而形成占用块与空闲块相互交错的状态，如图2-23所示。

图 2-23　内存占用块（阴影块）与空闲块（白色块）的相互交错

内存管理的一种方法是将所有不同大小的空闲块按照地址顺序看作一个有序的序列，所以可以采用线性表方法来管理空闲块。

接下来需要解决的主要问题是如何组织空闲块、如何实现内存的分配和释放操作。

1. 空闲块结构

由于空闲块的大小是不确定的，需要有信息来标注每个空闲块的大小。一种方法是在每个空闲块的头上记录该空闲块大小$size$、空闲块状态标记tag（被占用还是空闲），以及串联这些空闲块的链表指针。为了方便内存分配和释放的管理，一般空闲表采用双向链表结构，每个空闲块中含有两个指针域l_link和r_link，分别指向前、后两个空闲块。为了方便内存回收时相邻两个空闲块的合并，每个空闲块的最后也含有空闲块大小$size$、空闲块状态标记tag的信息。

图 2-24（a）展示了一个空闲块的结构示例，其中：块开始处的"+"表示空闲块、k 为空闲块大小，随后是两个分别指向前、后空闲块的指针，形成空闲表的双向链表结构；块末尾处同样有块大小 k 和空闲块状态标记"+"。图 2-24（b）则展示了空闲块被占用之后的结构，其中块头和块尾的标记为"−"，代表该空闲块已被占用，k 同样是代表块大小，显然此时不再需要链接前、后空闲块的两个指针了。

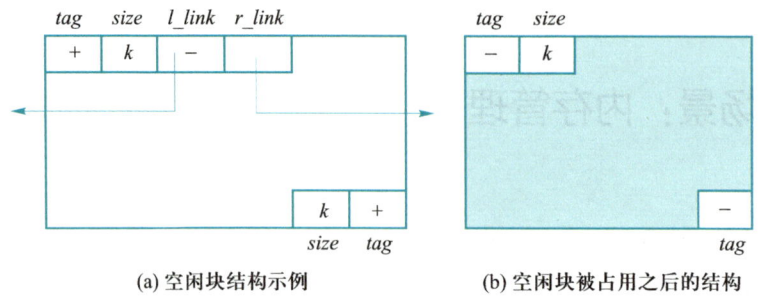

(a) 空闲块结构示例　　　　　　(b) 空闲块被占用之后的结构

图 2-24　被占用前后的空闲块结构示例

2. 内存分配

内存分配就是在空闲表中寻找一块能满足大小要求的内存块。由于空闲表是由若干个不连续的空闲块通过链表串联起来的，内存分配所要找的空闲块的空间大小一定要大于或等于用户申请的空间大小。这里涉及两个问题：如何找到满足要求的空闲块，以及如何处理空闲块。

可以从空闲表的头块开始，按顺序搜索满足要求（即空间大小大于或等于申请大小）的空闲块，有首次适配、最佳适配等方法。

首次适配是指从空闲表的头块开始逐个寻找，找到第一块符合要求的空闲块。一种改进的方法是：每次从上次达到的位置开始往后寻找，避免空闲表头部的空闲块"碎片"聚集。

最佳适配是指在空闲表的所有空闲块中寻找满足要求的最小空闲块，即给空闲块造成的"浪费"最少。

显然，首次适配方法比较简单且速度快，但其缺点是会把较大的块拆分为较小的块，使得今后无法满足较大内存的申请需求；而最佳适配方法则尽量产生较小的浪费，以保留较大的内存空间，但它计算速度比较慢。但是，不管采用哪种方法，都会造成一定时间后产生大量比较小的空闲块。这些空闲块虽然总量上有一定规模，但每一块都比较小，无法满足用户的内存申请需求。这种现象就是所谓的"内存碎片"，操作系统往往在一定时机就要进行内存的"碎片整理"。

作为例子，图 2-25 显示了当前空闲空间的链表。如果此时申请大小为 6 的空间，按照首次适配方法，分配的空间将是第 b 块；如果采用最佳适配方法，则分配的空间将是第 c 块，因为在满足要求的空闲块 b、c、e 中，第 c 块空间是最小的。

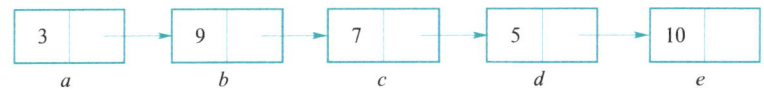

当找到满足要求的空闲块后，接下来有两种方法可以用来处理这个空闲块：

① 将这个空闲块作为可用的内存空间（对于用户来说有多余的空间）。此时需要将该空闲块从空闲表中删除（相当于执行线性表的删除操作），同时将该空闲块的首地址返回给用户。由于链表结点的删除需要知道该结点的前驱结点，而单链表的前驱结点不容易查找，因此一般内存空闲表会采用双向链表形式。

② 从空闲块中划出申请大小的空间给用户，剩下空间仍然作为空闲块继续保留在空闲表中。也就是说，将原空闲块分为两部分：一部分作为用户申请的空间返回给用户，另一部分作为小一点的空闲块继续保留在空闲表中。

3. 内存释放

用户完成任务后需要释放之前申请占用的内存空间，由内存管理将用户释放的内存块放回到内存空闲表中，相当于执行线性表的插入操作。这些被释放的内存块可能与其他空闲块在地址上是相邻的，此时需要将其进行合并。

为了实现前后空闲块的合并，需要查看刚释放的内存块前后相邻的内存块是否为空闲块，如果是空闲块则进行合并。在空闲块的结构中，每个空闲块的头和尾都有状态标记"+"，如果该空闲块被占用，则该标记信息设置为"−"。因此，只要判别前后内存块的标记信息就可以知道该内存是否为空闲块。

本章小结

线性表作为一种典型的线性结构，是由若干数据元素组成的有序序列。其基本操作有插入、删除、查找等。线性表主要有顺序存储和链式存储两种存储实现方法。基于顺序存储的线性表实现方式简单，对元素访问随机，但动态性不够；而链式存储方式对频繁增/删结点且表长有较大变化的应用来说更加适合。最常见的链式存储是单链表，每个结点都有一个指针指向其后继结点（最后一个结点除外）。这种结构简单，但它只能从前向后访问各个结点。双向链表则通过设置分别指向后继和前驱结点的两个指针，实现从前向后和从后向前两个方向的访问。无论是单链表还是双向链表，都可以设置成循环链表，即最后一个结点的向后指针指向链表的头结点，双向链表的头结点的向前指针还指向链表的最后一个结点。

静态链表是物理存储依赖于顺序存储结构、逻辑链接关系采用链表思想的一种线性表结构。

块状链表在传统的链表结构之上采用"分块"的思想进行改进，平衡了查找操作的时间复杂度和插入/删除操作的时间复杂度，使得查找和插入/删除操作的时间复杂度有所提高。

　　本章还拓展介绍了广义表、多维数组、特殊矩阵、稀疏矩阵和舞蹈链等线性结构。广义表是对一般线性表的推广，是一种"表中有表"的数据元素组织方式。多维数组根据其在空间上按行顺序存储的特点，可以很容易地计算出每个元素的存储位置，从而实现类似一维数组的随机访问。特殊矩阵和稀疏矩阵可以进行压缩存储，以减少所需的存储空间，其中稀疏矩阵可以通过十字链表记录非零元素。舞蹈链是一种采用双向链表链接的十字链表，可以较好地支持矩阵的整行删除、整列删除以及恢复操作。

　　线性表的典型应用包括：多项式的表示、大整数的表示、操作系统空闲内存块管理等。

本章习题

　　1. 线性表在什么情况下适用于链式结构实现，又在什么情况下适用于顺序存储结构实现？

　　2. 如果线性表中最常用的操作是在最后一个元素之后插入一个元素和删除第一个元素，那么采用哪种存储方式最节省运算时间？

　　3. 给定一个顺序表 $L=(a_1, a_2, \cdots, a_n)$，请设计一个时间和空间上尽可能高效的算法，删除所有值大于最小元素 min 而且小于最大元素 max 的元素。

　　4. 给定顺序表 $L=(a_1, a_2, \cdots, a_n)$，请设计一个时间和空间上尽可能高效的算法，将该表循环右移指定的 m 位。例如，将（1,2,5,7,3,4,6,8）循环右移 3 位（$m=3$）后的结果是（4,6,8,1,2,5,7,3）。

　　5. 如果链表采用带空头结点的方式实现，请修改算法 2-7（单链表插入）和算法 2-8（单链表删除），实现相应的插入和删除操作。

　　6. 请设计时间和空间上都尽可能高效的算法，求链式存储的线性表的倒数第 m 个元素。

　　7. 请设计算法，将单链表中的元素倒置（逆转），即将 $a_1, a_2, \cdots, a_n$ 倒置为 $a_n, a_{n-1}, \cdots, a_1$，并输出倒置后的单链表元素。要求额外的空间复杂度为 $O(1)$，即不能申请新的结点存储空间，在原链表上实现就地逆转。

　　*8. 给定一个顺序表 $L=(a_1, a_2, \cdots, a_n)$，请设计一个算法，查找该表中的最长递增子序列。例如，（1, 9, 2, 5, 7, 3, 4, 6, 8, 0）中最长的递增子序列为（3, 4, 6, 8）。请分析所设计的算法的时间和空间复杂度。

　　*9. 约瑟夫问题。编号为 1, 2, 3, $\cdots$, n 的 n 个人按照顺时针方向围坐一圈。从第一个人开始按顺时针方向从 1 报数，当报到指定的数 m 时，报 m 的人出列。再从他的顺时针方向的下一个人开始重新从 1 报数，报到 m 的人出列；如此下去，直到所有人都出列。请设计算法，用单循环链表模拟约瑟夫问题的出列过程，输出出列的顺序。

　　*10. 如果采用图 2-14 所示的结构来表示广义表，请设计一个算法，判断两个广义表是否相等。

*11. 三对角矩阵是一个正方矩阵，其中非零元素只出现在对角线以及与对角线元素水平或垂直相邻的位置上，其形式如图2-26所示。

$$
\begin{pmatrix}
a_{00} & a_{01} & 0 & 0 & \cdots & 0 & 0 \\
a_{10} & a_{11} & a_{12} & \ddots & \ddots & 0 & 0 \\
0 & a_{21} & a_{22} & \ddots & \ddots & a_{n-3\,n-2} & 0 \\
\vdots & \ddots & \ddots & \ddots & \ddots & a_{n-2\,n-2} & a_{n-2\,n-1} \\
0 & 0 & \cdots & \cdots & a_{n-1\,n-2} & a_{n-1\,n-1}
\end{pmatrix}
$$

图2-26　三对角矩阵示意图

给定一个大小为100×100的三对角矩阵A，如果按行将其元素$a_{ij}(0 \leqslant i \leqslant 99, 0 \leqslant j \leqslant 99)$存储于一个顺序表中：$a_{00}$, a_{01}, a_{10}, a_{11}, a_{12}, a_{21}, $\cdots$（顺序表起始元素的位置下标为0）。请问元素a_{ii}在顺序表中的下标是多少？请写出相应的计算公式。

溯源与参考文献

顺序存储的线性表作为一种自然而然的数据结构，在早期的存储程序式计算机中就已得到广泛运用。1946年，在Presper Eckert、John Mauchly、John von Neumann和Howard H. Aiken等人于宾夕法尼亚大学讲授的课程讲义 *Theory and Techniques for the Design of Electronic Computers* 中，系统讨论了一种带有磁鼓存储器的计算机的设计，其中每条指令都提供一个额外的地址，用于指向下一条指令所在的存储单元。最早的线性表链式存储的思想就受启发于这种计算机的设计。

在20世纪50年代，类似线性表的结构更多的是与"表处理语言"联系在一起，如IPV-V（Allen Newell, Clift Shaw, Herbert A. Simon）、LISP 1.5（John McCarthy）等。John W. Carr III的论文[1]和Gerrit A. Blaauw的论文[2]均将链表的概念逐渐脱离程序设计语言而抽象出来。循环链表和双向链表一般被视为随着链表概念出现而自然而然出现的，最早使用它们的文献资料可追溯至Joseph Weizenbaum的论文[3, 4]。Douglas T. Ross在其论文[5]中专门讨论了具有多重链接的链表。而专门针对稀疏矩阵的讨论最早可溯源至 Reginald P. Tewarson 关于 Sparse Matrices 的文献[6]。

直到20世纪60年代中期，数据结构的概念还没有形成。1968年，图灵奖获得者Knuth出版了著名的 *The Art of Computer Programming, Vol 1: Fundamental Algorithms*[7]一书，将表处理视为一种通用的、跨语言的算法，数据结构的概念开始逐渐形成。

Knuth在2000年提出了一种称为Dancing Links（舞蹈链）的数据结构[8]，用于求解精确覆盖问题。由于该数据结构中的指针在数据之间跳跃，就像精巧设计的舞蹈一样，舞蹈链由此而得名。

如果读者对操作系统的内存管理感兴趣，可以进一步查看操作系统方面的资料，比如William Stallings的操作系统教材。

本章参考文献

[1] CARR III J W. Recursive subscripting compilers and list-type memories[J]. Communications of the ACM, 1959, 2(2): 4-6.

[2] BLAAUW G A. Indexing and control-word techniques[J]. IBM Journal of Research and Development, 1959, 3(3): 288-301.

[3] WEIZENBAUM J. Knotted list structures[J]. Communications of the ACM, 1962, 5(3): 161-165.

[4] WEIZENBAUM J. Symmetric list processor[J]. Communications of the ACM, 1963, 6(9): 524-536.

[5] ROSS D T. A generalized technique for symbol manipulation and numerical calculation[J]. Communications of the ACM, 1961, 4(3): 147-150.

[6] TEWARSON R P. Sparse matrices[M]. New York: Academic Press, 1973.

[7] KNUTH D E. The art of computer programming, vol 1: fundamental algorithms[M]. Reading, Mass: Addison-Wesley, 1968.

[8] KNUTH D E. Dancing links[J]. Millennial Perspectives in Computer Science, 2000: 187-214.

第 3 章

栈与队列

栈与队列在计算机学科中具有广泛的应用，从简单的表达式计算到编译器对程序语法的检查和处理，再到操作系统对各种资源的管理，都有 其用武之地。从逻辑结构来说，栈与队列都是典型的线性结构。与

本章引子

线性表不同的是，栈与队列上的操作比较特殊，受到一定的限制，仅允许在线性表的一端（栈）或两端（队列）进行。所以，栈和队列常被称为操作受限的线性表。

本章将分别介绍栈与队列的逻辑结构、存储实现，以及常见的应用。3.1 节通过超市货架管理引入栈和队列的概念；3.2 节、3.3 节分别给出栈和队列的定义与结构；3.4 节通过算术表达式求值、递归实现与系统运行栈介绍栈的应用，并以火车车厢重排为例介绍队列的应用；3.5 节是本章的拓展延伸内容，介绍单调栈和单调队列；最后，3.6 节介绍队列在计算系统中的一个应用场景：消息队列。

3.1　问题引入：超市货架管理

　　超市在安排货架上商品的陈列方式时，如何兼顾商品的特点与商品的补架和选购呢？

　　在遵循吸引力、方便性等通用原则的基础上，超市在陈列商品时会根据其特点选用不同形式和规格的货架来摆放。例如，冰激凌等冷冻食品多采用冰柜陈列，并根据冰柜的结构形成不同的补架策略：单门式冰柜因其构造特点，理货人员补架时通常打开冰柜门直接放在最前面，顾客选购商品直接开门即可取到最前面的物品，这样使得商品的补架和选购均在冰柜门的一端进行；而大型冰柜往往装备面向顾客的前门和面向营业员的后门，这样补架在后门一端进行，选购则在另一端前门进行。

　　本质上，补架是将特定商品插入货架的某个位置，而选购则是从货架的某个位置删除选定的商品。对单门式冰柜而言，商品的插入和删除均在货架的一端进行，形成商品后进先出的结构特点；而对具备前后门的双门式大型冰柜而言，商品的插入在货架的一端，而删除则在另一端进行，形成商品先进先出的结构特点。我们将具有后进先出特点的结构称为栈，而将满足先进先出特点的结构称为队列。亦即，栈和队列是限制了存取点的线性表。

　　本章将从定义、存储实现及其典型应用等角度，介绍栈和队列这两种操作受限的线性结构。

3.2　栈的定义与结构

　　栈是一种操作受限的线性表，即插入新元素和删除栈中既有元素都限定在线性表的一端进行。栈的这一端通常称为栈顶，与此相对，栈的另一端称为栈底。因插入和删除限制在栈顶，最后插入的元素总是最先被删除或读取，而最先插入的元素则被压在栈底，只有等上面后进的元素都被删除后方可取出。这就形成了栈后进先出（last in first out，LIFO）的操作特点，栈也因此被称为后进先出表，简称LIFO表。例如，碗橱里的一摞盘子、前述超市中的单门式冰柜中商品的陈列结构等都可视为栈的实例。栈结构的示意如图3-1所示。

操作受限一定程度上降低了栈操作的灵活性，但同时也简化了栈的实现。后进先出的特点使得栈获得了广泛的应用，并形成其特有的一些术语。习惯上，将往栈中插入元素的操作称为入栈、进栈或压栈，而将删除栈顶元素的操作称为出栈或弹栈。

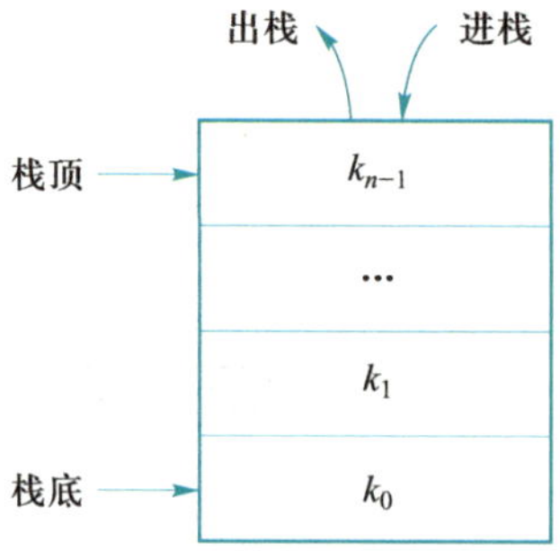

图 3-1 栈结构示意

3.2.1 栈的定义

作为限制存取点的线性表，栈的抽象数据类型具有与线性表相同的数据对象和数据关系，其基本运算包含入栈 Push、出栈 Pop、读取栈顶元素（简称取顶）Top 等常用操作，以及判断栈是否为空 IsEmpty/满 IsFull 等边界检查操作。根据抽象和封装原则，只可通过抽象数据类型（ADT）定义的这些运算来对栈操作。

栈的一种 ADT 定义如下：

ADT Stack { //栈的抽象数据类型定义
数据对象：
　　$\{ a_i \mid a_i \in \text{ElemSet}, \ i=1, 2, \cdots, n, n>0 \}$ 或 $\varnothing$（即空表），ElemSet 为元素集合。
数据关系：
　　$\{ <a_i, a_{i+1}> \mid a_i, a_{i+1} \in \text{ElemSet}, \ i=1, 2, \cdots, n-1 \}$。
基本操作：
　　InitStack(*stack*)：　　　初始化一个空的栈 *stack*。
　　DestroyStack(*stack*)：　释放栈 *stack* 占用的所有空间。
　　Clear(*stack*)：　　　　清空栈 *stack*。
　　IsEmpty(*stack*)：　　　栈 *stack* 为空返回真，否则返回假。
　　IsFull(*stack*)：　　　　栈 *stack* 满返回真，否则返回假。
　　Top(*stack*)：　　　　　返回栈 *stack* 的栈顶结点，栈顶结点不变。
　　Push(*stack*, *x*)：　　　将结点 *x* 压入栈 *stack*，使其成为新的栈顶。
　　Pop(*stack*)：　　　　　将栈顶结点弹出栈 *stack*。
}

值得注意的是，ADT 定义中的操作函数可根据具体应用的需求增删。例如，栈的链式实现不需判断栈是否已满，也有些实现会将取顶 Top 和出栈 Pop 操作合二为一。

栈的实现与其存储结构密切相关，通常有顺序存储和链式存储两种实现方式。下面将对这两种存储结构及其相应操作分别予以介绍。

3.2.2 栈的顺序存储实现

采用顺序存储结构的栈称为顺序栈。顺序栈的栈元素存储在一块连续的区域中，需要事先知道或估计栈的大小。

顺序栈本质上是简化的顺序表。用顺序表存储一个具有n个元素的栈，需首先确定表的哪一端表示栈顶。若表的首位置作为栈顶，按照栈的定义，所有插入和删除操作都在首位置上进行，即意味着每次Push或Pop操作都需将所有栈元素在表中后移或前移一个位置，时间代价为$O(n)$。反之，若将表的尾部设置为栈顶，压栈则只需将新元素添加在表尾，出栈也只是删除表尾元素，两个操作均不影响栈中其他元素，每次操作的时间代价为$O(1)$。图3-2所示即为按后一种方案实现的栈，其中的下标*top*表示栈顶位置，通常称为栈顶指针。

0　1　2 　　　　　　　　　*top*

图3-2　顺序栈示意

顺序栈的实现也是简化版的顺序表实现，其中用*capacity*表示栈的容量，用*top*指示当前栈顶位置（同时也反映了当前栈中元素的个数）。代码3-1给出了顺序栈的初始化方法，算法3-1~算法3-3给出了顺序栈中入栈和取顶、出栈操作的实现算法。

代码3-1：顺序栈的初始化 InitStack(*stack*, *kMaxSize*)

输入：栈*stack*和正整数*kMaxSize*

输出：一个大小为*kMaxSize*的顺序栈

1.　　*stack.capacity*←*kMaxSize*

2.　　*stack.top*←−1

3.　　*stack.data*←**new** ElemSet[*kMaxSize*]

算法3-1：顺序栈的入栈操作 Push(*stack*, *x*)

输入：栈*stack*和待压入的元素*x*

输出：压入*x*后的顺序栈；若栈满，则退出

1.　　**if** IsFull(*stack*) = **true then**

2.　　| 栈满，退出

3.　　**else**

4.　　| *stack.top* ← *stack.top*+1

5.　　| *stack.data*[*stack.top*] ← *x*

6.　　**end**

算法 3-2：顺序栈的取顶操作 Top(*stack*)

输入：栈 *stack*

输出：栈顶元素；若栈空，则输出 NIL

1.   **if** IsEmpty(*stack*) = **true then**
2. | **return** NIL
3.   **else**
4. | **return** *stack.data*[*stack.top*]
5.   **end**

算法 3-3：顺序栈的出栈操作 Pop(*stack*)

输入：栈 *stack*

输出：删除栈顶元素后的顺序栈；若栈空，则退出

1.   **if** IsEmpty(*stack*) = **true then**
2. | 栈空，退出
3.   **else**
4. | *stack.top* ← *stack.top* −1
5.   **end**

栈顶指针 *top* 的设置可采用下述两种方式之一：

① 虚指，即栈中第一个空闲位置，空栈的 *top* 为 0。

② 实指，即栈中最后压入元素的位置，而非第一个空闲位置，空栈的 *top* 应初始化为 −1。

前一种方式会浪费表中一个位置，本书采用后一种方式定义。这样，*top* 表示栈中最新插入元素的位置，Push 一个元素时首先将 *top* 加 1，再在新的栈顶位置插入该元素；Pop 操作则将 *top* 减 1。

图 3-3 展示了一个容量为 6 的顺序栈在元素增删过程中栈顶指针和栈内容的动态变化。其中：图 3-3（a）表示空栈状态，此时 *top* = −1；往栈中压入元素 *A* 后栈状态如图 3-3（b）所示，栈顶指针 *top* 修改成当前栈顶元素所在位置 0；图 3-3（c）为多次入栈操作后栈已满的状态，此时 *top* 值为 *stack.capacity* −1；在图 3-3（c）的基础上连续执行两次出栈操作后形成图 3-3（d）所示的状态。

当栈中已有 *stack.capacity* 个元素时，进栈操作将导致上溢；相反，在空栈上进行出栈操作时会造成下溢。上溢和下溢统称为溢出现象。为避免溢出，进栈和出栈操作之前需检查栈的状态，如算法 3-1 和算法 3-3 所示。在出现上溢时若仍希望执行进栈操作，可对当前顺序栈进行扩容。例如，申请一个容量扩大一倍的连续空间，依次将顺序栈的原有内容移动到新区域，释放原有栈空间，再按正常的方式执行进栈操作。

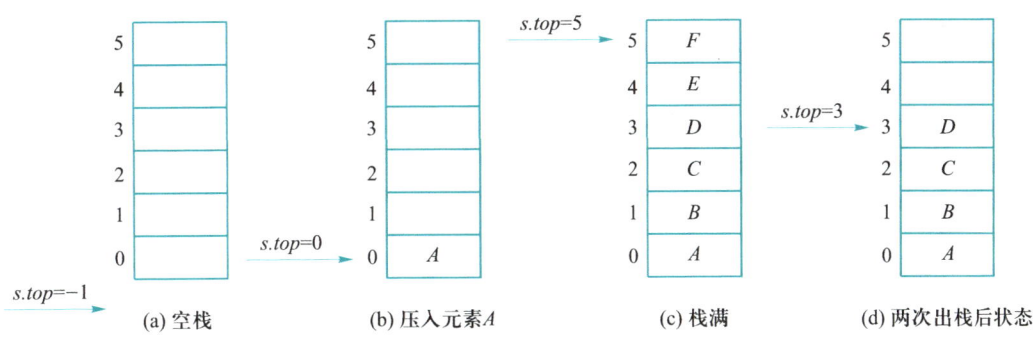

图 3-3 顺序栈的入栈 / 出栈操作示例

3.2.3 栈的链式存储实现

采用链式存储结构的栈称为链式栈。链式栈本质上是简化的链表。为存取方便，栈顶元素通常设置为链表头。图 3-4 是链式栈的一个简单示意。

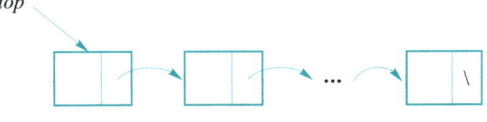

图 3-4 链式栈示意

代码 3-2 是链式栈的初始化实现。注意：在顺序栈中，*capacity* 存的是栈的总容量；而在链式栈中，*size* 存的是当前栈中元素的个数。算法 3-4~算法 3-6 给出了链式栈的入栈和取顶、出栈操作。栈顶指针 *top* 指向链表的首结点，结点类型 stackNode 包含数据 *data* 和后继指针 *next*。进栈操作 Push 在链表头插入元素，出栈操作 Pop 删除链表首元素并释放空间。Push 和 Pop 操作都只需修改链表头指针，时间复杂度均为 $O(1)$。

代码 3-2： 链式栈的初始化 InitStack(*stack*)

输入：无

输出：一个空的链式栈

1.   *stack.size* ← 0
2.   *stack.top* ← NIL

算法 3-4： 链式栈的入栈操作 Push(*stack*, *x*)

输入：栈 *stack* 和待压入的元素 *x*

输出：压入 *x* 后的链式栈

1.   *new_node* ← **new** StackNode
2.   *new_node.data* ← *x*
3.   *new_node.next* ← *stack.top*
4.   *stack.top* ← *new_node*
5.   *stack.size* ← *stack.size*+1

算法 3-5：链式栈的取顶操作 Top(*stack*)

输入：栈 *stack*

输出：栈顶元素；若栈空，则输出 NIL

1.　**if** IsEmpty(*stack*)=**true then**
2.　| **return** NIL
3.　**else**
4.　| **return** *stack.top.data*
5.　**end**

算法 3-6：链式栈的出栈操作 Pop(*stack*)

输入：栈 *stack*

输出：删除栈顶元素后的链式栈；若栈空，则退出

1.　**if** IsEmpty(*stack*) = **true then**
2.　| 栈空，退出
3.　**else**
4.　| *temp* ← *stack.top*
5.　| *stack.top* ← *stack.top.next*
6.　| **delete** *temp*
7.　| *stack.size* ← *stack.size*−1
8.　**end**

3.2.4　栈的变种

在编译器等计算机系统软件中，往往同时使用和管理多个栈，这时可充分利用顺序栈单向延伸的特性。例如，共享栈使用一块连续区域存放两个栈，以使它们共享同一顺序表空间，提高空间利用率。其存储结构为：把顺序表的两端设置为两个栈各自的栈底，从两端开始向中间迎面延伸，如图 3-5 所示。若两个栈的空间需求恰好相反，即一个栈增长时另一个缩减，这种方法很奏效。反之，如果两个栈同时增长，数组中间区域的空间会很快用完。

两个底部相连的栈构成双栈，两个栈顶分别是 *top*1 和 *top*2，如图 3-6 所示。双栈本质上是一种加限制的双端队列，规定从 *top*1 插入的元素只能从 *top*1 端删除，而从 *top*2 插入的元素只能从 *top*2 端删除。

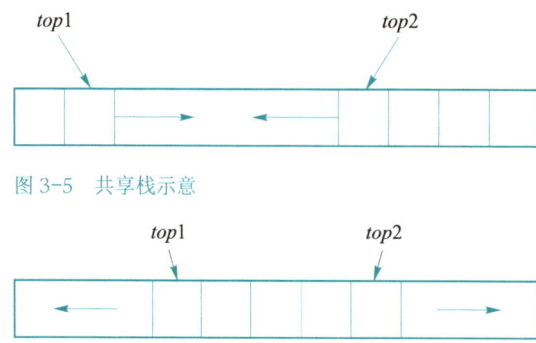

图 3-5　共享栈示意

图 3-6　双栈示意

3.3 队列的定义与结构

与栈类似，队列也是一种限制访问点的线性表，即在表的一端插入元素、另一端删除元素。通常队列只允许删除的一端称为队首（front），删除操作称为出队（DeQueue）；而另一端称为队尾（rear），只能进行称为入队（EnQueue）的插入操作。

售票窗口排队等待买票的人、打印机上排队等待打印服务的任务等，均为队列的典型实例。与现实生活中的队列相同，在没有人为插队的前提下，队列按照到达的顺序来释放元素。亦即，先进队的元素会先离开，队列因此被称为先进先出（first in first out，FIFO）表，简称FIFO表。图3-7给出了队列的一个示例。

图 3-7 队列的示例

3.3.1 队列的定义

根据数据抽象和封装的原则，对队列的操作只能通过其抽象数据类型所定义的运算来实施，一般包含入队EnQueue、出队DeQueue、查看队首元素GetFront等常用操作。根据具体应用的不同需要，可以适当增删抽象数据类型中所定义的操作。例如，链式队列并不需要判断队列是否满。队列的一种ADT定义如下：

ADT Queue { //队列的抽象数据类型定义
数据对象：
　　　$\{ a_i \mid a_i \in \text{ElemSet}, \ i=1, 2, \cdots, n, n>0 \}$ 或 $\varnothing$（即空表），ElemSet为元素集合。
数据关系：
　　　$\{ <a_i, a_{i+1}> \mid a_i, a_{i+1} \in \text{ElemSet}, \ i=1, 2, \cdots, n-1 \}$。
基本操作：
　　　InitQueue(*queue*)：　　　　初始化一个空的队列 *queue*。
　　　DestroyQueue(*queue*)：　　释放队列 *queue* 占用的所有空间。
　　　Clear(*queue*)：　　　　　　清空队列 *queue*。
　　　IsEmpty(*queue*)：　　　　　队列 *queue* 为空返回真，否则返回假。
　　　IsFull(*queue*)：　　　　　　队列 *queue* 满返回真，否则返回假。
　　　GetFront(*queue*)：　　　　　返回队列 *queue* 的队首结点，队首结点不变。
　　　EnQueue(*queue*, *x*)：　　　将结点 *x* 插入队列 *queue*，使其成为新的队尾。
　　　DeQueue(*queue*)：　　　　　将队首结点从队列 *queue* 删除。
}

队列抽象数据类型定义中操作的实现方法依赖于队列的存储结构。下面介绍常用的顺序队列和链式队列存储结构。

3.3.2　队列的顺序存储实现

采用顺序存储结构实现的队列称为顺序队列。与顺序表一样，顺序队列申请一块连续区域存储队列元素，需要事先知道或估计队列的大小。这里，同样用 *capacity* 来表示顺序队列的容量。

与顺序栈类似，顺序队列也存在溢出问题：队列满时执行入队操作会导致上溢，而队列空时执行出队操作则会造成下溢。队列出现上溢时，可根据应用需要对队列进行适当的扩容，一般是申请双倍的空间，复制现有队列元素到新队列并释放原有空间。

简单沿用顺序表的实现方法可能难以取得良好的效率。例如，一个具有 n 个元素的队列，采用顺序表实现，通常将元素存储在顺序表的下标从 0 到 $n-1$ 的 n 个位置上。若队列的尾部元素放在位置 0，则队首为表尾的元素，此时出队操作只需修改队尾下标即可，时间代价为 $O(1)$，而入队操作需将队列的现有元素都后移一位，时间代价达到 $O(n)$。反之，若把队列尾部放在位置 $n-1$，则入队操作只需在最后添加即可，时间代价为 $O(1)$，而出队操作则需移动剩余 $n-1$ 个元素，以确保它们处在表的前 $n-1$ 个位置，也需要 $O(n)$ 的时间代价。

为了有效地实现顺序队列，需要一些灵活的变通。若在能够保证队列元素连续性的同时，允许队列的首尾位置根据队列操作在数组中移动，则可得到更为有效的实现方法。例如，图 3-8 中，经过多次的入队和出队操作之后，队首元素由 12 变成了 8，而队尾元素也变成了新入队的 16。伴随出队操作的执行，表示队首的 *front* 值逐渐后移，同时入队操作的执行也在逐步修改表示队尾的 *rear* 值。

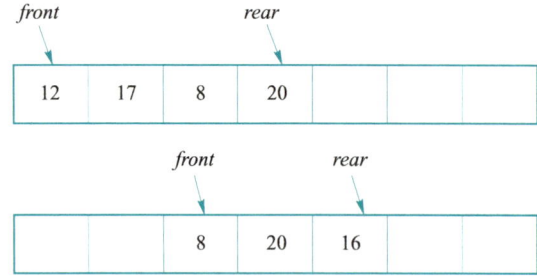

图 3-8　顺序队列的实现示意

伴随入队和出队操作，整个队列持续向顺序表的尾部移动，一旦到达表的末端，也即 *rear*=*capacity*-1 时，若再进行入队操作就会发生溢出，即使表的前端仍有空闲位置。这种表中尚有空闲位置而发生溢出的现象称为"假溢出"。解决假溢出的一种措施是采用循环方式组织顺序队列，将顺序表在逻辑上看成一个环：下标编号最小的位置0看成是编号最大的位置(*capacity*-1)的直接后继。亦即，位置*x*的后继位置为(*x*+1)%*capacity*。这样就形成了循环队列。

循环队列也称环形队列，沿顺时针方向存取队列元素。入队操作增加*rear*的值，出队操作增加*front*的值。如图3-9（a）所示，初始时队列中有4个元素12、17、8和20，经过两次出队操作和三次入队操作后，形成如图3-9（b）所示的包含5个元素8、20、15、9和6的新队列。

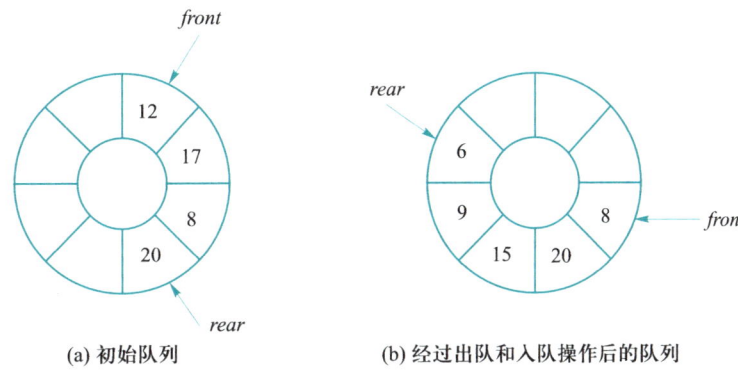

(a) 初始队列　　　　　　　　　(b) 经过出队和入队操作后的队列

图 3-9　顺序存储的循环队列

用*front*表示循环队列的队首位置，*rear*表示队尾所在的位置。如果*front*和*rear*相同，则表明队列中只有一个元素。那么如何表示一个空的循环队列？又如何表示一个循环队列已满？

暂且不考虑*front*的实际位置，若将包含不同数目元素的队列看成不同的状态，则队列共有多少种状态？每个队列元素需占用顺序表的一个位置，故一个大小为*n*的顺序表可存储的队列最多有*n*个元素；加上不含任何元素的空队列，则队列有*n*+1种不同的状态。队首*front*的位置固定后，队尾*rear*须有*n*+1种不同的取值来区分这*n*+1种状态，但实际上*rear*也只有*n*种可能的取值，除非有表示空队列的特殊方式。换言之，用位置0到*n*-1间的相对取值来表示*front*和*rear*的话，*n*+1种状态中必有两种不能区分。因此须寻求其他途径来区分队列的空与满。

一种方法是记录队列中元素的个数，或者用至少一个布尔变量来指示队列是否为空，每次执行入队或出队操作时设置这些变量。顺序队列通常采用另一种方法：申请大小为*n*+1的顺序表来存储具有*n*个元素的队列，即牺牲一个元素的空间来简化操作实现和提高操作效率。图3-10展示的循环队列就是采用的这种方式：大小为8的顺序表在放入7个元素后即为满，如图3-10（c）所示，此时有(*rear*+1)%(*n*+1)=*front*成立，若再要插入元素就发生溢出；而图3-10（a）表示队列的空状态，此时*front*=*rear*；图3-10（b）表示了队列的一般状态，*front*指向队首元素的实际位置，而*rear*则指向队尾元素的下一个位置（即入队新元素将存放的位置）。

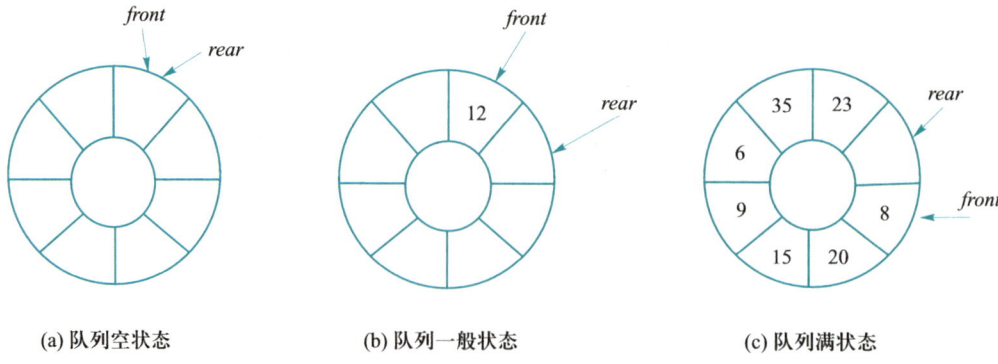

(a) 队列空状态   (b) 队列一般状态   (c) 队列满状态

图 3-10   循环队列的实现示例

代码 3-3 是顺序存储的循环队列的初始化实现。算法 3-7~算法 3-9 给出了顺序存储的循环队列的入队和查看队首、出队操作。

代码 3-3：顺序存储的循环队列的初始化 InitQueue(*queue*, *kMaxSize*)

输入：队列 *queue* 和正整数 *kMaxSize*

输出：一个大小为 *kMaxSize* 的顺序队列

1. $queue.capacity \leftarrow kMaxSize + 1$
2. $queue.data \leftarrow$ **new** ElemSet[$kMaxSize+1$]   // 浪费一个存储空间，以区别空和满
3. $queue.front \leftarrow 0$
4. $queue.rear \leftarrow 0$

算法 3-7：顺序存储的循环队列的入队操作 EnQueue(*queue*, *x*)

输入：队列 *queue* 和待入队的元素 *x*

输出：*x* 入队后的顺序队列；若队列满，则退出

1.   **if** IsFull(*queue*) = **true then**
2. | 队列满，退出
3.   **else**
4. | $queue.data[queue.rear] \leftarrow x$
5. | $queue.rear \leftarrow (queue.rear + 1) \% queue.capacity$ // 循环后继
6.   **end**

算法 3-8：顺序存储的循环队列的查看队首操作 GetFront(*queue*)

输入：队列 *queue*

输出：队列首元素；若队列空，则输出 NIL

1.   **if** IsEmpty(*queue*) = **true then**
2. | **return** NIL

3.   **else**

4. | **return** *queue.data*[*queue.front*]

5.   **end**

算法3-9：顺序存储的循环队列的出队操作 DeQueue(*queue*)

输入：队列 *queue*

输出：删除队列首元素后的顺序队列；若队列空，则退出

1.   **if** IsEmpty(*queue*) = **true then**

2. | 队列空，退出

3.   **else**

4. | *queue.front* ← (*queue.front* + 1) % *queue.capacity*

5.   **end**

3.3.3 队列的链式存储实现

采用链式存储结构实现的队列称为链式队列。链式队列是链表的简化版。代码3-4给出了链式队列的一种实现，其中链接的方向从队列的前端指向队列的尾端。数据成员 *front* 和 *rear* 分别表示队首和队尾指针，结点类型 QueueNode 包括数据 *data* 与后继指针 *next*。同时，为方便统计队列中元素的个数，增加表示队列中当前元素个数的成员 *size*。

算法3-10~算法3-12分别为链式队列的入队，查看队首和出队操作。其中：入队操作 EnQueue 只是简单地把新元素放到链表的尾部，并修改 *rear*，使其指向新的结点；出队操作 DeQueue 只是简单地删除链表的首结点，并修改 *front* 指针使其指向新的队首。为了减少访问队首结点的时间代价，这种实现方法中没有链表中的专用表头虚结点，因而 EnQueue 操作中必须单独处理插入空队列的情况，DeQueue 操作也需考虑出队后导致空队列的情况。

代码3-4：链式队列的初始化 InitQueue(*queue*)

输入：无

输出：一个空的链式队列

1.   *queue.size* ← 0

2.   *queue.front* ← NIL

3.   *queue.rear* ← NIL

算法 3-10：链式队列的入队操作 EnQueue(*queue*, *x*)

输入：队列 *queue* 和待入队的元素 *x*

输出：*x* 入队后的链式队列

1.　*new_node* ← **new** QueueNode
2.　*new_node.data* ← *x*
3.　*new_node.next* ← NIL
4.　**if** IsEmpty(*queue*) = **true then**　　//特殊处理插入空队列的情况
5.　| *queue.rear* ← *new_node*
6.　| *queue.front* ← *new_node*
7.　**else**
8.　| *queue.rear.next* ← *new_node*
9.　| *queue.rear* ← *queue.rear.next*
10.　**end**
11.　*queue.size* ← *queue.size* + 1

算法 3-11：链式队列的查看队首操作 GetFront(*queue*)

输入：队列 *queue*

输出：队首元素；若队列空，则输出 NIL

1.　**if** IsEmpty(*queue*) = **true then**
2.　| **return** NIL
3.　**else**
4.　| **return** *queue.front.data*
5.　**end**

算法 3-12：链式队列的出队操作 DeQueue(*queue*)

输入：队列 *queue*

输出：删除队首元素后的链式队列；若队列空，则退出

1.　**if** IsEmpty(*queue*) = **true then**
2.　| 队列空，退出
3.　**else**
4.　| *temp* ← *queue.front*
5.　| *queue.front* ← *queue.front.next*
6.　| **delete** *temp*
7.　| *queue.size* ← *queue.size* − 1
8.　| **if** *queue.front* = NIL **then**　　//特殊处理删除后变为空的队列
9.　| | *queue.rear* ← NIL
10.　| **end**
11.　**end**

3.3.4 队列的变种

利用队列和栈的思想，可以设计出如下一些变种的队列或栈结构，这些结构适用于一些特定的应用场景：

① 双端队列：限制插入和删除在线性表的两端进行。双端队列在两端都可以做插入和删除，而栈和队列都对存取做了进一步的限制，因此都是特殊的双端队列。

② 超队列：一种删除受限的双端队列，删除只允许在一端进行，而插入可在两端进行。

③ 超栈：一种插入受限的双端队列，插入只限制在一端，而删除允许在两端进行。

④ 优先级队列：一种删除受限的队列，在删除元素时，会按某种事先规定的优先级顺序来进行（第6章中将会详细介绍）。

可以看出，这几种限制存取点的表都是某种受限的双端队列。C++语言的标准模板库（standard template library，STL）提供的基本序列中就有双端队列 Deque，栈和队列都是基于 Deque 实现的。

3.4 栈与队列的应用

栈的应用非常广泛。凡满足后进先出特性的应用，均可采用栈作为（中间）数据结构。例如，记录网页访问历史、文本编辑器中的undo序列、树的深度优先遍历等应用都是栈的用武之地。

队列通常作为消息或数据缓冲器在很多领域得到广泛应用，满足先来先服务特性的任务均可采用队列组织和管理其数据。例如：计算机的硬件设备之间需要使用队列作为其数据通信的缓冲；操作系统使用队列对内存、打印机等各种资源进行管理，根据不同优先级别的服务请求，按优先级类别把服务请求分别组织成多个不同的队列。

下面通过一些简单实例具体说明如何使用栈和队列解决实际问题。

3.4.1 表达式求值

表达式求值是程序语言编译器的一个最基本的任务。表达式是由常量、变量、运算符、函数调用等成分按一定规则组合而成的。为讨论方便，在不失一般性的前提下，下面以简化的整型四则运算表达式为例，说明栈在表达式求值中的作用。

1. 表达式的定义

基本符号集：由数字0~9、加减乘除运算符号以及圆括号这16个基本符号组成。

$$\{0, 1, \cdots, 9, +, -, *, /, (,)\}$$

为与诸如C++等常用程序语言的表达式保持一致，这里用"＊"代替数学表达式的"×"，用"／"代替数学表达式的"÷"。这些符号按照一定的规则构成语法成分，具体如下：

语法成分集：共有如下5个语法成分，作为构成表达式的基本单元：

$$\{<表达式>, <项>, <因子>, <常数>, <数字>\}$$

语法公式集：语法公式又称为产生式规则，用于定义语法成分。简单起见，在不影响通用性的前提下，简化处理后的表达式的语法公式如下所示：

＜表达式＞　::=＜项＞+＜项＞|＜项＞-＜项＞|＜项＞

＜项＞　　　::=＜因子＞*＜因子＞|＜因子＞/＜因子＞|＜因子＞

＜因子＞　　::=＜常数＞|(＜表达式＞)

＜常数＞　　::=＜数字＞|＜数字＞＜常数＞

＜数字＞　　::=0|1|2|3|4|5|6|7|8|9

在语法公式中，符号"::="是规则定义符，其左部是一个需要定义的语法成分，右部则是定义该语法成分的语法规则，包含若干基本符号或语法成分作为其组成成分。其中连接符"|"并非语法成分，只用于分隔其他语法成分，其含义是"或者"的意思，例如，语法公式

$$<数字>::=0|1|2|3|4|5|6|7|8|9$$

表示"数字"可为0~9这10个数字中的任何一个。

语法公式右部常由若干语法成分顺序拼接而成。例如，语法公式

$$<项>::=<因子>*<因子>|<因子>/<因子>|<因子>$$

表示"项"要么是由两个因子中间加上一个运算符"＊"或"／"所组成，要么是一个单独的因子。

语法公式可以递归定义。例如，公式

$$<常数>::=<数字>|<数字><常数>$$

表示"常数"是由若干数字或数字与常数顺序排列而成。而在公式

$$<因子>::=<常数>|(<表达式>)$$

的右部出现被圆括号括起来的"＜表达式＞"成分，因＜表达式＞定义的右部有＜项＞出现，而＜项＞定义的右部又有＜因子＞，形成递归定义，也即所涉及的几个语法成分之间相互引用。这种递归定义的语法公式，通过将其左部不断代入右部相同语法成分的相应位置，就可以组成复杂的结构。

（1）中缀表达式

上述语法公式中的运算符都是放在两个运算对象中间的，故称为中缀表示法，所

对应的表达式称为中缀表达式。按照语法公式，中缀表达式的计算次序如下：

① 先执行括号内的计算，后执行括号外的计算。当具有多层括号时，按层次由内向外反复去括号，左、右括号必须配对。

② 在无括号或同层括号时，先乘（*）、除（/），后加（+）、减（−）。

③ 在同一个层次，若有多个乘除（*、/）或加减（+、−）运算，就按自左至右的顺序执行。

括号可以改变运算符的优先级。例如，表达式"23+(34*45) / (5+6+7)"的计算过程如下：

① 34*45=1530；

② 5+6+7=18；

③ 1530 / 18=85；

④ 23+85=108。

（2）后缀表达式

后缀表达式又称逆波兰表示法，指运算符出现在两个参与运算的语法成分的后面。后缀表达式求值时，所有的求值计算皆按运算符出现的顺序，严格从左向右进行。

下面是与上述中缀表达式对应的后缀表达式的语法公式：

<表达式>　::=<项><项>+|<项><项>−|<项>

<项>　　　::=<因子><因子>*|<因子><因子>/|<因子>

<因子>　　::=<常数>

其他两个语法公式和中缀表达式一样：

<常数>　　::=<数字>|<数字><常数>

<数字>　　::=0|1|2|3|4|5|6|7|8|9

例如，中缀表达式"23+34*45 / (5+6+7)"对应的等价后缀表达式为

23 34 45 * 5 6 + 7 + / +

可以看出，后缀表达式不再含有括号。同时，可观察到后缀表达式与等价的中缀表达式的异同：所有操作数在两者中的出现次序完全相同；后缀表达式的运算符按照实际计算的顺序出现在对应操作数的后面，且消除了括号，而中缀表达式的计算次序并不等同于其运算符的出现顺序。

2. 中缀表达式到后缀表达式的转换

下面讨论栈的一个典型应用场景：将中缀表达式转换成等价的后缀表达式。高级程序设计语言的编译软件使用类似的转换算法处理算术表达式不同表示形式间的变换，最终将其转换为计算机可以直接执行的机器指令序列。

中缀表达式的运算次序受到运算符优先级和括号的影响。因此，中缀表达式转换成等价的后缀表达式的关键在于：如何恰当地去除中缀表达式中的括号，并在必要时按

先乘除后加减的运算优先规则调换运算符的先后次序。去括号的原则是先处理最内层括号，再由内及外逐层去除每层括号，亦即最先遇到的括号会最后去除。该原则符合栈的先进后出特性，因而去括号的过程需要用栈作为中间数据结构来存储相关元素。

实现这个转换的基本思路为：从左至右顺序扫描中缀表达式，用栈来存放表达式中尚不能确定计算次序的运算符、开括号，以及开括号后面的其他暂时不能确定计算次序的成分。

如果中缀表达式以字符串 *infix_ expr* 表示，转换后的后缀表达式用字符串 *postfix_ expr* 表示，则转换算法的输入为 *infix_ expr*，输出为 *postfix_ expr*。从左至右顺序扫描中缀表达式 *infix_ expr* 时，根据当前符号，分情况反复执行如下步骤：

① 当前符号为操作数时，直接输出到后缀表达式 *postfix_ expr* 的序列中。

② 当前符号为开括号时，直接将其入栈。

③ 当前符号为闭括号时，先判断栈是否为空。若为空，则表示括号不配对，进行异常处理，清栈退出；若非空，则依次弹出栈中元素，并将弹出的元素输出到后缀表达式序列中，直到遇到一个开括号为止。由于后缀表达式不需要括号，直接丢弃弹出的开括号。若直到栈底也没有遇到开括号，说明括号不配对，做异常处理，清栈退出。

④ 当前符号为运算符（ + 、 − 、 * 、 / 之一时），执行：

a. 循环，当"栈非空 && 栈顶不是开括号 && 栈顶运算符的优先级不低于输入运算符的优先级"时，弹出栈顶元素并输出到 *postfix_ expr* 序列中。

b. 将当前运算符压入栈内。

⑤ 当中缀表达式的符号全部扫描完毕时，若栈仍不空，则依次弹出其中全部元素并输出到 *postfix_ expr* 序列中；若弹出过程中遇到开括号，则说明括号不匹配，做异常处理，清栈退出。

这样，借助栈结构，通过一次扫描可将中缀表达式转换成等价的后缀表达式。上面仅给出了算法的梗概和思路，其程序实现涉及字符符号读入、语法检查，以及语法错误处理等细节，请有兴趣的读者作为练习写出具体的算法。

3. 后缀表达式求值

因计算顺序与运算符的出现次序完全相同，后缀表达式求值远比中缀表达式简单。下面讨论后缀表达式求值的算法。

假设后缀表达式以等号 '=' 作为结束输入的标志。根据后缀表达式的语法公式，操作数参与的运算只有等其后的运算符出现才知道，而每个运算符的两个操作数是从左到右扫描表达式时已遇到过的离其最近的两个，符合后进先出的特性，因而在扫描和计算过程中使用栈来存放操作数和中间计算结果。从左到右顺序扫描后缀表达式，依次分析输入序列中的符号并做如下操作：

① 当遇到一个操作数时，压栈。

② 当遇到一个运算符时，从栈中连续弹出两个操作数，进行运算符相应的计算并将计算结果压栈。若弹栈时遇到空栈的情况则表示表达式不合法，做异常处理。

③ 如此反复，直到遇到符号'='，此时栈顶元素即为输入表达式的值。

图3-11展示了后缀表达式"23 34 45*5 6+7+/+"的求值过程：自左至右扫描，遇到操作数23、34、45时分别将其压入栈中，遇到第一个运算符'*'时，连续两次取栈顶元素得到操作数45和34，进行*运算，并将运算结果1530压栈，即后缀表达式的"34 45 *"被其运算结果1530所替换。继续往右扫描，将遇到的操作数5、6分别压栈，当遇到运算符'+'时，同样从栈中弹出两个操作数，将"5 6 +"替换为运算结果11并压入栈。然后，将遇到的操作数7压栈，当再遇到加号时，从栈中弹出7和11，将"11+7"的计算结果18压栈。其后遇到运算符'/'时，从栈中弹出18、1530，注意由于先进后出，先弹出的为第2操作数，后弹出的为第1操作数，将运算"1530/18"的结果85压栈。最后遇到运算符'+'时，连续弹出85和23，完成"23+85=108"的运算，并将计算结果108压栈作为新的栈顶。接下来遇到结束符'='，此时栈顶"108"就是后缀表达式的最终求值结果。

步骤	待处理的后缀表达式 (左-----右)	栈的状态 (底-----顶)				进行的算术运算
	23 34 45 * 5 6 + 7 + / +					
1	34 45 * 5 6 + 7 + / +	23				
2	45 * 5 6 + 7 + / +	23	34			
3	* 5 6 + 7 + / +	23	34	45		
4	5 6 + 7 + / +	23	1530			34*45=1530入栈
5	6 + 7 + / +	23	1530	5		
6	+ 7 + / +	23	1530	5	6	
7	7 + / +	23	1530	11		5+6 =11入栈
8	+ / +	23	1530	11	7	
9	/ +	23	1530	18		11+7=18入栈
10	+	23	85			1530/18 =85入栈
		108				23+85=108入栈

图3-11 后缀表达式的计算过程

实际计算后缀表达式时还需判断后缀表达式是否合法。比如当遇到结束符时，栈中元素不止一个，则表明这个表达式不规范。

算法3-13给出了后缀表达式求值的一种实现，其中GetToken函数从当前的表达式中读取一个元素，IsOperand函数判断这个元素是否为操作数，Calculate（操作数1，操作符，操作数 2）函数用于计算。

算法 3-13： 后缀表达式求值 PostFixEval(*expr*)

输入： 一个后缀表达式 *expr*

输出： 后缀表达式 *expr* 的值。若表达式不规范，则输出错误码 ErrorCode

1.　　*token* ← GetToken(*expr*)　　　// 从表达式中取出一个元素
2.　　**while** *token* ≠ 表达式结尾 **do**
3.　　| **if** IsOperand(*token*) **then**　　// 如果该元素是操作数
4.　　| | Push(*stack*, *token*)　　　　// 则入栈
5.　　| **else**　　　　　　　　　　　　// 如果该元素是操作符
6.　　| | *operand*2 ← Top(*stack*)
7.　　| | Pop(*stack*)
8.　　| | *operand*1 ← Top(*stack*)
9.　　| | Pop(*stack*)
10.　| | *result* ← Calculate(*operand*1, *token*, *operand*2)　　// 计算 *operand*1 *token* *operand*2 的值
11.　| | Push(*stack*, *result*)　　　　// 计算结果入栈
12.　| **end**
13.　| *token* ← GetToken(*expr*)　　// 从表达式中取下一个元素
14.　**end**
15.　*result* ← Top(*stack*)
16.　Pop(*stack*)
17.　**if** IsEmpty(*stack*) = **false then**　// 表达式不规范
18.　| *result* ← ErrorCode
19.　**end**
20.　DestroyStack(*stack*)
21.　**return** *result*

3.4.2　递归实现与系统运行栈

由于符合人类自顶向下抽象和描述问题的思维方式，递归成为解决复杂问题的一个有力手段。递归是数学和计算机学科的基本概念，许多程序设计语言都提供对递归的支持，这些支持本质上都是通过栈来实现的。

本节将以阶乘函数的计算为例，分析函数的递归调用在程序运行阶段的工作过程。

1. 递归的构成

这里以阶乘函数为例来说明递归定义。阶乘 *n*! 的递归定义如下：

$$n! = \begin{cases} 1, & \text{当 } n \leq 0 \\ n \times (n-1)!, & \text{当 } n > 0 \end{cases} \qquad (3\text{--}1)$$

整数 *n* 的阶乘建立在 *n*-1 的阶乘之上，而 *n*-1 的阶乘又建立在 *n*-2 的阶乘上，如此直到 0，此时阶乘定义为 1。这种用自身的简单情况来直接或间接地定义自己的方式，

称为递归定义。

从式（3-1）的阶乘函数定义可以看出，一个递归定义由两部分组成：其一为递归基础，也称递归出口，是递归定义的最基本情况，也是保证递归结束的前提；其二为递归规则，确定了由简单情况构筑复杂情况需遵循的规则。式（3-1）定义的递归出口为 $n \leqslant 0$，此时阶乘为 1；递归规则为 $n \times (n-1)!$，即 n 的阶乘由 $n-1$ 的阶乘来构筑。这个递归定义可由算法 3-14 中定义的递归函数 Factorial 来实现。

算法 3-14：阶乘的递归实现 Factorial(n)

输入：整数 $n \geqslant 0$

输出：整数 n 的阶乘

1.　　**if** $n \leqslant 0$ **then**
2.　　| **return** 1
3.　　**else**
4.　　| **return** $n \times$ Factorial($n-1$)
5.　　**end**

2. 递归函数的实现

多数程序设计语言运行环境所提供的函数调用机制由底层的编译栈支持。编译栈中的"运行时环境"，是指目标计算机上用来管理存储器并保存执行过程所需信息的寄存器及存储器的结构。

非递归调用情况下，程序的数据区可以在程序运行前分配，直到整个程序运行结束再释放，这种分配称为静态分配。采用静态分配时，函数的调用和返回处理比较简单，不必每次分配和释放被调用函数的数据区。递归调用情况下，因递归的深度在运行时才能确定，无法事先对被调函数的局部变量进行静态分配，必须每调用一次分配一份，以存放当前调用所使用的数据，当返回时随即释放。这种只有在执行调用时才进行的存储分配称为"动态分配"，需要在内存中开辟一个足够大的称为运行栈的动态区。

用作动态分配的存储区可按多种形式组织。典型的组织形式如图 3-12 所示，将存储区分为栈区域和堆区域。栈区域用于动态分配具有后进先出特性的数据（如函数的调用），而堆区域则用于其他诸如指针等数据的动态分配。

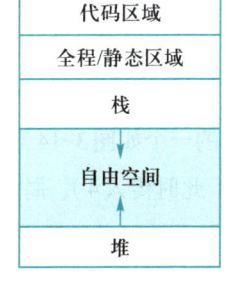

图 3-12　运行时存储区的组织形式

运行栈中元素的类型（即被调函数的数据区类型）涉及动态存储分配中的一个重要概念——函数活动记录。当调用或激活一个函数时，生成的相应函数活动记录需包含为该函数的局部数据所分配的存储空间。通常，函数活动记录至少应包括图 3-13 所示的内容。

每次调用一个函数时，先为被调函数申请和分配一个活动记录空间，填写相关信息

自变量(参数)空间
用作簿记信息的空间，诸如返回地址
用作局部变量的空间
用作局部临时变量的空间

图 3-13   函数活动记录的内容

后，执行压栈操作，使之成为运行栈的栈顶；而每次从函数返回时，执行出栈操作，释放本次的活动记录，调用函数活动记录将恢复成新的栈顶。因运行栈中存放的是被调函数的活动记录，所以运行栈又称为活动记录栈，同时由于运行栈按照函数的调用序列来组织和增缩，故也称调用栈。

一个函数在运行栈中可能有多个不同的活动记录，每个活动记录代表一次调用。一个递归函数在运行栈中活动记录的数目，取决于它在某次运行时的递归深度。当函数递归调用时，函数体的同一个局部变量在不同递归层次的存储空间被分配在运行栈的不同位置。

概括来讲，函数调用可分解成以下三步来实现：

① 调用函数（简称调用方）发送调用信息，包括调用方要传送给被调函数（简称被调方）的信息，如传给形式参数（简称形参）的实际参数（简称实参）的值、函数返回地址等。

② 分配被调方的局部数据区，用于存放被调方定义的局部变量、形参变量（存放实参的值）、返回地址等，并接受调用方传送来的调用信息。

③ 调用方暂停，把计算控制转移到被调方，亦即自动转移到被调函数的程序入口。

相应地，当被调方结束运行并返回到调用方时，其返回处理通常也分解为以下三步进行：

① 传送返回信息，包括被调方要传回给调用方的信息，诸如计算结果等。

② 释放被调方的局部数据区。

③ 按返回地址把控制转回调用方。

以计算 4 的阶乘为例，可通过在主程序调用算法 3-14 定义的递归函数 Factorial(4) 来实现。调用语句向函数 Factorial(n) 的形参 n 传递实参 4。通过调用，建立函数 Factorial 的一个如图 3-14（a）所示的函数活动记录，把当前的必要信息，包括返回地址、参数（此时传入 4）、局部变量等存入栈中。计算 Factorial(4) 时调用 Factorial(3)，此时需要为新的被调函数建立相应的活动记录，传入参数 3 并压栈，成为新的栈顶。以此类推，直到最终调用 Factorial(0)，此时 Factorial(0) 的活动记录成为新栈顶。由于 Factorial(0) 满足递归的出口条件，可以直接得到结果。执行结束后，其活动记录从栈顶弹出，并将计算结果和控制权返回给其调用方 Factorial(1)。Factorial(1) 根据 Factorial(0) 的返回结果 1 可以计算出 1!=1，执行结束后，从栈顶弹出相应的活动记录，继续将控制权转移给它的调用方 Factorial(2)，如图 3-14（b）所示，按压栈顺序的逆序依次从栈中弹出每个函数活动记录，将计算结果和控制权逐层上移，最后 Factorial(4) 将控制连同计算结果 24 返回给调用它的主程序，此时运行时环境只有主程序和全局/静态区域的活动记录。

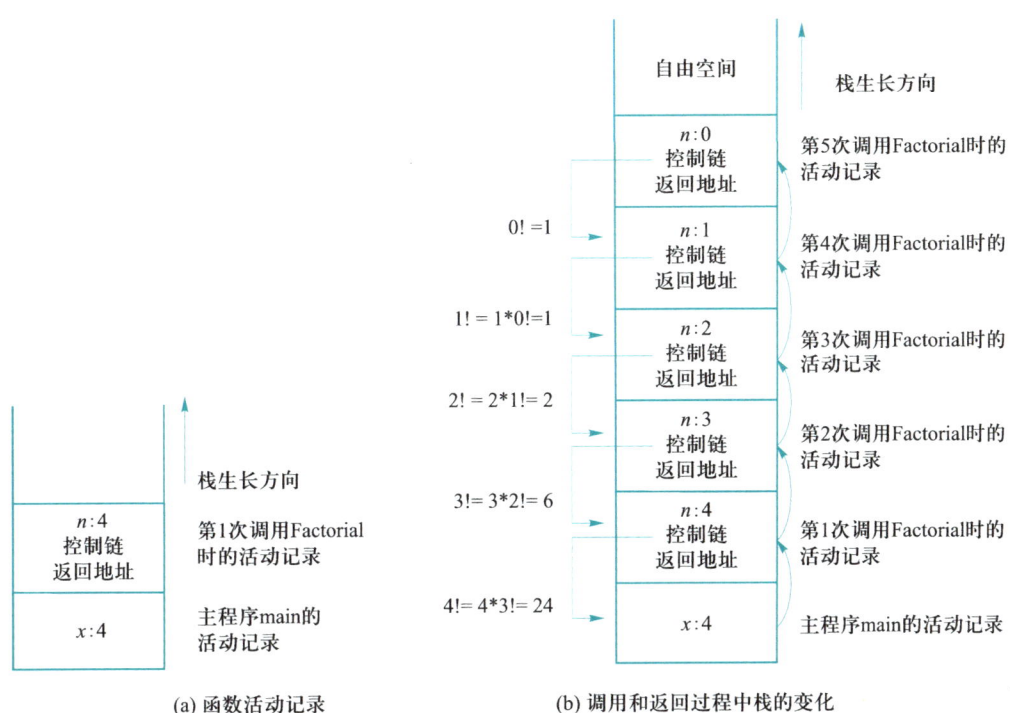

(a) 函数活动记录　　　　　　(b) 调用和返回过程中栈的变化

图 3-14　递归计算 Factorial(4) 时内部栈的状态变化示意

通过对运行栈的了解可见，递归算法虽然具有结构简练、易理解、正确性易证明等优点，但其时空开销相对较大。当递归深度过大时，就会出现第1章1.5节中介绍过的"递归爆栈"现象。在对响应时间敏感的实时应用环境或不支持递归的程序环境中，须通过将递归转为非递归算法来消除递归。当学习到第5章中的二叉树遍历时，5.4.3小节"二叉树遍历的非递归算法"可以帮助读者更好地理解这一点。

3.4.3　火车车厢重排

一列挂有 n 节车厢（编号从1到 n）的货运列车途径 n 个车站，计划在行车途中将各节车厢停放在不同的车站。假设 n 个车站的编号从1到 n，货运列车按照从第 n 站到第1站的顺序经过这些车站，且将与车站编号相同的车厢卸下。

货运列车的各节车厢以随机顺序入轨，为方便列车在各个车站卸掉相应的车厢，须重排这些车厢，使得各车厢从前往后依次编号为1到 n，这样在每个车站只需卸掉当前最后一节车厢即可。车厢重排可通过转轨站完成，一个转轨站包含一个入轨（I）、一个出轨（O）和 k 个位于入轨和出轨之间的缓冲轨（H_i）。下面分析如何设计合适的算法来实现火车车厢的重排。

图3-15展示了一个拥有3个容量为3的缓冲轨 H_1、H_2、H_3 的转轨站。若初始时入

轨包含的9节车厢为如图3-15（a）的次序581742963，经过图3-15（b）（c）（d）（e）
所示的重排，以图3-15（f）所示的次序987654321输出到出轨上。

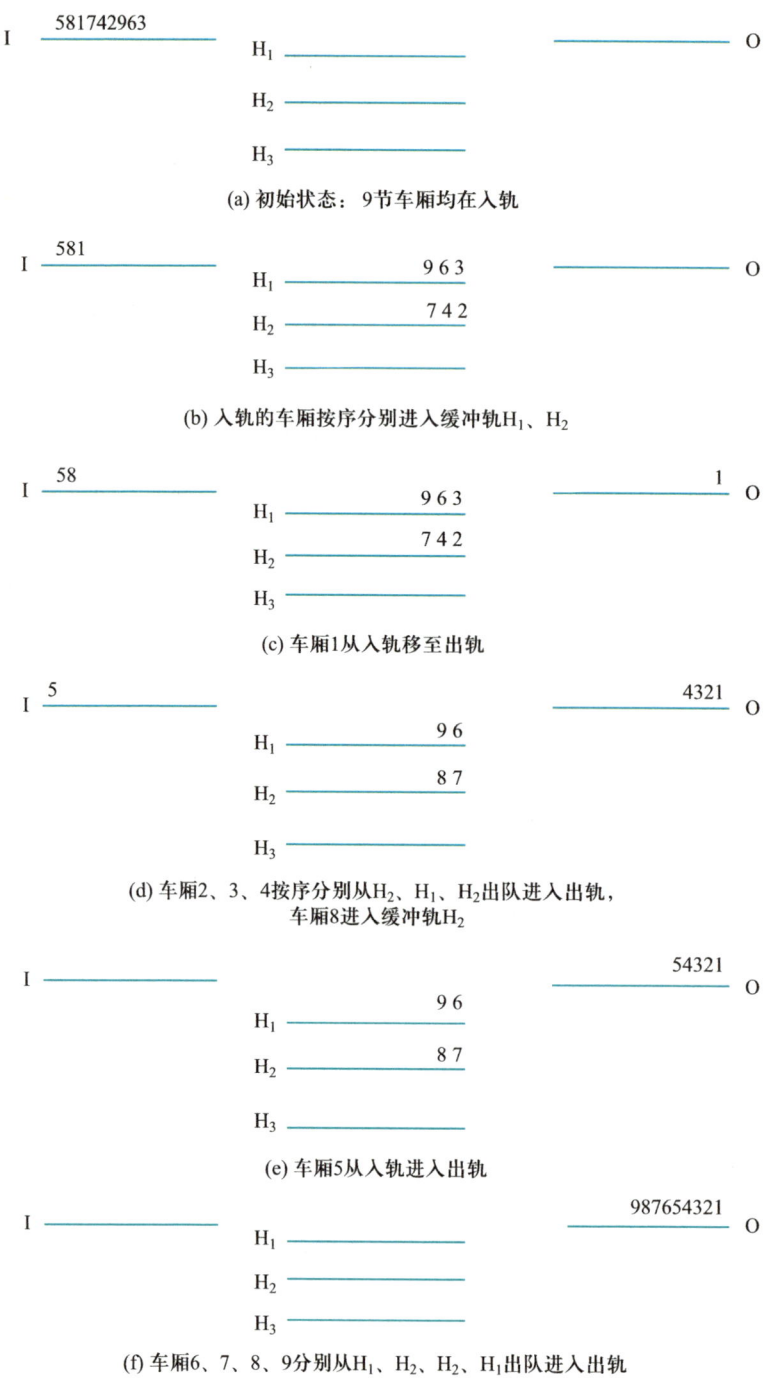

(a) 初始状态：9节车厢均在入轨

(b) 入轨的车厢按序分别进入缓冲轨H₁、H₂

(c) 车厢1从入轨移至出轨

(d) 车厢2、3、4按序分别从H₂、H₁、H₂出队进入出轨，
车厢8进入缓冲轨H₂

(e) 车厢5从入轨进入出轨

(f) 车厢6、7、8、9分别从H₁、H₂、H₂、H₁出队进入出轨

图3-15   车厢重排示例

由图3-15可见，车厢重排问题本质上是将一个无序序列转换成一个以队列方式组织的有序序列。在此转换过程中，缓冲轨用于存储尚未确定输出次序的车厢，满足递增或增减的特性即可，因而以栈或队列组织均可。在此每个缓冲轨组织成一个队列。

换言之，重排车厢就是将一个长度为n的随机序列（车厢进入入轨），通过k个缓冲队列输出到一个队列（出轨）中。重排车厢的规则包含如下三条：

① 一个车厢从入轨移至出轨或缓冲轨。

② 一个车厢只有在其编号恰是下一个待输出的编号时，可移到出轨。

③ 一个车厢移到某个缓冲轨，仅当其编号大于该缓冲轨中队尾车厢的编号，若多个缓冲轨满足这一条件，则选择队尾车厢编号最大的缓冲轨，否则选择一个空缓冲轨；若无空缓冲轨则无法重排。

算法3-15展示了按照上述规则重排车厢的伪代码。

算法3-15：火车车厢重排 TrainCarriageScheduling(in_track, out_track, n, k)

输入：入轨的车厢序列in_track；车厢数量$n \geq 0$；缓冲轨数量$k > 0$
输出：按序重排车厢的出轨序列out_track；若任务不可能完成，则退出

```
1.   for i←1 to k do
2.   |  InitQueue(buffer[i])
3.   end
4.   InitQueue(out_track)
5.   next_out ← 1
6.   for i←1 to n do
7.   |  if in_track[i]=next_out then
8.   |  |  EnQueue(out_track, i)
9.   |  |  next_out ← next_out+1
10.  |  else
11.  |  |  for j←1 to k do      //考察每一缓冲轨队列
12.  |  |  |  front_crg ← GetFront(buffer[j])   //查看队列j的首元素
13.  |  |  |  if front_crg ≠ NIL 且 in_track[front_crg]=next_out then
14.  |  |  |  |  EnQueue(out_track, front_crg)
15.  |  |  |  |  DeQueue(buffer[j])
16.  |  |  |  |  next_out ← next_out+1
17.  |  |  |  end
18.  |  |  end
19.  |  |  max_rear ← 0
20.  |  |  max_buffer ← -1
21.  |  |  for j←1 to k do      //考察每一缓冲轨队列的队尾
22.  |  |  |  rear_crg ← GetRear(buffer[j])
23.  |  |  |  if rear_crg ≠ NIL 且 in_track[i]>in_track[rear_crg] then
24.  |  |  |  |  if in_track[rear_crg]>max_rear then
25.  |  |  |  |  |  max_rear ← in_track[rear_crg]   //最大队尾元素值
```

26. | | | | | $max\_buffer \leftarrow j$ // 最大队尾元素所在的队列编号
27. | | | | **end**
28. | | | **end**
29. | | **end**
30. | | **if** $max\_buffer \neq -1$ **then**
31. | | | EnQueue($buffer[max\_buffer], i$)
32. | | **else**
33. | | | **for** $j \leftarrow 1$ **to** k **do**
34. | | | | **if** IsEmpty($buffer[j]$) = **true then**
35. | | | | | **break**
36. | | | | **end**
37. | | | **end**
38. | | | **if** $j \leqslant k$ **then**
39. | | | | EnQueue($buffer[j], i$)
40. | | | **else**
41. | | | | 任务不可能完成，退出
42. | | | **end**
43. | | **end**
44. | **end**
45. **end**
46. **while** $next\_out \leqslant n$ **do**
47. | **for** $j \leftarrow 1$ **to** k **do**   //考察每一缓冲轨队列
48. | | **if** $front\_crg \neq$ NIL 且 $in\_track[front\_crg] = next\_out$ **then**
49. | | | EnQueue($out\_track, front\_crg$)
50. | | | DeQueue($buffer[j]$)
51. | | | $next\_out \leftarrow next\_out + 1$
52. | | | **break**
53. | | **end**
54. | **end**
55. **end**
56. **for** $i \leftarrow 1$ **to** k **do**
57. | DestroyQueue ($buffer[i]$)
58. **end**

☆ 3.5 拓展延伸

3.5.1 单调栈

在满足"先进后出"特性的基础上，若栈中元素从栈顶到栈底具有单调性，则称其为单调栈。这种特殊的栈可进而分为单调递增栈和单调递减栈。若从栈顶到栈底的元素单调递增，则为单调递增栈，反之若元素单调递减，则是单调递减栈。

作为满足单调约束的结构，单调栈的主要操作与栈基本相同，只是压栈操作需要额外的约束检查。以单调递增栈为例，只有比栈顶元素小的元素才能直接进栈，否则需要先将栈中比其小的元素出栈再入栈。亦即，假设当前元素为 x，若栈顶元素大于 x，则直接入栈。否则从栈顶开始，将小于或等于 x 的元素出栈，直到遇到一个大于 x 的元素为止，然后将 x 压入栈中。

例如，将一组数 8，2，7，3，10 依次入栈，栈中变化如图 3-16 所示，形成的入栈过程序列为：$[8] \rightarrow [8, 2] \rightarrow [8, 7] \rightarrow [8, 7, 3] \rightarrow [10]$。

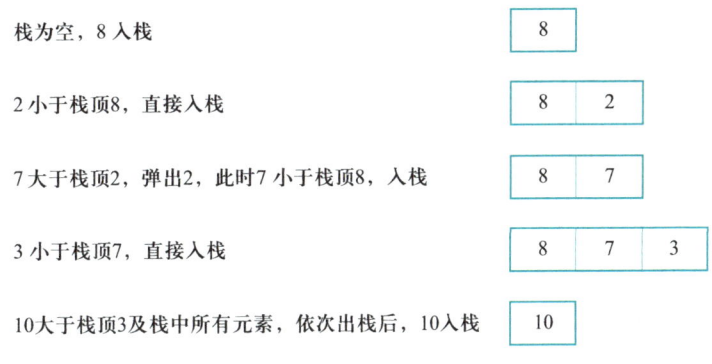

图 3-16　单调递增栈的压栈示意

构造单调递增栈的过程概括如下：从左向右依次遍历序列，处理每一个元素。若栈为空，则直接将当前元素入栈；若栈非空，判断栈顶位置对应的元素是否小于或等于当前元素，将小于或等于当前元素的栈顶元素依次出栈，直到栈为空或栈顶位置对应的元素大于当前元素，再将当前元素入栈。

由此可知，构造过程中元素的进栈操作需根据情况弹出单调栈中既有元素，但整个过程中每个元素入栈只有一次，出栈一次，所以其时间复杂度不再是普通栈的常数时间，而是一个与序列长度成正比的线性时间。有兴趣的读者可自行完成伪代码及时间复杂度的分析。

单调栈中元素间满足先进后出特性的同时还具有单调性，因而不少涉及数据集合中元素大小的问题可采用单调栈作为中间数据结构。例如：

① 查找左、右区间中第 1 个比当前元素大或小的元素。

② 确定元素是否某个区间的最值。

③ 求最大区间。

④ 求柱状图中的最大矩形。

下面以在一个序列中查找当前元素左侧第一个比它大的元素和求柱状图中的最大矩形为例，分别展示单调栈的应用。

例 3.1　在一个序列中查找当前元素左侧第一个比它大的元素。

考虑一个包含 n 个元素的无序不重复序列 $a_0, a_1, \cdots, a_{n-1}$，如何高效找出每个元素左侧第一个比当前元素大的元素？

用函数 $f(i)$ 表示序列第 i 个元素 a_i 之前第一个比它大的元素，即 $f(i) = \max\limits_{0 \leqslant j < i,\, a_j > a_i} \{j\}$，若不存在比 a_i 大的元素，则 $f(i) = -1$。试求出所有元素对应的函数值。

一个朴素的方案当然是对每个元素都从后往前去遍历，找到第 1 个比它大的元素。但这种方案的复杂度较高，可达 $O(n^2)$，因此这种方案不可取。此时，单调栈就可派上用场。基于前述单调递增栈的特性，元素 a_i 左侧第一个比它大的元素就是要将 a_i 入栈时的栈顶元素。因而，求解上述问题的基本思路是：从左到右遍历序列 $a_0, a_1, \cdots, a_{n-1}$，构造一个单调递增栈作为中间数据结构，处理到元素 a_i 时，若栈为空，则说明左侧不存在比当前元素大的元素，输出 -1；若栈非空，判断栈顶元素是否小于当前元素，将小于当前元素的栈顶元素依次出栈，直到栈为空或栈顶元素大于当前元素，此时输出 -1 或栈顶元素，再将当前元素 a_i 入栈。

以序列 $(3, 4, 2, 7, 5)$ 为例，第 1 个元素 3 左侧没有元素，此时单调栈为初始的空栈，输出 -1，将 3 入栈；第 2 个元素 4 大于栈顶元素 3，则将栈顶弹出，栈为空，输出 -1，4 进栈；第 3 个元素 2 小于栈顶 4，则栈顶为左侧第一个大于 2 的元素，输出栈顶 4，2 进栈；处理到第 4 个元素 7，此时栈顶 2 小于 7，则 2 出栈，新的栈顶 4 依然小于 7，继续出栈，此时栈为空，输出 -1，7 进栈；第 5 个元素 5 比栈顶小，输出栈顶 7，5 进栈。输出序列 $(-1, -1, 4, -1, 7)$ 即为序列 $(3, 4, 2, 7, 5)$ 所对应的函数值。

整个过程中每个元素入栈只有一次，出栈也只有一次，所以时间复杂度是一个线性时间。

例 3.2　求柱状图中的最大矩形。

一个柱状图是由若干个底部对齐、宽度相同但高度不一的矩形（又称柱）排列而成，如图 3-17 所示。考虑包含 n 个矩形的柱状图，每个矩形的高度分别为 $a_0, a_1, \cdots, a_{n-1}$，求该柱状图覆盖区

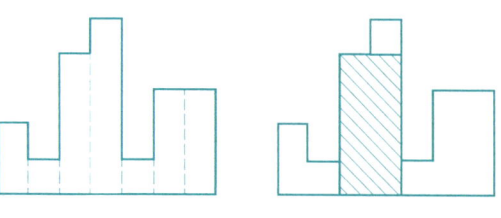

图 3-17　柱状图中最大矩形示意

域的最大矩形。

观察图3-17可知，针对每个柱，包含当前柱的最大矩形是向左和向右分别找到第一个高度小于该柱的矩形。一个朴素的想法是遍历每个柱，尝试按其高度来左右延展至最大。不难发现，最大的矩形R的右边界一定包含一个完整的柱，否则可以继续将矩形向右扩展增加面积。例如，枚举矩形的右边界，若R包含完整的第i柱，则可尝试向左扩展该矩形，直到遇到一个$a_j < a_i$（$j < i$），则该矩形面积为$a_i (i-j)$。这样通过遍历来找出最大的矩形，时间复杂度为$O(n^2)$。

进而考察此问题，其本质是遍历每个柱子a_i的高度，向左右两边寻找下一个小于当前柱子的高度。当$a_{i+1} < a_i$时不需要向右查找，只需向左查找，找到第一个不大于a_i的高度，在此过程中是否有必要存储所有的高度？考虑两个柱$j < k$，若$a_j \geqslant a_k$则j没有存储的必要，因为不存在查找会越过a_k停止在a_j的情况。这样向左查找只需保证左边为升序即可，可通过维护一个单调栈来实现。由于每个元素最多被插入一次、删除一次，因此时间复杂度最差情况下为$O(n)$。

3.5.2 单调队列

单调队列是一种元素具有严格单调性的数据结构，分为单调递增队列和单调递减队列。单调队列满足两个约束：

① 队列元素从头到尾的严格单调性。

② 队列元素先进先出，当然队首元素比尾部元素要先进。

作为满足单调约束的队列，单调队列的主要操作与普通队列基本相同；区别在于单调队列的元素入队时，需要进行单调性的检查。当元素入队时，比如对于单调递增队列，若当前元素a大于队尾元素，则直接将a放入队列；而若其小于队尾元素，则删除队尾直到队尾比其小为止，再将a入队。亦即，添加元素时，需通过删除队列中不满足单调性的元素来保持队列的单调性。

单调队列的元素间既具有先进先出的透明性，又具有单调性，因而单调队列可用于解决滑动窗口（滑窗）类问题。例如：

① 维护数组的最大/最小值：在长度为n的序列中，求每个长度为m的区间中的最大/最小元素。

② 满足约束的子序列的问题，包括下述问题在内的多种应用：

a. 连续子序列问题。给定一个整数k和一个序列，求和至少为k的最短子序列。

b. 绝对差不超过约束的子序列问题。对于一个整数序列S、一个表示限制的整数t，返回最长连续子序列的长度，其中任意两个元素之间的绝对差必须小于或等于t。

③ 跳格子游戏。给定一个元素为格子的序列S，从第一个元素开始往后跳，每次

最远跳 k 步且不会跳出序列之外，每次跳跃的收益为所跳到格子的值，而最终得分为所有跳到格子值的加和。求跳到最后一个位置时的最大得分。

下面以求滑窗区间最大值为例来考察单调队列的应用。

例 3.3　求滑窗区间最大值。

给定一个具有 n 个元素的序列 a_0, a_1, $\cdots$, a_{n-1} 和一个长度为 k 的窗口，请给出每个窗口内的区间最大值。亦即，$\forall 0 \leqslant i < n-k$，求 $\max\{a_i, a_{i+1}, \cdots, a_{i+k-1}\}$。

首先，若窗口区间为 $[i, j]$，则对应的窗口中元素集合为 $\{a_i, a_{i+1}, \cdots, a_j\}$，当窗口右移一位时，$a_i$ 将移出窗口，而 a_{j+1} 进入窗口。集合 $\{a_i, a_{i+1}, \cdots, a_j\}$ 中只要有比 a_{j+1} 小的元素，那么窗口右移后，最大值肯定不是该集合中那些比 a_{j+1} 小的元素，故可将其丢弃。亦即，两个位置 $i < j$，若 $a_i \leqslant a_j$，则没有必要存储 a_i。因为若位置 i 为区间最大值，则 i 在窗口内时，j 一定也在窗口内，且 a_j 更大。从左向右滑动窗口时，维护的序列 $Q = (q_0, q_1, \cdots, q_l)$ 中不存在任意两个位置 $i < j$ 满足 $q_i \leqslant q_j$，换言之，Q 是一个单调下降的序列。因此，可通过构建一个单调递减队列作为中间数据结构来组织进入窗口的元素，队首即为当前的最大元素。每次窗口往右滑动一位时，将新进窗口的元素 a_{i+k} 入队并检查队列的单调性，删除队列中比 a_{i+k} 小的元素，同时若队首元素已滑出窗口则将其删除。由于每个元素最多入队一次、出队一次，故时间复杂度为 $O(n)$。

求滑窗区间最大值/最小值具有广泛的应用。例如，求股票在过去一年内的最高点、求最近半个月的最高气温和最低气温等。

3.6　应用场景：消息队列

队列在计算机系统中有着非常广泛的应用，例如，等待打印机服务的打印作业、排队访问磁盘的请求、分时系统中等待使用 CPU 的任务等都可以用队列来组织，以解决资源少于消费需求时的协调，以及慢速和快速设备之间的同步等问题。消息队列是其中有代表性的一类应用。

作为现代操作系统的一个重要方面，进程间通信提供一种进程/线程在计算机上或通过网络相互通信和交换数据的机制，以使不同进程/线程间，甚至分布式系统中各个应用程序和服务间能够协同工作与共享资源，以提高效率和灵活性。进程/线程之间可通过共享内存或消息传递等方式进行通信。消息队列为采用消息传递方式进行通信的过程提供一个临时存储消息的轻量级缓冲区，这些消息可以是请求、恢复、错误消息、明文信息或控制权等，且通常采用先进先出的存储方式，故而称为消息队列。一个消息一般包含消息头和消息体两部分，其中消息头用于存储消息类型、目的地 id、源 id、消息长度和控制信息等信息。

借助消息队列，两个或多个进程/线程或系统的不同部分之间可实现相互通信并异步执行处理操作。系统的不同成分可连接到消息队列，向其发送新消息或从中接收消息；发送方和接收方不需要同时与消息队列交互。一般称消息的发送方为生产者，称消息的接收方为消费者。消息在被接收和处理之前一直存储在队列中，这使消息能够安全地等待，直到接收方应用程序准备就绪。这种异步消息传递的模型可以防止数据丢失，并使系统能够在进程或连接失败时继续运行。

消息队列可减少进程或服务之间的耦合性，不同进程或服务之间通过消息队列进行通信，而无须关心彼此的实现细节，只要定义好消息的格式即可。

除此之外，系统并发峰值超过当前系统处理能力时，可将消息队列作为通用的"载体"来保存尚来不及处理的信息，当后续空闲有能力处理时再进行处理，直到所有数据依次处理完成。这样能够防止并发峰值时短时间内大量请求导致的系统不稳定，起到"削峰填谷"的作用。

消息队列一般采用两种模式：点对点模式和发布/订阅模式。

点对点模式下的消息队列由生产者、消息队列和消费者三部分组成，如图3-18所示。其中，生产者是发送消息的应用程序，消息队列用于存储生产者发送的消息，消费者是接收消息的应用程序。消息队列可用于异步工作流或批处理系统，以使应用程序之间的交互更加灵活，并可提高系统的可伸缩性。

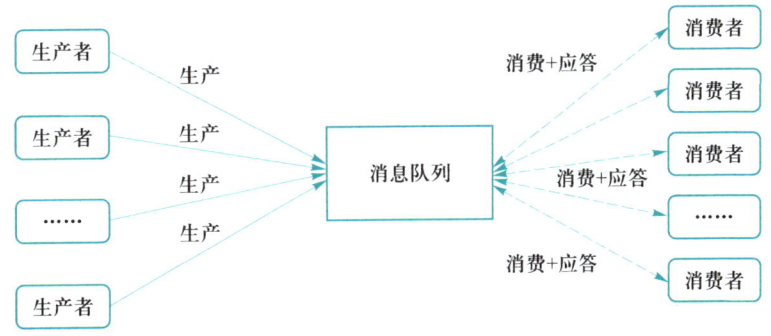

图 3-18　消息队列的点对点模式示意

生产者生产消息并发送到消息队列中，消费者从消息队列中取出并消费消息。通常消息被消费后将从消息队列中删除，所以消费者不可能消费已经被消费的消息。点对点模式的消息队列具有如下特点：

① 每个消息只有一个消费者，即一旦被消费，消息就不再在消息队列中。

② 生产者和消费者间没有依赖性，生产者发送消息之后，不管有没有消费者在运行，都不会影响到生产者下次发送消息。

③ 消费者在成功接收消息之后需向队列应答成功，以便消息队列删除被接收的消息。

发布/订阅模式下的消息队列包括发布者、角色主题和订阅者三个角色，如图3-19所示，此处的发布者相当于消息的生产者，订阅者则相当于消息的消费者。

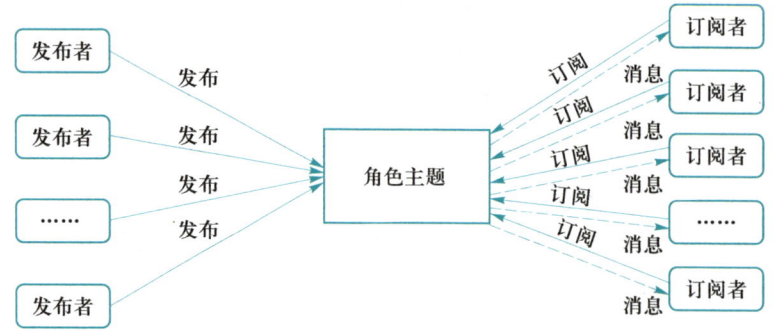

图 3-19 消息队列的发布/订阅模式示意

发布者将某个主题的消息发送到消息队列中，系统将这些消息传递给该主题的多个订阅者。发布/订阅模式具有下述特点：

① 每个消息可以有多个订阅者。

② 发布者和订阅者之间有时间上的依赖性。针对某个主题的订阅者，必须在创建一个订阅者之后，才能消费发布者的消息。

③ 订阅者需要提前订阅某个角色主题的消息，并保持在线运行才能消费该消息。

常见的消息队列系统包括RabbitMQ[①]、ActiveMQ和Apache Kafka[②]、RocketMQ[③]等。这些系统提供了丰富的特性和功能，能够满足各种不同的应用场景需求，有兴趣的读者可自行参阅相关内容。

本章小结

栈和队列是两种在计算机学科中得到广泛应用的数据结构。两者本质上均为限制了访问端口的线性表。

栈的插入和删除都限制在线性表的一端进行，由此形成了栈的后进先出特点。队列限制其元

---

① 一款基于Erlang语言编写的开源消息队列，通过Erlang语言的Actor模型实现了数据的稳定可靠传输。

② LinkedIn于2010年12月开发并开源的一个分布式流平台，现为Apache的顶级项目，一个高性能跨语言分布式发布/订阅消息队列系统，以Pull的形式消费消息。

③ 阿里系下开源的一款分布式队列模型的消息中间件，是阿里公司参照Kafka设计思想使用Java实现的一套消息队列。

素的删除只在队首进行、元素的插入只在队尾进行。队列的特点是新来的成员总是加入队的尾部，每次取出（删除）的元素总是来自队列的前端。栈和队列除了操作简单，还有其相应操作的时间代价均为 $O(1)$。

本章还介绍了栈和队列的几个变种，如共享栈、双栈和超栈、双端队列等，这些结构在一些特定的应用场景中适用。

作为拓展内容，本章还介绍了堆栈和队列中的元素具有单调性的单调栈和单调队列。

本章习题

1. 用一个循环数组 $q[0..m-1]$ 表示队列，且只有一个队列头指针 $front$，不设队列尾指针 $rear$，并设置计数器 $count$ 记录队列中结点的个数。请编写算法，实现队列的三个基本运算：判空、入队、出队。

2. 请按以下要求将栈 S 中的元素逆置：

（1）使用额外的两个栈。

（2）使用额外的一个队列。

（3）使用额外的一个栈，外加一些非数组的变量。

3. 试在一个长度为 n 的数组中实现两个栈，使得二者在元素的总数目为 n 之前都不溢出，并保证 Push 和 Pop 操作的时间复杂度为 $O(1)$。

4. 编号为 1、2、3、4、5 的 5 辆列车顺序开进栈式结构的站台，请问开出车站的顺序有多少种可能，并予以解释。

5. 证明：对于初始输入序列 1, 2, …, n，可使用一个栈得到输出序列 p_1, p_2, …, p_n（p_1, p_2, …, p_n 是 1, 2, …, n 的一种排列）的充分必要条件是：不存在下标 i、j、k，满足 $i<j<k$，同时 $p_j<p_k<p_i$。

6. 试用栈计算后缀表达式 12 8 9 * +，并明确写出每个步骤及相应的栈的状态。

7 试设计一个算法，判断一个算术表达式中的圆括号是否使用正确。

8. 栈排列通过栈及其内置的 Push 和 Pop 操作，将元素从输入队列转移到输出队列，以实现给定输入队列中元素的一个排列。排列过程采用如下规则：

（1）输入队列仅使用 Dequeue 操作。

（2）仅用一个栈及其内置的 Push 和 Pop 操作。

（3）栈和输入队列在结束时必须为空。

（4）输出队列仅使用 EnQueue 操作。

现给定两个元素均具唯一性的数组，一个表示输入队列，另一个表示输出队列。试判断通过栈排列来检查给定的输出是否可能。

9. 双端队列 Deque 是一种插入和删除操作在线性表两端进行的数据结构。请给出利用数组实现的 Deque 两端的插入、删除操作，要求这 4 个操作的时间复杂度均为常数。

*10. 给定一个非负整数 num 和一个整数 k，请移除 num 中的 k 位数字，使得剩下的数最小。注：num 只包含数字，且除了 0 本身外不包含任何前导 0。

*11. 给定一个整数数组，请找出数组中每个元素的后续较大元素之后的较小元素，若不存在这样的元素，则返回 -1。例如，数组 {5, 1, 9, 2, 5, 1, 7} 对应的结果为 {2, 2, -1, 1, -1, -1, -1}。

*12. 给定一个数组和一个整数 K，请设计一个线性时间的算法，计算每个长度为 K 的相邻子数组的最大值。例如，在 $K=3$ 时，数组 {1, 2, 3, 1, 4, 5, 2, 3, 6} 对应的输出为 {3, 3, 4, 5, 5, 5, 6}。

溯源与参考文献

栈作为数据结构最早进入计算机科学，应归功于计算学科的先驱 Alan M. Turing。1974 年 Donald E. Knuth（图灵奖得主，杰出的计算机科学家）在其著作中指出[1]，Turing 早在 1946 年的工作为子程序的链接问题提出和发展了栈技术[2]，当初采用术语 "bury" 和 "unbury" 描述对子程序的调用和返回。

队列作为数据结构何时出现几无可考，但应与排队论密切相关。据文献[3]所考，现代排队论由 20 世纪初丹麦数学家和工程师 Agner K. Erlang 首创[4, 5]，并经 Pollaczek 和 Crommelin[6-9] 发展，对队列的形成、运行、提供服务方式等进行了系统研究的理论。20 世纪 40 年代 John von Neumann 研发的 EDVAC 计算机中 "存储程序" 的流程控制应有队列的雏形[10]；20 世纪 60 年代多道操作系统出现后，任务与进程调度策略采用队列来实现先来先服务（FCFS）、Round Robin（RR）等调度算法和其他的资源管理。

本章参考文献

[1] KNUTH D E. The art of computer programming[M]. 3rd ed. Boston: Addison Wesley, 1997.

[2] TURING A M. Proposals for development in the mathematics division of an automatic computing engine (ACE) [R], 1946.

[3] JANSSEN A J E M, LEEUWAARDEN J S H V. Back to the roots of the M/D/s queue and the works of Erlang, Crommelin and Pollaczek[J]. Statistica Neerlandica, 2008, 62(3): 299-313.

[4] ERLANG A K. The theory of probabilities and telephone conversations[J]. Nyt Tidsskrift for Matematik B, 1909, 20: 33-39.

[5] ERLANG A K. Solution of some problems in the theory of probabilities of significance in automatic telephone exchanges[J]. Elektrotkeknikeren, 1917, 13.

[6]   POLLACZEK F. Über eine aufgabe der wahrscheinlichkeitstheorie[J]. MathematischeZeitschrift32, 1930: 64–100.

[7]   POLLACZEK F. Über eine aufgabe der wahrscheinlichkeitstheorie II[J]. MathematischeZeitschrift32, 1930: 729–750.

[8]   CROMMELIN C D. Delay probability formulae when the holding times are constant[J]. Post Office Electrical Engineers Journal 25, 1932: 41–50.

[9]   CROMMELIN C D. Delay probability formulae[J]. Post Office Electrical Engineers Journal 26, 1934: 266–274.

[10] NEUMANN J. The first draft of report on the EDVAC (Contract No. W−670−ORD−4926, June 1945)[J]. IEEE Annals of the History of Computing, 1993, 15(4): 27−43.

第 4 章

字符串

作为文本处理的基础，字符串也有着广泛的应用。例如，姓名、性别、身份证号码、联系方式等都可以看作是字符串。字符串与线性表的结构相似，区别在于字符串的数据对象限制为字符集，因此字符串除了可以进行元素查找、删除及插入等操作外，还通常需要进行整体操作。例如，在字符串中查找某个子串、在字符串的某个位置上插入或删除一个子串，以及合并两个字符串等。字符串处理应用广泛，常用于词频统计、基因测序、安全通信等场景。

本章引子

本章将介绍字符串的定义、存储方法、常用操作及实现方法。4.1 节以模式匹配问题引入字符串的概念；4.2 节介绍字符串的定义与结构；4.3 节介绍字符串的存储方法以及基本操作的实现；4.4 节介绍字符串模式匹配的定义及常用算法；4.5 节是本章的拓展延伸内容，介绍正则表达式以及带有通配符的字符串匹配方法；最后，4.6 节介绍字符串在基因测序中的应用场景。

4.1　问题引入：模式匹配

随着无纸化办公、在线学习的快速发展，文字处理软件已成为人们工作、学习中必不可少的工具之一。使用文本编辑工具时，经常会使用查找功能（如 Word 中的快捷键 Ctrl+F）来定位文档关键词，即在搜索框中输入需要查找的关键词，编辑工具会定位到关键词出现的位置，以便用户进一步处理。

从段落文本中定位关键词这一功能依托于字符串匹配算法来实现。给定一段文本，用户提供特定的关键词，找出该关键词在文本中出现的位置，就是字符串匹配问题。我们将用户给定的关键词或字符串称为模式串，将段落文本称为目标串，因此字符串匹配又称为模式匹配。

4.2　字符串的定义与结构

字符串一般简称为串。在数据结构中，字符串是一种在数据元素的组成上具有一定约束条件的线性表，即要求组成线性表的所有数据元素都是字符。字符串是一个有穷的字符序列，它是由 0 个或多个字符组成的有限序列，每个字符可以是字母、数字或是任何其他字符。零个字符的字符串称为空串，空串不包含任何字符。

字符串一般记为 $s = "s_1s_2 \cdots s_n"$（$n > 0$）或 $\varnothing$。其中 s 为字符串名，双引号为字符串的定界符，双引号之间的内容是字符串的值，s_i（$1 \leqslant i \leqslant n$）可以是字母、数字或其他字符，$n$ 为字符串长度。$\varnothing$ 表示空串，空串的长度为 0。

字符串中任意个连续的字符组成的子序列称为该字符串的子串。例如，长度为 4 的字符串 $s = "abcd"$，其子串包括 "a""ab""abc""abcd""b""bc""bcd""c""cd""d" 和 ""（空字符串）。

对字符串的操作更多的是对字符串整体或其子串进行操作，如求字符串的长度、子串查找、子串替换等，对字符串中具体元素的操作较少。

字符串的抽象数据类型定义如下：

ADT String { // 字符串的抽象数据类型定义

数据对象：

　　$D=\{\, s_i \mid s_i \in \text{CharacterSet},\ i=1, 2, \cdots, n, n>0 \,\}$ 或 $\varnothing$（空字符串）。

数据关系：

　　$R=\{\, <s_{i-1}, s_i> \mid s_{i-1}, S_i \in D, i=2, \cdots, n, n>0 \,\}$。

基本操作：

InitStr(*s*):	初始化一个空的字符串 *s*，字符串最大长度为 *kMaxSize*。
StrCopy(*s*):	返回复制字符串 *s* 得到的字符串。
StrIsEmpty(*s*):	判断字符串 *s* 是否为空串。该函数返回一个布尔值，若字符串 *s* 是空串则返回 true，否则返回 false。
StrInsert(*s*, *pos*, *t*):	在字符串 *s* 的 *pos* 位置处插入字符串 *t*，并返回插入后的字符串 *s*。
StrRemove(*s*, *pos*, *len*):	删除字符串 *s* 中从 *pos* 位置开始的长度为 *len* 的子串，并返回删除后的字符串 *s*。
SubString(*s*, *pos*, *len*):	返回字符串 *s* 从 *pos* 位置开始的长度为 *len* 的子串。
StrLength(*s*):	返回字符串 *s* 的长度。
StrConcat(*s*, *t*):	返回字符串 *s* 和 *t* 连接而成的新串 *s*。
StrCompare(*s*, *t*):	返回字符串 *s* 和 *t* 的大小关系。若 *s*>*t*，返回 +1；若 *s*=*t*，返回 0；若 *s*<*t*，返回 -1。
PatternMatch(*s*, *t*):	返回字符串 *s* 中首次出现字符串 *t* 的位置，若字符串 *s* 没有出现字符串 *t*，则返回 NIL。
Replace(*s*, *sub_ s*, *t*):	将字符串 *s* 中的所有子串 *sub_ s* 替换为字符串 *t*。

}

4.3　字符串的存储实现

字符串的存储表示与线性表相同，一般有顺序存储结构和链式存储结构两种方式。

4.3.1　字符串的顺序存储实现

字符串的顺序存储结构是用一组地址连续的存储单元来存储串中的字符序列，也是最为常见的字符串存储结构。一般在程序设计语言中，字符串会有结束符，如 C 语言和 C++ 语言中字符串的结束符为 '\0'。结束符不计入字符串长度，但要占存储空间。例如，图 4-1 所示为字符串 "abcdef" 的顺序存储形式。也有程序设计语言是靠记录字符串长度来表示字符串的范围，本书采用变量 *length* 记录字符串的长度。

0	1	2	3	4	5	6
a	b	c	d	e	f	\0

图 4-1　字符串的顺序存储

　　根据是否预先确定串的存储空间大小，可将字符串的顺序存储结构分为定长顺序存储和动态顺序存储两种类型。定长顺序存储结构为每个定义的字符串变量分配一个固定长度的区域存储字符；动态顺序存储结构则为每个新产生的字符串在堆内存中动态分配实际串长的存储空间，并用指针指向该存储空间的起始位置。

　　可见，动态顺序存储结构是按需分配存储空间，在对存储空间的使用上效率更高。但动态顺序存储结构需要在字符串变化时动态维护分配空间的大小，有可能需要额外多一倍的临时空间，而定长顺序存储结构则不需要考虑空间大小的维护问题。为了更好地说明顺序存储结构的特点，下面以定长顺序存储结构为例，对字符串的基本操作及其实现进行介绍。

　　字符串的一些简单操作包括字符串的初始化、复制、判空等。

　　字符串的初始化即构造一个空的字符串。首先分配字符串所需要的 $kMaxSize$ 个存储空间，然后将字符串的长度即 $s.length$ 置为 0，表示是一个空字符串，并使用 $s.data$ 来表示存储字符串的数组。字符串的复制需要首先初始化新串 t，为其分配需要的存储空间，然后从 $s.data$ 中逐个读出字符赋值给新串。字符串判空则直接根据 $s.length$ 是否为 0 进行判断。这些操作的实现读者可以自行练习。

　　需要注意的是，当长度为 $kMaxSize$ 的数组被分配给一个字符串时，如果采用结束符标记字符串结尾，则这个字符串实际上最多只能存储 $kMaxSize$-1 个字符，因为结束符也要占一位空间。为描述简洁起见，在下面的讨论中，我们不考虑结束符的占位问题，即默认 $kMaxSize$ 就是字符串中字符的最大存储数量。

　　下面讨论关于字符串的插入、删除、截取、连接、比较等主要操作。

1. 字符串的插入

　　在字符串 s 的 pos 位置插入字符串 t，具体操作为：首先将字符串 s 中从 pos 位置开始的字符整体后移，为插入操作提供空间，然后将字符串 t 中的字符逐一插入字符串 s 从 pos 开始的空间中，得到插入后的字符串 s，最后更新字符串 s 的 $length$ 属性。字符串插入操作的伪代码如算法 4-1 所示。该操作的最坏情况是将字符串 t 插在字符串 s 的头部位置，时间复杂度是 $O(n+m)$，其中 n 和 m 分别是两个字符串的长度。

算法4-1：顺序存储字符串的插入操作 StrInsert(s, pos, t)

输入：字符串 s，要插入的位置 $pos \geq 1$，需要插入的字符串 t

输出：完成插入后的字符串 s。若插入后的字符串长度大于 $kMaxSize$，则直接退出

1.　　$n \leftarrow s.length$
2.　　$m \leftarrow t.length$
3.　　**if** $n+m \leq kMaxSize$ **then**
4.　　| **for** $i \leftarrow n-1$ **downto** $pos-1$ **do**
5.　　| | $s.data[i+m] \leftarrow s.data[i]$　　//将数组下标 pos-1 开始的子串后移，给 t 留出空位
6.　　| **end**

7.　| **for** $i \leftarrow 0$ **to** m-1 **do**

8.　| | $s.data[pos-1+i] \leftarrow t.data[i]$　//将t插入s

9.　| **end**

10.　| $s.length \leftarrow n+m$　//更新s的长度

11.　**else**

12.　| 长度超限，退出

13.　**end**

2. 字符串的删除

将字符串s从pos位置开始删除长度为len的子串，具体操作为：将字符串s中$pos+len$后的字符逐位向前移动，最后更新字符串s的$length$属性。具体伪代码实现如算法4-2所示。这个操作的最坏情况是将s开头的len个字符删除，时间复杂度是$O(n)$，其中n是s的长度。

算法4-2：顺序存储字符串的删除操作 StrRemove(s, pos, len)

输入：字符串s，要删除的位置$pos \geq 1$，删除的字符个数len

输出：删除子串后的字符串s

1.　$n \leftarrow s.length$

2.　**if** $pos+len-1<n$ **then**

3.　| **for** $i \leftarrow pos+len-1$ **to** n-1 **do**

4.　| | $s.data[i-len] \leftarrow s.data[i]$

5.　| **end**

6.　| $s.length \leftarrow n-len$

7.　**else** //从数组下标pos-1开始的所有字符都删掉

8.　| $s.lenth \leftarrow pos-1$

9.　**end**

3. 字符串的截取

返回字符串s从pos位置开始长度为len的子串，具体操作为：构造新串，将字符串s从pos之后的len个字符逐一赋值给新串。具体伪代码实现如算法4-3所示。这个操作的时间复杂度仅与子串长度有关，为$O(len)$。

算法4-3：顺序存储字符串的截取子串操作 SubString(s, pos, len)

输入：字符串s，开始截取的位置$pos \geq 1$，截取的字符个数len

输出：截取的子串

1.　InitStr(sub_s)　//初始化新串sub_s

2.　$n \leftarrow s.length$

3.　$i \leftarrow 0$

4.　**while** $pos-1+i<n$ 且 $i<len$ **do**　//若s从pos-1开始不到len个字符，就截取到s的末尾为止

5.　| $sub\_s.data[i] \leftarrow s.data[pos-1+i]$　//将s串从pos-1之后的len个字符复制到sub_s

6.　　| *sub_ s.length* ← *sub_ s.length*+1

7.　　| *i* ← *i*+1

8.　　**end**

9.　　**return** *sub_ s*

4. 字符串的连接

将字符串 *t* 连接在字符串 *s* 的末尾，具体操作为：将字符串 *t* 中的字符逐一赋值到 *s* 末尾，并更新 *s* 的长度。具体伪代码如算法4-4所示。这个操作的时间复杂度仅与 *t* 的长度有关，为 $O(m)$。

算法4-4：顺序存储字符串的连接操作 StrConcat(*s*, *t*)

输入：字符串 *s*，字符串 *t*

输出：返回字符串 *s* 后连接字符串 *t* 而成的新串。若结果长度大于 *kMaxSize*，则退出

1.　　*n* ← *s.length*

2.　　*m* ← *t.length*

3.　　**if** *n*+*m* ≤ *kMaxSize* **then**

4.　　| **for** *i* ← 0 **to** *m*−1 **do**

5.　　| | *s.data*[*n*+*i*] ← *t.data*[*i*]

6.　　| **end**

7.　　| *s.length* ← *n*+*m*

8.　　**else**

9.　　| 长度超限，退出

10.　　**end**

5. 字符串的比较

在字符串操作中最常用的操作就是两个字符串的比较，即将两个字符串从左到右逐个字符按照其ASCII码值进行比较。如果两个字符串长度相等，且每一个相应位置上的字符都相同，则这两个字符串相等，如"abc"与"abc"相等。如果两个字符串长度不相等，但较短字符串所有对应位置上的字符都与较长字符串相同，则字符串长度长的字符串大于字符串长度短的字符串，如"abc"<"abcdef"。如果两个字符串在某一相应位置上的字符不相同，则以第一个不相同的位置上的字符比较结果作为两个字符串的比较结果，如"abh">"abf"。

算法4-5对两个字符串做比较，返回字符串 *s* 和字符串 *t* 的大小关系。若 *s*>*t*，返回+1；若 *s*=*t*，返回0；若 *s*<*t*，返回−1。这个操作的时间复杂度仅与字符串 *s* 和 *t* 的最小长度有关，为 $O(\min(n, m))$。

算法4-5：顺序存储字符串的比较操作 StrCompare(s, t)

输入：字符串 s，字符串 t

输出：若 $s>t$，输出 +1；若 $s=t$，输出 0；若 $s<t$，输出 −1

1. $len \leftarrow$ Min($s.length, t.length$)
2. $i \leftarrow 0$
3.   **while** $i<len$ 且 $s.data[i] = t.data[i]$ **do**
4. | $i \leftarrow i+1$
5.   **end**
6.   **if** $i=len$ **then**
7. | **if** $s.length>len$ **then**
8. | | $ret \leftarrow 1$
9. | **else if** $t.length>len$ **then**
10. | | $ret \leftarrow -1$
11. | **else** $//s=t$
12. | | $ret \leftarrow 0$
13. | **end**
14.   **else if** $s.data[i]>t.data[i]$ **then**
15. | $ret \leftarrow 1$
16.   **else**
17. | $ret \leftarrow -1$
18.   **end**
19.   **return** ret

关于字符串的匹配及替换操作，将在介绍字符串模式匹配算法时进行讨论。

4.3.2　字符串的链式存储实现

字符串的链式存储结构与线性表类似。由于字符串结构的特殊性，每个数据元素是一个字符，因此在链式存储结构中每个结点可以存储一个字符。通常将这种存储方式称为非紧缩链式存储结构。例如，图4-2所示即为字符串 "abcdef" 的非紧缩链式存储结构。考虑到一个结点存储一个字符会造成空间浪费，通常情况下可以在一个结点中存放多个字符。这种存储方式称为紧缩链式存储结构，也称为块链存储结构。例如，图4-3所示即为字符串 "abcdef" 的紧缩链式存储结构。

图 4-2　字符串 "abcdef" 的非紧缩链式存储结构

图 4-3 字符串 "abcdef" 的紧缩链式存储结构

显然，当使用紧缩链式存储结构时，字符串长度并不是链表中结点个数的整数倍，故常使用非字符串字典中的字符填充。为便于理解，下面仅对采用非紧缩链式存储结构的字符串的基本操作进行介绍，而对采用紧缩链式存储结构的字符串的基本操作则请读者自行思考。

与线性链表类似，使用链式存储结构时，需定义一个头指针 *head*。对于字符串 *s*，使用 *s.head* 表示字符串 *s* 的头指针，以空指针 NIL 表示字符串的结尾。每个结点中包含数据 *data*，表示当前结点存储的字符，以 CharacterSet 表示链表中结点数据的数据类型，以指针 *next* 指向下一个链表元素。下面讨论采用链式存储结构的字符串（简称链式字符串）的插入、删除、截取等操作。

1. 链式字符串的插入

相对于顺序存储结构，链式字符串的插入操作较为简单，不需要担心字符串长度超限的问题，但需要找到字符串 *s* 中位于 *pos* 位置的链表元素，并要找到插入字符串 *t* 的末尾，这两步的时间复杂度是 $O(n+m)$，其中 *n* 和 *m* 分别是两个字符串的长度。具体伪代码实现如算法 4-6 所示。

算法 4-6：链式字符串的插入操作 StrInsert(*s, pos, t*)

输入：字符串 *s*，要插入的位置 *pos* ≥ 1，需要插入的字符串 *t*

输出：完成插入后的字符串 *s*。若不存在位置 *pos*，则 *s* 不变

---

1.   *flag* ← NormalCode
2.   **if** *t.length* > 0 **then**　//若 *t* 不是空串
3. | *tail* ← *t.head*
4. | **while** *tail.next* ≠ NIL **do**　//找到 *t* 的最后一个元素
5. | | *tail* ← *tail.next*
6. | **end**
7. | **if** *s.length* > 0 **then**　//若 *s* 不是空串
8. | | *p* ← *s.head*
9. | | *count* ← 1
10. | | **while** *p* ≠ NIL 且 *count* < *pos*-1 **do**　//找第 *pos* 个元素的前一个元素
11. | | | *count* ← *count*+1
12. | | | *p* ← *p.next*
13. | | **end**
14. | | **if** *count* = *pos*-1 **then**　//将 *t* 插在 *p* 的后面
15. | | | *tail.next* ← *p.next*
16. | | | *p.next* ← *t.head*
17. | | **else if** *pos* = 1 **then**　//*t* 插在 *s* 的表头

18. | | | *tail.next* ← *s.head*
19. | | | *s.head* ← *t.head*
20. | | **else**
21. | | | *flag* ← ErrorCode   //输入错误：不存在位置 *pos*
22. | | **end**
23. | **else**   //若 *s* 是空串
24. | | *s* ← *t*
25. | **end**
26. **end**
27. **if** *flag* ≠ ErrorCode **then** //正常完成插入
28. | *s.length* ← *s.length*+*t.length*
29. **end**

2. 链式字符串的删除

返回链式字符串 *s* 从 *pos* 位置开始删除长度为 *len* 的子串后的字符串，具体操作为：将 *pos*−1 位置上的链表元素的 *next* 指针指向原字符串 *s* 中的第 *pos*+*len* 个元素，并释放被删除的结点空间。具体伪代码实现如算法 4-7 所示。这个操作的时间复杂度与 *s* 的长度有关，为 $O(n)$。

算法 4-7：链式字符串的删除操作 StrRemove(*s*, *pos*, *len*)

输入：字符串 *s*，要删除的位置 *pos* ≥ 1，删除的字符个数 *len*

输出：删除子串后的字符串 *s*。若删除位置不存在，则 *s* 不变

1. **if** *s.length*>0 **then** //若 *s* 不是空串
2. | *p* ← *s.head*
3. | *count* ← 1
4. | **while** *p* ≠ NIL 且 *count*<*pos*−1 **do**   //找第 *pos* 个元素的前一个元素
5. | | *count* ← *count*+1
6. | | *p* ← *p.next*
7. | **end**
8. | **if** *pos*=1 或 (*p* ≠ NIL 且 *count*=*pos*−1) **then**   //将 *p* 后的 *len* 个结点删除
9. | | **if** *pos*=1 **then**
10. | | | *deleted* ← *s.head*
11. | | **else**
12. | | | *deleted* ← *p.next*
13. | | **end**
14. | | *count* ← 0
15. | | **while** *deleted* ≠ NIL 且 *count*<*len* **do**   //不足 *len* 个则一直删到末尾
16. | | | *t* ← *deleted.next*
17. | | | **delete** *deleted*
18. | | | *count* ← *count*+1
19. | | | *s.length* ← *s.length* − 1

20.　| | | *deleted* ← *t*
21.　| | **end**
22.　| | **if** *pos* = 1 **then**
23.　| | | *s.head* ← *deleted*
24.　| | **else**
25.　| | | *p.next* ← *deleted*
26.　| | **end**
27.　| **end**
28.　**end**

3. 链式字符串的截取

　　返回链式字符串 *s* 从 *pos* 位置开始的长度为 *len* 的子串，具体操作为：构造新串，将字符串 *s* 从 *pos* 之后的 *len* 个字符逐一赋值给新串。具体伪代码实现如算法4-8所示。与顺序存储结构不同，在链式存储结构中该操作必须首先找到截取的起始位置，则其时间复杂度就不仅与子串长度有关了，最坏情况时间复杂度为 $O(n)$。

算法4-8：链式字符串的截取子串操作 SubString(*s*, *pos*, *len*)

输入：字符串 *s*，开始截取的位置 *pos* ≥ 1，截取的字符个数 *len*
输出：截取的子串

1.　InitStr(*sub_s*)　//初始化新串 *sub_s*
2.　**if** *s.length* > 0 **then**　//若 *s* 不是空串
3.　| *p* ← *s.head*
4.　| *count* ← 1
5.　| **while** *p* ≠ NIL 且 *count* < *pos* **do**　//找第 *pos* 个元素
6.　| | *count* ← *count* + 1
7.　| | *p* ← *p.next*
8.　| **end**
9.　| **if** *p* ≠ NIL 且 *count* = *pos* **then**　//将 *s* 串从 *pos* 之后的 *len* 个字符复制到 *sub_s*
10.　| | *count* ← 0
11.　| | *sub_s.head* ← **new** StringNode( )　//创建临时空头结点
12.　| | *tail* ← *sub_s.head*
13.　| | **while** *p* ≠ NIL 且 *count* < *len* **do**　//若从 *pos* 开始不到 *len* 个字符，就截取到 *s* 的末尾
14.　| | | *t* ← **new** StringNode(*p.data*, NIL)　//复制一个新结点
15.　| | | *tail.next* ← *t* //将新结点接到 *sub_s* 的末尾
16.　| | | *tail* ← *tail.next*
17.　| | | *sub_s.length* ← *sub_s.length* + 1　//*sub_s* 长度加1
18.　| | | *p* ← *p.next*
19.　| | | *count* ← *count* + 1
20.　| | **end**
21.　| **end**

22.　**end**

23.　*tail ← sub_ s.head*

24.　*sub_ s.head ← tail.next*

25.　**delete** *tail*　//删除临时空头结点

26.　**return** *sub_ s*

4. 链式字符串的连接

将链式字符串 *t* 连接在字符串 *s* 的末尾。与顺序存储结构不同，这里不需要将字符串 *t* 中的字符复制到字符串 *s* 的末尾，只需要找到字符串 *s* 的末尾并将字符串 *t* 接在其后即可。具体伪代码实现如算法 4-9 所示。这个操作的时间复杂度与字符串 *t* 的长度无关，仅与字符串 *s* 的长度成正比，为 $O(n)$。

算法 4-9：链式字符串的连接操作 StrConcat(*s*,*t*)

输入：字符串 *s*，字符串 *t*

输出：返回后面连接字符串 *t* 而成的字符串 *s*

1.　**if** *s.length* > 0 **then**　//若 *s* 非空串

2.　| *p ← s.head*

3.　| **while** *p.next* ≠ NIL **do**　//找到 *s* 的最后一个结点

4.　| | *p ← p.next*

5.　| **end**

6.　| *p.next ← t.head*

7.　**else**　//若 *s* 是空串

8.　| *s.head ← t.head*

9.　**end**

10.　*s.length ← s.length + t.length*

5. 链式字符串的比较

返回链式字符串 *s* 和 *t* 的大小关系。若 *s* > *t*，返回 +1；若 *s* = *t*，返回 0；若 *s* < *t*，返回 -1。具体伪代码实现如算法 4-10 所示。与顺序存储结构相似，该操作的时间复杂度也是仅与 *s* 和 *t* 的最小长度有关，为 $O(\min(n, m))$。

算法 4-10：链式字符串的比较操作 StrCompare(*s*, *t*)

输入：字符串 *s*，字符串 *t*

输出：若 *s* > *t*，输出 +1；若 *s* = *t*，输出 0；若 *s* < *t*，输出 -1

1.　*sp ← s.head*

2.　*tp ← t.head*

3.　**while** *sp* ≠ NIL 且 *tp* ≠ NIL 且 *sp.data = tp.data* **do**

4.　| *sp ← sp.next*

5.　| *p ← tp.next*

6.   **end**
7.   **if** $sp \neq$ NIL 且 $tp=$ NIL **then**
8. | $ret \leftarrow 1$
9.   **else if** $sp=$NIL 且 $tp \neq$ NIL **then**
10. | $ret \leftarrow -1$
11.   **else if** $sp=$NIL 且 $tp=$NIL **then**   //s=t
12. | $ret \leftarrow 0$
13.   **else if** $sp.data > tp.data$ **then**
14. | | $ret \leftarrow 1$
15.   **else**   // $sp.data < tp.data$
16. | | $ret \leftarrow -1$
17.   **end**
18.   **return** ret

    通过对比顺序存储结构和链式存储结构字符串的基本操作，可以发现字符串的链式存储实现具有不受定长约束的优势。除此之外，其他涉及在字符串中某个指定位置进行的操作，在最坏情况下都需要遍历整个链表，因此一般比顺序存储实现的执行效率要低。

4.4 字符串的模式匹配

    在字符串 s 中找出与字符串 t 相等的子串的操作，称为字符串的模式匹配，又称为子串的定位操作。其中，字符串 s 称为主串或目标串，字符串 t 称为模式串。若在字符串 s 中找到与字符串 t 相等的子串则匹配成功，否则匹配失败。解决模式匹配问题的算法有朴素模式匹配算法（BF算法）、KMP算法、BM算法、KR算法、Sunday算法等。

    首先使用数学模型对字符串的模式匹配进行描述：假设目标串 s 使用一个长度为 n 的字符数组 $s[0, 1, \cdots, n-1]$ 表示，模式串 t 使用一个长度为 m（$m \leq n$）的数组 $t[0, 1, \cdots, m-1]$ 表示，如果存在 p（$0 \leq p \leq n-m$），使得 $s[p, p+1, \cdots, p+m-1]=t[0, 1, \cdots, m-1]$，则 p 称为一个有效位移。字符串匹配就是从字符串 s 中找出所有的有效位移 p。

    为了便于理解，做如下约定：在进行字符串模式匹配算法描述时，将 s 和 t 直接视为存储目标串和模式串的字符数组，规定 s 和 t 的第1个字符的下标从0开始。因此下文中提到的"第 i 位字符"表示的是数组下标为 i，在字符串中的真实含义为第 $i+1$ 个字符，如对目标串 s，由第0位字符到第 $n-1$ 位字符分别表示第1个到第 n 个字符。在算法实现时，与抽象数据类型定义保持一致，使用定长顺序存储的字符串来定义目标串 s 和模式串 t，字符存储在字符串的 $data$ 数组中，下标从0开始。

4.4.1   朴素模式匹配算法

朴素模式匹配算法是字符串模式匹配算法中最简单的蛮力（brute force）解法，又称为BF算法。朴素模式匹配算法枚举目标串s中每个与模式串t等长的子串，判断是否匹配：即首先将模式串t的第0位字符与目标串s的第0位字符对齐，然后依次比对每个字符，若都相等，则匹配成功；若s和t某个对应位置上的字符不相等，则匹配失败。然后将t整体后移1位，重新从模式串t的第0位与目标串s的第1位开始依次比对……

顺序存储结构下的朴素模式匹配算法如算法4-11所示。

算法4-11：朴素模式匹配算法 PatternMatchBF(s, t)

输入：目标串s与模式串t

输出：返回首个有效位移p，匹配失败则返回NIL

```
1.   n ← s.length
2.   m ← t.length
3.   for p ← 0 to n−m do
4.   |   for i ← 0 to m−1 do
5.   |   |   if s.data[p+i] ≠ t.data[i] then
6.   |   |   |   break
7.   |   |   end
8.   |   end
9.   |   if i = m then
10.  |   |   break
11.  |   end
12.  end
13.  if p > n−m then
14.  |   p ← NIL
15.  end
16.  return p
```

例如，目标串s="abbaba"，模式串t="aba"，图4-4所示为朴素模式匹配算法的执行过程，带底纹的字符表示失配的字符。第1趟匹配到模式串第2位字符时出现失配；第2趟从目标串第1位字符处开始与模式串匹配，匹配模式串的第0位字符时就出现失配；第3趟从目标串第2位字符处开始与模式串匹配，匹配模式串的第0位字符时就出现失配；第4趟从目标串第3位字符处开始与模式串匹配，模式串所有字符都匹配成功，返回匹配成功的起始位置。

朴素模式匹配算法在最好情况下仅需匹配m次，时间复杂度为$O(m)$；在最坏情况下p需要移动$n-m+1$次，每次匹配m次，时间复杂度为$O(nm-m^2)$，即$O(nm)$。在实际运行过程中字符串匹配情况复杂多变，朴素模式匹配算法的执行时间通常取上界$O(nm)$。

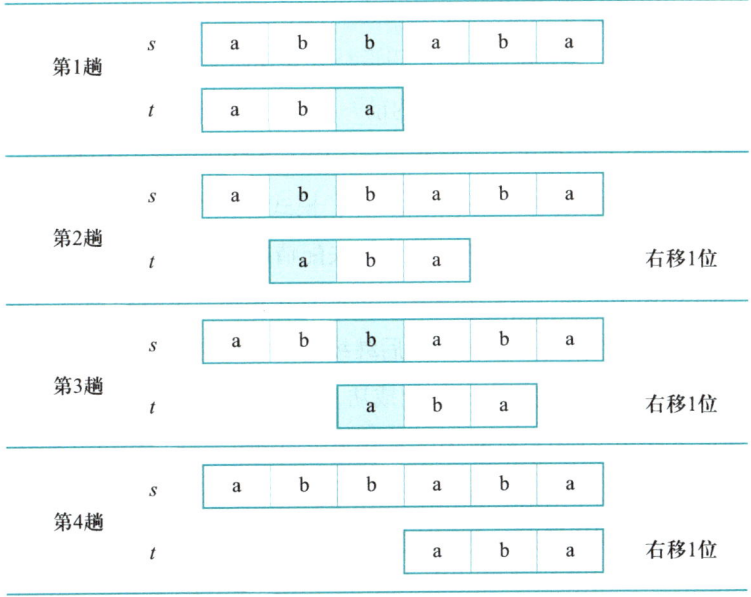

图 4-4 朴素模式匹配算法执行过程

字符串匹配算法是其他字符串操作的基础，例如字符串替换操作需要先使用匹配操作找到位置，接着进行字符串的删除和插入完成替换具体伪代码如算法4-12所示。

算法4-12： 字符串替换算法 Replace(*s*, *sub_s*, *t*)

输入： 字符串*s*，被替换的子串*sub_s*，替换目标字符串*t*
输出： 将字符串*s*中所有子串*sub_s*替换为字符串*t*后的字符串*s*

---

1.   *len* ← *sub_s.length*
2.   *m* ← *t.length*
3.   *pos* ← 0
4.   **while** *pos* ≠ NIL **do**
5. | *pos* ← PatternMatchBF(*s*, *sub_s*)   //从*s*中找到第一次出现的*sub_s*
6. | **if** *pos* ≠ NIL **then**
7. | | StrRemove(*s*, *pos*+1, *len*) //删除*sub_s*
8. | | StrInsert(*s*, *pos*+1, *t*)   //插入*t*
9. | **end**
10. **end**

4.4.2 KMP 算法

在朴素模式匹配算法中，当模式串失配时将其整体向后移动一位，然后从头开始匹配，将目标串中每个位置作为起点与模式串中的字符进行逐个比较会耗费较长时间。所以，如何通过某种操作来对失配情况进行优化处理，增加模式串移动的距离，减少整体移动的次数，成为字符串模式匹配算法的一个重要改进方向。

KMP算法是由Donald E.Knuth，James H.Morris和Vaughan R.Pratt提出的，该算法也由此得名。其主要思想为：假设朴素模式匹配算法在失配时已经匹配到了字符串的第 j 位，则说明目标串与模式串的前 $j-1$ 位是匹配成功的，利用已匹配的信息可对朴素模式匹配算法进行优化。下面通过具体例子来直观理解KMP算法。

假设目标串 s ="ababcabcacbab"，模式串 t ="abcac"，KMP算法的执行过程如图4-5所示，其中带底纹的字符表示出现失配情况。第1趟当匹配到字符串的第2位字符，即"abc"匹配失败时，按照朴素模式匹配算法将模式串后移1位，继续从模式串的第0位字符进行逐个匹配，匹配再失败后继续同样的操作。而在KMP算法中，由于已知字符串的第0位、1位字符即"ab"匹配成功，因此简单地后移1位是不可能匹配成功的，因为 t 的首字符'a'与 s 中对应的字符'b'是无法匹配的。所以，可以充分利用已匹配成功信息，根据"一定规则"直接将模式串后移2位，再从模式串的第2位字符继续进行匹配，而后若遇到失配的情况，则继续按照此方法进行操作。

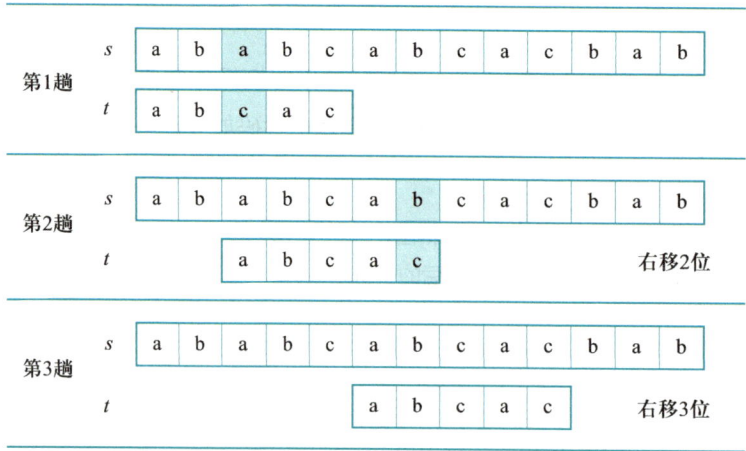

图 4-5   KMP 算法执行过程

可以看到，KMP算法在比较时，模式串向后移动了更多的位数。第1次匹配失配以后向右移动了2位，继续从模式串第2位字符开始进行匹配；第2次匹配失配以后向右移动了3位，继续从模式串的第3位字符开始进行匹配。相对于朴素模式匹配算法中不停地向右移动1位且从模式串的第0位字符重新开始匹配的方式，KMP算法能够更快地完成模式匹配。

1. KMP 算法的核心思想

到这里可以发现，KMP算法需要解决的最核心的问题是：当出现失配情况时，如何将模式串向右移动正确的位数，即上文中提到的"一定规则"是什么样的规则。在对该问题进行说明之前，首先介绍一些需要用到的字符串的相关概念。

① 前缀：从长度为 n 的字符串第0位开始至第 i 位（ $0 \leq i < n-1$ ）结束的任意子串。

对字符串 s，其前缀可表示为 $s[0..i]$（$0 \leq i < n-1$）。字符串的所有前缀构成的集合称为前缀集合。

②后缀：从长度为 n 的字符串第 i 位（$0 < i \leq n-1$）开始至最后一位结束的任意子串。对字符串 s，其后缀可表示为 $s[i..n-1]$（$0 < i \leq n-1$）。字符串的所有后缀构成的集合称为后缀集合。

③公共前后缀：字符串的前缀集合与后缀集合中相同的子串。

④最长公共前后缀：字符串的前缀集合与后缀集合中相同的长度最长的子串。

由定义可知，字符串的前缀和后缀不包括字符串本身。例如，对于字符串"aabaa"，其前缀集合为{"a","aa","aab","aaba"}，后缀集合为{"a","aa","baa","abaa"}，其公共前后缀包括"a"和"aa"两个子串，最长公共前后缀为"aa"这个子串。

假设当前模式串 t 已经移动到目标串 s 的某一位置 p，即字符串 t 的第0位字符与 s 的第 p 位字符对齐，正在对模式串 t 的第 i 位进行匹配，则说明模式串 t 的 $i-1$ 位之前的子串已经完成匹配，即 $s[p..p+i-1]$ 和 $t[0..i-1]$ 相同。如图4-6所示，用浅色底纹表示尚未进行匹配的部分，深色底纹部分表示已成功匹配的字符串即 $s[p..p+i-1]$ 和 $t[0..i-1]$ 的最长公共前后缀。对子串 $s[p..p+i-1]$，前缀记为 sa，后缀记为 sb，有 $sa=sb$ 成立。同样对子串 $t[0..i-1]$，前缀记为 ta，后缀记为 tb，有 $ta=tb$ 成立。由于 $s[p..p+i-1]$ 和 $t[0..i-1]$ 已成功匹配，所以显然有 $sa=sb=ta=tb$ 成立，记最长公共前后缀长度为 k。

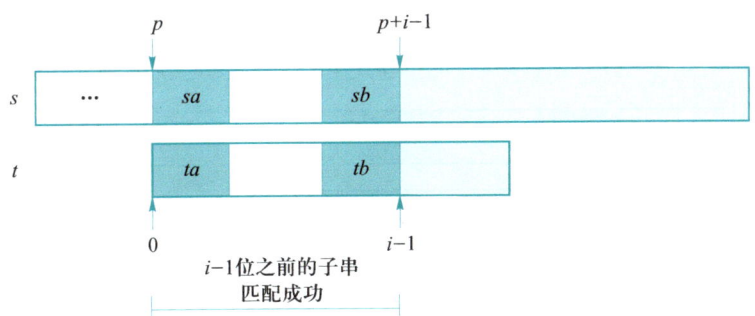

图4-6　KMP算法核心思想1

当模式串 t 的第 i 位与目标串 s 的第 $p+i$ 位出现失配情况时，如果把字符串 t 向右移动 $i-k$ 位，使 sb 和 ta 对齐，如图4-7所示，那么，由于 $sb=ta$，所以只需要从 ta 的下一位，即字符串 t 的第 k 位与字符串 s 的第 $p+i$ 位再开始进行匹配即可，就不需要再从字符串 t 的第0位开始进行匹配了。这就充分利用了 $i-1$ 位之前的子串已经匹配成功的信息，加快了字符串模式匹配的速度，这也就是KMP算法的核心思想。

这种方法虽然能够大大提升字符串模式匹配的效率，但多位移动中会不会漏掉一些匹配的情况呢？如图4-7所示，在KMP算法中，第 i 位出现失配时向右移动了 $i-k$ 位，而后继续从 t 的第 k 位、s 的第 $p+i$ 位开始进行匹配，那么会不会存在向右少移动一

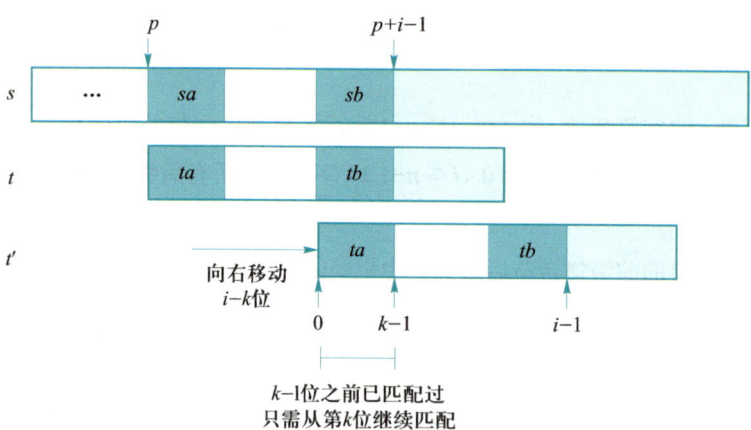

图 4-7　KMP 算法核心思想 2

些，移动了 k' 位（$k' < i-k$），而出现模式串 t 完全匹配的情况呢？如图 4-8 所示，记模式串 t 的长度为 m，假设出现了这样的情况，即 s 的子串 $s[p+k'..p+k'+m]$ 与字符串 t 完全相同，那么显然子串 $s[p+k'..p+i-1]$ 与模式串 t 的前缀 ta' 相同，又由于前 $i-1$ 位已经成功匹配，故子串 $s[p+k'..p+i-1]$ 与模式串 t 的后缀 tb' 也相同，也就是说模式串 t 的前缀 ta' 与后缀 tb' 相同，是 t 的公共前后缀。但由于 ta' 长度大于 ta，与 ta 是 t 的最长公共前后缀矛盾，所以不会出现图 4-8 所示的情况。也就是说，KMP 算法在多位移动中不会漏掉可能出现的匹配情况。

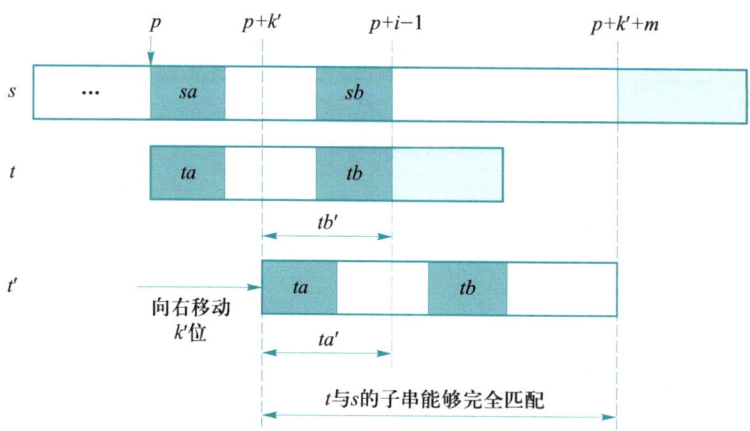

图 4-8　向右移动 k' 的情况

2. 计算模式串向右移动的位数

由上文可知，KMP 算法中模式串向右移动的位数由已匹配部分字符串的最长公共前后缀的长度决定。下面介绍如何计算这个位数。

（1）字符串特征向量

首先引入字符串特征向量的概念。长度为 m 的字符串 t 的特征向量是一个 m 维向量，通常记作 ***next***，且用数组形式进行存储，所以特征向量也可非正式地称为 *next* 数组。*next*[*i*] 表示字符串特征向量的第 *i* 位分量（ $0 \leq i < m$ ），其形式化定义为：

$$next[i] = \begin{cases} 满足\ t[0..k] = t[i-k..i]\ 的最大\ k,\ k < i \\ -1, \qquad\qquad\qquad 如果这样的\ k\ 不存在 \end{cases}$$

next[*i*] 表示的真实含义是：字符串 *t* 的子串 *t*[0..*i*] 的最长公共前后缀中前缀最末尾的字符的位置。由于字符串从 0 位开始，所以 *t*[0..*i*] 的最长公共前后缀长度为 *next*[*i*]+1。如果 *t*[0..*i*] 的最长公共前后缀不存在，那么将 *next*[*i*] 置为 -1。字符串特征向量有多种定义，此处只介绍这一种。如 "abcac" 的特征向量为 [-1, -1, -1, 0, -1]，如表 4-1 所示。

表 4-1　字符串特征向量示例

i	子串 *t*[0..*i*]	前缀集合	后缀集合	最长公共前后缀	特征向量第 *i* 位分量
i=0	a	空	空	空	-1
i=1	ab	a	b	空	-1
i=2	abc	a,ab	c,bc	空	-1
i=3	abca	a,ab,abc	a,ca,bca	a	0
i=4	abcac	a,ab,abc,abca	c,ac,cac,bcac	空	-1

再一次回看图 4-5 中 KMP 算法的执行过程。第 1 趟在首次匹配到模式串 *t* 的第 2 位字符 'c' 处失配（字符串从第 0 位开始），由模式串 *t* 的 *next*[2-1]=-1 可知，不存在可以匹配上的前缀，因此向右移动 *i*-*next*[*i*-1]-1，即右移 2 位，从模式串的第 *next*[2-1]+1 位，即第 0 位字符处开始新的匹配过程；第 2 趟匹配到第 4 位字符 'c' 处失配，模式串 *t* 的 *next*[4-1]=0，所以向右移动 *i*-*next*[*i*-1]-1，即右移 3 位，从模式串的第 *next*[4-1]+1 位，即第 1 位开始进行匹配。所以，可将 KMP 算法的主要流程总结为：在匹配到模式串 *t* 的第 *i* 位发生失配时，将模式串向右移动 *i*-*next*[*i*-1]-1 位，从模式串的第 *next*[*i*-1]+1 位重新开始进行匹配，直到到达字符串末尾。

（2）字符串特征向量的计算方法

下面讨论字符串特征向量的计算方法。要朴素计算字符串 *t* 的特征向量的第 *i* 位分量，按照字符串特征向量的定义，可以从 *i*-1 到 0 枚举 *k*，判断了串 *t*[0..*i*] 的前缀 *t*[0..*k*] 与其后缀 *t*[*i*-*k*..*i*] 是否相等。第一个使这两个子串相等的 *k* 是子串 *t*[0..*i*] 的最长公共前后缀长度中前缀最末位字符的下标，即为 *t* 的特征向量的第 *i* 位分量 *next*[*i*]。这种方法的时间复杂度为 $O(m^3)$，显然不能满足进行快速模式匹配的要求。下面介绍一种时间复杂度为 $O(m)$ 的字符串特征向量算法。

直观地理解一下 *next* 数组，图 4-9 所示为字符串 *t* 中 *next*[*i*-1] 所表示含义的直观呈现。其中深色底纹部分为子串 *t*[0..*i*-1] 的最长公共前后缀。前缀用 *ta* 表示，后缀用 *tb* 表

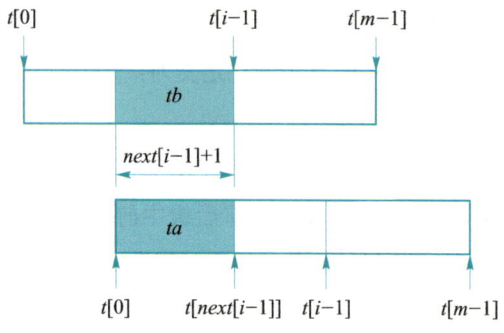

图 4-9 *next*[*i*−1] 表示的含义

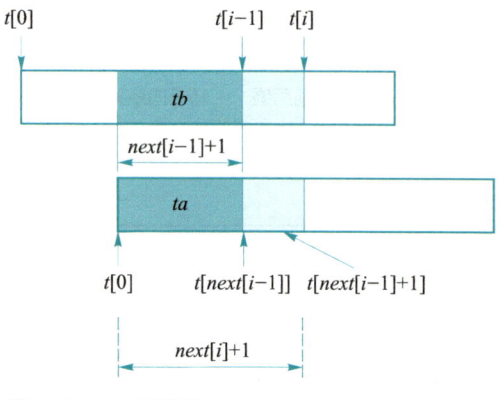

图 4-10 *next*[*i*] 推导

示，有*ta*=*tb*成立。*next*[*i*−1]表示*ta*最末位字符的下标，*next*[*i*−1]+1表示最长公共前后缀的长度。

可以看到，如果*tb*后面一个字符，即*t*串第*i*位置上的字符*t*[*i*]与*ta*后面一个字符，即字符串*t*第*next*[*i*−1]+1位字符*t*[*next*[*i*−1]+1]进行比较，则可对*next*[*i*]的值进行推导。如果*t*[*i*]与*t*[*next*[*i*−1]+1]相等，则*tb*加上字符*t*[*i*]构成的子串与*ta*加上字符*t*[*next*[*i*−1]+1]构成的子串能够完全匹配，这两个子串即为*t*[0..*i*]的最长公共前后缀，故可推出*next*[*i*]=*next*[*i*−1]+1，如图4-10所示。

下面讨论*ta*和*tb*后面一个字符不相等的情况。如果当前*t*[*i*]与*t*[*next*[*i*−1]+1]不同，则说明*tb*与其后一个字符形成的子串*t*[0..*i*]的后缀，*tb*与其后一个字符形成的子串*t*[0..*i*]的前缀并不匹配。所以，在求解子串*t*[0..*i*]的最长公共前后缀时，需要进一步缩小搜索范围，在子串*t*[0..*next*[*i*−1]]中寻找可能的最长公共前后缀，即为*t*[0..*i*]的最长公共前后缀，而子串*t*[0..*next*[*i*−1]]的最长公共前后缀的前缀的末位下标是*next*[*next*[*i*−1]+1]。所以，在此种情况下，有*next*[*i*]=*next*[*next*[*i*−1]+1]成立。设*j*=*next*[*i*−1]，则问题变为求子串*t*[0..*j*]的最长公共前后缀长度*next*[*j*+1]，而*next*[*j*+1]可由同样的方法求得，即如果*t*[*j*]与*t*[*next*[*j*−1]+1]相等，则*next*[*j*]=*next*[*j*−1]+1，否则*next*[*j*]=*next*[*next*[*j*−1]+1]，设*j*′为*next*[*j*−1]，继续按同样的方法求*next*[*j*′]，直到*t*[*j*′]与*t*[*next*[*j*′−1]+1]相等或*j*′不合法，即小于0为止。

总结以上分析过程，可得求解*next*数组的具体流程。为了方便代码实现并与字符串的抽象数据类型统一，将字符串*t*使用基于定长顺序存储的形式进行存储，*data*为存储字符串的字符数组，并将0作为字符串的起始位置。字符串*t*的*next*数组的求解算法如算法4-13所示。

算法4-13：求解字符串*t*的*next*数组 GetNext(*t*, *next*)

输入：字符串*t*

输出：字符串*t*的*next*数组

1.   *m* ← *t.length*

2.　$next[0] \leftarrow -1$

3.　**for** $i \leftarrow 1$ **to** m-1 **do**　//求出 $next[1]\sim next[m$-1]

4.　| $j \leftarrow next[i$-1]

5.　| **while** $j \geqslant 0$ 且 $t.data[i] \neq t.data[j+1]$ **do**

6.　| | $j \leftarrow next[j]$

7.　| **end**

8.　| **if** $t.data[i]=t.data[j+1]$ **then**

9.　| | $next[i] \leftarrow j+1$

10.　| **else**

11.　| | $next[i] \leftarrow -1$

12.　| **end**

13.　**end**

（3）字符串匹配的 KMP 算法

KMP 算法在 $next$ 数组的基础上，在目标串与模式串在模式串的第 i 位失配时，将模式串右移，从模式串的第 $next[i$-1]+1 位开始进行匹配，并不断执行以上步骤直到字符串末尾。该算法通过 $next$ 数组充分利用有效信息，快速定位到下一个有效匹配位置。具体伪代码实现如算法 4-14 所示。

算法 4-14：字符串匹配的 KMP 算法 PatternMatchKMP(s, t)

输入：目标串 s，模式串 t

输出：返回首个有效匹配位置 p，匹配失败则返回 NIL

1.　$n \leftarrow s.length$

2.　$m \leftarrow t.length$

3.　$p \leftarrow$ NIL

4.　**if** $n \geqslant m$ **then**

5.　| GetNext ($t, next$)

6.　| $i \leftarrow 0$

7.　| $j \leftarrow 0$

8.　| **while** $j<n$ 且 $i<m$ **do**

9.　| | **if** $s.data[j]=t.data[i]$ **then**

10.　| | | $i \leftarrow i+1$

11.　| | | $j \leftarrow j+1$

12.　| | **else if** $i>0$ **then**

13.　| | | $i \leftarrow next[i$-1]+1

14.　| | **else**

15.　| | | $j \leftarrow j+1$

16.　| | **end**

17.　| **end**

18.　| **if** $i=m$ **then**

19.　| | $p \leftarrow j-m$

20.　| **end**
21.　**end**
22.　**return** p

考察KMP算法的时间复杂度。算法执行过程中目标串只向右移动，所以向右移动的次数至多为目标串长度n，并且目标串s中的每个字符只与模式串t中的某个字符比较了一次，故比较的时间复杂度为$O(n)$。计算$next$数组的时间复杂度为$O(m)$，其中m为模式串的长度，故KMP算法的时间复杂度为$O(n+m)$。

★4.4.3　BM 算法

BM（Boyer-Moore）算法提出的动机与KMP算法类似，本质上都是通过某种规则，在模式串和目标串匹配到某一个位置出现失配时跳过一些肯定不会匹配的情况，将模式串往后多滑动几位。在KMP算法中，这种规则为基于模式串前缀子串的最长公共前后缀长度来决定将模式串向后滑动多少位。而在BM算法中，则使用坏字符规则及好后缀规则来决定模式串向后滑动的位数，从而显著降低字符串模式匹配的复杂度。

为了便于描述，在介绍BM算法时，将目标串s和模式串t直接以字符数组的形式进行存储和说明，即将s和t均定义为字符数组，并且字符从第0位开始。不同于朴素模式匹配算法以及KMP算法，BM算法是一种基于后缀匹配的模式匹配算法，即使用从右向左的比较策略来进行模式串和目标串的匹配。图4-11所示为BM算法与BF算法、KMP算法的字符比较顺序对比示例。

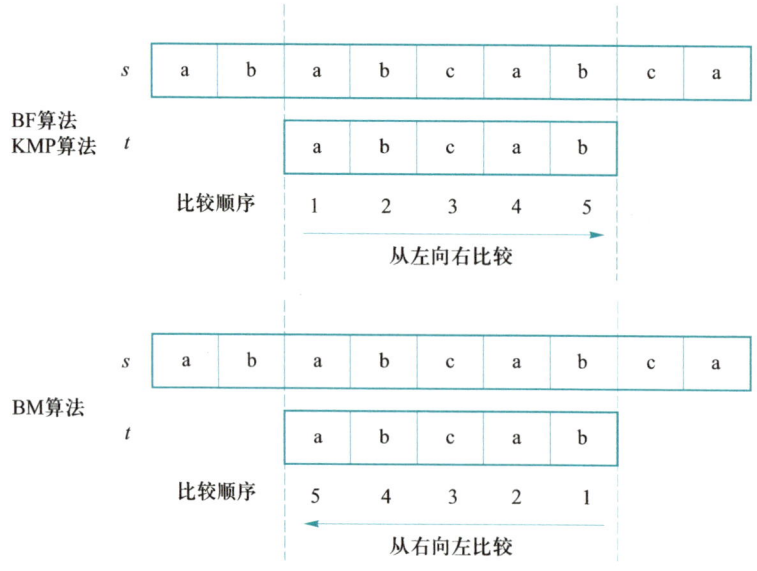

图 4-11　BM 算法与 BF 算法、KMP 算法的字符比较顺序对比示例

BM算法的流程为：首先将目标串 s 和模式串 t 左对齐，接着从右向左逐位比较。若失配，则按照坏字符规则或好后缀规则将模式串 t 向右移动一定位数，再重新从模式串 t 的最后一位从右向左进行比较。继续以上步骤，直到找到模式串 t 在目标串 s 中匹配的位置或未成功匹配。

下面简要介绍坏字符规则及好后缀规则。

1. 坏字符规则

如图4-12所示，在模式串与目标串进行匹配的过程中，模式串从右往左的第1个字符、第2个字符已经匹配成功，在匹配第3个字符时出现失配的情况。此时称在失配位置处目标串中的字符为坏字符，即字符 'c' 为坏字符。下面分两种情况进行讨论：

情况1：模式串 t 中没有出现过这个坏字符。图4-12即为这种情况。那么，显然可以将模式串整体右移至目标串 s 的坏字符 'c' 之后的位置，再重新进行匹配。记失配位置为模式串的第 i 位（即数组下标为 i，字符串从第0位开始），则向右移动位数为 $i+1$ 位。

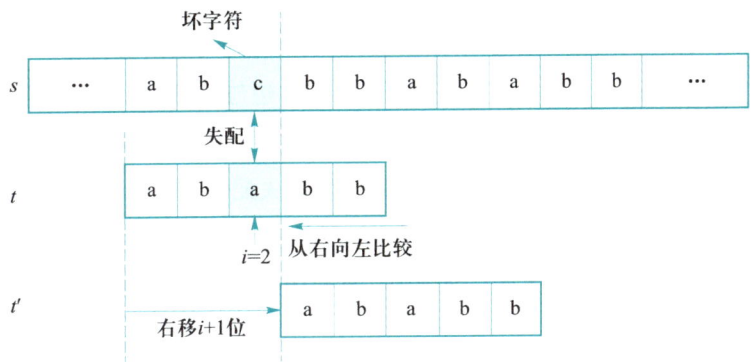

图4-12 坏字符未出现在模式串中的情况

情况2：模式串 t 中出现过这个坏字符。图4-13为上一步移动之后的情况。从模式串 t 的最右边一位开始进行匹配，出现失配情况。此时的坏字符为 'a'，并且模式串 t 中存在与坏字符相同的字符，那么就可以将模式串进行右移，使该字符与坏字符对齐，而后再进行匹配。通过这种策略同样可以提高模式匹配的速度，但在模式串中可能存在多个与坏字符相同的字符。例如，图4-13中的模式串 t 中存在两个与坏字符 'a' 相同的字符，如果将靠左边的字符与坏字符对齐，则使模式串向右移动的位数更多，这样虽然可以使匹配速度更快，但也很可能会因移动过多而出现遗漏本来可能匹配的情况。所以，在使用该策略时需选择在模式串中最靠右的与坏字符相同的字符，使其与目标串中的坏字符对齐，这样即可确保不会出现因移动过多而漏掉匹配的情况。记模式串中出现失配的位置为 i，模式串中最右边与坏字符相同的字符的位置为 ri，则出现失配时模式串向右移动的位数为 $i-ri$。

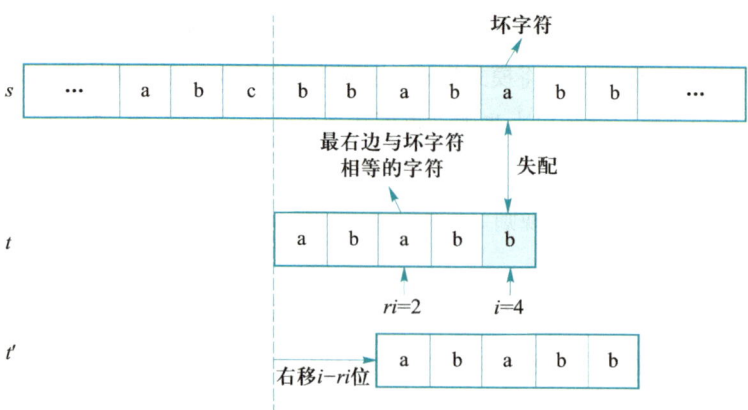

图 4-13   坏字符出现在模式串中的情况

综上所述，这种失配时根据坏字符在模式串中出现的情况来确定模式串向右移动位数的策略即为坏字符规则。

2. 好后缀规则

如果只考虑坏字符规则的两种情况，还是可能出现问题。考虑如图 4-14 所示的情况，模式串中出现失配的位置 i 为 2，最右边与坏字符相等的字符位置 ri 为 4，则向右移动位数为 $i-ri$，即 -2。按照以上规则，模式串又需要向左移动。出现这种情况是因为模式串中最右边与坏字符相等的字符位置在失配位置的右边，此时可选择将模式串只向右移动 1 位。此外，为了更好地处理这种情况，可以充分利用失配位置右边的字符已经匹配成功的信息，引入好后缀规则，搭配坏字符规则共同使用，构成 BM 算法。

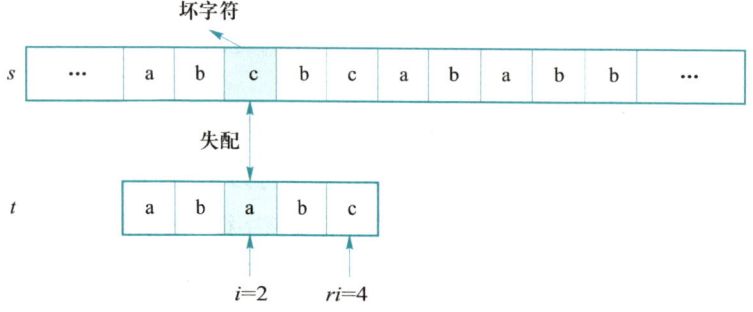

图 4-14   最右边与坏字符相等的字符位置出现在失配位置右边的情况

首先介绍什么是好后缀。如图 4-15 所示，当模式串 t 从右向左与目标串 s 进行匹配时，在从右向左第 3 个字符处出现失配情况。此时，模式串从右向左的第 1 个字符、第 2 个字符已成功与目标串中的子串匹配，则称目标串中已完成匹配的子串为好后缀。图 4-15 中的 "bc" 即为好后缀。

为了便于描述，记模式串中失配位置右边的已匹配的字符构成的子串为 V，目标串中的好后缀为 W，将其作为一个整体。与坏字符规则思路一致，在模式串 t 中寻找不同

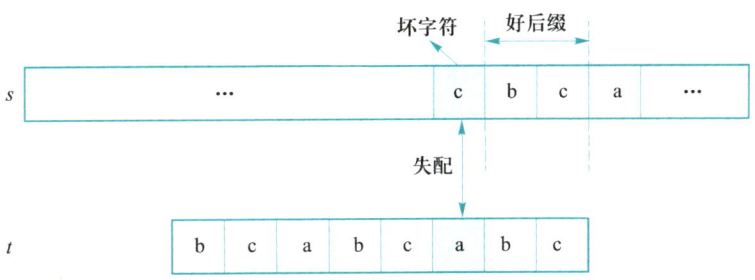

图 4-15　好后缀示意

于 V 且与 W 相同的子串 W'，将模式串 t 向右滑动，使模式串中的 W' 与目标串中的 W 对齐。如果模式串中存在符合条件的多个子串 W'，则为了避免过度移动，选择最右边的 W' 与目标串对齐，记失配位置为 i，最右边的 W' 的起始位置为 ri，则需要将模式串右移 $i-ri+1$ 位。如图 4-16 所示。

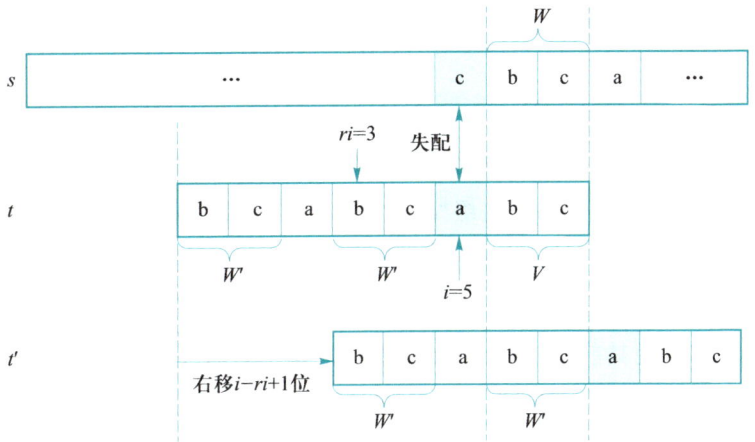

图 4-16　好后缀规则

同样，如果在模式串中找不到不同于 V 的与 W 匹配的子串，类比坏字符规则，可将模式串 t 整体向右移动到好后缀 W 之后，如图 4-17 所示。

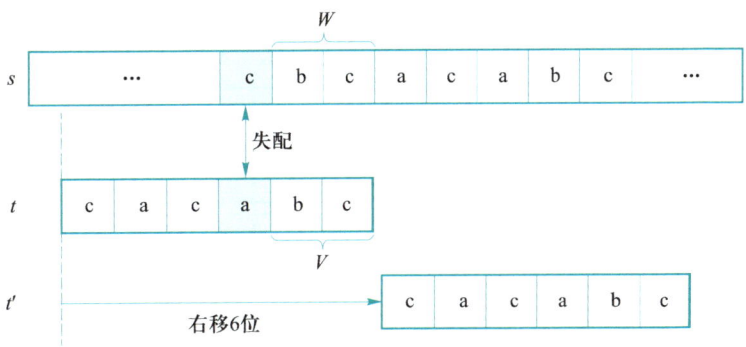

图 4-17　将模式串整体移动到好后缀之后的情况

但仔细观察图4-17可发现,将模式串整体移动到好后缀之后可能会出现遗漏匹配情况的问题。如图4-18所示,将模式串向右移动5位即可找到匹配情况,说明在图4-17中的右移策略存在过度移动的问题。

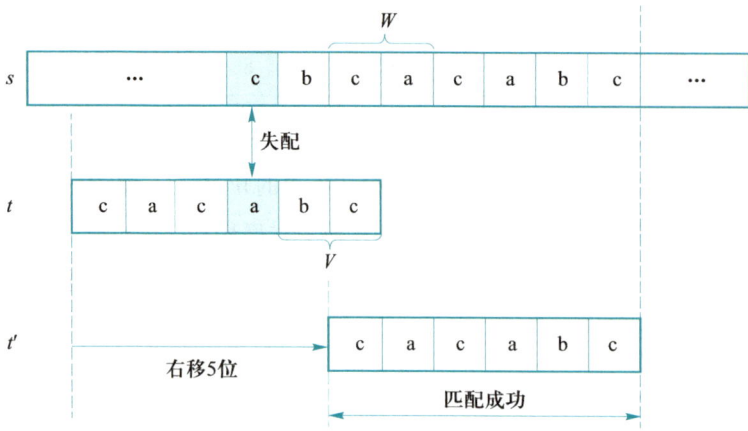

图 4-18   不整体右移到好后缀之后出现匹配成功的情况

这种情况出现的原因是:模式串 t 的某个前缀与好后缀 W 的后缀相同。在图4-18的示例中,模式串的前缀"c"与好后缀 W 的后缀"c"相同,所以虽然模式串 t 中并未出现除 V 之外与 W 相同的子串,但存在模式串 t 的前缀与 W 部分相同的情况,所以将模式串 t 整体移动到目标串 s 的好后缀之后的位置是不正确的。这种情况下,应将模式串 t 右移,使其前缀与目标串好后缀的后缀相同的部分对齐。如图4-19所示, wb 为好后缀 W 的后缀, ta 和 tb 为模式串 t 的公共前后缀, ta 为模式串 t 的前缀, tb 为模式串 t 的后缀, wb 和 tb 相同。当模式串中未找到除 V 之外与 W 相同的子串时,将模式串 t 右移,使 ta 和 wb 对齐。如果不存在模式串的某前缀与好后缀的某后缀相同的情况,则可直接将 t 整体右移到好后缀之后。

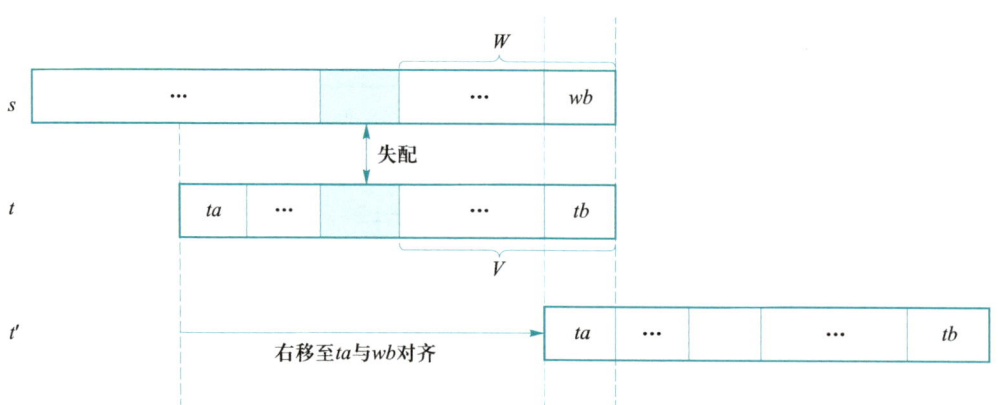

图 4-19   模式串中不存在好后缀的右移规则

至此，我们已经介绍了坏字符与好后缀这两个右移规则。假设在某个位置失配时，基于坏字符规则需要将模式串右移 a 位，基于好后缀规则需要将模式串右移 b 位，那么为了更快地完成模式匹配，避免坏字符规则可能会出现的向右移动负数位的情况，在 BM 算法中选择 a 和 b 中较大的作为右移位数。

3. 坏字符规则与好后缀规则的具体实现

（1）坏字符规则的实现方法

坏字符规则的关键在于，获取模式串 t 最右边与坏字符相等的字符的位置。朴素的处理方法为：每次发生失配时，从右向左遍历模式串，找到第一个与坏字符相等的字符为止。但显然这种实现方法每次都需要遍历模式串，复杂度过高。所以，可考虑对模式串进行预处理，使用一个数组来记录每个字符在模式串最右边的位置。通过这种方式，遍历一次模式串，使用 $O(n)$ 的时间即可完成。记该数组为坏字符规则下的 $right$ 数组。考虑字符串中只包含常见字符的情况，每个字符长度为 1 字节，所有字符都在 ASCII 码表的表示范围内。那么可以将 $right$ 数组长度设置为 256（ASCII 码的范围为 0~255，表示 256 个不同的常见字符），用字符的 ASCII 码作为数组下标，记录每个字符在模式串中最右边的位置。如果字符串中存在更复杂的字符，也可用类似的思路进行处理，实现 $right$ 数组的计算。这种思路称为散列表，将会在本书第 11 章 "查找" 中详细介绍。

（2）好后缀规则的实现方法

在好后缀规则中，最核心之处是要计算的内容包括两部分：一是在模式串中查找与好后缀匹配的另一个子串，二是在好后缀的后缀集合中找到最长的与模式串的某前缀匹配的后缀。

可先对模式串的所有后缀进行预处理，对每个后缀，从右向左查找第一次出现与后缀匹配的子串，并使用数组记录该子串的起始位置，记该数组为好后缀规则下的 $right$ 数组。

观察图 4-20，要计算所有子串 $t[0..j]$ 与 t 的最长公共后缀，是否就是计算子串 $t[j-k+1..m-1]$ 的最长公共前后缀？所以，可将问题进一步转化为计算模式串 t 的所有

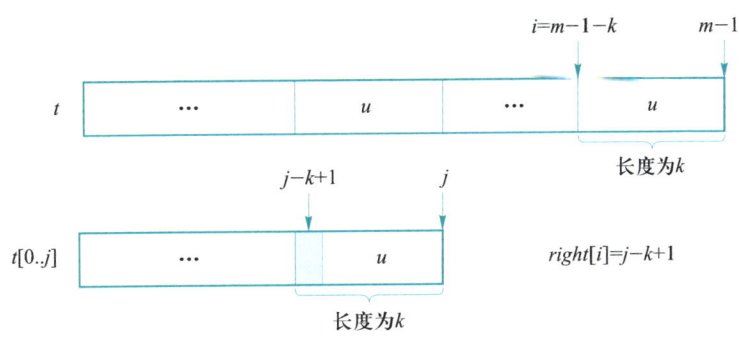

图 4-20　好后缀规则中 $right$ 数组的求解方法

后缀及其本身的最长公共前后缀。在 KMP 算法中介绍的字符串特征向量 **next** 的求解过程，实际是求解模式串 *t* 的所有前缀的最长公共前后缀的过程。所以，可用同样的时间复杂度为 $O(m)$ 的方法进行求解。也就是说，可在 $O(m)$ 的时间求出好后缀规则的 *right* 数组。这里不再给出具体的实现方法，感兴趣的读者可自行实现。

　　到此就解决了好后缀规则中需要计算的两个核心内容的第一个部分，即查找与好后缀匹配的另一个子串的问题。那么怎么去找到好后缀中最长的与模式串的某前缀匹配的后缀？其实可以通过已求得的 *right* 数组实现。设在某一位置 *j*，有 $right[j]=0$，其含义为：在模式串 *t* 中 *j* 位之后的后缀子串 $t[j..m-1]$ 与起始位置为 0 的某个子串相同，而该子串即为需要匹配的模式串的"某前缀"。所以，当在模式串的第 *i* 位失配且 $right[i]=-1$，即模式串中找不到符合条件的能够匹配好后缀的子串时，可查找当前失配位置 *i* 之后的所有 *j*（$i<j<m-1$），找到第一个 $right[j]=0$ 的位置，而 *j*+1 即为模式串 *t* 应该滑动到的位置，右移的位数为 *j*+1；如果找不到满足 $right[j]=0$ 的 *j*，则可将模式串 *t* 整体移到好后缀之后，移动的位数为模式串 *t* 的长度，即为 *m* 位。

4. BM 算法的时间复杂度

　　考察 BM 算法的时间复杂度。目标串长度为 *n*，模式串长度为 *m*。求坏字符规则和好后缀规则 *right* 数组的时间复杂度均为 $O(m)$。此外，在好后缀规则失配且在模式串中找不到与好后缀匹配的子串时，需要从失配位置开始遍历 *right* 数组，直到出现 *right* 数组值为 0 为止。此步可通过增加辅助数组来进行预处理（请读者自行分析），时间复杂度为 $O(m)$。所以，BM 算法中对模式串进行预处理的时间复杂度为 $O(m)$。

　　在匹配过程中，BM 算法最坏情况时间复杂度的分析较为复杂。1980 年 Leo J. Guibas 和 Andrew M. Odlyzko[1] 证明了匹配失败的情形下，BM 算法需要进行比较的次数上界为 5*n*。1994 年 Richard Cole[2] 又进一步给出了一个更精细的需要比较的次数上界 3*n*，即匹配过程的最坏情况时间复杂度为 $O(n)$。故总体上 BM 算法的最坏情况时间复杂度为 $O(n+m)$。一般情况下，BM 算法能够快速地将模式串移动到目标串的尾部，最好情况下，每次可移动 *m* 位，且每次只比较 1 个字符（即进行移动），移动 *n*/*m* 次即可完成匹配。

　　对比 KMP 和 BM 两种模式匹配算法，从时间复杂度分析的角度上来看，这两种算法的时间复杂度相当，BM 算法需要的预处理更多。但这两种算法哪一种更好则取决于具体的应用场景，两种算法对于特定场景的搜索都表现得非常好。在字符集较大且字符出现较为随机的场景下，BM 算法十分有效，因为不需要读取字符串中的每一个字符，该算法甚至可以达到亚线性的时间复杂度。而在字符集很小且字符出现的随机性不强的

① 　GUIBAS L J, ODLYZKO A M. A new proof of the linearity of the Boyer-Moore string searching algorithm[J]. SIAM Journal on Computing, 1980, 9(4): 672-682. DOI: 10.1137/0209051.

② 　COLE R. Tight bounds on the complexity of the Boyer-Moore string matching algorithm[J]. SIAM Journal on Computing, 1994, 23(5): 1075-1091. DOI: 10.1137/s0097539791195543.

应用场景（如DNA碱基）下，由于模式串包含可重复使用的子模式的概率更高，KMP算法表现更优。因此，无法对两种算法的优劣做确定性的说明，而是应该根据不同的应用场景来选择更合适的算法。

＊4.4.4　KR 算法

KR（Karp-Rabin）算法是在朴素模式匹配算法基础上引入散列值比较进行加速，从而避免对字符串的重复比较。字符串散列的相关知识将在本书第11章进行详细介绍，此处只对KR算法的思想进行简要介绍，读者可在学习完散列表之后再来尝试实现本算法。

字符串散列一般是指通过一定方法把某个字符串转换为一个整数，并且尽可能地使不同字符串转换成的整数不相等。KR算法充分利用了此规则，其思路为：如果两个字符串的散列值不同，则它们一定不同；如果两个字符串的散列值相同，则它们可能相同，也可能不同。基于以上思想，将目标串s的每个长度为m的子串的散列值与模式串t的散列值比较，如果散列值相同，再将子串与模式串逐位比对，其中m为模式串t的长度。这样对大部分情况，能够在$O(1)$的时间内判断目标串s的子串是否与模式串t匹配，可以显著地提高字符串模式匹配的速度。故算法的关键在于快速计算出子串的散列值，并尽可能减少散列值相同但字符串不同的情况。具体字符串散列的方法在这里不做说明，算法4-15为KR算法的执行流程。

算法4-15：字符串模式匹配的KR算法 PatternMatchKR (s,t)

输入：目标串s，模式串t
输出：匹配成功返回首个有效位移，匹配失败返回NIL

1.　　$n \leftarrow s.length$
2.　　$m \leftarrow t.length$
3.　　$ht \leftarrow$ 模式串t的散列值　　//这里不对字符串散列进行具体实现，只用变量代替
4.　　$p \leftarrow$ NIL
5.　　**for** $i \leftarrow 0$ **to** $n-m$ **do**
6.　　| $hs \leftarrow$ 主串s以i为第一个位置、长度为m的散列值
7.　　| **if** $hs = ht$ **then**
8.　　| | $j \leftarrow 0$
9.　　| | **while** $j < m$且$s.data[i+j] = t.data[j]$ **do**
10.　| | | $j \leftarrow j+1$
11.　| | **end**
12.　| | **if** $j = m$ **then**
13.　| | | $p = i$
14.　| | | **break**
15.　| | **end**
16.　| **end**

17.　**end**
18.　**return** p

　　考察 KR 算法的时间复杂度。目标串 s 长度为 n，模式串 t 长度为 m。选择恰当的散列函数，可以通过 $O(m)+O(n)$ 的时间复杂度分别对主串和模式串进行预处理。预处理后，能够保证在 $O(1)$ 的时间复杂度内获得所有与模式串长度相同的子串的散列值，且几乎不发生冲突（不同子串映射到相同散列值称为冲突）。此时，算法最坏情况下需要遍历目标串 s 的所有长度为 m 的子串的散列值，即共进行 $O(n-m)$ 次查询，并进行一次匹配检验，即 $O(m)$ 次比较，所以 KR 算法的最坏情况时间复杂度为 $O(nm)$。但最坏情况极少出现，总体上 KR 算法的效率较高。KR 算法为字符串模式匹配提供了一种新的思路，在了解散列表的基础上，其理解和实现更简单明了，是一种在实际工程应用中较受欢迎的算法。

*4.4.5　Sunday 算法

　　Sunday 算法是 Daniel M.Sunday 于 1990 年提出的一种字符串模式匹配算法。该算法的核心思想与 KMP 算法相同，也是在朴素模式匹配算法基础上改进的算法。出现失配时，Sunday 算法不同于朴素模式匹配算法那样只把模式串 t 右移一位，而是根据目标串 s 中此时与模式串 t 末尾字符对齐位置的下一位字符（简称"下一位字符"）在模式串 t 中出现的情况，来决定如何将模式串右移。

　　当出现失配情况时，考虑朴素模式匹配算法的执行过程，无论后续匹配与否，"下一位字符"必然会多次出现在后续的判断过程中。Sunday 算法即为充分利用"下一位字符"在模式串中出现的情况，以跳过朴素模式匹配算法中的不必要步数。如果当前已知"下一位字符"在模式串中没有出现，则可直接跳过朴素模式匹配的多步判断，即右移至"下一位字符"的后面继续进行判断；如果"下一位字符"在模式串中出现过，则直接右移将出现的位置与"下一位字符"对齐。与坏字符规则相同，为了避免过度移动，对齐的是模式串中最右边出现的"下一位字符"的位置。

　　图 4-21 所示为 Sunday 算法执行的示例，其中深色底纹的字符即为"下一位字符"。在第 1 趟匹配出现失配情况时，目标串中的"下一位字符"为 'd'，考虑到模式串 t 中并没有出现过字符 'd'，所以可将模式串整体右移到 'd' 之后，重新开始匹配。在第 2 趟匹配中，出现失配时，目标串中下一位字符为 'c'，由于 'c' 在模式串中出现过，故将模式串向右移动，使目标串中的下一位字符 'c' 与模式串中的 'c' 对齐，继续进行匹配。可以发现，在 Sunday 算法中，通过考察"下一位字符"在模式串中出现的情况来决定模式串向右移动的位数。为了能够快速查询某字符在模式串中的出现情况，设字符集中不同字符的

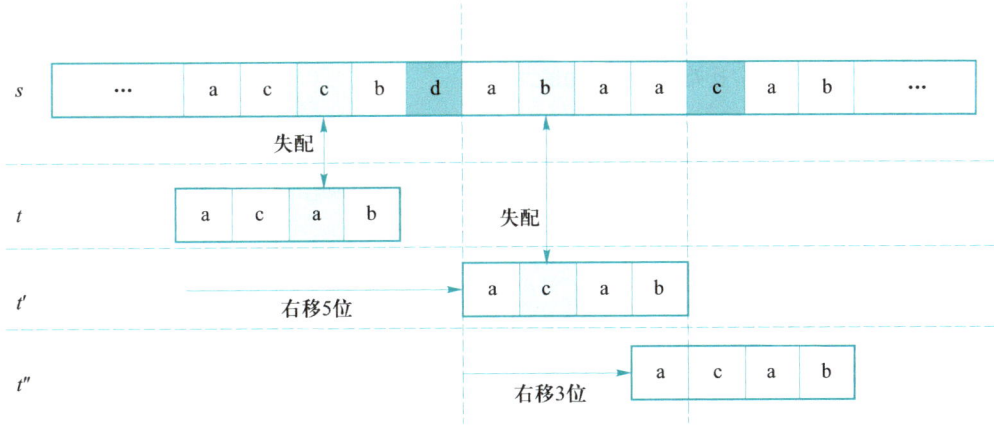

图 4-21 Sunday 算法执行示例

数量为 *kMaxSize*，通过散列表的方法将字符集中所有字符映射为 0~*kMaxSize*−1 中的某个值（称为散列值），而后将该散列值作为下标，通过数组形式存储模式串需要向右移动的位数（该数组称为偏移表）。

基于以上讨论，Sunday 算法的流程可总结为：对于目标串 *s* 和模式串 *t*，长度分别为 *n* 和 *m*，从目标串 *s* 的第 0 位开始查询，假定当前查询索引为 *i*，目标串中的待匹配字符串为子串 *s*[*i*..*i*+*m*]，每次匹配从目标字符串中提取待匹配字符串与模式串进行匹配：若匹配，则返回当前查询索引 *i*；若不匹配，则查看待匹配字符串的后一位字符 'c'，将其通过合适的散列函数映射成一个整数 *idx*。若 'c' 存在于模式串 *t* 中，则 *i*=*i*+ 偏移表[*idx*]，否则 *i*=*i*+*m*。循环以上操作，直到 *i*+*m*>*n*，即匹配到目标串的最末尾为止。

偏移表用数组形式进行存储，记为 *shift*。对于在模式串中出现的字符，*shift* 存储的值为该字符出现的最右位置到尾部（*m*−1 位置）的距离加 1；而对于在模式串中没有出现的字符，*shift* 存储的值为模式串长度加 1，即 *m*+1。例如，在图 4-21 中，字符 'c' 的偏移位为 *m*−1=3，字符 'b' 的偏移位为 *m*−3=1。其形式化定义如下：

$$shift[idx]=\begin{cases} m-\max\{i<m\,|\,t[i]='c'\}, & \text{如果字符 'c' 出现在模式串 } t \text{ 中} \\ m+1, & \text{如果字符 'c' 未出现在模式串 } t \text{ 中} \end{cases}$$

其中，*idx* 为字符 'c' 通过散列函数映射成的整数，*shift* 数组可通过散列表方法以 $O(m)$ 的时间复杂度求解得到。Sunday 算法的具体实现如算法 4-16 所示。

算法 4-16：字符串模式匹配的 Sunday 算法 PatternMatchSunday(*s*, *t*)

输入：目标串 *s*，模式串 *t*
输出：匹配成功返回首个有效位移，匹配失败返回 NIL
注意：这里 *kMaxSize* 为常数，是字符集中不同字符的数量

1.　　*n* ← *s*.length
2.　　*m* ← *t*.length
3.　　*p* ← NIL

```
4.    for i ← 0 to kMaxSize-1 do
5.    | shift[i] ← m+1  //初始化偏移量为最大值
6.    end
7.    for i ← 0 to m-1 do
8.    | idx ← MapChar(t.data[i])  //用合适的散列函数将t中字符映射成0~kMaxSize-1 中的整数
9.    | shift[idx] ← m-i         //即t.data[i]的偏移量
10.   end
11.   i ← 0
12.   while i≤n-m do
13.   | j ← 0
14.   | while j<m且s.data[i+j]=t.data[j] do
15.   | | j ← j+1
16.   | end
17.   | if j=m then   //匹配成功
18.   | | p ← i
19.   | | break
20.   | else
21.   | | idx ← MapChar(s.data[i+m])
22.   | | i ← i+shift[idx]
23.   | end
24.   end
25.   return p
```

　　考察 Sunday 算法的时间复杂度。目标串 s 的长度为 n，模式串 t 的长度为 m，根据 Sunday 算法的右移规则，在最坏情况下，如目标串为 "accccccc"，模式串为 "bccc" 这样的情况，算法会退化为朴素模式匹配算法，每次只右移一位，所以该算法最坏情况下的时间复杂度为 $O(nm)$。但其在随机数据下表现良好，也是一种较为常用的模式匹配方法。此外，可考虑将 BM 算法中的好后缀规则与 Sunday 算法结合使用，以避免上述最坏情况的出现，进一步提高模式匹配效率。

　　Sunday 算法相对 KMP 算法、BM 算法等算法更加容易理解，实现起来更加简单，是一种在工程实践中较受欢迎的模式匹配算法。

☆ 4.5 拓展延伸

4.5.1 正则表达式

　　除了前面提到的字符串检索与匹配算法以外，生活中还经常会检索满足一定格式的字符串。例如，在一个文件夹中将所有名为 data[数字].txt 的文件检索出来，则名为 data1.txt、data2.txt、data100.txt 的文件是满足条件的。此时，利用前面的字符串匹配算法无法满足上述要求，通常可以使用正则表达式处理，它可以精准地描述各种模式的文本。

　　正则表达式是对字符串的一种形式化描述方式，它通过组合一些具有特殊含义的字符来实现对特定模式的字符串的描述。这些具有特殊含义的字符的组合称为 "规则字符串"。正则表达式由普通字符和元字符组成，普通字符包括英文字母和数字等非元字符的字符；而元字符则具有特殊的含义，如元字符 "*" 表示匹配前面的表达式任意次，"ab*" 可匹配 "a" "ab" "abb" 等。常用的元字符及其在正则表达式上下文中的行为如表 4-2 所示。

表 4-2　常用元字符对应表

元字符	描述
\	将下一个字符标记为一个特殊字符，或一个原义字符，或一个向后引用，或一个八进制转义符。例如，'n' 匹配字符 "n"，'\n' 匹配一个换行符，'\\' 匹配 "\" 而 "\(" 则匹配 "("
^	匹配输入字符串的开始位置。如果设置了 RegExp 对象的 Multiline 属性，^ 也匹配 '\n' 或 '\r' 之后的位置
$	匹配输入字符串的结束位置。如果设置了 RegExp 对象的 Multiline 属性，$ 也匹配 '\n' 或 '\r' 之前的位置
*	匹配前面的子表达式零次或多次。例如，"zo*" 能匹配 "z" 以及 "zoo"。* 等价于 {0,}
+	匹配前面的子表达式一次或多次。例如，"zo+" 能匹配 "zo" 以及 "zoo"，但不能匹配 "z"。+ 等价于 {1,}
?	匹配前面的子表达式零次或一次。例如，"do(es)?" 可以匹配 "do" 或 "does"。? 等价于 {0,1}
{n}	n 是一个非负整数，表示匹配确定的 n 次。例如，"o{2}" 不能匹配 "Bob" 中的字符 'o'，但是能匹配 "food" 中的两个 'o'
{n,}	n 是一个非负整数，表示至少匹配 n 次。例如，"o{2,}" 不能匹配 "Bob" 中的字符 'o'，但能匹配 "foooood" 中的所有 'o'。"o{1,}" 等价于 "o+"。"o{0,}" 则等价于 "o*"
{n, m}	m 和 n 均为非负整数，其中 $n \leqslant m$，表示最少匹配 n 次且最多匹配 m 次。例如，"o{1,3}" 将匹配 "foooooood" 中的前三个 'o'。"o{0,1}" 等价于 "o?"。注意在逗号和两个数之间不能有空格

续表

元字符	描述
?	当该字符紧跟在任何一个其他限制符 (*, +, ?, {n}, {n,}, {n,m}) 后面时，匹配模式是非贪婪的。非贪婪模式尽可能少地匹配所搜索的字符串，而默认的贪婪模式则尽可能多地匹配所搜索的字符串。例如，对于字符串 "oooo"，"o+?" 将匹配单个 "o"，而 "o+" 将匹配所有 'o'
.	匹配除换行符（\n、\r）之外的任意单个字符。要匹配包括 '\n' 在内的任何字符，可使用如 "(.|\n)" 的模式
$x\|y$	匹配 x 或 y。例如，"z|food" 能匹配 'z' 或 "food"。"(z|f)ood" 则匹配 "zood" 或 "food"
[xyz]	字符集合，匹配所包含的任意一个字符。例如，"[abc]" 可以匹配 "plain" 中的 'a'
[^xyz]	负值字符集合，匹配未包含的任意字符。例如，"[^abc]" 可以匹配 "plain" 中的 'p' 'l' 'i' 'n'
[a-z]	字符范围，表示匹配指定范围内的任意字符。例如，"[a-z]" 可以匹配 'a' 到 'z' 范围内的任意小写字母字符
[^a-z]	负值字符范围，表示匹配不在指定范围内的任意字符。例如，"[^a-z]" 可以匹配不在 'a' 到 'z' 范围内的任意字符

可以使用正则表达式描述一个模式。例如，一个首字符为大小写字母或下划线，其余字母为大小写字母、下划线或数字的字符串（C++中的标识符），可以表达为 "^[a-zA-Z_]+[a-zA-Z0-9_]*$"。正则表达式的匹配算法则用来判断一个字符串是否满足这个模式。

实现正则表达式匹配的算法有许多种，但它们都离不开有穷自动机。对正则表达式建立有穷自动机，让该自动机仅接收满足规则的字符串，再让需要匹配的字符串在自动机上运行即可。若有穷自动机接受了此字符串，则此字符串满足正则表达式描述的模式。有穷自动机的知识超出了本书的范围，感兴趣的读者可自行查阅相关资料。

4.5.2　带有通配符的字符串匹配

通配符是一种特殊语句，主要包含星号（*）和问号（?），用来进行模糊搜索。带有通配符的字符串是一种带有星号和问号的字符串，主要用于字符串的模糊匹配。其中，'*' 可以匹配 0 个或多个连续的任意字符，'?' 可以匹配 1 个任意字符。例如，模式串 t 为 "a*b?c"，则字符串 "axyzbdc" "abvc" 均能够匹配模式串 t。在字符串 "axyzbdc" 中，'*' 匹配的是 'x' 'y' 'z' 这三个连续的字符，'?' 则匹配的是字符 'd'；在字符串 "abvc" 中，'*' 匹配的是 0 个字符，'?' 则匹配的是字符 'v'。

带有通配符的字符串匹配定义与字符串模式匹配不同，其定义为判断目标串 s 和模式串 t 是否可以完全匹配，而非子串匹配。例如，模式串 t 可以和目标串 s 的子串匹配，但不能与目标串 s 完全匹配，则认为模式串 t 与目标串 s 失配。给定目标串 s 和模式串 t，

可以判断目标串 s 和模式串 t 是否匹配。其中模式串 t 是带有通配符的字符串，目标串 s 为普通字符串，匹配成功则代表目标串 s 符合模式串 t 所表达的模式。在具体应用中，若设 t 为查询条件，则匹配成功表示 s 符合查询条件。

思考带有通配符的字符串朴素模式匹配过程：当匹配到模式串 t 中的普通字符和'?'字符时，可直接将其与目标串 s 中的字符进行比较；当匹配到模式串 t 中的'*'字符时，需要决策其能够匹配目标串 s 中连续的多少个字符。带有通配符的字符串匹配有多种算法，下面提供一种递归进行模式匹配的方法：

① 若 s 或者 t 中一个已到末尾，那么如果 t 的剩余字符都是'*'则返回匹配，否则返回不匹配。

② 若 s 的当前字符和 t 的当前字符相等，则继续向后移动。

③ 当 s 的当前字符和 t 的当前字符不相等，分为如下三种情况：

a. 若 t 的当前字符不是'*'或'?'，则返回不匹配。

b. 若 t 的当前字符是'?'，则继续向后移动。

c. 若 t 的当前字符是'*'，则可跳过 s 的 0 到多个字符，再递归判断是否匹配。

考察该算法的时间复杂度。由于对每次递归判断过程，目标串 s 和模式串 t 的指针 i 和 j 都是单调递增的，所以时间复杂度为 $O(n+m)$。由于最多递归 $O(n)$ 次，所以该算法的时间复杂度为 $O(n(n+m))$。也可通过记忆化搜索等方式存储中间计算过程来优化该算法，感兴趣的读者可自行实现。

4.6 应用场景：基因测序

在传染病防治中，研究病毒基因测序及其变种的基因序列是一项重要的任务。核糖核酸（RNA）序列的检测和病毒株系的比对工作所涉及的碱基对数量可达万级，这一工作不仅需要依托计算机完成，还需要准确迅速的字符串处理算法。字符串处理算法在基因测序等领域的应用，极大地保证了生物安全，而且避免了人工操作所带来的伦理道德问题。

例如，生物信息学中已知一串复杂的病毒 RNA 序列，其规模可以达到百万级别，而致病性 RNA 序列段规模可达到万级，此时研究人员需要判断这串病毒的 RNA 序列中是否包含致病性序列段。这个问题就是经典的字符串匹配问题，研究人员不可能使用人工的方法来解决，因此可以引入本章介绍的 KMP 算法。具体的解法为：将复杂的病毒 RNA 序列认为是目标串 s，将致病性 RNA 序列段认为是模式串 t，使用 KMP 算法来解决模式匹配问题。即判断模式串 t 是否为目标串 s 的子串，如果是，则可以认定该病毒具有致病性，反之则认为该病毒没有致病性。

更现实的问题是，可能致病的 RNA 序列段有多组，这时可以使用本书第 5 章 "树与二叉树" 5.7 节将要介绍的 Trie 树算法来解决。为这组致病 RNA 序列段建 Trie 树结构，使用目标串 s 在 Trie 树上进行转移，如果识别到 Trie 树上的标记结点，则认为目标串 s 中存在某一个模式串 t。这种方法在解决实际问题的场景中是高效的，因为算法的时间复杂度为 $O(n+m)$，极大地节省了计算的时间。

本章小结

本章介绍了字符串和字符类型的线性表的异同点。字符串主要是对字符串的整体操作，而线性表则主要是对表中元素的操作。本章介绍了字符串的插入、删除、截取、连接与比较等主要操作，以及字符串的顺序存储和链式存储两种存储实现方法，以及字符串匹配中的几个重要算法，如朴素模式匹配算法、KMP 算法、BM 算法等。朴素模式匹配算法通过逐位比较的方式进行匹配，思路最容易理解，算法时间复杂度为 $O(nm)$。KMP 算法利用字符串特征向量加速匹配过程，在任何场景下算法时间复杂度能够达到稳定的 $O(n+m)$，在小字符集模式应用场景下表现尤其突出。BM 算法基于坏字符规则与好后缀规则来优化匹配算法，最坏情况时间复杂度为 $O(n+m)$，更适用于大字符集模式、字符较为随机的应用场景。KR 算法和 Sunday 算法分别利用散列表技术和类似于坏字符规则的方法来提高匹配效率，虽然最坏情况时间复杂度均为 $O(nm)$，但在字符随机出现的情况下表现良好，并且由于其具有简单明了、实现简单的优势，在工程实践中得到广泛关注。

下一章开始介绍树形结构，包括树与二叉树、优先级队列等。

本章习题

1. 两个串相等的条件是什么？如何判断两个串相等？

2. 分析字符串顺序存储实现和链式存储实现的优缺点。

3. 若 Replace(s, sub_s, t) 完成用字符串 t 替换字符串 s 中的子串 sub_s 的操作，则对于 s="Welcome to Beijing", sub_s="Beijing", t="Shanghai", Replace(s, sub_s, t) 的结果是什么？

4. 已知字符串 "abcde"，请写出该字符串的所有子串。

5. 基于 KMP 算法，求模式串 "bab" 在主串 "babababaabbab" 中的出现次数。

6. 求模式串 "bab" 在主串 "babababaabbab" 中不重叠出现的次数。

7. 基于KMP算法，求两个模式串 p_1 = "abaabaa" 和 p_2 = "aabbaab" 的 *next* 数组。

8. 一个字符串的最小循环节表示这个字符串最多是由多少个相同的子串重复连接而成的。例如字符串 "ababab" 的最小循环节是 "ab"，由 "ab" 重复3次得到。已知字符串 "abcabcabc"，请写出该字符串在KMP算法中对应的 *next* 数组，并探寻 *next* 数组与最小循环节之间的关系。

*9. 基于BM算法的坏字符规则，如模式串为 "abcde"，当前主串中的坏字符为 'c'，则需要将模式串右移多少位？

*10. 主串为 "abcdabadec"，模式串为 "adec"，基于Sunday算法，从第0位开始匹配，第1次匹配失败时应将模式串向右移动几位？

11. 模式串为带有通配符的字符串 "a?c"，分别判断字符串 "aabcdc""abc""aaddd" 是否与其匹配。

溯源与参考文献

字符串匹配中朴素模式匹配算法是最直观的解决问题的方法，虽然其最坏情况时间复杂度达到 $O(nm)$，但在字符随机出现的情况下，最坏情况出现的概率极低，朴素模式匹配算法的期望运行时间甚至也可以达到线性。该算法常用于快速实现和简单匹配需求，在程序设计语言发展的初期有着广泛的应用。1971年，库克定理[1]表明解决字符串匹配算法的时间复杂度最低为 $O(m+n)$。

1977年Knuth、Morris、Pratt三位学者提出KMP算法[2]，通过利用字符串特征向量来加快匹配的速度，使任意类型、不同特点字符串的模式匹配都能稳定地以 $O(n+m)$ 的时间复杂度完成。该算法的提出使研究人员对字符串的模式匹配有了更高的观察理解视角，从而能够提出针对拓展应用的解决办法。紧接着，Boyer、Moore提出更适用于大字符集模式、字符较为随机的应用场景下的BM算法[3]，利用坏字符规则和好后缀规则加快模式匹配的速度，成为较为常用的模式匹配方法。1987年Karp、Rabin等人提出KR算法[4]，在模式匹配过程中引入散列方法，通过计算目标串中与模式串相同长度的子串的散列值，并与模式串的散列值进行比较来加快匹配速度。1990年Sunday提出Sunday算法[5, 6]，利用目标串中待匹配子串的"下一位字符"来计算模式串需要右移的位数。KR算法和Sunday算法因具有简单明了、实现简单的特点，在工程实践中得到广泛关注。

乔姆斯基谱系是计算机科学中刻画形式文法表达能力的一种文法体系，由语言学家Noam Chomsky于1956年提出[7]。该体系包括4个层次，其中3型文法（正规文法）生成正规语言，通常用来定义检索模式或程序设计语言中的词法结构，而这种文法规定的语言可以通过正则表达式获得。本章拓展延伸内容中介绍了正则表达式的相关内容。正则表达式是指定文本中匹配模式的字符串序列，为解决多模式匹配的问题提供了更为统一的表示方法，常用作字符串的匹配任务和替换任务。20世纪50年代数学家Kleene开始形式化地描述正则语言[8]，描述了一种称为"正则集合"的数学符号，引入了正则表达式的概念。随后在 20 世纪 60 年代，UNIX 之父 Ken Thompson 提出了一种正则表达式搜索算法[9]，并基于该算法将正则表达式引入编辑器 qed 以及之后的编辑器 ed 中，然后又移植到了文本搜索工具 grep 中，使正则表达式逐渐成为 UNIX 系统中通用的字符处理方法。随着正则表达式的发展与完善[10]，多种语言加入对正则表达式的支持，使其成为字符串处理的通用方法。

本章参考文献

[1]   COOK S A. The complexity of theorem-proving procedures[C]. in Proceedings of the Third Annual ACM Symposium on Theory of Computing(STOC'71). Shaker Heights: Association for Computing Machinery, 1971: 151-158.

[2]   KNUTH D E, MORRIS J H, PRATT V R. Fast pattern matching in strings[J]. Siam Journal on Computing, 1977, 6(2): 323-350.

[3]   BOYER R S, MOORE S J. A fast string searching algorithm[J]. Communications of the ACM, 1977, 20(10): 762-772.

[4]   KARP R M, RABIN M O. Efficient randomized pattern-matching algorithms[J]. IBM Journal of Research and Development, 1987, 31(2): 249-260.

[5]   SUNDAY D M. A very fast substring search algorithm[J]. Communications of the ACM, 1990, 33(8): 132-142.

[6]   GONNET G H, BAEZA-YATES R A. An analysis of the Karp-Rabin string matching algorithm[J]. Information Processing Letters, 1990, 34(5): 271-274.

[7]   CHOMSKY N. Three models for the description of language[J]. IRE Transactions on Information Theory, 2 (1956): 113-124.

[8]   KLEENE S C. Representation of events in nerve nets and finite automata[C]. In Conference: Automata Studies. Princeton: Princeton University Press, 1956: 3-41.

[9]   THOMPSON K. Programming techniques: regular expression search algorithm[J]. Communications of the ACM, 1968, 11(6): 419-422.

[10]   AYCOCK J. A brief history of just-in-time[J]. ACM Computing Surveys (CSUR), 2003, 35(2): 97-113.

第 5 章

树与二叉树

前面几章介绍了基于线性结构的数据组织方式，包括线性表、栈与队列、字符串。然而在计算机研究与应用的各个领域中，存在着大量需要用更复杂的逻辑结构来表示的问题，因此必须研究更复杂的数据结构。树形结构就是其中的一种。

本章引子

在计算机学科中，树被广泛用来表示文件系统、源程序的语法结构以及数据库索引等。在人类社会中，各类机构、企业的组织架构也通常用树来形象地表达。中华文明史中的族谱或家谱也是树的一种应用，如《孔子家谱》记载了孔子家族起源、世系及名人事迹，是中华文明的重要文献。

本章将介绍树与二叉树的定义、存储及操作实现方法。5.1 节以商品分类为例引入树与二叉树的概念；5.2 节介绍树的定义与结构；5.3 节、5.4 节分别介绍二叉树的定义、存储实现与遍历算法；5.5 节介绍二叉树的经典应用：Huffman 树与 Huffman 编码；5.6 节介绍树与森林的转换与遍历；5.7 节是本章的拓展延伸内容，介绍 Trie 树、后缀树和自动机；最后，5.8 节介绍用决策树解决分类问题的应用场景。

5.1　问题引入：商品分类

本书第1章1.1节图1-1展示了大型超市商品分类的层次结构示例，该结构就是一种树形结构，最上层的方框（结点）称为树的根结点，树中的每条边连接位于相邻两层的两个结点，其中位于上层的结点是父结点，位于下层的结点是子结点。从图1-1可以看出，除最上层的根结点外，每个结点都有且仅有一个父结点，而在最下层的结点没有子结点，称为叶结点。这种树形结构实现了对商品由上至下、由粗到细的分类，便于管理与查询。由此可见，树形结构有助于提升大量数据的分类及查询效率。

由于树形结构具有非线性的特征，如何在计算机上表达图1-1所示的商品分类树？能否用顺序表、链表等线性结构存储树？如何在计算机上查询每个分类包含哪些商品？如何判断两个分类之间是否有包含关系？等等。针对这些问题，本章将介绍树与二叉树的定义、存储实现、遍历方式及其典型应用。

5.2　树的定义与结构

树是由结点组成的有限集合 T，用 $|T|$ 表示结点的数量。树的定义如下：

① 若 $|T|=0$，则称 T 为空树。

② 若 $|T|>0$，则 T 中有且仅有一个特殊结点 $r \in T$，称为根结点；其余结点的集合 $T-\{r\}$ 可以划分为 m（$m \geqslant 0$）个互不相交的子集 $T_1, T_2, \cdots, T_m$，每个子集 T_i（$i \in [1, m]$）也是树，称为根结点 r 的子树。若 $|T_i|>0$，则子树的根 $r_i \in T_i$ 是 r 的子结点，r 是 r_i 的父结点。

因为在定义中使用到了树的概念，故上述定义是递归的。根据定义，树中两个结点间的父子关系属于二元关系。由于根结点没有父结点，而其他所有结点都有且仅有一个父结点，所以由 n 个结点构成的树共包含 $n-1$ 对父子关系。如果用边连接有父子关系的结点，则树中共有 $n-1$ 条边。

图5-1给出了树的示例，其中结点用圆圈表示，圆圈中的字母代表结点的标号或存储的数据元素。最上层的结点 A 是根结点，其他结点被划分为三个不相交的子集，即 A 的子树：$T_1=\{B, E, F, G, K, L\}$，$T_2=\{C, H\}$ 和 $T_3=\{D, I, J, M\}$。每棵子树本身也是树，比如树

T_1 的根结点 B 与 A 有边相连，表示 B 是 A 的子结点；同时 T_1 的其他结点被分为 $\{E\}$, $\{F, K, L\}$ 和 $\{G\}$ 三个不相交的子集，即 B 的三棵子树。同样，树 $\{E\}$ 和树 $\{G\}$ 都只有一个根结点，没有子树或者子树为空，而树 $\{F, K, L\}$ 的根结点是 F，$\{K\}$ 和 $\{L\}$ 是 F 的两棵子树。

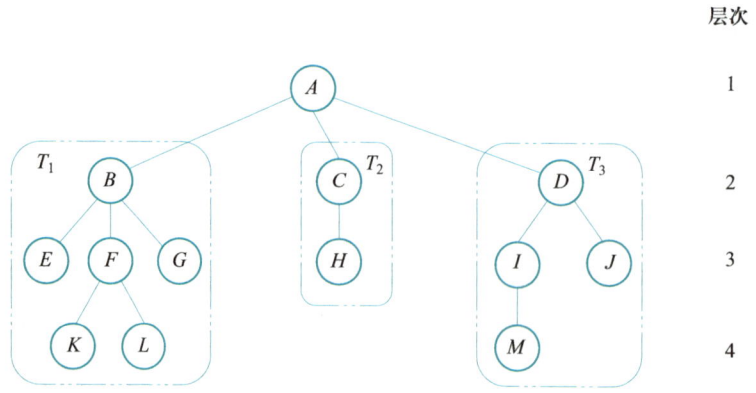

层次

图 5-1　树的示例

父结点与子结点的关系可以推广定义子孙结点与祖先结点。如果一个结点没有子结点，则无子孙结点；否则，子结点以及子结点的所有子孙都是该结点的子孙。例如，图 5-1 的结点 I 和 J 是 D 的子结点，M 是 I 的子结点，所以 I、J、M 都是结点 D 的子孙结点。由此可见，在一棵树中，任一结点及其所有子孙构成了以该结点为根的子树。同理，根结点没有父结点，所以没有祖先结点；一个结点的父结点以及父结点的祖先结点，都是该结点的祖先结点。例如，结点 I 是 M 的父结点，D 是 I 的父结点，因此 D、I 是 M 的祖先结点。子孙与祖先是对偶关系，即如果结点 u 是结点 v 的祖先，那么结点 v 就是结点 u 的子孙，反之亦然。

与此同时，根据上述递归定义，结点 u 和 v 之间存在祖孙关系表示在树中存在从 u 到 v 的路径 $<r_i, r_{i+1}, \cdots, r_j>$，满足 $r_i = u$, $r_j = v$，并且 r_i 是 r_{i+1} 的父结点（$1 \leqslant i < j$）。由于根结点是其他所有结点的祖先，并且所有非根结点都只有一个父结点，所以从根结点到任一结点的路径是唯一的。例如，在图 5-1 中从根结点 A 到结点 K 的路径是 $<A, B, F, K>$，表示 A、B、F 都是 K 的祖先，而 K 是它们的子孙。

1. 树的基本术语

下面列出树的一些基本术语：

① 结点的度：一个结点的度是其子结点或非空子树的个数。例如，图 5-1 中结点 A、B 的度是 3，结点 F、D 的度是 2，而结点 C、I 的度为 1。

② 树的度：树中所有结点的度的最大值。例如，在图 5-1 中根结点 A 和结点 B 的度最大，因此树的度是 3。

③ 叶结点：树中度为 0 的结点。例如，图 5-1 中结点 E、G、H、J、K、L、M 是叶结点。

④ 中间结点：树中叶结点以外的结点，亦称内部结点。

⑤ 兄弟结点：父结点相同的结点彼此是兄弟结点。例如，图5-1中的结点 E、F、G，它们的父结点都是 B，因此相互之间是兄弟结点。

⑥ 结点的层次：根结点在第1层；如果结点的层次是 k（$k \geqslant 1$），则其子结点都在第 $k+1$ 层。图5-1给出了各结点所在的层次，亦称结点的深度。

⑦ 结点的高度：叶结点的高度等于1，中间结点的高度等于其所有子结点的高度的最大值加1。例如，图5-1中结点 D 的高度是3。

⑧ 树的高度：树的高度就是根结点的高度，亦称树的深度。

2. 树的抽象数据类型定义

树的抽象数据类型定义如下：

ADT Tree{ //树的抽象数据类型定义
数据对象：
　　$\{t_i \mid t_i \in T, i=1, 2, \cdots, n, n > 0\}$ 或 $\varnothing$，T 是结点集合。
数据关系：
　　$T=\varnothing$ 表示 T 是空树；否则 $T=\{r\} \cup T_1 \cup \cdots \cup T_m (m \geqslant 0)$，其中 r 是树的根结点，其余结点划分为 $m(m \geqslant 0)$ 个互不相交的子集 T_1, T_2, $\cdots$, T_m，子集 $T_j(1 \leqslant j \leqslant m)$ 本身也是树，称为根结点 r 的第 j 棵子树。如果 T_j 非空且根结点为 r_j，则 r 是 r_j 的父结点，而 r_j 是 r 的一个子结点，用二元关系 $<r, r_j>$ 表示。
基本操作：

InitTree(*tree*):	初始化一棵空树 *tree*。
CreatTree(*tree*, *definition*):	按照 *definition* 构造一棵树。
DestroyTree(*tree*):	释放树 *tree* 占用的所有空间。
Clear(*tree*):	清空树 *tree*。
IsEmpty(*tree*):	树 *tree* 为空返回 **true**，否则返回 **false**。
Assign(*tree*, *node*, *value*):	为树 *tree* 的结点 *node* 赋值 *value*。
Root(*tree*):	返回树 *tree* 的根结点。
Get(*tree*, *node*):	返回树 *tree* 的结点 *node* 的值。
Parent(*tree*, *node*):	返回树 *tree* 中结点 *node* 的父结点。
FirstChild(*tree*, *node*):	返回树 *tree* 中结点 *node* 的第一个子结点。
NextSibling(*tree*, *node*):	返回树 *tree* 中结点 *node* 的下一个兄弟结点。
Height(*tree*):	返回树 *tree* 的高度（深度）。
GetChild(*tree*, *node*, *k*).	返回树 *tree* 中结点 *node* 的第 *k* 棵子树。
InsertChild(*tree*, *node*, *k*, *subtree*):	将树 *subtree* 插入树 *tree* 中，使其成为结点 *node* 的第 *k* 棵子树。
DeleteChild(*tree*, *node*, *k*):	删除树 *tree* 中结点 *node* 的第 *k* 棵子树。
Search(*tree*, *x*):	在树 *tree* 中查找值为 *x* 的结点，如果查找成功则返回结点，否则返回 NIL。
Traverse(*tree*):	访问树 *tree* 中每个结点，且每个结点只访问一次。

　　}

　　如果树中各结点的子树从左向右依次排列，不能交换次序，则称该树为有序树，否则称其为无序树。在有序树中，通常把各结点最左边的子树（子结点）称为该结点的第一棵子树（子结点）。森林是零个或多个互不相交的树的集合。例如，将图5-1中的树移除根结点之后，子树集合 $\{T_1, T_2, T_3\}$ 就组成了森林。

5.3　二叉树

　　二叉树是最典型、应用最广泛的树形结构，其存储结构与基本操作（算法）较为简单、易于理解。同时，由于许多实际问题可以抽象成二叉树进行表达、存储及运算，而且一般的树也能转换为二叉树，所以二叉树也是最重要的树形结构。

5.3.1　二叉树的定义

　　二叉树的每个结点有且仅有两棵子树，并且子树有左、右区别，不能交换位置，所以二叉树是有序树。

1. 二叉树的定义
　　二叉树是由结点组成的有限集合 T，其定义如下：

① 若 $|T|=0$，则 T 为空二叉树。

② 若 $|T| > 0$，则 T 中有且仅有一个特殊结点 $r \in T$，称为二叉树的根结点；其余结点的集合 $T-\{r\}$ 可以划分为两个不相交的子集 T_L 和 T_R。T_L 是 r 的左子树，本身也是一棵二叉树，如果 $|T_L| > 0$，T_L 的根 r_L 是 r 的左子结点，r 是 r_L 的父结点；T_R 是 r 的右子树，也是一棵二叉树，如果 $|T_R| > 0$，其根 r_R 是 r 的右子结点，r 是 r_R 的父结点。

　　根据上述定义，二叉树有5种基本形态，如图5-2所示。

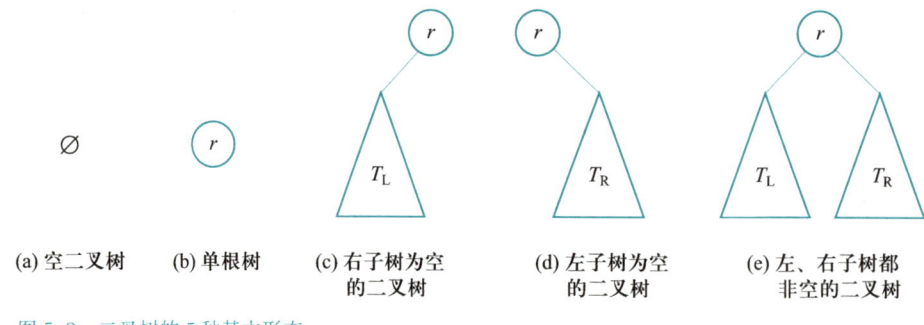

(a) 空二叉树　　(b) 单根树　　(c) 右子树为空　　(d) 左子树为空　　(e) 左、右子树都
　　　　　　　　　　　　　　　　的二叉树　　　　　的二叉树　　　　　非空的二叉树

图 5-2　二叉树的 5 种基本形态

图5-2（a）表示空二叉树。图5-2（b）为只有一个结点的树，其左、右子树都是空树，称为单根树。图5-2（c）和（d）表示只有一棵非空子树的二叉树，其中图5-2（c）的右子树为空树，而图5-2（d）的左子树为空树；由于二叉树的子树有左、右之分，即使图5-2（c）的左子树与图5-2（d）的右子树完全相同，它们也是两棵不同的二叉树。图5-2（e）表示左、右子树都非空的二叉树。

除左、右子树外，二叉树的结点通常有必要存放数据元素。

2. 二叉树的抽象数据类型定义

二叉树的抽象数据类型定义如下：

ADT BinaryTree{ //二叉树的抽象数据类型定义
数据对象：
　　$\{t_i \mid t_i \in T, i=1, 2, \cdots, n, n > 0\}$ 或 $\varnothing$，T是结点集合。
数据关系：
　　$T=\varnothing$表示T是空树；否则，$T=\{r\} \cup T_L \cup T_R$，其中元素$r$是$T$的根结点，而其余结点可分为两个互不相交的子集$T_L$、$T_R$。$T_L$和$T_R$本身也是树，称为根结点$r$的左子树和右子树。如果$T_L$非空，则其根$r_L$是$r$的左子结点，$<r, r_L>$为父子关系；如果$T_R$非空，则其根$r_R$是$r$的右子结点，父子关系$<r, r_R>$成立。
基本操作：

BinaryTreeNode( )：	创建一个二叉树结点。
CreatBinaryTree(*value*, :	构造二叉树，根结点的数据为*value*，左、右子树分别为二叉树
left_ tree, *right_ tree*)	*left_ tree*和*right_ tree*。
DeleteBinaryTree(*tree*)：	删除二叉树*tree*。
IsEmpty(*tree*)：	如果二叉树*tree*是空树，返回**true**，否则返回**false**。
IsLeaf(*tree*, *node*)：	如果二叉树*tree*中结点*node*为叶结点，返回**true**，否则返回**false**。
Parent(*tree*, *node*)：	返回二叉树*tree*中结点*node*的父结点。
Height(*tree*)：	返回二叉树*tree*的高度（深度）。
Search(*tree*, *x*)：	在二叉树*tree*中查找数据元素为*x*的结点，若查找成功，则返回结点，否则返回NIL。
PreOrder(*tree*)：	前序遍历二叉树*tree*。
InOrder(*tree*)：	中序遍历二叉树*tree*。
PostOrder(*tree*)：	后序遍历二叉树*tree*。
LevelOrder(*tree*)：	层序遍历二叉树*tree*。

}

根据二叉树的基本形态，可递归定义两棵二叉树的结构相似性。二叉树α和β结构相同或相似，是指：

① α和β都是空二叉树，即$|\alpha|=0$且$|\beta|=0$。

② α和β都非空，并且α的左子树α_L与β的左子树β_L相似，α的右子树α_R与β的

右子树 β_R 相似。

根据定义，如果二叉树 α 和二叉树 β 相似，可以推断两棵树中的结点个数相同，即 $|\alpha|=|\beta|$。反过来，结点个数相同的二叉树不一定相似，例如图 5-3 所示的两棵二叉树都有 9 个结点，但根结点的右子树结构不同，不满足相似的条件。

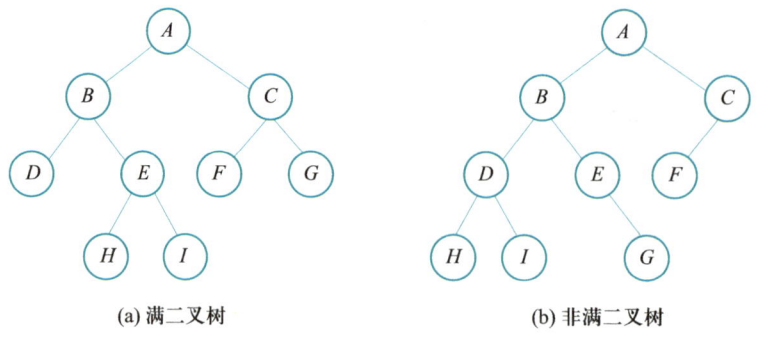

(a) 满二叉树   (b) 非满二叉树

图 5-3   两棵不相似的二叉树示例

5.3.2   满二叉树、完全二叉树、完美二叉树

本小节介绍几种形态结构特殊但应用广泛的二叉树，包括满二叉树、完全二叉树以及完美二叉树。

1. 满二叉树

满二叉树是由度为 0 的叶结点和度为 2 的中间结点构成的二叉树，树中没有度为 1 的结点。例如，5.3.1 小节图 5-3 所示的两棵不相似的二叉树中，图 5-3（a）就是一棵满二叉树，其中间结点 A、B、C、E 都有两个子结点；而图 5-3（b）则不是满二叉树，因为结点 C、E 都只有一个子结点，度为 1。

2. 完全二叉树

完全二叉树是一种特殊的二叉树，空树也是完全二叉树。图 5-4（a）列举了深度（高度）为 d（$0<d\leq3$）的所有完全二叉树，按结点数的升序排列。

对于深度 $d>3$ 的完全二叉树，从第 1 层到第 $d-2$ 层全是度为 2 的中间结点，每个结点都有两个子结点。图 5-4（b）（c）给出了深度 $d=4$ 的完全二叉树最下面两层结点的基本形态：

① 第 d 层的结点都是叶结点，度为 0。

② 在第 $d-1$ 层，各结点的度从左向右单调非递增排列，同时度为 1 的结点要么没有，如图 5-4（b）所示，要么只有一个且该结点的左子树非空，如图 5-4（c）所示。

图 5-4（b）是完全二叉树，也是满二叉树；而图 5-4（c）是完全二叉树，但不是满二叉树，因为第 3 层有度为 1 的结点。同样，图 5-3（a）的满二叉树不是完全二叉树，因为结点 E 的度比左边的结点 D 大，不满足在倒数第 2 层结点的度必须从高到低

排列的条件。图5-3（b）既不是满二叉树，也不是完全二叉树，除了第2层的结点 C 只有一个子结点外，第3层的结点 E 的左子树为空而非右子树为空，也不符合完全二叉树的条件。

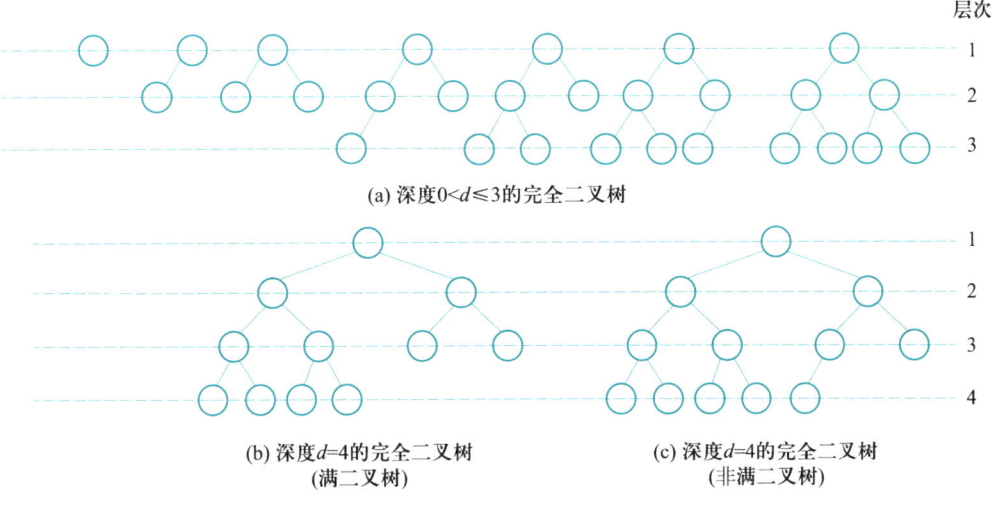

(a) 深度 $0<d\leqslant3$ 的完全二叉树

(b) 深度 $d=4$ 的完全二叉树
(满二叉树)

(c) 深度 $d=4$ 的完全二叉树
(非满二叉树)

图 5-4　完全二叉树及其基本形态示例

3. 完美二叉树

对于深度为 d（$d\geqslant0$）的完全二叉树，如果第 $d-1$ 层所有结点的度都是2，则该树是一棵完美二叉树。根据定义，完美二叉树一定是完全二叉树，但完全二叉树不一定是完美二叉树。例如，在图5-4（a）中左起第1、第3和第7棵树是完美二叉树，但其他完全二叉树均不满足完美二叉树条件。同样，完美二叉树是满二叉树，而满二叉树不一定是完美二叉树。例如，图5-3（a）和图5-4（b）所示的满二叉树都不是完美二叉树。

除上述满二叉树、完全二叉树和完美二叉树外，在二叉树结点的空子树位置添加特殊的结点——空树叶，形成的二叉树称为扩充二叉树。图5-5显示了图5-3（b）所示二叉树扩充后的结果。

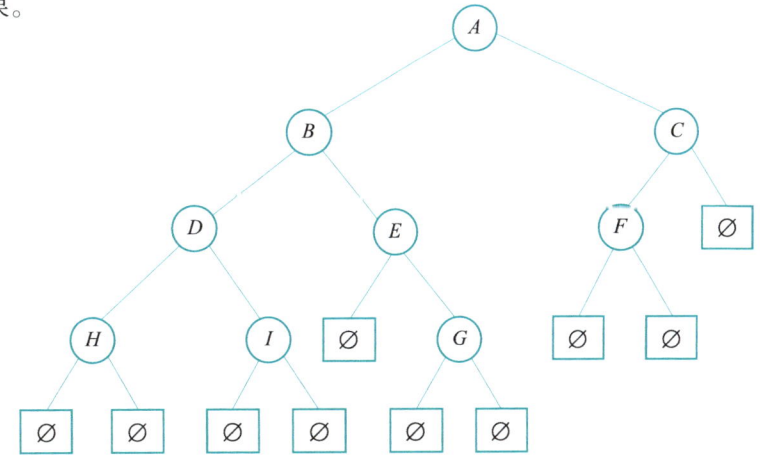

图 5-5　扩充二叉树示例

由图 5-5 可见，扩充对度为 2 的中间结点没有影响，对度为 1 的中间结点增加了分支，而对原树中的叶结点则全部增加了两个空树叶。由于二叉树中的所有结点都被扩充为度为 2 的中间结点，扩充二叉树是满二叉树，并且所有的叶结点都是空树叶。

5.3.3   二叉树的基本性质

命题 5-1   设非空二叉树中度为 $i \in [0, 2]$ 的结点数为 n_i，则 $n_0 = n_2 + 1$。

证明：根据命题，非空二叉树的结点总数为 $n = n_0 + n_1 + n_2$。

除根结点外，二叉树中每个结点都有父结点，因此共有 $n-1$ 个子结点。同时，因为每个非根结点有且仅有一个父结点，不同的中间结点，其子结点必然不重叠，所以子结点的总数等于 $2n_2 + n_1$。结合上述分析，可得

$$2n_2 + n_1 = n-1 = n_0 + n_1 + n_2 - 1$$

由此可证 $n_0 = n_2 + 1$。证毕。

定理 5-1   满二叉树定理。非空满二叉树中叶结点数等于中间结点数加 1。

证明：因为满二叉树中没有度为 1 的中间结点，由命题 5-1 直接得证。证毕。

如图 5-5 所示，所有非空二叉树扩充后成为满二叉树，并且叶结点都是空树叶，根据定理 5-1，添加的空树叶数比原来的二叉树结点总数多 1。

命题 5-2   二叉树的第 i 层最多有 2^{i-1} 个结点（$i \geq 1$）。

证明：使用数学归纳法。第 1 层只有根结点，即 $2^0 = 1$，命题成立。

假设命题对所有的 $j \in [1, i)$ 层成立，即在第 $i-1$ 层最多有 2^{i-2} 个结点。由于二叉树中任何结点的度不超过 2，最多只有两个子结点，所以第 i 层的结点数不会超过第 $i-1$ 层结点数的 2 倍，即 2^{i-1}，命题得证。证毕。

命题 5-3   深度为 d 的二叉树最多有 $2^d - 1$ 个结点（$d \geq 1$）。

证明：根据命题 5-2，二叉树第 $i \in [1, d]$ 层最多有 2^{i-1} 个结点，因此结点数的最大值等于

$$\sum_{i=1}^{d} 2^{i-1} = 2^d - 1$$

证毕。

定理 5-2   深度为 d 的二叉树是完美二叉树的充分必要条件是：树中有 $2^d - 1$ 个结点（$d \geq 1$）。

证明：根据命题 5-3，只有每层的结点数达到最大值，二叉树的结点总数才等于 $2^d - 1$。因此，根据命题 5-2，第 $i+1$ 层的结点数是第 i 层的两倍（$1 \leq i < d$），证明从第 1 层到第 $d-1$ 层的所有结点都有两个子结点，即度为 2。所以，结点数达到最大值的二叉树是完美二叉树。

相反，完美二叉树第1层的结点数为2^0。根据定义，对所有$1 \leqslant i < d$，第i层的结点都是度为2的中间结点，所以第$i+1$层的结点数量是第i层的两倍。由此，完美二叉树的结点总数等于$2^0+2^1+\cdots+2^{d-1}=2^d-1$，即结点数达到最大值。证毕。

图5-6给出了两棵完全二叉树的示例，其中图5-6（a）是完美二叉树，所有叶结点都在最下层，而图5-6（b）的树中部分叶结点出现在倒数第二层。尽管如此，完全二叉树倒数第二层结点的度从左向右单调非递增排列，并且度为1的结点最多有一个且只能右子树为空，因此最下层的叶结点连续集中在最左边。根据完全二叉树形态结构的特征，可以对所有结点进行分层编号：根的编号为1；第i层（$1 < i \leqslant d$）左端的结点设置为2^{i-1}，然后对同一层结点从左向右连续编号；如果$i < d$，则第i层右端结点的编号为2^i-1。由此，实现对树的所有结点从上至下、从左向右的连续编号。图5-6同时给出了对完美二叉树和完全二叉树编号的结果，可得以下定理。

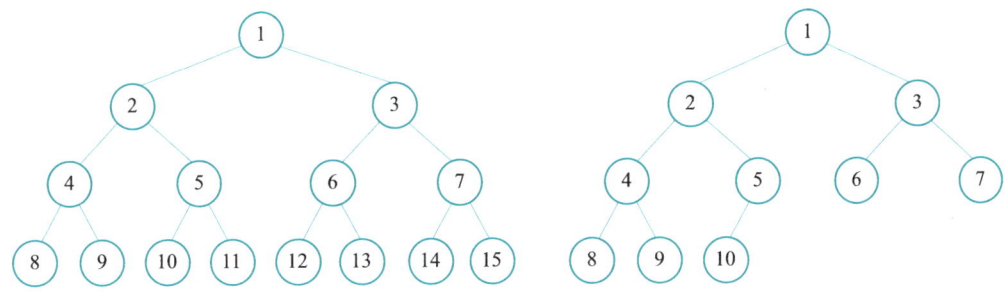

(a) 完全二叉树1（完美二叉树）　　　　　　　　(b) 完全二叉树2

图5-6　完全二叉树示例

定理5-3　完全二叉树有n个结点（$n \geqslant 1$），从树根开始从上到下、从左向右连续编号（树根编号为1）。树中任一结点k（$1 \leqslant k \leqslant n$）满足以下性质：

① 如果$2k \leqslant n$，则结点k的左子结点是$2k$，否则k没有左子结点。

② 如果$2k+1 \leqslant n$，则结点k的右子结点是$2k+1$，否则k没有右子结点。

③ 如果$k > 1$，则结点k的父结点是$\lfloor k/2 \rfloor$。

证明：性质③可由性质①和②直接推得。

当$k = 1$时，根据编号规则，根结点的左、右子结点分别是2和3。如果$n < 2$，根没有左子结点；如果$n < 3$，根最多只有左子结点，没有编号为3的右子结点。

设完全二叉树的深度为d（$d \geqslant 1$），则结点n是树第d层最右边的结点。

假设结点k是完全二叉树第i层从左向右第j个结点，$i \in [1, d-1]$，$j \in [1, 2^{i-1}]$，即$k = 2^{i-1} + j - 1$。由此，$2k = 2^i + 2(j-1)$对应第$i+1$层的第$2j-1$个结点，$2k+1 = 2^i + 2j-1$对应第$i+1$层的第$2j$个结点。因此，性质①和②就是证明第$i+1$层的第$2j-1$个结点和第$2j$个结点是结点k的左、右子结点。

对于所有的$i \in [1, d-1]$，根据定义，第i层所有结点的度为2，因此结点k的左、

右子结点分别是第 $i+1$ 层的第 $2j-1$ 个结点和第 $2j$ 个结点，即结点 $2k$ 和 $2k+1$，满足 $2k+1 < n$。

对于 $i = d-1$，由于第 $d-1$ 层结点的度从左向右、由高到低排列，如果第 j 个结点没有子结点，即结点 k 的度为 0，则该结点右边所有结点的度也是 0，而结点 k 左边的 $j-1$ 个结点在第 d 层最多只有 $2(j-1)$ 个子结点，使得 $n < 2^{d-1} + 2(j-1) = 2k$。相反，如果第 j 个结点的度大于 0，根据完全二叉树的形态，其左边 $j-1$ 个结点的度一定为 2，并且结点 k 必有左子结点，也就是第 d 层的第 $2j-1$ 个结点，$2^{d-1} + 2(j-1) \le n$，即结点 $2k$。同理，如果第 j 个结点的度小于 2，即结点 k 没有右子结点，则其右边所有结点的度必须为 0，导致第 d 层最多只有 $2j-1$ 个结点，使得 $n < 2^{d-1} + 2j-1 = 2k+1$；否则，结点 k 的右子结点是第 d 层的第 $2j$ 个结点，$2^{d-1} + 2j-1 \le n$，即结点 $2k+1$。证毕。

命题 5-4　有 n 个结点（$n \ge 1$）的完全二叉树的深度为 $\lceil \log_2(n+1) \rceil$。

证明：设完全二叉树的深度为 d（$d \ge 1$）。

完全二叉树的第 1 层到第 $d-1$ 层的所有结点构成完美二叉树，根据定理 5-2 和命题 5-3，结点数 n 满足

$$2^{d-1}-1 < n \le 2^d-1$$

由此可得

$$d-1 < \log_2(n+1) \le d$$

因此，完全二叉树的深度 $d = \lceil \log_2(n+1) \rceil$。证毕。

5.3.4　二叉树的顺序存储实现

在实际应用中，二叉树的存储主要有两种方式：顺序存储结构和链式存储结构。

根据定理 5-3，完全二叉树的所有结点可以分层从左向右连续编号，因此可用一组地址连续的存储单元存储二叉树的各个结点。例如，在图 5-7（a）所示的完全二叉树中，各结点的编号与图 5-7（b）所示的顺序表位置一一对应，结点的数据存放在顺序表相应位置的单元中。

完全二叉树的结点编号方式同样适用于一般的二叉树：根结点的下标为 1；设结点的编号为 k（$k \ge 1$），如果其左子树非空，则左子结点的编号为 $2k$；如果右子树非空，则右子结点的编号为 $2k+1$。图 5-8 给出了非完全二叉树的结点编号及其对应的顺序存储结构。

二叉树的顺序存储结构把所有结点排成一个线性的序列，而结点之间的逻辑关系可以通过结点在序列中的相对位置来确定，也就是说逻辑关系是隐含的。对于顺序存储结构第 k 个位置的结点（$k \ge 1$），其左、右子结点分别存储在位置 $2k$ 和 $2k+1$，其父结点存储在位置 $\lfloor k/2 \rfloor$，因此查找子结点和父结点只需 $O(1)$ 的时间。

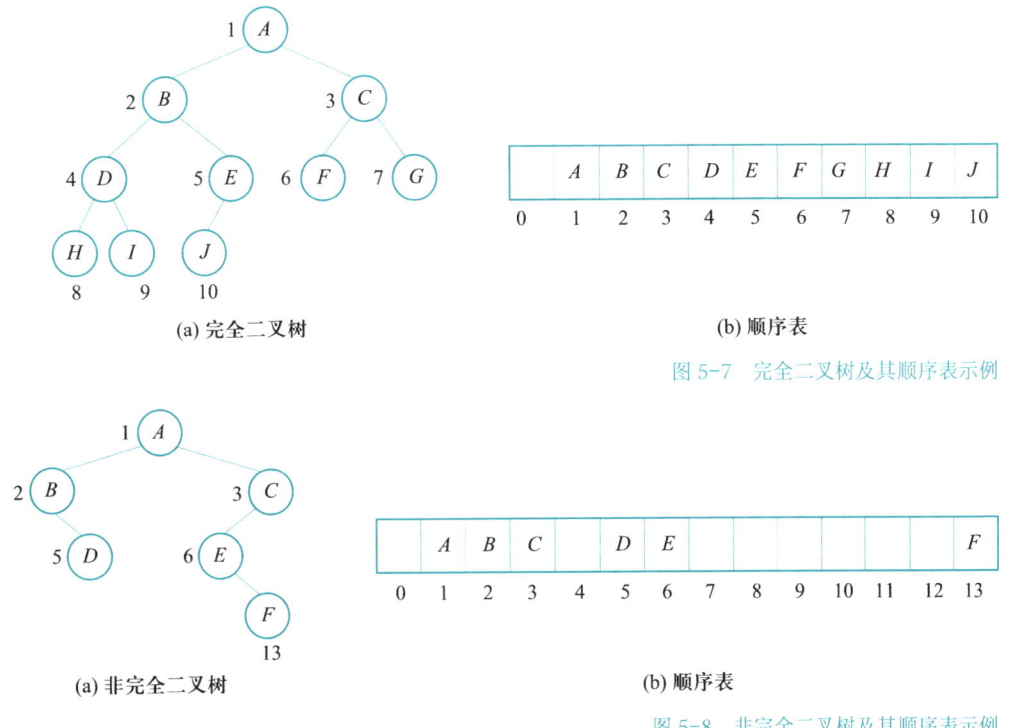

(a) 完全二叉树   (b) 顺序表

图 5-7　完全二叉树及其顺序表示例

(a) 非完全二叉树   (b) 顺序表

图 5-8　非完全二叉树及其顺序表示例

由于完全二叉树各结点的编号连续排列，存放 n 个结点的完全二叉树只需 $O(n)$ 的空间，因此顺序结构是其最简单、最节省空间的存储方式。但这种方式对于非完全二叉树可能会造成空间浪费，如图 5-8（b）所示的存储结构中，14 个存储单元只存放了 6 个结点。在最坏情况下，存放 n 个结点的二叉树，其顺序存储结构的空间复杂度可能达到 $O(2^n)$。此外，本章 5.4.4 小节还提供了其他序列化方法，可以把二叉树的存储空间缩小至 $O(n)$，但代价是无法通过在序列中的相对位置直接确定两个结点是否有父子关系，增加了查询结点间逻辑关系的时间开销。

5.3.5　二叉树的链式存储实现

与顺序存储相比，链式存储方式能够更有效地表达二叉树的非线性逻辑结构。

链式存储方式使用链表来存储二叉树，链表的各结点对应二叉树的结点，包含三个域：数据域和左、右指针域。其中，数据域 $data$ 存放二叉树结点的数据元素，左、右指针域 $left$ 和 $right$ 分别指向结点的左子结点和右子结点，如图 5-9（a）所示。在一些特殊情况下，可以添加指向父结点的指针域 $parent$，以便查找二叉树中各个结点的父结点，如图 5-9（b）所示。

图 5-9（a）所示的存储结构包含两个分支，称为二叉链表或 "$left$–$right$" 存储法，

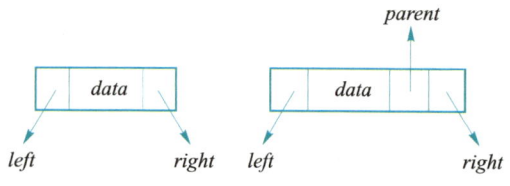

(a) 包含三个域的链表　(b) 增加*parent*指针域的链表

图 5-9　二叉树结点的链式存储结构

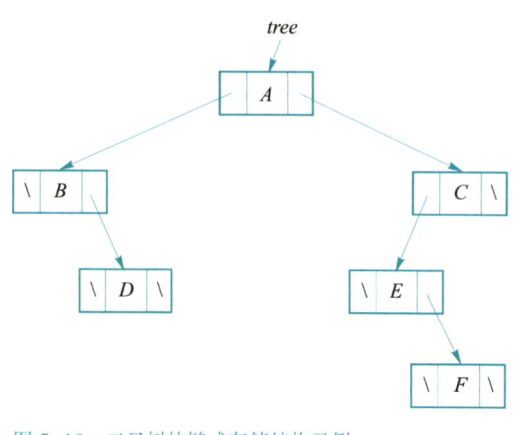

图 5-10　二叉树的链式存储结构示例

是二叉树最常用的存储结构。图 5-10 给出了图 5-8（a）所示的二叉树的链式存储结构，可以看出这种方式能够直观地表达二叉树的逻辑结构。

由于存放 n 个结点的二叉树只需 n 个二叉链表结点，链式存储结构的空间复杂度为 $O(n)$，而顺序方式在最坏情况下可能需要 $O(2^n)$ 的存储空间。同时，二叉树各个结点的左、右子结点可以顺着指针域 *left* 和 *right* 直接查询，但访问父结点比较困难，一般需要从根结点开始查询比较。因此，可以改用图 5-9（b）所示的三叉链表来存储二叉树，则访问所有子结点和父结点都只需 $O(1)$ 的时间。但这种存储方式又会增加各结点占用的内存空间。在实际应用中，可根据内存容量的限制、结点的访问次序以及访问方式等因素，选择使用二叉链表或三叉链表来存储二叉树。

一般情况下，在基于链式存储结构的二叉树中，用 *tree* 表示指向根结点的指针（见图 5-10）。算法 5-1 给出了构造二叉树的算法描述。

算法 5-1：构造二叉树 CreateBinaryTree(*value*, *left_tree*, *right_tree*)

输入：结点数据 *value*，二叉树 *left_tree* 和 *right_tree*

输出：以 *value* 为根结点数据，*left_tree* 和 *right_tree* 为左、右子树的二叉树

1.　*tree* ← **new** BinaryTreeNode( )　//生成新的二叉链表结点
2.　*tree*.data ← *value*　//设置根结点的数据
3.　*tree*.left ← *left_tree*　//设置根的左子树
4.　*tree*.right ← *right_tree*　//设置根的右子树
5.　**return** *tree* //返回构造的二叉树

5.4　二叉树的遍历

遍历是树与二叉树最基本的操作，也是实现其他复杂运算的基础。二叉树的遍历是按预先规定的方案依次访问树中所有结点，不同的遍历方案对树结点的访问顺序不

同，并且访问的具体操作取决于实际应用。

5.4.1 遍历的基本概念

在二叉树的遍历过程中，树的每个结点仅访问一次。这里的访问不是单纯在遍历过程中到达或经过某个结点，而是对结点执行某种操作，如输出或修改结点的数据等。与完全二叉树的顺序存储方式相似，遍历也是对二叉树的非线性结构进行序列化的过程，即按一定的次序把所有的结点排列起来。遍历分为深度优先遍历和广度优先遍历两种方式。

根据定义，二叉树包含三个分支单元：根结点 r、左子树 L 和右子树 R。深度优先遍历是按规定的次序独立地处理各个分支，其中对子树 L 和 R 的处理也是按相同的方案（递归地）进行遍历。这里，"独立处理各个分支"是要求访问完一个分支中的所有结点后才能开始遍历下一个分支。根据二叉树的分支结构，总共有6种遍历方案：rLR、LrR、LRr、rRL、RrL 和 RLr。通常对子树的遍历总是按从左向右的顺序进行，因此可将6种方案减少至3种：rLR、LrR、LRr，分别称为前序遍历、中序遍历和后序遍历。

与深度优先遍历不同，广度优先遍历不是根据二叉树的分支结构，而是按层从上至下、从左向右依次访问树中所有结点，也称为层序遍历。

5.4.2 二叉树遍历的递归算法

这里以二叉树的深度优先遍历为例，介绍二叉树遍历的递归算法。深度优先遍历二叉树的三种方案：前序、中序和后序遍历，可递归地定义如下：

① 前序遍历方案：访问根结点，前序遍历左子树，前序遍历右子树。

② 中序遍历方案：中序遍历左子树，访问根结点，中序遍历右子树。

③ 后序遍历方案：后序遍历左子树，后序遍历右子树，访问根结点。

图5-11给出了二叉树的深度优先遍历过程，以及在树中结点间游走的轨迹。

在图5-11中，所有的遍历都从根结点开始，当到达某个结点时，先从该结点出发走向其左边的分支；如果左子树是空树，则直接返回结点，否则遍历左子树并在处理完左子树所有

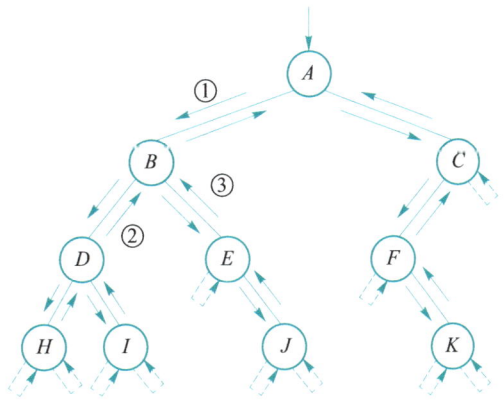

图 5-11 二叉树的深度优先遍历过程

结点后返回。接着走向该结点右边的分支，同样如果右子树为空，则直接返回结点，否则遍历完右子树后回到结点。在处理完该结点的左、右分支以及结点本身之后，若结点非根则返回其父结点，否则结束遍历。由此可见，二叉树的任一结点，如图 5-11 中的结点 B，在遍历过程中都有三次经过的时机，即在①从父结点 A 走到该结点的时刻，以及从②左子树和③右子树返回结点的时刻。而前序遍历、中序遍历和后序遍历分别对应在这三个不同的时机处理结点（访问结点）。

设对结点的访问操作是直接输出结点数据，则深度优先遍历图 5-11 所示的二叉树，可产生下面三种结点序列：

前序遍历：$<A, B, D, H, I, E, J, C, F, K>$

中序遍历：$<H, D, I, B, E, J, A, F, K, C>$

后序遍历：$<H, I, D, J, E, B, K, F, C, A>$

其中，根结点 A 出现在前序遍历的最前和后序遍历的最后，表示最先和最晚被访问。在中序遍历结果中，根结点 A 位于左子树的中序遍历子序列 $<H, D, I, B, E, J>$ 和右子树的中序遍历子序列 $<F, K, C>$ 之间。

1. 三种深度优先遍历方案的递归算法描述

算法 5-2~算法 5-4 是三种深度优先遍历方案的递归算法描述。其中，函数 Visit 为抽象函数，代表对结点的某种操作。

算法 5-2：前序遍历二叉树 PreOrder(*tree*)

输入：二叉树 *tree*
输出：按前序遍历的顺序依次访问各结点的结果

1.	**if** *tree* ≠ NIL **then**	//空树不做处理，直接返回
2.	| Visit(*tree*)	//访问根结点
3.	| PreOrder(*tree.left*)	//前序遍历左子树
4.	| PreOrder(*tree.right*)	//前序遍历右子树
5.	**end**	

算法 5-3：中序遍历二叉树 InOrder(*tree*)

输入：二叉树 *tree*
输出：按中序遍历的顺序依次访问各结点的结果

1.	**if** *tree* ≠ NIL **then**	//空树不做处理，直接返回
2.	| InOrder(*tree.left*)	//中序遍历左子树
3.	| Visit(*tree*)	//访问根结点
4.	| InOrder(*tree.right*)	//中序遍历右子树
5.	**end**	

算法5-4：后序遍历二叉树 PostOrder(*tree*)

输入：二叉树 *tree*

输出：按后序遍历的顺序依次访问各结点的结果

1.　**if** *tree* ≠ NIL **then**　//空树不做处理，直接返回
2.　| PostOrder(*tree.left*)　//后序遍历左子树
3.　| PostOrder(*tree.right*)　//后序遍历右子树
4.　| Visit(*tree*)　　　　//访问根结点
5.　**end**

根据深度优先遍历算法，可以用后序遍历计算二叉树的高度，具体伪代码描述如算法 5-5 所示。

算法5-5：计算二叉树高度 Height(*tree*)

输入：二叉树 *tree*

输出：二叉树的高度值

1.　**if** *tree* = NIL **then**　//空树
2.　| **return** 0　　　　//空树的高度为 0
3.　**else**
4.　| *h_left* ← Height(*tree.left*)　　//遍历左子树，求子树的高度
5.　| *h_right* ← Height(*tree.right*)　　//遍历右子树，求子树的高度
6.　| **return** Max(*h_left*, *h_right*) + 1 //树的高度等于其左、右子树高度的较大值加 1
7.　**end**

2. 二叉树遍历算法的应用：算术表达式与表达式树的转换

二叉树的遍历算法可用于实现算术表达式与表达式树之间的转换。为此，首先定义表达式树。根据第 3 章 3.4.1 小节表达式的定义，算术表达式由常数、（算术）运算符和圆括号组成，比如 9+(6+3*2)/(8/(5-3)) 是一个中缀表达式。简单起见，假设所有的表达式非空且至少包含一个常数。由于运算符的优先级不同，尤其是可以嵌套多层括号，中缀表达式具有非线性的逻辑结构。

用 *op* 表示运算符 +、−、*、/，则中缀表达式的逻辑结构可递归地定义如下：

① 单个常数是表达式。

② 如果 *expr*1、*expr*2 是表达式，则 (*expr*1) *op* (*expr*2) 也是表达式。

中缀表达式的递归定义说明可以用二叉树来表示其逻辑结构。具体如下：

① 对于单个常数构成的表达式，用只含一个结点的二叉树表示，且常数是结点存放的数据。

② 若表达式包含多个常数及运算符，则将表达式分解成 (*expr_left*) *op* (*expr_right*) 的形式，其中 *expr_left* 和 *expr_right* 都是表达式。这种情况下，把运算符 *op* 放入二叉树

的根结点，并用根结点的左、右子树分别表示 *expr_ left* 和 *expr_ right*。

例如，在中缀表达式 9+(6+3*2)/(8/(5-3)) 中，左边第一个加号 + 的优先级最低，把它作为二叉树的根结点，并将其两边的表达式 9 和 (6+3*2)/(8/(5-3)) 分别转换为根的左、右子树，由此构建的二叉树如图 5-12 所示。用于表示算术表达式逻辑结构的二叉树称为表达式树。

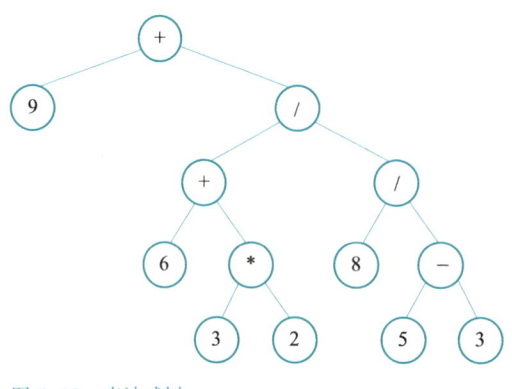

如图 5-12 所示，在表达式树中，每个叶结点对应表达式中唯一的一个常数，每个中间结点存放的数据都是运算符。此外，根据定义，中缀表达式的任一运算符都放置在两个非空表达式之间，证明表达式树是满二叉树。

对图 5-12 所示的表达式树进行前序遍历并依次输出结点数据，生成的数据序列为

图 5-12　表达式树

$$+ \ 9 \ / \ + \ 6 * 3 \ 2 \ / \ 8 - 5 \ 3$$

这与表达式 9+(6+3*2)/(8/(5-3)) 的前缀表示法相同。同样，后序遍历输出的结果为

$$9 \ 6 \ 3 \ 2 * + \ 8 \ 5 \ 3 - / \ / \ +$$

这正是该表达式的后缀表示法。另一方面，由于表达式树中没有存放括号的结点，如果对图 5-12 所示的树直接使用算法 5-3 进行中序遍历，生成的序列 9+6+3*2/8/5-3 与原来的表达式可能不一致。为此，一种简单的方法是在遍历过程中，当访问某个中间结点时，对其左子树生成的表达式和右子树生成的表达式分别加上括号。算法 5-6 是中序遍历表达式树并生成中缀表达式的算法描述。

算法 5-6：将表达式树转换成中缀表达式 PrintInfixExpression(*tree*)

输入： 非空表达式树 *tree* (*tree* ≠ NIL)

输出： 中缀表达式（含冗余括号）

1.　　**if** *tree.left* ≠ NIL **then**　//左子树非空
2.　　| **print** (　//输出左括号
3.　　| PrintInfixExpression(*tree.left*) //中序遍历左子树并生成表达式
4.　　| **print**)　//输出右括号，与前面左括号一起将表达式加上括号
5.　　**end**
6.　　**print** *tree.data* //若结点是叶结点，输出常数；否则，输出运算符
7.　　**if** *tree.right* ≠ NIL **then**　//右子树非空
8.　　| **print** (　//输出左括号
9.　　| PrintInfixExpression(*tree.right*) //中序遍历右子树并生成表达式
10.　| **print**)　//输出右括号，与前面左括号一起将表达式加上括号
11.　**end**

使用算法5-6中序遍历图5-12所示的表达式树，可生成表达式

$$(9)+(((6)+((3)*(2)))/((8)/((5)-(3))))$$

如果去掉其中的冗余括号，可得原来的表达式9+(6+3*2)/(8/(5-3))。由此可见，将表达式树转换为前缀、后缀以及中缀表达式的时间复杂度为O(n)，n表示树中结点的数量。

5.4.3　二叉树遍历的非递归算法

递归算法是二叉树遍历最简单、最直接的实现。由于存在不支持递归算法的程序设计语言（如早期的FORTRAN语言等），这种情况下需要把递归算法转换成非递归算法。另一方面，递归算法在运行中每当调用自身函数（比如开始遍历左子树或右子树）时，需要系统在内存栈中分配空间，以保存函数的参数、返回地址以及局部变量等，不仅运行效率较低，而且系统栈的调用过程对用户不可见，这不适合处理某些问题，也不利于对递归机制的理解。

将递归算法转换成非递归算法，关键在于使用栈结构模拟函数调用中系统栈的工作原理。下面分别讨论二叉树的深度优先遍历和广度优先遍历的非递归算法实现。

1. 深度优先遍历的非递归算法实现

首先，考虑二叉树前序和中序遍历方案的非递归化。如图5-11所示，深度优先遍历算法从根开始，先沿结点的左分支下移，并将经过的结点依次压入栈中，如果左子树是空树或者遍历结束，则弹出栈顶结点。在此过程中，前序遍历是在压入栈前处理结点，而中序遍历则是在结点被弹出时处理该结点。如果弹出结点的右子树为空，则继续弹出栈顶的结点，否则移到右子树继续遍历。

算法5-7和算法5-8给出了前序和中序遍历的非递归算法描述。

算法5-7：非递归前序遍历二叉树 PreOrder(*tree*)

输入： 二叉树 *tree*
输出： 按前序遍历的顺序依次访问各结点

1.　InitStack(*stack*)　//初始化栈*stack*，用于存放结点
2.　**while** *tree* ≠ NIL 或 IsEmpty(*stack*) = **false do**
3.　| **while** *tree* ≠ NIL **do** //当前结点不是空结点
4.　| | Visit(*tree*)　　　　//访问结点
5.　| | Push(*stack*, *tree*)　//结点压入栈
6.　| | *tree* ← *tree*.left　//沿左分支下移
7.　| **end**
8.　| **if** IsEmpty(*stack*) = **false then**　//如果栈不为空
9.　| | *tree* ← Top(*stack*)
10.　| | Pop(*stack*)　　　　//弹出栈顶结点

11. | | *tree* ← *tree.right*   //移到栈顶结点的右子树
12. | **end**
13. | **end**
14. DestroyStack(*stack*)

算法5-8：非递归中序遍历二叉树 InOrder(*tree*)

输入：二叉树 *tree*

输出：按中序遍历的顺序依次访问各结点

1. InitStack(*stack*)   //初始化栈*stack*，用于存放结点
2. **while** *tree* ≠ NIL 或 IsEmpty(*stack*) = **false do**
3. | **while** *tree* ≠ NIL **do**   //当前结点不是空结点
4. | | Push(*stack*, *tree*)   //结点压入栈
5. | | *tree* ← *tree.left*   //沿左分支下移
6. | **end**
7. | **if** IsEmpty(*stack*) = **false then**   //如果栈不为空
8. | | *tree* ← Top(*stack*)
9. | | Visit(*tree*)   //访问栈顶结点
10. | | Pop(*stack*)   //弹出栈顶结点
11. | | *tree* ← *tree.right*   //移到右子树
12. | **end**
13. | **end**
14. DestroyStack(*stack*)

在算法5-7和算法5-8中，当指针 *tree* 为空（即 *tree*=NIL）时，表明栈顶结点的左子树是空树或者左子树已遍历完成，所以前序和中序遍历可以在此刻直接弹出栈顶结点。但后序遍历需要处理完右子树后才能弹出结点，除指针 *tree* 外，通常需要额外的机制来识别右子树是否已完成遍历，这样会增加算法的空间开销。

图5-13给出了图5-11所示二叉树所有结点的后序遍历次序，用各结点左边的数字表示。

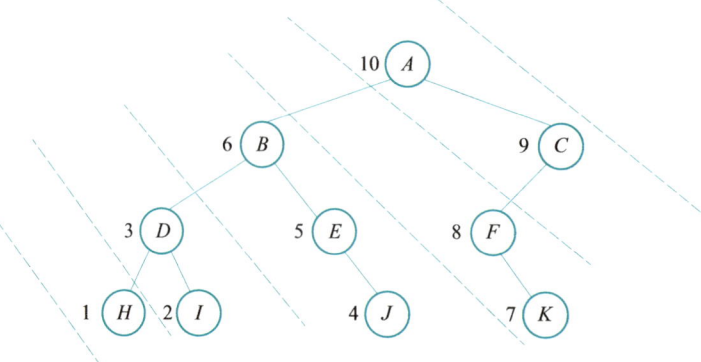

图 5-13   二叉树的后序遍历次序及分段

在图5-13中结点可分为多个段，用虚线分开。每段中的结点具有以下性质：

① 段中各结点的访问次序是连续的，并且最先访问（次序最小）的结点没有右子结点（右子树为空），如结点 J、C、K。

② 段中若有多个结点，则次序相邻的任意两个结点，次序小的结点是次序大的结点的右子结点，如结点 J 是 E 的右子结点，而 E 是 B 的右子结点。

③ 段中次序最大的结点如果不是根结点，则是其父结点的左子结点，如结点 B 是根结点 A 的左子结点，结点 F 是结点 C 的左子结点。

根据上述性质，算法5-9给出了二叉树后序遍历的非递归算法。

算法5-9：非递归后序遍历二叉树 PostOrder(*tree*)

输入：二叉树 *tree*
输出：按后序遍历的顺序依次访问各结点

1.　　InitStack(*stack*)
2.　　**while** *tree* ≠ NIL 或 IsEmpty(*stack*) = **false do**
3.　　| **while** *tree* ≠ NIL **do**　//当前结点不是空结点
4.　　| | Push(*stack*, *tree*)　//结点压入栈
5.　　| | *tree* ← *tree*.left　//沿左分支下移
6.　　| **end**
7.　　| *top* ← Top(*stack*)　//*stack*非空，*top*指向栈顶结点
8.　　| *pre_ top* ← NIL　//初始化*pre_ top*
9.　　| **while** IsEmpty(*stack*) = **false** 且 *top*.right = *pre_ top* **do**
10.　| | Visit(*top*)　//访问当前栈顶结点
11.　| | *pre_ top* ← *top*　//栈顶结点传给*pre_ top*
12.　| | Pop(*stack*)　//弹出栈顶结点
13.　| | **if** IsEmpty(*stack*) = **false then**
14.　| | | *top* ← Top(*stack*)　//栈非空，*top*指向新的栈顶结点
15.　| | **else**
16.　| | | *top* ← NIL　//空栈，*top*赋值NIL
17.　| | **end**
18.　| **end**
19.　| **if** *top* ≠ NIL **then**
20.　| | *tree* ← *top*.right　//移到栈顶结点的右子树并开始遍历
21.　| **end**
22.　**end**
23.　DestroyStack(*stack*)

算法5-9中，第9行代码首先检查栈顶结点的右子树是否为空（开始时*pre_ top* = NIL），如果不是空树，移到第20行开始遍历栈顶结点的右子树；否则，执行第10行至第18行的while循环：弹出结点并访问，如果弹出结点是新栈顶结点的右子结点（*top*. *right* = *pre_ top*），则继续弹出。while循环持续到栈为空，即二叉树遍历结束，或者弹

出的结点是栈顶结点的左子结点为止。如果是后一种情况，则继续遍历栈顶结点的右子树并将经过的结点压入栈，直到遇到右子树为空的结点才开始弹出结点。

上述前序、中序和后序遍历的非递归算法均使用一个存放结点的栈实现，并且在遍历过程中每个结点都有且仅有 1 次入栈和 1 次出栈的机会。因此，算法的时间复杂度和空间复杂度都是 $O(n)$，其中 n 表示二叉树的结点数。

2. 广度优先遍历的非递归算法实现

除了深度优先遍历，对二叉树的广度优先遍历（即层序遍历）也经常使用。层序遍历从根结点开始，从上至下按层访问每个结点，并且每层的结点按照从左向右的顺序进行处理。为此，层序遍历方案通常设计成非递归的算法，可以用队列结构来实现。

算法 5-10 给出了二叉树的层序遍历算法。首先把根结点（可以为空）入队，只要队列不为空，取出队首的结点，如果结点非空，则将其左、右子结点按序入队。这种入队、出队的操作持续到队列为空为止，从而完成二叉树的层序遍历。

算法 5-10：层序遍历二叉树 LevelOrder(*tree*)

输入：二叉树 *tree*

输出：按层序遍历的顺序依次访问各结点

---

1.   InitQueue(*queue*)　　　//初始化队列 *queue*，用于存放结点
2.   EnQueue(*queue*, *tree*)　//根结点入队
3.   **while** IsEmpty(*queue*) = **false do**
4. | *node_ptr* ← GetFront(*queue*)　//取出队首结点
5. | DeQueue(*queue*)
6. | **if** *node_ptr* ≠ NIL **then**　　　//结点非空
7. | | Visit(*node_ptr*)　//访问结点
8. | | EnQueue(*queue*, *node_ptr.left*)　//左子结点入队
9. | | EnQueue(*queue*, *node_ptr.right*)　//右子结点入队
10. | **end**
11.   **end**
12.   DestroyQueue(*queue*)

对图 5-11 所示的二叉树进行层序遍历并依次输出结点数据，可生成序列 <*A, B, C, D, E, F, H, I, J, K*>。同样，在算法 5-10 中，二叉树的每个结点都会入队 1 次、出队 1 次，因此层序遍历的时间复杂度为 $O(n)$，与深度优先遍历相同。

5.4.4　二叉树的序列化与反序列化

二叉树的序列化是指按某种遍历方案访问所有结点并依次输出结点数据，由此形成结点的线性序列。序列化的主要作用是将树的非线性结构转换为线性结构，便于使用字符串或顺序表等存储。反序列化则是根据线性序列重构原始的二叉树。例如，完全二

叉树可用顺序存储结构存放结点数据，并且结点间的逻辑关系可由在顺序表中的相对位置直接推断或重构。本小节主要介绍二叉树的前序序列化与反序列化，以及二叉树的层序序列化与反序列化。

1. 二叉树的前序序列化与反序列化

使用算法 5-2 或算法 5-7 对图 5-11 所示的二叉树进行前序遍历并依次输出结点数据，可生成序列 $<A, B, D, H, I, E, J, C, F, K>$。然而，对这样的序列最多只能确定 A 是树的根结点，而其他结构，比如根的左子树中含有哪些结点等信息却难以推测，所以无法重构出原来的二叉树。

如何使前序遍历的结点序列能够重构二叉树？一种常用的方法是用特殊符号 # 表示空结点，当在遍历过程中遇到空结点或空子树时，不是如算法 5-2 那样直接返回，而是输出符号 #，从而将空结点也标记在序列中，该过程即为二叉树的前序序列化，由此生成的结点序列称为前序序列。

算法 5-11 给出了二叉树的前序序列化的算法。

算法 5-11：二叉树前序序列化 PreOrderSerialize(*tree*)

输入：二叉树 *tree*
输出：二叉树的前序序列

1.　**if** *tree* = NIL **then**　//空树
2.　| **print** #　　//输出特殊符号，代表空结点
3.　**else**
4.　| **print** *tree.data*　//输出根结点数据
5.　| PreOrderSerialize (*tree.left*)　//对左子树前序序列化
6.　| PreOrderSerialize (*tree.right*)　//对右子树前序序列化
7.　**end**

根据上述算法遍历图 5-11 所示的二叉树，可得前序序列

$$<A, B, D, H, \#, \#, I, \#, \#, E, \#, J, \#, \#, C, F, \#, K, \#, \#, \#>$$

与前述的不包含 # 的序列 $<A, B, D, H, I, E, J, C, F, K>$ 相比，前序序列通过在结点数据之间插入表示空结点的标记，能够记录二叉树的非线性结构。

与序列化一样，前序序列的反序列化也是基于二叉树的前序遍历方案从序列先端依次读取数据，直到读完所有数据为止，执行下面的操作：

① 如果读取的数据是 #，则返回 NIL，表示空结点或空树。

② 否则新建二叉树结点，把数据代入结点并递归地重构结点的左子树和右子树，然后返回结点。

简单起见，设前序序列存放于线性表中。算法 5-12 给出了前序序列的反序列化算法。

算法 5-12：根据前序序列重构二叉树 PreOrderDeSerialize(*preorder*, *n*)

输入：存放二叉树前序序列的线性表 *preorder*，表中元素个数 *n* (*n* > 0)

输出：二叉树 *tree*

全局变量：*k*，初始值为 −1

1.　　*k* ← *k*+1
2.　　*tree* ← NIL　　//初始化一棵空树
3.　　**if** *k* < *n* **then** //*k*是线性表的有效序号
4.　　| *data* ← Get(*preorder*, *k*)　//读出线性表第 *k* 个元素
5.　　| **if** *data* ≠ # **then**　　　　//非空记号
6.　　| | *tree* ← **new** BinaryTreeNode( )　//新建二叉树结点
7.　　| | *tree.data* ← *data*　　　　//代入数据
8.　　| | *tree.left* ← PreOrderDeSerialize(*preorder*, *n*)　//重构左子树
9.　　| | *tree.right* ← PreOrderDeSerialize(*preorder*, *n*) //重构右子树
10.　| **end**
11.　**end**
12.　**return** *tree* //返回新建的二叉树或空树

2. 二叉树的层序序列化与反序列化

与前序序列类似，在二叉树的层序遍历过程中，输出表示空结点的标记，可生成二叉树的层序序列。参照算法 5-10，二叉树的层序序列化使用队列结构来实现。开始时根结点入队，直到队列变空为止，重复下面的操作：

① 若队首结点非空（≠NIL），则弹出结点，输出结点数据，并将其左、右子结点入队。

② 若队首结点为空（=NIL），弹出结点并输出 #。

算法 5-13 给出了二叉树的层序序列化算法。

算法 5-13：二叉树层序序列化 LevelOrderSerialize(*tree*)

输入：二叉树 *tree*

输出：二叉树的层序序列

1.　　InitQueue(*queue*)
2.　　EnQueue(*queue*, *tree*)
3.　　**while** IsEmpty(*queue*)=**false do**
4.　　| *node_ptr* ← GetFront(*queue*)
5.　　| DeQueue(*queue*)
6.　　| **if** *node_ptr*=NIL **then** //空结点
7.　　| | **print** #
8.　　| **else**
9.　　| | **print** *node_ptr.data*
10.　| | EnQueue(*queue*, *node_ptr.left*)
11.　| | EnQueue(*queue*, *node_ptr.right*)
12.　| **end**

13.　**end**
14.　DestroyQueue(*queue*)

图 5-11 所示的二叉树的层序序列是

$$<A, B, C, D, E, F, \#, H, I, \#, J, \#, K, \#, \#, \#, \#, \#, \#, \#, \#>$$

从层序序列重构二叉树也是从序列的先端依次读取数据，并在队列中存放已构建的二叉树结点。如果层序序列的长度为 1，即只含 1 个 # 符号，表示空树；否则，读取序列第一个数据并创建根结点，然后把根结点插入队列。接下来每次从队首弹出一个结点，并从层序序列中连续取出两个数据，直到处理完序列中所有数据，执行以下操作：

① 如果第一个数据是 #，则结点的左子树是空树，否则构建结点的左子结点并入队。

② 如果第二个数据是 #，则结点的右子树是空树，否则构建结点的右子结点并入队。

算法 5-14 给出了二叉树层序序列的反序列化算法。

算法 5-14：根据层序序列重构二叉树 LevelOrderDeSerialize(*levelorder*, *n*)

输入：存放二叉树层序序列的线性表 *levelorder*，表中元素个数 *n* ($n > 0$)
输出：二叉树 *tree*

1.　**if** $n = 1$ **then**　　//序列中只有一个 #
2.　| *tree* ← NIL　//空树
3.　**else**
4.　| InitQueue(*queue*)
5.　| *tree* ← **new** BinaryTreeNode( )　//创建根结点
6.　| *tree*.*data* ← Get(*levelorder*, 0)　//代入线性表第一个元素
7.　| EnQueue(*queue*, *tree*)　//根结点入队
8.　| $k \leftarrow 1$
9.　| **while** $k < n$ **do** //从线性表第二个位置开始读取
10.　| | *node_ptr* ← GetFront(*queue*) //队首结点出队
11.　| | DeQueue(*queue*)
12.　| | *data* ← Get(*levelorder*, *k*)　　//线性表第 $k+1$ 个元素
13.　| | **if** *data* ≠ # **then**
14.　| | | *node_ptr*.*left* ← **new** BinaryTreeNode( ) //生成左子结点
15.　| | | *node_ptr*.*left*.*data* ← *data*　　//线性表第 $k+1$ 个元素代入左子节点
16.　| | | EnQueue(*queue*, *node_ptr*.*left*) //左子结点入队
17.　| | **else**
18.　| | | *node_ptr*.*left* ← NIL //左子树设置为空树
19.　| | **end**
20.　| | $k \leftarrow k+1$
21.　| | *data* ← Get(*levelorder*, *k*) //线性表第 $k+2$ 个元素
22.　| | **if** *data* ≠ # **then**
23.　| | | *node_ptr*.*right* ← **new** BinaryTreeNode( ) //生成右子结点
24.　| | | *node_ptr*.*right*.*data* ← *data*　　//线性表第 $k+2$ 个元素代入右子节点

25. | | | EnQueue(*queue*, *node_ptr.right*) //右子结点入队
26. | | **else**
27. | | | *node_ptr.right* ← NIL //右子树设置为空树
28. | | **end**
29. | | *k* ← *k*+1 //*k* 为下一个待处理的位置
30. | **end**
31. **end**
32. DestroyQueue(*queue*)
33. **return** *tree* //返回新建的二叉树

假设二叉树有 *n* 个结点（*n* > 0），则树中有 *n* + 1 个空结点或空子树，因此该二叉树的前序序列和层序序列的长度均为 2*n* + 1。前序序列和层序序列可用线性表等存放，从而实现二叉树的顺序存储，空间复杂度为 $O(n)$，但顺序存储方式在最坏情况下需要占用 $O(2^n)$ 的空间资源。另一方面，与顺序存储方式不同，二叉树结点间的逻辑关系无法通过在序列中的相对位置来直接确定，只能预先重构出二叉树或在重构的过程中进行推断，而重构二叉树需要 $O(n)$ 的时间代价。

5.5　Huffman 树与 Huffman 编码

Huffman 树亦称最优二叉树，与表达式树一样，Huffman 树也是二叉树最经典的应用之一。Huffman 树可用于表达并存储最优前缀码，从而实现高效的编码与解码运算。

5.5.1　Huffman 树

二叉树中，从根结点出发沿左分支或右分支下移，可以到达树中任一结点。从根结点开始到某个结点为止所经过的结点序列，构成从根结点到该结点的路径，而路径长度等于路径所含的分支（边）数，即序列中的结点个数减 1。树的路径长度等于从根结点到其余各结点的路径长度之和。

给定 *n* 个正数 $\{w_1, w_2, \cdots, w_n\}$（*n* ≥ 2），构建有 *n* 个叶结点的二叉树，每个叶结点带有 *n* 个正数中唯一的一个数，表示该结点的权重。这种每个叶结点带权重值的二叉树被称为带权二叉树。例如，图 5-14 给出了含 5 个叶结点，权重分别为 1、2、3、4、5 的三种形态的带权二叉树，其中叶结点用方框表示，方框内的数字标注结点的权重。

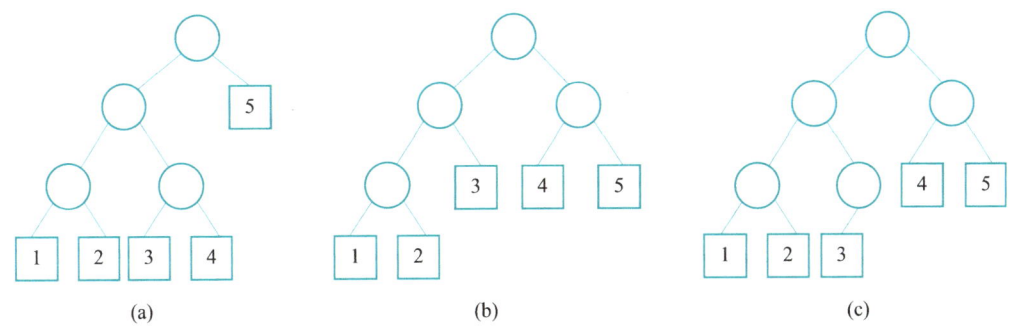

图 5-14 带权二叉树示例

用 l_i（$1 \leqslant i \leqslant n$）表示从根到带权重 w_i 的叶结点的路径长度，则该叶结点的带权路径长度为 $w_i l_i$。同时，二叉树的带权路径长度 WPL 是树中所有叶结点的带权路径长度之和，即

$$WPL = \sum_{i=1}^{n} w_i l_i$$

根据上述公式，可以求得图 5-14 中各二叉树的带权路径长度：

$$WPL_{(a)} = 1 \times 3 + 2 \times 3 + 3 \times 3 + 4 \times 3 + 5 \times 1 = 35$$

$$WPL_{(b)} = 1 \times 3 + 2 \times 3 + 3 \times 2 + 4 \times 2 + 5 \times 2 = 33$$

$$WPL_{(c)} = 1 \times 3 + 2 \times 3 + 3 \times 3 + 4 \times 2 + 5 \times 2 = 36$$

由此可见，即使使用同一组权重，二叉树的结构不同也可能导致带权路径长度不同。给定一组叶结点权重，由此构建的所有带权二叉树中，带权路径长度 WPL 最小的二叉树被称为 Huffman 树，又称为最优二叉树。例如，在图 5-14 的权重集为 {1, 2, 3, 4, 5} 的所有带权二叉树中，图 5-14（b）是一棵 Huffman 树，即它的带权路径长度 33 是最小值。

Huffman 树具有以下性质：

定理 5-4 Huffman 树是满二叉树。

证明：二叉树中，以任一结点为根的子树都含有一个以上的叶结点。假设带权二叉树中存在度为 1 的中间结点，比如在图 5-14（c）中，权重为 3 的叶结点是其父结点的唯一子结点。删除度为 1 的中间结点并把其唯一的子结点与其父结点直接相连，使得从树根到该中间结点的所有子孙结点的路径长度减 1，从而减小树的带权路径长度。例如，去掉图 5-14（c）中权重为 3 的叶结点的父结点，可得与图 5-14（b）相同的带权二叉树，即 Huffman 树。由此可证，Huffman 树不含度为 1 的中间结点，所以是满二叉树。证毕。

命题 5-5 Huffman 树中，如果两个叶结点的权重值不同，则权重值小的叶结点在树中的层数一定不小于权重值大的叶结点。

证明：用反证法证明。

根据定义，从树根到二叉树任一结点的路径长度等于该结点在树中的层数减 1。设最优二叉树 T 的带权路径长度为 WPL(T)，其中叶结点 u 的权重 w_u 小于叶结点 v 的权重

w_v，即 $w_u < w_v$。首先假定 u 在树中的层数比 v 的层数小，即 $level(u) < level(v)$。这种情况下，交换两个叶结点 u 和 v 的位置，可得新的带权二叉树 T'。同时，因为只交换了二叉树 T 中两个叶结点的位置，没有改变各叶结点的权重，T 和 T' 具有相同的权重集合。这种情况下，T' 的带权路径长度为

$$WPL(T') = WPL(T) + w_u(level(v) - level(u)) + w_v(level(u) - level(v))$$
$$= WPL(T) + (w_u - w_v)(level(v) - level(u))$$
$$< WPL(T)$$

这与 T 是 Huffman 树，即要求 $WPL(T) \leq WPL(T')$ 矛盾。因此，u 在树中的层数一定大于或等于 v 的层数，即 $level(u) \geq level(v)$。证毕。

根据带权路径长度的定义，如果树中两个叶结点权重相同，交换它们的位置不会改变二叉树的带权路径长度。同样，对在二叉树同一层上（从根到各结点的路径长度相同）的两个叶结点，交换其位置也不会改变树的带权路径长度。由此可得以下命题。

命题 5-6　给定一组叶结点权重，存在 Huffman 树，权重最小和次小的叶结点在树的最下层并且互为兄弟结点。

证明：根据定理 5-4，Huffman 树的最下层一定有两个以上的叶结点。如果权重最小的叶结点不在最优二叉树的最下层，则根据命题 5-5，最下层所有结点的权重都必须等于最小值。因此，可以通过交换把权重最小的叶结点移到 Huffman 树的最下层。同理可证，权重次小的叶结点也在最下层。此外，由于 Huffman 树是满二叉树，权重最小的叶结点在最下层必有兄弟结点，因此，可以把兄弟结点与同在最下层的权重次小的叶结点交换位置，使权重最小和次小的两个叶结点共有一个父结点。证毕。

5.5.2　Huffman 算法

给定一组叶结点权重，如何构建一棵 Huffman 树？由命题 5-5 可知，在 Huffman 树中，权重越大的叶结点距离根结点越近，而权重越小的叶结点越远离根结点。同时，命题 5-6 给出了 Huffman 树可具备的一种基本形态：权重最小和次小的叶结点能合并在同一个父结点之下。根据这些特征，David A.Huffman 提出了一种自下而上构建 Huffman 树的方法，称为 Huffman 算法。

除了叶结点带有权重，带权二叉树各中间结点也可定义权重，等于其左子结点及右子结点的权重之和。Huffman 算法通过不断合并两个带权二叉树，最终生成 Huffman 树。具体过程如下：

① 对于给定的一组权重 $w_1, w_2, \cdots, w_n$（$n \geq 2$），首先创建 n 棵只有一个结点（叶结点）的二叉树，形成二叉树集合 $T = \{T_1, T_2, \cdots, T_n\}$，其中 T_j 的根结点权重为 w_j（$1 \leq j \leq n$）。

② 创建新的结点，并从二叉树集 T 中取出根结点权重最小和次小的两棵二叉树，

分别作为新结点的左、右子树，设置结点的权重为左、右子树的根结点权重之和。

③ 把②构成的新二叉树插入二叉树集 T 中。

④ 重复②和③的操作，直到 T 中只剩一棵二叉树。最后剩下的二叉树就是所要构建的 Huffman 树。

图 5-15 展示了构建基于权重集 {1, 2, 3, 4, 5} 的 Huffman 树（即图 5-14（b））的过程。开始时二叉树集中有 5 棵只有根结点（叶结点）的二叉树。简单起见，在集合中，二叉树按根结点的权重升序（非降序）排列，每次都从左端连续取出两棵树进行合并。

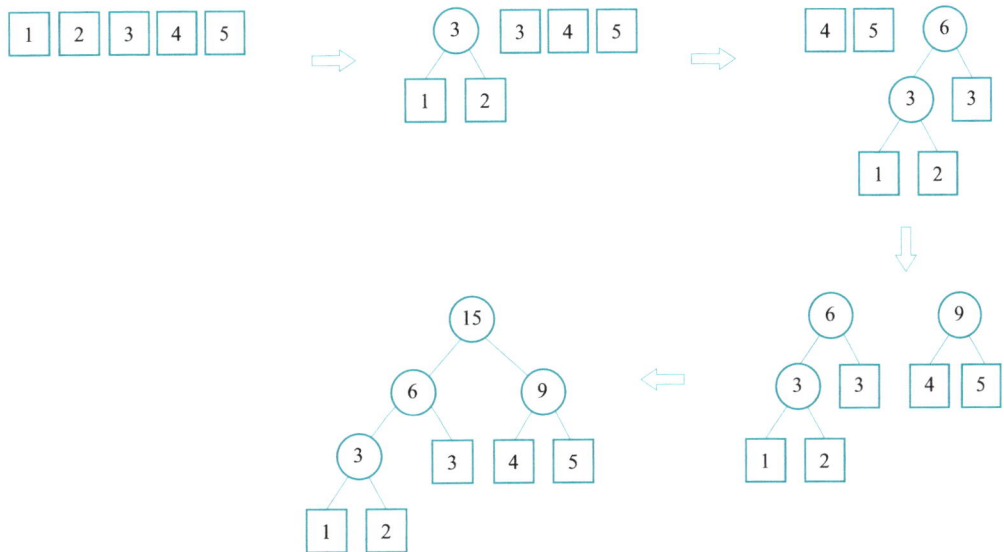

图 5-15 Huffman 树的构建过程

在图 5-15 中，在第一次合并两个权重为 1 和 2 的二叉树后，树集中出现了根权重等于 3 的两棵二叉树。如果交换它们在序列中的位置，可改变两棵树被合并的顺序，从而生成结构不同的 Huffman 树。由此可见，通过改变权重相同的二叉树的合并顺序，Huffman 算法能构造出不同结构的 Huffman 树。图 5-16 列出了两棵结构不同的 Huffman 树，都由同一组权重值 {1, 2, 2, 3} 构建而来。尽管两棵二叉树的结构尤其是高度不同，但它们的带权路径长度都为 16，即最小值。

虽然 Huffman 树的构建过程是自下而上的，但 Huffman 算法每次都选择所有二叉树中根结点权重最小和次小的两棵树，然后把它们合并成一棵二叉树，因此可以看作是一种贪心算法（有关内容将在第 15 章进行介绍）。

定理 5-5 Huffman 算法构建的带权二叉树是 Huffman 树。

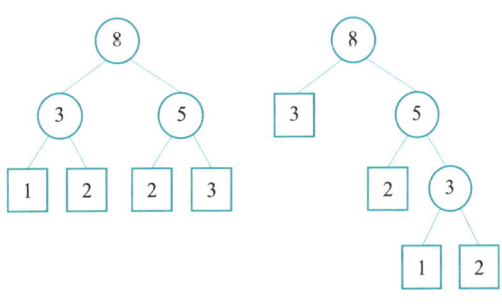

图 5-16 结构不同的两棵 Huffman 树

证明：设 $\{w_1, w_2, \cdots, w_n\}$（$n \geq 2$）是一组叶结点权重，用归纳法证明定理。

当 $n = 2$ 时，显然 Huffman 树的 $WPL = w_1 + w_2$。Huffman 算法把权重分别为 w_1 和 w_2 的两棵单根树合并成一棵树，其带权路径长度为 $w_1 + w_2$，所以是 Huffman 树。

假定对所有 $2 \leq n \leq k$，定理成立。

当 $n = k + 1$ 时，不失一般性，设 $k + 1$ 个叶结点权重 $\{w_1, w_2, w_3, \cdots, w_{k+1}\}$ 中，w_1 和 w_2 分别是最小值和次小值。首先，对 k 个权重 $\{w_1 + w_2, w_3, \cdots, w_{k+1}\}$，用 Huffman 算法构建带权二叉树，称为 T_k。由于只有 k 个叶结点，根据假定，T_k 是一棵 Huffman 树。此时，把 T_k 中带权重 $w_1 + w_2$ 的叶结点分解成一棵二叉树：对该结点加上左、右子结点，同时设置这两个新叶结点的权重为 w_1 和 w_2。由此构建的带权二叉树包含 $k + 1$ 个叶结点，称为 T_{k+1}，它的带权路径长度为

$$WPL(T_{k+1}) = WPL(T_k) + w_1 + w_2$$

其次，证明 T_{k+1} 是 Huffman 树。对于叶结点权重 $\{w_1, w_2, w_3, \cdots, w_{k+1}\}$，假设 T_{k+1} 不是 Huffman 树，则存在另一棵 Huffman 树 Y_{k+1}，使得 $WPL(T_{k+1}) > WPL(Y_{k+1})$ 成立。并且，根据命题 5-6，在 Y_{k+1} 中带权重 w_1 和 w_2 的两个叶结点在最下层且互为兄弟结点，从 Y_{k+1} 中删去这两个叶结点，并将其父结点的权重设置为 $w_1 + w_2$，可得有 k 个叶结点的带权二叉树 Y_k，其带权路径长度为

$$WPL(Y_k) = WPL(Y_{k+1}) - w_1 - w_2$$

因为 $WPL(T_{k+1}) > WPL(Y_{k+1})$，可得 $WPL(T_k) > WPL(Y_k)$，并且 T_k 和 Y_k 都有 k 个叶结点，权重分别是 $w_1 + w_2, w_3, \cdots, w_{k+1}$。这与 T_k 是 Huffman 树的假定矛盾，表明 T_{k+1} 是对应 $k + 1$ 个叶结点权重 $\{w_1, w_2, w_3, \cdots, w_{k+1}\}$ 的 Huffman 树。

最后，证明 T_{k+1} 可由 Huffman 算法构建。Huffman 算法最先取出根权重分别为 w_1 和 w_2 的两棵树（只含一个结点），将其合并成一棵二叉树，然后再对根权重分别为 $w_1 + w_2, w_3, \cdots, w_{k+1}$ 的 k 棵二叉树进行合并。由此可见，Huffman 算法与上述方法：先对 k 棵二叉树合并，再分解权重为 $w_1 + w_2$ 的叶结点，这两种方法构建出的二叉树结构相同（即 T_{k+1}），所以都是 Huffman 树。证毕。

Huffman 算法需要持续地从一个二叉树集合中取出根权重最小和次小的两棵二叉树，并把合并后的树加回到集合里。简单起见，把带权二叉树各结点的数据元素 *data* 改成权重 *weight*。算法 5-15 是根据一组权重值构建 Huffman 树的算法描述。

算法 5-15：构建 Huffman 树 CreateHuffmanTree(*w*)

输入：权重值的数据集 *w*，$|w| \geq 2$	
输出：Huffman 树	
1. *tree_set* ← ∅	//二叉树集合的初始化
2. *n* ← Length(*w*)	//*n* 个权重
3. **for** *i* ← 1 **to** *n* **do**	//初始化 *n* 棵二叉树

4. | *tree* ← **new** BinaryTreeNode( )   //创建叶结点
5. | *tree.left* ← NIL
6. | *tree.right* ← NIL
7. | *tree.weight* ← Extract(*w*)   //从数据集 *w* 中取出一个值，作为结点权重
8. | Insert(*tree_set*, *tree*)   //将单结点二叉树放入集合 *tree_set*
9.   **end**
10.   **for** *i* ← 1 **to** *n*-1 **do**   //合并二叉树，共 *n*-1 次
11. | *tree* ← **new** BinaryTreeNode( )   //新建树根结点
12. | *tree.left* ← ExtractMin(*tree_set*)   //取出根权重最小树作为左子树
13. | *tree.right* ← ExtractMin(*tree_set*)   //取出根权重次小树作为右子树
14. | *tree.weight* ← *tree.left.weight* + *tree.right.weight* //设置新树的根权重
15. | Insert(*tree_set*, *tree*)   //将新树插入集合 *tree_set*
16.   **end**
17.   *tree* ← ExtractMin(*tree_set*)   //取出集合中唯一的二叉树，即 Huffman 树
18.   **return** *tree*

算法 5-15 先用 *n* 个权重值构建了 *n* 棵单根二叉树并依次放入集合 *tree_set* 中，时间复杂度为 $O(n)*(T_{Q\_Insert} + T_{W\_Extract})$。其中，$T_{Q\_Insert}$ 是把一棵二叉树插入集合 *tree_set* 的时间开销，而 $T_{W\_Extract}$ 则是从数据集 *w* 中取出一个权重的时间。同样，合并 *n* 棵二叉树需要重复执行第 10 行至第 16 行的代码 *n*-1 次，每次的操作时间是 $2T_{Q\_ExtractMin} + T_{Q\_Insert}$，其中 $T_{Q\_ExtractMin}$ 是在集合 *tree_set* 中查找权重最小二叉树的时间。因此，算法 5-15 的时间复杂度为 $O(n)*T_{Q\_Insert} + O(n)*T_{Q\_ExtractMin} + O(n)*T_{W\_Extract}$。假设数据集 *w* 和 *tree_set* 直接用线性表实现，并且插入/删除的操作都在线性表的某端进行。这种情况下，T_{Q_Insert} 和 $T_{W\_Extract}$ 都是 $O(1)$，但 $T_{Q\_ExtractMin} = O(n)$，即在线性表中顺序查找的时间，因此构建 Huffman 树的时间复杂度达到 $O(n^2)$。更高效的构建方案是使用比线性表更复杂的数据结构，比如堆，相关内容将在第 6 章进行介绍。

5.5.3　Huffman 编码

在网络中输送文本等信息，需要在传送端将英文字母或汉字等转换成计算机可识别处理的二进制字符串后进行传输，然后在接收端再把二进制字符串转换回原来的字符。这种编码与解码的处理首先要保证准确，即发送的文本与接收的文本在内容上必须一致；同时在保证准确性的前提下，尽量压缩二进制字符串的长度以提升传输效率。

1. 采用定长编码进行编码与解码

这里通过一个简单的示例进行说明。假设传输由字母 a、b、c、w、z 组成的字符串 "baaacabwbzc"。常用的编码方法可分为定长和不定长两种。定长编码把每个字母转换

成固定长度的二进制字符串，比如 3 位二进制字符串：a–000、b–001、c–010、w–011、z–100，由此转换出的二进制字符串（"|" 为分割符）如下：

001|000|000|000|010|000|001|011|001|100|010

反之，给定二进制字符串，从左端开始连续分段成长度为 3 的子串，然后把每个子串翻译成对应的英文字母就能完成解码。由于每个字母对应的二进制字符串与其他字母不同，解码出的英文字符串与原文本保持一致。

这种定长编码的优势是编码与解码操作简单，可以用顺序表等存储字符集与二进制字符串集之间的对应（单映射）关系，不需要使用复杂的数据结构和算法。ASCII 编码是最简单的定长编码格式，用一个字节表示一个字符，而汉字可以用 Unicode 编码，通常用两个字节表示一个字符。但采用定长编码的方式，其缺点也是显而易见的，即增加了存储空间，传输效率也比较低。

2. 采用前缀码进行编码与解码

仍以字符串 "baaacabwbzc" 为例，在字符串中字母 a 出现了 4 次，b 出现了 3 次，而 w 和 z 都只有 1 次。直觉上，如果能缩短 a 和 b 的编码长度，而相应地增加 w 和 z 的编码长度，则可以缩短整个字符串的编码长度。这就是不等长编码的主要思路，即让出现频率高的字母采用短编码，而出现频率低的字母采用长编码。

不等长编码对提升传输效率有意义，但需要确保编码与解码的准确性以及转码效率。例如，a–0、c–01、w–10 是一组不等长码，但对字符串 "0010" 的解码可能会产生两种不同的结果 "aca" 和 "aaw"。这是因为字母 a 的编码 0 同时又是字母 c 编码 01 的前缀，出现了二义性。因此，在处理字符串 "0010" 的第一个 0 时，无法确定其代表的是 a 还是 c 的第一个字符。避免出现二义性的有效方法就是禁止任何字母的编码成为其他字母编码的前缀，这类编码称为前缀码。例如，对于 a、b、c、w、z 这 5 个英文字母，{000, 001, 010, 011, 1} 和 {01, 00, 10, 110, 111} 是两组前缀码。用这两组前缀码分别对字符串 "baaacabwbzc" 进行编码，可得以下的二进制字符串：

第一组   00100000000001000000101100111010
第二组   0001010110010011100011110

由此可见，第二组前缀码生成的字符串比第一组前缀码生成的字符串更短，能够有效压缩其在计算机中的存储空间并提升传输效率。

3. Huffman 编码

前缀码可用带权二叉树表示，简称前缀码树。例如，图 5-17（a）（b）分别表示 {000, 001, 010, 011, 1} 和 {01, 00, 10, 110, 111} 这两组前缀码。在图 5-17 中，各中间结点的左分支表示 0，右分支表示 1，并且每个叶结点对应唯一的一个英文字母。同时，从根结点到各叶结点所经过的分支序列代表叶结点对应的英文字母的编码。例如，图 5-17（a）中从根结点到叶结点 b 的分支序列 <0, 0, 1> 表示字母 b 的编码 "001"。

此外，各叶结点除记录英文字母外，还标注有数字代表权重，表示各字母在字符串 "baaacabwbzc" 中出现的次数，而各中间结点的权重等于其左、右子结点的权重和。

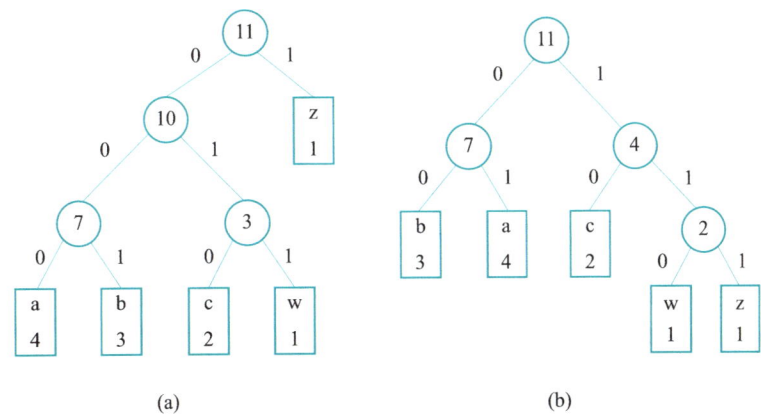

(a)   (b)

图 5-17　前缀码树示例

因为任何字母的编码都不是其他字母编码的前缀，在前缀码树中，标记有字母（带方框）的结点只能是树的叶结点（见图5-17），反之亦然。那么，给定由 n 个字符组成的字符串，设第 i 个字符在字符串中出现的次数为 w_i（$1 \leqslant i \leqslant n$），如何设计一组最优的前缀码，使对字符串编码后生成的二进制字符串的长度最短？根据上述思想，可将前缀码表示为含 n 个叶结点的带权二叉树，并把记录第 i 个字符的叶结点的权重设置为 w_i。由此可见，字符串的编码总长度与二叉树的带权路径长度相等，即

$$WPL = \sum_{i=1}^{n} w_i l_i$$

其中，l_i 表示在二叉树中从根结点到对应第 i 个字符的叶结点的路径长度，也等于该字符的编码长度。

由此可见，最优前缀码可用 Huffman 算法求解。由 Huffman 算法求得的前缀码被称为 Huffman 编码。例如，给定叶结点权重 {1, 1, 2, 3, 4}，图5-17（b）是由 Huffman 算法构建的一棵 Huffman 树，因此它表达的前缀码 a-01、b-00、c-10、w-110、z-111 是一组 Huffman 编码。与其他前缀码相比，由该组 Huffman 编码对字符串 "baaacabwbzc" 编码生成的二进制字符串长度最短。

除了表达前缀码，前缀码树还可以用来对二进制字符串进行解码，翻译成原来的文本。算法5-16给出了使用前缀码树解码二进制字符串的算法描述。

算法5-16：对二进制字符串解码 Decoding(*tree, binary_code*)

输入：前缀码树 *tree* (*tree* ≠ NIL)，二进制字符串 *binary_code*

输出：解码后的字符序列

1.　　*p ← tree* //指向树根

```
2.    n ← Length(binary_code)  //二进制字符串长度
3.    for i ← 0 to n−1 do
4.    | if binary_code[i]=0 then
5.    | | p ← p.left       //遇到 0，沿左分支下移
6.    | else  //binary_code[i]=1
7.    | | p ← p.right      //遇到 1，沿右分支下移
8.    | end
9.    | if p.left = NIL 且 p.right=NIL then  //到达叶结点
10.   | | print p.data     //输出字符
11.   | | p ← tree         //返回根结点，重新开始解码
12.   | end
13.   end
```

　　根据上述算法，读进每个二进制字符只需在前缀码树中沿边移动一次，即从当前结点移到其某个子结点，并且其他操作，如判断是否为叶结点、选择走哪条边以及输出字母等，都只需要 $O(1)$ 时间。因此，对包含 n 个 0 或 1 的二进制字符串，使用前缀码树只需要 $O(n)$ 的时间就能解码生成原来的字符串。

5.6　树与森林

　　虽然二叉树是最常用的树，但在实际应用中还有很多问题无法简单地抽象成二叉树的形式，而是需要表示成多叉树，即树中每个结点可以有零个或多个子结点（子树），同时结点的度数可能没有上限。为此，本节介绍如何在计算机中存储一般的树和由多棵树组成的森林，以及如何实现对树及森林的遍历等操作。

5.6.1　树的存储结构

　　与二叉树相似，树也有顺序存储与链式存储两种方式，而选择何种方式与在树结点中记录哪些表示树的逻辑结构的信息相关。常用的树的逻辑结构表示法有三种：父亲表示法、孩子表示法以及孩子兄弟表示法。

1. 父亲表示法

　　由于树中各非根结点有且仅有一个父结点，父亲表示法要求每个结点保存其父结点的位置信息，因此也可称为父结点表示法。这种表示法适合用顺序表来存储树的所有结点。假设有一棵包含 n 个结点的树，对所有结点从 0 开始连续编号；用长度为 n 的顺

序表存储该树，第 i（$i\in[0, n)$）个结点存放于顺序表的第 i 个位置，而且该位置的元素包含两个域：一个域 $tree[i].data$ 用来记录树结点的数据元素，另一个域 $tree[i].parent$ 用来存放第 i 个结点的父结点位置。

例如，图5-18所示为树及其父亲表示法示例。树的根结点 A 的父结点位置域是 -1，即 $tree[0].parent = -1$，表示该结点没有父结点。显然，父亲表示法使得各结点可直接查找其父结点，由此可实现算法5-17中的基本操作 FindRoot($tree, x$)。

算法5-17：查找根结点 FindRoot($tree, x$)

输入：基于父亲表示法的树（顺序表）$tree$，结点（索引）x
输出：树 $tree$ 的根结点索引

1.　**while** $tree[x].parent \neq -1$ **do**　//结点 x 有父结点，非根
2.　| 　$x \leftarrow tree[x].parent$　　　　　//x 移动至父结点
3.　**end**
4.　**return** x

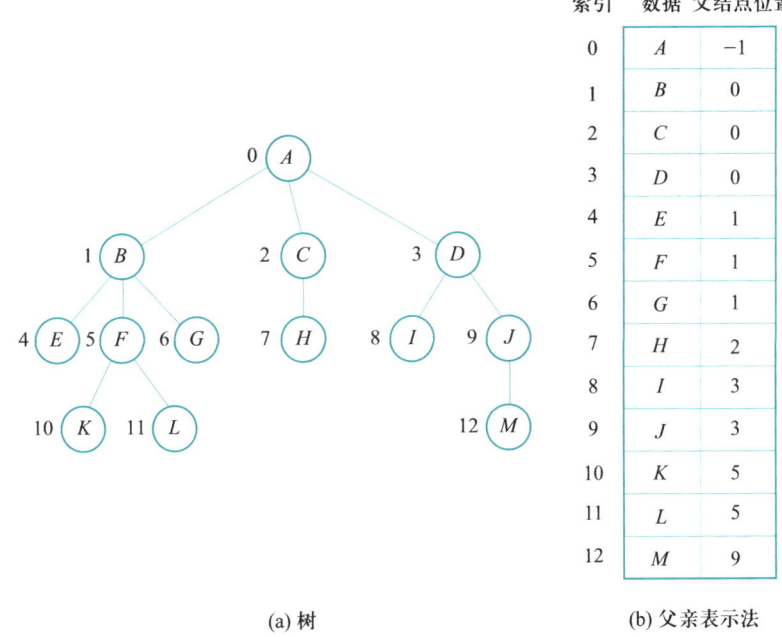

(a) 树　　　　　　　　　　　　(b) 父亲表示法

图 5-18　树及其父亲表示法示例

从算法5-17可见，父亲表示法方便每个结点查找其祖先结点，而且每个结点只需存放父结点位置，因此可节省存储空间。但如果是查找结点的所有子结点或兄弟结点，这种表示法需要对整棵树进行遍历，时间效率低。

2. 孩子表示法

孩子表示法与父亲表示法一样，用顺序表存储树，但每个结点除包含数据域 $data$、父结点位置域 $parent$ 外，还需要增加一个子结点链表域 $child\_list$，用来存放指向单链表

的指针。如果某结点没有子结点，则将其子结点链表域赋空值 NIL，表示为叶结点；否则将其各子结点的索引按从左向右的顺序依次存入单链表，构成该结点的子结点链表。

图 5-19 给出了图 5-18（a）所示树的孩子表示法。

通常把某结点在树中最左边的子结点称为它的第一个孩子，同时把在它右侧并且相邻的兄弟结点称为该结点的下一个兄弟。如图 5-19 所示，在树的孩子表示法中，各树结点的第一个孩子记录在它的子结点链表的第一个结点中，所以只需 $O(1)$ 的时间就能直接找到。另一方面，要查询树结点的下一个兄弟，则只能遍历其父结点的子结点链表，先从中顺序查找记录有树结点索引的链表结点，而下一个链表结点存放的就是树结点的下一个兄弟。由此可见，在树的孩子表示法中，查找各结点下一个兄弟的操作需要花费 $O(d)$ 的时间，其中 d 为树的度。

3. 孩子兄弟表示法

孩子兄弟表示法规定每个结点存放其第一个孩子和下一个兄弟的信息，可以直接使用本章 5.3.5 小节介绍的二叉链表实现，因此这种表示法也称为二叉链表表示法。为此，将二叉链表中的指针域 *left* 替换成 *first_child*，指向结点的第一个子结点，同样指针域 *right* 改为 *next_sibling*，用来存放右侧的兄弟结点位置。图 5-20 展示了图 5-18 所示树的孩子兄弟表示法。

树的孩子兄弟表示法是应用最广泛的存储结构。由于每个结点存有孩子与兄弟结点的位置信息，能容易地实现查找树中结点的操作，相应的伪代码实现如算法 5-18 所示。

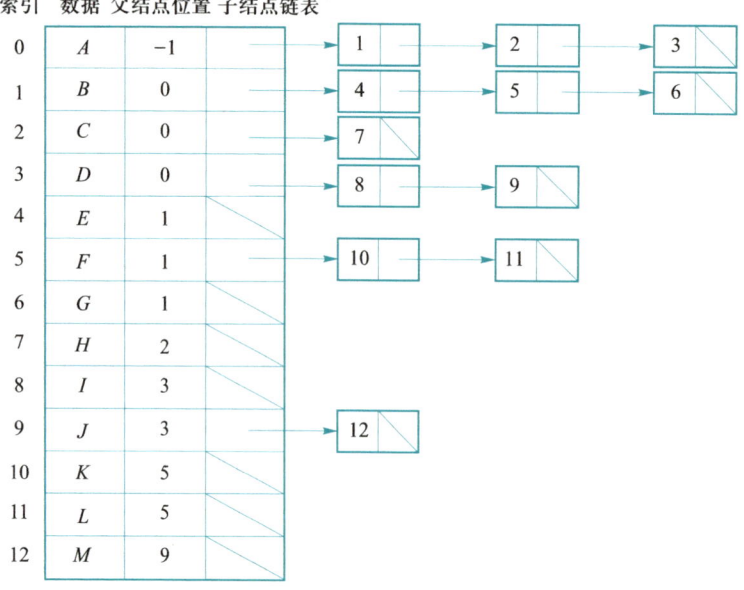

图 5-19　树的孩子表示法示例

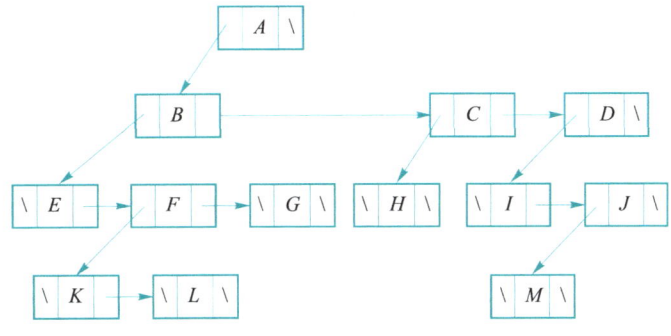

图 5-20　树的孩子兄弟表示法示例

算法5-18：查找树中带有指定数据的结点 Search(*tree*, *x*)

输入：基于孩子兄弟表示法存储的树 *tree*，数据元素 *x*

输出：如果树中有数据域等于 *x* 的结点，则返回该结点；否则，返回 NIL

1.　　 $node\_ptr \leftarrow tree$
2.　　 **if** $node\_ptr \neq$ NIL **then**
3.　　 | **if** $node\_ptr.data \neq x$ **then**
4.　　 | | $node\_ptr \leftarrow$ Search($tree.first\_child, x$)　　//在子孙结点中查找
5.　　 | | **if** $node\_ptr =$ NIL **then**　　　　　　　　　//不在子孙结点中
6.　　 | | | $node\_ptr \leftarrow$ Search($tree.next\_sibling, x$)　//在兄弟结点及其子孙中找
7.　　 | | **end**
8.　　 | **end**
9.　　 **end**
10.　 **return** $node\_ptr$

　　与二叉树相似，在树的二叉链表表示法中查找结点的父结点，通常需要对树进行遍历。另一种更方便的方法是在二叉链表中增加指向父结点的指针域，即使用三叉链表来存储树。

5.6.2　树、森林与二叉树的转换

　　树的孩子兄弟表示法使用二叉链表作为存储结构，这表明树与二叉树之间存在明确的对应关系。例如，图5-20既是图5-18所示的树的孩子兄弟表示法，也是图5-21所示的二叉树的链接存储结构。由此可见，对任何一棵树，存在唯一的一棵二叉树与它对应，两者具有相同的二叉链表存储结构，只是指针域的名称以及所表达的结点间的逻辑关系不同。

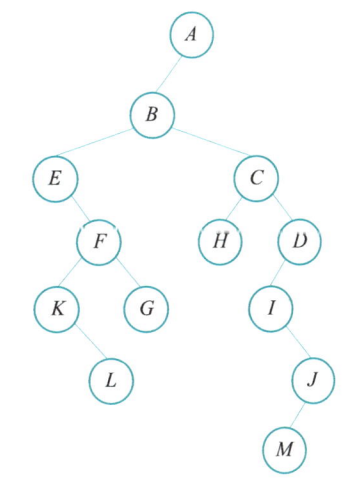

图 5-21　图 5-20 二叉链表对应的二叉树

对于每一棵用孩子兄弟法表示的独立的树，其根结点没有兄弟，也就是它对应的二叉树的根结点没有右子结点，即右子树为空。根据这一特征可以利用右子树的链将这些树串连起来，从而建立起森林与二叉树的对应关系。

森林转换成二叉树的过程如下：

① 把森林中的每棵树转换为二叉树。例如，图5-22（a）为三棵树构成的森林，图5-22（b）所示的三棵二叉树与图5-22（a）中的树一一对应。

② 把森林中第一棵二叉树的根结点作为转换后的二叉树的根，从第二棵二叉树开始，把每棵二叉树的根作为前一棵二叉树的根的右子结点。图5-22（c）展示了转换后形成的二叉树，把图5-22（b）的三棵二叉树的根用边（图中虚线所示）连接成兄弟结点。

树、森林与二叉树的对应关系表明：可以把树或森林先转换为二叉树，使用二叉树的各种操作进行处理，处理结束后还可以再转换回原来的树或森林，这一转换留给读者自己思考，这里不再赘述。

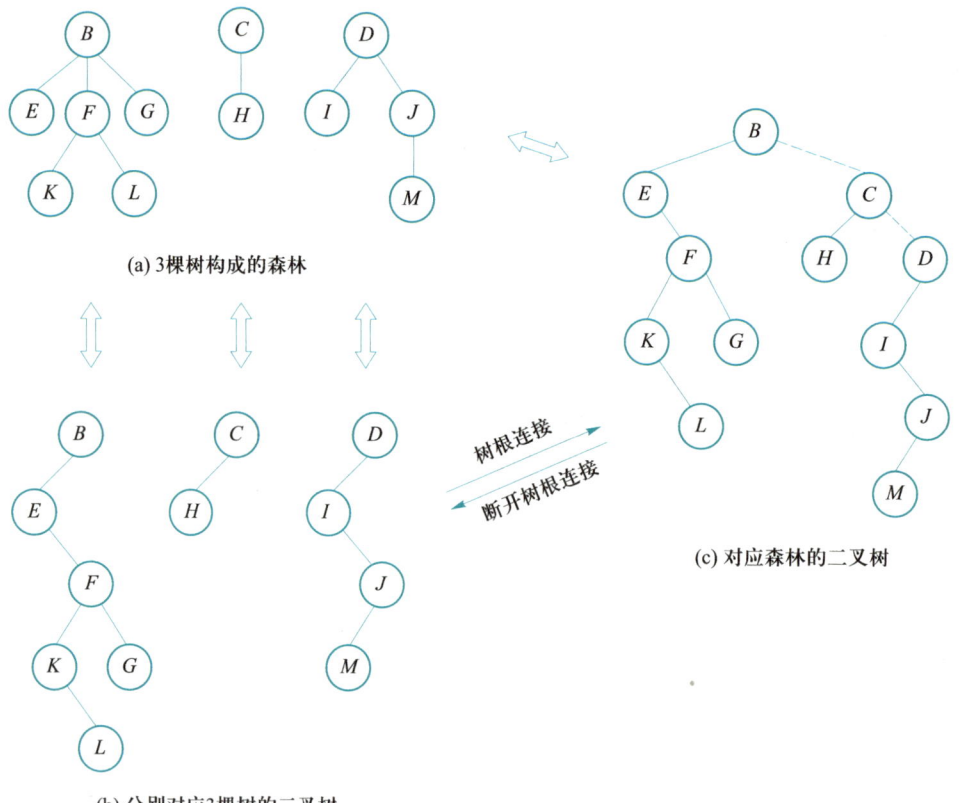

(a) 3棵树构成的森林

(b) 分别对应3棵树的二叉树

(c) 对应森林的二叉树

图 5-22   森林与二叉树的对应关系示例

5.6.3 树和森林的遍历

对于一般的树来说，其深度优先遍历方式有两种：前序遍历和后序遍历。前序遍历先访问根结点，然后对根结点的各子树从左向右依次进行前序遍历；后序遍历则先遍历根的各子树，最后访问根结点。根据树的二叉链表存储结构，树可以转换为二叉树。图5-23（a）给出了树的一种通用结构，根结点 r 有 m 棵子树，第 i 棵子树 T_i 以结点 r_i 为根（$1 \leqslant i \leqslant m$）。图5-23（b）展示了转换后的二叉树，其中原树根 r 的 m 个子结点用边连接，使结点 r_{j+1} 成为结点 r_j 的右子结点（$1 \leqslant j < m$），而 r_1 是二叉树根结点 r 的左子结点。根据孩子兄弟表示法的定义，不仅图5-23中的树与二叉树相互对应，由于图5-23（b）中结点 r_i 的左子树 L_i 包含了该结点在原树中的所有子孙结点，所以 r_i 及其左子树 L_i 构成的二叉树与图5-23（a）中以 r_i 为根的子树 T_i 对应。

由上述性质可证，树的前序遍历与对应的二叉树的前序遍历结果相同，而树的后序遍历与对应二叉树的中序遍历结果相同。基于二叉树的遍历方案，算法5-19和算法5-20分别给出了树的前序遍历和后序遍历算法。

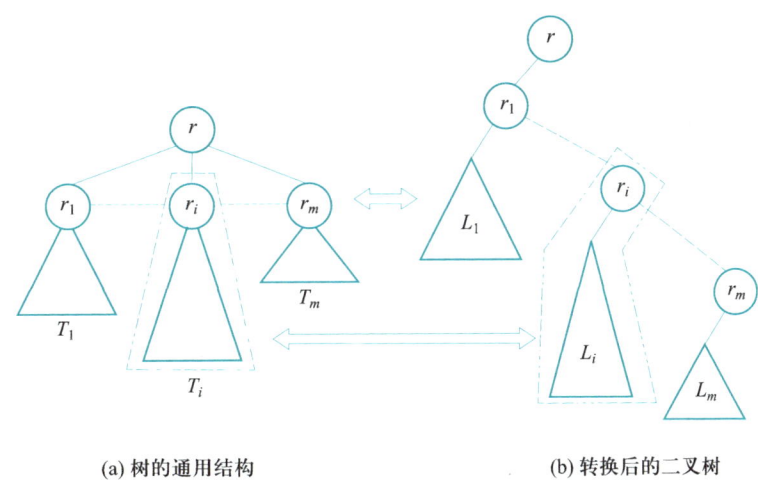

(a) 树的通用结构　　　　　　　　　　　(b) 转换后的二叉树

图 5-23　树与二叉树在逻辑结构上的对应关系示例

算法5-19：前序遍历树 PreOrder(*tree*)

输入：基于孩子兄弟表示法存储的树 *tree*（二叉链表结构）

输出：按前序遍历的顺序依次访问各结点的结果

1.　**if** *tree* ≠ NIL **then** //空树不做处理，直接返回
2.　| Visit(*tree*)　　　　　　　　//访问结点 *tree*
3.　| PreOrder(*tree*.first_child)　//访问 *tree* 的所有子孙结点
4.　| PreOrder(*tree*.next_sibling) //访问 *tree* 后序的兄弟结点及其子孙结点
5.　**end**

算法 5-20：后序遍历树 PostOrder(*tree*)

输入：基于孩子兄弟表示法存储的树 *tree*（二叉链表结构）

输出：按后序遍历的顺序依次访问各结点的结果

1. **if** *tree* ≠ NIL **then**
2. | PostOrder(*tree.first_child*)　　//访问 *tree* 的所有子孙结点
3. | Visit(*tree*)　　　　　　　　　//访问结点 *tree*
4. | PostOrder(*tree.next_sibling*) //访问 *tree* 后序的兄弟结点及其子孙结点
5. **end**

相对于树，森林的遍历方案也有两种：前序遍历和后序遍历。森林的遍历是从其中的第一棵树开始，按序对每棵树进行前序或后序遍历。例如，对图 5-22（a）所示的包含三棵树的森林，从最左边的树开始依次前序遍历每棵树并输出结点数据，生成的序列是 <*B, E, F, K, L, G, C, H, D, I, J, M*>，而后序遍历的结果是 <*E, K, L, F, G, B, H, C, I, M, J, D*>。

如果去掉图 5-23 中的树与二叉树的根结点 *r* 以及连接根与其子结点的边，图 5-23（a）展示的是由 *m* 棵树 {*T_i* | 1 ≤ *i* ≤ *m*} 构成的森林，而图 5-23（b）是对应森林的二叉树，其中结点 *r_i* 及其左子树 *L_i* 构成的二叉树与图 5-23（a）中的树 *T_i* 对应。由此可见，森林的前序遍历与对应的二叉树的前序遍历结果相同，因此可用算法 5-19 实现；同样，森林的后序遍历可通过对应的二叉树的中序遍历来实现，即算法 5-20。

☆ 5.7　拓展延伸

第 4 章介绍的 KMP 算法、BM 算法等字符串的模式匹配算法基本上都使用了线性存储结构存放字符串。同样，字符串或者一组字符串也可以表示成树形结构，如 Trie 树或后缀树，从而实现基于树遍历算法的模式匹配、词频统计等操作。

5.7.1　Trie 树

Trie 树，又称前缀树、检索树、字典树或单词查找树，是专门处理字符串匹配的树形结构，可以存储大量的字符串并从中快速查找指定的字符串，所以经常被搜索引擎系统用于文本词频统计。Trie 树的核心思想是利用字符串的公共前缀来大幅提高查询效率，但需要占用大量的内存空间，是一种典型的以空间换取时间的算法。

在逻辑结构上，Trie 树是一棵 *k* 叉树，每个结点都有 *k* 个分支，通常情况下 *k* 等于构成字符串的字符集规模。比如，保存由英文小写字母组成的字符串，可用26叉树来实现一棵Trie树。这种情况下，结点的每个分支与字符集中唯一的一个字符对应，而对从根结点到树中任一结点的路径，把路径经过的字符连接起来，就得到该结点对应的字符串。图5-24展示了一棵Trie树，树中保存了8个字符串，分别是"A" "to" "tea" "ted" "ten" "i" "in" "inn"。与Huffman树不同，在Trie树中字符串对应的结点不一定是叶结点，因为它可以是其他字符串的前缀，比如"i"和"in"都是"inn"的前缀。此外，在图5-24中，任何结点对应的字符串都与其他结点不同。由此可见，Trie树把所有字符串的共同前缀合并在一条路径上表示，从而最大限度地减少多余的字符串比较，提高了查询效率。

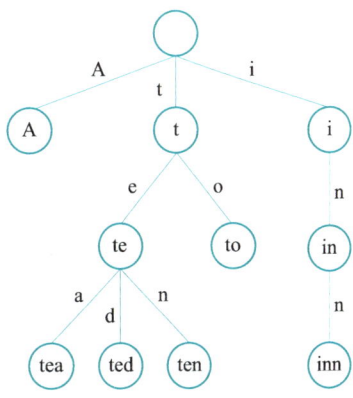

图 5-24　Trie 树结构示例

虽然图5-24中每个结点都对应一个字符串，但有些字符串只是其他字符串的前缀，而不是实际保存的字符串，比如对应"t"和"te"的结点。对此，可以利用结点的数据元素来区别简单的前缀和保存的字符串，比如用数据元素是否为空（NIL）来区分是否为前缀。除此之外，数据元素也可用于计数，比如记录对应的字符串是多少个实际字符串的前缀等信息。

算法5-21用于创建Trie树结点。算法5-22和算法5-23则给出了在Trie树中插入字符串和查询字符串的算法。

算法5-21：创建Trie树结点 CreateTrieNode(k)

输入：Trie树结点的分支个数 k $(k>0)$
输出：新建的Trie树结点

1.　$node\_ptr \leftarrow$ **new** KaryTreeNode( )　//创建 k 叉树结点
2.　$node\_ptr.data \leftarrow$ NIL　//新结点数据元素设为NIL
3.　**for** $i \leftarrow 0$ **to** k-1 **do**
4.　| InsertChild($node\_ptr$, i, NIL)　//新结点的所有分支设为空树
5.　**end**
6.　**return** $node\_ptr$　//返回结点

算法5-22：在Trie树中插入字符串 Insert(trie, k, s)

输入：k 叉Trie树 $trie$，字符串 s
输出：插入 s 后的 $trie$

1.　**if** $trie$=NIL **then**　//空树
2.　| $trie \leftarrow$ CreateTrieNode(k)　//创建Trie树根结点
3.　**end**
4.　$node\_ptr \leftarrow trie$

5. $n \leftarrow$ StrLength(s)   //字符串 s 的长度 n

6.   **for** $i \leftarrow 0$ **to** $n-1$ **do**

7. | $index \leftarrow$ GetIndex($k, s[i]$)   // k 个分支中，字符 $s[i]$ 对应的分支编号

8. | $child\_ptr \leftarrow$ GetChild($node\_ptr, index$)   //找到结点的第 $index$ 个分支

9. | **if** $child\_ptr =$ NIL **then**   //第 $index$ 个分支是空树

10. | | $child\_ptr \leftarrow$ CreateTrieNode(k)   //创建 k 叉 Trie 树结点

11. | | InsertChild($node\_ptr, index, child\_ptr$)   //新结点设为 $node\_ptr$ 的第 $index$ 个孩子

12. | **end**   //结点创建完毕

13. | $node\_ptr \leftarrow child\_ptr$ //移到第 $index$ 个子结点

14.   **end**

15. $node\_ptr.data \leftarrow s$ //将插入的字符串作为其对应结点的数据

16.   **return** $trie$

算法 5-23： 判断给定字符串是否在 Trie 树中 IsIn($trie, k, s$)

输入： k 叉 Trie 树 $trie$，字符串 s

输出： 如果字符串 s 在树中返回 **true**，否则返回 **false**

1. $node\_ptr \leftarrow trie$

2. $n \leftarrow$ StrLength(s)

3. $found \leftarrow$ **true**   //查找结果的初始值

4. $i \leftarrow 0$

5.   **while** $node\_ptr \neq$ NIL 且 $i < n$ **do**

6. | $index \leftarrow$ GetIndex($k, s[i]$)   // k 个分支中，字符 $s[i]$ 对应的分支编号

7. | $node\_ptr \leftarrow$ GetChild($node\_ptr, index$)   //下移至结点的第 $index$ 个分支

8. | $i \leftarrow i+1$

9.   **end**

10.   **if** $node\_ptr =$ NIL 或 $node\_ptr.data =$ NIL **then**   //查找失败

11. | $found \leftarrow$ **false**

12.   **end**

13.   **return** $found$

在算法 5-23 中，第 10 行代码表示有两种情况会导致查找失败：一种是 Trie 树最多只保存了字符串 s 的某个前缀，即 $node\_ptr =$ NIL；另一种是字符串 s 只是保存在 Trie 树中的某个字符串的前缀，这种情况可用对应 s 的结点的数据元素，即 $node\_ptr.data$ 是否为空来判断。

根据算法 5-22 和算法 5-23，在 Trie 树中插入新的字符串以及查询字符串，时间复杂度均为 $O(n)$，并且 n 等于字符串的长度，与 Trie 树本身的规模无关。另一方面，插入新字符串时，由于每个字符都有可能创建一个新的结点（算法 5-22 中第 9~12 行代码），则在最坏情况下，Trie 树的空间复杂度可达 $O(NK)$，其中 N 为所有字符串的长度之和，K 为字符集规模。在实际应用中，Trie 树通常用二维数组来实现，数组第一行对应根结

点，其他行每行代表一个结点，每行的每一列对应某个字符，里面的值要么是0，表示空结点，要么是其子结点所在的行位置。

5.7.2 后缀树和后缀自动机

后缀树是由一个字符串的所有后缀组成的Trie树。也就是说，将这个字符串的所有后缀插入一棵Trie树中，即建成了一棵后缀树。例如，对于单词"banana"，首先列出所有的后缀 {"banana", "anana", "nana", "ana", "na", "a"}，然后将这些后缀依次插入Trie树中，最终构成的后缀树如图5-25所示。图中用虚线圆圈表示终止点，即对应"banana"某个后缀的结点。可以发现，最终形成的后缀树有6个终止点，和字符串后缀的数目相同。

由于字符串中的任何子串都是该字符串某个后缀的前缀，使用所有后缀构建Trie树，可以在Trie树上保留所有子串信息，这样的保存方式会大大提升子串的查询效率。例如，当需要查询字符串s中是否包含另一个字符串p时，则只需在由s构建的后缀树上检索p即可。对字符串构建后缀树的算法流程如算法5-24所示。

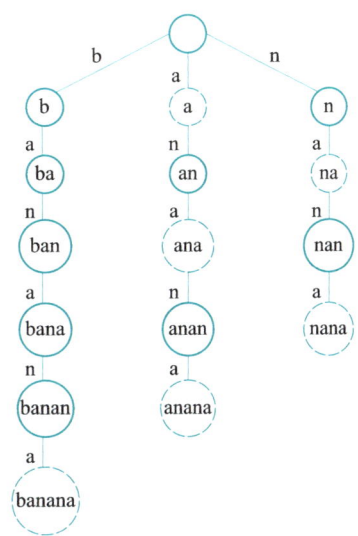

图 5-25　后缀树结构示例

算法5-24：构建后缀树 BuildSuffixTree(s, k)

输入：字符串s，后缀树各结点的分支数k

输出：k叉后缀树 *suffix_trie*

1.　*suffix_trie* ← NIL　　//后缀树的初始化
2.　n ← StrLength(s)
3.　**for** i ← 0 **to** n-1 **do**
4.　| *sub_s* ← SubString(s, i, n-i) //提取后缀s[i..n-1]
5.　| *suffix_trie* ← Insert(*suffix_trie*, k, *sub_s*)　//将后缀*sub_s*插入*suffix_trie*树
6.　**end**
7.　**return** *suffix_trie*

对于一般的长度为n的字符串s，其所有后缀的平均长度是$n/2$，规模总和是$O(n^2)$，因此构建后缀树的时间复杂度为$O(n^2)$。另一方面，后缀树上有很多相似的结构，如果将这些相似结构合并，可以大幅压缩后缀树的规模，最终形成一个点和边的规模均为$O(n)$的有向无环图（关于图的概念将在第7章介绍），这就是后缀自动机。

由于已经将结点合并，后缀自动机不再是一棵Trie树，同时后缀自动机上的每个结点能够表示多个字符串。后缀自动机同后缀树一样可以识别一个字符串的所有后缀，可以高效处理子串。如果将多个自动机合并，还可以用来解决多个字符串的公共子串等问题。

5.8   应用场景：决策树

决策树是一种解决分类问题的算法。

1. 决策树的概念和结构

首先通过一个实例来介绍决策树的基本概念和结构。某高校制定了优秀学生选拔标准，内容如下：

① 学生在德、智、体三个方面都取得"良"以上的成绩。

② 按照"为学须先立志"的原则，品行优异的学生可评为优秀。

③ 对于品行表现良好的学生，必须"文武全才"，即学习成绩和身体素质皆优。

按照上述①、②和③的具体要求，可以把优秀学生选拔标准转换成树形结构，这样的结构就称为决策树，如图5-26所示。其中，每个中间结点代表一个特征属性（比如学生的学习成绩），每个分支代表一个属性值（如优）或一个值区间（如≥良代表[良，优]）；中间结点对属性值（如学生成绩）进行测试，根据判断结果决定进入下面哪个子结点；叶结点代表最终的决策。

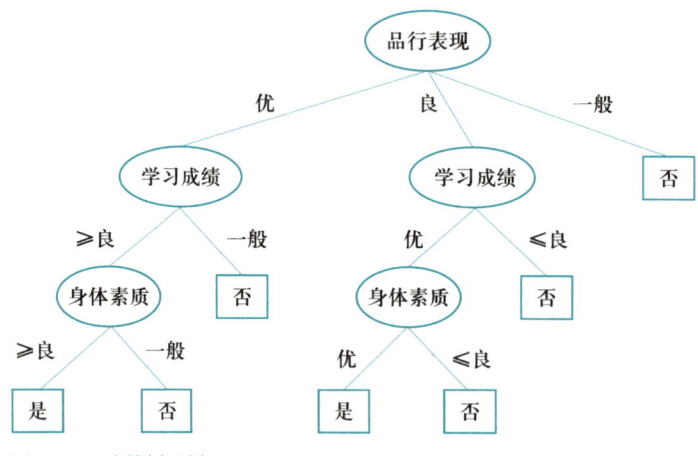

图 5-26   决策树示例

图 5-26所示的决策树可用来判断每个学生是否达到优秀学生的标准。决策的流程是从根结点出发，由结点对应的特征属性测试学生的实际成绩，然后沿分支不断下移直到叶结点为止。这种层层测试的过程与基于if-then-else规则的判断流程一致。不仅如此，图5-26所示的决策树可用于对全体学生进行分类。这种情况下，根结点包含了所

有学生，而每个中间结点包含一个学生集合（子集），并根据特征属性的测试结果将集合划分给各个子结点。每个叶结点存放一个类别，表示最终的分类结果。在图5-26中，全体学生被划分为7类，其中有两类的学生满足优秀学生选拔条件。

2. 经典的决策树生成算法：ID3 算法

上面的案例是把制定好的决策规则转化成树形结构。在实际应用中，更多的情形是给定一组训练数据，每个数据包含多个特征属性并且带有表示类别的标记。这种情况下，需要从训练数据集中归纳出一组分类规则，并由此构造一棵决策树，使它能够对训练数据执行正确的分类，也可用于预测新数据的类别。经典的决策树生成算法有ID3、C4.5与CART，其中ID3是最早提出的机器学习算法。

ID3算法是一种贪心法，其核心是"信息熵"。信息熵是事务不确定性的度量，越不确定的事务，熵越大。比如，假设样本数据集C包含k个独立的类别，每个类别构成C的一个子集C_j（$1 \leqslant j \leqslant k$），则数据集$C$的总信息熵为

$$H(C) = -\sum_{j=1}^{k} \frac{|C_j|}{|C|} \log \frac{|C_j|}{|C|}$$

其中，$\dfrac{|C_j|}{|C|}$表示C中C_j类数据的占比，也可解释为从C中随机选择的数据属于C_j类的概率。简单而言，$H(C)$的值越大，说明将任意数据分到其所属类别中需要的信息量越大。

假设特征属性A有m个取值$\{a_1, a_2, \cdots, a_m\}$（$m \geqslant 1$）。先按属性$A$对$C$进行划分，并用$D_{a_i}$表示$C$中属性$A$取值$a_i$（$1 \leqslant i \leqslant m$）的所有数据集合，然后对$D_{a_i}$按类别标记进行分类，可得$D_{a_i}$的信息熵：

$$H(D_{a_i}) = -\sum_{j=1}^{k} \frac{|D_{a_i} \cap C_j|}{|D_{a_i}|} \log \frac{|D_{a_i} \cap C_j|}{|D_{a_i}|}$$

其中，$D_{a_i} \cap C_j$表示属性A取值a_i且属于类别C_j的数据集。由此可计算出属性A对数据集C的条件熵：

$$H(C, A) = -\sum_{i=1}^{m} \frac{|D_{a_i}|}{|C|} H(D_{a_i})$$

信息增益定义为$H(C)$与$H(C, A)$的差值，即

$$Gain(A) = H(C) - H(C, A)$$

其中，$Gain(A)$表示在对数据集先按特征属性A进行划分的基础上，对判断任意数据属于哪个类别所需信息量的减少程度。信息增益越大，则该特征属性对减少数据分类不确定性的贡献越大。因此，ID3算法的核心就是选择信息增益最大的特征属性作为决策树结点，对特征值区间进行划分并建立子结点，每个子结点对应不同的特征值；然后把数据集按特征值划分给每个子结点，对每个子结点用相同的方式生成新的子结点，直到信息增益小于阈值或没有特征可选为止。

3. ID3 算法应用示例

下面是一个ID3算法的应用示例。表5-1给出了一组学生的成绩单及每个学生是否优秀的决策结果，作为构建决策树的训练数据。

简单起见，用S表示当前正在处理的学生集合，开始时$S = \{1, 2, 3, 4, 5, 6, 7, 8, 9, 10\}$，即表5-1中的所有学生。由于$S$中优秀学生与非优秀学生分别为4名和6名，其总信息熵为

$$H(S) = -\frac{4}{10} \times \log\left(\frac{4}{10}\right) - \frac{6}{10} \times \log\left(\frac{6}{10}\right) \approx 0.971$$

接下来，根据ID3算法，依次计算品行表现、学习成绩和身体素质对全体学生分类的条件熵，从中选取条件熵最小（即信息增益最大）的特征作为决策树的根结点。为此，根据表5-1中所有学生的品行表现评价值，把S划分为三个子集：$T_{优} = \{1, 2, 6, 10\}$，$T_{良} = \{3, 4, 5\}$及$T_{一般} = \{7, 8, 9\}$。其中$T_{优}$是品行优异学生的集合，包含优秀学生3名、非优秀学生1名，由此可算出其信息熵：

$$H(T_{优}) = -\frac{3}{4} \times \log\left(\frac{3}{4}\right) - \frac{1}{4} \times \log\left(\frac{1}{4}\right) \approx 0.811$$

按相同的方法，可得品行良好和品行一般的学生群体的信息熵：

$$H(T_{良}) = -\frac{1}{3} \times \log\left(\frac{1}{3}\right) - \frac{2}{3} \times \log\left(\frac{2}{3}\right) \approx 0.918$$

$$H(T_{一般}) = -\frac{0}{3} \times \log\left(\frac{0}{3}\right) - \frac{3}{3} \times \log\left(\frac{3}{3}\right) \approx 0.0$$

根据上面三个信息熵，可以算出按照品行表现进行划分后，S的条件熵：

表 5-1 学生的成绩单及分类

学生 ID	品行表现	学习成绩	身体素质	是否优秀
1	优	一般	良	否
2	优	良	良	是
3	良	优	一般	否
4	良	优	优	是
5	良	良	优	否
6	优	优	良	是
7	一般	一般	一般	否
8	一般	优	优	否
9	一般	良	一般	否
10	优	优	优	是

$$H(S, T) = \frac{4}{10} \times H(T_{优}) + \frac{3}{10} \times H(T_{良}) + \frac{3}{10} \times H(T_{一般}) \approx 0.6$$

同理，按照学习成绩和身体素质对全体学生划分后，S的条件熵分别是0.761和0.675，计算过程读者可自行验证。由此可见，ID3算法选择品行表现这一特征属性作为决策树的根结点，与图5-26相似，其三个子结点分别对应$T_{优}$、$T_{良}$以及$T_{一般}$这三个子集。同时，由于$T_{优}$、$T_{良}$的信息熵大于0，可以按上述方法继续（递归地）分解下去，而$H(T_{一般})=0$表明$T_{一般}$对应的结点是叶结点，不需要再划分。

ID3算法只能处理离散型特征，同时信息增益倾向于选择取值较多的属性。针对ID3算法的缺陷，C4.5算法引入信息增益率来作为分类标准，能够处理连续数值型特征属性，同时在决策树构建过程中进行剪枝，但信息增益率对可取值数目较少的属性有所偏好，并且只适合处理内存中容纳的数据，当训练集的规模超过内存容量时，将会导致程序无法运行。与C4.5算法相比，CART算法采用了简化的二叉树模型，同时特征选择采用了近似的基尼系数来简化计算，该算法既可以解决分类问题，又可用于回归。

决策树算法是机器学习中常用的模型。该模型易于理解，可解释性强，可以同时处理数值型和非数值型数据，能够处理关联度低的特征属性，符合人类的直观思维。但该算法容易产生过拟合的现象，容易忽略特征属性之间的关联，并且预测精度易受异常数据的影响。解决这些问题的方法之一是对决策树进行集成，比如随机森林在训练时选取部分数据生成多个决策树，将各决策树做出的判断聚合成一个决策，能有效减少过拟合现象，降低异常值对预测精度的影响。

本章小结

数与二叉树是数据结构的重点之一，也是本书许多后续章节的基础。本章主要介绍了树与二叉树的基本概念，详细讨论了二叉树的存储方式和运算实现，介绍了几种特殊的二叉树：满二叉树、完全二叉树和完美二叉树，以及二叉树的性质，介绍了二叉树的遍历：前序遍历、中序遍历及后序遍历。在此基础上又介绍了二叉树的两种应用：表达式树和Huffman树，之后介绍了如何表示树和森林，以及相关的遍历方法。树和森林的典型表示方法是采用孩子兄弟表示法将它们转换成二叉树。在拓展延伸部分还介绍了Trie树和后缀树。最后介绍了采用决策树解决分类问题的应用场景，以及基于信息熵构建决策树的ID3算法。

本章习题

1. 如果二叉树非空并且包含偶数个结点，试证明树中必有奇数个度为 1 的中间结点。

2. 两棵二叉树镜像对称，是指两棵树同为空树，或者两棵树的根结点相同，并且其中一棵树的左子树与右子树分别与另一棵树的右子树和左子树镜像对称。图 5-27 是两棵镜像对称的二叉树的示例。请给出判断两棵二叉树是否镜像对称的递归和非递归算法。

3. 对顺序存储方式存放的二叉树，请给出前序、中序和后序遍历的非递归算法，并分析算法的时间复杂度。

4. 树中两个结点间的路径长度，是指从一个结点沿着树中的边走到另一个结点所经过的最少的边数。例如图 5-27 所示二叉树中结点 D 和 G 之间的路径长度就是 4。二叉树的直径是指任意两个结点之间路径长度的最大值。例如图 5-27 所示二叉树的最长路径在 E 和 G 之间，所以直径是 5。请给出计算二叉树直径的算法。

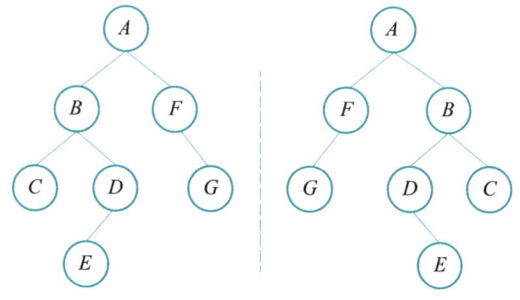

图 5-27   镜像对称的二叉树示例

5. 给定二叉树的层序序列，请设计算法查找二叉树中结点数目最多的层。

6. 表达式树中任一中间结点对应算术表达式的一个运算符，同时也是以它为根的子树中优先级最低的运算符。试对表达式树后序遍历并依次输出结点数据，证明产生的序列与算术表达式的后缀表示法相同。

7. 请设计将后缀表达式转换为表达式树的算法，并分析可以使用的关键数据结构以及算法的时空复杂度。

8. 对图 5-11 所示的二叉树进行前序遍历和中序遍历，并输出结点数据，结果分别是 <A, B, D, H, I, E, J, C, F, K> 和 <H, D, I, B, E, J, A, F, K, C>。相反，根据这两个数据序列，可以重构出原来的二叉树。请分析这种重构可运行的条件，给出重构算法，并与前序序列的反序列化算法（算法 5-12）比较时空效率。

9. 父亲表示法是树的最简单、空间效率最高的逻辑存储结构。同时，对于采用父亲表示法的树，规定任一结点的子结点按索引编号的递增序从左向右排列。请设计算法将基于父亲表示法的树转换为采用孩子兄弟表示法，即二叉链表结构的树。

10. 对于采用孩子兄弟表示法的树，试证明树的后序遍历与该树对应的二叉树的中序遍历相同。

11. 对二叉树任意两个结点 u 和 v，根结点是它们的公共祖先。简单起见，一个结点可以是它自己的祖先。除根结点之外，可能还有其他公共祖先，而在所有公共祖先中层数最大的结点称为 u 和 v 的最近公共祖先（LCA）。请给出求 u 和 v 的最近公共祖先的算法。

12. 可使用算法5-15根据各字母在文本串中出现的次数（或频率）构建Huffman树。另一方面，在网络中传输文本信息时，除文本编码出的二进制字符串外，通常还需要把所有字母的Huffman编码一起传送给接收端。这种情况下，接收端需要先把所有编码收集起来构建Huffman树，然后再对二进制字符串进行解码（算法5-16）。请设计将一组Huffman编码转换为Huffman树的算法，并与算法5-15比较时空效率。

13. 文档合并问题。把N份独立且长度不同的电子文档合并成一个文档，合并对文档的先后顺序没有要求，但合并两个文档的时间开销是两个文档的长度之和。试求总开销最小的合并方式，并用二叉树表达合并过程。

*14. 设字符串由小写英文字母组成。为了方便查询字符串中包含了哪些子串，可以先用字符串构建后缀树（算法5-24）。参考算法5-23，设计在后缀树中查询字符串的子串算法，并与第4章介绍的朴素模式匹配算法及KMP算法比较时空效率。

*15. 线索二叉树。在中序遍历次序下，二叉树中除第一个访问的结点外，每个结点都有一个前驱结点；同样，除最后访问的结点外，每个结点都有唯一的后继结点。另一方面，对有n ($n>0$)个结点的二叉树，其链接存储方式会产生$n+1$个空指针域。因此，可以用这些空指针域存放前驱结点或后继结点的位置，成为方便查找前驱或

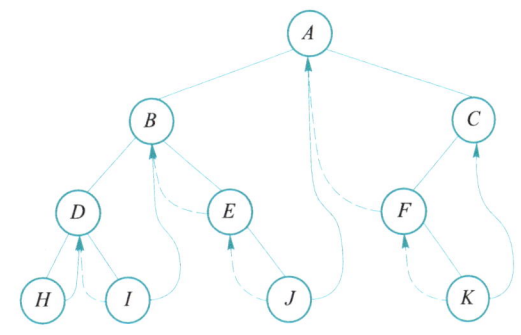

图 5-28   二叉树的中序线索化

后继的线索。图5-28是对图5-11所示的二叉树进行线索化后的结果，其中左子树为空的结点，比如结点E、F等，用指针域*left*指向前驱结点，用虚线箭头表示；同样，右子树为空的结点，其右指针域*right*指向后继结点，用实线箭头表示，如结点I、J等。因此图5-28也称为中序线索二叉树。

请基于二叉树的中序遍历方案（算法5-3），设计对二叉树线索化的算法，并思考以下问题：

（1）因为线索记录在结点的左、右指针域中，如何区别当前指针域指向的是子结点还是前驱或后继结点？

（2）在中序线索二叉树中，如何高效地查找每个结点的后继或前驱结点，并由此实现不使用栈（与算法5.8相比）的非递归中序遍历？

*16. Morris算法。算法5-25是二叉树遍历算法MorrisTraversal(*tree*)的描述：

算法5-25：二叉树遍历的Morris算法 MorrisTraversal(*tree*)

输入：二叉树*tree*
输出：按遍历顺序依次输出的结点数据

1.   **while** *tree* ≠ NIL **do**
2. | **if** *tree.left*=NIL **then** //左子树空树

3. || **print** *tree.data*   //输出当前结点的数据

4. || *tree ← tree.right*   //下移到右子树

5. | **else**   //左子树非空

6. || *pre ← tree.left*

7. || **while** *pre.right* ≠ NIL 且 *pre.right* ≠ tree **do**

8. ||| *pre ← pre.right*

9. || **end** //*pre* 指向 *tree* 在遍历顺序中的前一个结点

10. || **if** *pre.right*=NIL **then** //*pre* 的右子树为空

11. ||| *pre.right*=*tree*   //使 *pre* 的右指针域指向 *tree*（线索化）

12. ||| *tree ← tree.left*   //下移到左子树

13. || **else** //*pre.right*=*tree*，即 *pre* 的右子树非空

14. ||| **print** *tree.data*   //输出当前结点的数据

15. ||| *pre.right ←* NIL   //恢复 *pre* 的右指针域（断开线索）

16. ||| *tree ← tree.right*   //下移到右子树

17. || **end**

18. | **end**

19. **end**

试对图 5-11 所示的二叉树执行上述算法，给出运行结果，并判断该结果属于树的哪种遍历方案。与本章 5.4.3 小节介绍的非递归遍历算法比较，分析上述算法的特点以及时空复杂度。

溯源与参考文献

1952 年在美国女性计算机科学家 Grace M. Hopper 开发的编译器系统 A-1 中，使用了二叉树来表达、存储以及处理代数公式[1]。

1952 年 David A. Huffman 在麻省理工学院攻读博士学位，其导师 Robert Fano 给出的研究课题是查找最有效的二进制编码。Huffman 使用自底向上的方法构建二叉树，并证明了其最优性[2]，而之前的 Shannon–Fano coding 编码则采用自顶向下的方式构建树[3]，无法生成最优编码且时间效率低。

1968 年 Donald E. Knuth 在其著作 *The Art of Computer Programming* 中介绍了二叉树的三种遍历方案：preorder、postorder 和 end-order，而在 1973 年该书第二版中则把 end-order 改为 inorder (symmetric order)。Knuth 在书中描述了遍历方案的递归与非递归算法，同时抛出问题：是否可以设计出不使用栈（stack-free）、不使用标签（tag-free）且非递归（non-recursive）的遍历算法。1979 年 James H. Morris 提出了一种新的非递归算法[4]，该算法不需要栈且不需要在结点中添加标签就能实现对二叉树的遍历（见习题 16）。

1959年Rene D. L. Briandais 提出了 Trie 树的概念[5]。1960年Edward Fredkin 完成了前缀树的最初设计[6]，并从英文单词retrieval中提取出trie作为其名称。1973年Peter Weiner最先提出构造后缀树及后缀自动机的线性时间算法[7]，后来Esko Ukkonen 设计出更简单且运行效率更高的算法[8]。

1975年悉尼大学的Ross Quinlan最早提出构建决策树的ID3算法[9]，并在1993年提出了ID3算法的改进算法C4.5[10]。1984年美国国家科学院院士Leo Breiman等人设计出CART算法[11]，其中文名称为分类回归树算法。

本章参考文献

[1] HOPPER G M. The education of a computer[J]. Annals of the History of Computing, 1952, 9: 271–281.

[2] HUFFMAN D A. A method for the construction of minimum–redundancy codes[C]. Proceedings of the IRE, 1952, 40(9): 1098–1101.

[3] FANO R M. The transmission of information[R]. Technical Report, No.65. Research Laboratory of Electronics, MIT, 1949.

[4] MORRIS J M. Traversing binary trees simply and cheaply[J]. Information Processing Letters, 1979, 9(5): 197–200.

[5] BRIANDAIS R D L. File searching using variable length keys[C]. Proceedings of the AFIPS Western Joint Computer Conference. San Francisco, 1959, 15: 295–298.

[6] FREDKIN E. Trie memory[J]. Communications of The ACM, 1960, 3: 490–499.

[7] WEINER P. Linear pattern matching algorithms[C]. IEEE Conference Record of 14th Annual Symposium on Switching and Automata Theory. Iowa City, 1973: 1–11.

[8] UKKONEN E. On–line construction of suffix trees[J]. Algorithmica, 1995, 14(3): 249–260.

[9] QUINLAN R. Induction of decision trees[J]. Machine Learning, 1986, 1(1): 257–264.

[10] QUINLAN R. C4.5: programs for machine learning[M]. San Francisco: Morgan Kaufmann Publisher, 1993.

[11] BREIMAN L, FRIEDMAN J H, OLSHEN R A, et al. Classification and regression trees[M]. Monterey: Brooks/Cole Publishing, 1984.

第 6 章

优先级队列

第 3 章栈与队列介绍了先进先出的数据结构——队列。在实际问题中，当元素入队之后，对元素的处理不一定只和元素入队的先后相关，

可能还需要考虑元素的优先级。例如，在医院或银行排队等待服务时，有可能会临时加入加急的客户，需要尽快处理。此时，普通的队列无法满足需求。推广到更一般的情况，可以让队列中的元素附带优先级属性，在出队时挑选当前队列中优先级最高的元素。这样的数据结构被称为优先级队列。

本章将介绍优先级队列的定义、操作，以及基于树的实现及应用。6.1 节以带优先级的服务处理引入优先级队列的概念；6.2 节介绍优先级队列的定义；6.3 ~ 6.5 节分别介绍优先级队列的各种实现方式，特别是不同形式的堆的实现，重点讨论了二叉堆、多叉堆及多种可并堆的设计思想与相关操作的实现方式和复杂性分析；6.6 节介绍优先级队列在构建 Huffman 树中的应用；6.7 节是本章的拓展延伸，介绍双端优先级队列和对顶堆；最后，6.8 节介绍优先级队列在离散事件模拟中的应用场景。

6.1 问题引入：带优先级的服务处理

在医院或银行等给客户提供服务的场景中，一般来说，客户接受服务的顺序是先到先得。也就是说，先到的客户会优先得到服务。这样的服务需求可以用队列来解决，与队列"先进先出"的特征是一致的。

但实际需求往往更加复杂，一些场景中客户有优先级的区别，优先级高的客户要优先得到服务。例如，在医院看病时，可能会有紧急的患者需要第一时间接受治疗。这样的场景可以看作是普通队列的一种推广，即元素出队的顺序不再由元素入队的先后顺序决定，而是取决于元素本身的某种属性，即元素的优先级。因此，需要一种数据结构来支持这样的需求，就是本章要讨论的优先级队列。普通队列可以看作是优先级为入队时间的优先级队列。

6.2 优先级队列的定义

优先级队列是一种特殊的队列，其外部接口与普通队列相似，也支持入队（向优先级队列中插入元素）和出队（从优先级队列中删除元素）操作。与普通队列不同的是，优先级队列在删除元素时会按某种事先规定的优先级顺序来进行。也就是说，每次删除的都是优先级队列中当前优先级最高的元素。优先级队列的抽象数据类型定义如下：

ADT PriorityQueue { //优先级队列的抽象数据类型定义
数据对象：
　　元素取自全集 U 的可重集合 E，表示优先级队列中包含的元素。
数据关系：
　　全集 U 中的元素须满足严格弱序。
基本操作：
　　InitPQueue(*pq*)：　　　　初始化一个空的优先级队列 *pq*。
　　MakePQueue(*pq*, *list*)：以 *list* 中所有元素创建一个优先级队列 *pq*。
　　DestroyPQueue(*pq*)：　　销毁优先级队列 *pq*。

Clear(*pq*)：　　　　　清除优先级队列 *pq* 中的所有元素。

IsEmpty(*pq*)：　　　　当优先级队列 *pq* 为空时返回真值，否则返回假值。

Length(*pq*)：　　　　返回优先级队列 *pq* 中的元素个数。

Insert(*pq*, *x*)：　　　在优先级队列 *pq* 中插入元素 *x*。

ExtractMin(*pq*)：　　从优先级队列 *pq* 中删除优先级最高（也就是值最小）的元素，
　　　　　　　　　　　并返回。

PeekMin(*pq*)：　　　返回优先级队列 *pq* 中优先级最高的元素（元素仍然保留在优先级
　　　　　　　　　　　队列中）。

}

优先级队列可以用线性表来实现。但线性表结构在出队操作时需要将当前优先级队列中的所有元素都检查一遍，以便找到优先级最高的元素。假设优先级队列中元素个数为 *n*，这种情况下出队操作的复杂度是 $O(n)$，效率较低。因此，一般会使用二叉堆等更加高效的数据结构来实现优先级队列。

6.3　二叉堆

二叉堆通常简称为"堆"，常用来实现优先级队列。二叉堆最早由 J. W. J. Williams 于 1964 年提出，作为支持堆排序的一种数据结构。

6.3.1　二叉堆的定义

二叉堆是父结点元素和子结点元素满足一定大小关系的完全二叉树。根据条件不同，二叉堆可分为最小堆和最大堆。

最小堆：如果完全二叉树 *T* 中的所有父子结点对都有父结点的元素不大于子结点的元素，则称 *T* 为最小堆。

最大堆：如果完全二叉树 *T* 中的所有父子结点对都有父结点的元素不小于子结点的元素，则称 *T* 为最大堆。

由于最小堆和最大堆的区别只在于父子结点元素之间的大小关系，简便起见，本书下文提到的二叉堆（也包括其他种类的堆）都以最小堆为例进行讲解，最大堆的情况可类推得到。

注意到二叉堆是一棵完全二叉树，可以将其保存在一个数组中（这里使用第 5 章 5.3.4 小节的约定，根结点的下标为 1），并具有以下性质：

① 结点 i 的左、右子结点（如果存在）下标分别为 $2i$ 和 $2i+1$。

② 结点 i 的父结点（如果存在）下标为 $\lfloor i/2 \rfloor$。

例如，图6-1展示了一个最小堆示例。其中，结点1的子结点为结点5和结点3，结点3的子结点只有结点8。可以验证，其中任意一个结点上的元素都不大于其子结点上的元素。

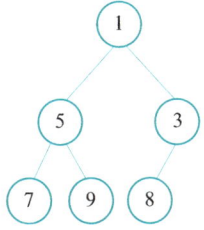

结点	1	5	3	7	9	8
下标	1	2	3	4	5	6

图 6-1 最小堆示例

6.3.2 二叉堆的操作

二叉堆的基本操作是堆元素的上调和下调[①]。在此基础上，可实现堆元素的插入、删除，以及建堆操作。设数组 $h.data$ 中保存着二叉堆中的元素。在对二叉堆进行操作的过程中，可能会出现不满足二叉堆性质的时刻，为表述方便，仍用堆来称呼此时的状态。

1. 二叉堆的上调操作

如果堆中某结点 i 小于其父结点 p，此时可以交换结点 i 和结点 p 的元素，也就是把结点 i 沿着堆的这棵树往"上"调整。此时，再看新的父结点与结点 i 的大小关系。重复该过程，直到结点 i 被调到根结点位置或者和新的父结点大小关系满足条件。图6-2示例演示了一次二叉堆的上调操作过程，元素1从开始的叶结点位置一直调整到了根结点。

在实现时，可以通过以下方法避免交换，从而减少赋值操作的次数：先将结点 i 的元素保存在临时变量中，随着调整将父结点的元素往"下"移动，最后再将原来结点 i 的元素填入合适的位置。由此得到实现上调操作的算法6-1。

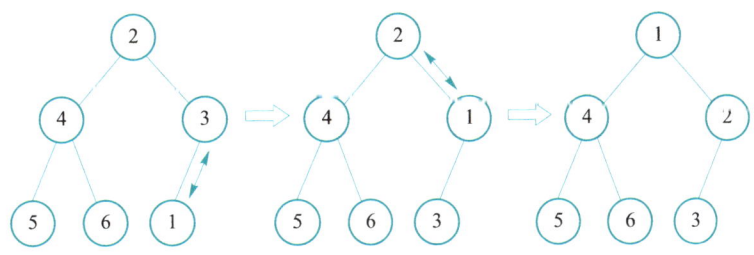

图 6-2 二叉堆上调操作示例

---

① 这里的"上"和"下"是指用一般习惯画出二叉堆的树表示后，元素在调整过程中的走向。

对于上调操作而言，循环的次数不会超过树的高度，因此时间复杂度为 $O(\log n)$。

算法 6-1：二叉堆的上调操作 SiftUp(h, i)

输入：堆 h 和上调起始位置 i
输出：上调后满足堆性质的 h

1. $elem \leftarrow h.data[i]$
2.   **while** $i > 1$ 且 $elem < h.data[i / 2]$ **do**   //当前结点小于其父结点
3. | $h.data[i] \leftarrow h.data[i / 2]$ //将 i 的父结点元素下移
4. | $i \leftarrow i / 2$ //i 指向原结点的父结点，即向上调整
5.   **end**
6. $h.data[i] \leftarrow elem$

2. 二叉堆的下调操作

如果堆中某结点 i 大于其子结点，则要将其向"下"调整。调整时需要注意，对于有两个子结点的情况，如果两个子结点均小于结点 i，交换时应选取它们中的较小者，只有这样才能保证调整之后三者的关系能够满足堆的性质。重复该过程，直到结点 i 被调到叶结点位置或者和新的子结点大小关系满足条件。图 6-3 示例演示了一次二叉堆的下调操作过程，元素 7 从开始的根结点位置一直调整到了叶结点。注意每次要将其和左、右子结点中值较小的元素进行交换。

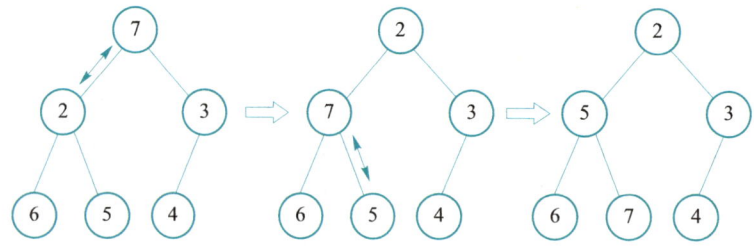

图 6-3   二叉堆下调操作示例

下调操作同样可以使用上调操作的方法来避免交换操作，具体实现见算法 6-2。

算法 6-2：二叉堆的下调操作 SiftDown(h, i)

输入：堆 h 和下调起始位置 i
输出：下调后满足堆性质的 h

1. $last \leftarrow h.size$ //这是最后一个元素的位置
2. $elem \leftarrow h.data[i]$
3.   **while true do**
4. | $child \leftarrow 2i$ //$child$ 当前是 i 的左孩子位置
5. | **if** $child < last$ 且 $h.data[child+1] < h.data[child]$ **then**   //若 i 有右孩子且右孩子更小
6. | | $child \leftarrow child + 1$ //将 $child$ 更新为 i 的右孩子位置
7. | **else if** $child > last$ //若 i 是叶结点

8. | | **break** //已调整到底，跳出循环
9. | **end**
10. | **if** *h.data*[*child*]<*elem* **then** //若较小的孩子比*elem*小
11. | | *h.data*[*i*] ← *h.data*[*child*] //将较小的孩子结点上移
12. | | *i* ← *child* //*i*指向原结点的孩子结点，即向下调整
13. | **else** //若所有孩子都不比*elem*小
14. | | **break** //找到*elem*的最终位置，跳出循环
15. | **end**
16. **end**
17. *h.data*[*i*] ← *elem*

对于下调操作而言，循环的次数也不会超过树的高度，因此时间复杂度为 $O(\log n)$。

3. 二叉堆的插入操作

有了以上两个基本操作后，二叉堆的插入操作就可以实现为向堆的最后追加待插入的元素，然后用上调操作将其调整到合适的位置来完成堆的调整，时间复杂度同样是 $O(\log n)$。插入操作如算法 6-3 所示。

算法6-3：二叉堆的插入操作 Insert(*h*, *x*)

输入：堆 *h* 和待插入元素 *x*
输出：将元素插入后的堆 *h*

1. *h.size* ← *h.size*+1
2. *last* ← *h.size*
3. *h.data*[*last*] ← *x* //暂时将*x*放入最后一个元素的位置
4. SiftUp(*h*, *last*) //从最后一个位置上调

4. 二叉堆的删除操作

二叉堆的删除操作所要提取的最小元素就是堆中的第一个元素，然后可以把堆中的最后一个元素移到第一个位置，并通过下调操作将这个元素调整到合适的位置，时间复杂度是 $O(\log n)$。删除操作如算法 6-4 所示。

算法6-4：二叉堆的删除操作 ExtractMin(*h*)

输入：堆 *h*
输出：*h* 中的最小元素，以及删除了最小元素后的堆 *h*

1. *min_key* ← *h.data*[1] //这是将要返回的最小元素
2. *last* ← *h.size* //这是删除前最后一个元素的位置
3. *h.size* ← *h.size*−1
4. *h.data*[1] ← *h.data*[*last*] //暂时将删除前的最后一个元素放入根的位置
5. SiftDown(*h*, 1) //从根结点下调
6. **return** *min_key*

5. 二叉堆的建堆操作

对于任意一组元素，可以通过逐个上调的方式将其转化为一个堆，相当于依次插入堆中。具体操作如算法 6-5 所示。

算法 6-5：二叉堆的朴素建堆操作 MakeHeapUp(*h*)

输入：存储在 *h* 中的数据
输出：满足堆性质的堆 *h*

1.   *last* ← *h.size*   //这是最后一个元素的位置
2.   **for** *i* ← 2 **to** *last* **do**
3. | SiftUp(*h*, *i*)
4.   **end**

使用上述方法进行建堆，堆中后一半的元素进行上调时都可能需要 $O(\log n)$ 的时间，因此总的时间复杂度是 $O(n \log n)$。

也可以采用逐个下调的方式建堆。由于可以跳过叶结点，因此是从最后一个有叶子的结点（大概是一半的位置）开始操作，如算法 6-6 所示。

算法 6-6：二叉堆的快速建堆操作 MakeHeapDown(*h*)

输入：存储在 *h* 中的数据
输出：满足堆性质的堆 *h*

1.   *last* ← *h.size*   //这是最后一个元素的位置
2.   **for** *i* ← *last*/2 **downto** 1 **do** // *last*/2 是最后一个元素的父结点的位置
3. | SiftDown(*h*, *i*)
4.   **end**

与算法 6-5 相比，这样做的好处是在 MakeHeapDown 中有近一半结点的下调操作只需要 $O(1)$ 的时间，因此更加高效。具体分析如下：

$$\sum_{k=0}^{\lfloor \log n \rfloor} \frac{n}{2^k} O(k) = O\left(n \sum_{k=0}^{\lfloor \log n \rfloor} \frac{k}{2^k}\right) = O\left(n \sum_{k=0}^{\infty} \frac{k}{2^k}\right) = O(n)$$

6.4　多叉堆

多叉堆，也称为 *d* 堆，是二叉堆的推广形式。除边界情况外，二叉堆的每个结点有两个子结点，而多叉堆则有 *d* 个子结点。多叉堆由 Donald B. Johnson 于 1975 年提出。

与二叉堆相似，多叉堆也可以用数组来保存堆中的元素，元素的下标之间存在数学关系。从数学公式的简洁优雅表示考虑，多叉堆用数组表示时下标一般从0开始。在多叉堆的数组表示中，元素0是根结点，元素1~d是根结点的子结点，而紧接着的d^2个元素是根结点的孙子结点，以此类推。于是，可以得到多叉堆结点之间的如下下标关系：

① 结点i的d个子结点的下标分别为$di+1, di+2, \cdots, di+d$。

② 结点i的父结点的下标为$\lfloor (i-1)/d \rfloor$。

1. 多叉堆的上调操作

可以根据以上性质扩展二叉堆的上调操作，使其支持多叉堆。

算法6-7：多叉堆的上调操作 SiftUpD(h, d, i)

输入：堆h、堆的分叉数d和上调起始位置i

输出：上调后满足d叉堆性质的堆h

1.   *elem* ← *h.data*[i]
2.   **while** $i>0$ **and** *elem* < *h.data*[$(i-1)/d$] **do**
3. | *h.data*[i] ← *h.data*[$(i-1)/d$]
4. | i ← $(i-1)/d$
5.   **end**
6.   *h.data*[i] ← *elem*

2. 多叉堆的下调操作

同理，也可以扩展二叉堆的下调操作，见算法6-8所示。注意向下比较时要看所有的子结点。

算法6-8：多叉堆的下调操作 SiftDownD(h, d, i)

输入：堆h、堆的分叉数d和下调起始位置i

输出：将堆h中的元素下调以满足堆性质

1.   *last* ← *h.size*-1 //这是最后一个元素的位置
2.   *elem* ← *h.data*[i]
3.   **while true do**
4. | *child* ← $d \times i+1$ //*child*初始化为第1个孩子
5. | **for** k ← 2 **to** d **do**   //找所有孩子中最小的
6. | | **if** *child* > *last* **then**
7. | | | **break**
8. | | **end**
9. | | **if** $d \times i+k \leqslant$ *last* 且 *h.data*[$d \times i+k$] < *h.data*[*child*] **then**
10. | | | *child* ← $d \times i+k$ //*child*更新为更小的孩子的位置
11. | | **end**
12. | **end**
13. | **if** *child* > *last* **then**   //前面**for**循环未执行，i是叶结点
14. | | **break**   //已经调整到底，跳出循环
15. | **end**

16.　| **if** *h.data*[*child*]<*elem* **then**　//若最小的孩子比 *elem* 小
17.　| | *h.data*[*i*]←*h.data*[*child*]　//将最小的孩子结点上移
18.　| | *i*←*child*　//*i* 指向原结点的孩子结点，即向下调整
19.　| **else**　　　//若所有孩子都不比 *elem* 小
20.　| | **break**　　//则找到了 *elem* 的最终位置，跳出循环
21.　| **end**
22.　**end**
23.　*h.data*[*i*]←*elem*

　　使用类似的方法可以分析多叉堆操作的复杂度，其中上调操作的复杂度为 $O(\log_d n)$，下调操作的复杂度为 $O(d \log_d n)$。与二叉堆的对应操作相比，多叉堆的上调操作性能会更好一些，而下调操作则会变差。对于建堆操作，可以通过数学证明其复杂度仍然为 $O(n)$。

　　多叉堆可用于上调操作比下调操作频繁的应用场景，包括图论中的很多常用算法。此外，与二叉堆相比，多叉堆有更好的高速缓存特性，因此实际使用中能够在现代计算机系统结构中取得更好的运行效率。

*6.5　可并堆

　　一些算法需要高效地支持堆的合并操作，也就是把两个堆的元素合并到一个堆中，同时保持堆的性质。如果采用二叉堆结构，合并操作的实现方式是将其中一个堆（一般是元素较少的那个）中的全部元素逐一插入另一个堆中，或者直接将两个堆的元素连接在一起再执行一次建堆操作，复杂度都比较高。

　　能够高效支持合并操作的堆被称为可并堆。常见的可并堆有左堆、斜堆、二项堆等。与二叉堆相比，可并堆的形状往往是不规则的，因此在实现时需要用指针来表示结点之间的连接关系。

　　值得一提的是，多数可并堆会将合并操作作为最基本的操作，插入操作可由原有堆与待插入元素本身构成的单元素堆的合并操作来完成，删除操作则是将原有堆删除结点后所产生的所有分离的子树进行合并。

6.5.1　左堆

　　左堆，也称为左式堆，是可并堆的一种。左堆是二叉堆的一个变种，不要求是完

全二叉树，且每个结点 x 有一个额外的权值，用于在操作过程中保持堆的形态。左堆有多种定义，本书中的左堆以常见的高偏左堆为例进行讲解。在高偏左堆中，使用空路径长度 NPL 作为这个额外的权值，定义为以结点 x 为根的子树中最近的空缺叶结点离结点 x 的距离。如图 6-4 所示，每个结点旁边的值代表该结点的 NPL 值，矩形结点为空缺叶结点。除了满足堆性质外，左堆中每个结点还需要满足右子结点的 NPL 值不大于左子结点的 NPL 值。根据这个性质，左堆中每个结点的左子树的高度往往大于右子树，因此被称为左堆。

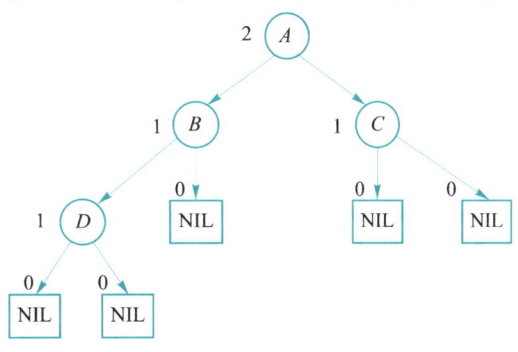

图 6-4　左堆中结点 NPL 值的定义示例

设一个左堆的结点个数为 n，根结点为 r，根结点的 NPL 值为 $NPL(r)$，则有以下性质成立：

① $n \geqslant 2^{NPL(r)}-1$。

② $NPL(r) \leqslant \log(n+1)$。

③ r 的右子结点路径（不断沿右子结点移动直到右子树为空所组成的路径）长度为 $NPL(r)$。

上述性质的证明如下：

① 由 NPL 值的定义可知，该左堆的前 $NPL(r)-1$ 层都是满的（否则 $NPL(r)$ 的值会变小），累加这些层的结点数可得性质①。

② 可由性质①推出性质②。

③ 由 NPL 值的定义，以及左堆中一个结点的右子结点的 NPL 值不大于其左子结点的 NPL 值可知，对左堆中任意一个结点 x 及其右子结点 y，有 $NPL(x)=NPL(y)+1$，进而得到性质③。

1. 左堆的合并操作

左堆的合并操作以两个左堆 $h1$ 和 $h2$ 为输入，返回一个新的左堆 h。h 中包含了 $h1$ 和 $h2$ 中的所有元素。

合并操作的基本思想是：比较 $h1$ 和 $h2$ 中的根结点，将较小的根结点作为 h 的根结点，然后递归地将较小根的右子树与较大根的树进行合并，合并结果作为 h 的根结点的右子树。合并结束后，需要检查 h 的左、右子树的 NPL 值，如果右子树的 NPL 值大于左子树的 NPL 值，则将左、右子树进行交换。这样，可以保证 h 的右子树的 NPL 值不大于左子树的 NPL 值，从而满足左堆的性质。合并操作过程如算法 6-9 所示。

算法6-9：左堆的合并操作 LeftistMerge($h1$, $h2$)

输入：待合并的两个左堆 $h1$ 和 $h2$

输出：合并后的左堆

1.   **if** $h1$ = NIL **then**
2. | **return** $h2$
3.   **end**
4.   **if** $h2$ = NIL **then**
5. | **return** $h1$
6.   **end**
7.   **if** $h1.key > h2.key$ **then**
8. | **return** LeftistMerge($h2$, $h1$)   //保证第一个堆的根结点是较小的那个
9.   **end**
10.   // 现在 $h1.key \leqslant h2.key$
11.   **if** $h1.left$ = NIL **then**   //如果左子树为空，则 $h1$ 肯定是单结点树
12. | $h1.left \leftarrow h2$
13.   **else**
14. | $h1.right \leftarrow$ LeftistMerge($h1.right$, $h2$)
15. | **if** $h1.left.npl < h1.right.npl$ **then**   //保证左堆性质
16. || Swap($h1.left$, $h1.right$)
17. | **end**
18. | $h1.npl \leftarrow h1.right.npl + 1$ //右子树的 npl 值一定比较小
19.   **end**
20.   **return** $h1$

下面考虑该合并操作的时间复杂度。可以发现，该过程每递归一层，$h1$ 或 $h2$ 中的一个将会跳到其右子结点，因此最多递归 $O(\log n + \log m)$ 层后会到达一个空结点，其中 n 和 m 分别为 $h1$ 和 $h2$ 中的元素个数。在每一层递归中都需要比较 $h1$ 和 $h2$ 的根结点，然后递归地合并较小根的右子树，故每一层的时间复杂度为 $O(1)$。因此，合并操作的时间复杂度为 $O(\log n + \log m)$。当 n 和 m 同阶时，合并操作的时间复杂度为 $O(\log n)$。

图 6-5 所示为两个左堆合并过程示例。图 6-5（a）的两个左堆中一个堆有 5 个结点，另一个堆有 1 个结点。为此，需要递归合并结点 9 和以结点 7 为根的子树。在合并结束后，维护有关结点的 NPL 值，发现结点 3 处左堆性质不满足，需要交换左、右子树。交换后，合并过程完全结束。图 6-5（b）~（d）为合并过程。

2. 左堆的其他操作

下面介绍左堆的其他操作，其中的修改操作几乎都可以转化为合并操作：

① 插入操作。插入操作可以转化为合并操作。可将待插入的元素构造为只含有一个元素的左堆，然后将这个堆与原来的左堆合并。由于合并操作的时间复杂度为 $O(\log n)$，因此插入操作的时间复杂度也为 $O(\log n)$。

② 建堆操作。如果元素个数较少，可以考虑逐一插入空堆；如果元素个数较多，可以按照二叉堆的建堆方式建立左堆（二叉堆一定符合左堆的性质）。其时间复杂度为 $O(n)$。

③ 查询最小值操作。左堆的最小值必然在根结点上，因此时间复杂度为 $O(1)$。

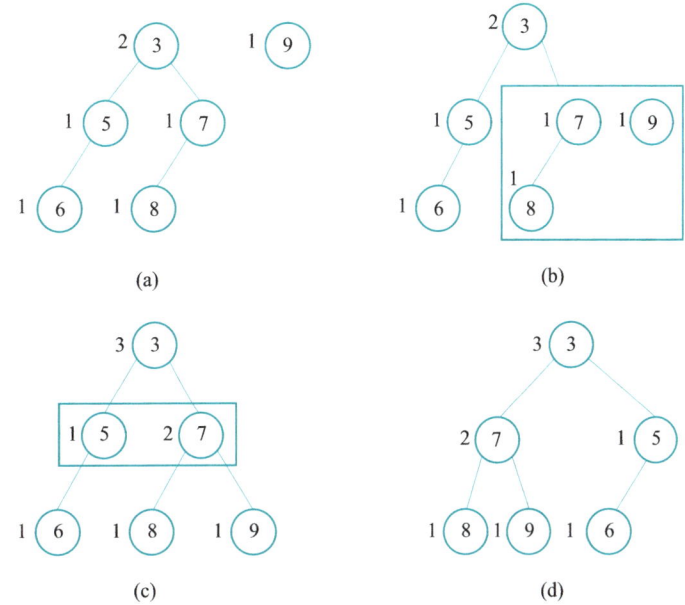

图 6-5 左堆合并过程示例

④ 删除最小值操作。如果需要删除左堆的最小值，则将根结点删除后，再将其左、右子树合并即可，时间复杂度为 $O(\log n)$。

⑤ 删除任意元素操作。将待删除结点的左、右子树合并，取代其位置后，依次向上考虑其祖先结点：如果其祖先结点的左、右子树的 NPL 值不满足左堆性质，则将其左、右子树进行交换；如果 NPL 值需要更新，则进行相应的更新。重复以上步骤，直到 NPL 值不再发生变化。该操作的时间复杂度为 $O(\log n)$。

⑥ 修改关键字值操作。可采取先删除后插入的方式修改关键字值，其时间复杂度为 $O(\log n)$。若试图通过直接修改后上调/下调的方式进行操作，由于左堆的高度并没有保证，可能会达到最坏线性的时间复杂度。

6.5.2 斜堆

斜堆是一种类似于左堆的可并堆，其插入、删除、合并的时间复杂度虽然在最坏情况下可能达到线性，但是其均摊时间复杂度（将在本章 6.5.4 小节中介绍）仍然为单次操作 $O(\log n)$。斜堆与左堆都是由二叉树实现的堆，但斜堆不再需要维护每个结点的额外权值，而是通过时常交换左、右子树的方式来确保其时间复杂度不会退化。我们仍然先介绍斜堆的合并操作，再基于合并操作介绍插入、删除等操作。

1. 斜堆的合并操作

与左堆类似，可以通过递归地合并两个斜堆来实现合并操作。对于两个斜堆，首先比较它们的根结点，将权值较小的根结点作为新的根结点，然后递归地合并其右子结点与根权值较大的斜堆。与左堆的合并操作不同的是，斜堆的合并操作中在递归合并完成之后，将其左、右子树进行交换（左堆可以认为是在左偏性质不满足时交换，而斜堆则是每次都交换）。

斜堆的合并操作如算法 6-10 所示。

算法 6-10：斜堆的合并操作 SkewMerge($h1$, $h2$)

输入：待合并的两个斜堆 $h1$ 和 $h2$

输出：合并后的斜堆

```
1.    if h1 = NIL then
2.    |   return h2
3.    end
4.    if h2 = NIL then
5.    |   return h1
6.    end
7.    if h1.key > h2.key then
8.    |   return SkewMerge(h2, h1)
9.    end
10.   // 现在 h1.key ⩽ h2.key
11.   h1.right ← SkewMerge(h1.right, h2)
12.   Swap(h1.left, h1.right)
13.   return h1
```

合并操作在最坏情况下可达 $O(n)$ 的线性时间复杂度，例如其中一个斜堆是一条向右的单链。但是，其均摊时间复杂度仍然为每次合并 $O(\log n)$。"均摊"在这里指的是：虽然单次合并操作最坏情况下为 $O(n)$ 的线性时间复杂度，但如果从空数据结构开始总共进行任意 n 次合并操作，其总时间复杂度可保证为 $O(n \log n)$，也就是总时间不会退化为 $O(n^2)$ 的复杂度。斜堆合并的 $O(\log n)$ 复杂度的均摊分析具体证明过程较为复杂，有兴趣的读者可以参考相关资料。

图 6-6 所示为两个斜堆合并过程示例。图 6-6（a）斜堆中的元素与图 6-5（a）中的左堆相同。根据斜堆的定义，每个结点不需要维护额外的权值。合并过程中不断向右子树移动，插入完成后将移动路径上的结点的左、右子树交换。图 6-6（b）~（d）为合并过程。

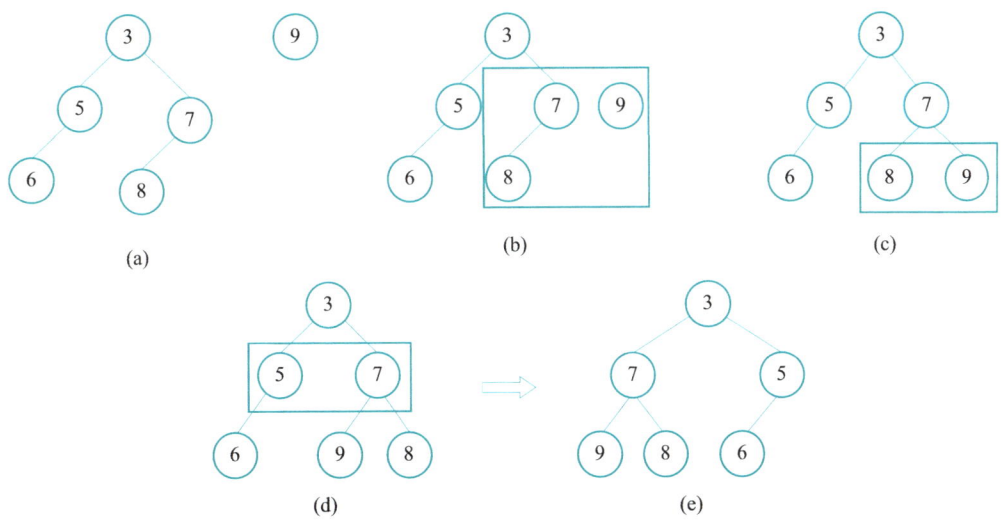

图 6-6 斜堆合并过程示例

2. 斜堆的其他操作

下面介绍斜堆的其他操作，其中的修改操作几乎都可以转化为合并操作。

① 插入操作。与左堆类似，斜堆的插入操作可以转化为与仅含单个元素的斜堆的合并操作，时间复杂度为均摊 $O(\log n)$。

② 建堆操作。可以将建堆操作转化为与二叉堆的建堆操作一致的方式，时间复杂度为 $O(n)$。

③ 查询最小值操作。斜堆的最小值必然在根结点上，时间复杂度为 $O(1)$。

④ 删除最小值操作。与左堆类似，如果需要删除斜堆的最小值，可将根结点删除后，再将其左、右子树合并。其时间复杂度为均摊 $O(\log n)$。

⑤ 删除任意元素操作。将待删除结点的左、右子结点合并，取代其位置即可。其时间复杂度为均摊 $O(\log n)$。

⑥ 修改关键字值操作。该操作同左堆，建议采用先删除、后插入的方式，时间复杂度为均摊 $O(\log n)$。

6.5.3 二项堆

二项堆是另一种便于合并的堆，其插入、删除、合并的时间复杂度均为 $O(\log n)$。

为了介绍二项堆，我们先介绍二项树，而二项堆是多棵二项树的集合。二项树的结点个数必然是 2 的幂（如 1，2，4，8，…），度为 k 的二项树有 2^k 个结点。二项树的结构可以递归定义为：度为 k 的二项树，它总是有一个根结点，根结点有 k 棵子树，这 k 棵子树分别是度为 $k-1$，$k-2$，…，0 的二项树。二项树的结构示例如图 6-7 所示。

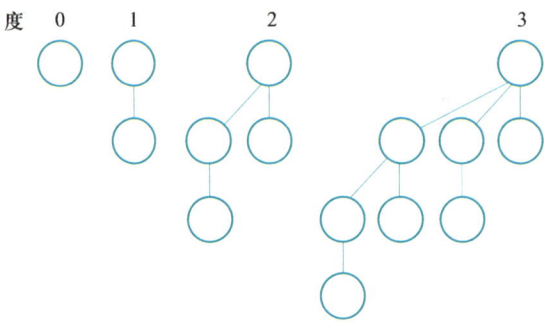

图 6-7 二项树的结构示例

由此可见，对于固定的 k，度为 k 的二项树的形态结构是唯一确定的。对于一棵度为 k 的二项树，其高度恰好为 k，在第 i 层上有 $C(k, i)$ 个结点，其中 C 表示组合数（二项式系数），这也对应了二项堆的名字。

二项堆是由多棵二项树组成的，且满足以下条件：

① 每棵二项树均满足堆性质。例如，对于最小堆，则任何结点的权值都不大于其所有子结点的权值。

② 所有二项树的度数互不相同。

考虑总共含有 n 个元素的二项堆，由于每棵二项树的元素个数必然为 2 的幂，那么将 n 进行二进制分解，即可得到所对应的二项树的度数。例如 $n=13$，其二进制表示为 1101，那么对应的二项树的度数为 0、2、3。因此，二项堆的结构是可以根据元素个数 n 唯一确定的。

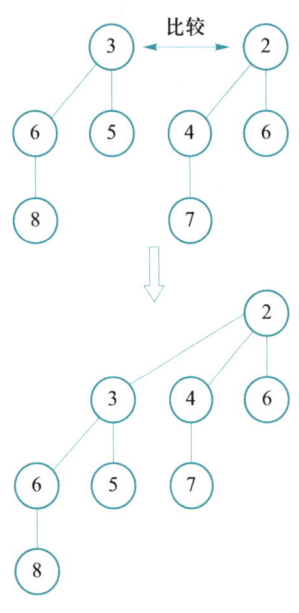

图 6-8 度数相同的二项树的合并示例

与其他可并堆的思路类似，我们先介绍二项堆的合并操作，再基于合并操作介绍其他操作。

1. 二项堆的合并操作

既然二项堆是由多棵二项树组成的，那么可以首先考虑二项树的合并。合并两棵度数均为 k 的二项树非常简单，只需比较两棵二项树的根结点，将权值较小的根结点作为新的根结点，而将权值较大的根结点作为新的根结点的第一个子结点，即可形成一棵度数为 $k+1$ 且满足堆性质的二项树。由于仅需做一次比较与连接操作，合并两棵二项树的时间复杂度仅为 $O(1)$。图 6-8 所示为度数相同的二项树的合并示例。

接下来完成二项堆的合并操作。由于二项堆是由多棵二项树组成的，那么可以将二项堆的合并操作转化为多次二项树的合并操作。对于两个二项堆，取出其中所有的二项树，如果存在两棵二项树的度数相同，则将其合并为一棵度数更大的二项树，重复这样的合并操作，直到不存在度数相同的二项树，即可得到合并后的二项堆。实际代码实现中，可以从小到大考虑所有的度数。由于每次合并两棵二项树的时间复杂度为 $O(1)$，而最多需要合并 $O(\log n)$ 次，因此二项堆的合并操作的时间复杂度为 $O(\log n)$。

2. 二项堆的其他操作

① 插入操作。可以将二项堆的插入操作方便地转化为合并操作。将待插入的元素构造为只含有一个元素的二项堆，然后将这棵二项堆与原来的二项堆合并即可。由于合并操作的时间复杂度为 $O(\log n)$，因此插入操作的时间复杂度也为 $O(\log n)$。

② 建堆操作。可以将二项堆的建堆操作转化为插入操作，只需将所有的元素依次插入空的二项堆中即可。尽管单次插入操作的时间复杂度为 $O(\log n)$，但向空堆插入 n 个元素的总时间复杂度经分析为 $O(n)$。

③ 查询最小值操作。由于二项堆是由多棵二项树组成的，只需遍历所有的二项树，找到其中最小的根结点即可完成查询二项堆的最小值操作。由于至多有 $O(\log n)$ 棵二项树，因此查询最小值操作的时间复杂度为 $O(\log n)$。另外，也可以考虑维护一个指向最小根结点的指针，每次进行其他修改操作后均更新该指针，这样查询最小值操作的时间复杂度就可以降为 $O(1)$。

④ 删除最小值操作。首先查询到二项堆最小值的位置，其必为某棵二项树的根结点。该二项树去除根结点后，会"分裂"为多棵二项树。将这些二项树视为一个临时二项堆，然后将该临时二项堆与原来的二项堆合并即可。由于合并操作的时间复杂度为 $O(\log n)$，因此删除最小值操作的时间复杂度也为 $O(\log n)$。

⑤ 减小关键字值操作。与二叉堆类似，先修改待操作结点的权值，然后将其与父结点进行比较，如果满足堆性质，则结束操作；否则，将其与父结点交换内容，并重复向上比较，直到满足堆性质或者到达根结点。由于二项树的高度为 $O(\log n)$，因此减小关键字值操作的时间复杂度为 $O(\log n)$。

⑥ 删除任意元素操作。先将待删除结点的权值减小为负无穷，再执行删除最小值操作，时间复杂度为 $O(\log n)$。

⑦ 修改关键字值操作。先删除该元素，再插入新元素，时间复杂度为 $O(\log n)$。与二叉堆不同，由于二项堆的每个结点可能拥有多个子结点，因此直接通过父子间比较交换的方式修改关键字值可能会造成复杂度的退化。

6.5.4　均摊分析

在进行数据结构和算法的时间复杂度分析时，有些场景下最坏情况的时间复杂度可能过于悲观，不能准确反映实际的运行时间。尤其是对于一些动态数据结构，在对其进行连续的某个特定操作时，每个操作的运行时间变化范围可以很大。为了让复杂度分析更具有实际意义，往往会关注一系列操作的平均时间复杂度。一般使用均摊分析来计算这种场景下的时间复杂度。常见的均摊分析方法有三种：聚合法、记账法及势能法。下面将分别进行简要介绍。

1. 聚合法

先求出 n 个操作的总时间上限 $T(n)$，然后得出均摊时间复杂度 $T(n)/n$。

以二项堆为例，尽管二项堆的各项操作通常都具有 $O(\log n)$ 的时间复杂度，但在一些场景下可以用均摊分析得出更准确的复杂度。考虑如下的场景：向空的二项堆通过逐个插入的方式共插入 n 个元素，按上述结论，总时间复杂度为 $O(n \log n)$，但通过更加细致的分析可以得到一个更紧的界 $O(n)$。从均摊分析角度讲，每次插入的均摊时间复杂度为 $O(1)$。下面我们来解释这个结论。

向二项堆插入元素分为插入结点和合并两个步骤。由于每次插入结点的时间复杂度都是 $O(1)$，我们主要分析合并所花费的时间。先观察向空二项堆插入若干次元素时引起的二项树合并情况，以及插入后的二项树列表（注意二项堆的形态仅与其中的元素个数有关，无须考虑具体元素内容），如表 6-1 所示。

表 6-1　向空二项堆插入若干元素时引起的二项树合并与插入后的二项树列表

第几次插入	引起的二项树合并	插入后的二项树列表
1	无	$2^0=1$
2	$2^0+2^0 \to 2^1$	$2^1=2$
3	无	$2^0+2^1=3$
4	$2^0+2^0 \to 2^1,\ 2^1+2^1 \to 2^2$	$2^2=4$
5	无	$2^0+2^2=5$
6	$2^0+2^0 \to 2^1$	$2^1+2^2=6$
……	……	……

可以观察到这样的结论：所有奇数次插入不会引起任何二项树合并，偶数次插入则会引起两棵规模为 2^0 的二项树的合并，每 4 次插入会引起两棵规模为 2^1 的二项树的合并；以此类推。

一方面，二项堆插入元素的最坏情况 $O(\log n)$ 的时间复杂度确实是有可能取到的：考虑第 2^k 次插入（k 为正整数），其中恰好引起了 k 次二项树合并；另一方面，前 n 次插入引起的总合并次数 $\lfloor n/2 \rfloor + \lfloor n/4 \rfloor + \lfloor n/8 \rfloor + \cdots \leqslant n$，那么均摊到每一次插入引起的合并次数就是 $O(1)$ 的。

以上用聚合法说明了结论：向空的二项堆依次插入 n 个元素，总时间复杂度为

$O(n)$，或者说插入每个元素的均摊时间复杂度为 $O(1)$。

2. 记账法

为每个操作 i 定义均摊代价 b_i，可以与实际代价 c_i 有出入。考虑均摊代价与实际代价的差 $d_i = b_i - c_i$。当 $d_i > 0$ 时，表示给操作 i 多计了代价；反之，当 $d_i < 0$ 时，表示给操作 i 少计了代价。令 $S_i = \sum_{j=1}^{i} d_j$，如果有 $S_n \geqslant 0$，则说明这个均摊代价的估计是有效的，均摊时间复杂度为 $\sum_{i=1}^{n} b_i / n$。换句话说，这种方法设置了一个账户余额，起始时账户余额为 0，$d_i > 0$ 相当于给账户存款，$d_i < 0$ 相当于从账户提款，只要账户最终不透支，就能保证均摊的估计是准确的。记账法是聚合法的一种特殊形式。

采用记账法来分析二项堆元素插入的过程，可以取第 i 次插入操作的均摊代价 $b_i = 1$。由于该操作的实际代价 c_i 为该次插入操作引起的合并次数，那么两者之差 $d_i = 1 -$（第 i 次操作的合并次数）。对于任意的 n，前 n 次操作的记账总和 $S_n = n - (n$ 次操作的总合并次数）。由聚合法中的分析可知，n 次操作的总合并次数不超过 n 次，这就表明了 $S_n \geqslant 0$，该均摊代价的估计是有效的，均摊时间复杂度为 $O(1)$。

3. 势能法

势能法是记账法的一种特殊形式。为数据结构 D 的状态定义一个值为实数的势能函数 $\Phi(D)$，用来表示记账法中的账户余额。令 D_i 为操作 i 之后数据结构的状态，初始状态为 D_0，则 $b_i = c_i + \Phi(D_i) - \Phi(D_{i-1})$。考虑 n 个操作，对 $1 \leqslant i \leqslant n$ 分别对等式两边求和，得到 $B = C + \Phi(D_n) - \Phi(D_0)$，其中 B 为 n 个操作的均摊代价之和，C 为实际代价之和。于是，只要有 $\Phi(D_n) - \Phi(D_0) \geqslant 0$，就能保证均摊代价的估计是正确的。

为了采用势能法分析二项堆插入元素的过程，可以对二项堆 D 定义势能函数 $\Phi(D) = D$ 的二项树的棵数，实际代价 c_i 为该次插入操作引起的合并次数。初始状态 D_0 为空二叉堆，其势能 $\Phi(D_0) = 0$；在 n 次插入后，$\Phi(D_n) - \Phi(D_0) \geqslant 0$ 也是显然的。下面分析此时的均摊代价 $b_i = c_i + \Phi(D_i) - \Phi(D_{i-1})$：注意到向二项堆插入的过程是先建立一个仅含 $2^0 = 1$ 个元素的二项树，再进行若干次合并。假如未发生合并，那么本次操作新增的二项树棵数 $\Phi(D_i) - \Phi(D_{i-1})$ 应等于 1；若发生合并，则每发生一次，二项树棵数应减少 1。共发生了 c_i 次合并，那么本次操作新增的二项树棵数 $\Phi(D_i) - \Phi(D_{i-1}) = 1 - c_i$，这意味着 $c_i + \Phi(D_i) - \Phi(D_{i-1}) = 1$，即 $b_i = 1$。从而根据势能法可得，每次操作的均摊时间复杂度为 $O(1)$。

对于涉及均摊时间复杂度的数据结构，在使用中需要确认能否接受它的最坏情况。以一个在线购物业务为例，如果每 100 个用户的前 99 个需要 1 s 的时间处理，第 100 个需要 100 s 的时间处理，我们可以认为处理每个用户的均摊时间为 1.99 s，但实际上对于这个"倒霉的"第 100 个用户来说是不可接受的。因此，在应用均摊时间复杂度的数据结构编写软件时，尤其需要注意系统中是否有实时性要求。

6.6　优先级队列应用：Huffman 树的构建

本书第 5 章 5.5 节介绍了 Huffman 树。在构建 Huffman 树的过程中，算法 Create-HuffmanTree（算法 5-15）会持续地从一个二叉树集合中取出带权路径长度最小和次小的两棵二叉树，并把合并后的树加回到集合里。这个过程是优先级队列的典型应用，可以将二叉树的带权路径长度定为优先级（带权路径长度越小优先级越高），分别使用 ExtractMin 和 Insert 操作来完成从集合取出最小、次小以及加回到集合的操作。

为了提高算法的效率，通常使用二叉堆作为优先级队列的实现。由于二叉堆的插入和删除元素操作都是 $O(\log n)$ 的时间复杂度，建堆的时间复杂度是 $O(n)$，整个算法在建堆之后总共要进行 $2n-2$ 次删除和 $n-1$ 次插入操作，因此总的复杂度为 $O(n \log n)$。用二叉堆实现的优先级队列能够高效地支持诸如构建 Huffman 树这样的算法。

☆ 6.7　拓展延伸

优先级队列和堆有很多可以拓展的方面，本节主要介绍双端优先级队列和对顶堆。

6.7.1　双端优先级队列

有的应用需要同时支持获取集合中的最大和最小元素的操作，我们把这样的数据结构称为双端优先级队列。与普通的优先级队列相比，双端优先级队列的抽象数据类型定义中增加了删除最大元素操作（ExtractMax）和查询最大元素操作（PeekMax）。

双端优先级队列可以使用一个最大堆和一个最小堆配合来实现。在实现时，这两个堆中的元素要分别增加指向另外一个堆中对应元素的指针域，并在元素插入或删除时做好相应的维护。本书第 12 章将要介绍的红黑树、AA 树、伸展树等平衡二叉查找树，也可以用来实现双端优先级队列。此外，双端优先级队列也有一些专用的方法，下面简要介绍最小最大堆。

最小最大堆与二叉堆的基本原理相似，其本身是一棵完全二叉树的结构。它结合了最小堆和最大堆的特性：位于奇数层（1, 3, 5, …）的结点小于其所有子孙结点，而位于偶数层（2, 4, 6, …）的结点则大于其所有子孙结点，如图 6-9 所示。同理，还可以定义最大最小堆。

最小最大堆主要有以下操作：

① 插入操作（Insert）。向最小最大堆插入元素时，先将待插入的元素置于数组末尾，然后根据情况上调该元素在堆中的位置。调整时，最小最大堆与二叉堆的区别在于：二叉堆每次都和上一层的元素（父结点）进行比较，而最小最大堆在和父结点比较

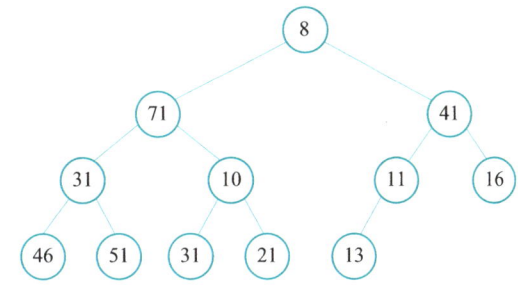

图 6-9　最小最大堆示例

一次之后会进行连续的跨层比较（也就是和祖先结点进行比较），直到根结点。

② 查询最小元素操作（PeekMin）。最小最大堆的最小元素一定是根结点。

③ 查询最大元素操作（PeekMax）。最小最大堆的最大元素一定是根结点的两个子结点之一。

④ 删除最小元素操作（ExtractMin）。由于最小元素在最小最大堆的根结点，在删除时将数组最后一个元素交换至根结点位置，然后下调该元素在堆中的位置。在下调时，需要注意挑选交换的候选元素要往下看两层。

⑤ 删除最大元素操作（ExtractMax）。与ExtractMin类似，最大元素是根结点的两个子结点之一，将数组最后一个元素交换至最大元素位置，然后进行下调操作。

6.7.2　对顶堆

普通的堆只能解决最大或最小的问题，对于第k大（或者第k小）这样的问题，可以用两个堆配合解决。以获取当前所有元素中第k小的元素为例，可以使用一个最大堆维护当前最小的k个元素，用一个最小堆维护剩下的元素。下面分别讨论需要支持的三种操作：

① 获取第k小的元素。根据两个堆的定义，最大堆的堆顶元素就是所有元素中第k小的元素。

② 插入元素。如果待插入元素小于最大堆的堆顶元素，那么它应该放在最大堆中，此时将最大堆的堆顶元素取出并插入最小堆中，然后将待插入元素插入最大堆中。否则，直接将待插入元素插入最小堆中。

③ 删除元素。如果待删除元素在最大堆中，则将其删除的同时把最小堆的堆顶元素补充到最大堆中；否则，直接从最小堆中删除元素。

如果将最大堆和最小堆看作两个三角形，上述方法好像是把两个三角形顶点对顶点扣在一起，因此将其形象地称为对顶堆，如图6-10所示。

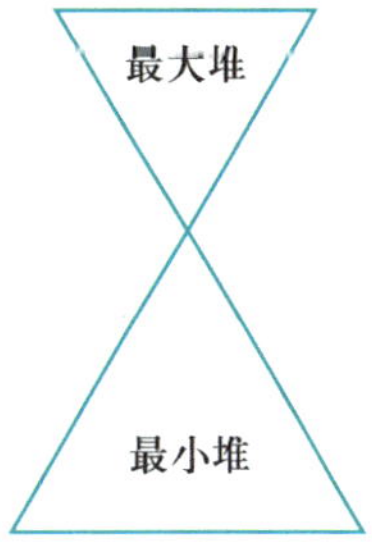

最大堆

最小堆

图 6-10　对顶堆示意

6.8   应用场景：离散事件模拟

离散事件模拟是一种重要的计算机模拟技术，在其关注的离散事件系统中，系统的所有状态只在特定的、离散的时间点发生变化，而这些变化都可被抽象为一系列定义好的事件。离散事件模拟被广泛应用于各种领域，如工业制造、交通运输、医疗保健、金融贸易等。它可以分析并预测系统的行为，以便优化系统的性能、改进流程、减少成本和风险。

离散事件模拟有三个重要的组成部分：时钟、状态和事件列表。其中，时钟表示系统当前的模拟进度，它可以对应到现实时间（如把每秒作为一个模拟的单位），也可以只是逻辑的概念；状态反映了整个系统所有需要关注的属性；而事件列表则包含了所有将来要发生的事件和它们会发生的时间点。

在每个模拟时钟的时间点上，模拟器都需要从事件列表中取出所有当前时刻发生的事件，并根据这些事件对应修改系统的状态，向事件列表中增加新的（会在将来发生的）事件。因此，优先级队列非常适合用来维护事件列表：只要以"事件发生的时间点"作为元素的优先级维护队列，并不断出队、处理事件，直到事件列表为空，或者达到了预定的模拟时间点即可停止。

以简单的仓储管理为例，假设需要建设一个容量有限的仓库用于保存物品，随时可能有卡车前来装卸物品，每辆车到来的时间、可以运来或者运走的量都是随机的，但遵循某种统计分布。通过离散事件模拟，可以获得在不同容量下仓库的预期使用效率与物品的运输效率，以实现建设成本的最佳利用。在这一系统中，时钟可以是离散化的现实时间（例如以1分钟为模拟单位），状态是仓库的剩余容量和已成功运输的货物量，而事件列表是后续可能到来的卡车和容量（可以来自现实的统计数据，也可以在模拟过程中随机生成）。

本章小结

优先级队列是一种常用的数据结构，它提供了比栈和队列更加丰富的处理顺序，可用于很多真实场景。

堆是优先级队列的一类实现方式，由基本的堆（二叉堆）性质衍生出了多种不同的堆（可并堆：左堆、斜堆、二项堆）的设计，它们在堆的基本操作上具有不同的复杂度。其中，二叉堆是一种隐式数据结构，它将元素的逻辑结构蕴含在存储结构中，避免了额外的指针域空间开销，实现起来也比较简洁，因此得到广泛应用。

下一章开始介绍图结构，包括图及图应用。

本章习题

1. 表 6-2 为优先级队列不同实现方式的复杂性分析，请完善该表（均为最小堆，必要时标注 "均摊" 二字）。

表 6-2　优先级队列不同实现方式的复杂性分析

复杂性	二叉堆	左堆	斜堆	二项堆
存储 n 个元素的堆的空间复杂度				
从 n 个元素建堆的时间复杂度				
向 n 个元素的堆插入一个新元素的时间复杂度				
从 n 个元素的堆删除最小元素的时间复杂度				
合并两个含有 n 个元素的堆的时间复杂度				

2. 以二叉堆实现的一个小根堆如图 6-11 所示：

（1）设要插入新元素 3，试画出插入后的堆结构。

（2）在插入元素 3 之后，欲再删除元素 6，试画出删除后的堆结构。

3. 对于数组 [4, 3, 2, 1, 5, 6, 7]，采用线性时间复杂度的方法建二叉堆，试画出建好的二叉堆。

4. 以左堆实现的一个小根堆如图 6-12 所示：

（1）标出每个结点的 NPL 值。

（2）设要删除该堆的最小值，画出删除后的左堆。

（3）标出新树中每个结点的 NPL 值。

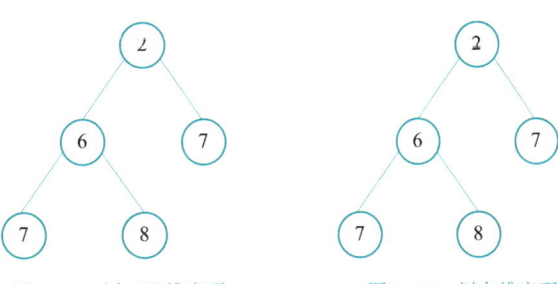

图 6-11　以二叉堆实现
的小根堆示例

图 6-12　以左堆实现
的小根堆示例

5. 设有 n 个优先级队列，初始时每个优先级队列仅包含单个元素，接下来 $n-1$ 次操作，每次将选择合并两个不同的优先级队列。试回答下列问题：

（1）设优先级队列以左堆实现

① 试证明完成这些操作的总时间复杂度为 $O(n\log n)$。

② 试举例说明对于某种元素分布/操作序列，完成这些操作的总时间复杂度仅需 $O(n)$。

③ 试举例说明对于某种元素分布/操作序列，完成这些操作的总时间复杂度为 $O(n\log n)$。

（2）设优先级队列以二叉堆实现

每次合并两个优先级队列时，遍历元素较少的二叉堆，将其逐个插入元素较多的二叉堆中。

① 试证明完成这些操作的总时间复杂度为 $O(n\log^2 n)$。

② 试举例说明对于某种元素分布/操作序列，完成这些操作的总时间复杂度仅需 $O(n\log n)$。

③ 试举例说明对于某种元素分布/操作序列，完成这些操作的总时间复杂度为 $O(n\log^2 n)$。

6. 请给出一个操作序列，演示 n 个元素的左堆，其对应的二叉树高度可能为 $O(n)$ 级别。

7. 对一个用二叉堆实现的优先级队列（存储为预先分配的定长数组），设其自建立以来共进行了 q 次操作，当前含有 n 个元素，试写出以下复杂度（以含有 q 和 n 的表达式为结果，不定义其他字母，必要时按均摊/最坏两种情况分别写出）：

（1）空间复杂度。

（2）插入一个新元素的时间复杂度。

（3）获取堆中最大元素的值的时间复杂度。

（4）删除最大元素的时间复杂度。

8. 对顶堆维护中位数。设需要维护一个可重集合，支持的操作有：初始化集合、向集合中插入一个元素、查询集合的中位数（若有偶数个元素，则中位数为排序后中间两数的均值）、销毁集合。试利用对顶堆的思想，写出上述 4 种操作的算法描述。假设一般的优先级队列（ADT PriorityQueue）已实现完毕，算法中可以直接调用。

9. 设有 n 名运动员完成 m km 接力比赛（$m \leqslant 2n$），每名运动员可以选择不上场、跑 1 km 或 2 km，但不能多次上场。第 i 名运动员跑 1 km 的用时为 $w_{i,1}$，跑 2 km 的用时为 $w_{i,2}$（$w_{i,1} < w_{i,2}$）。试描述一个时间复杂度为 $O(n\log n)$ 的算法，以计算完成接力比赛的最小总时间。

10. 可删除元素的优先级队列。通常而言，对于一个封装好的优先级队列实现，如果其入队操作（Push）没有返回值（例如 C++ 语言的 std::priority_ queue），那么它将无法支持针对队顶元素以外的任意元素的修改或删除。本题将介绍一种特殊情况：如果总是能保证被删除的元素在当前容器中存在，则可以用一个辅助优先级队列实现对任意元素的删除操作。

假定已存在按 ADT PriorityQueue 实现好的优先级队列，该实现的 Insert 方法无返回值，也没有暴露对于任意元素的修改或删除接口。我们将实现一个新的抽象数据类型 ErasablePriorityQueue，在 PriorityQueue 的基础上额外增加了 Erase 方法，定义如下：

ADT ErasablePriorityQueue {

    （数据对象、数据关系同 ADT PriorityQueue）

    InitEPQueue(epq)：   初始化一个空的可删除优先级队列 epq。

    MakeEPQueue(epq, $list$)：   以 $list$ 中所有元素创建一个可删除优先级队列 epq。

    DestroyEPQueue(epq)： 销毁可删除优先级队列 epq。

    Clear(epq)：   清除可删除优先级队列 epq 中的所有元素。

    IsEmpty(epq)：   当可删除优先级队列 epq 为空时返回真值，否则返回假值。

    Length(epq)：   返回可删除优先级队列 epq 中的元素个数。

    Insert(epq, x)：   在可删除优先级队列 epq 中插入元素 x。

    ExtractMin(epq)：   从可删除优先级队列 epq 中删除优先级最高的元素，并返回。

    PeekMin(epq)：   返回可删除优先级队列 epq 中优先级最高的元素（元素仍然保留在优先级队列中）。

    Erase(epq, x)：   从可删除优先级队列 epq 中删除元素 x（由外部调用者保证 x 一定在当前的 epq 中；如果不在，无须进行任何错误处理）。

}

ErasablePriorityQueue 中有两个域：pq 和 $erased\_pq$，分别表示正常的优先级队列和待删除元素的优先级队列。当需要插入元素到一个队列 epq 时，仅需向 $epq.pq$ 插入元素；当需要删除元素时，并不实际删除元素，而是将其记在辅助优先级队列 $epq.erased\_pq$ 中。要求：

（1）参照上述思路，请以伪代码完成 ADT ErasablePriorityQueue 的实现（假设 ADT PriorityQueue 已实现完毕，可以直接调用）。

（2）设某个 ErasablePriorityQueue 实例自构造以来共进行了 n 次操作，试写出其空间复杂度和每次操作（IsEmpty / Length / Insert / ExtractMin / PeekMin / Erase）的时间复杂度（不定义其他字母，必要时按均摊/最坏两种情况分别写出，假定底层的 ADT PriorityQueue 是以二叉堆实现的）。

（3）很多基于平衡二叉树的集合容器（如 C++语言的 std::set）也可以直接完成插入元素、求元素最大值、删除任意元素的操作，试比较上述 ErasablePriorityQueue 与这样的集合容器各自的优缺点。

溯源与参考文献

堆是优先级队列常见且高效的实现方式。John W. J. Williams 于 1964 年提出了二叉堆[1]，并给出了 $O(n \log n)$ 时间复杂度的建堆算法。Robert W. Floyd 将二叉堆建堆的复杂度降低为 $O(n)$[2]。Donald B. Johnson 于 1975 年提出了多叉堆[3]，降低了插入和删除操作中的比较次数。M. D. Atkinson 等人于 1986 年提出了最小最大堆[4]，用于支持双端优先级队列。Clark A. Crane 于 1972 年提出了左堆[5]，通过合并和自调节方式高效地实现了堆的操作。Daniel D. Sleator 等人去除了左堆中结点上保存的平衡信息，提出了斜堆[6]，可以达到和左堆一样的效果。Jean Vuillemin 于 1978 年提出了二项堆[7]，能够做到均摊 $O(1)$ 的插入操作。Michael L. Fredman 等人在此基础上提出了斐波那契堆[8]，能够做到 $O(1)$ 的插入和合并操作，以及均摊 $O(1)$ 的堆中关键字值减小操作，可用于改进诸如 Dijkstra 算法等图论算法的时间复杂度。

本章参考文献

[1]　WILLIAMS J W J. Algorithm 232-Heapsort[J]. Communications of the ACM, 1964, 7(6): 347–348. DOI: 10.1145/512274.512284.

[2]　FLOYD R W. Algorithm 245: treesort[J]. Communications of the ACM, 1964, 7(12): 701.

[3]　JOHNSON D B. Priority queues with update and finding minimum spanning trees[J]. Information Processing Letters, 1975, 4(3): 53–57.

[4]　ATKINSON M D, SACK J R, SANTORO N, et al. Min-max heaps and gen eralized priority queues[J]. Communications of the ACM, 1986, 29(10): 996–1000.

[5]　CRANE C A. Linear lists and priority queues as balanced binary trees[M]. New York: Garland Publishing, 1972.

[6]　SLEATOR D D, TARJAN R E. Self-adjusting heaps[J]. SIAM Journal on Computing, 1986, 15 (1): 52–69.

[7]　VUILLEMIN J. A data structure for manipulating priority queues[J]. Communications of the ACM, 1978, 21 (4): 309–315. DOI: 10.1145/359460.359478.

[8]　FREDMAN M L, TARJAN R E. Fibonacci heaps and their uses in improved network optimization algorithms[J]. Journal of the ACM, 1987, 34 (3): 596–615.

第 7 章

图

图结构是比线性结构和树形结构更复杂的数据结构。在线性结构中，每个元素只有一个前驱和一个后继。在树形结构中，每个数据元素有一个前驱，但可以有多个后继。而在图结构中，数据元素之间的关系是任意的，每个数据元素可以和任意多个数据元素相关，有任意多个前驱和后继。因此，图结构的处理更加复杂，应用也更加广泛。比如，城市交通系统、计算机网络系统、专业课程体系等都可以抽象成一个图。

本章引子

本章将介绍图的定义、存储方法、常用操作及实现方法。7.1 节以哥尼斯堡七桥问题引入图的概念；7.2 节介绍图的定义与结构；7.3 节介绍图的存储表示及实现；7.4 节、7.5 节分别介绍图的遍历和图的连通性；7.6 节以哥尼斯堡七桥问题求解介绍图的应用；7.7 节是本章的拓展延伸内容，介绍双连通分量；最后，7.8 节介绍图结构在语义网络中的应用场景。

7.1 问题引入：哥尼斯堡七桥问题

在18世纪东普鲁士的哥尼斯堡城中，有一条河流穿城而过，将城市一分为二。河中有两个小岛，河上有七座桥将陆地和岛屿连接起来，如图7-1所示。有人提出了一个问题：能否从某处陆地或岛屿出发，经过全部的七座桥且每座桥只走一遍，最后还能回到出发点？这就是数学史上知名的"哥尼斯堡七桥问题"（简称七桥问题）。这个问题当时困扰了人们相当长的时间。所幸的是，1736年29岁的数学家欧拉（Euler）获悉了这个难题，在随后的思考中，他将陆地和岛屿用点表示，而将桥梁用点之间的边表示，于是七桥问题就抽象为图7-2中的图模型。七桥问题由此转化为：从图中任意一个点出发，是否存在一条路径，能经过每条边一次且仅经过一次后回到原点？

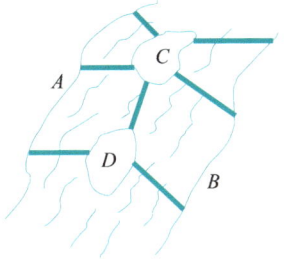

图 7-1　哥尼斯堡七桥示意图

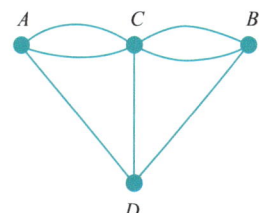

图 7-2　哥尼斯堡七桥问题的图模型

经过研究，欧拉不仅得出七桥问题无解的结论，还通过欧拉定理给出了相关问题（几何中的一笔画）的充要条件，并开创了数学中的一个新的分支：图论。

与七桥问题类似，生活中很多问题涉及的数据及其关系都可以抽象为图结构。例如，网络布线、交通网络、迷宫设计、化学结构、电子线路、人际关系等。在数学中，图理论已相当完善和成熟，利用现有的图论知识解决这些实际问题已经非常方便。本章主要从图的定义、术语、存储、基本操作算法、一些典型问题的解决方法等角度进行分析和讨论。

7.2   图的定义与结构

在图中，结点用顶点来表示，结点间的关系用顶点之间的边表示。结点集合中任意两个结点之间都可能有相互制约关系，在图中就表现为任意两个顶点间都可能有边相连。图可以用一个二元组 $G =(V, E)$ 表示，其中 V 是顶点的非空集合，E 是两个顶点间边（弧）的集合。图中所有顶点（即结点）地位相同，它不像树有一个特殊的结点称为根结点，与线性结构和树形结构相比，图结构更具一般性。本章后序讨论中，为和图论术语保持一致，统一使用顶点一词替代结点。

1. 图的基本术语

（1）有向图与无向图

图可以分为有向图和无向图。例如，图7-3（a）所示的图由顶点集合 $V=\{A, B, C, D\}$ 和边集合 $E=\{<B, A>, <A, C>, <C, A>, <C, D>, <D, A>, <C, B>\}$ 构成。图中每一条边都带有方向性，用带尖括号的顶点对来表示，称为有向边或弧，如 $<C, A>$ 表示由 C 射向 A 的有向边，C 称为弧尾、A 称为弧头。这种由顶点集合和有向边集合组成的图

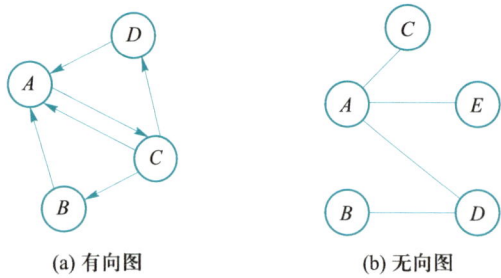

称为有向图。图7-3（b）所示的图由顶点集合 $V =\{A, B, C, D, E\}$ 和边集合 $E=\{ (A, C), (A, E), (D, B), (D, A)\}$ 构成。图中的边无方向性，用带圆括号的顶点对表示，称为无向边，如 (C, A) 表示 C 和 A 之间有条无向边。这种由顶点集合和无向边集合构成的图称为无向图。

(a) 有向图   (b) 无向图

图 7-3   有向图和无向图示例

（2）邻接

图的顶点间有边相连，称顶点间有邻接关系。例如，(v_i, v_j) 是一条无向边，称边 (v_i, v_j) 邻接于顶点 v_i 和 v_j，v_i 和 v_j 邻接、v_i 和 v_j 互为邻接点；$<v_i, v_j>$ 是一条有向边，称边 $<v_i, v_j>$ 由顶点 v_i 邻接到 v_j、v_i 邻接到 v_j，v_j 是 v_i 的下一个邻接点。

（3）出度、入度与度

有向图中一个顶点的出度是指由该顶点射出的有向边的条数，一个顶点的入度是射入该顶点的有向边的条数。例如，图7-3（a）所示的图中，顶点 A 的入度为3、出度为1。无向图中一个顶点的度是指邻接于该顶点的边的总数。例如，图7-3（b）所示的图中，顶点 B 的度为1、顶点 A 的度为3。

从另外一个角度看，有向边 $<B, A>$ 中 B 可看作是 A 的前驱、A 可看作是 B 的后继，无向边 (B, A) 中 B 和 A 则互为前驱和后继。

（4）简单图与多重图

若一个图中不包含同一条边的多个副本，也不包含自连边（即(v_j, v_j)或者$<v_j, v_j>$），则称这样的图为简单图，反之称为多重图。简单起见，本章研究的图都是指简单图。

（5）无向完全图与有向完全图

在具有n个顶点的无向图中，如果任意两个顶点间都有边相连，此时边的条数最多，达到$C_n^2 = n(n-1)/2$条，这样的图称为无向完全图；对有向图而言，边的条数最多为$P_n^2 = n(n-1)$，这样的图称为有向完全图。

（6）加权无向图与加权有向图

在图的实际应用中，边常带有一定的权重。我们将边上带有权重的无向图、有向图分别称为加权无向图和加权有向图，将加权图统称为网络。例如，图7-4所示的两个图分别是一个加权无向图和加权有向图。

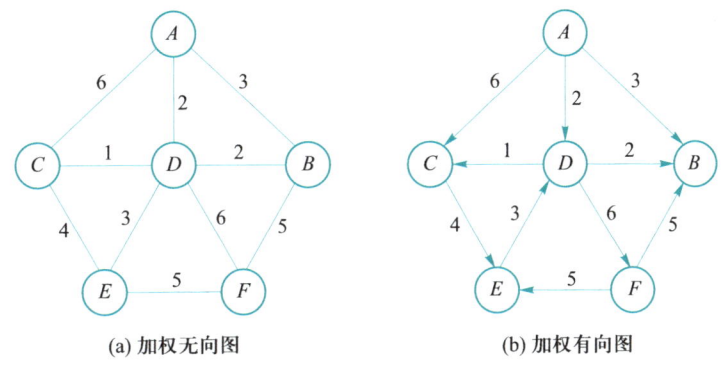

(a) 加权无向图   (b) 加权有向图

图7-4 加权图（网络）示例

（7）路径与回路

对于图中的任意两个顶点v_i和v_j，如果可以从顶点v_i出发，经过若干条无向边或有向边到达顶点v_j，则称顶点v_i到顶点v_j之间存在着一条路径。路径的长度是顶点v_i到顶点v_j之间的这条路径上无向边或有向边的条数；如果边上有权重，路径长度也可以用路径上所有边的权重之和来表示。在无向图中，可以用顶点序列$v_0, v_1, v_2, \cdots, v_{n-1}, v_n$表示自$v_0$到$v_n$的长度为$n$的一条路径，这条路径是由边$(v_0, v_1)$，$(v_1, v_2)$，$\cdots$，$(v_{n-1}, v_n)$构成。在有向图中，顶点序列$v_0, v_1, v_2, \cdots, v_{m-1}, v_m$表示自$v_0$到$v_m$的长度为$m$的一条路径，它由有向边$<v_0, v_1>$，$<v_1, v_2>$，$\cdots$，$<v_{m-1}, v_m>$构成。例如，在图7-3（b）所示的无向图中，顶点序列C, A, D, B表示一条由无向边$(C, A), (A, D), (D, B)$构成的长度为3的路径；而在图7-4（b）所示的加权有向图中，顶点序列A, D, C, E表示一条由有向边$<A, D>$，$<D, C>$，$<C, E>$构成的长度为7的路径。

如果一条路径上除了第一个顶点和最后一个顶点可能相同之外，其余各顶点都不相同，则称这样的路径为简单路径。特殊地，简单路径上如果第一个顶点和最后一个顶点相同，该路径也称为简单回路或简单环。例如，在图7-4（a）所示的加权无向图中，

顶点序列 A, D, E, F 是一条简单路径，而顶点序列 A, D, E, F, B, A 既是一条简单路径，又是一个简单回路。顶点序列 A, D, C, E, D, B 不是一条简单路径，因为 D 在路径上出现了两次。同理，顶点序列 A, D, C, E, D, B, A 是一个回路，但不是一个简单回路。

（8）子图

假设有两个图 $G=(V, E)$, $G'=(V', E')$，且 V' 是 V 的子集，E' 是 E 的子集，则称 G' 是 G 的子图。例如，在图 7-5 中，子图 1 和子图 2 都是图 G 的子图，子图 3 中虽然有两条边的形状和图 G 不同，但它们表达的也是边 (A, B) 和 (A, C)，因此子图 3 也是图 G 的子图。另外，根据定义，图 G 显然也是自身的子图。

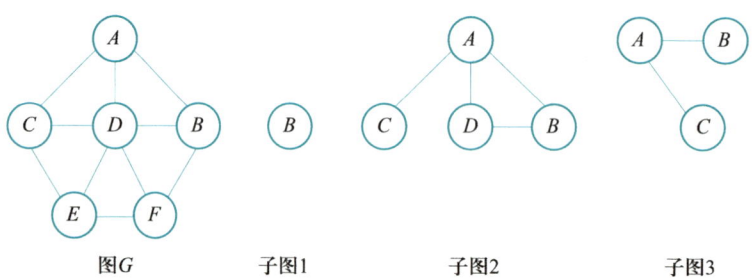

图 G 子图 1   子图 2   子图 3

图 7-5   子图示例

（9）连通图、连通分量与生成树

在一个图中，如果顶点 v_i 到 v_j 之间有路径存在，称顶点 v_i 到 v_j 是连通的。在一个无向图 G 中，如果任意两个顶点对之间都是连通的，称该无向图是连通图。如果在图 G 中存在一个子图 G'，且在 G' 中再添加一个 G 中的顶点（非 G' 的顶点）将会造成 G' 的不连通，且子图 G' 包含了其中顶点间所有的边，则称子图 G' 为图 G 的一个极大连通子图。无向图的极大连通子图称为连通分量。在一个有向图 G 中，如果任意两个顶点对之间都是连通的，称该有向图 G 是强连通图。有向图的极大连通子图，称为强连通分量。例如，图 7-3 所示的有向图是强连通图，无向图是连通图。图 7-6 所示为无向图及其连通分量示例，图 7-7 所示为有向图及其强连通分量示例。

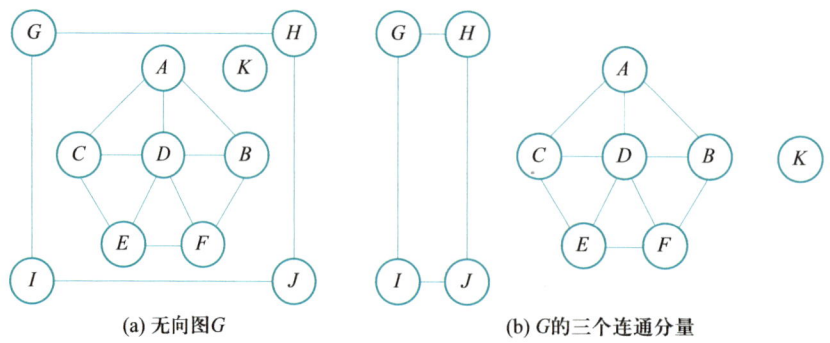

(a) 无向图 G (b) G 的三个连通分量

图 7-6   无向图及其连通分量示例

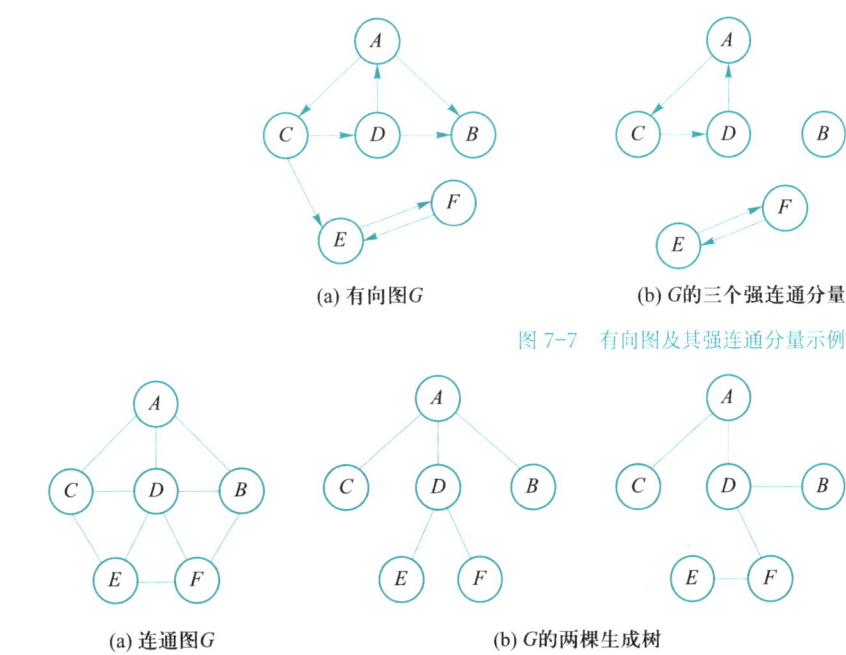

(a) 有向图G　　　　　　　　　　　(b) G的三个强连通分量

图 7-7　　有向图及其强连通分量示例

(a) 连通图G　　　　　　　　　　　(b) G的两棵生成树

图 7-8　　连通图及其生成树示例

特别注意：无向图中的任意一个顶点或一条边一定会出现在某个连通分量中；有向图中的任意一个顶点也一定会出现在某个强连通分量中，但一些边可能不在任何强连通分量中出现。这一点可以从图7-6和图7-7中看出。

连通图的生成树是指它的极小连通子图，该连通子图包含连通图的所有 n 个顶点，但只含它的 n-1 条边。如果去掉一条边，这个子图将不连通；如果增加一条边，必存在回路，如连通子图中新增一条边 (v_i, v_j)，因顶点 v_i 和 v_j 之间原本连通，即存在一条路径，加上新加的这条边便形成了回路，有回路就不再是树。例如，图7-8所示为连通图及其生成树示例。

特别注意：一个连通图的生成树并不唯一。

2. 图的抽象数据类型定义

图的基本操作有：构造类操作，即创建一个图结构；属性类操作，包括查询图中顶点的个数、边的条数、各顶点的度、某些边是否存在等，都是针对图的一些简单特征的查询操作；数据操纵类操作，包括顶点和边的插入、删除操作；遍历类操作，即访问图中所有顶点且每个顶点只访问一遍；典型操作，即图的连通性判断等。其中，图的遍历类操作和典型操作较复杂，将在本章7.4节和7.5节专门进行讨论。图的抽象数据类型定义如下：

ADT Graph {　　//图的抽象数据类型定义
数据对象：
　　　$\{v_i \,|\, v_i \in \text{ElemSet}, i=1, 2, \cdots, n, n>0\}$ 或 $\varnothing$，ElemSet 为顶点集合。
数据关系：
　　　$\{<v_i, v_j> \text{或} (v_i, v_j) \,|\, v_i 、v_j \in \text{ElemSet}, 且 P(v_i, v_j), i, j=1, 2, \cdots, n\}$，其中：$<v_i, v_j>$ 表示从顶

点 v_i 到顶点 v_j 的一条边，(v_i, v_j) 表示顶点 v_i 与顶点 v_j 互连；$P(v_i, v_j)$ 定义了 $<v_i, v_j>$ 或 (v_i, v_j) 的意义或信息。

基本操作：

InitGraph(*graph, kMaxVertex, :* *no_edge_value, directed*)	初始化一个空的图 *graph*。其中：*kMaxVertex* 是最多可能的顶点数；*no_edge_value* 是当顶点间不存在边时，在图中给顶点关系赋予的权值；*directed* 为 **true** 时图是有向的，为 **false** 时图是无向的。
CreateGraph(*graph*)：	构造一个图 *graph*。
DestroyGraph(*graph*)：	释放图 *graph* 占用的所有空间。
NumberOfVerts(*graph*)：	返回图 *graph* 中顶点的个数。
NumberOfEdge(*graph*)：	返回图 *graph* 中边的条数。
ExistEdge(*graph, u, v*)：	判断图 *graph* 中顶点 *u* 到 *v* 之间是否存在边，有返回 **true**，无返回 **false**。
GetValue(*graph, v*)：	返回图 *graph* 中顶点 *v* 的值。
PutValue(*graph, v, value*)：	为图 *graph* 中顶点 *v* 赋值 *value*。
FirstAdjVert(*graph, v*)：	返回图 *graph* 中顶点 *v* 的第一个邻接顶点，若 *v* 无邻接顶点则返回 NIL。
NextAdjVert(*graph, u, v*)：	返回图 *graph* 中顶点 *u* 相对顶点 *v* 的下一个邻接顶点，无则返回 NIL。
InsertVert(*graph, v*)：	在图 *graph* 中插入顶点 *v*。
InsertEdge(*graph, u, v, weight*)：	在图 *graph* 中顶点 *u* 和 *v* 之间插入一条边，权值为 *weight*。
RemoveVert(*graph, v*)：	在图 *graph* 中删除顶点 *v* 及所有邻接于顶点 *v* 的边。
RemoveEdge(*graph, u, v*)：	在图 *graph* 中删除顶点 *u* 和 *v* 之间的边。
DFS(*graph*)：	按深度优先遍历图 *graph* 中的顶点。
DFS(*graph, v, visited*)：	从顶点 *v* 开始深度优先遍历图 *graph*，*visited* 记录顶点访问标记。
BFS(*graph*)：	按广度优先遍历图 *graph* 中的顶点。
BFS(*graph, v, visited*)：	从顶点 *v* 开始广度优先遍历图 *graph*，*visited* 记录顶点访问标记。

}

7.3　图的存储表示及实现

　　图结构中顶点间的关系最为复杂，存储顶点和顶点间的关系难度增大，但依然可以从顺序和链式结构两种存储表示方式上找解决方案。以下将讨论以顺序结构为基础的邻接矩阵，以链式结构为基础的邻接表，基于邻接表的两种改进的存储方式：多重邻接表和十字链表，以及图的基本操作实现。

7.3.1 邻接矩阵和加权邻接矩阵

图的存储既要考虑顶点的存储，又要考虑边的存储。如果按照线性结构和树形结构的存储思路，找到一个类似的既能同时存储顶点，又能存储表示顶点间关系的边的结构就非常困难。不妨换个思路，将顶点和边的存储独立开来。例如，对于图 $G= <V, E>$，记 $n=|V|$ 为顶点个数、$m=|E|$ 为边的条数。顶点 V 可以用一个一维数组来存储；边因为是用来描述任意两个顶点间的关系，可以用一个二维数组，即一个 n 行 n 列的矩阵 $A=(a_{ij})$ 来存储，其中 $a[i][j]$ 表示顶点 v_i 和 v_j 之间的关系情况。这种顶点由一个一维数组存储、边由一个二维数组存储的方式，称为邻接矩阵存储法或邻接矩阵表示法。当图中的边带有权值时，这种存储表示方式称为加权邻接矩阵表示法。

1. 邻接矩阵表示法

在一维数组中存储顶点信息时，因为各顶点地位相同，在数组中将顶点排成任何顺序都可以。一旦所有顶点存储在这个数组中，每个顶点就对应了唯一的一个数组下标。由此，在邻接矩阵表示中顶点 v_i 即存储在一维数组中下标为 i 的顶点。如果非加权图中存在一条自顶点 v_i 到 v_j 的有向边或无向边，那么在矩阵 A 中 $a[i][j]=1$，否则 $a[i][j]=0$。另外，按照简单图的定义，主对角线上的元素 $a[i][i]=0$，即顶点到自身没有边相连。

以上规则可以用统一的公式表示：

$$a[i][j]=\begin{cases} 1, & \text{存在 } <i,j> \in E \text{ 或 } (i,j) \in E \\ 0, & \text{不存在 } <i,j> \in E \text{ 或 } (i,j) \in E \end{cases}$$

可以看出，对于存储边的矩阵来说，如果没有一维数组中顶点的具体存储顺序，是没有确定的物理意义的。对同一个图，顶点在一维数组中的存储顺序不同，矩阵就完全不同。

图7-9为图的邻接矩阵表示示例。观察图7-9（a）中无向图及其邻接矩阵，无向图的同一条边在邻接矩阵中出现两次，如顶点 A、C 之间有一条无向边，则邻接矩阵 $a[0][2]$ 和 $a[2][0]$ 都为1。一般情况下，如顶点 v_i 和 v_j 之间有一条无向边，那么 $a[i][j]=a[j][i]=1$。这意味着，无向图的邻接矩阵是以主对角线为轴对称的。

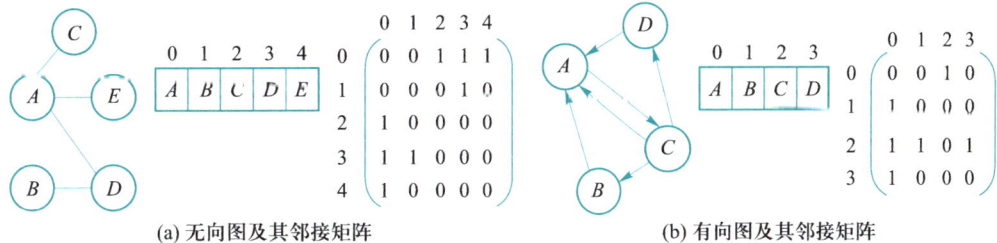

(a) 无向图及其邻接矩阵   (b) 有向图及其邻接矩阵

图 7-9　图的邻接矩阵表示示例

2. 邻接矩阵表示法的优缺点

邻接矩阵表示法的优点是：判断任意两个顶点 v_i 和 v_j 之间是否存在一条边非常容

易，直接看$a[i][j]$，用$O(1)$的时间就可以完成。另外，在用邻接矩阵表示无向图和有向图时，可以很容易地得到顶点的度或者出度、入度。也就是说，在无向图中，某一行或某一列中所有1的个数，就是相应顶点的度。在有向图中，其邻接矩阵某一行中所有1的个数，就是相应行顶点的出度；而某一列中所有1的个数，就是相应列顶点的入度。例如，图7-9（a）所示无向图的邻接矩阵中，第4行和第4列中1的个数都为1，意味着顶点E的度为1；而第3行和第3列中1的个数都为2，意味着顶点D的度为2。图7-9（b）所示有向图的邻接矩阵中，第1行中1的个数为1，意味着顶点B的出度为1；第0列中1的个数为3，意味着顶点A的入度为3。

邻接矩阵表示法的缺点是：即使边的总数远远小于n^2，也需要n^2个内存单元来存储边的信息，空间消耗太大。如果图是稠密图（边数非常多），对于有向图来说，采用邻接矩阵还是合适的。而对于无向图来说，因其关于主对角线对称，为节省空间，可以只存储它的上三角矩阵或下三角矩阵；又因主对角线全为零，在上三角矩阵或下三角矩阵的存储中也可去除主对角线元素。这样，所占用的数组元素（可用一维数组作为它的存储结构）个数将为$0+1+2+\cdots+n-1=n(n-1)/2$（$n$为顶点个数），和原来需要存储$n^2$个元素相比，空间节约了一半多。

反之，如果图是稀疏图（边数很少），矩阵中的非零元素个数远远小于矩阵元素总数，并且非零元素的分布没有规律，则无论采用上述哪种方法都不合算。稀疏矩阵存储的直观方法是：只存储其中的非零元素和非零元素所在的位置，这在第2章中已经有所讨论。通常的做法是，每个非零元素$a[i][j]$用一个三元组来表示，即（$i, j, a[i][j]$）。然后将此三元组按照一定的次序排列，如先按照行序再按照列序排列。三元组可以放在顺序表或者链表中。请读者思考如何用此结构实现稀疏矩阵的存储并分别完成矩阵的加法、乘法、转置等任务。

3. 加权邻接矩阵表示法

当图中的边带有权值时，可以用加权邻接矩阵表示加权有向图或无向图。参照图7-10所示的加权有向图及其邻接矩阵，如果顶点v_i到v_j有一条有向边且其权值为8，可令$a[i][j]=8$。有向图的权值常表示一种代价，因此顶点间无边相连用∞表示比用0表示更合适，即可令$a[i][j]=\infty$。在使用某种高级语言编程实现时，任何一种数据类型都受字节数所限，值在内存中的表示是有范围的，如4个字节的有符号整数最大只能取到$2^{31}-1$，并不能真正地取到∞。因此权值为整数时，∞常用整数的最大值或者选择一个相对非常大的值来代表。

在计算顶点v_i的度或者出度、入度时，对于加权有向图而言，其邻接矩阵第i行的元素值为非0且非∞的个数是顶点v_i的出度、第j列的元素值为非0且非∞的个数是顶点v_j的入度；对于加权无向图而言，其邻接矩阵第i行或第i列的矩阵元素值为非0且非∞的个数是顶点v_i的度。

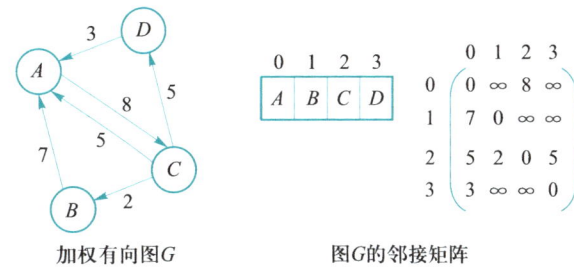

加权有向图G　　　　　　图G的邻接矩阵

图 7-10　有向加权图及其邻接矩阵示例

7.3.2　邻接表

当图中的边很少时，邻接矩阵中很多元素都是 ∞，此时用邻接矩阵表示将浪费大量的空间。为节约空间，可以仅存储有边的信息，不存储无边信息，即采用邻接表表示法进行存储。

1. 邻接表表示法

在邻接表表示法中，顶点依然用一个一维数组来存储，而边的存储是将由同一个顶点出发的所有边组成一条单链表。存储顶点的一维数组称为顶点表，存储边信息的单链表称为边表，一个图由顶点表和边表共同表示。顶点表不仅保存各个顶点的信息，还保存由该顶点射出的边形成的单链表中首结点的地址（首指针）。例如，图 7-11 和图 7-12 分别是有向图和无向图的邻接表表示示例。

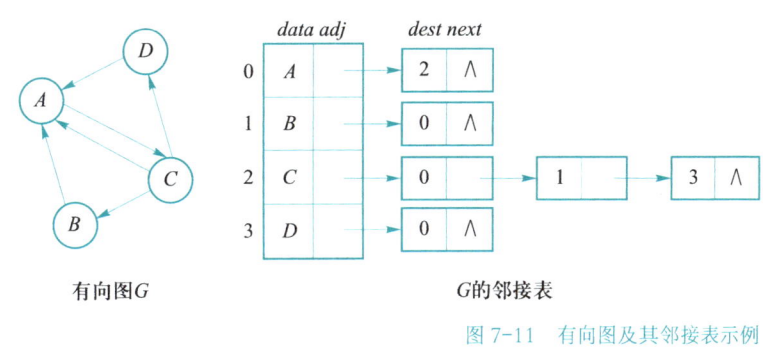

有向图G　　　　　　　　G的邻接表

图 7-11　有向图及其邻接表示例

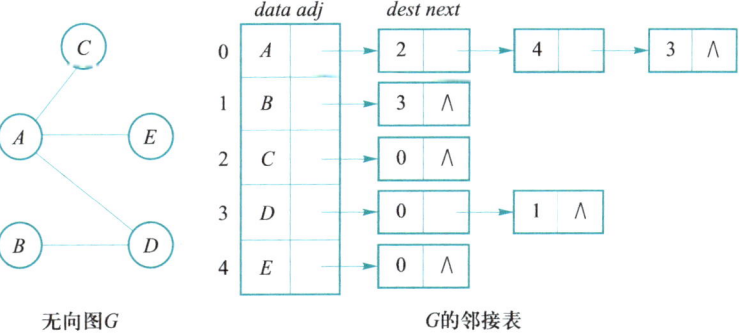

无向图G　　　　　　　　G的邻接表

图 7-12　无向图及其邻接表示例

用邻接表表示时，顶点表是一个一维数组，每个顶点由两个字段构成，一个字段是数据字段 *data*，保存顶点的值和其他信息；另一个字段是指针字段 *adj*，保存由该顶点射出的边表中首结点的地址。边表是由边结点链接而成的单链表，每个边结点由两个字段构成：一个字段为 *dest*，它给出该边到达（射入）的顶点的地址（顶点的地址就是该顶点对应的数组下标）；另一个字段是 *next*，它给出自同一顶点出发的下一条边的边结点地址。

在图 7-11 所示的有向图 *G* 的邻接表中，0、1、2、3 分别表示顶点 *A*、*B*、*C*、*D* 在顶点表中存储时的下标。从顶点 *C* 的 *adj* 字段可以得到它的第一条边的边结点地址 <2, 0>，该边结点中的 *dest* 字段的值为 0，表示它是由顶点 *C* 出发的一条到达顶点 *A* 的边，该边结点的 *next* 字段指向的下一条边结点地址 <2, 1> 中 *dest* 字段的值为 1，表示它是由顶点 *C* 出发的一条到达顶点 *B* 的边，其 *next* 指向的下一条边结点地址 <2, 3> 中 *dest* 字段的值为 3，表示它是由顶点 *C* 出发的一条到达顶点 *D* 的边。

在图 7-12 所示的无向图 *G* 的邻接表中，由于图中任意一条边存储了两次，边（*A*, *C*）在顶点 *A* 和顶点 *C* 的边表中都出现了，用了两个边结点，故邻接表中有 8 个边结点。

2. 邻接表表示法与邻接矩阵表示法的对比

图用邻接表表示时，如果想得到某个顶点 *v* 的出度（有向图）或度（无向图），需要遍历该顶点 *v* 指向的边表，同时统计边结点的个数，遍历的时间消耗是这条边表的长度 m_v，即时间复杂度为 $O(m_v)$。该时间复杂度与顶点个数 *n* 没有关系，在这点上和用邻接矩阵表示的时间复杂度固定为 $O(n)$ 不同。

图用邻接表表示时，要判断两个顶点 *v*、*u* 间是否有边，也需要遍历 *v* 顶点指向的边表，同时逐一检查是否有边结点中 *dest* 字段为 *u* 的下标，时间复杂度为 $O(m_v)$。而用邻接矩阵表示时，时间复杂度为 $O(1)$。在这点上，邻接表的性能不如邻接矩阵。

此外，图用邻接表表示时，在计算某个顶点的入度时更为不便，需要遍历所有的边表，时间代价为 $O(n+m)$；而采用邻接矩阵表示的时间代价为 $O(n)$。

但在存储图结构的空间上，图用邻接表表示时，空间复杂度为 $O(n+m)$，比用邻接矩阵表示时的空间复杂度 $O(n^2)$ 节省，尤其在图比较稀疏的情况下能够极大地提高空间的利用率。

3. 逆邻接表表示法

考虑到用邻接表表示时，对于需要经常查询射入边和计算顶点的入度类的应用来说十分不便，由此提出了图的逆邻接表表示法。在有向图的逆邻接表中，顶点表保存该顶点的射入边形成的单链表的首结点地址。图 7-13 是一个有向图用逆邻接表表示的示例。从图 7-13 可以看出，求某个顶点的入度很方便，只需要遍历该顶点的边表即可。例如，计算 *A* 的入度，遍历并计数 *A* 的边表中边结点的个数，可得出入度为 3 的结论。逆邻接表有利于查询某个顶点的入度，但不利于查询某个顶点的出度。为了兼顾两者，

7.3.4小节提出了用十字链表存储，即让一个表示有向边 $<u, v>$ 的边结点既出现在顶点 u 射出的边表中，也出现在射入顶点 v 的边表中。

类似地，在无向图的邻接表表示中，所有边都被存储了两次，为了解决边结点重复表示的问题，7.3.3小节提出了多重邻接表的概念，即一条边仅用一个边结点表示，让同一个边结点链接到两个邻接点对应的边表中。

对于加权图，只需在边结点中增加一个字段 *weight*，用于存放该条边的权值。

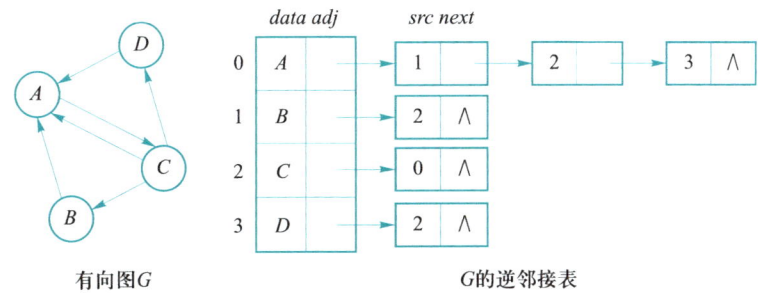

有向图 *G*   *G* 的逆邻接表

图 7-13 有向图及其逆邻接表示例

4. 邻接表表示法的改进

在常规的邻接表表示法中，顶点表用了一维数组，图初始化时需要预估数组规模 *kMaxVertex* 的大小，如果这个常量值没有预留足够扩展的空间，顶点增加到一定程度就比较麻烦了，需要重新申请更大的空间，并将顶点数据从老空间中移到新的空间中去。一个改进办法是顶点表也采用链式结构，这样就不需要预估空间大小，每增加一个顶点时只需临时申请存储该顶点所需的空间即可。用单链表表示顶点表的示例见图 7-14 所示。

特别注意：因为顶点表不再用数组表示，在边表中射入顶点（*dest* 字段）再用下标作为地址就没有意义了，该地址必须是记录顶点地址的指针类型。例如，顶点 *A* 的边表中第一条边中 $<C>$ 表示射入顶点的存储地址，即顶点表中存储 *C* 顶点的结点地址。

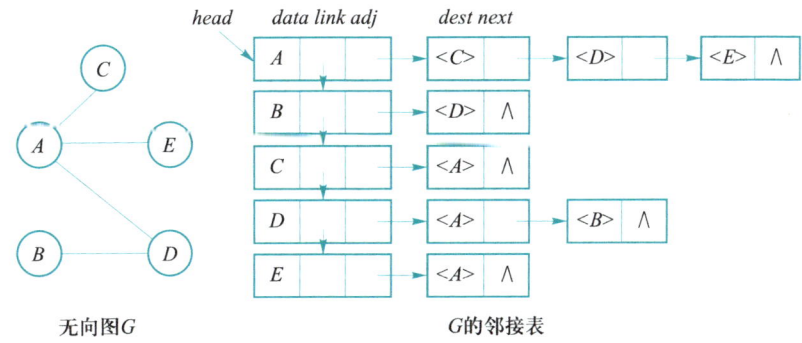

无向图 *G*   *G* 的邻接表

图 7-14 用单链表表示顶点表的无向图及其邻接表示例

*7.3.3　多重邻接表

　　邻接表表示无向图时每条边都用了两个边结点，即同一条边被存储了两次。这样做一方面会造成空间浪费，另一方面在某些应用中（如遍历所有边时）也会因重复造成不便，由此提出了多重邻接表的概念。

　　多重邻接表中每条边仅使用一个边结点来表示，即只存储一次，但这个边结点同时要在其邻接的两个顶点的边表中被链接。为了方便被两个边表同时链接，每个边结点不再像邻接表中那样只存储边的一个顶点，而是存储两个顶点。多重邻接表的具体示例见图7-15所示。可以看到，每个边结点用$ver1$、$ver2$来存储边的两个顶点。

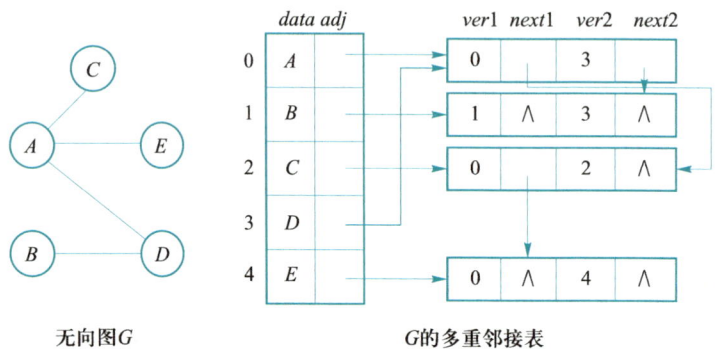

图 7-15　多重邻接表示例

　　在图7-15所示的多重邻接表中，首先观察顶点A。和顶点A相邻的边有3条，顶点表中存A的0下标分量中adj字段指向第1条边结点$(0,3)$，这个边结点中A的下标0在$ver1$字段中，和A相邻的第二条边$(0,2)$对应的结点地址就存在$(0,3)$的$next1$字段中。第2条边$(0,2)$的结点中，A的下标0仍在$ver1$中，因此第三条边$(0,4)$对应的结点地址也存在$(0,2)$的$next1$字段中。第3条边$(0,4)$对应的结点中A下标0仍在$ver1$中，那么第4条边地址也在$next1$中，可以看出$(0,4)$结点中$next1$为NIL，说明第4条边不存在，这样顶点A的边表中就链接了3条边。在这个边表中，3条边的先后次序是随意的，没有固定的顺序。

　　再观察顶点D。和D相邻的边有2条，分别是$(0,3)$和$(1,3)$，故D顶点的adj字段指向$(0,3)$，因3在这条边结点的$ver2$中，因此和D相邻的下一条边地址存在$next2$中，它指向了$(1,3)$，而这条边也因3在$ver2$中，因此再下一条边也在$next2$中（如果D的下标3在$ver1$中，则下一条边的地址就存在$next1$中），它为NIL，说明下一条边不存在，D的边表中共有2个结点。在这个示例中可以看出，每条边只存储了一次。

　　无向图用多重邻接表表示时，如果要计算某个顶点的度，只需顺着这个顶点在顶点表中的adj字段，一路观察该顶点在边表中的下标在$ver1$还是$ver2$中。如果在$ver1$中继续沿着$next1$数，如果在$ver2$中则继续沿着$next2$数，直到遇到空指针结束。例如，在图7-15中用此方法数到顶点A的边表中链接了3条边，所以A的度为3。

在表示边时，两个顶点谁先谁后都可以，如边(A, D)既可以用（0, 3），也可以用（3, 0）表示，即0和3均可在ver1或ver2。一般来说，为了避免不小心重复而出错，可以一直按照ver1小于ver2的原则进行。

关于多重邻接表表示的无向图的基本操作算法，请读者自行实现。

*7.3.4 十字链表

在用邻接表表示有向图时，可以很方便地得出某顶点所有射出的边；而用逆邻接表表示有向图时，可以很方便地得出某顶点所有射入的边。在同一种表示中两者无法兼顾，由此提出了十字链表结构。十字链表将邻接表和逆邻接表结合在了一起。

图7-16是十字链表表示的示例。在顶点表中，*first_out*记录了该顶点第一条射出的边、*first_in*记录了该顶点第一条射入的边。而在边结点中，v1是弧尾、v2是弧头，即v1射向了v2；*out*指向同样由v1射出的边结点地址，*in*指向同样射向v2的边结点地址。如在图7-16（a）所示的有向图中，顶点C射出的边有3条，*first_out*指向了第1条边<2, 0>，<2, 0>边结点的*out*字段指向了第2条边<2, 1>，<2, 1>边结点的*out*字段指向了第3条边<2, 3>，<2, 3>边结点的*out*字段指向了空，表示没有了。顶点A射入的边有3条，*first_in*指向了第一条<1, 0>，<1, 0>边结点的*in*字段指向了第二条<2, 0>，

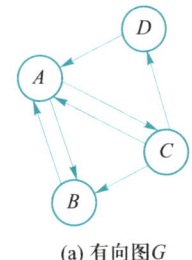

(a) 有向图G

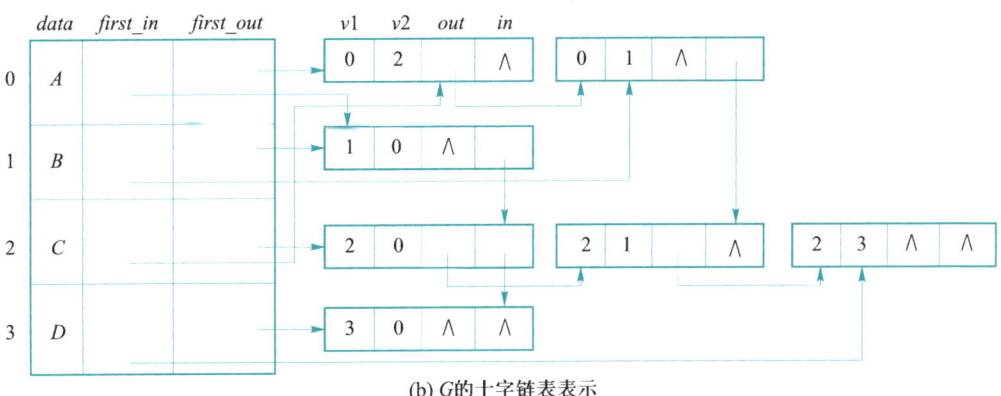

(b) G的十字链表表示

图 7-16　有向图的十字链表表示示例

<2, 0> 边结点的 *in* 字段指向了第三条 <3, 0>，<3, 0> 边结点的 *in* 字段指向了空，表示没有了。

7.3.5　图的基本操作实现

图的操作所需要花费的时间通常既和顶点的个数 *n* 有关，又和边的条数 *m* 有关，因此时间复杂度会包含 *n* 和 *m* 两个变量。

一般情况下，当需要对图中的顶点进行处理时，需要先知道这个顶点在图中的编号。查找编号最简单的办法是搜索整个顶点表，时间复杂度是 $O(n)$。但这个额外的时间复杂度较高，实际工程中通常是用更快的 $O(1)$ 算法来取编号。由于各种快捷的映射方法不是本章讨论的重点，因此在本章后面的所有讨论中，当提到顶点时都默认指代的是该顶点的编号，而非顶点携带的信息。

1. 用邻接矩阵表示的图的基本操作

对于一个用邻接矩阵表示的图，假设已知条件为：图中实际顶点数 *n_verts*，图中实际边数 *m_edges*，图中顶点可能的最大数 *kMaxVertex*，保存顶点数据的一维数组 *ver_list*，保存邻接矩阵内容的二维数组 *edge_matrix*，无边时权重的赋值 *no_edge_value*（一般图为 0，加权图为无穷大 *kMaxNum*），以及有向图或无向图标记 *directed*（有向图为 true，无向图为 false）。

算法 7-1～算法 7-6 为图用邻接矩阵表示时的部分基本操作伪代码描述。

算法 7-1：获取图的顶点数 NumberOfVerts(*graph*)

输入：图 *graph*

输出：图的顶点数 *graph.n_verts*

1.　　**return** *graph.n_verts*

算法 7-1 的时间复杂度为 $O(1)$。

算法 7-2：判断边是否存在 ExistEdge(*graph*, *u*, *v*)

输入：图 *graph*、两个顶点 *u* 和 *v*

输出：*u* 到 *v* 有边，返回 **true**；否则，返回 **false**

1.　　*ret* ← **false**
2.　　**if** $0 \le u < graph.n\_verts$ 且 $0 \le v < graph.n\_verts$ **then**
3.　　| **if** $u \ne v$ 且 *graph.edge_matrix*[*u*][*v*] ≠ *graph.no_edge_value* **then**
4.　　| | *ret* ← **true**
5.　　| **end**
6.　　**end**
7.　　**return** *ret*

　　不考虑获取顶点编号的时间，算法7-2的时间复杂度为 $O(1)$。

算法7-3：找顶点的第一个邻接顶点 FirstAdjVert(*graph*, *v*)

输入：图 *graph*、顶点 *v*

输出：图 *graph* 中顶点 *v* 的第一个邻接顶点，若 *v* 无邻接顶点则返回 NIL

1.　**for** $u \leftarrow 0$ **to** *graph.n_verts*-1 **do**
2.　| **if** ExistEdge(*graph*, *v*, *u*)=**true then**
3.　| | **return** *u*
4.　| **end**
5.　**end**
6.　**return** NIL

　　算法7-3的时间复杂度分析：第1行~第5行循环语句，时间复杂度为 $O(n)$。循环内部用到时间复杂度为常数级的算法7-2，所以总的时间复杂度为 $O(n)$。

算法7-4：向图中插入边 InsertEdge(*graph*, *u*, *v*, *weight*)

输入：图 *graph*，边的两个端点 *u* 和 *v*，边的权重 *weight*

输出：插入了边 (*u*, *v*) 或 <*u*, *v*> 的图

1.　**if** ExistEdge(*graph*, *u*, *v*)=**false then**
2.　| *graph.edge_matrix*[*u*][*v*]$\leftarrow$*weight*
3.　| *graph.m_edges*$\leftarrow$*graph.m_edges*$+1$
4.　| **if** *graph.directed*=**false then**　//如果是无向图，对主对角线对称的元素赋值
5.　| | *graph.edge_matrix*[*v*][*u*]$\leftarrow$*weight*
6.　| **end**
7.　**end**

　　算法7-4的主要操作是利用算法7-2判断边是否已经存在，以及将边的信息在邻接矩阵中更新。因此总的时间复杂度为 $O(1)$。

算法7-5：从图中删除边 RemoveEdge(*graph*, *u*, *v*)

输入：图 *graph*，边的两个端点 *u* 和 *v*

输出：删除了边 (*u*, *v*) 或 <*u*, *v*> 的图

1.　**if** ExistEdge(*graph*, *u*, *v*)=**true then**
2.　| *graph.edge_matrix*[*u*][*v*]$\leftarrow$*graph.no_edge_value*
3.　| *graph.m_edges*$\leftarrow$*graph.m_edges*-1
4.　| **if** *graph.directed*=**false then**　//如果是无向图，对主对角线对称的元素赋值
5.　| | *graph.edge_matrix*[*v*][*u*]$\leftarrow$*graph.no_edge_value*
6.　| **end**
7.　**end**

算法7-5是算法7-4的反向操作，其时间复杂度也是$O(1)$。

算法7-6：从图中删除顶点及所有邻接于该顶点的边 RemoveVert(*graph*, *v*)

输入：图*graph*、顶点*v*

输出：删除了顶点*v*及所有邻接于顶点*v*的边的图*graph*

1.　**if** *v*<0或*v*⩾*graph.n_ verts* **then**
2.　| 待删除的顶点不存在，退出
3.　**end**
4.　*graph.ver_ list*[*v*]←*graph.ver_ list*[*graph.n_ verts*-1]　//用最后一个顶点信息覆盖*v*
5.　*count*←0　//*count*计数由顶点*v*射出的边的条数
6.　**for** *u*←0 to *graph.n_ verts*-1 **do**
7.　| **if** ExistEdge(*graph*, *v*, *u*)=**true then**
8.　| | *count*←*count*+1
9.　| **end**
10.　**end**
11.　**if** *graph.directed*=**true then**　//有向图还要计数射入顶点*v*的边的条数
12.　| **for** *u*←0 to *graph.n_ verts*-1 **do**
13.　| | **if** ExistEdge(*graph*, *u*, *v*)=**true then**
14.　| | | *count*←*count*+1
15.　| | **end**
16.　| **end**
17.　**end**
18.　**for** *u*←0 to *graph.n_ verts*-1 **do**　//将矩阵最后一行移入第*v*行
19.　| *graph.edge_ matrix*[*v*][*u*]←*graph.edge_ matrix*[*graph.n_ verts*-1][*u*]
20.　**end**
21.　**for** *u*←0 to *graph.n_ verts*-1 **do**　//将矩阵最后一列移入第*v*列
22.　| *graph.edge_ matrix*[*u*][*v*]←*graph.edge_ matrix*[*u*][*graph.n_ verts*-1]
23.　**end**
24.　*graph.m_ edges*←*graph.m_ edges-count*　//更新边的条数
25.　*graph.n_ verts*←*graph.n_ verts*-1　　　　//更新顶点的个数

算法7-6的主要操作是第6行~第10行的循环、第12行~第16行的循环，以及第18行~第23行的两个循环，所有循环的时间复杂度都是$O(n)$，所以总体时间复杂度也是$O(n)$。

2. 用邻接表表示的图的基本操作

对于一个用邻接表表示的图，假设已知条件为：图中实际顶点数*n_ verts*，图中实际边数*m_ edges*，图中顶点可能的最大数*kMaxVertex*，保存顶点数据的一维数组*ver_ list*，以及有向图或无向图标记*directed*（有向图为true，无向图为false）。

算法7-7~算法7-10为图用邻接表表示时部分基本操作伪代码描述。

算法7-7：返回图中顶点的第一个邻接顶点 FirstAdjVert(*graph*, *v*)

输入：图*graph*、顶点*v*

输出：图*graph*中顶点*v*的第一个邻接顶点，若*v*无邻接顶点返回NIL

1.　**if** $0 \leqslant v < graph.n\_verts$ 且 $graph.ver\_list[v].adj \neq$ NIL **then**
2.　| $u \leftarrow graph.ver\_list[v].adj.dest$
3.　**else**
4.　| $u \leftarrow$ NIL
5.　**end**
6.　**return** u

　　　算法7-7的时间复杂度为$O(1)$。

算法7-8：判断边是否存在 ExistEdge(*graph*, *u*, *v*)

输入：图*graph*、两个顶点*u*和*v*

输出：*u*到*v*有边返回**true**，否则返回**false**

1.　$ret \leftarrow$ **false**
2.　**if** $0 \leqslant u < graph.n\_verts$ 且 $0 \leqslant v < graph.n\_verts$ **then**
3.　| $p \leftarrow graph.vert\_list[u].adj$
4.　| **while** $p \neq$ NIL 且 $p.dest \neq v$ **do**
5.　| | $p \leftarrow p.next$
6.　| **end**
7.　| **if** $p \neq$ NIL **then**
8.　| | $ret \leftarrow$ **true**
9.　| **end**
10.　**end**
11.　**return** ret

　　　算法7-8的时间复杂度分析：第4行~第6行语句花费的时间为顶点*u*的边表中边的条数，显然不会超过总边数*m*，且顶点数最大为*n*-1。所以总的时间复杂度为$\min(O(n),$ $O(m))$。

算法7-9：向图中插入边 InsertEdge(*graph*, *u*, *v*, *weight*)

输入：图*graph*，边的两个端点*u*和*v*，边的权重*weight*

输出：插入了边(u, v)或$<u, v>$的图

1.　**if** ExistEdge(*graph*, *u*, *v*)=**false then**
2.　| $p \leftarrow$ **new** EdgeNode( )
3.　| $p.dest \leftarrow v$
4.　| $p.weight \leftarrow weight$
5.　| $p.next \leftarrow graph.ver\_list[u].adj$
6.　| $graph.ver\_list[u].adj \leftarrow p$

7. | *graph.m_ edges* ← *graph.m_ edges*+1
8. | **if** *graph.directed*=**false then**   //如果是无向图，还要将u插入v的边表中
9. | | *p*←**new** EdgeNode( )
10. | | *p.dest* ← *u*
11. | | *p.weight* ← *weight*
12. | | *p.next* ← *graph.ver_ list[v].adj*
13. | | *graph.ver_ list[v].adj* ← *p*
14. | **end**
15. **end**

算法7-9的操作主要是利用算法7-8判断要插入的边是否已经在图中，完成这一步后，创建结点插入边表头只需要$O(1)$时间。因此其总的时间复杂度与算法7-8是一样的。

算法7-10：从图中删除顶点及所有邻接于该顶点的边 RemoveVert(*graph*, *v*)

输入：图*graph*、顶点*v*
输出：删除了顶点*v*及所有邻接于顶点*v*的边的图*graph*

1. **if** *v*<0或*v*≥*graph.n_ verts* **then**
2. | 待删除的顶点不存在，退出
3. **end**
4. *count*←0   //*count*计数与顶点*v*邻接的边的条数
5. *p*←*graph.ver_ list[v].adj*
6. **while** *p*≠NIL **do**   //计数并删除由顶点*v*射出的边
7. | *next_ p*←*p.next*
8. | **delete** *p*
9. | *count* ← *count*+1
10. | *p* ← *next_ p*
11. **end**
12. **for** *u*←0 **to** *graph.n_ verts*−1 **do**   //删除射入顶点*v*的边
13. | *p*←*graph.ver_ list[u].adj*
14. | **if** *p*≠NIL **then**   //非空链表
15. | | **if** *p.dest*=*v* **then**   //首结点为射入顶点*v*的边
16. | | | *graph.ver_ list[u].adj* ← *p.next*
17. | | | **delete** *p*
18. | | | *count*←*count*+1
19. | | **else**   //非首结点
20. | | | **while** *p.next* ≠ NIL 且 *p.next.dest*≠*v* **do**   //找到射入顶点*v*的边
21. | | | | *p* ← *p.next*
22. | | | **end**
23. | | | **if** *p.next* ≠ NIL **then**   //找到<*u*, *v*>这条边，删除
24. | | | | *next_ p* ← *p.next*
25. | | | | *p.next* ← *next_ p.next*

26. | | | | **delete** *next_p*
27. | | | | *count*←*count*+1
28. | | | **end**
29. | | **end**
30. | **end**
31. **end**
32. *last_v*←*graph.n_verts*-1 //最后一个顶点的编号
33. **for** *u*←0 **to** *last_v*-1 **do**   //将原来射入最后一个顶点的边都更新编号为*v*
34. | *p*←*graph.ver_list[u].adj*
35. | **while** *p*≠NIL 且 *p.dest*≠*last_v* **do**   //找到射入顶点*v*的边
36. | | *p*←*p.next*
37. | **end**
38. | **if** *p*≠NIL **then**   //将原来射入最后一个顶点的边都更新编号为*v*
39. | | *p.dest*←*v*
40. | **end**
41. **end**
42. *graph.ver_list[v]*←*graph.ver_list[last_v]*   //将顶点表中最后一个顶点移到位置*v*
43. **if** *graph.directed*=**false then**   //无向图实际删除的边数要减半
44. | *count*←*count*/2
45. **end**
46. *graph.m_edges*←*graph.m_edges*-*count*   //更新边数
47. *graph.n_verts*←*graph.n_verts*-1   //更新顶点个数

　　算法7-10的时间复杂度最高的操作是第12行~第31行语句，包含了两重循环，内外循环体执行次数相互并不独立。此时打开外循环，观察循环体执行情况可知：每次读取1个顶点*u*，并遍历顶点*u*的边表（边的条数为m_i），总的时间花费为$\sum_{i=1}^{n}(1+m_i)=n+m$，时间复杂度为$O(n+m)$。因此算法总的时间复杂度为$O(n+m)$。

7.4　图的遍历

　　对图进行遍历是按照某种方式逐个访问图中的所有顶点，并且每个顶点只能被访问一次。和二叉树的遍历类似，图的遍历也是图最基本的操作，基于遍历可以方便地实现很多复杂的属性类操作。

　　依照前面存储方式的讨论，无论是邻接矩阵还是邻接表，其顶点都用一个顶点表存储，因此最简单的方式是沿着顶点表循环访问一遍，由此达到遍历的目标。这种方式完全没有借用边的信息，下面介绍两种借助边信息实现遍历的方法：图的深度优先遍历和广度优先遍历。基于这两种遍历方法，可以解决图中更多涉及边的问题，如图的连通性问题。

为了更好地理解图的深度优先遍历和广度优先遍历方法，先来研究一下图中顶点和二叉树中结点的不同。首先，图中的顶点地位相同，没有特殊的顶点，而二叉树结构中有一个特殊的根结点。其次，图中一个顶点可以和图中多个其他顶点邻接，可看作有多个前驱结点和多个后继结点，并可能存在回路，而二叉树中每个结点的前驱结点只有一个，后继结点最多有两个，且不存在回路。在图中沿着边访问顶点时，就可能造成：某个顶点在被一个前驱顶点作为邻接点到达并访问后，又被另外一个前驱顶点作为邻接点到达并试图访问；或者从某个顶点出发，经过一个回路再次回到某个顶点。两种情况都说明，一个顶点在一条路径上被访问后，可能会通过另外一条路径再次到达。为避免重复访问已经访问过的顶点，在图的遍历过程中，通常对已经访问过的顶点加特殊标记（即已访问标记）。

7.4.1　图的深度优先遍历

在图的深度优先遍历中，对顶点的访问过程类似于二叉树的前序遍历。具体如下：
① 从选中的某一个未访问过的顶点出发，访问并对该顶点加已访问标记。
② 从该顶点的未被访问过的第1个、第2个、第3个、……邻接顶点出发，依次进行深度优先遍历，即转向①。
③ 如果还有顶点未被访问过，则选中其中一个顶点作为起始顶点，再次转向①。如果所有的顶点都被访问到，则遍历结束。

按照以上过程可知，同一个图的深度优先遍历结果并不唯一。其原因有两个：一是图中顶点地位相同，出发顶点可选择其中的任意一个；二是一个顶点的邻接顶点并没有固定的排列顺序。但是，一旦图的存储结构确定，邻接顶点的排列顺序也就确定了，此时深度遍历结果也就唯一确定了。

另外，由于图可能不连通，从一个顶点开始做深度优先遍历可能只访问到部分顶点，此时需要重新选择尚未被访问的顶点（即上述访问过程③），从它开始再次进行深度优先遍历。

图7-17示例给出了有向图 G 及其两种不同深度优先遍历结果。

从深度优先遍历的过程可以看出，它是一个典型的递归过程，随着未被访问顶点的逐步减少，它是用了一个对小规模的图的遍历去构建对大规模的图的遍历。下面以图7-17（a）所示的有向图 G 为例，分析深度优先遍历的具体过程。

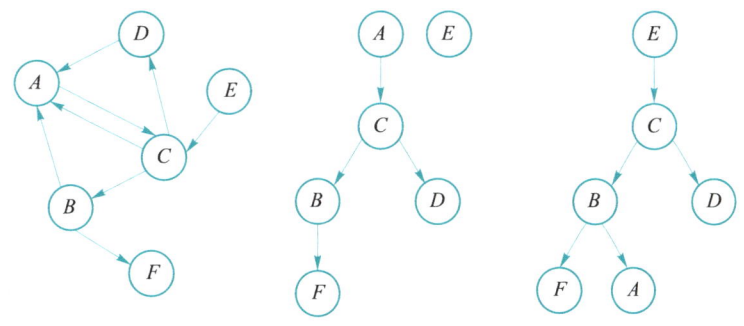

(a) 有向图 G　　　(b) G的深度优先遍历结果1　　(c) G的深度优先遍历结果2

图 7-17　图的深度优先遍历示例

选择图 G 中任意一个未被访问的顶点，如顶点 A 出发，进行深度优先遍历。访问顶点 A，A 有 1 个未访问过的邻接顶点 C；从顶点 C 做深度优先遍历，访问顶点 C，C 有 2 个未访问过的邻接顶点 B、D，逐一从 B、D 出发对图进行深度优先遍历，如此下去，可得到一种顶点访问序列为 A、C、B、F、D、E。很明显，这种遍历的结果是一个森林，如图 7-17（b）所示，它的每条边反映了通过一个顶点访问另一个顶点的过程。该森林包含了有向图 G 中所有的顶点和部分边，因此也是图的生成森林。图 7-17（c）所示是对有向图 G 先访问顶点 E 得到的一棵树，它包含了图 G 中所有的顶点和部分边，是图的一棵生成树，顶点访问序列为 E、C、B、F、A、D。

1. 图的深度优先遍历算法

图的深度优先遍历算法用递归实现非常直观。算法 7-11 和算法 7-12 是图用邻接表存储时的深度优先遍历实现。其中，Visit(*graph*, *v*) 函数是由读者自行定义的对顶点 *v* 上数据的处理操作，如定义为 print *graph.ver_ list*[*v*].*data* 表示打印顶点数据。

算法 7-11：深度优先遍历图中顶点 DFS(*graph*)

输入：图 *graph*

输出：图 *graph* 的深度优先遍历序列

```
1.   for v←0 to graph.n_ verts-1 do    //初始化各顶点的已访问标记为未访问
2.   |  visited[v]←false
3.   end
4.   for v←0 to graph.n_ verts 1 do
5.   |  if visited[v]=false then
6.   |  |  DFS(graph, v, visited)
7.   |  end
8.   end
```

算法7-12：从指定顶点开始深度优先遍历图中顶点 DFS($graph$, v, $visited$)

输入：图$graph$，出发顶点v，已访问标记数组$visited$

输出：图$graph$中从顶点v出发的深度优先遍历序列

1.　　$visited[v] \leftarrow$ **true**
2.　　Visit($graph$, v)
3.　　$p \leftarrow graph.ver\_list[v].adj$
4.　　**while** $p \neq$ NIL **do**
5.　　| **if** $visited[p.dest] =$ **false then**
6.　　| | DFS($graph$, $p.dest$, $visited$)
7.　　| **end**
8.　　| $p \leftarrow p.next$
9.　　**end**

2. 算法时间复杂度分析

分析算法7-11的时间复杂度：第1~3行的第一个for循环初始化 $visited$ 数组，时间为 $O(n)$；第4~8行的第二个for循环中，每一次循环体的执行可能会进入算法7-12的调用，而每次算法7-12的调用中第4行又含有while循环，每次的while循环中又可能进入算法7-12的调用。如此看来，有多层循环嵌套，分析起来较复杂。现在换一个角度观察：算法7-11的第二个for语句循环中，每个顶点v对算法7-12的调用仅有一次，这次调用中会对该顶点对应的边表中的边结点遍历一遍。图中共有n个顶点和m条边，因此总的时间复杂度为 $O(n+m)$。

可以看出，深度优先遍历是采用了纵向深入的思想：先访问当前顶点，然后再以这个顶点为初始顶点，访问该顶点的一个未被访问的邻接顶点。其访问策略是优先往纵向深入挖掘，具有典型的递归思维，因此通过递归来实现最为自然。

我们已经知道，使用栈可以消除递归，而图的深度优先遍历可以看作是树的前序遍历的推广，所以对应的非递归算法实现也和二叉树前序遍历的非递归算法相似，借助一个栈即可完成。读者可参照第5章5.4.3小节的算法尝试自行实现。

7.4.2　图的广度优先遍历

图的广度优先遍历类似于二叉树的层次遍历。其具体访问过程如下：

① 从选中的某一个未被访问过的顶点出发，访问该顶点，并对该顶点加已访问标记。

② 依次对该顶点的未被访问过的第1个，第2个，…，第k个邻接顶点v_1, v_2, …, v_k进行访问，并加已访问标记。

③ 依次对顶点v_1, v_2, …, v_k转向操作②。

④ 如果还有顶点未被访问过，则选中其中一个顶点作为起始顶点，再次转向①。

如果所有的顶点都被访问到，遍历结束。

和图的深度优先遍历原因一样，图的广度优先遍历结果也不唯一。同样地，一旦图的存储结构确定，图的广度优先遍历结果也就确定了。由于图可能不连通，从一个顶点开始做广度优先遍历也可能只访问到部分顶点，此时需要重新选择尚未访问过的顶点（即上述过程中的④），从它开始再次进行广度优先遍历。

从图的广度优先遍历过程可以看出，对图的遍历问题已转化为对顶点的有序访问问题，是典型的非递归思路。

下面以图7-18（a）所示的无向图G为例，分析广度优先遍历的具体过程。假设选中图G中未被访问过的顶点1作为起始点进行访问，依次访问顶点1的所有未被访问过的邻接顶点0和3，再依次访问顶点0和顶点3所有未被访问过的邻接顶点，如此反复下去，直到遍历结束，将得到一个广度优先遍历序列1、0、3、2、6、7、5、4，如图7-18（b）所示。图7-18（c）是先选中顶点6而得出图G的另一种广度优先遍历结果，顶点访问序列为6、2、0、3、1、5、4、7。图7-18（b）及图7-18（c）都是图G的生成森林。可以想象，若图G是一个连通图，将得到一棵生成树；否则，将得到一个生成森林，森林中树的棵数就是此图的连通分量个数。具体来说，根据进入前述访问过程中步骤①的次数就可以计算出无向图是否连通，以及有几个连通分量。当然，这个结论仅限于无向图。

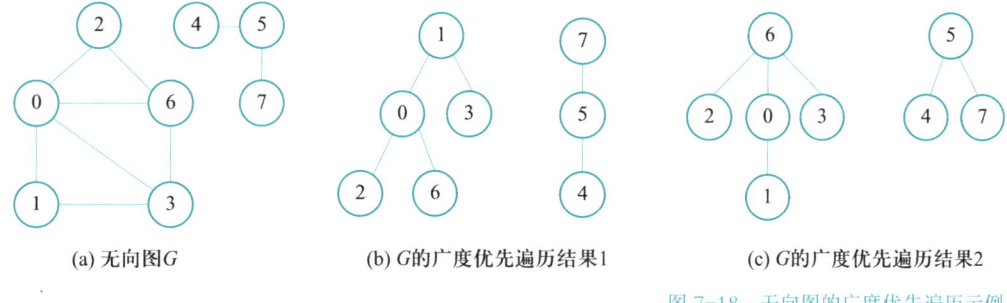

(a) 无向图G (b) G的广度优先遍历结果1   (c) G的广度优先遍历结果2

图7-18 无向图的广度优先遍历示例

1. 图的广度优先遍历算法

图的广度优先遍历算法思想和二叉树的层次遍历算法思想类似，可以借助一个队列来完成。这种遍历不仅可以完全脱离递归，而且反映出了近者优先的原则。算法7-13和算法7-14是图用邻接表存储时的广度优先遍历实现。

算法7-13：按广度优先遍历图中顶点 BFS(*graph*)

输入：图*graph*

输出：图*graph*的广度优先遍历序列

1.   **for** $v \leftarrow 0$ **to** *graph*.n_ *verts*-1 **do**   //初始化各顶点的访问标记为未访问

2. | *visited*[v] $\leftarrow$ **false**

3.   **end**
4.   **for** $v \leftarrow 0$ **to** *graph.n_ verts*-1 **do**
5. | **if** *visited*[*v*]$=$**false then**
6. | | BFS(*graph*, *v*, *visited*)
7. | **end**
8.   **end**

算法7-14：从指定顶点开始广度优先遍历 BFS(*graph*, *v*, *visited*)

输入：图*graph*，出发顶点*v*，已访问标记数组 *visited*

输出：图*graph*中从顶点*v*出发的广度优先遍历序列

1.   InitQueue(*queue*)
2.   EnQueue(*queue*, *v*)
3.   *visited*[*v*]$\leftarrow$**true**
4.   **while** IsEmpty(*queue*)$=$**false do**
5. | *u*$\leftarrow$GetFront(*queue*)
6. | DeQueue(*queue*)
7. | Visit(*graph*, *u*)
8. | *p*$\leftarrow$*graph.ver_ list*[*u*]*.adj*
9. | **while** $p \neq$ NIL **do**
10. | | **if** *visited*[*p.dest*]$=$**false then**
11. | | | EnQueue(*queue*, *p.dest*)
12. | | | *visited*[*p.dest*]$=$**true**
13. | | **end**
14. | | *p*$\leftarrow$*p.next*
15. | **end**
16.   **end**
17.   DestroyQueue(*queue*)

在以上过程中需注意：每访问一个顶点，随即给该顶点加上已访问标记，此标记用于后续再次遇到该顶点时判定该顶点是否被访问过；如果已访问则略过。

2. 算法时间复杂度分析

分析算法7-13的时间复杂度：第1~3行的第一个for循环初始化 *visited* 数组，时间复杂度为 $O(n)$；第4~8行的第二个for循环进入算法7-14，并涉及多层循环嵌套，换个角度可以观察到，整个循环中，对图中每个顶点及其对应的边表都访问过一遍，图中共有 n 个顶点和 m 条边，因此总的时间复杂度为 $O(n+m)$。

3. 图的两种遍历方法的特点

图的深度优先遍历和广度优先遍历既适用于有向图，也适用于无向图。

无论是哪种遍历方式，当一个顶点被访问时，其已经访问过的邻接顶点将不再被访问。换言之，这两个顶点间的边不会出现在遍历中，即一定不存在回路，所以遍历结果只能是树形结构（事实上，集合和线性结构也可看作是树形结构的一种）。

深度优先遍历的特点是"一条路跑到黑"。如果求解时不需要试探几条路就能找到解，则深度优先遍历是不错的选择，因为可以用非常简单的递归实现。虽然递归需要额外的存储空间，但是无论如何都与递归的深度成正比，而这个深度一般比广度优先遍历要搜索的宽度小得多。如果面临的问题是能找到一个解就可以，那么深度优先遍历一般是首选。

广度优先遍历的特点是层层扩散。如果面临的问题是要找到一个距离出发点最近的解，那么广度优先遍历是最好的选择，因为它就是按照距离逐步递增的规律来搜索的，搜索过程中遇到的第一个解即为最终解。而这样的问题如果用深度优先遍历就需要把所有的解都找到，才能从中挑选一个最近的。另一方面，广度优先遍历需要程序员自己编程实现队列，代码比较长；而且这个队列要能同时存储一整层顶点，图如果是一棵满二叉树，每层顶点的个数是呈指数级增长的，则耗费的空间又会比较大。

当遇到一个具体问题时，通常要根据算法耗费的时间、空间，以及程序员编写程序所耗费的时间来综合考虑，以选择适用的遍历方法。

7.5 图的连通性

图的深度优先遍历和广度优先遍历都使用了图中边的信息，因此借助这两种遍历方法能很方便地判断出图的连通性。以下将分别讨论无向图和有向图的连通性求解方案，以及如何借助遍历验证六度空间理论。

7.5.1 无向图的连通性

如果无向图是连通的，那么选定图中任何一个顶点，从该顶点出发，通过遍历就能到达图中其他所有顶点。具体来说，可在7.4节的深度优先遍历或广度优先遍历实现算法中增加一个计数器，记录从算法7-11进入算法7-12或从算法7-13进入算法7-14的次数，根据次数即可判断出该图是否连通，如果不连通，可计数有几个连通分量，并列出每个连通分量包含的顶点。

算法7-15是在算法7-13的基础上增加一个连通分量计数器 count，最后通过 count 的值判断无向图是否连通。当 count=1 时，表示它是连通图；当 count>1 时，表示它不是连通图，且有 count 个连通分量。

算法7-15：图的连通性判断 IsConnected(*graph*)

输入：图 *graph*

输出：图 *graph* 的连通性；若不连通，输出连通分量的数量

```
1.    for v←0 to graph.n_verts−1 do   //初始化各顶点的访问标记为未访问
2.    |  visited[v]←false
3.    end
4.    count ← 0
5.    for v←0 to graph.n_verts−1 do
6.    |  if visited[v]=false then
7.    |  |  count ← count+1
8.    |  |  BFS(graph, v, visited)
9.    |  end
10.   end
11.   if count=1 then
12.   |  ret ← true
13.   else
14.   |  print count
15.   |  ret ← false
16.   end
17.   return ret
```

★7.5.2 六度空间理论的验证

哈佛大学的心理学教授 Stanley Milgram 于1967年设计并实施了一次连锁信件实验，具体做法是：将设计好的信件随机发送给居住在内布拉斯加州的160个人，信中写上了一个波士顿股票经纪人的名字，要求每个收信人收到信后，再将这个信寄给自己认为比较接近该股票经纪人的朋友，要求后面收到信的朋友也照此操作。最后发现，总有信件在经历了不超过6个人之后就送到了该股票经纪人手中。Milgram 由此提出了"小世界理论"，也称"六度空间理论"或"六度分隔理论"。该理论假设世界上所有互不相识的人只需要很少的中间人就能建立起联系，具体来说就是：在世界上任何两个陌生人之间所间隔的人数不会超6个，即最多通过6个人你就能够认识任何一个陌生人。

这种人际相识的关系网络（也称社会网络）可用无向图表示，图中顶点代表人，顶点之间的边代表人与人之间相识。则六度空间理论可转化为：无向图中任意两点之间的最短距离不会超过6。由此，社会网络就可以用图论中的最短路径问题来阐述和分析。值得一提的是，这一理论目前仍然是数学界的一大猜想，它从来没有得到过严谨的数学证明。下面用图论中求顶点间最短路径的方法，来对六度空间理论进行验证。

由于社会网络是非加权无向图，一种方法是采用图的广度优先遍历算法，即以图

中任意一个顶点作为起始顶点，通过对图进行6层搜索，就可以统计出图中所有距离起始顶点路径长度不超过6的顶点个数。将它与图中顶点总数进行对比，即可得出满足六度空间理论的概率。算法7-16就是在图用邻接表表示的基础上，采用上述方法对该理论实施验证。

算法7-16：验证六度空间理论 SixDegreesOfSeparation(*graph,v*)

输入：图 *graph*，起始顶点 *v*

输出：图中以顶点*v*为起始顶点、最短距离不大于6的顶点个数和图中顶点总数的比值

```
1.   for v← 0 to graph.n_verts–1 do  //初始化各顶点的访问标记为未访问
2.   | visited[v] ← false
3.   end
4.   count ←0
5.   InitQueue(ver_queue)
6.   InitQueue(level_queue)
7.   EnQueue(ver_queue, v)
8.   EnQueue(level_queue, 0)
9.   visited[v] ← true
10.  count ← count +1
11.  while IsEmpty(ver_queue)=false do
12.  | cur_ver ← DeQueue(ver_queue)
13.  | cur_level ← DeQueue(level_queue)
14.  | if cur_level < 6 then
15.  | | p ← graph.ver_list[cur_ver].adj  //向 cur_ver 的下一层搜索
16.  | | while p ≠ NIL do
17.  | | | if visited[p.dest]=false then
18.  | | | | EnQueue(ver_queue, p.dest)
19.  | | | | EnQueue(level_queue, cur_level+1)
20.  | | | | visited[p.dest] ← true
21.  | | | | count ← count +1
22.  | | | end
23.  | | | p←p.next
24.  | | end
25.  | else    //已完成6层搜索，算法结束
26.  | | break
27.  | end
28.  end
29.  return count/graph.n_vers
```

分析算法7-16的时间复杂度：算法的本质是对以邻接表方式存储的图进行广度优先遍历，因此时间复杂度是$O(n+m)$。

理论上讲，六度空间理论中的人数应涵盖全世界的人口，但由于现实生活中数据

获取的局限性，用来验证的网络只能限定在某个范围内，但规模和范围过小的网络无疑会产生较大的偏差。

7.5.3   有向图的连通性

有向图的连通性解决起来比较复杂。对图的一个强连通分量来说，要求每对顶点间都有路径可达，比如顶点 v_i 和 v_j，不仅要求从 v_i 能到 v_j，还要求从 v_j 能到 v_i。由前所述，在图的深度优先遍历和广度优先遍历中，对同一个有向图，因选择的起点不同，有时会得到一棵生成树，而有时又会得到一个生成森林，所以有向图的连通性求解不像无向图那样简单。

前已提及，图的深度优先遍历可以看作是对树的前序遍历的扩展，因此可以称它为前序深度优先遍历。类似地，可以树的后序遍历扩展方式对图进行遍历，称之为后序深度优先遍历。

后序深度优先遍历对于未访问过的起始顶点，先对该顶点加访问标记，之后逐一从其未被访问过的邻接点出发做后序深度优先遍历，最后访问该顶点。而前序深度优先遍历对于未访问过的起始顶点，先对该顶点加访问标记并访问该顶点，然后逐一从其未被访问过的邻接点出发做前序深度优先遍历。

在后序深度优先遍历中要**特别注意**：因为图不同于树，图中可能出现回路，因此要先对起始顶点加访问标记，再对未访问邻接点做相应处理，这样便可以防止遍历中通过回路再次回到未访问过的起始顶点而造成死循环。

一般情况下，如果前面没有加"前序"或"后序"限定词，而只是单纯提到深度优先遍历，默认都是指前序深度优先遍历。

有向图的连通性求解可利用后序深度优先遍历获得，算法思路如下：

① 对有向图 G 进行后序深度优先遍历，获得一棵生成树或一个生成森林，以及顶点在本次遍历序列中的访问顺序。

② 将有向图 G 的所有边反向，构造其逆向图 Gr。

③ 按照①中获得的遍历序列中顶点访问顺序的逆序，逐一选未访问过的顶点作为起点，对逆向图 Gr 做后序深度优先遍历，获得一棵生成树或者一个生成森林。

根据③中遍历时得到的生成树的数量 $count$，判定有向图 G 是否强连通。当 $count=1$ 时，说明 G 是强连通图；当 $count>1$ 时，说明 G 不是强连通图，有 $count$ 个强连通分量，并且每棵生成树中的顶点集就是有向图 G 的各强连通分量的顶点集。

判定有向图连通性的算法伪代码描述见算法 7-17~算法 7-19。

算法7-17：获取图的强连通分量 StronglyConnectedComponents (*graph*)

输入：有向图 *graph*

输出：图的所有强连通分量并返回其数量 *count*

1.　**for** $v \leftarrow 0$ **to** *graph.n_verts*-1 **do**
2.　| *visited*[*v*]←false　//初始化各顶点的已访问标记为未访问
3.　**end**
4.　**for** *dfs_num* $\leftarrow 0$ **to** *graph.n_verts*-1 **do**
5.　| *dfs_seq*[*dfs_num*]←NIL　//初始化各深度优先遍历访问序号对应的顶点为空
6.　**end**
7.　*dfs_num*←0　//初始化后序深度优先遍历的访问序号
8.　**for** $v \leftarrow 0$ **to** *graph.n_verts*-1 **do**
9.　| **if** *visited*[*v*] = false **then**
10.　| | //后序深度优先遍历 *graph*，将顺序访问的第 *dfs_num* 个顶点记录到 *dfs_seq*
11.　| | *dfs_num*←PostOrderDFS(*graph*, *v*, *visited*, *dfs_seq*, *dfs_num*)
12.　| **end**
13.　**end**
14.　*r_graph*←ReverseGraph(*graph*)　//创建 *graph* 的逆向图
15.　**for** $v \leftarrow 0$ **to** *r_graph.n_verts*-1 **do**
16.　| *visited*[*v*]←false　//初始化各顶点的已访问标记为未访问
17.　**end**
18.　*count*←0　//初始化强连通分量计数器
19.　**while** *dfs_num* > 0 **do**
20.　| *dfs_num*←*dfs_num* -1
21.　| v←*dfs_seq*[*dfs_num*]　//总是从 *dfs_num* 最大的未访问顶点出发
22.　| **if** *visited*[*v*] = false **then**
23.　| | **print** 一个强连通分量的起始符
24.　| | PrintV(*r_graph*, *v*, *visited*)　//后序深度优先遍历 *r_graph*，输出当前强连通分量顶点
25.　| | **print** 一个强连通分量的终止符
26.　| | *count*←*count*+1　//统计强连通分量个数
27.　| **end**
28.　**end**
29.　**return** *count*

算法7-18：后序深度优先遍历记录顶点 PostOrderDFS(*graph*, *v*, *visited*, *dfs_seq*, *dfs_num*)

输入：有向图 *graph*，出发顶点 *v*，已访问标记数组 *visited*，顶点集 *dfs_seq*，当前的深度优先遍历访问序号 *dfs_num*

输出：将图 *graph* 中从顶点 *v* 出发的后序深度优先遍历访问序列存入 *dfs_seq*，并返回下一个深度优先遍历访问序号

1.　*visited*[*v*]←**true**
2.　p←*graph.ver_list*[*v*].*adj*
3.　**while** $p \neq$ NIL **do**

4. | **if** *visited*[*p.dest*]=**false then**

5. | | *dfs_ num*←PostOrderDFS(*graph, p.dest, visited, dfs_ seq, dfs_ num*)

6. | **end**

7. | *p*←*p.next*

8. **end**

9. *dfs_ seq*[*dfs_ num*]←*v*   //*v*是第*dfs_ num*个被访问的顶点

10. *dfs_ num*←*dfs_ num*+1 //下一个深度优先遍历访问序号

11. **return** *dfs_ num*

算法7-19：后序深度优先遍历输出顶点 PrintV(*graph, v, visited*)

输入：有向图*graph*，出发顶点*v*，已访问标记数组*visited*

输出：图*graph*中从顶点*v*出发的后序深度优先遍历访问序列

1. *visited*[*v*]←**true**

2. *p*←*graph.ver_ list*[*v*].*adj*

3. **while** *p* ≠ NIL **do**

4. | **if** *visited*[*p.dest*]=**false then**

5. | | PrintV(*graph, p.dest, visited*)

6. | **end**

7. | *p*←*p.next*

8. **end**

9. **print** *v* //访问顶点*v*

1. 有向图的连通性求解示例

图7-19是对一个有向图*G*的强连通分量求解过程示例。

① 图7-19（b）是对图7-19（a）所示有向图*G*进行后序深度优先遍历得到的结果。该结果为一个生成森林，各顶点旁标注的编号为顶点在遍历序列中的顺序。

② 图7-19（c）是对有向图*G*中各有向边反向后得到的逆向图*Gr*。

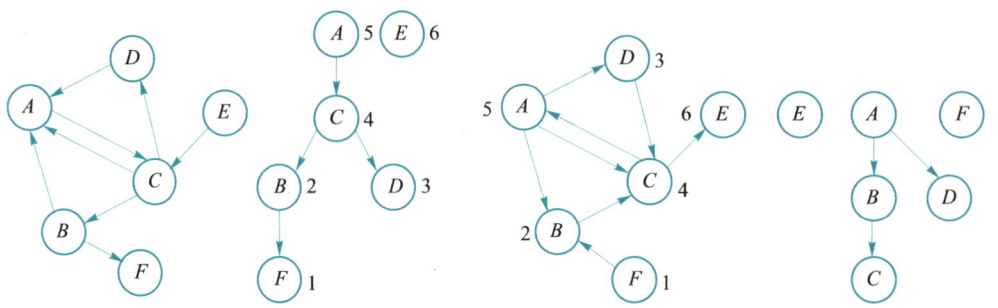

(a) 有向图*G*   (b) *G*的后序深度优先遍历结果   (c) 对*G*的边反向得*Gr*   (d) *Gr*的后序深度优先遍历结果

图7-19   有向图的强连通分量求解过程示例

③ 图7-19（d）是对逆向图 Gr，按照①中遍历序列的逆序，逐个将未访问顶点作为起始顶点进行后序深度优先遍历的结果，结果中生成树的数量即为有向图 G 的强连通分量个数。

从该示例中可以看出以下规律：

① 如果在第一步对有向图 G 进行后序深度优先遍历后就得到了一个生成森林，那么不需要进行算法第②③两步，就能判断图 G 一定不是强连通图，且图 G 的强连通分量个数一定不小于本次遍历获得的生成森林中生成树的数量。

② 如果得到了一棵生成树，并不能说明图 G 一定是强连通图，还需要进一步执行算法第②③两步才能得出结论。

③ 在对图 Gr 进行的后序深度优先遍历中，同在一棵生成树中的各顶点，在先前对图 G 进行后序深度优先遍历的结果中也一定在同一棵生成树中。

2. 算法正确性说明

有向图 G 的各个强连通分量中的顶点集和对其逆向图 Gr 进行后序深度优先遍历得到的生成森林中的各生成树中的顶点集是等价的。原因在于：

① 在对有向图 Gr 进行后序深度优先遍历的结果中，假定某棵生成树的根结点为顶点 x，对于该生成树中除 x 外的任意一个其他顶点 v，都说明在 Gr 中从 x 到 v 存在路径，即在 G 中从 v 到 x 存在路径。

② 在对图 G 进行的后序深度优先遍历中，x 和 v 因在 Gr 中属于同一棵生成树，因此也必然出现在对图 G 进行后序深度优先遍历得到的结果中的同一棵生成树中。这里要注意，因为对 G 执行的是后序深度优先遍历，而第③步是按照第①步获得编号的逆序求 Gr 中的生成树，所以根结点 x 的序号一定是生成树顶点中最大的。于是有 x 序号大，v 序号小，在 G 的生成树中，从 x 到 v 必然存在路径。

综上两点，说明在图 G 中顶点 v 和顶点 x 互相有路径可达，且每个生成树中的顶点都在一个强连通子图中。

在对 Gr 进行的深度优先遍历结果中，假如存在一个和 x 不在同一棵生成树中的顶点 w，则说明在 Gr 中从 x 到 w 不存在路径，因此在 G 中从 w 到 x 也不存在路径，这说明以上获得的强连通子图即为一个强连通分量。

7.6 图的应用：哥尼斯堡七桥问题求解

本章7.1节提到，数学家欧拉将哥尼斯堡七桥问题抽象为数学问题：从无向连通图的任意一个顶点出发，是否存在一条路径，能够经过每条边一次且仅经过一次后回到出发顶点。欧拉最终解决了七桥问题并给出了解决相关问题的欧拉定理。

下面引入一些相关术语：

① 如果图中的一条路径经过图中每条边一次且仅一次，则将这条路径称为欧拉路径。

② 如果一条欧拉路径的起点和终点相同，则这条路径是一个回路，称为欧拉回路。

③ 具有欧拉回路的图称为欧拉图（简称E图），具有欧拉路径但不具有欧拉回路的图称为半欧拉图。

④ 从图中一个顶点出发进行深度优先搜索，一直往前走，没有任何回溯，观察是否有一条路径能走遍图中所有的边且每条边都只走了一次，这就是一笔画问题。

1. 欧拉定理

欧拉定理：

① 一个无向连通图中，如果度为奇数的顶点超过2个，则欧拉路径是不存在的。

② 一个无向连通图中，如果只有两个顶点的度是奇数而其他顶点的度都是偶数，则从一个度为奇数的顶点出发，一定能找到一条经过每条边一次且仅一次的路径，回到另外一个度为奇数的顶点。

③ 一个无向连通图中，如果顶点的度都是偶数，则从任意一个顶点出发，都能找到经过每条边一次且仅一次并回到原来顶点的路径（回路）。

假设有一条欧拉路径，起始顶点为u，终了顶点为v，因为是连通图，故图中其他顶点都是该路径上的中间顶点。假设一个中间顶点是通过一条边进入的，则走出该中间顶点必须有另外一条边存在，因此中间顶点的度必为偶数。如果顶点u和v不是同一个顶点，则顶点u有一条走出的边，而顶点v有一条进入的边，如果顶点u和v还有其他边，则进入和走出顶点的边一定是一样多的，因此顶点u和v的度必为奇数，而其他顶点的度为偶数；如果u和v是同一个顶点，不妨设为w，按照有进必有出的原则，w的度也为偶数，且此欧拉路径是一个欧拉回路。哥尼斯堡七桥问题可理解为在无向连通图中求解欧拉回路的问题。

可以看出，如果图中的顶点数量超过1个，而连通图中每个顶点必有邻接的边，因此任何一条欧拉回路必然经过了图中所有顶点，但每个顶点经过的次数不一定只有一次。

一个有向图如果存在欧拉回路，则这个图必定是强连通的，且每个顶点的入度等于出度。

2. 欧拉回路的求解

如果一个无向连通图中顶点的度都为偶数，那么如何求得欧拉回路？这里介绍一种方法：

① 任选一个顶点v，从该顶点出发开始进行深度优先搜索，搜索路径上都是由未访问过的边构成，搜索中访问这些边，最后直到回到顶点v，此时便得到了一个回路，

此回路为当前结果回路。

② 在搜索路径上另外找一个尚有未访问边的顶点,继续如上操作,找到另外一个回路,将该回路拼接在当前结果回路上,形成一个大的、新的结果回路。

③ 如果在新的结果回路中,还有中间某结点有尚未访问的边,回到②;如果没有任何中间顶点尚余未访问的边,访问结束,当前结果回路即欧拉回路。

图7-20是在无向连通图中寻找欧拉回路的示例。

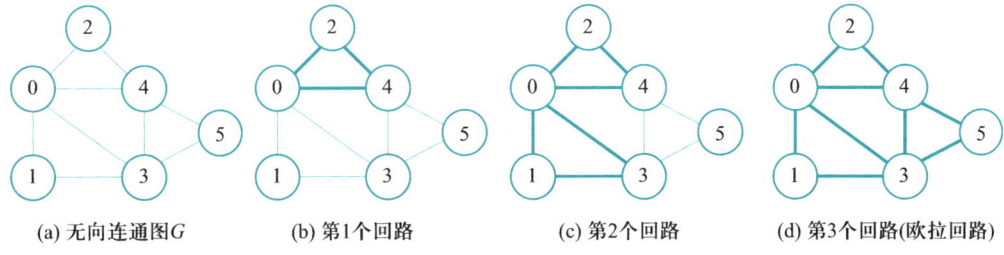

(a) 无向连通图G   (b) 第1个回路   (c) 第2个回路   (d) 第3个回路(欧拉回路)

图 7-20   在无向连通图中寻找欧拉回路示例

首先在图7-20(a)所示的无向连通图G中寻找一个有未访问边的顶点,如顶点2,深度优先搜索未访问过的边并回到顶点2,此时获得了一个回路2→0→4→2,如图7-20(b)中粗线所示,将该回路视作当前结果回路。接下来,在当前结果回路中找一个尚有未访问边的顶点,如第2个顶点0,深度优先搜索未访问过的边并回到顶点0,此时获得了另外一个新的回路0→1→3→0,将该回路以扩展第2个顶点的方式并入当前结果回路,获得一个更大的、新的当前结果回路2→0→1→3→0→4→2,如图7-20(c)中粗线所示。在当前结果回路中继续找一个尚有未访问边的顶点,如第4个顶点3,深度优先搜索未访问过的边并回到顶点3,此时又获得了另外一个新的回路3→4→5→3,将该回路以扩展第4个顶点的方式并入当前结果回路,获得一个更大的、新的当前结果回路2→0→1→3→4→5→3→0→4→2,如图7-20(d)中粗线所示。在当前结果回路中继续找一个尚有未访问边的顶点,未找到,搜索结束,当前结果回路即欧拉回路。

3. 算法实现

假设图 *graph* 用邻接表存储。为简化算法,搜索中直接将刚访问过的边删除。为不破坏原图在内存中的表示,建议先复制一份邻接表副本,在副本中搜索欧拉回路。欧拉回路用一个单链表表示,链表中结点命名为EulerNode,其中 *ver* 存储一个顶点的下标,*next* 存储回路链表中下一个顶点的地址。链表的首尾指针存成结点CircPtrNode,其中 *first* 和 *last* 分别指向当前结果回路的首结点和尾结点地址。

算法7-20为在一个无向图中求取一个回路单链表的算法描述。算法7-21为求解欧拉回路的算法描述。

算法 7-20：从给定顶点出发获得一条回路 GetCircuit(*graph*, *start*)

输入：无向图 *graph*，起始顶点 *start*

输出：图 *graph* 中从 *start* 出发的一条回路的单链表 *circuit*

1.　*new_node* ← **new** EulerNode(*start*, NIL)　//从顶点 *start* 开始，构造回路的第一个结点
2.　*circuit* ← **new** CircPtrNode( )
3.　*circuit.first* ← *new_node*
4.　*circuit.last* ← *new_node*
5.　*head* ← *start*　//从 *start* 开始寻找回路
6.　*p* ← *graph.ver_list*[*head*].*adj*
7.　**while** *p* ≠ NIL **do**
8.　| *tail* ← *p.dest*
9.　| RemoveEdge(*graph*, *head*, *tail*)
10.　| *new_node* ← **new** EulerNode(*tail*, NIL)
11.　| *circuit.last.next* ← *new_node*
12.　| *circuit.last* ← *circuit.last.next*
13.　| **if** *tail* = *start* **then**
14.　| | **break**　//回路结束，跳出循环
15.　| **end**
16.　| *head* ← *tail*
17.　| *p* ← *graph.ver_list*[*head*].*adj*
18.　**end**
19.　**return** *circuit*

算法 7-21：求欧拉回路 EulerCircle(*graph*)

输入：无向连通图 *graph*

输出：图 *graph* 的一个欧拉回路 *circuit*；若不存在，则返回 NIL

1.　**for** *v* ← 0 **to** *graph.n_verts* − 1 **do**　//计算每个顶点的度，判断是否存在欧拉回路
2.　| *p* ← *graph.ver_list*[*v*].*adj*
3.　| *degree* ← 0
4.　| **while** *p* ≠ NIL **do**
5.　| | *degree* ← *degree* + 1
6.　| | *p* ← *p.next*
7.　| **end**
8.　| **if** *degree*%2 = 1 **then**
9.　| | **return** NIL　//存在度为奇数的顶点，该无向连通图无欧拉回路
10.　| **end**
11.　**end**
12.　*tmp_graph* ← **clone**(*graph*)　//复制原图的副本
13.　*circuit* ← GetCircuit(*tmp_graph*, 0)　//从 0 下标顶点开始，构造第一个当前结果回路
14.　*cp* ← *circuit.first.next*　//寻找新的回路，并入当前结果回路中
15.　**while** *cp* ≠ NIL **do**
16.　| **if** *tmp_graph.ver_list*[*cp.ver*].*adj* ≠ NIL **then**　//找到第 1 个起始顶点

17. | | *next_circuit* ← GetCircuit(*tmp_graph*, *cp.ver*)
18. | | *next_circuit.last.next* ← *cp.next*   //拼接
19. | | *cp.next* ← *next_circuit.first.next*
20. | | **delete** *next_circuit.first*   //删除多余顶点
21. | **end**
22. | *cp* ← *cp.next*
23. **end**
24. **return** *circuit*

　　算法7-21的时间复杂度分析：算法第1~11行计算各个顶点的度，访问了所有顶点和顶点的边表，时间复杂度为 $O(n+m)$；第12行，复制邻接表，时间复杂度为 $O(n+m)$；第13行，从一个顶点出发，求一个回路单链表，由算法7-20完成，时间复杂度为 $O(n+m)$；第15~23行整体完成效果为对顶点和近乎所有边的遍历，时间复杂度依然为 $O(n+m)$。因此，按照加法原则，算法总的时间复杂度为 $O(n+m)$。

　　回到本章最初的哥尼斯堡七桥问题，从在图7-2中展示的图模型可以看出，它是一个无向连通图，但图中5个顶点的度均为奇数，因此它没有欧拉回路，甚至也没有欧拉路径，因此七桥问题是无解的。

　　对一个强连通的有向图，请读者进一步思考，是否存在欧拉回路的充要条件是每个顶点的入度和出度相等。

☆ 7.7 拓展延伸：双连通分量

　　在一个无向图 $G=(V, E)$ 中，若存在一个顶点集合 W，从 G 中删除 W 中的所有顶点及其相关联的边之后，图的连通分量增多，则称这个顶点集合 W 为点割集。当 W 中只含有一个顶点时，则称这个顶点为割点。根据以上定义，特殊地：当 G 是一个无向连通图时，删除割点后，得到的图不再连通(含两个或两个以上连通分量)。相仿地，在一个无向连通图 $G=(V, E)$ 中，若存在一个边的集合 F，删除 F 中的所有边后，得到的图不再连通，则称这个边集合 F 为边割集。当 F 中只含有一条边时，则称这条边为割边（或桥）。

　　若一个无向连通图中去掉任意一条边都不会改变此图的连通性，即不存在桥，则称该无向图为边双连通图。边双连通图的本质是：在一个无向连通图中，任意两个点之间都有两条或两条以上边不重复的路径。无向图中的每一个极大边双连通子图，称为该无向图的边双连通分量。显然，如果增加一条边，它能连接两个边双连通分量，这条边必是桥。另外，一个无向图是边双连通图，则图自身就是它唯一的边双连通分量。

相仿地，若一个无向连通图中去掉任意一个顶点都不会改变图的连通性，即不存在割点，该图称为点双连通图。点双连通图的本质是：在一个无向连通图中，任意两点间有两条或两条以上的点不重复路径。一个无向图中的每一个极大点双连通子图，称为该无向图的点双连通分量。

1. 双连通分量的性质

双连通分量包含了边双连通分量和点双连通分量两种类型，从某种意义上说，它更深入地反映了无向连通图的连通程度，对于刻画和理解一个图很有意义。

边双连通分量具有如下性质：

① 从原图中去掉所有割边，剩下的连通分量为边双连通分量。

② 不同的边双连通分量之间没有公共点和边。

③ 图中的割边不属于任何一个边双连通分量。

④ 任意一个点和边最多属于一个边双连通分量。

⑤ 任意一个边双连通分量中的一对顶点，它们之间至少有两条边不重复的路径。

点双连通分量具有如下性质：

① 点双连通分量内部的任意两条边都在同一个简单环中。

② 任意一条边，最多属于一个点连通分量。

③ 不同的点双连通分量，最多只有一个公共点，且这个点一定是原图的割点。

④ 任意割点都是至少两个不同点双连通分量的公共点。

⑤ 离散的顶点和两点一边的连通分量也属于点双连通分量，因为这些连通分量也没有割点。

⑥ 除了两点一边的情况，其余的点双连通分量一定是边双连通分量。

2. 无向连通图的割点和割边示例

图7-21给出了无向连通图的割点和割边示例。

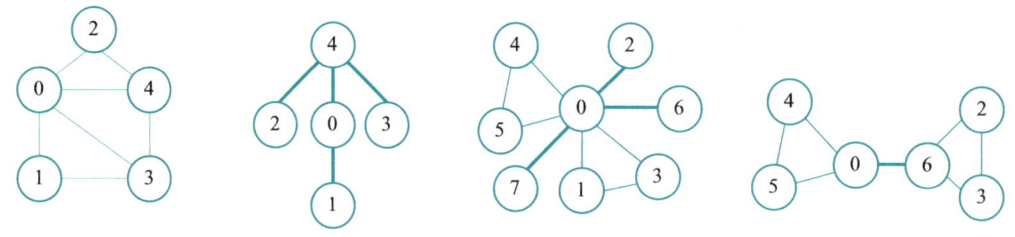

(a) 无割点和割边   (b) 顶点0和4是割点   (c) 顶点0是割点   (d) 顶点0和6是割点

注：图(b)(c)(d)中加粗的边为割边。

图 7-21　无向连通图的割点和割边示例

（1）割点的情况

在图7-21（a）中，所有顶点都不是割点。在图7-21（b）中，顶点0和4是割点，顶点1、2和3都不是割点；如果删除顶点0后，余2个连通分量，而删除顶点4后，余3

个连通分量。在图7-21（c）中，顶点0是割点，其余顶点都不是割点。在图7-21（d）中，顶点0和6是割点，其余顶点都不是割点。可以看出，无向连通图删除割点及其相邻的边后必不连通，但连通分量并不一定仅有2个，可能有多个。

（2）割边的情况

在图7-21（a）中，所有边都不是割边。在图7-21（b）中，所有边都是割边。在图7-21（c）中，边(0, 2)、(0, 6)、(0, 7)是割边，其余边都不是割边。在图7-21（d）中，仅边(0, 6)是割边，其余边都不是割边。

（3）边双连通的情况

由于在图7-21（a）中所有边都不是割边，故它是一个边双连通图，或者说只有一个边双连通分量。在图7-21（b）中所有边都是割边，因此任何一个带边的子图都不是边双连通图，去掉所有割边，可看出它有5个边双连通分量，每个分量都只含一个孤立点。在图7-21（c）中有三条割边(0, 2)、(0, 6)、(0, 7)，去掉这些割边，可看出它的边双连通分量有4个。在图7-21（d）中有一条割边(0, 6)，去掉这条割边，可看出它的边双连通分量有2个。图7-21中4个连通图的边双连通情况如图7-22所示。可以看出，一个无向图去掉所有的割边即能看出其边双连通分量情况。

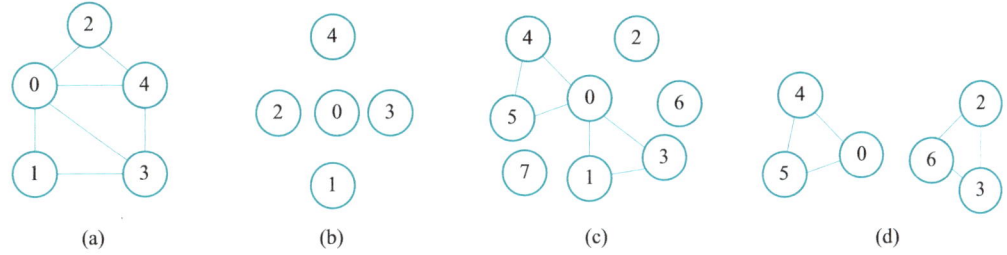

(a)　　　　　(b)　　　　　(c)　　　　　(d)

图 7-22　图 7-21 中 4 个连通图的边双连通情况

（4）点双连通的情况

由于在图7-21（a）中所有点都不是割点，故它是一个点双连通图，或者说只有一个点双连通分量。在图7-21（b）中有4个点双连通分量。在图7-21（c）中有5个点双连通分量。在图7-21（d）中有3个点双连通分量。图7-21中4个连通图的点双连通情况如图7-23所示。

割点、割边、边双连通性和点双连通性，从不同侧面让我们对图的连通性有更深入的了解。

3. 利用 Tarjan 算法求割点的算法实现

计算机科学家Robert E. Tarjan发明了很多算法，统称为Tarjan算法。最知名的Tarjan算法有三个：求解有向图的强连通分量算法、求解无向图的双连通分量算法和求解最近公共祖先问题算法。其中，基于求解无向图的双连通分量算法也解决了求无向连通图的割点和割边问题。

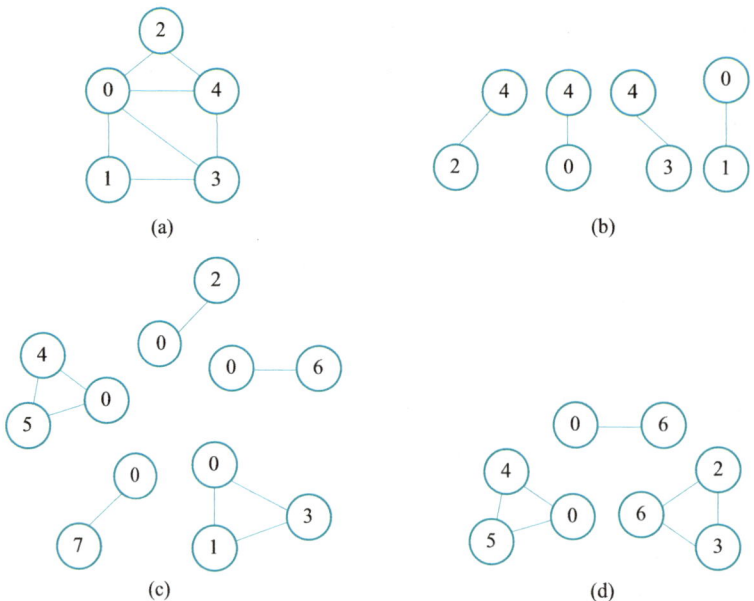

图 7-23   图 7-21 中 4 个连通图的点双连通情况

利用 Tarjan 算法求无向连通图割点的算法思路为：对一个无向连通图进行深度优先遍历，能获得该图的一个深度优先搜索生成树。在深度优先遍历过程中，使用两个整型数组 *dfn* 和 *low*，其中 *dfn* 数组记录每个顶点的访问顺序（也称时间戳），*low* 数组记录该顶点及其子结点在不经过其父结点的情况下，所能回溯到的最先遍历到的祖先的 *dfn*（即最小时间戳）。

用一个全局变量 *count* 记录当前访问时间戳，初值为 1。对每个结点 *u*，初始时令其 *low*[*u*] = *dfn*[*u*]。之后，利用 Tarjan 算法更新每个结点的 *low* 值。当每个结点获得了其 *dfn* 和 *low* 值后，可根据以下两种情况判断一个顶点是否为割点：

① 如果顶点 *u* 是生成树的根结点，且 *u* 的子结点个数大于或等于 2，则顶点 *u* 是割点。因为此时如果去掉顶点 *u*，其不同子树之间的结点必定在原来的无向图中互不可达。

② 如果顶点 *u* 不是生成树的根结点，对生成树中的边 (*u*, *v*)，若满足 *low*[*v*] ≥ *dfn*[*u*]，说明顶点 *v* 不通过其父结点 *u* 就不能到达其非祖先结点，则在原来的无向图中，顶点 *u* 即为割点。

算法 7-22 和 7-23 给出了 *dfn* 和 *low* 值的计算过程，以及求割点的 Tarjan 算法。其中：图用邻接表存储，*v* 为当前访问顶点，*parent* 为深度优先遍历中 *v* 的父结点；初始时由用户指定起始顶点 *start*，此时 *parent* 可设置为 −1，*n_child* 记录根结点的子结点个数，初值为 0；全局数组 *parents* 用来记录在深度优先搜索树中每个顶点的父结点。

算法7-22：利用深度优先遍历计算 *dfn* 和 *low* 的值 DfnAndLow(*graph, v, parent*)

输入：图 *graph*，起始顶点 *v*，DFS 中 *v* 的父结点 *parent*

输出：*dfn* 和 *low* 数组的值

全局变量：数组 *dfn*, *low*, *parents*, *visited*，整型变量 *count* 的初值为 1，*parent* 的初值为 −1

1.　*visited*[*v*] ← **true**
2.　*dfn*[*v*] ← *count*
3.　*low*[*v*] ← *count*
4.　*parents*[*v*] ← *parent*
5.　*count* ← *count* + 1
6.　*p* ← *graph.ver_list*[*v*]*.adj*　　//沿 *v* 向下搜索
7.　**while** *p* ≠ NIL **do**
8.　| **if** *visited*[*p.dest*] = **false then**
9.　| | DfnAndLow(*graph,p.dest,v*)
10.　| | *low*[*v*] ← Min(*low*[*v*], *low*[*p.dest*])
11.　| **else**
12.　| | **if** *p.dest* ≠ *parent* **then**
13.　| | | *low*[*v*] ← Min(*low*[*v*], *dfn*[*p.dest*])
14.　| | **end**
15.　| **end**
16.　| *p* ← *p.next*
17.　**end**

算法7-23：求割点的 Tarjan 算法 ArticulationPoint (*graph, start*)

输入：图 *graph*，起始顶点 *start*

输出：图 *graph* 的割点

全局变量：数组 *dfn*, *low*, *parents*, *visited*，整型变量 *count* 的初值为 1

1.　**for** *v* ← 0 **to** *graph.n_verts* − 1 **do**
2.　| *visited*[*v*] ← **false** //初始化各顶点的访问标记为未访问
3.　**end**
4.　DfnAndLow(*graph, start*, −1)
5.　*n_child* ← 0　　//对根结点的孩子结点计数
6.　**for** *v* ← 0 **to** *graph.n_verts* − 1 **do**
7.　| **if** *parents*[*v*] ≠ −1 **then**　　//若 *v* 不是根结点
8.　| | **if** *parents*[*v*] = *start* **then**
9.　| | | *n_child* ← *n_child* + 1
10.　| | **else**
11.　| | | **if** *low*[*v*] ⩾ *dfn*[*parents*[*v*]] **then**
12.　| | | | **print** *graph.ver_list*[*parents*[*v*]]*.data*　　//打印割点
13.　| | | **end**
14.　| | **end**
15.　| **end**

16. **end**
17. **if** $n\_child \geqslant 2$ **then**   //判断根结点是否割点
18. | **print** $graph.ver\_list[start].data$ //打印割点
19. **end**

算法时间复杂度分析：算法7-22是一个递归算法，算法每次访问一个顶点，故执行了 n 次；每个顶点访问时，又逐一访问了它所关联的边表，因此时间复杂度为 $O(n+m)$。而在算法7-23中，由于算法7-22的时间复杂度为 $O(n+m)$，后面循环判断割点时间复杂度为 $O(n)$，故算法7-23的总时间复杂度为 $O(n+m)$。

例如，图7-24为图7-21中4个无向连通图相应的深度优先搜索树。图中每个顶点旁标注了用Tarjan算法计算出的 dfn 和 low 数组值。

在图7-24（a）中，2是根结点，因2只有1个子结点，故2不是割点；边(0, 1)中顶点0的 $dfn=2$、$low=1$，顶点1的 $dfn=3$、$low=1$，因为不满足顶点1的 $low \geqslant$ 顶点0的 dfn，故顶点0不是割点。同样方式观察边(1, 3)和(3, 4)，则顶点1和3也都不是割点。因此，图7-21（a）没有割点。

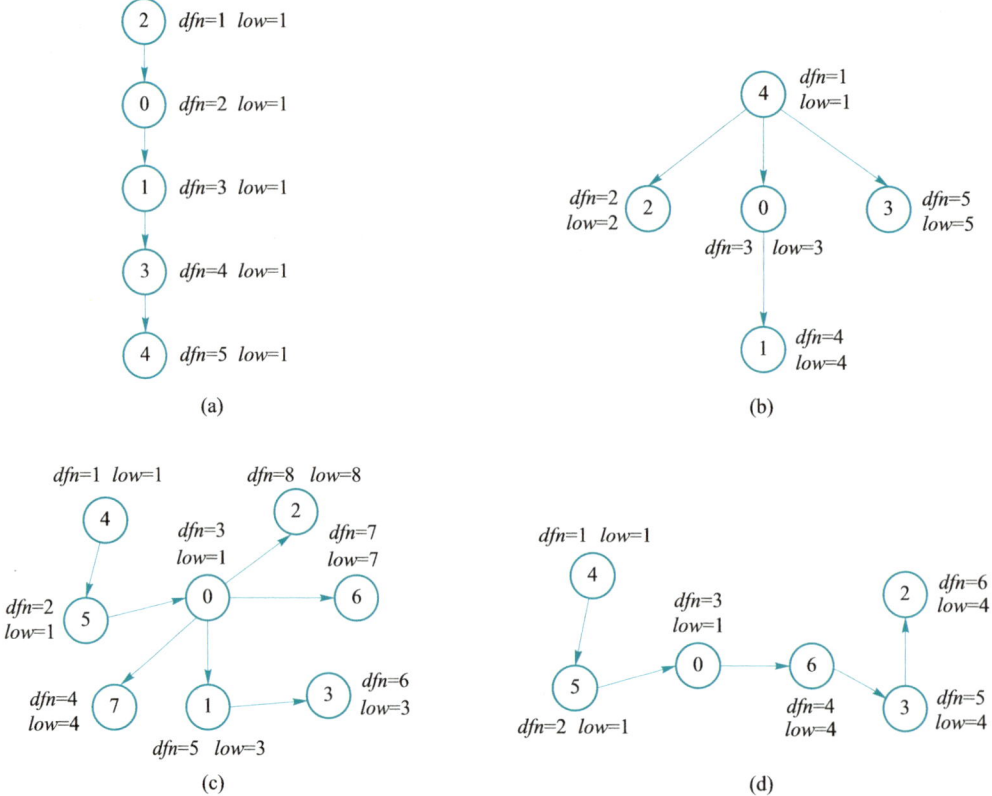

图 7-24   图 7-21 中 4 个无向连通图的深度优先搜索树

在图7-24（b）中，4是根结点，因4有多于1个的子结点，故4是割点；边(0, 1)中顶点0的 $dfn=3$、$low=3$，顶点1的 $dfn=4$、$low=4$，因为满足顶点1的 $low \geqslant$ 顶点0的 dfn，故顶点0是割点。因此，图7-21（b）中顶点4、0是割点，其余都不是割点。

类似地，可判断出：图7-24（c）中顶点0是割点，其余都不是割点；图7-24（d）中，顶点0、6是割点，其余都不是割点。

4. 利用 Tarjan 算法求割边的算法实现

利用 Tarjan 算法求无向连通图的割边的算法思路为：基本思路与求割点一致，仍然使用求割点算法中的 dfn 和 low 数组；对于一条边 (u, v)，如果满足 $low[v]>dfn[u]$，说明不经过边 (u, v)，顶点 v 就不能访问到具有更早时间戳的顶点，则边 (u, v) 是一条割边。

按照这个思路，图7-21（a）没有割边；图7-23（b）中，边(4, 2)、(4, 0)、(4, 3)、(0, 1)是割边；图7-23（c）中，边(0, 7)、(0, 6)、(0, 2)是割边；图7-23（d）中，边(0, 6)是割边。

算法7-24给出了求割边的 Tarjan 算法。

算法7-24：求割边的 Tarjan 算法 ArticulationEdge(*graph*, *start*)

输入：图 *graph*，起始顶点 *start*
输出：图 *graph* 的割边
全局变量：数组 *dfn*, *low*, *parents*, *visited*，整型变量 *count* 的初值为1

1.　**for** $v \leftarrow 0$ **to** *graph.n_ verts*-1 **do**
2.　| *visited*[*v*] ← **false** //初始化各顶点的访问标记为未访问
3.　**end**
4.　DfnAndLow(*graph*, *start*, -1)
5.　**for** $v \leftarrow 0$ **to** *graph.n_ verts*-1 **do**
6.　| **if** *parents*[*v*] ≠ -1 **then**　//若 *v* 不是根结点
7.　| | **if** *low*[*v*] > *dfn*[*parents*[*v*]] **then**
8.　| | | **print** (*graph.ver_ list*[*parents*[*v*]].*data*, *graph.ver_ list*[*v*].*data*)　//打印割边
9.　| | **end**
10.　| **end**
11.　**end**

显然，对算法7-23所求割点进行计数，如果为零，说明该无向连通图为点双连通图；类似地，对算法7-24所求割边进行计数，也能判断该无向连通图是否为边双连通图。

5. 利用 Tarjan 算法求双连通分量的算法思路

若一个无向连通图不是边双连通图，利用 Tarjan 算法求其边双连通分量的思路为：基于 Tarjan 算法判断出割边，去除所有割边，得到一个无向非连通图，每个连通分量便是该无向连通图的边双连通分量。典型示例见图7-25所示。具体算法读者可自行实现。

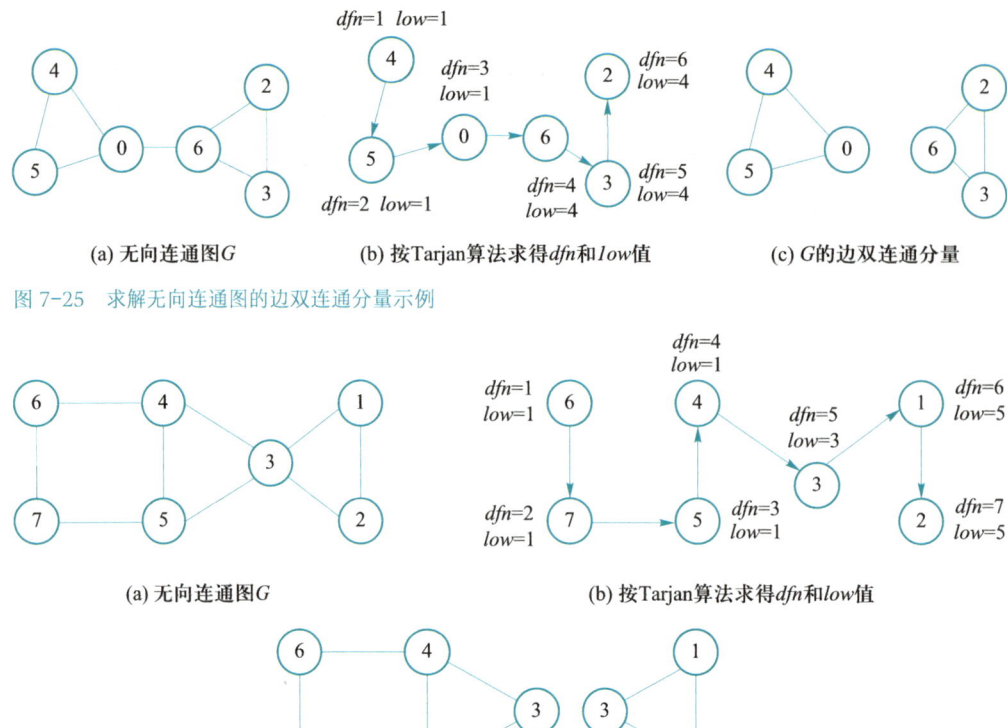

(a) 无向连通图G   (b) 按Tarjan算法求得dfn和low值   (c) G的边双连通分量

图 7-25   求解无向连通图的边双连通分量示例

(a) 无向连通图G   (b) 按Tarjan算法求得dfn和low值

(c) G的点双连通分量

图 7-26   求解无向连通图的点双连通分量示例

若一个无向连通图不是点双连通图,利用Tarjan算法求其点双连通分量的算法思路为:基于Tarjan算法判断出割点,在图7-26中求得该无向连通图中的割点为顶点3。按照low一致的原则,顶点4、5、6、7因low都为1,故在第一个点双连通分量中;顶点1、2因low都为5,故在第二个点双连通分量中;割点3的dfn=5,和第二个点双连通分量中的low一致,故割点也在第二个点双连通分量中;割点3的low=3,而dfn为3的顶点5在第一个点双连通分量中,故割点3也在第一个点双连通分量中。因此最终可以判断出:该无向连通图中共有2个点双连通分量,顶点1、2、3在一个连通分量中,顶点3、4、5、6、7在另一个连通分量中。从该示例也可以看出,割点至少属于两个点双连通分量,非割点只能属于一个点双连通分量。求解点双连通分量的具体算法读者可自行实现。

7.8   应用场景:语义网络

语义网络(semantic network)是由 M. Ross Quillian 于20世纪60年代提出的知识表

达模式，它是图结构的典型应用场景，用相互连接的顶点和边来表示知识。其中，顶点表示对象、概念，边表示顶点之间的关系，边上附加的信息可体现出两个顶点间的语义关联程度。

语义网络有着广泛的应用。如在个性化搜索中，可以先根据某个领域的关键词建立起一个语义网络。该网络中的关键词是图中的顶点，图中的边和权值表示关键词顶点间的语义关联程度。当用户用一个关键字进行搜索时，除了以当前关键字为匹配条件外，也可根据关键词语义网络，按照一定的阈值，找到语义距离足够近的其他关键字，以这些关键字为匹配条件扩展搜索范围。

还有许多项目也是基于语义网络思想建立起来的。如英语的词汇库 WordNet，通过语义网络体现出词汇间的近义词关系。WordNet 在自然语言处理中有很多的应用，如消歧、文本分类和文本摘要等。另一个典型应用是知网（HotNet），它以中文和英语词语中的概念为顶点，构建了一个包含概念之间关系以及概念所具有的属性之间关系的常识知识库。

语义网络可以容易地使人理解语义和语义关系，其表达形式简单、符合自然规律。然而，由于缺少标准，在实际应用中有一定阻碍。

本章小结

图是一种很常见的数据结构，有着广泛的用途。本章介绍了邻接矩阵和邻接表这两种最常用的图的存储方式，并给出了这两种存储方式下的基本操作实现。

图的一个重要操作是遍历所有的顶点。图的遍历比其他数据结构的遍历都复杂，因为在图中顶点之间的关系是多对多的。本章介绍了两种遍历方法：深度优先遍历和广度优先遍历，并给出了它们在邻接表存储方式下的实现。图的很多应用都是基于遍历实现的。

本章还介绍了检测图的连通性、寻找无向图的欧拉回路、寻找有向图的强连通分量等内容。

下一章将进一步介绍图的典型应用。

本章习题

1. 对有向图 7-27（a）：

（1）指出每个顶点的出度、入度。

（2）画出图的邻接矩阵存储图。

（3）画出图的邻接表存储图。

（4）画出图的逆邻接表存储图。

（5）画出图的十字链表存储图。

（6）指出图的强连通分量个数，并画出所有强连通分量。

（7）写出一个以 A 为起始顶点的深度优先遍历序列，以及对应的生成树或森林。

（8）写出一个以 A 为起始顶点的广度优先遍历序列，以及对应的生成树或森林。

建议存储时，按字母序有序存储。

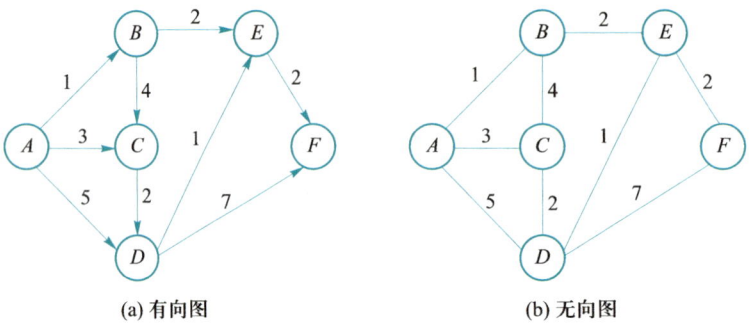

(a) 有向图　　　　　　(b) 无向图

图 7-27　习题图示例

2. 对无向图 7-27（b）：

（1）指出每个顶点的度。

（2）画出图的邻接矩阵存储图。

（3）画出图的邻接表存储图。

（4）画出图的多重邻接表存储图。

（5）指出图的连通分量个数，并画出所有连通分量。

（6）写出一个以 A 为起始顶点的深度优先遍历序列，以及对应的生成树或森林。

（7）写出一个以 A 为起始顶点的广度优先遍历序列，以及对应的生成树或森林。

建议存储时，按字母序有序存储。

3. 给定一个无向图及其顶点组成的序列，请设计算法，判断这个给定的序列是否可以通过广度优先遍历得到。

4. 请设计一个算法，判断图中两点间是否存在路径（图用邻接表的形式存储）。

5. 假设有向图用邻接表表示，试设计算法，判断图中是否存在回路。

6. 假设无向图用邻接表表示，试设计算法，列出每个连通分量所含的顶点集合。

7. 设有向图 $G=(V, E)$，顶点集 $V=\{v_0, v_1, v_2, v_3\}$，边集 $E=\{<v_0, v_1>, <v_0, v_2>, <v_0, v_3>, <v_1, v_3>\}$。若从顶点 v_0 开始对图进行深度优先遍历，则可能得到的不同遍历序列个数是多少？

8. 假设图用邻接矩阵存储，请分别设计深度优先遍历和广度优先遍历算法，并分析其时间复杂度。

溯源与参考文献

图论的第一篇著名论文"哥尼斯堡七桥问题"由 L. Euler 于 1736 年发表[1]。这篇论文中提出了有关图论奇数点、偶数点和欧拉图的定义，以及判断有无解的定理，开创了数学的一个新的分支——图论与几何拓扑，同时也给出了欧拉回路的求解算法。

Robert E. Tarjan 在其 1972 年发表的一篇文献中[2] 详细介绍了深度优先搜索的回溯功能、其递归和非递归实现的便利性，以及在有向图的强连通分量和无向图的双连通分量求解中的应用。

1973 年图灵奖得主 John E. Hopcroft 和 Tarjan 共同发表了一篇关于求解图的连通分量和利用迭代求解简单路径的文章，在该文中提倡使用邻接表方式存储图，以提高求解算法的效率[3]。

匈牙利小说家、剧作家、诗人 Karinthy Frigyes 于 1929 年在其所著的短篇小说 *Chains*（*Láncszemek*）中首次提到了六度空间理论的概念。到了 20 世纪 60 年代，美国心理学家 Stanley Milgram 设计了一个连锁信件实验[4]，验证了在社会网络中任意两个人之间建立联系，最多间隔人数为 6 个人。现在人们普遍认为 Stanley Milgram 是六度空间理论的提出者。

本章参考文献

[1]   EULER L. Solutio problematis ad geometriam situs pertinentis[J]. Comment arii Academiae Scientiarum Imperialis Petro politanae, 1736, 8: 128–140.

[2]   TARJAN R E. Depth first search and linear graph algorithms[J]. SIAM Journal on Computing, 1972, 1(2): 146–160.

[3]   HOPCROFT J E，TARJAN R E. Efficient algorithms for graph manipulation[J]. Communications of the ACM, 1973, 16(6): 372–378.

[4]   MILGRAM S. The small world problem[J]. Psychology Today, 1967, 2(1).

第 8 章

图应用

第 7 章介绍了图的定义、存储方法与操作实现，以及图的深度优先遍历、广度优先遍历和连通性判定等算法。图是一种最常见的数据结构，有着广泛的应用。例如，在工程活动安排问题中，一个复杂的工程通常需要完成一系列活动，可以用图方法规划具有依赖关系的一系列活动的执行顺序，使得整个工程能够顺利执行。

本章将介绍几种图的典型应用及其算法。8.1 节以魔方问题引入图应用中的经典问题；8.2 节、8.3 节分别介绍最小生成树算法和最短路径算法；8.4 节介绍图的拓扑排序和关键路径；8.5 节是本章的拓展延伸内容，介绍二部图和网络流；最后，8.6 节介绍图结构在图计算中的应用场景。

本章引子

8.1　问题引入：魔方问题

　　魔方，又叫鲁比克方块（Rubik's cube），是匈牙利学者Ernö Rubik为了帮助学生认识空间立方体的组成和结构而发明的一种益智玩具。在一个经典的3阶魔方中，魔方的每一个面都由9个方块（3×3）构成，每面均可绕着平行于棱且经过面中点的轴旋转。魔方的6个面共包含蓝、红、橙、绿、黄、白6种颜色。在初始形态时，魔方每个面的方块都是同一种颜色。将魔方的各面随机旋转几次，不同颜色的方块将被打乱。魔方问题指的是如何将一个被打乱的魔方通过最少的旋转次数还原到其初始形态，即各个面的方块颜色一样。

　　为了求解最少的旋转次数，可以采用图来建模，并将该问题转化为图的最短路径问题，通过计算图中两个顶点之间的最短路径来得到最优的旋转方案。具体地，将魔方的任意一个形态建模为图中的一个顶点，如果魔方的两个形态可以通过魔方一个面的一次旋转相互转化，那么就将相应的两个顶点连成一条边。这样可以得到一个魔方形态的转移图。从一个打乱的魔方还原至初始形态，可以转化为在该转移图上寻找一条从打乱状态所对应顶点到初始形态所对应顶点的路径问题；而这两个顶点之间的最短路径即为最优的旋转方案。由此可以看出，计算图中两个顶点之间的最短路径方法可用于解决魔方问题。

　　接下来，我们将详细讨论几种最短路径的计算算法。

8.2　最短路径

　　魔方问题本质上是求解图上两个顶点之间的最短路径问题。实际上，在很多现实应用中，经常也会遇到寻找最短路径的情况。例如，在图8-1所示的交通网络图中找一条从北京到上海的最短路径，如何计算这条最短路径？图中顶点表示城市，边表示城市之间的交通联系，边上的权值表示两个城市之间的距离（单位：km）。求解最短路径，最朴素的方法是枚举从北京到上海的所有路径，并将每条路径上的权值求和，从中挑选权值之和最小的路径作为最短路径。由于两个城市之间的路径非常多，这一朴素算法的效率非常低。

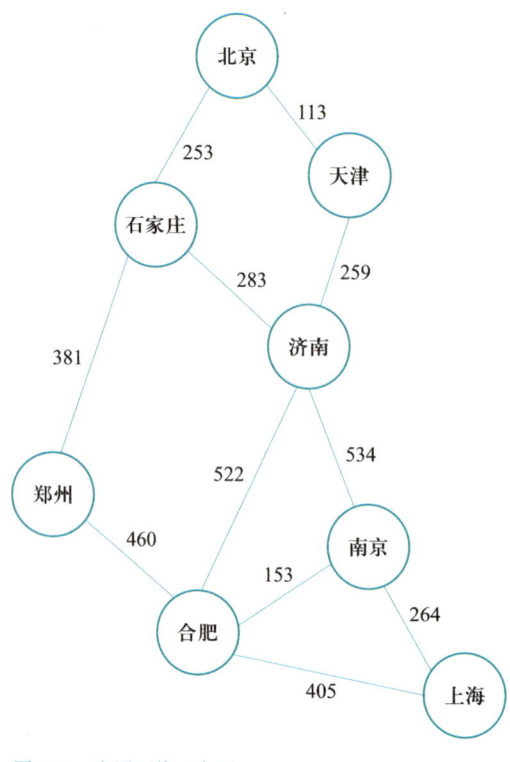

图 8-1　交通网络示意图

下面讨论一下如何高效求解最短路径问题。

给定一个带有权值的有向图 $G=(V, E)$，令 $w(u, v)$ 表示边 (u, v) 的权值。图中一条路径 $p=<v_0, v_1, \cdots, v_k>$ 的权值 $w(p)$ 是构成该路径的所有边的权值之和：

$$w(p) = \sum_{i=1}^{k} w(v_{i-1}, v_i)$$

在从顶点 u 到顶点 v 的所有路径当中，权值最小的那条路径称为从 u 到 v 的最短路径。需要注意的是最短路径可能不唯一，很多实际应用通常只需找到其中一条即可。当顶点 u 不能到达顶点 v 时，则定义从 u 到 v 的最短路径长度为无穷大。不同的应用场景，图中边的权值含义不一样。比如，如果用加权图来对真实的通信、交通、物流或社交网络建模，图中各边的权值可能分别代表了信道成本、交通费用或交往程度等。

此类问题可以简要概括为：给定加权图 $G=(V, E)$ 和源点 $s \in V$，对于所有的其他顶点 v，s 到 v 的最短路径有多长？该路径由哪些边组成？

求解最短路径算法通常依赖最短路径的一个重要性质：给定两个顶点之间的一条最短路径，则在该路径上任意两个点之间的路径都是最短的，这种最短子路径称为最优子结构。最优子结构是使用动态规划算法和贪心算法的一个重要指标，将在第 15 章专门介绍。本章 8.2.3 小节讨论的 Floyd-Warshall 算法就是一种动态规划算法，该算法可以找出所有顶点对之间的最短路径。

引理 8-1　最短路径的子路径也是最短路径。

证明：给定加权有向图 $G=(V, E)$。设 $p=<v_0, v_1, \cdots, v_k>$ 为从顶点 v_0 到顶点 v_k 的一条最短路径，并且对于任意的 i 和 j，$0 \leqslant i \leqslant j \leqslant k$。如果 $p_{ij}=<v_i, v_{i+1}, \cdots, v_j>$ 为路径 p 中从顶点 v_i 到顶点 v_j 的子路径，那么 p_{ij} 是从顶点 v_i 到 v_j 的一条最短路径。如图 8-2 所示，如果将路径 p 分解为 $v_0 \xrightarrow{p_{0i}} v_i \xrightarrow{p_{ij}} v_j \xrightarrow{p_{jk}} v_k$，则有 $w(p)=w(p_{0i})+w(p_{ij})+w(p_{jk})$。

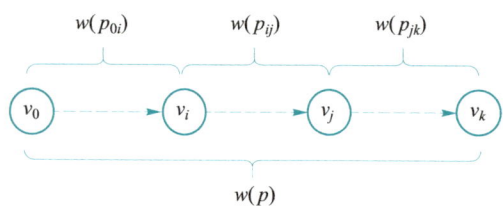

图 8-2　最短路径最优子结构示意图

现在假设存在一条从 v_i 到 v_j 的路径 p'_{ij}，且 $w(p'_{ij}) < w(p_{ij})$。则 $v_0 \xrightarrow{p_{0i}} v_i \xrightarrow{p'_{ij}} v_j \xrightarrow{p_{jk}} v_k$ 是一条从顶点 v_0 到顶点 v_k 的路径，权值为 $w(p) = w(p_{0i}) + w(p'_{ij}) + w(p_{jk})$，而该权值小于 $w(p)$。这与 p 是从 v_0 到 v_k 的一条最短路径这一假设相矛盾。因此引理 8-1 得证。证毕。

一条最短路径可以包含环路吗？这个问题可从以下三个方面来分析：

1. 分析最短路径是否包含权值为负值的环路

某些单源最短路径问题可能包括权值为负值的边。如果图 $G = (V, E)$ 包含从源顶点 s 可以到达的权值为负值的环路，那么从源顶点 s 到该环路上的任意顶点的路径都不可能是最短路径。因为只要沿着任意"最短"路径再遍历一次权值为负值的环路，则总可以找到一条权值更小的路径。

图 8-3 描述的是权值为负值的环路对最短路径权值的影响。从顶点 s 到顶点 a 有无数条路径：$<s, a>$，$<s, a, b, a>$，$<s, a, b, a, b, a>$，…因为环路 $<a, b, a>$ 的权值为 $-6 + 3 = -3 < 0$，从顶点 s 到

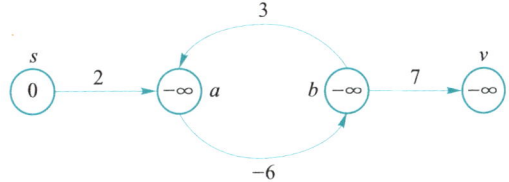

图 8-3 权值为负值的环路示例

顶点 a 没有最短路径。通过遍历负权环路 $<a, b, a>$ 无数次，可以得到 $\delta(s, a) = w(s, a) = -\infty$。因为顶点 b 可以到达顶点 v，所以可以找到一条权值为负值的从顶点 s 到顶点 v 的路径，通过遍历负权环路 $<a, b, a>$ 无数次，可以得到 $\delta(s, v) = -\infty$。

因此，如果图 $G = (V, E)$ 不包含从源顶点 s 可以到达的权值为负值的环路，则对于所有顶点 $v \in V$，最短路径权值 $\delta(s, v)$ 都有精确定义，即使取值为负数。

2. 分析最短路径是否包含权值为正值的环路

在包含权值为正值的环路上，只要将环路从路径上删除，就可以得到一条源顶点和终顶点与原来路径相同的一条权值更小的路径。也就是说，如果 $p = <v_0, v_1, \cdots, v_k>$ 是一条路径，$c = <v_i, v_{i+1}, \cdots, v_j>$ 是该路径上一条权值为正值的环路（故 $v_i = v_j$ 并且 $w(c) > 0$），则路径 $p' = <v_0, v_1, \cdots, v_i, v_{j+1}, v_{j+2}, \cdots, v_k>$ 的权值 $w(p') = w(p) - w(c) < w(p)$。因此，$p$ 不可能是从 v_0 到 v_k 的一条最短路径。

3. 分析最短路径是否包含权值为 0 的环路

从任何路径上删除权值为 0 的环路而得到另一条权值相同的路径。如果从源顶点 s 到终顶点 v 存在一条包含权值为 0 的环路的最短路径，则也同时存在一条不包含该路径的从源顶点 s 到终顶点 v 的最短路径。只要一条路径含有权值为 0 的环路，就重复删除这些环路，直到得到一条不包含环路的最短路径。

根据以上分析可得，最短路径都不包含回路。

8.2.1   单源最短路径：Dijkstra 算法

单源最短路径问题即给定加权有向图 G 和源点 s，求从 s 到 G 中其余各顶点的最短路径。荷兰计算机科学家 Edsger W. Dijkstra 在 1956 年提出了 Dijkstra 算法，使用类似广度优先搜索的方法解决加权图的单源最短路径问题，它要求所有边的权值都为非负值。Dijkstra 算法原始版本仅适用于找到两个顶点之间的最短路径，后来更常见的变体是从一个固定的源顶点出发，寻找该顶点与图中所有其他顶点之间的最短路径，产生一个最短路径树。该算法每次取出未访问顶点中距离最小的，再用该顶点的距离更新其他顶点的距离。

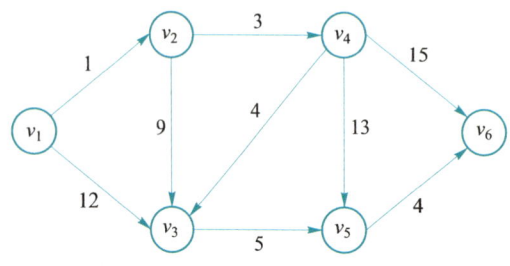

图 8-4   加权有向图 G

例如，考虑图 8-4 的加权有向图 G，两点之间边上的权值表示距离，表 8-1 记录了源点 v_1 到其余各顶点之间的最短距离（最短路径长度）。从图 G 中可见，从 v_1 到 v_3 有三条路径，分别是 $<v_1, v_3>$ $<v_1, v_2, v_3>$ 和 $<v_1, v_2, v_4, v_3>$，对应的路径长度分别为 12、10、8，因此 v_1 到 v_3 的最短路径长度为 8。计算 v_1 到其他顶点的最短路径长度同理。

表 8-1   有向加权图 G 中 v_1 到其余各顶点的距离

源点	终点	最短路径	路径长度
v_1	v_2	$<v_1, v_2>$	1
v_1	v_3	$<v_1, v_2, v_4, v_3>$	8
v_1	v_4	$<v_1, v_2, v_4>$	4
v_1	v_5	$<v_1, v_2, v_4, v_3, v_5>$	13
v_1	v_6	$<v_1, v_2, v_4, v_3, v_5, v_6>$	17

1. Dijkstra 算法思想

如何计算出这些最短路径呢？Dijkstra 提出了一个按照路径长度递增的次序产生最短路径的算法。

首先，引入一个辅助向量 ***dist***，它的每个分量 $dist[v]$ 表示当前所找到的从源点 s 到每个终点 v 的最短路径长度。初始状态为：若从源点 s 到 v 有边连接，则 $dist[v]$ 为边上的权值，否则置 $dist[v]$ 为 ∞。因此，假设 $dist[u]$ 是 ***dist*** 中的最小值，即

$$dist[u] = \min\{dist[v] \mid v \in V\}$$

那么，可以断定从源点 s 出发的最短路径就是 $<s, u>$，如图 G 中的 $<v_1, v_2>$。

已经找到了从源点出发的最短路径，那么长度次短的最短路径是哪一条呢？假设该次短路径的终点是v，则容易发现这条路径要么是$<s, v>$，要么是$<s, u, v>$，它的长度或者是从s到v的边上的权值，或者是s途经u再到v的边上的权值之和。如图G中，路径$<v_1, v_2, v_4>$就是次短路径，权值之和为4。

一般情况下，假设S为已求得最短路径的终点的集合，那么可以证明：下一条最短路径（设其终点为u）或者是边$<s, u>$，或者是经过S集合中的顶点而最后到达顶点u的路径。这可用反证法来证明：假设此路径上有一个顶点不在S中，则说明存在一条终点不在S而长度比此路径更短的路径。这是不可能的，因为是按照路径长度递增的次序得到的各条最短路径，长度比该路径短的所有路径都已经产生，其终点必定在S中，即假设不成立。

因此，在一般情况下，长度次短的最短路径长度必定是

$$dist[u] = \min\{dist[v] \mid v \in V{-}S\}$$

其中，$dist[v]$或者是边$<s, v>$上的权值，或者是$dist[w]$（$w \in S$）和边$<w, v>$上的权值之和。

通过以上分析，可得到算法思路如下：

① 假设用加权邻接矩阵M来表示加权有向图，$M[u][v]$表示边$<u, v>$上的权值。若$<u, v>$不存在，则置$M[u][v]$为∞。S为已找到的从源点s出发的最短路径终点的集合，其初始状态为空集。那么，从源点s出发，到图上其余各顶点v可能达到的最短路径长度的初值为

$$dist[v] = M[s][v], \ v \in V$$

② 选择u，使得

$$dist[u] = \min\{ dist[v] \mid v \in V{-}S \}$$

u即为当前求得的一条从源点s出发的最短路径的终点。令$S=S \cup \{u\}$。

③ 修改从u出发到集合$V{-}S$上任意顶点w可达的最短路径长度，如果

$$dist[u] + M[u][w] < dist[w]$$

则修改$dist[w]$为

$$dist[w] = dist[u] + M[u][w]$$

④ 重复操作②③共$|V|{-}1$次，就可求得从源点s到图上其余各顶点的最短路径依路径长度递增的序列。

上述算法运行结束后，$dist$数组记录的就是从源点s出发到其他顶点的最短路径长度。

如果想要输出从源点s出发到其他顶点的最短路径，可以简单地修改上述算法。具体地，建立一个$path$数组，$path[v]$用于记录从源点s出发到达顶点v的最短路径的前一个顶点。例如，假设从s到v的最短路径为$<s, v_1, v_2, \cdots, v_t, v>$，那么$path[v]=v_t$。在初始化时，如果$s$和$v$之间有边，那么$path[v]$初始化为$s$，否则$path[v]$初始化为空。在算法的步骤③，每次更新$dist[w]$时，需要同时更新$path[w]$，因为此时算法发现了一条从$s$到$w$的更短的

路径。具体地，当 $dist[u]+M[u][w]<dist[w]$ 时，更新 $path[w]$ 为 $path[w]=u$。当要输出一条从源点 s 到 u 的最短路径时，可以从 u 出发，输出 $path[u]$，然后输出 $path[path[u]]$，类似这样迭代输出顶点，直到某个 $path[u]=s$，即可得到一条反向的最短路径。

2. Dijkstra 算法实现

算法 8-1 描述了 Dijkstra 算法的伪代码。

算法 8-1：求单源最短路径的 Dijkstra 算法 Dijkstra (*graph*, *s*, *path*, *dist*)

输入：加权有向图 *graph*、起点 *s*

输出：从 *s* 到其余顶点 *v* 的最短路径 *path*[*v*] 及加权长度 *dist*[*v*]

注意：默认 *graph.no_ edge_ value* 设置为 $+\infty$

```
1.   n ← graph.n_ verts
2.   for v←0 to n−1 do   //顶点信息初始化
3.   | collected[v] ← false
4.   | dist[v] ← graph.edge_ matrix[s][v]   //用源点 s 到其余各顶点的距离初始化 dist
5.   | if graph.edge_ matrix[s][v] ≠ graph.no_ edge_ value then
6.   | | path[v] ← s
7.   | else
8.   | | path[v] ← NIL   //源点 s 与 v 没有边，则 path[v] 初始化为空
9.   | end
10.  end
11.  dist[s] ← 0
12.  collected[s] ← true   //首先将 s 收入集合 S
13.  //开始主循环，每次求得源点 s 到某个顶点 u 的最短路径，并将 u 加入 S 集合
14.  for i←1 to n−1 do
15.  | min_ dist ← kMaxNum
16.  | for v←0 to n−1 do
17.  | | if collected[v] = false then   //顶点 v 在集合 V−S 中
18.  | | | if dist[v]<min_ dist then
19.  | | | | u ← v
20.  | | | | min_ dist ← dist[v]
21.  | | | end
22.  | | end
23.  | end   //找到离源点 s 最近的顶点 u
24.  | collected[u] ← true   //已经求得从 s 到 u 的最短路径
25.  | for w←0 to n−1 do   //更新 u 的邻接点当前最短路径距离
26.  | | if collected[w]=false 且 (dist[u]+graph.edge_ matrix[u][w]<dist[w]) then
27.  | | | dist[w] ← dist[u]+graph.edge_ matrix[u][w]
28.  | | | path[w] ← u   //从 s 到 w 是在路径 u 的基础上直接到达的
29.  | | end
30.  | end
31.  end
```

下面以图8-4所示的加权有向图 G 为例，详细描述Dijkstra算法的运行过程。图8-4的邻接矩阵如图8-5所示。

在图8-4上运行Dijkstra算法，假设源点 s 为 v_1，表8-2所示为从源点 v_1 到其余顶点的 $dist$ 值和最短路径计算过程。

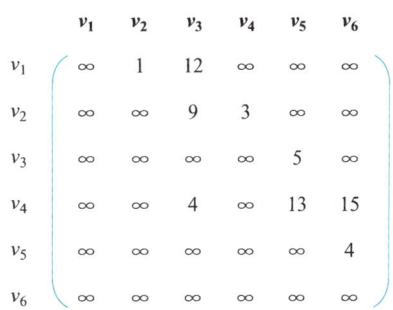

图 8-5　有向加权图 G 的邻接矩阵

表 8-2　从源点 v_1 到其余顶点的 $dist$ 值和最短路径计算过程

终点	从 v_1 到其余顶点的 $dist$ 值和最短路径的求解过程				
	$i=1$	$i=2$	$i=3$	$i=4$	$i=5$
v_2	1 $\langle v_1, v_2\rangle$				
v_3	12 $\langle v_1, v_3\rangle$	10 $\langle v_1, v_2, v_3\rangle$	8 $\langle v_1, v_2, v_4, v_3\rangle$		
v_4		4 $\langle v_1, v_2, v_4\rangle$			
v_5			17 $\langle v_1, v_2, v_4, v_5\rangle$	13 $\langle v_1, v_2, v_4, v_3, v_5\rangle$	
v_6			19 $\langle v_1, v_2, v_4, v_6\rangle$		17 $\langle v_1, v_2, v_4, v_3, v_5, v_6\rangle$
u	v_2	v_4	v_3	v_5	v_6
S	$\{v_1, v_2\}$	$\{v_1, v_2, v_4\}$	$\{v_1, v_2, v_4, v_3\}$	$\{v_1, v_2, v_4, v_3, v_5\}$	$\{v_1, v_2, v_4, v_3, v_5, v_6\}$

当 $i=1$ 时，从源点 v_1 出发可以到 v_2 和 v_3，但是根据最短的原则，找到一条最短路径 $\langle v_1, v_2\rangle$，$dist[2]=1$，把 v_2 加入 S 集合。这个集合 S 是Dijkstra算法维持的一组关键信息，从源点到该集合中每个顶点之间的最短路径已经被找到。算法在后面只能重复从 $V-S$ 中选择顶点进行遍历。当 $i=2$ 时，在已有最短路径 $\langle v_1, v_2\rangle$ 的基础上向外扩展，从 v_2 可以到 v_3 和 v_4，根据最短的原则，选择 v_4，因此最短路径变为 $\langle v_1, v_2, v_4\rangle$，$dist[4]=4$；与此同时，由于从 v_2 到 v_3 的距离小于原来的 v_1 到 v_3 的距离，因此更新 $dist[3]=10$。当 $i=3$ 时，在已有最短路径 $\langle v_1, v_2, v_4\rangle$ 的基础上向外扩展，可以到达 v_3、v_5、v_6，根据最短的原则，选择 v_3，更新 $dist[3]=dist[4]+M[4][3]=8$；此时的最短路径变为 $\langle v_1, v_2, v_4, v_3\rangle$。依此类推，可以计算出源点 v_1 到其余各个顶点的最短距离。本质上，利用贪心思想每次构造出最优子结构，也就是找到最短子路径，然后总是选择集合 $V-S$ 中最近的顶点来加入集合 S 中，不断根据当前的最短路径向外扩展，直到所有的顶点都计算出最短距离。

当采用邻接矩阵存储图时，考察 Dijkstra 算法的时间复杂度：设图中顶点数为 $|V|$，则第一个 for 循环的时间复杂度为 $O(|V|)$，第二个 for 循环共进行 $|V|-1$ 次，每次执行时间为 $O(|V|)$，所以总的时间复杂度为 $O(|V|^2)$。

8.2.2 带负权值的单源最短路径：Bellman-Ford 算法

Bellman-Ford 算法解决的是一般情况下的单源最短路径问题。该算法比 Dijkstra 算法好的一点在于，边权值可以为负值。给定加权有向图 $G=(V, E)$，Bellman-Ford 算法返回一个布尔值，表明是否存在一个从源点可以到达的权值为负值的环路。如果存在这样的一个环路，则不存在解决方案；如果没有这种环路存在，则算法将给出最短路径和对应的权值。

1. Bellman-Ford 算法思想

Bellman-Ford 算法通过对边进行松弛的方式，渐近地求出源点 s 到其余顶点 v 的最短路径距离。

对一条边 $<u, v>$ 的松弛过程为：对从源点 s 到顶点 u 之间的最短路径长度与顶点 u 与 v 之间的边权值求和，再与当前预计算出来的源点 s 到顶点 v 的最短路径长度进行比较，如果前者更小，对 $dist[v]$ 进行更新。

2. Bellman-Ford 算法实现

算法 8-2 为 Bellman-Ford 算法的伪代码实现。

算法 8-2： 求单源最短路的 Bellman-Ford 算法 BellmanFord (*graph*, *s*, *dist*)

输入： 加权有向图 *graph*、起点 *s*

输出： 不存在权值为负值的环路时，返回从 *s* 到其余顶点 *v* 的最短路径长度数组 *dist*[*v*]，并返回 **true**；否则返回 **false**

1.　　$n \leftarrow graph.n\_verts$
2.　　**for** $v \leftarrow 0$ **to** $n\text{-}1$ **do**
3.　　| $dist[v] \leftarrow \infty$　//初始化源点到各个顶点间的距离为无穷大
4.　　**end**
5.　　$dist[s] \leftarrow 0;$　　//从源点开始
6.　　**for** $i \leftarrow 1$ **to** $n\text{-}1$ **do**
7.　　| **for** $u \leftarrow 0$ **to** $n\text{-}1$ **do**　//遍历所有的边
8.　　| | **for** $v \leftarrow 0$ **to** $n\text{-}1$ **do**
9.　　| | | **if** $graph.edge\_matrix[u][v] \neq graph.no\_edge\_value$ **then**
10.　　| | | | **if** $dist[v] > dist[u]+graph.edge\_matrix[u][v]$ **then**
11.　　| | | | | $dist[v] \leftarrow dist[u]+graph.edge\_matrix[u][v]$　　//对边进行松弛操作，更新到 v 的距离
12.　　| | | | **end**
13.　　| | | **end**
14.　　| | **end**

15.　| **end**
16.　**end**
17.　**for** $u \leftarrow 0$ **to** $n{-}1$ **do**　//检查是否存在权值为负值的环路
18.　| **for** $v \leftarrow 0$ **to** $n{-}1$ **do**
19.　| | **if** $graph.edge\_matrix[u][v] \neq graph.no\_edge\_value$ **then**
20.　| | | **if** $dist[v] > dist[u] + graph.edge\_matrix[u][v]$ **then**
21.　| | | | **return false**
22.　| | | **end**
23.　| | **end**
24.　| **end**
25.　**end**
26.　**return true**

　　图8-6示例描述了对加权有向图执行Bellman-Ford算法的过程。在算法中先将所有顶点到源点的距离初始化为无穷大，然后对图的每条边进行$|V|{-}1$次处理。每次处理对应的是对图的每条边进行一次松弛操作。对于图8-6（a）所示的有向图，图8-6（b）~（e）描述的是对该图相应边进行松弛操作后的状态。进行完$|V|{-}1$次松弛操作后，算法检查图中是否存在权值为负值的环路，并返回与之对应的布尔值。

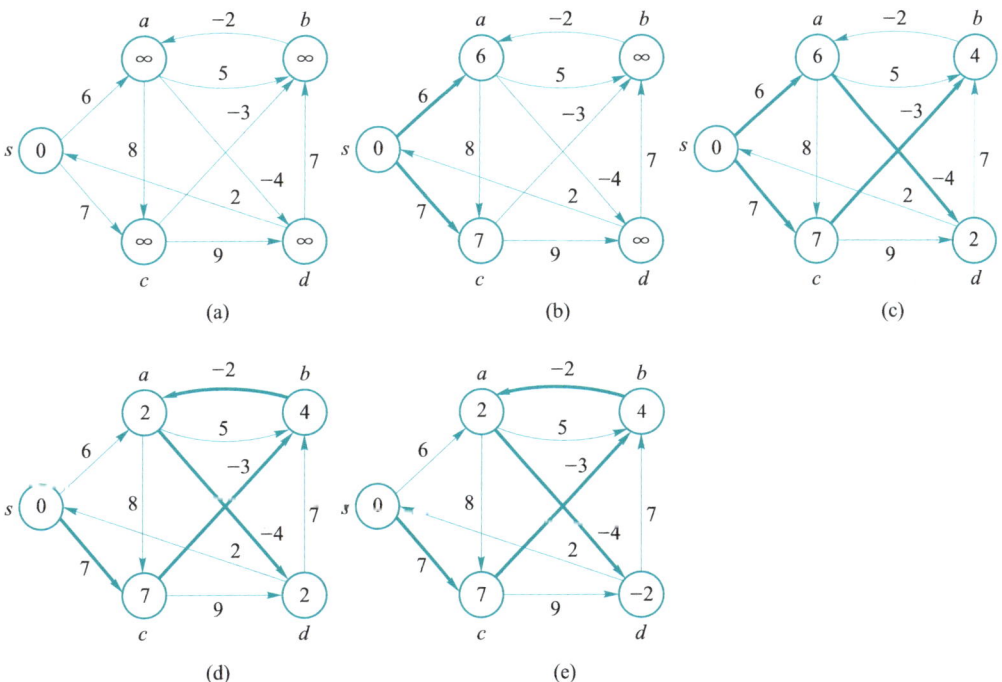

图 8-6　Bellman-Ford 算法的执行过程示意图

　　分析算法8-2的时间复杂度：算法初始化阶段时间复杂度为$O(|V|)$，算法执行三重循环，每重循环的时间复杂度为$O(|V|)$，因此执行三重循环的总复杂度为$O(|V|^3)$。算法

检测是否存在权值为负值的环路需要遍历整个图，时间复杂度为 $O(|V|^2)$。综上，算法的总运行时间复杂度为 $O(|V|^3)$。

8.2.3   所有顶点对之间的最短路径：Floyd-Warshall 算法

Dijkstra 算法和 Bellman–Ford 算法都是求解从一个源点到其他各顶点的最短距离，如果扩展到求解图中任何一对顶点之间的最短距离，应该如何计算呢？一个可行的办法是，每次以一个顶点为源点，重复执行 Dijkstra 算法 $|V|$ 次（图中顶点数为 $|V|$），通过这种方式求得每一对顶点之间的最短路径，总的时间复杂度为 $O(|V|^3)$。

由于 Dijkstra 算法有局限性，不能处理权值为负值的边，这就需要用到 Bellman–Ford 算法。但是该算法的时间复杂度过高，导致计算效率很低。这里介绍 Floyd–Warshall 算法，即使用一种动态规划算法来解决所有顶点对之间的最短路径问题，运行时间为 $O(|V|^3)$，能够处理权值为负值的边，形式上也更简单一些。

1. Floyd-Warshall 算法思想

如果求任意两点之间的最短路径，对于两点之间可以直接到达但却不是最短的路径的情况，要让任意两点（如从顶点 u 到顶点 v）之间的路程变短，只能引入第三个点（顶点 w），并通过这个顶点 w 中转，即 $u \to w \to v$，才可能缩短原来从顶点 u 到顶点 v 的路程。Floyd–Warshall 算法考虑的就是一条路径上的中间顶点。

简单路径 $p = <v_1, v_2, \cdots, v_k>$ 上的中间顶点，是指路径 p 上除了 v_1 和 v_k 之外的任意顶点，也就是集合 $\{v_2, v_3, \cdots, v_{k-1}\}$ 中的顶点。

简单起见，我们用顶点的下标指代顶点本身，记图 G 的所有顶点为 $V = \{1, 2, \cdots, n\}$。考虑其中一个子集 $\{1, 2, \cdots, k\}$，对于任意顶点对 $i, j \in V$，考虑从 i 到 j 的所有中间顶点均取自集合 $\{1, 2, \cdots, k\}$ 的那些路径，并设 p 为其中权值最小的路径。分别考虑顶点 k 是否为路径 p 上的一个中间顶点的情况：

① 如果顶点 k 不是 p 上的中间顶点，则 p 上所有中间顶点都属于集合 $\{1, 2, \cdots, k-1\}$。因此，从 i 到 j 且中间顶点均取自 $\{1, 2, \cdots, k-1\}$ 的一条最短路径，也同时是从 i 到 j 且中间顶点均取自 $\{1, 2, \cdots, k\}$ 的一条最短路径。

② 如果顶点 k 是路径 p 上的中间顶点，则将路径 p 分解成 $p_1: i \to k$ 和 $p_2: k \to j$。可得 p_1 是从顶点 i 到顶点 k 的，中间顶点全部取自集合 $\{1, 2, \cdots, k-1\}$ 的一条最短路径（因为 k 是末尾顶点）。类似地，p_2 是从顶点 k 到顶点 j 的，中间顶点全部取自集合 $\{1, 2, \cdots, k-1\}$ 的一条最短路径。

现定义一个 n 阶方阵序列 $D^{(-1)}, D^{(0)}, D^{(1)}, \cdots, D^{(k)}, \cdots, D^{(n-1)}$，其中 $D^{(-1)}[i][j] = M[i][j]$，因此，根据上面的分析讨论：

$$D^{(k)}[i][j] = \min\{D^{(k-1)}[i][j], D^{(k-1)}[i][k] + D^{(k-1)}[k][j]\} \qquad 0 \leqslant k \leqslant n-1$$

从上述公式可见：$D^{(1)}[i][j]$是从v_i到v_j、中间顶点序号不大于1的最短路径的长度，$D^{(k)}[i][j]$是从v_i到v_j、中间顶点序号不大于k的最短路径的长度，$D^{(n-1)}[i][j]$就是从v_i到v_j的最短路径的长度。根据上述公式，可以计算顶点v_i到v_j的最短路径长度。

如果想要输出最短路径，可以采用一个二维数组$path[u][v]$来存储从u到v的最短路径中的途经顶点$w=path[u][v]$，然后采用递归的方法来输出u到v的最短路径，即递归输出u到w的最短路径和w到v的最短路径。

2. Floyd-Warshall 算法实现

下面以图8-7（a）所示的有向加权图G为例，描述Floyd-Warshall算法的执行过程。每一对顶点之间的最短路径p及其路径长度D如表8-3所示。在有向图G上执行Floyd-Warshall算法，最外层循环从$k=0$开始，$D^{(0)}[i][j]=\min\{D^{(-1)}[i][j], D^{(-1)}[i][0]+D^{(-1)}[0][j]\}$，只有$D^{(0)}[2][1]$这个位置修改为11，同时$v_2$到$v_1$的最短路径被替换为经过$v_0$的一条路径$<v_2, v_0, v_1>$，即$p^{(0)}[2][1]=v_2v_0v_1$。当$k=1$时，$D^{(1)}[i][j]=\min\{D^{(0)}[i][j], D^{(0)}[i][1]+D^{(0)}[1][j]\}$，$D^{(1)}[0][2]$这个位置修改为18，$p^{(1)}[0][2]=v_0v_1v_2$。当$k=2$时，$D^{(2)}[i][j]=\min\{D^{(1)}[i][j], D^{(1)}[i][2]+D^{(1)}[2][j]\}$，$D^{(2)}[1][0]$这个位置修改为17，$p^{(2)}[1][0]=v_1v_2v_0$。例如，考虑分析$v_0$到$v_2$的最短路径。初始时，$D^{(-1)}[0][2]=22$，表示$v_0$到$v_2$不经过其他顶点的最短路径长度为22，也即边$(v_0, v_2)$的权值；$p^{(-1)}[0][2]=v_0v_2$，表示$v_0$到$v_2$的最短路径就是边$(v_0, v_2)$本身。$D^{(0)}[0][2]=22$，表示只考虑经过中间顶点$v_0$时，$v_0$到$v_2$的最短路径长度，显然此时仍然为22，且$p^{(0)}[0][2]$仍然为$v_0v_2$。当考虑中间顶点$v_0$和$v_1$时，此时$D^{(1)}[0][2]=18$，因为算法发现了一条更短的从$v_0$到$v_2$的路径，该路径经过中间顶点$v_1$，即$<v_0, v_1, v_2>$，其权值为18。容易验证，$D^{(2)}[0][2]=18$，且$p^{(2)}[0][2]=v_0v_1v_2$，此时算法结束，$v_0$到$v_2$的最短路径长度为18。不难分析，Floyd-Warshall算法的时间复杂度为$O(|V|^3)$。

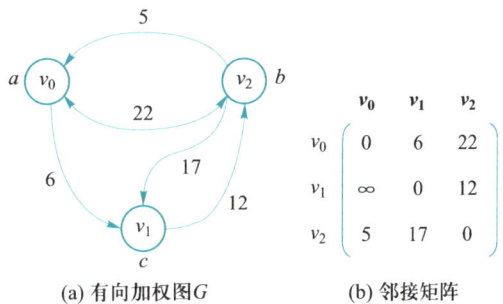

(a) 有向加权图G (b) 邻接矩阵

图 8-7 有向加权图 G 及其邻接矩阵

表8-3 有向加权图 G 中各对顶点间的最短路径 P 及其路径长度 D

D	$D^{(-1)}$			$D^{(0)}$			$D^{(1)}$			$D^{(2)}$		
	0	1	2	0	1	2	0	1	2	0	1	2
0	0	6	22	0	6	22	0	6	18	0	6	18
1	∞	0	12	∞	0	12	∞	0	12	17	0	12
2	5	17	0	5	11	0	5	11	0	5	11	0

续表

P	$P^{(-1)}$			$P^{(0)}$			$P^{(1)}$			$P^{(2)}$		
	0	1	2	0	1	2	0	1	2	0	1	2
0		v_0v_1	v_0v_2		v_0v_1	v_0v_2		v_0v_1	$v_0v_1v_2$		v_0v_1	$v_0v_1v_2$
1			v_1v_2			v_1v_2		v_1v_2	$v_1v_2v_0$		$v_1v_2v_0$	v_1v_2
2	v_2v_0	v_2v_1		v_2v_0	$v_2v_0v_1$		v_2v_0	$v_2v_0v_1$		v_2v_0	$v_2v_0v_1$	

算法 8-3 给出了 Floyd–Warshall 算法的伪代码实现。

算法 8-3：求所有点对间最短路径的 Floyd–Warshall 算法 FloydWarshall (*graph*, *path*, *dist*)

输入：加权有向图 *graph*

输出：图 *graph* 中任意两顶点 v_i 到 v_j 的最短路径的途经顶点 *path*[*i*][*j*] 及加权长度 *dist*[*i*][*j*]

1.　　$n \leftarrow graph.n\_verts$
2.　　**for** $i \leftarrow 0$ **to** $n-1$ **do**　//初始化各对顶点之间的已知路径和距离
3.　　| **for** $j \leftarrow 0$ **to** $n-1$ **do**
4.　　| | $dist[i][j] \leftarrow graph.edge\_matrix[i][j]$
5.　　| | $path[i][j] \leftarrow$ NIL
6.　　| **end**
7.　　**end**
8.　　**for** $k \leftarrow 0$ **to** $n-1$ **do**
9.　　| **for** $i \leftarrow 0$ **to** $n-1$ **do**
10.　| | **for** $j \leftarrow 0$ **to** $n-1$ **do**
11.　| | | **if** $dist[i][k] + dist[k][j] < dist[i][j]$ **then**　// 从 v_i 经过 v_k 到 v_j 的一条路径更短
12.　| | | | $dist[i][j] \leftarrow dist[i][k] + dist[k][j]$
13.　| | | | $path[i][j] \leftarrow k$
14.　| | | **end**
15.　| | **end**
16.　| **end**
17.　**end**

8.3　最小生成树

最小生成树问题是另外一类经典的图应用问题。

考虑在 n 个村庄之间建立公路，使得每一个村庄都存在一条到其他村庄的道路。如何在最节省经费的情况下建立上述道路网络？由于道路建设的费用和道路的里程成正比，这个问题实际上是在 n 个城市之间的 $n(n-1)/2$ 条道路中选择 $n-1$ 条道路，使得这

$n-1$ 条道路能够保证 n 个村庄之间可以互相连通，而且花费的修建总费用最少。

如果用顶点表示村庄，边表示村庄之间可能修建的道路，边的权值表示修建道路的费用。那么不难发现，由 $n-1$ 条道路连通的 n 个村庄构成了一棵树。由于该树包含了图中所有的顶点，称这样的树为图的生成树。对于任意一棵生成树，其代价为生成树的所有边的费用之和。给定一个加权图，在其所有的生成树中，代价最小的生成树称为最小代价生成树，简称最小生成树。基于这些概念，上述问题可以建模为求解一个图上的最小生成树问题。

最小生成树问题：给定一个连通的加权图 $G=(V, E)$，其中 V 为顶点的集合，E 为边的集合，E 中的每条边都有一个非负的权值。最小生成树问题是指在 G 中求解权值最小的生成树。

下面介绍两种求解最小生成树的经典算法：Prim 算法与 Kruskal 算法。

8.3.1 Prim 算法

给定连通图 $G=(V, E)$，对于任何一个顶点集的子集 U，其补集定义为 $V-U$，若边 (u, v) 满足 $u \in U$，且 $v \notin U$，则称 (u, v) 为一条跨越边。Prim 算法基于以下引理：

引理8-2 最小生成树必定包含连接任意集合对 $(U, V-U)$ 的最短跨越边。

证明： 可以用反证法来证明上述性质。如图 8-8 所示，(u, v) 是连接顶点子集 U 和 $V-U$ 的最短跨越边。假设最小生成树 T 未包括该边，则其必包含另一条跨越边 (x, y)，由于树的连通性，则 u, v 之间必存在一条通路。如果将 (u, v) 加入最小生成树中，必然会形成一个环 (u, v, y, x)，从最小生成树中删除边 (x, y) 后，该环就会消失，形成一个新的最小生成树 T'。由于边 (u, v) 的权值小于边 (x, y) 的权值，而 T 和 T' 的差别仅仅在于边 (u, v) 和边 (x, y)，因此最小生成树 T' 的代价一定小于 T，这与前提相矛盾。因此，最小生成树一定包含连接每一个集合对 $(U, V-U)$ 的最短跨越边。证毕。

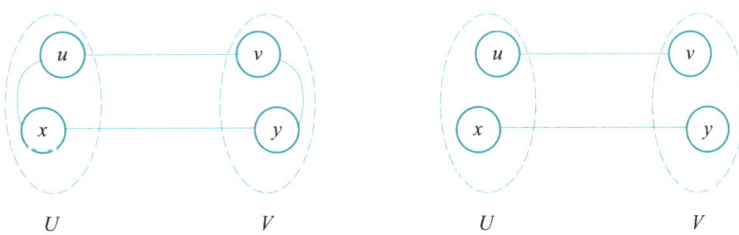

图 8-8 最小生成树包含最短跨越边示意图

1. Prim 算法执行过程

Prim 算法的执行过程比较简单。假设 $G=(V, E)$ 为一个连通图，E_{mst} 是 E 上最小生成树中边的集合。首先添加一个顶点 $v_0 \in V$ 到集合 U 中，$E_{mst}=\varnothing$。接下来重复进行如下操作：在所有 $u \in U$，$v \in V-U$ 的边中，选择一条代价最小的边 (u_0, v_0) 加入边集合 E_{mst}，同

时将 v_0 加入 U 中，直到 $U=V$。此时 E_{mst} 中必有 $|V|-1$ 条边。$T=(V, E_{\text{mst}})$ 为 G 的最小生成树。

图 8-9 所示为 Prim 算法的执行过程。对于图 8-9（a）所示的无向图，任选顶点 v_1 作为初始子树，此时 v_1 对应 (v_1, v_2)、(v_1, v_3) 两条跨越边，选取其中边权最小的 (v_1, v_2) 加入 E_{mst}，T 扩充至 $(\{v_1, v_2\}, \{(v_1, v_2)\})$。此时对应的跨越边有 (v_1, v_3)、(v_2, v_4) 和 (v_2, v_3)，选取边权最小的 (v_2, v_4) 加入 E_{mst} 中，T 扩充至 $(\{v_1, v_2, v_4\}, \{(v_1, v_2), (v_2, v_4)\})$。重复 $|V|-1$ 次后，最终得到图 8-9（f）所示的最小生成树 $T=(\{v_1, v_2, v_4, v_3, v_6, v_5\}, \{(v_1, v_2), (v_2, v_4), (v_1, v_3), (v_3, v_6), (v_5, v_6)\})$。

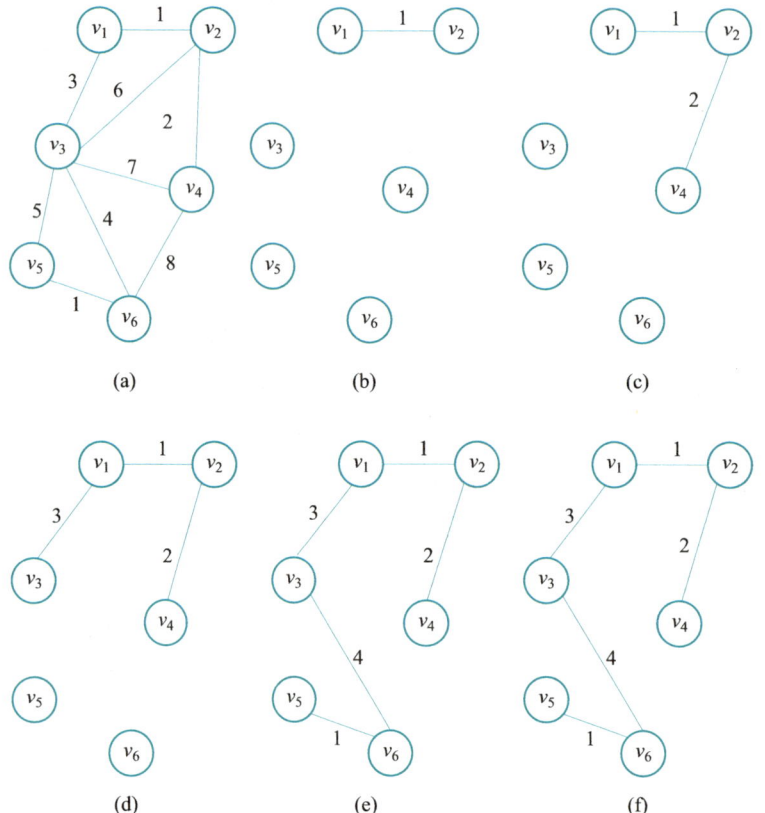

图 8-9　Prim 算法的执行过程示意图

2. Prim 算法实现

算法 8-4 给出了 Prim 算法的伪代码实现。可以看到，Prim 算法的时间复杂度与图中顶点的数量有关，其时间复杂度为 $O(|V|^2)$，其中 $|V|$ 为图中顶点的个数。

算法 8-4：求最小生成树的 Prim 算法 Prim(*graph*)

输入：图 *graph*。默认 *graph.no_edge_value* 为 $+\infty$

输出：最小生成树的权重和以及最小生成树。每个树结点仅保存父指针，即数组 *parent*[*v*] 保存的是 *v* 在树中的父结点。若最小生成树不存在，则返回错误码 ErrorCode

1.　$n \leftarrow graph.n\_verts$

2.　　*parent*[0] ← NIL 　//默认 0 是最小生成树的根结点，没有父结点

3.　　*dist*[0] ← 0 　　　//*dist*[*v*] 记录 *v* 到 *U* 的距离，首先默认根结点在集合 *U* 里

4.　　**for** *v* ← 1 **to** *n*-1 **do**

5.　　| *parent*[*v*] ← 0 　//初始化所有顶点的父结点都是根结点 0

6.　　| *dist*[*v*] ← *graph.edge_ matrix*[0][*v*] 　//当前其他顶点 *v* 到 *U* 的距离就是 (0, *v*) 的边长

7.　　**end**

8.　　*total_ weight* ← 0 //累计最小生成树的权重和

9.　　*count_ v* ← 1 　　　//累计当前收入最小生成树的顶点数

10.　　**while true do**

11.　　| *min_ dist* ← *graph.no_ edge_ value*

12.　　| **for** *v* ← 1 **to** *n*-1 **do** 　//找连通 *U* 和 *V*-*U* 的最短边

13.　　| | **if** *dist*[*v*]>0 且 *dist*[*v*]<*min_ dist* **then** 　//若 *v* 不在 *U* 内，且距离 *U* 更近

14.　　| | | *min_ dist* ← *dist*[*v*]

15.　　| | | *u* ← *v*

16.　　| | **end**

17.　　| **end**

18.　　| **if** *min_ dist*<*graph.no_ edge_ value* **then** 　//如果找到最小边对应的 *u*

19.　　| | *total_ weight* ← *total_ weight*+*dist*[*u*]

20.　　| | *dist*[*u*] ← 0 　//将 *u* 收入 *U*

21.　　| | *count_ v* ← *count_ v*+1

22.　　| | **for** *v* ← 1 **to** *n*-1 **do** 　//更新 *u* 的邻接点 *v* 到 *U* 的距离

23.　　| | | **if** *dist*[*v*]>0 且 *graph.edge_ matrix*[*u*][*v*] ≠ *graph.no_ edge_ value* **then**

24.　　| | | | **if** *graph.edge_ matrix*[*u*][*v*]<*dist*[*v*] **then** 　//若收入 *u* 使得 *v* 到 *U* 的距离变小

25.　　| | | | | *dist*[*v*] ← *graph.edge_ matrix*[*u*][*v*]

26.　　| | | | | *parent*[*v*] ← *u* 　//更新树

27.　　| | | | **end**

28.　　| | | **end**

29.　　| | **end**

30.　　| **else** 　　//如果找不到 *V*-*U* 中的最小边

31.　　| | **break** 　//结束循环

32.　　| **end**

33.　　**end**

34.　　**if** *count_ v*<*n* **then**

35.　　| *total_ weight* ← ErrorCode 　//最小生成树不存在

36.　　**end**

37.　　**return** *total_ weight*

8.3.2   Kruskal 算法

Kruskal算法和Prim算法的基本思想不同。Prim算法每一步选择一个顶点，而Kruskal算法每一步选择一条边。

假设 $G=(V, E)$ 为一个连通图，E_{mst} 是 E 上最小生成树中边的集合。最小生成树 T 的初始状态为只有 $|V|$ 个顶点的无边图。算法在 E 中选择最小代价的边，若该边可以连接 T 中两个不同的连通分量，则将此边加入 E_{mst} 中；否则，判断下一条代价最小的边。反复如此，直到 T 中所有顶点都在同一连通分量中。图8-10展示了Kruskal算法的执行过程。

在图8-10中，Kruskal算法首先对图8-10（a）所示无向图中的边按照权值进行排序。将权值最小的边 (v_1, v_2) 加入最小生成树中，得到图8-10（b）。然后算法选择剩余边中权值最小的边 (v_5, v_6) 加入生成树中，由于 v_5、v_6 不在一个连通分量中，因此可以直接加入最小生成树，得到图8-10（c）。图8-10（d）~（f）描述了算法依次将权值最小的剩余边加入最小生成树的过程。

由于每次遍历时算法仅对边进行遍历，因此Kruskal算法的时间复杂度仅与图中的边数有关。如果用堆来存储边，建立堆的时间复杂度为 $O(|E|)$，每次选择边的时间复杂度为 $O(\log|E|)$，因此Kruskal时间复杂度为 $O(|E|\log|E|)$。因此Kruskal算法比较适合边稀疏的图。

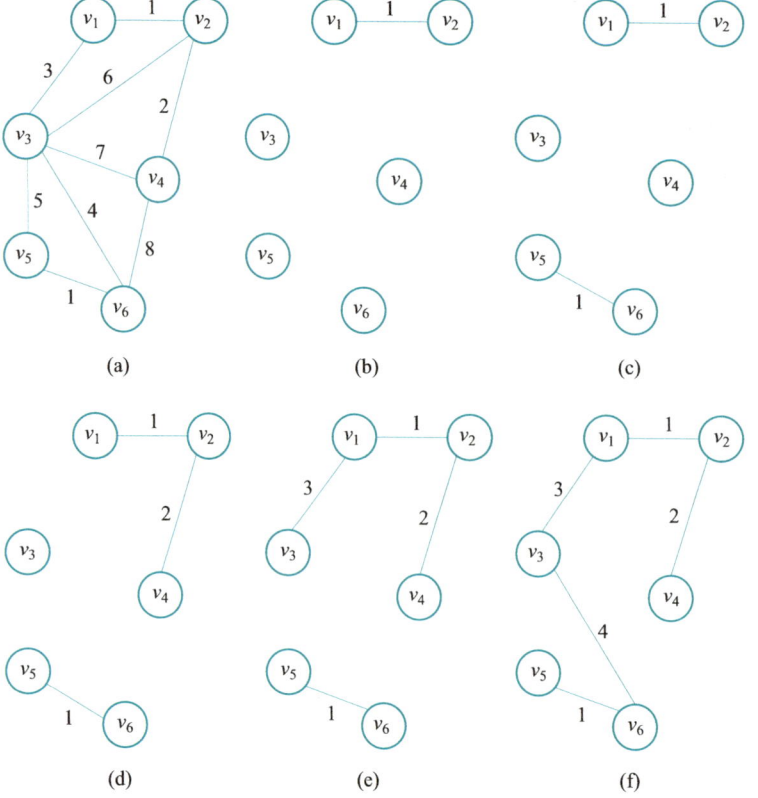

图 8-10   Kruskal 算法的执行过程示意图

8.4 拓扑排序和关键路径

本节将介绍有向图中的两个经典问题：拓扑排序和关键路径。有向图的拓扑排序主要用于解决有向无环图中顶点间的依赖关系问题。它可以确定顶点之间的有序关系，使得所有依赖关系满足被依赖顶点在排列中的位置要早于依赖顶点。拓扑排序在任务调度、课程安排、编译器优化等领域中具有广泛的应用。

有向图的关键路径通常在项目管理和任务调度中有着重要应用。关键路径表示项目完成所需的最长时间路径，即项目中不能延误的任务序列。找到关键路径，就可以确定项目的最短完成时间，并识别可能导致整个项目延误的关键任务。

本节将首先介绍有向图的拓扑排序算法，然后基于拓扑排序算法介绍一种求解有向图关键路径的算法。

8.4.1 拓扑排序

在计算机专业课程中，有些课程存在先修课，即学生在学习该课程之前必须修完前置课程；有些课程是基础课程，即在学习该课程之前无须先修其他课程。表8-4描述了部分课程的先修关系。

表 8-4 计算机专业本科生课程的先修关系

课程名称	课程代码	先修课程
微积分	C_0	无
线性代数	C_1	无
概率论与数理统计	C_2	C_0，C_1
程序设计基础	C_3	无
数据结构	C_4	C_0，C_1，C_3
计算机组成原理	C_5	C_4
操作系统	C_6	C_4
计算机体系结构	C_7	C_5

表8-4中的课程先修关系可以用图来建模，即用顶点表示课程，用有向边表示课程之间的先修关系，可以得到图8-11所示的课程间关系图。可以观察到，图中不可能出现环路，因为一旦出现环路，就会存在某课程的先修课程是其自己的情况，从而产生矛盾。图8-11所示的不存在环路的有向图，称为有向无环图。在一个有向图中，如果

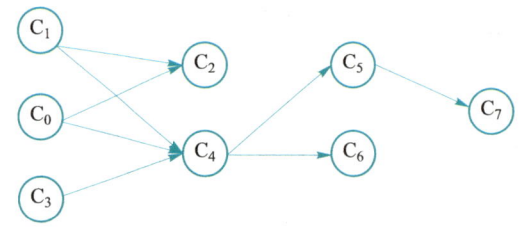

图 8-11   课程间先修关系图

图中的顶点表示活动，图中的有向边表示活动之间的优先关系，则称这样的有向图为 AOV 网（activity on vertex network）。

在上述课程安排的例子中，一个非常重要的问题是：如何遵循课程之间的先修关系，设计一个合理的课程学习顺序。即对于图 8-11，如何将所有顶点排成一个有序的序列，使得该序列满足图中所规定的先修关系。具体来说，序列中的每一个顶点都不会通过边指向其所在序列中的前驱顶点。满足要求的有序序列称为有向图的一个拓扑序列。例如在图 8-11 中，一个课程序列 $C_1, C_0, C_3, C_2, C_4, C_5, C_6, C_7$ 就是一个拓扑序列。

对于一个给定的有向图，一个很自然的问题是该图中是否存在拓扑序列。如果存在，是否唯一，以及如何设计算法来找出有向图中的拓扑序列。求解一个有向图中拓扑序列的过程，称为拓扑排序。

1. 拓扑排序算法执行过程

首先，在有向无环图中一定存在拓扑序列。这是因为有向无环图对应于偏序关系，而拓扑序列对应于全序关系。在顶点数量有限时，与一个偏序相容的全序一定存在。直观来说，偏序指集合中的元素只有部分可比，全序是指集合中所有元素之间均可比。例如在图 8-11 中，C_1 是 C_2 的前置顶点，但 C_1 和 C_0 的关系并不明确，因而不可比。但在一个拓扑排序中，所有课程的先后都是可以比较的。在图 8-11 中，可以看出先修 C_1 或 C_0 都不违背图中所规定的关系，因此拓扑序列并不是唯一的。如果 AOV 网中存在拓扑序列，那么该 AOV 网一定不包含环路。因此，当拓扑排序算法探测到图中存在环路时，算法需提前终止并返回。

拓扑排序算法的流程比较简单，只需在有向图中选取一个没有前驱顶点的顶点输出，并删除该顶点及以其为出发顶点的边。然后，在删除已输出顶点的图中重复以上操作，直到图中所有的顶点均已输出为止。如果最终图中的所有顶点均已输出，那么顶点的输出顺序即为一个合法的拓扑序列。如果在算法执行过程中不存在一个没有前驱的顶点，那么说明输入图中包含一个环，拓扑排序算法提前终止并返回。

以图 8-11 中的有向图为例，C_0、C_1 和 C_3 没有前驱顶点，可以任选其一，整个拓扑排序过程如图 8-12 所示。其中图 8-12（a）为算法输入的有向图，图 8-12（b）为输出 C_1 后的图，图 8-12（c）为输出 C_0 后的图，图 8-12（d）为输出 C_3 后的图，图 8-12（e）为输出 C_2 后的图，图 8-12（f）为输出 C_4 后的图，图 8-12（g）为输出 C_5 后的图，图 8-12（h）为输出 C_6 后的图。

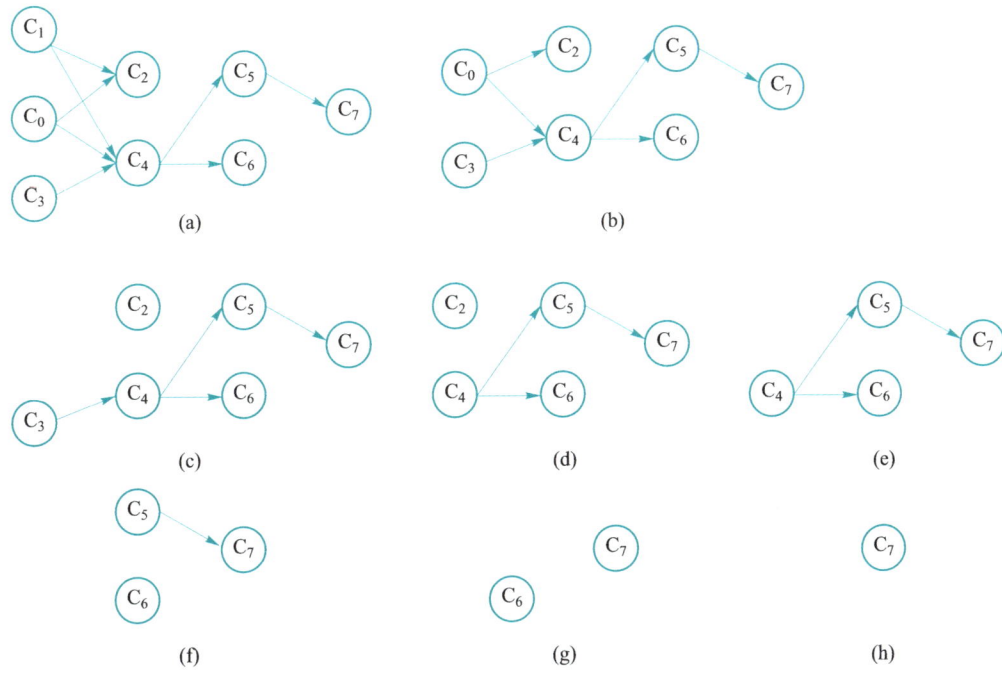

图 8-12　拓扑排序算法的执行过程

2. 拓扑排序算法实现

拓扑排序的伪代码实现如算法 8-5 所示。

算法8-5：拓扑排序 TopSort($graph$, top_s)

输入：图 $graph$

输出：若存在拓扑排序，则 $top\_s[i]$ 存储拓扑序中第 i 个顶点，并返回 **true**；否则返回 **false**

1.　　$n \leftarrow graph.n\_verts$
2.　　$count\_v \leftarrow 0$　　　//记录已经输出的顶点数
3.　　InitQueue($queue$)　//使用队列记录加入拓扑排序的顶点
4.　　GetInDegree($graph$, in_degree)　//获得 $graph$ 中每个顶点的入度，存入数组 in_degree
5.　　**for** $v \leftarrow 0$ **to** $n-1$ **do**
6.　　| **if** $in\_degree[v]=0$ **then**
7.　　| | EnQueue($queue$, v)
8　　　| **end**
9.　　**end**
10.　　**while** IsEmpty($queue$)=**false do**
11.　　| $u \leftarrow$ GetFront($queue$)
12.　　| DeQueue($queue$)
13.　　| $top\_s[count\_v] \leftarrow u$
14.　　| $count\_v \leftarrow count\_v+1$
15.　　| **for** u 的每条发出的边 $<u, v>$ **do**
16.　　| | $in\_degree[v] \leftarrow in\_degree[v]-1$　　//删除 $<u, v>$，故 v 的入度减1
17.　　| | **if** $in\_degree[v]=0$ **then**

18. | | | EnQueue(*queue*, *v*)
19. | | **end**
20. | **end**
21. **end**
22. **if** *count_v=n* **then**   //加入拓扑序列的顶点数为 *n*,说明拓扑排序成功
23. | **return true**
24. **else** //否则,说明图中存在环路,不存在拓扑排序
25. | **return false**
26. **end**

    对于一个包含 $|V|$ 个顶点和 $|E|$ 条边的图,如果图是用邻接表存储的,则求各顶点入度的时间复杂度为 $O(|E|)$,找到入度为 0 的顶点并将其加入队列的时间复杂度为 $O(|V|)$。在 while 循环中,入度减 1 的操作共执行了 $|E|$ 次,同时每个顶点执行一次入队和出队的操作,因此算法的时间复杂度为 $O(|E|+|V|)$。

8.4.2　关键路径

    AOV 网将顶点表示为活动,而将边表示为活动的图称为 AOE 网(activity on edge network)。在 AOE 网中,边表示活动,边上权表示活动进行的时间,而顶点表示事件。

    AOE 网的一个例子如图 8-13 所示,图中共有 9 个事件及 12 个活动。事件位于活动的开始或结束。边上的权值表示该活动完成所需的时间(单位:天)。v_0 和 v_8 表示活动的开始和结束。整个 AOE 网有且仅有一个开始顶点和一个结束顶点。

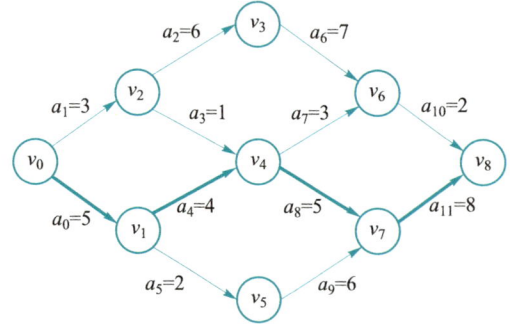

    AOE 网主要解决的问题是计算完成所有活动需要多长时间,以及哪些活动是影响进度的关键。解决上述两个问题有助于合理规划工程中的活动,提高工程效率。

    首先,引入两个概念,分别是关键路径和关键活动。在 AOE 网中,有些活动可以并行进行,例如,图 8-13

图 8-13　AOE 网示例

中的活动 a_0 和 a_1 可以同时进行。然而,不同活动用时不同,因此某一事件的发生需要等待其所有前置活动的完成。开始顶点到某一顶点 v_i 的最长路径,称为顶点 v_i 所代表事件的最早发生时间。例如,图 8-13 中事件 v_4 的发生取决于活动 a_4 的完成,因此其最早发生时间为 9。注意事件 v_0 到 v_4 的最早发生时间实际上等于顶点 v_0 到 v_4 最长路径上边权的和,该最长路径即称为关键路径。关键路径上的活动称为关键活动。

1. 关键路径计算过程

为了方便计算关键路径长度以及找出关键路径，我们用 $e(i)$ 表示活动 a_i 开始的最早时间，某活动开始的最早时间取决于其所有前置活动的完成。类似地，$l(i)$ 表示活动 a_i 开始的最晚时间，最晚时间是在不耽误整个工程完成的情况下可以开始的最晚时间。例如，对于活动 a_9 来说，其最早开始时间为第 7 天，即 a_0 和 a_5 完成后即可开始，但由于 a_4 和 a_8 花费时间相对较长，a_9 只需在第 10 天（或之前）开始便可不耽误后续活动。因此，$e(9)=7$，$l(9)=10$，两者之差 3 代表完成活动的时间余量。由于关键活动处于关键路径上，关键活动的拖延将导致整个活动的拖延，说明关键活动的最早开始时间等于最晚开始时间，即 $e(i)=l(i)$。因此，寻找关键路径就转化为寻找所有 $e(i)=l(i)$ 的活动。

不难发现，对于没有前置活动的活动，例如 a_0 和 a_1，其最早开始时间为 0。因此，可以从 v_0 开始向后递推各个活动的最早开始时间。同样，可以从工程完成的顶点 v_8 开始向前递推各个活动开始的最晚时间。

设活动 a_i 对应图中的有向边 $<u, v>$，将活动 a_i 开始的最早时间记为 $earliest[u]$，最晚开始时间记为 $latest[u]$，持续时间记为 $weight<u, v>$。可以看到事件与活动之间具有如下关系：

$$e(i)=earliest[u]$$
$$l(i)=latest[v]-weight<u, v>$$

从开始顶点，即 $earliest[0]=0$ 开始递推，可以得到如下递推关系：

$$earliest[v]=\text{Max}(earliest[u]+weight<u, v>)$$

其中 $<u, v>\in S_v$，S_v 是所有以顶点 v 为尾的边的集合。

从 $latest[n-1]=earliest[n-1]$ 向前递推：

$$latest[u]=\text{Min}(latest[v]-weight<u, v>)$$

其中 $<u, v>\in S_u$，S_u 是所有以顶点 u 为头的边的集合。

表 8-5 给出了以图 8-13 为例计算关键路径的过程。

表 8-5　关键路径的计算过程

事件（顶点）	earliest	latest	活动（边）	e	l	l-e
v_0	0	0	a_0	0	0	0
v_1	5	5	a_1	0	4	4
v_2	3	7	a_2	3	7	4
v_3	9	13	a_3	3	8	5
v_4	9	9	a_4	5	5	0
v_5	7	8	a_5	5	6	1

续表

事件（顶点）	*earliest*	*latest*	活动（边）	*e*	*l*	*l–e*
v_6	16	20	a_6	9	13	4
v_7	14	14	a_7	9	17	8
v_8	22	22	a_8	9	9	0
			a_9	7	8	1
			a_{10}	16	20	4
			a_{11}	14	14	0

由此可见，图 8-13 所示的关键活动为 a_0、a_4、a_8、a_{11}，关键路径为（v_0, v_1, v_4, v_7, v_8）。

2. 求关键活动的算法实现

求关键活动的伪代码实现如算法 8-6 所示。

算法 8-6：求图中关键活动 CriticalAnalysis(*graph*)

输入：图 *graph*

输出：若图中存在环路，返回 **false**；否则，打印图中的关键活动，并返回 **true**

1.　　$n \leftarrow graph.n\_verts$
2.　　$ret \leftarrow$ TopSort(*graph*, *top_s*)
3.　　**if** *ret* = **true then**
4.　　| **for** $v \leftarrow 0$ **to** $n{-}1$ **do**　//给每个事件的最早发生时间置初值为 0
5.　　| | $earliest[v] \leftarrow 0$
6.　　| **end**
7.　　| **for** $i \leftarrow 0$ **to** $n{-}1$ **do**　//按拓扑序列求每个事件的最早发生时间
8.　　| | $u \leftarrow top\_s[i]$　//取得拓扑序列中的顶点序号
9.　　| | **for** u 的每条发出的边 $<u, v>$ **do**
10.　　| | | $weight \leftarrow$ GetWeight(*graph*, u, v)　//获得 $<u, v>$ 边的权重
11.　　| | | **if** $earliest[v] < earliest[u]{+}weight$ **then**
12.　　| | | | $earliest[v] \leftarrow earliest[u]{+}weight$
13.　　| | | **end**
14.　　| | **end**
15.　　| **end**
16.　　| $completion\_time \leftarrow 0$
17.　　| **for** $v \leftarrow 0$ **to** $n{-}1$ **do**　//所有事件的最早完成时间是 *earliest* 的最大值
18.　　| | **if** $completion\_time < earliest[v]$ **then**
19.　　| | | $completion\_time \leftarrow earliest[v]$
20.　　| | **end**
21.　　| **end**
22.　　| **for** $v \leftarrow 0$ **to** $n{-}1$ **do**　//给每个事件的最迟发生时间置初值为所有事件的最早完成时间
23.　　| | $latest[v] \leftarrow completion\_time$
24.　　| **end**

25. | **for** $i \leftarrow n$-1 **downto** 0 **do**   //按拓扑逆序求每个事件的最迟发生时间
26. | | $u \leftarrow top\_s[i]$ //取得拓扑序列中的顶点序号
27. | | **for** u的每条发出的边 $<u, v>$ **do**
28. | | | $weight \leftarrow$ GetWeight($graph, u, v$)   //获得 $<u, v>$ 边的权重
29. | | | **if** $latest[u] > latest[v] - weight$ **then**
30. | | | | $latest[u] = latest[v] - weight$
31. | | | **end**
32. | | **end**
33. | **end**
34. | **for** $u \leftarrow 0$ **to** n-1 **do**
35. | | **for** u的每条发出的边 $<u, v>$ **do**
36. | | | $weight \leftarrow$ GetWeight($graph, u, v$)   //获得 $<u, v>$ 边的权重
37. | | | **if** $earliest[u] = latest[v] - weight$ **then**
38. | | | | **print** $<u, v>$ //边 $<u, v>$ 对应一项关键活动
39. | | | **end**
40. | | **end**
41. | **end**
42. **end**
43. **return** ret

针对算法8-6，不难分析，若图采用邻接表存储，则算法的时间复杂度为 $O(|E|+|V|)$。关键路径对于估算工程完成时间一类的问题具有重要价值，当需要加快工程进度时，有效的方法是提高关键路径上活动的速度。然而，提高关键路径上活动的速度并不能无限度地加快工程的整体进度，只有在不改变关键路径的情况下才有效。此外当网络中存在多条关键路径时，只提高一条关键路径上的活动速度是不够的，只有提高所有路径上的活动速度才能加快整体进度。

☆8.5 拓展延伸

本节介绍图应用的两个拓展延伸内容：二部图和网络流。二部图的最大匹配问题在组合优化和图论中具有广泛的应用。实际应用中诸如婚姻匹配、任务分配、工作安排等指派类问题，均可建模为二部图的最大匹配问题。网络流方法在求解最大流问题中有重要应用。

8.5.1 二部图

二部图（又称二分图）是一种特殊的图，其顶点集合可以拆分为两个互斥的点集，每一条边的两个端点分别属于这两个互斥的点集。根据边是否有权值，可将二部图分为无权二部图和加权二部图。

1. 二部图的有关定义

定义8-1   二部图。设图 $G=(U\cup V, E)$，若满足 $U\cap V=\varnothing$，$\forall(u,v)\in E, u\in U\wedge v\in V$，则 G 是一个二部图。

图8-14展示了一个无权二部图示例，其中的顶点分为 U 和 V 两个互斥的集合，图中所有边的端点都分别位于 U 和 V 中。

二部图通常用于建模两类不同性质的个体间的关系。例如，二部图的两类顶点可以代表相亲平台上的男性和女性，顶点之间的边则代表两个人条件匹配；或者是员工与不同任务的关系，顶点之间的边代表员工能胜任该任务，边上的权值可以是某个员工做该任务的效率。二部图的顶点也可以代表社会中的组织和个人，顶点之间的边代表某人隶属于某个组织。

定义8-2   匹配。对于一个二部图 $G=(U\cup V, E)$，对于 E 的一个子集 $M\subseteq E$，若满足 M 中的任意两条边都没有公共端点，则 M 为 G 的一个匹配。

图8-15为图8-14所示无权二部图的一个匹配，构成该匹配的边集为 $\{(u_2, v_1), (u_3, v_3)\}$。

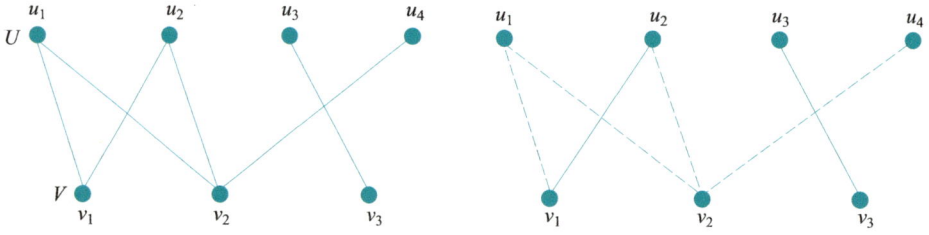

图 8-14   无权二部图示例   图 8-15   无权二部图（图8-14）的匹配

由定义8-2可知，在一个匹配中，二部图的一个顶点至多只会与处于另一顶点集合中的一个顶点相连。在实际应用中，这与某种顶点代表的实体只能被一个外部个体占用的特点相呼应，比如人和职位一一对应，婚配时男女一一对应等。

定义8-3   最大匹配。对于一个二部图 $G=(U\cup V, E)$，G 的最大匹配 M 满足对所有 G 上的匹配 M'，都有 $|M|\geqslant|M'|$ 成立。

不难发现，最大匹配并不唯一，所以求解最大匹配问题时，通常只需找到其中一个解即可。匈牙利算法是求解二部图上的最大匹配的经典算法。该算法是在匈牙利数学家 Dénes Kőnig 和 Jenő Egerváry 的工作基础上发展而来的。

首先介绍一下增广路的概念。

定义8-4   增广路。对于一个二部图 $G=(U\cup V, E)$ 和其上的一个匹配 M，一条长为 L 的路径 $P=\{e_1, e_2, \cdots, e_L\}$ 若满足：L 是奇数；P 从一个未匹配点（不与 M 中的边邻接）出发，停止于另一个未匹配点，且 $e_i\notin M, i=1, 3, 5, \cdots, L$，$e_i\in M, i=2, 4, 6, \cdots, L-1$，则 P 是 M 的一个增广路。

在图8-16中存在一个匹配 $M=\{(u_1, v_1), (u_2, v_2)\}$，且存在一个增广路 $P=\{(u_3, v_1), (u_1, v_1), (u_1, v_2), (u_2, v_2), (u_2, v_3)\}$，$P$ 起始于 u_3，终止于 v_3。

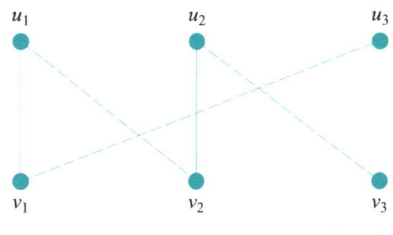

图 8-16　匹配与增长路

　　对于匹配 M 的一条增广路 P，将 P 中原来的未匹配边变为匹配边，将原来的匹配边变为未匹配边。这样，新的匹配比原来的匹配 M 多一条匹配边。在上述例子中，将 P 的所有边的状态反转，使得匹配边的数量从 2 变为 3。

　　可以证明，对于一个二部图 G 和 G 上的一个匹配 M，如果 G 中不存在关于 M 的增广路，那么 M 就是 G 的一个最大匹配。匈牙利算法的核心思想是通过不断地在二部图中寻找增广路反转其中边的状态，以扩大匹配的规模，直到找不到任何增广路为止。当找不到增广路时，当前的匹配即为最大匹配。

2. 求解二部图最大匹配的匈牙利算法实现

　　算法 8-7 给出了求解二部图最大匹配的匈牙利算法的伪代码实现。

算法 8-7：求解二部图最大匹配的匈牙利算法 MaximumMatch(*bigraph*, *match*)

输入：二部图 *bigraph*

输出：返回最大匹配数，更新记录 *bigraph* 最大匹配的数组 *match*。*match*[v]=u 表示一个点
　　　集中的顶点 u 与另一个点集中的顶点 v 匹配

1.　　$n \leftarrow bigraph.n\_v\_verts$　//点集 V 的顶点数
2.　　*visited* ← **new bool** [n]　//记录二部图点集 V 的顶点是否已被访问
3.　　$n\_match \leftarrow 0$　　　　//记录匹配数
4.　　**for** $v \leftarrow 0$ **to** $n-1$ **do**
5.　　| *match*[v] ← NIL　　　//初始化，NIL 表示未匹配
6.　　**end**
7.　　**for** $u \leftarrow 0$ **to** $n-1$ **do**
8.　　| **for** $v \leftarrow 0$ **to** $n-1$ **do**
9.　　| | *visited*[v] ← **false**　　//初始化
10.　| **end**
11.　| **if** $u \in U$ 且 FindAugmentingPath(*bigraph*, *match*, u, *visited*) = **true then**
12.　| | $n\_match \leftarrow n\_match + 1$　//从顶点 u 出发能找到增广路，则匹配数加 1
13.　| **end**
14.　**end**
15.　**return** n_match

　　算法 8-7 的核心步骤是从任一顶点 u 出发去找增广路。函数 FindAugmentingPath 的伪代码实现如算法 8-8 所示。

算法 8-8：找二部图匹配的增广路 FindAugmentingPath(*bigraph*, *match*, *u*, *visited*)

输入：二部图 *bigraph*，匹配数组 *match*，u 为集合 U 的顶点，数组 *visited*[v] 记录集合 V 的顶
　　　点 v 是否被访问

输出：如果找到增广路，则更新匹配数组 *match* 并返回 true，否则返回 false

1.　　$ret \leftarrow$ **false**

2.　　**for** u 的每个邻接点 v **do**

3.　　| **if** *visited*[v] = **false then**

4.　　| | *visited*[v] ← **true**

5.　　| | **if** *match*[v]=NIL 或 FindAugmentingPath(*bigraph*, *match*, *match*[v], *visited*) = **true then**

6.　　| | | *match*[v] ← u　//u 与 v 匹配

7.　　| | | *ret* ← **true**

8.　　| | | **break**

9.　　| | **end**

10.　| **end**

11.　**end**

12.　**return** *ret*

算法 8-8 递归地搜索从 U 集合顶点 u 出发的任意一条增广路。首先搜索 u 的所有邻接点 v，若 v 未被访问过，则标记 v（算法第 4 行）。*visited*[v] 为 true 包括了 v 并未在当前调用栈中被访问，只是在稍早前被访问过的情况。在这种情况下不需要再次访问 v，因为稍早前并未从与 v 匹配的 U 集合顶点找到任何增广路。

若 v 并未被匹配（*match*[v] 为 NIL），则说明 v 可作为当前增广路的终点（算法第 5 行条件 1）。否则，若从与 v 匹配的 U 集合顶点出发能找到一条增广路（只要求终止顶点是未被匹配的顶点），则可与当前路径拼接起来，形成增广路（算法第 5 行条件 2）。算法第 6 行将增广路上所有边的状态反转，构成新的更大的匹配。

算法 8-7 的函数 MaximumMatch 是匈牙利算法的入口函数，它遍历所有 U 集合顶点，若能从当前 U 集合顶点找到一条增广路，则更新匹配（反转增广路上边的状态），记匹配数加一。最终的匹配数即为最大匹配数。

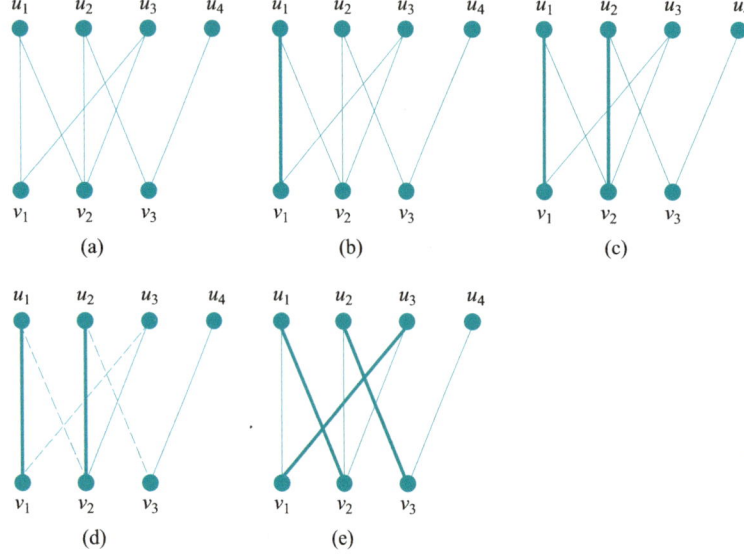

图 8-17　匈牙利算法的执行过程示意图

图8-17描述了匈牙利算法的执行过程。在图8-17（a）中，尚无匹配顶点，算法搜索u_1的邻接边，找到一条简单的增广路(u_1, v_1)，反转该增广路上边的状态，得到图8-17（b），其中只有一条匹配边(u_1, v_1)，算法随即搜索从u_2出发的增广路，最终得到图8-17（c）。算法随后搜索从u_3出发的增广路，最终找到$\{(u_3, v_1), (u_1, v_1), (u_1, v_2), (u_2, v_2), (u_2, v_3)\}$这条增广路，如图8-17（d）所示，反转其中的边，得到图8-17（e）。算法无法找到从u_4出发的增广路。

对于二部图$G = (U \cup V, E)$，匈牙利算法搜索增广路时最多搜索全图，所以其时间复杂度为$O(|U||E|)$。

8.5.2　网络流

首先给出流网络的定义如下：

定义8-5　流网络。流网络G是一个有向加权图。有向边(u, v)的方向是u指向v，表示流的方向。边(u, v)的权值符号为$c(u, v)$，表示边(u, v)的容量上限。

流网络含有两类特殊的点：源点和汇点。为了方便表示，假设流网络只有一个源点s和一个汇点t。图8-18展示了一个流网络的示例，其中的s和t分别表示源点和汇点。

定义8-6　网络流。给定流网络G，源点s，汇点t，流为实值函数$f(s, t)$，表示从s流入，经过$V\text{-}\{s, t\}$中的点，最后从t流出的值。

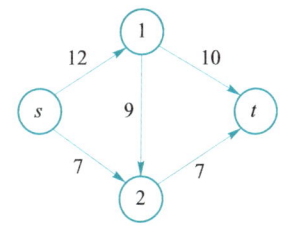

图8-18　流网络示例

在图8-18中，考虑一条路径$s \to 1 \to 2 \to t$，假设从源点s流入5的流量，该路径上每条边的流量为5，则从t流出5的流为一个$f(s, t)=5$的网络流。同样地，考虑两条路径$s \to 1 \to 2 \to t$和$s \to 1 \to t$。假设第一条路径的流量为2，第二条路径的流量为3，则这两个路径的流量可以合并为一个流量为5的网络流。

一个合格的网络流需要满足以下性质：

① 对于流网络上的边(u, v)，该边上的流为实值函数$f(u, v)$，满足$0 \leqslant f(u, v) \leqslant c(u, v)$。

② $f(s, t)$等于从s流出的流大小，即$f(s, t) - \sum\limits_{(s, v) \in E} f(s, v) - \sum\limits_{(v, s) \in E} f(v, s)$。

③ $f(s, t)$等于流入t的流大小，即$f(s, t) = \sum\limits_{(v, t) \in E} f(v, t) - \sum\limits_{(t, v) \in E} f(t, v)$。

④ 对于每条边，输入的流量等于输出的流量，$\sum\limits_{(w, u) \in E} f(w, u) = \sum\limits_{(v, w) \in E} f(v, w), \forall (u, v) \in E$。

将流网络想象成由水管组成的网络，其中s接在水源上，水流从s经过$V\text{-}\{s, t\}$里的边，最后由t流出。性质1意味着水流非负且流量要小于水管的容量。性质2、3表示网络流的大小等于从s输入的流量，也等于从t流出的流量。性质4表示对于每条水管，输入的流水等于输出的流水。

网络的最大流是指流网络中流量最大的流。最大流问题是网络流应用中最基础的一个问题，在许多领域有着重要的应用。与网络最大流密切相关的一个概念是最小割，Ford 和 Fulkerson 证明了流网络中的最大流等于最小割。这里的割是指一个边的集合 F，删除集合 F 中的所有边后，图将变得不连通。该定义与第 7 章 7.7 节中给出的边割集的定义一致。下面给出边割集的权值的定义。

定义 8-7　边割集的权值。边割集的权值是指该边割集中所有边的权值之和，在流网络中为边割集中所有边的容量上限之和。

定义 8-8　流网络最小割。给定具有源点 s 和汇点 t 的流网络，其最小割是指使得 s 和 t 不连通的所有边割集中具有最小权值的边割集。设最小割将图划分为任意块，其中 s 能到达的点集记为 S，能到达 t 的点集记为 T。

引理 8-3　设 C 是流网络 G 上的最小割，其容量上限和为 c，对于任意流 f，有 $f \leqslant c$。

证明：假设流 $f > c$，说明除了最小割，还存在额外的路径使得流从 s 流向 t，与 S、T 不连通矛盾。证毕。

定理 8-1　最大流最小割定理。对于任意流网络 G，其最大流等于最小割。

证明：对于流网络中的每一条边，将边的容量减去当前流经该边的流量得到的网络称为残留网络。容易验证，在网络达到最大流时，残留网络中不存在增广路，否则增广该增广路可以得到更大的流。前已给出增广路的概念，这里也可理解为增广路是在残留网络中从源点 s 到汇点 t 的一条简单路径。没有增广路意味着不存在路径使得 s 和 t 连通。将 s 能到达的点集记为 S，能到达 t 的点集记为 T，那么边集 $C = \{e(u, v) \mid u \in S, v \in T\}$ 为一个割。C 上的边一定满流：假设 $e(u, v)$ 不满流，那么 $u \rightarrow v$ 可达，又因为 s 可达 u，v 可达 t，那么 $s \rightarrow u \rightarrow v \rightarrow t$ 就是一条增广路，可以继续增广，与增广路不存在矛盾。有了 C 上的边一定满流这一条件，可以推导出 C 对应着一个网络流 F。由引理 8-3 可知，任意流小于或等于最小割，因此 F 一定是最大流，对应的割 C 一定是最小割。证毕。

基于最大流最小割定理，求解流网络中的最大流问题就等价于求解最小割。下面以球赛冠军归属问题为例，介绍流网络中最大流问题的应用。

在中超足球联赛中，假设当前胜率排在前 4 的球队为广州恒大、北京国安、上海申花和山东鲁能，其胜负场数以及还未完成的比赛场次如表 8-6 所示。

表 8-6　足球联赛胜负与剩余场次表

球队	胜	负	余	广州恒大	北京国安	上海申花	山东鲁能
广州恒大	24	10	7	0	2	2	3
北京国安	22	12	7	2	0	3	2
上海申花	19	16	7	2	3	0	2
山东鲁能	18	17	7	3	2	2	0

从表 8-6 可以看出，山东鲁能队似乎还有夺冠的可能，因为只需在剩余的 7 场比赛中取得全胜，就可以累计得到 25 场胜利，从而在理论上超过目前排名第一的广州恒大队。然而，这一理论上的可能需要建立在广州恒大队在剩余的 7 场比赛中全输，以及北京国安队、上海申花队分别最多只能赢 2 场和 5 场的前提下。而这 3 支球队之间剩余的比赛共有 7 场，只要这 7 场比赛所产生的 7 个胜局能够按照上述要求分配给这 4 支球队，那么山东鲁能队就有理论上夺冠的可能，否则该队就不可能夺冠。这一分配问题可以采用网络流来求解。

令 T 代表 4 支队伍集合，$w(i)$ 代表队伍 i 已经赢的场数，$g(i)$ 代表队伍 i 所余的场数，$g(i,j)$ 表示队伍 i 和队伍 j 所余的场数。如何判断队伍 k 是否已无望夺冠？如果在剩余的 $g(k)$ 场中 k 均赢，且其余队伍 $T-\{k\}$ 之间无论胜负如何，胜利场数最高的队一定比 $w(k)+g(k)$ 大，那么 k 无望夺冠。让 $x(i,j)$ 表示剩余的 $g(i,j)$ 场中 i 打赢 j 的场数，$x(j,i)$ 表示剩余的 $g(j,i)$ 场中 j 打赢 i 的场数。那么，显然有 $x(i,j)+x(j,i)=g(i,j)=g(j,i)$。

假设 k 全赢，那么对任意队伍 $i \in T-\{k\}$，$x(i,k)=0$。对于队伍 i，其能赢的场次为 $w(i)+\sum_{j \in T-\{k\}} x(i,j)$。为了让 k 赢得比赛，需要满足

$$w(k)+g(k) \geqslant w(i)+\sum_{j \in T-\{k\}} x(i,j), \ \forall i \in T-\{k\}$$

其中 $x(i,j)$ 为非负。如果能找到 $x(i,j)$ 的赋值方案使得上述不等式成立，那么 k 就还有可能夺冠。最大流模型可以解决 $x(i,j)$ 的赋值方案问题。

如果 $w(k)+g(k) < w(i)$，那么队伍直接无望夺冠，因此假设 $w(k)+g(k) \geqslant w(i)$。不等式中 $w(k)+g(k)$ 为常数，变量为 i 和 $x(i,j)$，因此对 $T-\{k\}$ 中的每个队伍建立一个顶点，且对每对队伍 (i,j) 也建立一个顶点。对于每个队伍 i 的顶点，连接一条到汇点 t 的边，容量上限为 $w(k)+g(k)-w(i)$。对于每对队伍 (i,j) 对应的顶点，从源点 s 连接一条容量上限为 $g(i,j)$ 的边，表示 $x(i,j)$ 和 $x(j,i)$ 的取值范围。(i,j) 分别连一条到队伍 i 和队伍 j 的边，其容量为 $g(i,j)$。

当流网络最大流量为 $\sum_{i \in T-\{k\}} g(i)$ 时，即最小割划分出结果为 $S=\{s\}$ 时，则存在解决方案使得不等式成立，即队伍 k 仍然有望夺冠。以点 i 为例，其连接汇点 t 的边容量上限为 $w(k)+g(k)-w(i)$，其流入的流量可以视为 $\sum_{j \in T-\{k\}} x(i,j)$。因为流入的流量等于流出的流量，一定有 $w(k)+g(k)-w(i) \geqslant \sum_{j \in T-\{k\}} x(i,j)$，即 $w(k)+g(k) \geqslant w(i)+\sum_{j \in T-\{k\}} x(i,j)$。

当最大流量为 $\sum_{i \in T-\{k\}} g(i)$ 时，意味着每对队伍的每场比赛都进行的情况下，仍然能对每支队伍 i 满足不等式，因此队伍 k 仍然有望夺冠。相应地，当流网络最大流量小于 $\sum_{i \in T-\{k\}} g(i)$ 时，即存在源点 s 和点对 (i,j) 之间的边不满流时，k 一定没有希望夺冠。

8.6　应用场景：图计算

在金融领域的实体模型中，涉及大量不同类型的关系和数十亿的结点和边。这些关系有些是相对静态的，例如企业之间的股权关系和个人客户之间的亲属关系；而有些则是不断变化的，例如股权交易和转账关系。这些关系背后隐藏着许多以前未知的信息。在以往的金融数据分析和挖掘中，通常从个体（例如企业、个人、金融机构等）本身的角度出发分析个体之间的差异，而很少从个体之间的关联关系角度进行分析。这样的分析方法往往忽视了许多本质上存在的关联关系，从而无法准确地达到业务场景的数据分析和挖掘目标。因此，基于图结构的图计算技术能够很好地弥补传统分析技术的不足，帮助我们从实体和实体之间的经济行为关系出发进行分析，从而提供更为全面和准确的分析结果。

如在金融风险管理中，图计算可以分析金融市场中的复杂关系和相互影响，识别潜在的风险因素。通过构建金融关联网络，包括企业、个人和资产之间的关系，可以发现系统性风险和连锁反应。通过图计算的路径分析和传播模型，可以提前预测和评估风险的传播路径和影响范围，帮助金融机构制定有效的风险管理策略。

除了金融领域，人际关系、分子拓扑结构、大脑神经元链接等图数据中也蕴含着丰富的信息，而图计算应用是一种挖掘图数据中隐含价值的重要应用。随着图数据的不断增长，图计算应用被广泛部署于各大数据中心，成为数据中心的典型应用。

本章小结

本章主要介绍了图在实际应用中的几种经典算法。

在求解最短路径问题方面，重点介绍了两个常用的算法：求单源最短路径的Dijkstra算法和求所有顶点之间最短路径的Floyd-Warshall算法，并讨论了单源最短路径中的一些特例，包括非加权图、含有负权值的图和无环图。

最小生成树是加权无向连通图的权值和最小的极小连通子图，它有很重要的应用价值。本章介绍了最小生成树的概念，以及寻找最小生成树的两个经典算法：Kruskal算法和Prim算法。

拓扑排序是把有向无环图中的顶点按照下述规则排序：如果有一条从u到v的路径，那么顶点v在拓扑排序中必须出现在顶点u之后。关键路径是在有向无环图中从源点开始到汇点为止的最长的路径。

本章还介绍了两个拓展延伸内容：二部图和网络流的概念及应用。

下一章将介绍最后一种逻辑结构——集合及不相交集。

本章习题

1. 对图 8-19 所示加权无向连通图 G，使用 Prim 算法构造最小生成树。

2. 对图 8-19 所示加权无向连通图 G，使用 Kruskal 算法构造最小生成树。

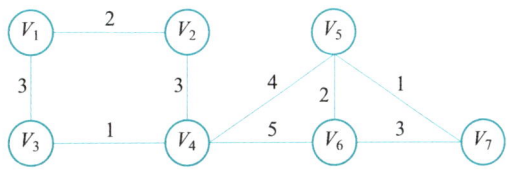

图 8-19　加权无向连通图 G

3. 找出图 8-20 所示 AOE 网的关键活动、关键路径以及工程完工的最短时间。

4. Prim 算法和 Kruskal 算法是否在存在负边权的图上有效？为什么？

5. 说明一个有 $|V|$ 个顶点的图上存在多少棵最小生成树。为什么？

6. 已知无向图 G，图中各边的权值均为 1。请设计算法，求顶点 u 到其余各顶点

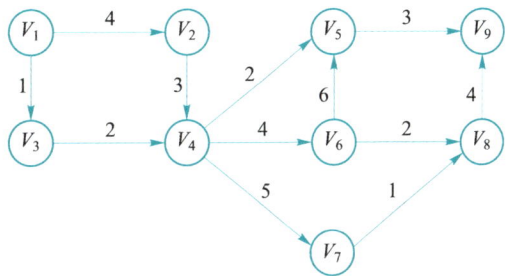

图 8-20　AOE 网

的最短路径。要求该算法的时间复杂度为 $O(|V|+|E|)$，其中 $|V|$ 为图 G 中顶点的个数，$|E|$ 为图 G 中边的条数。

7. 已知有向加权图 G，包含 $|E|$ 条边，其中的 $|E|-1$ 条边的权值为正，1 条边的权值为负，图 G 中不含负环。请利用 Dijkstra 算法，求解该图上的单源最短路径问题。要求设计的算法复杂度和 Dijkstra 算法一致。

8. 已知有向无环加权图 G，以及顶点 v，令 $d(u)$ 为顶点 v 到顶点 u 的第二短的路径。请设计一个算法，求解所有的 $d(u)$（即对于所有的顶点 u，都要计算 $d(u)$）。要求该算法的时间复杂度为 $O(|V|+|E|)$，其中 $|V|$ 为图 G 中顶点的个数，$|E|$ 为图 G 中边的条数。

9. 最短路径相交顶点判定问题：给定有向加权图 G 和 4 个顶点 u, v, s, t，假设图 G 中所有边的权值都非负。请设计一个算法，判定"从 u 到 v 的最短路径"和"从 s 到 t 的最短路径"是否存在一个交点 w。也即，顶点 w 是 u 到 v 的最短路径上的一个顶点，同时也是 s 到 t 的最短路径上的一个顶点。要求该算法的时间复杂度与 Dijkstra 算法一致。

10. 给定一个有向加权图 G，请改编 Dijkstra 算法，计算从源点 s 到图中其他顶点的最短路径的条数。要求该算法的时间复杂度与 Dijkstra 算法一致。

*11. 请证明：所有的树都是二部图。

*12. 请设计算法，判断一个给定的图是否为二部图。

*13. 给定一个 $N \times M$ 的棋盘（N、$M \le 100$），已知一些格子禁止放置，求最多能不重叠地放置多少块 2×1 的骨牌（骨牌边界与棋盘格线重合，且占用两个格子）。

*14. 一个相亲平台有 n 个男性，m 个女性，他们中的一些人可能和若干个异性互有好感，这些互有好感的关系共有 k 个，且每一对互有好感的异性交往后有特定的幸福指数（用一个正整数表示）。请设计算法，在给出该相亲平台上男女互有好感的相关信息后，求出一种幸福指数之和最大的男女配对关系（一对一，只有互有好感的男女才能被匹配，n、$m \le 100$，$k \le nm$）。

*15. 请证明：如果将汇点 t 连接一条边到 s，那么 $s \to t$ 流变为环路。

*16. 请证明：如果一个流网络中存在两个值相同的最大流，它们所流经的边不同，则两个最大流的差（即两个流路径的差异）是环路。

17. 如果网络中存在多个源点和汇点，那么网络流算法应如何设计？

溯源与参考文献

求单源最短路径的 Dijkstra 算法由 Edsger W. Dijkstra 在 1959 年提出[1]，求带负权值的单源最短路径的 Bellman-Ford 算法于 1955 年由 Alfonso Shimbel 发现[2]，而求所有顶点对之间最短路径的 Floyd-Warshall 算法于 1959 年由 Bernard Roy 发现[3]。

最小生成树的 Prim 算法于 1930 年由捷克数学家 Vojtěch Jarník 发现[4]，Kruskal 算法于 1956 年由 Joseph B. Kruskal 提出[5]。

拓扑排序算法由 Arthur B. Kahn 在 1962 年提出[6]。第一个关于关键路径分析的算法出现在 1959 年[7]。

求解二部图的最大匹配问题的匈牙利算法由 Harold Kuhn 在 1955 年提出[8]。关于网络流的最大流最小割定理于 1956 年由 Lester R. Ford 和 Delbert R. Fulkerson 共同提出[9]。

本章参考文献

[1] DIJKSTRA E W. A note on two problems in connexion with graphs[J]. Numerische Mathematik, 1959, 1 (1): 269–271.

[2] SHIMBEL A. Structure in communication nets[C]. Proceedings of the Symposium on Information Networks. New York: Polytechnic Press of the Polytechnic Institute of Brooklyn, 1955: 199–203.

[3] ROY B. Transitivité et connexité[J]. Comptes Rendus de I'Academie, 1959, 249: 216–218.

[4] JARNÍK V. O jistém problému minimálním [About a certain minimal problem][J]. Práce Moravské Přírodovědecké Společnosti (in Czech), 1930, 6 (4): 57–63.

[5] KRUSKAL J B. On the shortest spanning subtree of a graph and the traveling salesman problem[J].

Proceedings of the American Mathematical Society, 1956, 7 (1): 48–50.

[6] KAHN A B. Topological sorting of large networks[J]. Communications of the ACM, 1962, 5 (11): 558–562.

[7] KELLEY J E, WALKER M R. Critical–path planning and scheduling[C]. Proceedings of the Eastern Joint Computer Conference, 1959: 160–173.

[8] KUHN H W.The hungarian method for the assignment problem[J]. Naval Research Logistics Quarterly, 1955, 2: 83–97.

[9] FORD L R, FULKERSON D R. Maximal flow through a network[J]. Canadian Journal of Mathematics, 1956, 8: 399–404.

★第 9 章

不相交集

第 7 章、第 8 章介绍了图和图应用。连通性是图的重要概念，而在很多实际问题中，连通性是动态变化的。例如，高速公路网络中，施

本章引子

工、地震、塌方、暴雪等都会影响高速公路的通行能力，进而影响城镇之间的连通关系。因此，当图的结构动态变化时，需要动态回答连通性查询的问题。许多这类问题可以转化为集合的操作，本章将讨论不相交集的数据结构，以解决这类问题。

不相交集本质上是一种集合，在数学上时常对应由不同等价关系对应的等价类。在图论中，不相交集往往与图的连通性相对应。尽管也可以用线性数据结构实现不相交集，但如果巧妙利用树形结构，就可以实现更优的时间复杂度。

本章 9.1 节通过 Kruskal 算法引入连通性查询的问题；9.2 节介绍不相交集在数学中的相关概念：等价关系和等价类；9.3 节介绍不相交集的存储实现，给出其抽象数据类型定义，其主要操作是集合的合并和元素所归属集合的查询；9.4 节通过按轶合并、路径压缩介绍不相交集的合并、查找等基本运算的实现，以及相应的时间复杂度分析；9.5 节介绍不相交集在最近公共祖先问题中的应用；9.6 节是本章的拓展延伸内容，介绍扩展不相交集；最后，9.7 节介绍不相交集在面向对象编程语言中的应用场景。

9.1　问题引入：Kruskal 算法的高效实现

本书第 8 章 8.3.2 小节中介绍了求最小生成树的 Kruskal 算法。该算法需要按权重递增顺序考虑每条边，并把连接不同连通分量的边 $e=(u, v)$ 加入生成树。这需要动态地维护图的连通性。具体来说，需要支持下列三种操作：

① 初始化。初始化一个无向图 $G=(V, E)$，其中 $E=\varnothing$（空集），即每个顶点分属于不同的连通分量。

② 加边。在图中加入一条边 (u, v)：$E \leftarrow E \cup \{(u, v)\}$。

③ 连通性查询。查询顶点 u 和 v 是否属于同一连通分量，即查询两顶点之间是否有路径相连。

上述操作可以直接按照字面描述，利用一个无向图的数据结构实现。这样一来，加边操作只需 $O(1)$ 时间；而连通性查询可以通过图的遍历实现，在 $n=|V|$ 个顶点的图中，每次查询最坏情况需要 $O(n)$ 时间。在 Kruskal 算法中，对每条边均需要进行一次连通性查询，因此 $m=|E|$ 次查询的总时间复杂度为 $O(nm)$。

基于无向图数据结构的连通性查询算法的时间复杂度不够理想，可以改进。注意到我们只需要查询顶点之间是否连通，而不关心它们具体通过哪条路径连通。此外，只需要支持加边操作，而不需要支持删边操作。在这种情况下，与其完整地维护无向图的结构，不如直接维护连通分量构成的集合本身。具体来说，每个连通分量用其中顶点的集合表示。初始时，每个顶点都是独立的连通分量，此时有 n 个仅包含单一顶点的集合 $\{v_1\}, \{v_2\}, \cdots, \{v_n\}$。每当加入一条边 (u, v)，就将 u 所属的集合和 v 所属的集合合并。对于连通性查询 (u, v)，只需查询 u 和 v 是否在同一集合中。这样，连通性查询问题就转化为维护若干不相交的集合，并动态进行合并与查找的问题。

本章将讨论的不相交集数据结构，其集合操作仅需每操作 $O(\alpha(n))$ 的时间复杂度，其中 $\alpha(\ )$ 是一个增长极其缓慢的函数，一般可以认为 $\alpha(n) \leqslant 4$。该时间复杂度仅略高于 $O(1)$，而大大低于图的遍历所需的 $O(n)$。

9.2　等价关系、等价类和不相交集

不相交集不仅可以处理连通性查询的问题。更抽象地来说，不相交集与数学中等价关系、等价类的概念密切相关。元素之间的等价关系自然地定义了若干不相交集的集合。因此，不相交集常常用于处理等价性查询的问题。例如，两个顶点在同一连通分量中就可以看作一种等价性。

在具体介绍不相交集之前，首先引入等价关系和等价类的概念。这里给出等价性查询的一般定义。

定义 9-1　等价关系。称在集合 X 上的二元关系~为一个等价关系，若其满足：

① 自反性，即 $\forall a \in X$，有 $a \sim a$。

② 对称性，即 $\forall a, b \in X$，若 $a \sim b$，则 $b \sim a$。

③ 传递性，即 $\forall a, b, c \in X$，若 $a \sim b$，$b \sim c$，则 $a \sim c$。

一个最常见的等价关系是：定义在整数集 $\mathbf{Z}$ 上的相等关系 =。不难验证，该关系满足定义 9-1 中的三条性质，而等价关系将"相等"的概念推广到了一般的集合。例 9.1 给出了等价关系示例。

例 9.1　不同问题中的等价关系：

① 对于平面上全部三角形构成的集合 $\mathbf{R}^6$，三角形之间的全等关系 $\cong$ 及相似关系~均为等价关系。

② 对于无向图 $G=(V, E)$ 中顶点构成的集合 V，定义~代表顶点间的连通性，即 $\forall u, v \in V$，$u \sim v$ 当且仅当 u、v 连通，则顶点间的连通性是一个等价关系。

③ 对于所有生物构成的集合，两种生物是否属于同一科构成一个等价关系。

对于集合中的任意元素，称所有与其等价的元素为一个等价类。

定义 9-2　等价类。给定集合 X 和等价关系~，定义某一元素 $a \in X$ 的等价类为 $\{x \in X, x \sim a\}$。

等价关系把集合划分成了若干个不相交的等价类，每个等价类中的元素互相等价。称所有等价类构成的集合为一个商集。

定义 9-3　商集。集合 X 关于等价关系~的商集记作 $X/\sim$，定义为 $X/\sim := \{\{x \in X, x \sim a\}, a \in X\}$。

商集是一系列集合，这些集合彼此不相交，并且其并集是全集 X。这与不相交集的概念恰好对应。

例 9.2　在图 9-1 所示的无向图 $G=(V, E)$ 中，考虑顶点间的连通关系~（见例 9.1）。该连通关系将点集 V 划分为三个等价类，分别为 $\{1, 2, 3, 4, 5\}$、$\{6, 7\}$ 和 $\{8\}$。这些等价类彼此不相交，且它们的并集为全集 V。本例中，每个等价类是一个无向图中的连通分量。

不相交集可用于等价性的动态查询。具体地，不相交集维护某集合 X 关于等价关系~的商集 $X/\sim$。等价关系的增加对应 Union 操作，即将两个等价类合并。等价性的查询对应 Find 操作。若要查询两元素 x、y 的等价性，只需判断是否有 $\text{Find}(x)=\text{Find}(y)$。等价性的查询在计算机科学中有广泛应用。例如，在编译器的设计中，用于判断符号地址的等价性。

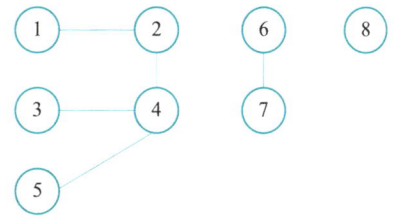

图 9-1　无向图 $G=(V, E)$ 中连通性等价关系定义的等价类

9.3　不相交集的存储实现

我们首先给出不相交集数据结构的定义。给定 n 个元素组成的集合 X。不失一般性，令 $X=\{1, 2, \cdots, n\}$。不相交集数据结构动态维护了集合 X 的一组划分，即若干个不相交的集合 $X_1, X_2, \cdots, X_m$，满足

① $\forall i \neq j, X_i \cap X_j = \varnothing$；

② $\bigcup\limits_{i=1}^{m} X_i = X$。

例如，考虑集合 $X=\{1, 2, 3, 4, 5, 6, 7, 8\}$，$\{\{1, 2, 3, 4, 5\}, \{6, 7\}, \{8\}\}$ 或 $\{\{1\}, \{2\}, \{3\}, \{4\}, \{5\}, \{6\}, \{7\}, \{8\}\}$ 均为符合定义的划分，而 $\{\{1, 2, 3, 4, 5\}, \{6, 7\}\}$ 和 $\{\{1, 2, 3\}, \{3, 4, 5\}, \{5, 6, 7, 8\}\}$ 不是集合 X 的划分。

不相交集数据结构需要动态处理集合的合并和查询操作，其抽象数据类型定义如下：

ADT DisjointSet {　//不相交集的抽象数据类型定义
数据对象：
　　n 个元素构成的全集 X。
数据关系：
　　$\{<i, j> | i, j \in X\}$ 表示 i、j 属于同一个集合。
基本操作：
　　InitSet(*set*, *n*)：　建立 n 个不相交的集合 $X_1, X_2, \cdots, X_n$，其中每个集合初始只有一个元素 $X_i = \{i\}, \forall i = 1, 2, \cdots, n$。
　　DestorySet(*set*)：释放不相交集 *set* 所占用的所有空间。
　　Find(*set*, *x*)：　查询元素 x 所在的集合。
　　Union(*set*, *x*, *y*)：合并元素 x 和元素 y 所在的集合。
}

关于 Find 操作需要进一步说明。Find 操作查询元素所在的集合，其输入是一个元素，输出是一个集合。但上述定义中仅有元素的编号 1~n，没有集合的编号。事实上，由于集合是动态变化的，也难以实时为集合按顺序进行编号。那么，如何给集合编号呢？我们采用了一个技巧，规定每个集合中 X 需要有一个"代表元素" $a \in X$，该元素的编号即为集合的编号，即 $\text{Find}(x)=a$，$\forall x \in X$。比如，对于划分 $\{\{1, 2, 3, 4, 5\},$ $\{6, 7\}, \{8\}\}$，可以规定集合 $\{1, 2, 3, 4, 5\}$ 的代表元素为 1，则 $\text{Find}(2)=\text{Find}(3)=\text{Find}(4)=\text{Find}(5)=1$。

不相交集可以解决动态变化的等价性问题。执行 InitSet 操作时，不存在等价关系，每个元素 x 均单独构成一个等价类。每次新增等价关系 $x \sim y$ 时，将元素 x、y 所在的等价类进行合并。最后，Find 操作可用于查找元素所属的等价类。

9.4 不相交集的基本运算实现

不相交集可以用森林实现。具体来说，每个元素 x 只需维护其父结点 $x.parent$。特别地，规定根结点的父结点是其本身，即 $x.parent=x$；规定森林中的每棵树代表一个不相交集的集合，且其"代表元素"是其根结点。那么，InitSet 操作只需定义 n 棵仅含根结点的树，Find 操作只需找到要查询的元素 x 对应的根结点，而 Union 操作只需将 x 和 y 元素各自对应的根结点合并。算法 9-1~算法 9-3 即为上述操作的伪代码实现。

算法 9-1：初始化不相交集 InitSet(*set*, *n*)

输入：元素的数量 n，不相交集 $set=\{1, 2, \cdots, n\}$
输出：初始化后的集合 set

1.　**for** 每个元素 $x \in set$ **do**
2.　| $x.parent \leftarrow x$
3.　**end**

算法 9-2：查找元素所在的集合 Find(*set*, *x*)

输入：不相交集 set 中待查找的元素 x
输出：元素 x 所在树的根结点

1.　**while** $x \neq x.parent$ **do**
2.　| $x \leftarrow x.parent$
3.　**end**
4.　**return** x

算法9-3：合并两个元素所在的集合 Union(*set*, *x*, *y*)

输入：不相交集*set*中的两个元素*x*和*y*

输出：合并*x*和*y*各自所在集合后的不相交集*set*

1.   *i* ← Find(*set*, *x*)
2.   *j* ← Find(*set*, *y*)
3.   *i*.*parent* ← *j*

直观来说，考虑9.1节中介绍的连通性查询问题。每次 Union操作会在*n*个顶点构成的无向图中加入一条边。由于我们仅关心连通性，因此没有必要在已经连通的两个集合之间加边。因此，在合并的过程中无向图中不会有回路，即为一个森林，可以用第5章第5.6.1小节介绍的父亲表示法存储。

不过，在上述实现中，InitSet、Find、Union 的操作时间复杂度均可达 $O(n)$。如图9-2所示，考虑森林退化成一条链的情况：*i*.*parent* = *i*–1, $\forall i = 2, 3, \cdots, n$。这种情况下，每次 Find(*set*, *n*) 均需要 $O(n)$ 的时间，而每次 Union(*set*, *n*–1, *n*) 也需要 $O(n)$ 的时间。

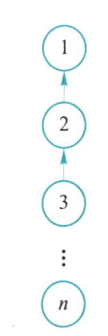

图 9-2 朴素的不相交集实现的最坏情况

9.4.1 按秩合并

不相交集的每次Find操作最坏情况时间复杂度可达 $O(n)$。这种退化情形是可以避免的。按秩合并策略为每个根结点*x*引入一个秩*x*.*rank*，并在合并时总是把秩小的根结点合并到秩大的根结点。根结点的秩，反映了以该结点为根的子树"大小"。有多种方法可以定义秩，如树的高度或树中的结点数目等。

本书中考虑利用树的高度作为树的秩，即对每个根结点*x*，定义其秩*x*.*rank*为以*x*为根的树的高度减一。特别地，仅由单个结点构成的树，其根结点的秩为0。在这种情况下，按秩合并总把高度更小的树合并到高度更大的树。这样即可保证树的平衡性：高度为*l*的子树至少有 $2^l - 1$ 个结点。

采取按秩合并策略后，可将 InitSet操作和Union操作的伪代码实现调整为算法9-4和算法9-5。

算法9-4：初始化采用按秩合并策略的不相交集 InitSet(*set*, *n*)

输入：元素的数量*n*，不相交集*set* = {1, 2, $\cdots$, *n*}

输出：初始化后的集合*set*

1.   **for** 每个元素 *x* ∈ *set* **do**
2. | *x*.*parent* ← *x*

3.　　| *x.rank* ← 0
4.　　**end**

算法9-5：利用按秩合并策略合并两个元素所在的集合 Union(*set*, *x*, *y*)

输入：不相交集 *set* 中的两个元素 *x* 和 *y*
输出：合并 *x* 和 *y* 各自所在集合后的不相交集 *set*

1.　　*i* ← Find(*set*, *x*)
2.　　*j* ← Find(*set*, *y*)
3.　　**if** *i* ≠ *j* **then**
4.　　| **if** *i.rank*>*j.rank* **then**
5.　　| | *j.parent* ← *i*
6.　　| **else if** *i.rank*<*j.rank* **then**
7.　　| | *i.parent* ← *j*
8.　　| **else** // *i.rank*=*j.rank*
9.　　| | *i.parent* ← *j*
10.　 | | *j.rank* ← *j.rank*+1
11.　 | **end**
12.　 **end**

下面分析采用按秩合并策略后，不相交集 Find、Union 操作的时间复杂度。首先给出如下引理。

引理9-1　在采用按秩合并策略的不相交集算法运行过程中，对于任意子树，若其根结点秩为 r，则该子树中至少有 2^r 个结点。

证明：利用归纳法对子树根结点的秩 r 进行归纳。$r=0$ 时，子树中仅含一个结点，命题成立。假设命题对所有不超过 $r-1$ 的秩成立。考虑根结点 *root* 的秩为 $r>0$ 的子树。由于 r=*root.rank*>0，根结点 *root* 的秩必然是与另一棵根为 *root*′ 的树进行 Union 操作时设置而来。不失一般性，设该次 Union 前有 *root.rank*=*root*′.*rank*=$r-1$。否则该次 Union 前一定存在某次 Union(*root*, *root*″)，且 *root.rank*=*root*″.*rank*=$r-1$；而 Union 操作不会令树中的结点数目减少。由归纳假设，可知此时以 *root* 和 *root*′ 为根的子树中都各有至少 2^{r-1} 个结点，故合并后的子树中至少有 2^r 个结点。

由归纳法，命题对所有 $r \in \mathbf{N}$ 成立。证毕。

每次 Find、Union 操作的时间复杂度取决于查找链的长度，即 Find 操作找到的根结点的秩加一。最坏情况下，全部的 n 个结点构成一棵树。根据引理9-1，该树的根结点的秩不超过 $\log n$。因此，采用按秩合并策略的不相交集每次 Find、Union 操作的时间复杂度为 $O(\log n)$。

9.4.2　路径压缩

不相交集的查找算法还可以进一步优化。假设某次查找时因路径深度过大导致查找的时间成本很高，可调整森林的结构，将查找路径上的所有结点直接连接至根结点，如图9-3所示。这样，下次查找这条路径上的结点时，只需 $O(1)$ 时间即可完成。这种方法称为路径压缩。不相交集的查找可以通过路径压缩策略重写为算法9-6。该算法首先递归地查找到根 r，之后逐层返回，并将路径上所有结点的父结点均设为 r。

算法9-6：以路径压缩策略查找元素所在的集合 Find(*set*, *x*)

输入：不相交集 *set* 中待查找的元素 *x*

输出：元素 *x* 所在树的根结点

1. **if** $x \neq x.parent$ **then**
2. | $x.parent \leftarrow$ Find(*set*, *x.parent*)
3. **end**
4. **return** *x.parent*

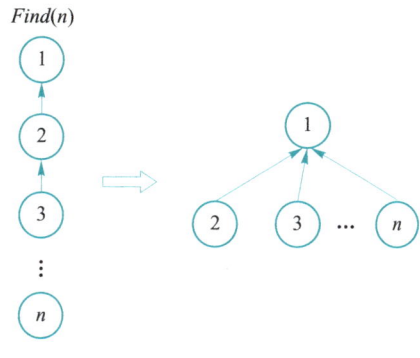

图 9-3　路径压缩

当按秩合并和路径压缩策略联合使用时，由于路径压缩策略会改变树的高度（如图9-3中树的高度从 n 变成了2），一个需要考虑的问题是：在树的结构改变时是否要同步维护秩。如我们即将在第9.4.3小节中见到的，即使不同步维护秩，不相交集的Union/Find操作也能保证均摊 $O(\alpha(n))$ 的时间复杂度。此时，秩不再是树的高度，而仅仅是树高度的一个上界。

图9-4演示了同时采用按秩合并和路径压缩策略时，8个元素构成的不相交集的合并过程。初始时，所有结点均不相连，结点的秩均为0。Union(5, 1)时，两结点具有相同的秩，此时将结点5合并到结点1，并将结点1的秩置为1。Union(6, 5)时，两棵秩为1的树合并成为一棵秩为2的树。Union(3, 6)时，首先执行的Find(6)进行了路径压缩，将6直接连接至1。注意，此时虽然结点2成为了叶结点，但其秩未发生改变。同样，结点1的秩仍是2。其后的合并操作将两棵秩为2的树合并成一棵秩为3的树。该树有 $2^3=8$ 个结点，在可能出现的秩为3的树中是结点数目最少的。

可以看出，实现不相交集非常简单，但分析其时间复杂度却非常困难。虽然单个操作的时间复杂度较高，最坏情况可达 $O(\log n)$。然而，由于路径压缩策略的存在，每次访问完一条路径后，下次访问该路径上结点的时间复杂度就会降低，因此算法整体的时间复杂度仍然较低。

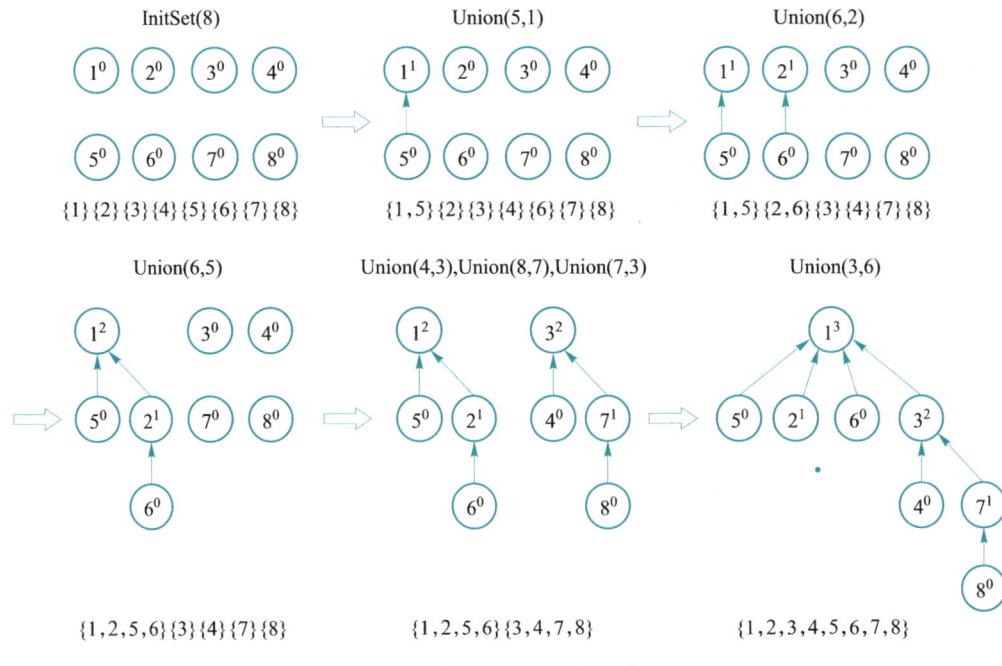

注：图中 i^r 表示编号为 i，秩为 r 的结点

图 9-4　同时采用按秩合并和路径压缩策略的不相交集运行示例

　　不相交集的时间复杂度需要使用第 6 章 6.5.4 小节中介绍的均摊分析技巧，考虑连续的 m 个操作的总时间复杂度。可以证明，在同时使用了按秩合并和路径压缩策略后，在 n 个元素组成的不相交集上，执行 m 次 Find/Union 操作的时间复杂度为 $O(m\alpha(n))$，即每次操作的均摊时间复杂度为 $O(\alpha(n))$。这里 $\alpha(n)$ 是一个增长非常缓慢的函数，对 $n < 10^{80}$，均有 $\alpha(n) \leqslant 4$。10^{80} 是一个非常大的数字，与可观测的宇宙中原子的数目具有相当的数量级。因此，Find/Union 操作几乎具有常数级时间复杂度。尽管如此，我们还是不能称 Find/Union 具有 $O(1)$ 的时间复杂度，这是因为在 $n \to \infty$ 时仍有 $\alpha(n) \to \infty$。事实上，可以证明 $O(\alpha(n))$ 的时间复杂度上界是紧的，即不相交集不存在 $O(1)$ 时间复杂度的算法。

☆ 9.4.3　时间复杂度分析

　　本小节给出不相交集的时间复杂度分析。本分析给出的不相交集每次 Find/Union 操作的均摊时间复杂度稍高于 $O(\alpha(n))$，但证明较为简洁。$O(\alpha(n))$ 的时间复杂度分析可参见 Thomas H. Cormen 等编写的 *Introduction to Algorithms* 一书（该书第 4 版第 19 章中有相关证明）。因本节技术性较强，不感兴趣的读者可以跳过。

　　首先，需要对 Union 操作做一些拆分，将该操作分为找到根结点的 Find 操作和合并两棵已知根结点子树的Link操作。由于一个Union操作仅包含常数个Find/Link操作，因此Union操作的均摊时间复杂度与Find/Link操作的时间复杂度相同。根据均摊分析方法，我们使用聚合法，考虑m个Find/Link操作构成的操作序列$\alpha = (\alpha_1, \alpha_2, \cdots, \alpha_m)$的总时间复杂度。定义时刻$t$为执行完前$t$个操作时，不相交集的状态。由于算法执行过程中结点的秩动态变化，定义$R_t(v)$为结点v在时刻t的秩$v.rank$，定义$R(v) := R_m(v)$。下文的分析均针对初始为n个独立元素，采用按秩合并和路径压缩策略的不相交集执行操作序列α的行为。

为了刻画时间复杂度，需要定义两个增长率函数$F(n)$和$G(n)$。

$F(n)$定义如下：

$$F(0) = 1, F(i) = F(i-1)2^{F(i-1)}, \forall i \geq 1 \qquad (9-1)$$

$F(n)$是一个增长极其快速的函数，有$F(0)=1$，$F(1)=2$，$F(2)=8$，$F(3)=2\,048$，$F(4)=2^{2\,059}$。

定义$G(n)$为$F(n)$的逆函数：

$$G(n) := \min\{k \mid F(k) \geq n\}$$

$G(n)$是一个增长极其缓慢的函数，在$n \leq 2^{2\,059}$时，均有$G(n) \leq 4$。

下面将证明，不相交集Find/Link操作的均摊时间复杂度为$O(G(n))$或$O(\log^* n)$，其中$\log^* n := \min\{k \mid \log\log\cdots\log n < 1 (k个\log)\}$。

首先，需要一些引理刻画算法执行过程中秩的变化情况。

引理9-2 对于任意结点v、时刻$t_1 < t_2$，有$R(v, t_1) \leq R(v, t_2)$。

证明：注意只有Link操作会改变结点的秩，由算法9-5易得。证毕。

引理9-3 对于任意时刻t，若v是u的父结点，则$R_t(v) > R_t(u)$。

证明：由数学归纳法可证。命题显然对时刻0成立，此时$\forall v, R_0(v)=0$。若命题对时刻$t-1$成立，若α_t是将u合并到v的Link操作，则只有v的秩会改变，且仅新增了(v, u)这一对父子关系，考察算法9-5可知$R_t(v) > R_t(u)$。若α_t是Find操作，则每个合并到v的结点w在$t-1$时刻均为v的后代，由归纳假设可知$R_{t-1}(v) > R_{t-1}(w)$。由引理9-2可知$R_t(v) \geq R_{t-1}(v)$。考察算法的执行过程可知只有根结点的秩会改变，故$R_{t-1}(w) = R_t(w)$。因此$R_t(v) > R_t(w)$。证毕。

引理9-4 对于任意结点v，存在时刻t，此时v是至少包含$2^{R(v)}$个结点的子树的根结点。

注意引理9-4比引理9-1更弱，后者对$t=m$总成立。这是因为路径压缩可能将某结点的后代转移到其祖先名下，使得该结点的后代数量减少。

证明：对结点的秩进行归纳。命题显然对所有$R(v)=0$的结点v成立。设命题对所有$R(v)=r-1$（$r \geq 1$）的结点v均成立。考虑满足$R(v)=r$的任意结点v，令$t = \min_t R_t(v) = R(v)$，此时α_t必然是一个Link操作，该操作将一个根为u的树合并到v，

且 $R_{t-1}(u)=R_{t-1}(v)=r-1$。考虑操作序列 $\alpha'=(\alpha_1, \alpha_2, \cdots, \alpha_{t-1})$，由归纳假设可知存在时刻 $t_v \leqslant t-1$，此时以 v 为根的子树至少有 2^{r-1} 个结点；存在时刻 $t_u \leqslant t-1$，此时以 u 为根的子树至少有 2^{r-1} 个结点。注意时刻 $t-1$ 时 u、v 均为根结点，考察算法执行的过程可知根结点的后代数不会减少，故时刻 $t-1$ 时，以 u、v 为根的树均至少有 2^{r-1} 个结点。因此，时刻 t 合并之后以 v 为根的树至少有 2^r 个结点。证毕。

引理9-5 若任意结点 v 的父结点在时刻 t 由 u 变为 w，则 $R_t(w) > R_t(u)$。

证明：若 α_t 是 Link 操作，考察算法9-5易证。若 α_t 是 Find 操作，则 w 一定是 u 的祖先，利用引理9-3可得结论。证毕。

引理9-6 对于任意结点 v 和任意 $r \in \mathbf{N}$，至多存在一个结点 u 满足 $R(u)=r$，且 u 曾是 v 的祖先。

证明：若有两个结点 u_1、u_2 都曾是 v 的祖先，不失一般性，设时刻 t 时祖先由 u_1 变为 u_2，由引理9-5可得 $R_t(u_2) > R_t(u_1)$。之后 u_1 不可能再是根结点，秩不再改变，故 $R(u_1)=R_t(u_1)$。所以 $R(u_2) \geqslant R_t(u_2) > R_t(u_1)=R(u_1)$，与 $R(u_1)=R(u_2)=r$ 矛盾。证毕。

引理9-7 $\forall r \in \mathbf{N}$，至多有 $n/2^r$ 个结点 v，满足 $R(v)=r$。

证明：由引理9-4，任何 $R(v)=r$ 的结点 v 都曾有至少 2^r 个后代。而根据引理9-6，这些后代曾有的父亲中，只能有唯一的父亲 v 满足 $R(v)=r$。证毕。

注意引理9-6、引理9-7对于任意时刻均成立，这是因为可以考虑操作序列 α 的任意前缀。为了方便分析，还需要定义一组辅助集合。定义第 j 个秩组 S_j：

$$S_j = \{v \mid \log^{j+1}(n) < R(v) \leqslant \log^j(n)\} \qquad (9\text{-}2)$$

其中，$\log^j(n) = \log\log\cdots\log n$（$j$ 次 $\log$）。注意编号越小的秩组，其中的元素秩越大。

引理9-8 $|S_j| \leqslant 2n/\log^j n$。

证明：由引理9-7，

$$|S_j| \leqslant \sum_{r=\log^{j+1}n}^{\log^j n} \frac{n}{2^r} = \frac{n}{\log^j n} \sum_{r=0}^{\log^j n - \log^{j+1}n} \frac{1}{2^r} \leqslant \frac{2n}{\log^j n} \qquad (9\text{-}3)$$

证毕。

引理9-9 任意结点 v 一定在 S_j 中，其中 $1 \leqslant j \leqslant G(n)+1$。

证明：由引理9-7，$R(v) \leqslant \log n$，故 $j \geqslant 1$。为了证明 $j \leqslant G(n)+1$，只需证明 $\log^{G(n)+2}n < 0$，由 $G(n)$ 的定义易证得。证毕。

现在，时间复杂度分析需要的所有工具都已经准备完毕，下面给出主要结论：

定理9-1 $n \geqslant 2$ 个元素的不相交集，执行 $m \geqslant n$ 个 Find/Link 操作的时间复杂度为 $O(mG(n))$。

证明：所有 Link 操作的时间复杂度显然为 $O(m)$。由于路径压缩算法的存在，Find 操作所需的时间正比于 Find 操作的数量（$\leqslant m$），加上路径压缩算法移动结点（改变其父亲）的次数。下面证明结点移动的次数不超过 $O(mG(n))$。

考虑移动秩组 S_j 中的结点 v，假设移动前结点 v 的父亲是 u，我们分两种情况讨论。若 u 不在秩组 S_j 中（在编号更小的秩组中），则这次移动的代价由这次 Find 操作支付；否则，代价由结点 v 本身支付。

每次 Find 操作会遍历一条叶子到根的路径，由引理 9-9，这最多跨越 $G(n)+1$ 个秩组，因此每次 Find 操作支付的代价不超过 $O(G(n))$。

另一方面，由引理 9-8，每个秩组 S_j 最多包含 $2n/\log^j n$ 个结点。根据引理 9-5，这些结点每次移动父亲的秩至少增加 1。由于父亲的秩不能超过 $\log^j n$（否则父亲不在该秩组里，代价由 Find 操作支付），每个结点最多支付 $\log^j n$ 的代价，共计不超过 $2n$。由于总共有 $G(n)+1$ 个秩组，结点支付的总代价不超过 $O(nG(n))$。

考虑到 $m \geq n$，m 次 Find/Link 操作总代价不超过 $O(mG(n))$。证毕。

9.5　不相交集的应用：最近公共祖先问题

不相交集的一个重要应用是离线求解最近公共祖先问题。在一棵树中，结点 u 与结点 v 的公共祖先是所有同时是 u、v 祖先的结点，而其中深度最大（即离根最远）的结点称为最近公共祖先（lowest common ancestor，LCA）。给定任意两个结点 u 和 v，其公共祖先构成一条以根结点为起点的链，而其中最近公共祖先是唯一的。

LCA 问题考虑 m 个形如 (u, v) 的查询，每次需要查询树 T 中结点 u 和 v 的最近公共祖先。该问题可用暴力算法求解：

① 从结点 u 回溯至根，将路径上每个结点均做标记。

② 从结点 v 回溯至根，在路径上遇到的第一个有标记的结点，即为结点 u、v 的最近公共祖先。

然而，该暴力算法的时间复杂度较高。如图 9-5 所示，若树 T 中有 n 个结点，则暴力算法在最坏情况下每次查询的时间复杂度可达 $O(n)$。

利用不相交集，Tarjan 提出了一个求解 LCA 问题的离线算法。该算法一次性返回所有 m 个查询的结果，总时间复杂度仅为 $O(m\alpha(n)+n)$。Tarjan 算法对树进行深度优先遍历，并按遍历的顺序处理询问。若在遍历某结点 v 时，关于该结点的询问 (u, v) 的另一端点 u 已被访问

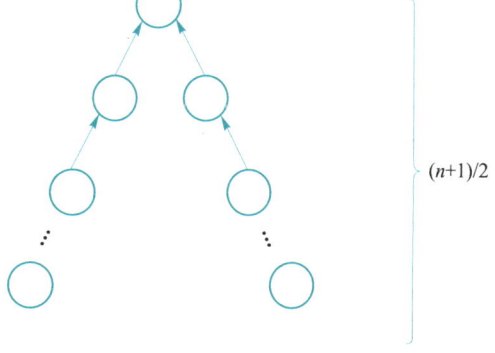

图 9-5　LCA 问题暴力算法的最坏情况

过，则 Tarjan 算法立即处理该询问；否则，若 u 尚未被访问，则将此询问留待访问 u 时完成。为了方便表述，在算法进行的过程中，我们称两个端点均已被访问的询问为闭询问，反之为开询问。

设算法已访问完根为 r 的子树 $T_1 \in T$，并且已处理完所有关于 T_1 的闭询问。需要保留哪些信息，才足够在未来处理 T_1 的开询问呢？不失一般性，考虑开询问 (u, v)，其中 $u \in T_1$ 已被访问，而 v 尚未被访问。因为 v 不是子树 T_1 中的结点（否则 (u, v) 应该是闭询问），所以 (u, v) 的 LCA 必然不会是子树 T_1 中的结点，最多只能是子树根结点 r 的父结点 $r.parent$。因此，对于后续所有关于 T_1 的开询问，保留子树的结构已无意义，可以将子树中的所有结点合并到结点 $r.parent$ 上。在后续的遍历中，$r.parent$ 就代表了子树 T_1 中的所有结点，而无须再考虑子树 T_1 的具体结构。该合并操作可以用不相交集实现，其伪代码如算法 9-7 所示。

算法 9-7：Tarjan 算法求解最近公共祖先　LCA(P, u, set, $ancestor$, $visited$)

输入：查询集 $P = \{(u, v)\}$，以 $root$ 为根的树中某个结点 u，递归需要的辅助集合 set，记录子树根的数组 $ancestor$ 和结点的访问标记数组 $visited$

输出：查询结果 LCA

初始调用：LCA(P, $root$, set, $ancestor$, $visited$)

1.　**if** u = NIL **then**
2.　| return
3.　**end**
4.　$ancestor[\text{Find}(set, u)] \leftarrow u$　　//初始化
5.　**for** u 的每个孩子 v **do**
6.　| LCA(P, v, set, $ancestor$, $visited$)　　//深度优先遍历 u 的所有子树
7.　| Union(set, u, v)　　　　　　　　　　//将子树并到根结点 u
8.　| $ancestor[\text{Find}(set, u)] \leftarrow u$　　//记录这棵树的根是 u
9.　**end**
10.　$visited[u] \leftarrow$ **true**
11.　**for** $(u,v) \in P$ 的每个结点 v **do**
12.　| **if** $visited[v]$ = **true then**
13.　| | **print** $ancestor[\text{Find}(set, v)]$　　　//输出 u 和 v 的 LCA
14.　| **end**
15.　**end**

Tarjan 算法在执行过程中维护了两个数组 $visited$ 和 $ancestor$。其中：$visited$ 表示结点是否访问完成，用以判断询问是否可完成；$ancestor$ 表示结点集合（子树）的根。这是因为在采用了按秩合并策略后，Find 找到的根并不一定是子树实际的根，因此需要额外记录实际的根。

图 9-6 是 Tarjan 算法的运行过程示例。本例中有 4 个询问，用虚线展示。图中依次展示了结点 4, 5, 3, 6, 2, 7 的孩子访问完成，即将输出 LCA 时刻的场景，对应算法 9-7 第

10行 *visited*[*u*]←**true**。算法首先从根结点开始遍历，经过结点 1, 2, 3, 4。在结点 4 遍历完成后，将其合并至父结点 3，此时结点 3、4 同属于一个集合。取决于不相交集的实现，结点 3、4 均可能是该集合的代表元素。不失一般性，设 Find(3)=Find(4)=3，则此时 *ancestor*[3]=3。访问结点 5 时，有关于该结点的询问 (4, 5)，且 4 已经访问完成。算法输出 (4, 5) 的 LCA 为 *ancestor*[Find(4)]=*ancestor*[3]=3。在访问结点 6 时，结点 3、4、5 的访问均已返回，这些结点均已被合并至结点 2。此时询问 (4, 6) 成为闭询问，算法返回 {2, 3, 4, 5} 这一集合的 *ancestor*=2。以此类推，算法不断合并遍历路径上的结点，并正确计算 LCA。

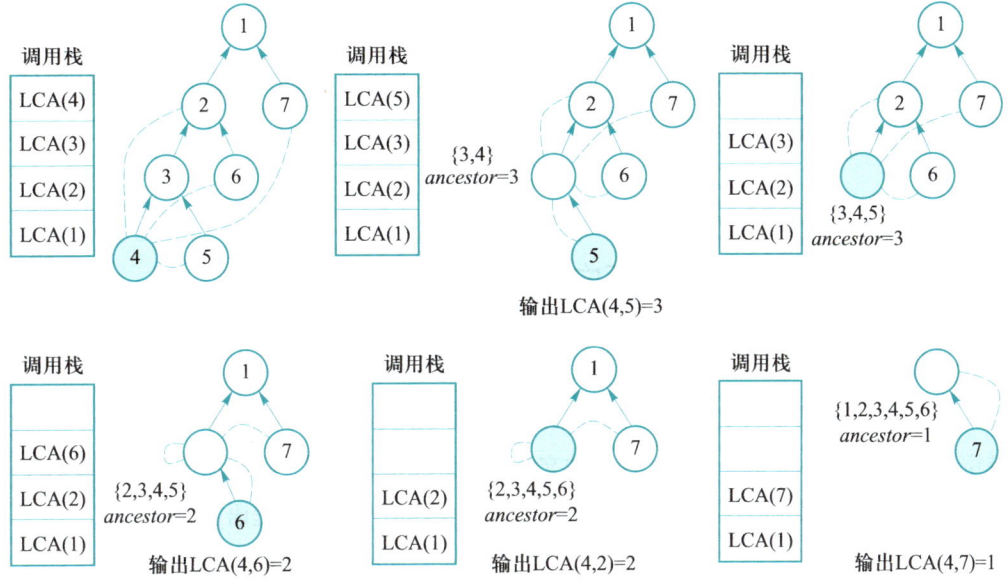

图 9-6 Tarjan 算法运行过程示例

☆ 9.6 拓展延伸：扩展不相交集

在解决实际问题时，有时除了处理集合的合并与查找，还希望对不相交集进行扩展，为集合中的元素维护一些额外的属性。下面通过一个案例进行说明。

假设有 n 个未知量 $x_1, x_2, \cdots, x_n$（例如 n 个不同位置的电势），希望知道其相对大小关系。假设我们无法直接测量某个未知量的值，但可以测量其中任意两个未知量的相对大小关系（例如利用电压表测量两点间的电势差）。那么，如果给定了一系列未知量间大小关系的观测结果，应如何根据这些观测结果来确定其他未知量的大小关系？这可以抽象成一个数据结构，支持如下两种操作：

① Measure(a_i, b_i, c_i)：测量得到 $x_{a_i} = x_{b_i} + c_i$。

② Query(a_i, b_i)：询问 $x_{a_i} - x_{b_i}$。

这个问题可以通过不相交集来解决。具体来说，一开始，所有 n 个元素都自成一个集合，它们彼此间均无法比较大小。每当得到一个测量结果 (a_i, b_i, c_i)，就将 x_{a_i} 和 x_{b_i} 所在的集合合并，同一个集合中的元素可以互相比较大小。除此之外，还需要为每个元素 x_i 维护 diff[i]，表示森林中 x_i 比其父亲 $x_i.p$ 大的数量，即 diff[i] = $x_i - x_{i_p}$。在处理 Measure(a_i, b_i, c_i) 时，可以设置 diff[Find(a_i)] ← c_i。在路径压缩时，由于结点的父结点有所变化，需要动态维护 diff。最后，在处理 Query(a_i, b_i) 时，因为已经执行过 Find(a_i) 和 Find(b_i)，此时 x_{a_i} 和 x_{b_i} 均已被连接至集合的根 x_r，有 diff[a_i] = $x_{a_i} - x_r$, diff[b_i] = $x_{b_i} - x_r$。因此，有 $x_{a_i} - x_{b_i}$ = diff[a_i] - diff[b_i]。

通过本例，我们了解了如何在不相交集的森林上维护一些额外的信息，以处理集合元素之间的数量关系。

9.7　应用场景：面向对象的编程语言

不相交集在许多计算机科学的真实问题中有应用。例如，离线最小值查询、求控制流图的支配树、类型推断、实现属性文法等。近年来，不相交集在图像处理、数据库和量子计算等领域也有应用。本节介绍该数据结构在面向对象编程语言中的应用。

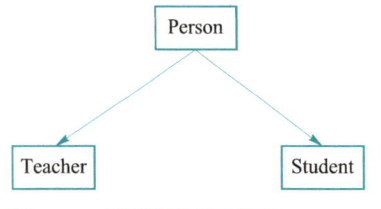

图 9-7　三个类间的继承关系

在面向对象的编程语言中，变量的类型可以是用户定义的类，类之间可以有继承关系。例如，下列 C++ 代码定义了 Person、Teacher、Student 三个类，其继承关系如图 9-7 所示。

class Person {…};

class Teacher : public Person {…};

class Student : public Person {…};

假如定义了如下二元运算 Talk：

string talk(Person a, Person b);

string talk(Teacher a, Teacher b);

string talk(Student a, Student b);

不同类别之间的 Talk 函数可以有不同行为。例如，任意两个 Person 都可以谈论天气，而只有两个 Student 才会讨论功课。注意，这里没有定义两个参数分别是 Teacher 和 Student 的 Talk 函数。假如有一个 Teacher 类型的变量 alice 和一个 Student 类型的变量

bob，此时若调用 talk(alice, bob) 会发生什么呢？实际上，编译器会寻找两个类的最近公共祖先，来调用两个 Person 之间的 Talk 函数。而最近公共祖先问题又可以用不相交集来解决。

本章小结

不相交集是处理等价类、连通性等查询问题的有效手段。本章介绍了如何利用森林实现不相交集，并利用按秩合并和路径压缩策略优化 Union 和 Find 操作，实现极低的均摊 $O(\alpha(n))$ 时间复杂度。不相交集的数据结构实现简单，但时间复杂度分析非常困难，本章中给出了一种相对简单的 $O(\log^* n)$ 的时间复杂度证明。

不相交集的时间复杂度极低，较平衡树等数据结构更为优越。许多问题可以被巧妙地转化成维护不相交集的问题，并利用不相交集的数据结构高效求解。本章中介绍了不相交集的几个典型应用，包括连通性查询、等价类查询、最近公共祖先问题等。

本章习题

1. 分别按照直接合并、按秩合并、带路径压缩的按秩合并执行以下操作，并画出结果：

   Union(1, 4), Union(6, 2), Union(3, 7), Union(4, 6), Union(7, 5), Union(1, 3)

2. 试把算法 9-6 中递归的查找算法改写成迭代实现。

3. 现希望为不相交集增加一个 Print 函数，该函数输出某个元素所在集合的全部元素。为此，不相交集的实现应做哪些修改？

4. 请仅利用顺序表（不使用树），实现一个每次操作均摊时间复杂度为 $O(\log n)$ 的不相交集。

5. 在初始为 n 个单一元素集合组成的不相交集中，若使用路径压缩策略，首先进行 $k>0$ 次 Union 操作，然后进行 n 次 Find 操作，则这些 Find 操作的总时间复杂度是多少？

*6. 若只使用路径压缩，而不使用按秩合并，则 n 个元素的不相交集中每次 Find 操作的均摊时间复杂度为 $O(\log n)$。试利用均摊分析技巧证明该结论。

7. 请实现一个不相交集，解决本章 9.6 节中介绍的测量电势差的问题。

溯源与参考文献

不相交集最早是 Bruce W. Arden、Bernard A. Galler、Robert M. Graham 在 1961 年研究 FORTRAN 等语言中处理等价类问题时给出的算法[1]。B. A. Galler 和 Michael J. Fisher 在 1964 年改进了该算法，提出了一个树形数据结构和按秩合并的策略[2]。采用按秩合并和路径压缩的不相交集数据结构最早由图灵奖得主 John E. Hopcroft 和 Jeffery D. Ullman 在 1973 年的论文中提出[3]，并给出了 $O(\log^* n)$ 的时间复杂度证明。

本章参考文献

[1]   ARDEN B W, GALLER B A, GRAHAM R M. An algorithm for equivalence declarations[J]. Communications of the ACM, 1961, 4, (7): 310−314.

[2]   GALLER B A, FISHER M. J. An improved equivalence algorithm[J]. Communications of the ACM, 1964, 7, (5): 301−303.

[3]   HOPCROFT J E, ULLMAN J D. Set merging algorithms[J]. SIAM Journal on Computing, 1973, 2(4): 294–303.

第 10 章

内排序

图书馆中的图书通常是按照《中国图书馆分类法》分类进行陈列。在每一个大类下，又按照图书的出版年份、作者姓氏、入馆日期、馆藏编号等关键字将图书依次排列，从而便于读者快速找到所需的图书。

本章引子

在图书借阅与管理中，对读者而言，要能快速找到或发现（即"查找"）想要的图书；而对图书管理员而言，则需要根据特定关键字使书架上的图书保持有序（即"排序"），以便读者查找到所需图书。通常读者只需根据图书分类法找到要查找的图书所属类别的标签，再根据图书的馆藏编号等关键字信息（即"索引"）最终找到这本图书。

排序、查找和索引都是针对大数据量情况下使用的检索技术，接下来几章将分别进行介绍这些内容。

本章介绍各种经典的排序算法。10.1 节以姓氏排序为例引入排序概念；10.2 节介绍排序的定义；10.3 ～ 10.6 节分别介绍常用的插入排序、选择排序、交换排序和归并排序等排序方法；10.7 节介绍基于比较排序的时间复杂度分析；10.8 节、10.9 节分别介绍基于分配的排序和索引排序；10.10 节是本章的拓展延伸内容，介绍内省排序和 Tim 排序；最后，10.11 节介绍考试录取中的成绩排序在分布式系统中的应用场景。

10.1 问题引入：姓氏排序

在日常生活中，排序操作无处不在。图书馆陈列在书架上的图书可以按照出版单位、出版年份、中图分类号或作者等排序，学生在上体育课时可以按照身高次序列队，超市商品可以按照类别、价格等顺序上架摆放，等等，所有的排序都是为了高效的查找。

排序的方法有很多。以图书排序为例，假设我们需要对所有图书的n个作者姓氏拼音按字典序进行排序。一种简单的方法是，每次从未排序的姓氏中找到一个字典序最小的排在前面，将此操作进行$n-1$轮即可将姓氏从小到大排序。图10-1的示例是用上述方法对8本图书的作者姓氏进行两次排序操作的过程。对于长度为n的序列，经过$n-1$次排序操作可以确保完成排序。

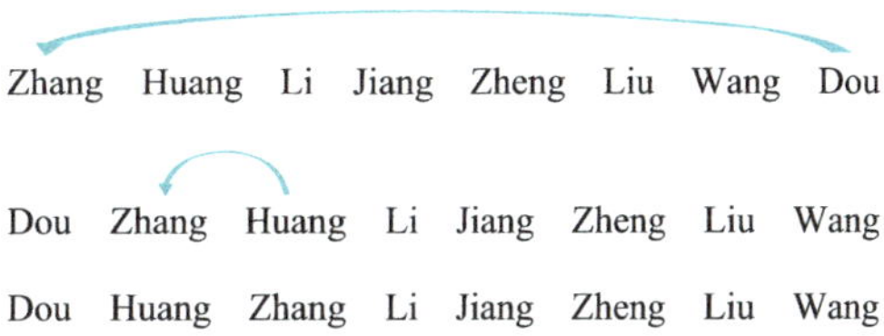

Zhang Huang Li Jiang Zheng Liu Wang Dou

Dou Zhang Huang Li Jiang Zheng Liu Wang

Dou Huang Zhang Li Jiang Zheng Liu Wang

图 10-1 第一种排序方法示例

如果需要排序的作者姓氏数量很多，使用二路归并方法来排序将会更快。具体来说，每次对姓氏序列中两个相邻的连续小子序列进行归并使其有序，使小子序列的长度依次变大，最终完成所有姓氏的排序。采用该方法对图10-1示例进行排序的过程如图10-2所示，图中奇数行表示待归并的序列，开始长度为1，偶数行代表完成一轮归并操作后的序列。在这个例子中，经过三轮归并完成排序。

此外，注意到姓氏的拼音字符表仅包含26种英文字母，可以考虑先对所有首字母相同的作者姓氏进行分组，再对每组进行排序，这样就减少了每组中姓氏的数量，能更快地排序。更进一步，也可以使用首位的两个字母进行分组，即按照aa, ab, ac, …, ba, bb, bc, …, zx, zy, zz进行分组，这样每组中的姓氏数量将会更少。图10-3所示是将上例

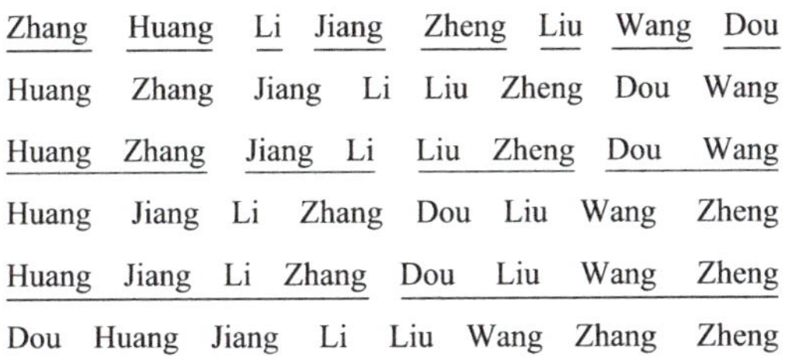

Zhang Huang Li Jiang Zheng Liu Wang Dou

Huang Zhang Jiang Li Liu Zheng Dou Wang

Huang Zhang Jiang Li Liu Zheng Dou Wang

Huang Jiang Li Zhang Dou Liu Wang Zheng

Huang Jiang Li Zhang Dou Liu Wang Zheng

Dou Huang Jiang Li Liu Wang Zhang Zheng

图 10-2 第二种排序方法示例

Group D：Dou
Group H：Huang
Group J：Jiang
Group L：Li Liu
Group W：Wang
Group Z：Zhang Zheng

图 10-3 第三种排序方法示例

中的 8 个姓氏分配到 6 个组中。

针对这些排序的思想，将在本章后续内容中具体介绍对应的排序算法。

10.2 排序的定义

排序是指将数据按照关键字值重新排列为升序（从小到大）或降序（从大到小）的处理。假设序列 $a_1, a_2, \cdots, a_n$ 的关键字值依次为 $k_1, k_2, \cdots, k_n$，对该序列的排序过程就是确定一组下标排列 $p_1, p_2, \cdots, p_n$（$1 \leqslant p_i \leqslant n$，$1 \leqslant i \leqslant n$），使得当 $i \neq j$ 时 $p_i \neq p_j$，且相应的序列的关键字值满足如下的关系：

$$k_{p_1} \leqslant k_{p_2} \leqslant \cdots \leqslant k_{p_n}（\text{升序}）\ 或\ k_{p_1} \geqslant k_{p_2} \geqslant \cdots \geqslant k_{p_n}（\text{降序}）$$

在设计或选择算法时，复杂度是重要的衡量标准之一。不过，对于排序算法而言，还必须将"稳定排序"纳入考量。所谓稳定排序，是指当数据中存在 2 个或 2 个以上关键字值相等的元素时，这些元素在排序处理前后顺序不变。反之，则称为不稳定排序。

时至今日，人们已研发出多种排序算法，它们的机制各不相同。因此，我们要留意以下特征，力求选出最合适的算法：复杂度与稳定性、辅助空间（除保存数据的数组以外的额外内存）大小、输入数据的特征是否会对复杂度造成影响。

可以根据不同的标准对排序算法进行分类：

① 根据对内存的使用情况，可将排序算法分为内排序和外排序两种。内排序是指排序期间全部元素都存储于内存，并在内存中调整等待排序元素的存放位置；外排序是指排序期间大部分元素存储于外存，在排序过程中借助内存调整那些存放在外存且等待排序的元素的存放位置。

② 根据排序实现的手段，可将排序算法分为基于比较-交换的排序和基于分配的排序。其中，基于比较-交换的排序包括插入排序、冒泡排序、选择排序、快速排序、Shell 排序、归并排序和堆排序等，基于分配的排序包括桶排序、计数排序和基数排序等。

③ 根据排序实现的难易程度，可将排序算法分为基本排序算法和高级排序算法。通常将插入排序、冒泡排序和选择排序视为基本排序算法。

10.3 插入排序

插入排序是一种基本的排序方法。本节首先介绍直接插入排序，其基本思想是将一个记录插入已排好序的序列中，形成一个新的记录数增1的有序序列。在此基础上，介绍直接插入排序的两种改进方法：折半插入排序和 Shell（希尔）排序。

10.3.1 直接插入排序

假设待排序的 n 个元素的序列为 $a_1, a_2, \cdots, a_n$，依次对 $i = 2, 3, \cdots, n$ 执行下面的插入步骤：

假设 $a_1, a_2, \cdots, a_{i-1}$ 已排序，故有 $a_1 \leqslant a_2 \leqslant \cdots \leqslant a_{i-1}$。首先让 $t = a_i$，然后将 t 依次与 a_{i-1}，$a_{i-2}, \cdots, a_1$ 进行比较，将比 t 大的元素依次右移一个位置，直到发现某个 j（$1 < j \leqslant i$），使得 $a_{j-1} < t$，则令 $a_j = t$；如果这样的 a_{j-1} 不存在，那么在比较过程中，$a_{i-1}, a_{i-2}, \cdots, a_1$ 都依次右移一个位置，此时令 $a_1 = t$。

上述过程即为直接插入排序，具体伪代码实现见算法 10-1。

算法 10-1：插入排序 InsertionSort(a, l, r)

输入：序列 a，左端点下标 l，右端点下标 r

输出：调整 $a_l, a_{l+1}, \cdots, a_r$ 元素顺序，使元素按照非递减顺序排列

```
1.   for i ← l+1 to r do  //从左边界开始，依次获取每个记录
2.   | t ← aᵢ
3.   | for j ← i downto l+1 do
4.   | | if aⱼ₋₁ > t then
5.   | | | aⱼ ← aⱼ₋₁  //若当前记录小，则把前面的记录向后移一个位置
6.   | | else
7.   | | | break
8.   | | end
9.   | end
10.  | aⱼ ← t  //将最初获取的记录复制到相应位置
11.  end
```

插入排序是将待插入元素逐个插入初始已有序部分的过程，而插入位置的选择遵循插入后仍然保持有序的原则，具体做法一般是从后往前枚举已有序部分来确定插入位置。我们用图 10-4 的示例来说明插入排序的执行过程。图中无底纹部分为已排序部分，初始时只包括第一个元素；加底纹部分为尚未排序的部分。每次排序时，选择未排序部分最靠前的元素，插入已排序部分的对应位置（即画圈的元素），从而完成排序。

分析插入排序的比较次数和记录移动次数：当待排序的元素序列 $a_1, a_2, \cdots, a_n$ 按照关键字值非递减的顺序排列时，对于自变量为 j 的循环，每执行一次，只要进行一次元素比较，故整个排序过程只进行 $n-1$ 次比较，且不需要移动记录；当待排序元素序列 a_1，$a_2, \cdots, a_n$ 按关键字值递减的顺序排列时，对于 j 循环，每执行一次，需要进行 $i-l$ 次比

68	65	84	65	83	84	82	85	67	84	85	82	69
⑥⑤	68	84	65	83	84	82	85	67	84	85	82	69
65	68	⑧④	65	83	84	82	85	67	84	85	82	69
65	68	⑥⑤	84	83	84	82	85	67	84	85	82	69
65	65	68	⑧③	84	84	82	85	67	84	85	82	69
65	65	68	83	84	⑧④	82	85	67	84	85	82	69
65	65	68	⑧②	83	84	84	85	67	84	85	82	69
65	65	68	82	83	84	84	⑧⑤	67	84	85	82	69
65	65	⑥⑦	68	82	83	84	84	85	84	85	82	69
65	65	67	68	82	83	84	84	⑧④	85	85	82	69
65	65	67	68	82	83	84	84	84	85	⑧⑤	82	69
65	65	67	68	82	⑧②	83	84	84	85	85	82	69
65	65	67	68	⑥⑨	82	82	83	84	84	85	85	85

图 10-4   插入排序过程

较，故整个排序过程需进行的比较次数和记录移动次数分别为

$$\sum_{i=1}^{n-1} i = \frac{n(n-1)}{2} \text{ 和 } \sum_{i=1}^{n-1}(i+1) = \frac{(n+2)(n-1)}{2}$$

从上述分析可知，插入排序的运行时间和待排序记录的顺序密切相关。若记录出现在待排序序列中的概率相同，则可取上述最好情况和最坏情况的平均情况。此时，比较次数和记录移动次数约为 $n^2/4$。因此，插入排序的平均情况时间复杂度为 $O(n^2)$。

插入排序算法是稳定的，其优势在于能快速处理相对有序的数据，适用于元素个数较少的场合。

利用插入排序的这些特点，在 C++ 语言标准模板库（STL）的排序算法实现中，将插入排序和快速排序、归并排序等其他高级排序结合使用，即整体采用快速排序或归并排序，而对短子序列采用插入排序。这种混合排序算法可以取得更快的排序速度。例如在 sort( ) 函数中，当待排序子序列小于设定阈值时，不再使用快速排序算法继续分割，而是采用直接插入排序算法来完成该子序列的排序。这一优化被称为快速排序的短子序列优化。

10.3.2   折半插入排序

折半插入排序是对直接插入排序的一种改进。直接插入排序需要逐个比较已排序序列来找到插入位置，当待排序序列较长时，采用折半查找的方法可以更快地寻找插入位置，减少关键字的比较次数。

注意：折半插入排序虽然可以减少关键字的比较次数，但是并不减少排序元素的移动次数，因此它的时间复杂度和直接插入排序相同，也为 $O(n^2)$。

10.3.3   Shell 排序

插入排序只比较相邻的元素，一次比较最多把元素移动一个位置。Shell 排序的基本思路是：对位置相隔距离较大的元素进行比较，使得元素在比较后能够一次性跨过较大的距离。这样处理可以把值较小的元素尽快向前移动，而把值较大的元素尽快向后移动，以提高排序的速度。

在执行Shell排序之前，首先给定一组严格递减的正整数增量$d_1, d_2, \cdots, d_t$，且取$d_t=1$，然后对于$i=1, 2, \cdots, t$，依次进行下面各遍的处理：将当前序列中的元素按当前增量d_i分成组，每组中相邻元素的下标相差d_i，对每组中的元素用插入排序方法进行排序，即程序会重复进行以间隔为d_i的元素为对象的插入排序。

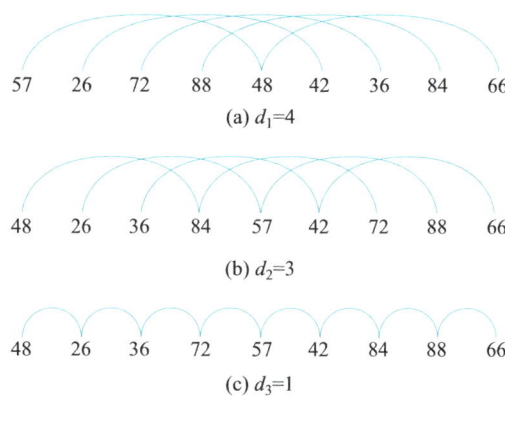

图10-5 Shell排序过程示例

图10-5所示的例子说明了Shell排序的执行过程。假设包含9个元素的待排序序列为57, 26, 72, 88, 48, 42, 36, 84, 66。选定增量序列，这里假定$t=3$，且取$d=\{4, 3, 1\}$。第一遍取增量$d_1=4$，把序列中的元素分成4组，在图10-5（a）中用连线把同一组元素连接起来，然后对各组中的元素分别进行插入排序，得到图10-5（b）中的新序列。第二遍取增量$d_2=3$，把新序列中的元素分成三组，在图10-5（b）中用连线把同组的元素连接起来，然后对各组中的元素分别进行插入排序，得到图10-5（c）中的新序列。第三遍取增量$d_3=1$，把新序列中的所有元素看成一组，如图10-5（c）所示，把所有元素连接起来，然后用插入排序方法进行排序，得到图10-5（d）中的新序列。整个排序过程结束。

Shell排序的伪代码实现见算法10-2所示。

算法10-2：Shell排序 ShellSort(a, l, r)

输入：序列a，左端点下标l，右端点下标r

输出：调整a_l, a_{l+1}, $\cdots$, a_r元素顺序，使元素按照非递减顺序排列

```
1.    d←{d₁, d₂, ···, dₜ}    //Shell排序时使用的步长，根据不同步长循环进行插入排序
2.    for m←1 to |d| do
3.    |  for i←l+dₘ to r do
4.    |  |  t←aᵢ
5.    |  |  for j←i downto l+dₘ step dₘ do  //对序列 aⱼ, a_{j-dₘ}, ···进行插入排序
6.    |  |  |  if a_{j-dₘ}>t then
7.    |  |  |  |  aⱼ←a_{j-dₘ}
8.    |  |  |  else
9.    |  |  |  |  break
10.   |  |  |  end
11.   |  |  end
12.   |  |  aⱼ←t
13.   |  end
14.   end
```

要分析 Shell 排序算法所需的比较次数是困难的，这是因为其比较次数取决于增量序列；也就是说，增量序列不同，其所需的比较次数也不相同。同时，求 Shell 排序所需的比较次数还涉及一些尚未解决的数学问题。几十年来，有关 Shell 排序的增量序列的研究一直在进行。

与直接插入排序和折半插入排序不同，Shell 排序是一种不稳定的排序算法。

10.4   选择排序

选择排序的基本思想是：对于长度为 n 的待排序序列，首先选出序列中关键字值最小的项，将它与序列的第一个项交换位置，然后在剩余待排序序列中选出关键字值最小的项，将其与序列的第二个项交换位置……直到整个序列完成排序。

假设待排序的序列为 $a_1, a_2, \cdots, a_n$，依次对 $i = 1, 2, \cdots, n-1$ 分别执行如下的选择步骤：在 $a_i, a_{i+1}, \cdots, a_n$ 中选择一个关键字值最小的项 a_k，然后将 a_k 与 a_i 交换。在上述步骤执行完成后，序列 $a_1, a_2, \cdots, a_n$ 完成排序。

根据在待排序序列中选出关键字值最小的项时所采用的策略不同，有两种常见的选择排序算法：简单选择排序和堆排序。

10.4.1   简单选择排序

简单选择排序在从待排序序列中选出关键字值最小的项时，所用的策略是简单的逐个枚举法。假设对数组 a 排序，排序区间为从 l 到 r，对应的伪代码实现见算法 10-3 所示。

算法 10-3：简单选择排序 SelectionSort (a, l, r)

输入：序列 a，左端点下标 l，右端点下标 r

输出：调整 $a_l, a_{l+1}, \cdots, a_r$ 元素顺序，使元素按照非递减顺序排列

1.　　**for** $i \leftarrow l$ **to** $r-1$ **do** //依次从剩余未排序序列中选取一个最小的记录
2.　　| $min \leftarrow i$
3.　　| **for** $j \leftarrow i+1$ **to** r **do**
4.　　| | **if** $a_j < a_{min}$ **then**
5.　　| | | $min \leftarrow j$
6.　　| | **end**
7.　　| **end**
8.　　| Swap(a_i, a_{min}) //将当前的最小记录放入已排好序的队列的末尾
9.　　**end**

我们用图10-6所示的示例来说明简单选择排序的执行过程。图中每行表示进行一次排序。进行第 i 次排序时，会查找第 i 至第 n 个元素中最小的元素所在的位置，如果发现该元素不在 i 处，则将该元素和处于位置 i 的元素交换，用箭头表示；否则，保持序列中元素顺序不变。

可以看出，简单选择排序的比较次数和待排序数据的特征无关，均为 $n(n-1)/2$ 次；数据交换次数的最好情况是0次（此时待排序数据已经有序），最坏情况是 $n-1$ 次。

68	65	84	65	83	84	82	85	67	84	85	82	69
65	68	84	65	83	84	82	85	67	84	85	82	69
65	65	84	68	83	84	82	85	67	84	85	82	69
65	65	67	68	83	84	82	85	84	84	85	82	69
65	65	67	68	83	84	82	85	84	84	85	82	69
65	65	67	68	69	84	82	85	84	84	85	82	83
65	65	67	68	69	82	84	85	84	84	85	82	83
65	65	67	68	69	82	82	85	84	84	85	84	83
65	65	67	68	69	82	82	83	84	84	85	84	85
65	65	67	68	69	82	82	83	84	84	85	84	85
65	65	67	68	69	82	82	83	84	84	84	85	85
65	65	67	68	69	82	82	83	84	84	84	85	85

图 10-6　简单选择排序过程示列

简单选择排序具有如下特点：

① 运行时间与待排序中数据项的顺序关系很小，因为每次从序列中选出最小关键字值的项需要依次比较序列中剩余所有项的关键字值。

② 需要很少的数据交换次数。因此，简单选择排序对数据项所占字节数较大、关键字值所占字节数较小的序列进行排序时效果较好。

需要注意的是：简单选择排序算法是不稳定的。例如，对于序列1, 1, 0，经过选择排序后，两个整数1的位置颠倒了。简单选择排序的时间复杂度为 $O(n^2)$，因此它适用于数据项个数较少的场合。

简单选择排序算法运行时只需要 $O(1)$ 的空间。

10.4.2　堆排序

在简单选择排序中，从长度为 k 的待排序序列中选出关键字值最小的项时，所需的时间复杂度为 $O(k)$。如果将待排序序列组成优先级队列，则可以优化这一步骤。堆是一种高效实现优先级队列的数据结构，在一个最小（大）堆中查找最小（大）值的时间复杂度是 $O(1)$，移除最小（大）值并将剩余数据维护成堆的时间复杂度是 $O(\log k)$。堆排序正是利用了堆的这种性质对选择排序加以改进。基于第6章6.3.2节的MakeHeapDown算法（算法6-5），可以采用逐个下调的方式在 $O(n)$ 时间内将数组构造成一个最大堆。

假设待排序序列为已建好堆的序列 $a_1, a_2, \cdots, a_n$，依次对 $i=n, n-1, \cdots, 2$ 分别执行如下选择步骤：在 $a_1, a_2, \cdots, a_i$ 中选择一个关键字值最大的项 a_1（堆顶），然后将 a_i 与 a_1 交换并修复堆。

在上述步骤执行完成后，序列 $a_1, a_2, \cdots, a_n$ 完成排序，相应伪代码实现见算法 10-4 所示。

算法 10-4：堆排序 HeapSort(a, l, r)

输入：序列 a，左端点下标 l，右端点下标 r

输出：调整 $a_l, a_{l+1}, \cdots, a_r$ 元素顺序，使元素按照非递减顺序排列

1.　　$n \leftarrow r-l+1$
2.　　MakeHeapDown($<a_l, \cdots, a_r>$)　//构建最大堆
3.　　**while** $n>1$ **do**　//基于堆的排序
4.　　|　Swap(a_l, a_{l+n-1})
5.　　|　$n \leftarrow n-1$
6.　　|　$SiftDown(<a_l, \cdots, a_{l+n-1}>, l)$
7.　　**end**

算法 10-4 分为两步：第一步使用 MakeHeapDown 算法将序列构建为最大堆；第二步利用堆结构进行堆排序，同时使用第 6 章 6.3.2 节的 SiftDown 算法（算法 6-2）通过下调操作修复堆。

初始堆创建时，MakeHeapDown 算法从右至左、自底向上判断所有具有子结点的堆，并对当前堆进行堆修复。其执行过程如图 10-7 所示，每个子图中方框内的序列是相应上

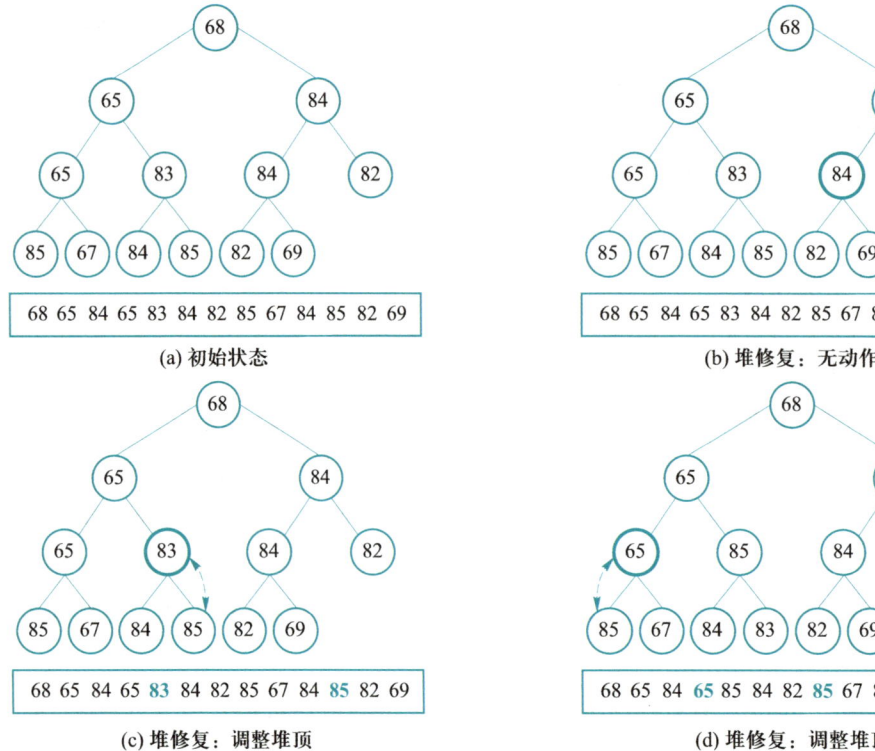

(a) 初始状态　　　　　　　　　　　　　　(b) 堆修复：无动作

(c) 堆修复：调整堆顶　　　　　　　　　　(d) 堆修复：调整堆顶

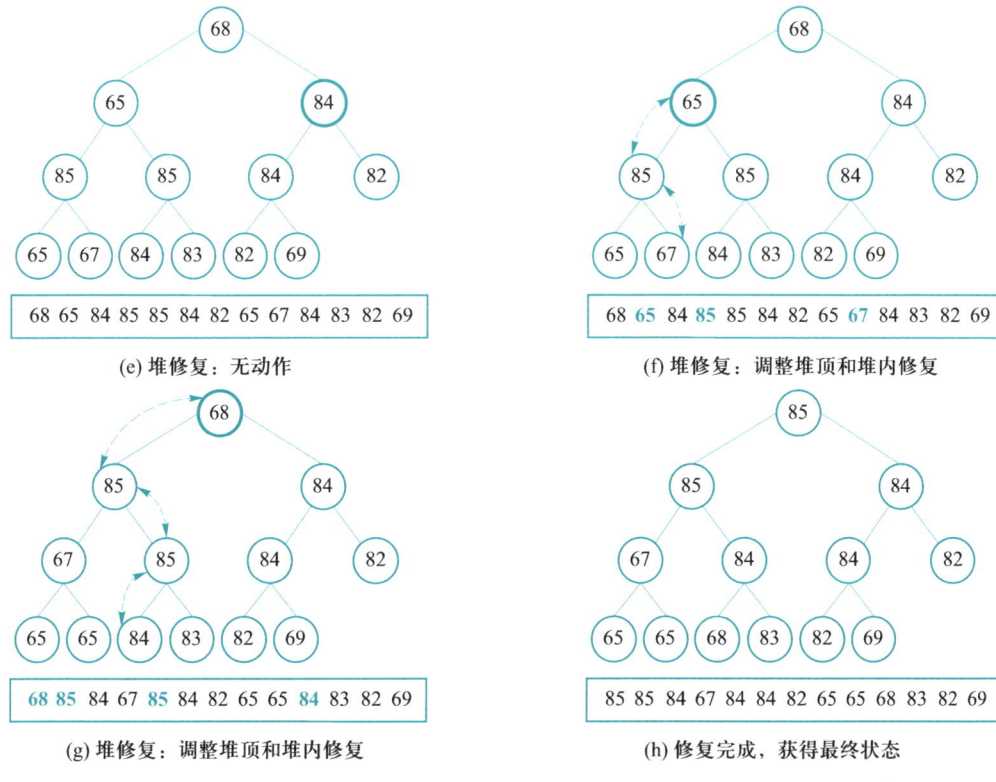

(e) 堆修复：无动作

(f) 堆修复：调整堆顶和堆内修复

(g) 堆修复：调整堆顶和堆内修复

(h) 修复完成，获得最终状态

图 10-7　初始堆创建过程示例

方树的数组表示；树中圆框加粗的结点表示当前堆修复正在处理的结点，当发现堆修复结点比其子结点小时，进行堆修复操作，使该结点所在子树满足堆性质，发生变化的元素在数组中用蓝色加粗的数字表示。对所有结点完成修复后即可得到最大堆。

对于图 10-7 给出 n 个结点的初始堆，其堆排序过程如图 10-8 所示。首先，将堆顶和堆底的最右元素对调，并将结点编号为 1~n-1 的结点视为初始堆；由于堆顶元素的优先级发生了变化，进行 SiftDown 操作进行堆修复。如此操作，直至排序结束。

对 n 个元素进行堆排序，建立初始堆需要线性时间，即时间复杂度为 $O(n)$，排序过程中需要的比较次数至多为 $2n \log n$，因此总的时间复杂度为 $O(n \log n)$。

对比简单选择排序，堆排序把比较操作的时间复杂度从 $O(n^2)$ 降低到 $O(n \log n)$，但因为每次调整堆时最多有和堆高相等的数据交换次数，因此数据交换的最坏情况也是 $O(n \log n)$，高于简单选择排序的 $O(n)$。

和简单选择排序算法一样，堆排序也是不稳定的；算法运行时只需要 $O(1)$ 的空间。

此外，需要说明的是：堆排序是对选择排序算法的一种改进，但对记录数较少的排序需求不一定优于简单选择排序，因为在堆排序过程中的建初始堆和堆修复操作将消耗大部分运行时间。

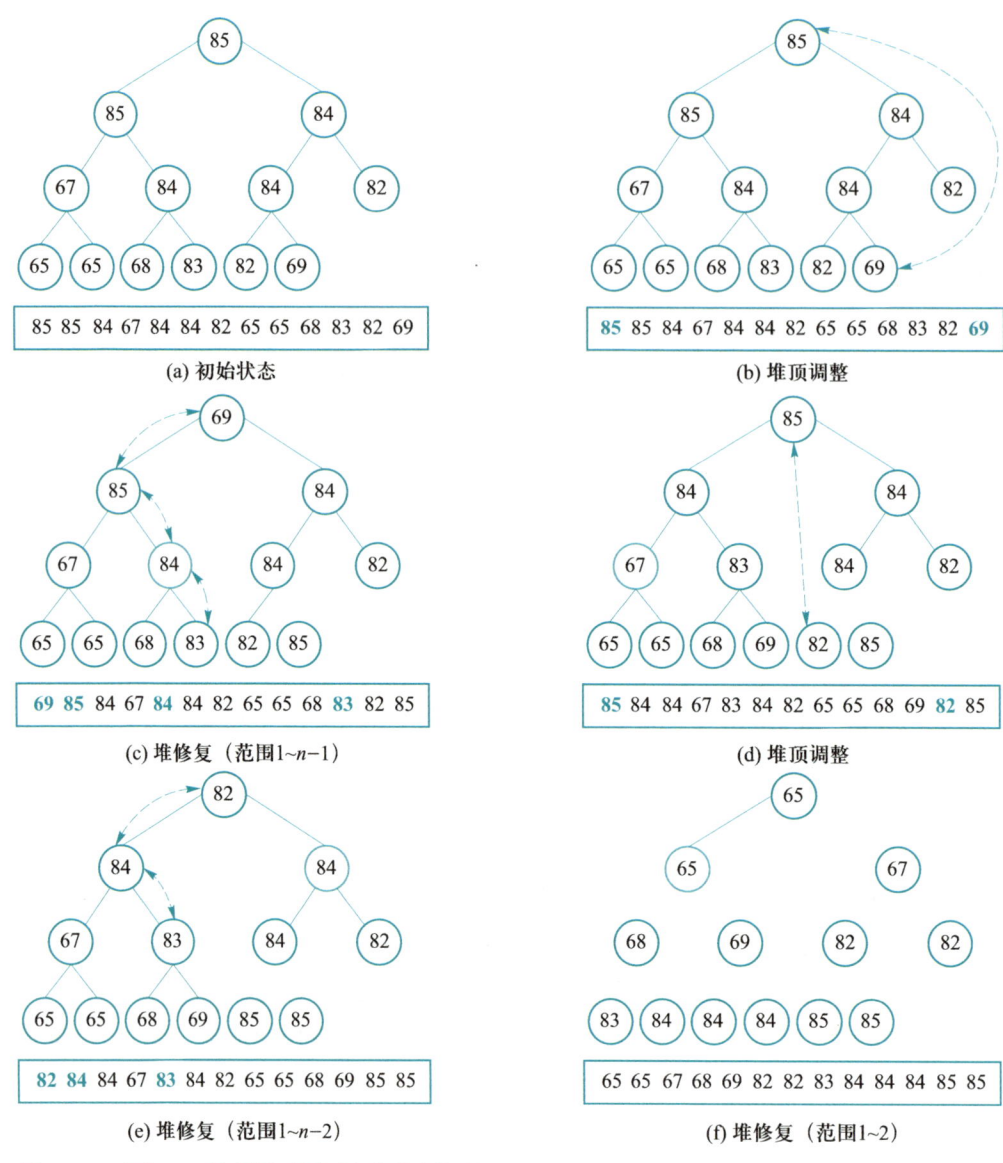

图 10-8　对图 10-7 创建的初始堆进行堆排序的过程

10.5　交换排序

本节将介绍两种基于交换的排序算法：冒泡排序和快速排序。这两种算法的核心思想是对序列中的元素进行多次两两交换，从而使序列元素有序。

10.5.1 冒泡排序

冒泡排序是一种基本的排序算法，其基本思想是：从序列末尾开始依次比较相邻两个元素，如果元素关键字值的大小关系相反则交换位置，重复这样的操作，直到整个序列被排好序。其伪代码实现见算法10-5所示。

算法10-5：冒泡排序 BubbleSort(a, l, r)

输入：序列a，左端点下标l，右端点下标r

输出：调整$a_l, a_{l+1}, \cdots, a_r$元素顺序，使元素按照非递减顺序排列

---

1.   **for** $i \leftarrow l$ **to** $r-1$ **do**
2. | **for** $j \leftarrow r-1$ **downto** i **do**
3. | | **if** $a_j > a_{j+1}$ **then**
4. | | | Swap(a_j, a_{j+1}) //两个元素交换位置
5. | | **end**
6. | **end**
7.   **end**

起始时排序的范围为$a_l, \ldots, a_r$，冒泡排序会在当前的排序范围内，自右往左对相邻的两个元素进行比较，并使两个元素中较大的位于右侧。当完成当前排序范围内的比较后，关键字值最小的元素会被置于排序范围的最左侧a_l，因此无须参与接下来的比较，下一次的比较范围变为$a_{l+1}, \cdots, a_r$。再次持续执行上述比较策略，直到比较范围变为仅包含元素a_r时完成排序。图10-9为冒泡排序的过程示例。图中首行为待排序序列，接下来每行为进行一次冒泡排序的结果，圆圈中的元素表示该元素经过该轮冒泡排序移动到了正确的位置。

分析冒泡排序算法的时间复杂度：假设待排序的序列长度为n，那么冒泡排序共执行$n-1$轮，第i轮时最多需要执行$n-i$次比较和交换。因此，冒泡排序最多的比较和交换次数为

```
68  65  84  65  83  84  82  85  67  84  85  82  69
65  68  65  84  67  83  84  82  85  69  84  85  82
65  65  68  67  84  69  83  84  82  85  82  84  85
65  65  67  68  69  84  69  83  84  82  85  82  84  85
65  65  67  68  69  82  84  82  83  84  84  85  85
65  65  67  68  69  82  82  84  83  84  84  85  85
65  65  67  68  69  82  82  83  84  84  84  85  85
65  65  67  68  69  82  82  83  84  84  84  85  85
65  65  67  68  69  82  82  83  84  84  84  85  85
65  65  67  68  69  82  82  83  84  84  84  85  85
65  65  67  68  69  82  82  83  84  84  84  85  85
65  65  67  68  69  82  82  83  84  84  84  85  85
```

图 10-9　冒泡排序过程示例

$$\sum_{i=1}^{n-1}(n-i) = \frac{n(n-1)}{2}$$

所以，冒泡排序算法的时间复杂度为$O(n^2)$。

冒泡排序仅对数组中的相邻元素进行比较和交换，关键字值相同的元素不会改变

顺序。所以，冒泡排序也是稳定的。但需注意，一旦将算法10-5中比较运算 $a_j > a_{j+1}$ 改为 $a_j \geq a_{j+1}$，算法就失去了稳定性。另外，冒泡排序中的交换次数又称为反序数或逆序数，可用于体现数列的错乱程度。

10.5.2 快速排序

快速排序是一种所需比较次数较少、速度较快的排序方法，其基本思想是：从待排序序列中选取某个元素作为轴点，并通过交换序列元素的方式，将轴点元素交换至序列的适当位置，使该位置左侧的所有元素的关键字值都小于或等于轴点，而其右侧的所有元素的关键字值都大于或等于轴点。通过轴点将序列拆分成两个子序列后，再对两个子序列递归进行快速排序，从而完成对整个序列的排序。

1. 基本算法

如上所述，快速排序算法首先选取一个轴点作为基准，并根据基准将序列拆分成比基准小和比基准大的两个子序列，进而确定轴点在序列中的最终位置，然后利用分治法分别对这两个子序列递归进行快速排序。其伪代码实现见算法10-6和算法10-7所示。

算法10-6：序列拆分 Partition(a, l, r)

输入：序列a，左端点下标l，右端点下标r

输出：将序列a根据轴点拆分，并输出轴点在序列中的位置

---
1. $i \leftarrow l$
2. $j \leftarrow r-1$
3. $p \leftarrow a_r$ //选择序列最后一个元素作为轴点
4.   **while true do**
5. | **while** $a_i < p$ **do** //找到i以后（右侧）第一个大于或等于轴点的元素
6. | | $i \leftarrow i+1$
7. | **end**
8. | **while** $a_j > p$ **and** $j > l$ **do** //找到j以前（左侧）第一个小于或等于轴点的元素
9. | | $j \leftarrow j-1$
10. | **end**
11. | **if** $i \geq j$ **then** //如果i大于或等于j，完成拆分，退出循环
12. | | **break**
13. | **end**
14. | Swap(a_i, a_j) //交换a_i和a_j并右移i、左移j
15. | $i \leftarrow i+1$
16. | $j \leftarrow j-1$
17.   **end**
18.   Swap(a_i, a_r)
19.   // 此时 $\{a_l, ..., a_{i-1}\} \leq a_i \leq \{a_{i+1}, ..., a_r\}$
20.   **return** i

算法10-7：快速排序 QuickSort(a, l, r)

输入：序列a，左端点下标l，右端点下标r

输出：调整a_l, a_{l+1}, $\cdots$, a_r元素顺序，使元素按照非递减顺序排列

1.　　**if** $l < r$ **then**　//超过1个元素才进行排序
2.　　| $i \leftarrow$ Partition(a, l, r)
3.　　| QuickSort(a, l, i–1)
4.　　| QuickSort(a, i+1, r)
5.　　**end**

　　算法10-7的代码由两部分组成，分别为Partition和QuickSort。如上文所述，快速排序需要先选择一个元素作为轴点并对序列元素进行交换，从而找到轴点在序列中的最终位置，同时使轴点左侧的序列元素均小于或等于轴点，轴点右侧的序列元素均大于或等于轴点。该目标由Partition函数实现。

　　Partition函数首先选择当前序列的最后一个元素a_r作为轴点p。之后，从序列的最左向右扫描数据，直到找到第一个不小于轴点的项a_i；同时，从序列的最右向最左扫描，直到找到第一个不大于轴点的项a_j。显然，$a_j \leqslant p \leqslant a_i$，交换$a_i$和$a_j$。继续上述的扫描和交换过程，直到$i \geqslant j$。这时，$a_l$, a_{l+1}, $\cdots$, a_{i-1}小于或等于轴点，a_i, a_{i+1}, $\cdots$, a_{r-1}大于或等于轴点。然后，交换a_i和a_r。最后，Partition函数返回轴点所在位置i。经过Partition后的序列如图10-10所示。

小于或等于	p	大于或等于
↑	↑	↑
l	i	r

图 10-10　Partition 函数进行序列拆分示意图

　　在Partition函数完成对序列的拆分后，递归对子序列a_l, a_{l+1}, $\cdots$, a_{i-1}和a_{i+1}, $\cdots$, a_r使用快速排序。

　　我们用图10-11的示例来说明快速排序的执行过程。图中首行为待排序序列，接下来每行为进行一次Partition时覆盖的子序列以及Partition结果。圆圈中的元素表示该元素为轴点，经过Partition后轴点左侧的元素均小于或等于轴点、右侧的元素均大于或等于轴点，然后快速排序会对左侧和右侧序列递归进行排序。

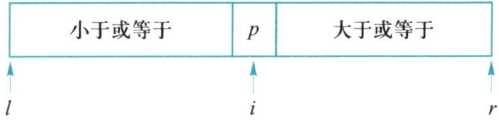

```
68  65  84  65  83  84  82  85  67  84  85  82  69
68  65  67  65 (69) 84  82  85  84  84  85  82  83
65 (65) 67  68
67 (68)
                  82  82 (83) 84  84  85  84  85
                  82 (82)
                                  84  84  84 (85) 85
                                  84 (84) 84
65  65  67  68  69  82  82  83  84  84  84  85  85
```

图 10-11　快速排序过程示例

2. 性能

下面分析快速排序的性能。

（1）最坏情况下快速排序需要 $O(n^2)$ 次比较

对于已经排好序的序列 $a_l, \cdots, a_r$，选择序列最后一个元素 a_r 作为轴点，这时通过 Partition，所有元素和轴点进行一次比较后，仍需要递归执行快速排序的子序列为 $a_l, \cdots, a_{r-1}$；然后选择 a_{r-1} 为轴点，并与其他元素进行比较……直到序列长度为 1。这样，需要的比较次数为 $O(n^2)$。

（2）平均情况下，快速排序需要约 $2n \ln n$ 次比较。

令 $C(n)$ 表示用快速排序对长度为 n 的序列对序列的所有可能排列进行排序所需的总比较次数的期望。在快速排序算法中，把序列分成两部分时，除了轴点，每个元素都需要和轴点进行一次比较，因此共需要 $n-1$ 次比较。如果排序过程中轴点是第 k 大的关键字值，那么序列会被拆分成长度分别为 $k-1$ 和 $n-k$ 的序列，并分别递归进行快速排序。由于在随机序列中，第 k 大的元素被选为轴点的概率是相等的，因此 $C(n)$ 的转移公式为：

$$C(n) = \frac{1}{n} \sum_{k=1}^{n} ((n-1) + C(k-1) + C(n-k))$$

$$= (n-1) + \frac{2}{n} \sum_{k=0}^{n-1} C(k)$$

其中 $C(0) = 0$。设

$$S(n) = \sum_{j=0}^{n} C(j)$$

则有

$$C(n) = (n-1) + \frac{2}{n} S(n-1)$$

$$C(n-1) = (n-2) + \frac{2}{n-1} S(n-2)$$

$$\frac{n-1}{n} C(n-1) = \frac{(n-1)(n-2)}{n} + \frac{n-1}{n} \frac{2}{n-1} S(n-2)$$

$C(n)$ 和 $\frac{n-1}{n} C(n-1)$ 相减，

$$C(n) - \frac{n-1}{n} C(n-1) = \frac{2(n-1)}{n} + \frac{2}{n} S(n-1) - \frac{n-1}{n} \frac{2}{n-1} S(n-2)$$

$$= \frac{2(n-1)}{n} + \frac{2}{n} C(n-1)$$

$$C(n) = \frac{2(n-1)}{n} + \frac{n+1}{n} C(n-1)$$

$$\frac{C(n)}{n+1} = \frac{2(n-1)}{n(n+1)} + \frac{C(n-1)}{n}$$

设

$$T(n) = \frac{C(n)}{n+1}$$

$$T(n) = \frac{2(n-1)}{n(n+1)} + T(n-1)$$

$$= \sum_{i=1}^{n} \frac{2(i-1)}{i(i+1)} + T(0)$$

$$= 2\sum_{i=1}^{n} \frac{1}{i+1} - 2\sum_{i=1}^{n} \frac{1}{i(i+1)}$$

$$= 2\sum_{i=1}^{n} \frac{1}{i+1} - \frac{2n}{n+1}$$

其中连和项为调和级数，因此

$$T(n) < 2\ln(n+1)$$

$$C(n) < 2(n+1)\ln(n+1)$$

因此，平均情况下，快速排序需要约 $2n\ln n$ 次比较。

3. 快速排序的轴点选择

可以看出，快速排序拥有优秀的平均性能，但是其最坏情况下的性能会退化成和冒泡排序相当。这是因为快速排序非常依赖于轴点的选择，如果轴点选择得不好，将会导致子序列划分不均。在算法 10-6 中使用最后一个元素作为轴点，因此在输入序列为有序时，由于划分出的子序列始终有一个为空，所以算法会退化。为了避免算法发生退化，可以对轴点选择策略进行改进。如果能降低选取到值太大或太小的元素作为轴点的概率，就可以降低快速排序发生退化的概率。

一种常用的策略是选取序列中 a_l，$a_{(l+r)/2}$，a_r 三个元素的中位数作为轴点。使用这种策略，当输入序列是有序序列时，会选择序列的中位数元素作为轴点，因此仍能将序列划分成元素个数基本相同的两个子序列，从而避免了算法退化。

另一种选取策略则是随机选取一个序列内的元素作为轴点。此时，不论输入序列元素的顺序如何，选取到最小值元素作为轴点的概率只有 $1/n$，因此算法发生退化的概率会变得非常低，且发生退化的概率与输入序列无关。

同时，还可以将上述两种选取策略结合：首先从序列内随机选择三个元素，并选择三个元素的中位数作为轴点。这种选取策略进一步降低了算法退化的概率。

需要指出的是，上述轴点选择策略都只能降低快速排序退化的概率，而不能完全避免快速排序退化。M. D. Mcilroy 提出了攻击快速排序的方法（参见本章参考文献[1]），能够产生让几乎所有快速排序实现的运行时间都为 $O(n^2)$ 的数组。而通过使用线性时间复杂度的中位数选择算法，可以使快速排序的最坏情况时间复杂度降为 $O(n \log n)$（参见本章参考文献[2]）。

10.6 归并排序

本节将介绍归并排序算法及其特殊应用场景：求序列中的逆序数对。归并排序的核心思想是：将多个有序序列合并为一个新的有序序列。

10.6.1 二路归并

二路归并算法是将两个有序序列合并为一个新的有序序列。其基本思想是：对两个有序序列，分别取出这两个序列中关键字值最小的项，并选出两个数据项中最小的项放置到新的序列中；循环执行上述操作，直到两个序列中的所有数据都已被放置到新的序列中。此时，新的序列即为排序结果。算法 10-8 给出了二路归并的伪代码实现。可以看到，对于长度分别为 n 和 m 的有序序列，二路归并算法的主循环最多执行 $n + m$ 次，因此其复杂度为 $O(n + m)$。

算法 10-8：二路归并 TwoWayMerge(a, l_x, r_x, l_y, r_y)

输入：序列 a 及其有序子序列 x 和 y 的下标范围 l_x, r_x 和 l_y, r_y

输出：将两个有序序列合并后的新有序序列 t

1.　$t \leftarrow$ 空序列
2.　$i \leftarrow l_x$
3.　$j \leftarrow l_y$
4.　**while** $i \leq r_x$ or $j \leq r_y$ **do**
5.　| **if** $j > r_y$ **or** ($i \leq r_x$ **and** $a_i \leq a_j$) **then**
6.　| | 将 a_i 添加至 t 末尾
7.　| | $i \leftarrow i + 1$
8.　| **else**
9.　| | 将 a_j 添加至 t 末尾
10.　| | $j \leftarrow j + 1$
11.　| **end**
12.　**end**
13.　**return** t

10.6.2　归并排序

归并排序算法的基本思想是：首先将序列拆分，直到被拆分的子序列长度为1，此时子序列显然有序。然后，使用二路归并算法，将有序的短序列依次合并为长序列，最终完成序列的排序。根据归并时对子序列划分方式的不同，归并排序算法又可分为两种：自顶向下的归并排序和自底向上的归并排序。

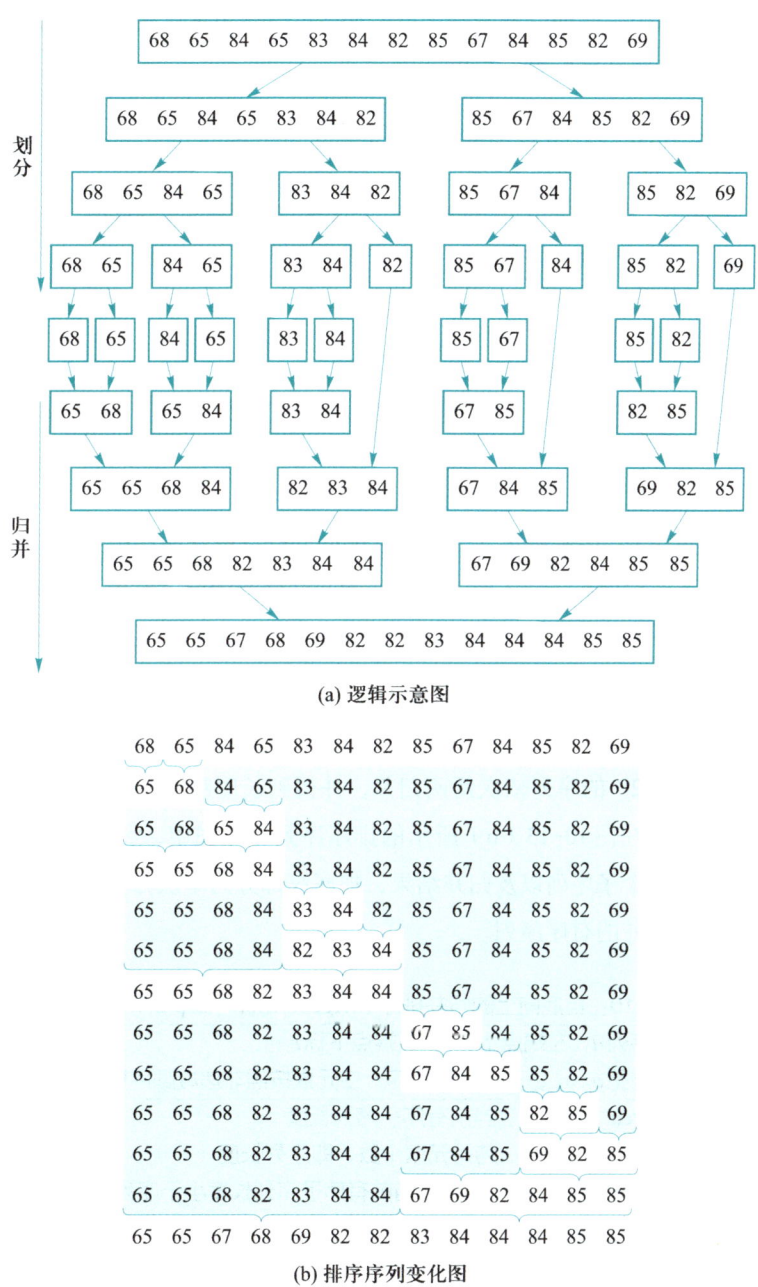

图 10-12　自顶向下的归并排序过程示例

　　算法 10-9 给出的是自顶向下的归并排序算法。其基本思想是：采用分治法将序列 $a_l, a_{l+1}, \cdots, a_r$ 分为 $a_l, a_{l+1}, \cdots, a_m$ 和 $a_{m+1}, a_{m+2}, \cdots, a_r$ 两部分，其中 $m = \lfloor \frac{l+r}{2} \rfloor$；对这两部分序列分别独立进行归并排序，然后将排好序的序列合并。图 10-12 示例给出了归并排序的执行过程。在图 10-12（a）所示的逻辑示意图中，我们首先对序列进行划分，直到序列长度为 1，此时序列为有序序列。然后再将划分得到的有序序列两两归并，从而完成排序。在图 10-12（b）所示的排序序列变化图中，我们展示了每次进行归并操作时涉及的两个子序列以及归并结果，加底纹部分为本次归并不涉及的序列部分，括号内的元素表示两个被归并的有序序列。

算法 10-9：归并排序 MergeSort(*a*, *l*, *r*)

输入：序列 a，左端点下标 l，右端点下标 r

输出：调整 $a_l, a_{l+1}, \cdots, a_r$ 元素顺序，使元素按照非递减顺序排列

```
1.   if l < r then    //序列中有至少两个元素待排
2.   |  m ← (l + r)/2
3.   |  MergeSort(a, l, m)
4.   |  MergeSort(a, m + 1, r)
5.   |  <a_l, ⋯, a_r> ← TwoWayMerge(a, l, m, m + 1, r)
6.   end
```

　　算法 10-10 则给出了自底向上的归并排序算法伪代码实现。和自顶向下的归并排序算法将序列拆分成两个子序列并分别归并排序不同，自底向上的归并排序算法首先将长度为 n 的序列看成 n 个长度为 1 且已经有序的子序列，然后将子序列两两合并，每合并一次有序子序列数量都会减少一半，最终所有子序列合并为一个有序序列。图 10-13 示例给出了自底向上归并排序的过程。在图 10-13（a）所示的逻辑示意图中，我们第 i 轮将长度为 2^{i-1} 的序列依次两两归并，并得到长度翻倍的有序子序列，最终完成对全序列的排序。在图 10-13（b）所示的排序序列变化图中，我们展示了每次进行归并操作时涉及的两个子序列以及归并结果，加底纹部分为本次归并不涉及的序列部分，括号表示两个被归并的有序序列。

算法 10-10：自底向上的归并排序 MergeSortBottomUp(*a*, *l*, *r*)

输入：序列 a，左端点下标 l，右端点下标 r

输出：调整 $a_l, a_{l+1}, \cdots, a_r$ 元素顺序，使元素按照非递减顺序排列

```
1.   sorted_len ← 1 //当前有序子序列长度
2.   n ← r-l+1    //待排元素个数，即序列长度
3.   while sorted_len < n do //当前有序子序列长度小于序列长度，则相邻两子序列归并
4.   |  l_x ← 1 //左子序列从最左端开始
5.   |  while l_x ≤ r-sorted_len do
6.   |  |  r_x ← l_x+sorted_len-1 //左子序列的右端点
```

7.　| | $l_y \leftarrow r_x+1$ //右子序列的左端点
8.　| | $r_y \leftarrow$ Min($l_y+sorted\_len-1, r$) //右子序列的右端点
9.　| | $<a_{l_x}, \cdots, a_{r_y}> \leftarrow$ TwoWayMerge(a, l_x, r_x, l_y, r_y) //归并
10.　| | $l_x \leftarrow r_y+1$ //下一对子序列的左子序列的左端点
11.　| **end**
12.　| $sorted\_len \leftarrow sorted\_len \times 2$ //有序子列长度加倍
13.　**end**

分析上述两种归并排序算法的时间复杂度，由于二路归并算法的复杂度为两个序列长度之和 $O(n+m)$，因此我们分析每个元素至多会被二路归并算法调用几次。

在自顶向下的归并排序中，递归的深度每多一层，其待排序序列的长度就减半；同时，对于任意深度相同的递归调用，它们所覆盖的元素不相交。因此，递归的最大深度为 $\lceil \log(n) \rceil$，且每层递归最多覆盖 n 个元素，其时间复杂度为 $O(n \log n)$。自底向上的

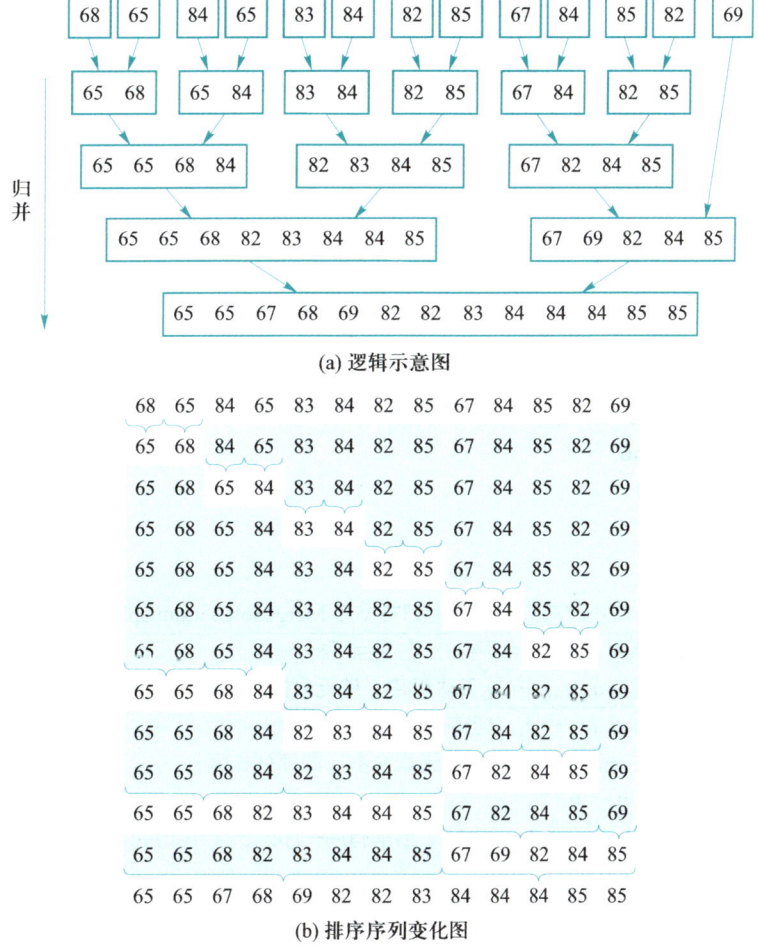

(a) 逻辑示意图

(b) 排序序列变化图

图 10-13　自底向上归并排序过程示例

归并排序也类似，其外循环的最大循环次数为$\lceil \log(n) \rceil$，内循环将每个元素进行二路归并最多一次，因此复杂度也为 $O(n \log n)$。

　　接下来介绍一个归并排序的常用改进方法。从二路归并排序算法的伪代码可以看到，需要使用一个临时数组来存储归并结果，并在归并排序完成后将结果复制回原数组，共进行 $2n + 2m$ 次复制。在序列元素占用内存较大时，复制可能花费大量时间。实际上，可以通过采用互换当前数组和临时数组的方法来减少一半的复制时间。算法 10-11 和算法 10-12 给出了其伪代码实现。算法基于自底向上的归并排序，当外循环进行奇数次时，a 作为有序子序列，t 作为存放合并结果的临时序列；当外循环进行偶数次时，t 作为有序子序列，a 作为存放合并结果的临时序列。最后，如果最终结果存放于 t，则将 t 中元素复制至 a。

算法 10-11：改进的二路归并 TwoWayMergeImproved(a, t, l, m, r)

输入：序列 a，相邻的两个有序子序列范围 l, m 和 $m + 1, r$，临时序列 t

输出：将两个相邻有序序列合并后置于 $<t_l, \cdots, t_r>$

1.　　$i \leftarrow l$　　//左子序列当前待比较的元素位置
2.　　$j \leftarrow m + 1$　//右子序列当前待比较的元素位置
3.　　$k \leftarrow l$　　//结果序列当前待放入的元素位置
4.　　**while** $i \leqslant m$ or $j \leqslant r$ **do**
5.　　| **if** $j > r$ or ($i \leqslant m$ and $a_i \leqslant a_j$) **then**
6.　　| | $t_k \leftarrow a_i$
7.　　| | $i \leftarrow i + 1$
8.　　| | $k \leftarrow k + 1$
9.　　| **else**
10.　| | $t_k \leftarrow a_j$
11.　| | $j \leftarrow j + 1$
12.　| | $k \leftarrow k + 1$
13.　| **end**
14.　**end**

算法 10-12：改进的自底向上归并排序 MergeSortBottomUpImproved(a, l, r)

输入：序列 a，左端点下标 l，右端点下标 r

输出：调整 $a_l, a_{l+1}, \cdots, a_r$ 元素顺序，使元素按照非递减顺序排列

1.　　$sorted\_len \leftarrow 1$　//当前有序子序列长度
2.　　$n \leftarrow r - l + 1$　　　//待排元素个数，即序列长度
3.　　$count \leftarrow 0$
4.　　**while** $sorted\_len < n$ **do** //当前有序子序列长度小于序列长度，则相邻两子序列归并
5.　　| $count \leftarrow count + 1$
6.　　| $l_x \leftarrow 1$ //左子序列从最左端开始
7.　　| **while** $l_x \leqslant r$ **do**

8.　　$||$ r_x ← Min(l_x+$sorted\_len$-1, r) //左子序列的右端点

9.　　$||$ r_y ← Min(r_x+$sorted\_len$, r)　　//右子序列的右端点

10.　$||$ **if** $count\%2$=1 **then**

11.　$|||$ TwoWayMergeImproved(a, t, l_x, r_x, r_y) //a并入t

12.　$||$ **else**

13.　$|||$ TwoWayMergeImproved(t, a, l_x, r_x, r_y) //t并入a

14.　$||$ **end**

15.　$||$ l_x ← r_y+1 //下一对子序列的左子序列的左端点

16.　$|$ **end**

17.　$|$ $sorted\_len$ ← $sorted\_len$ × 2 //有序子序列长度加倍

18.　**end**

19.　**if** $count\%2$=1 **then**

20.　$|$ a ← t

21.　**end**

　　归并排序的一个经典应用是求逆序对数量。在一个序列中，两个元素a_i和a_j逆序指它们满足$i<j$和$a_i>a_j$，称这两个元素为一个逆序对。求一个序列的逆序对数量即找到序列中有多少组不同的i和j，满足a_i和a_j是逆序对。显然，当序列有序时，序列的逆序对数量为零。一种最简单的方法是枚举所有可能的i和j，如果逆序则答案加一。这种算法的时间复杂度为$O(n^2)$。而基于归并排序算法思想，可以在$O(n \log n)$的时间里找到序列的逆序对数量。算法的核心思想在于：统计两个子序列进行二路归并时，序列的逆序对数量减少了多少。

　　考虑二路归并时，输入有序子序列A_x，A_y的区间分别为x_l、x_r和y_l、y_r。由于在归并排序中待归并的子序列满足首尾相连，规定$x_l \leqslant x_r < y_l \leqslant y_r$，就有$x_r+1=y_l$。为了便于理解，可以将辅助序列$T$看作拼接于待排序子序列前，且每次将元素插入$T$末尾的操作

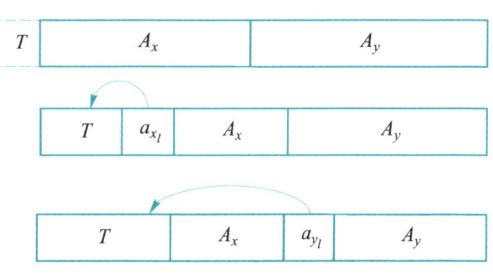

图 10-14　求逆序对数量示意图

看成将元素从原序列首移动至序列末尾，如图10-14所示。

　　初始时，辅助序列T中不包含任何元素。若将子序列A_x的首元素a_{x_l}移至T末尾，相当于将序列T和子序列A_x的分界符x_l右移，序列元素顺序没有发生改变；若将子序列A_y的首元素a_{y_l}移至T末尾，则相当于将该元素使用插入排序插至x_l处，此时序列中元素间两两顺序关系发生改变的只有a_{y_l}和子序列A_x的剩余元素之间。由于二路归并每次选择的元素是子序列剩余元素中最小的，该操作使序列中逆序对数量减少了子序列A_x目前剩余的元素数量。最后，考虑二路归并这两个子序列时，对序列中包含其他元素的逆序对的

影响。如果该逆序对的两个元素均不属于这两个子序列，那么它们在序列中的位置没有发生改变，因此不会改变逆序对数量；如果该逆序对恰好有一个元素属于这两个子序列，可以发现，虽然通过二路归并改变了这个元素的位置，但是它和其他不属于这两个子序列的顺序关系没有发生改变。因此，通过二路归并将两个子序列合并为有序序列后，求出了逆序对减少的数量，同时没有影响其他未被两个子序列完全包含的逆序对数量。

　　由于求逆序对数量的算法流程和自顶向下的归并排序算法基本一致，所以该算法的时间复杂度是 $O(n \log n)$。算法 10-13 和算法 10-14 是上述求逆序对数量算法的实现。

算法 10-13：二路归并求逆序对减量 TwoWayInversionCount(a, l, m, r)

输入：序列 a，相邻两个有序子序列范围 l, m 和 $m + 1, r$

输出：将两个有序序列合并，并返回减少的逆序对数量

1.　　　$t \leftarrow$ 空序列
2.　　　$i \leftarrow l$
3.　　　$j \leftarrow m + 1$
4.　　　$count \leftarrow 0$
5.　　　**while** $i \leqslant m$ or $j \leqslant r$ **do**
6.　　　| **if** $j > r$ or ($i \leqslant m$ and $a_i \leqslant a_j$) **then**
7.　　　| | 将 a_i 添加至 t 末尾
8.　　　| | $i \leftarrow i + 1$
9.　　　| **else**
10.　　| | 将 a_j 添加至 t 末尾
11.　　| | $j \leftarrow j + 1$
12.　　| | $count \leftarrow count + (m - i + 1)$
13.　　| **end**
14.　　**end**
15.　　$a \leftarrow t$
16.　　**return** $count$

算法 10-14：归并排序兼求逆序对数量 InversionCount(a, l, r)

输入：序列 a，左端点下标 l，右端点下标 r

输出：调整 $a_l, a_{l+1}, \cdots, a_r$ 元素顺序，使元素按照非递减顺序排列，同时返回序列中逆序对的数量

1.　　　$count \leftarrow 0$
2.　　　**if** $l < r$ **then**　　//序列中至少有 2 个元素时才执行
3.　　　| $m \leftarrow (l + r)/2$
4.　　　| $count \leftarrow count + $ InversionCount(a, l, m)
5.　　　| $count \leftarrow count + $ InversionCount($a, m + 1, r$)
6.　　　| $count \leftarrow count + $ TwoWayInversionCount(a, l, m, r)
7.　　　**end**
8.　　　**return** $count$

*10.7 基于比较排序的时间复杂度分析

前面介绍的排序算法中，我们已经了解到诸多如堆排序、归并排序和快速排序等时间复杂度为 $O(n \log n)$ 的排序算法。那么，是否存在时间复杂度优于 $O(n \log n)$ 的比较排序算法呢？本节将从理论上对该问题进行分析。

10.7.1 基于比较排序的时间复杂度下界

先对基于比较排序的算法进行定义：给定任意一个数组 $[a_1, a_2, \cdots, a_n]$，限制只能通过比较操作来获取信息。即每次操作只能选择数组中的任意两个元素 a_i 和 a_j，询问 $a_i > a_j$ 是否成立，并得到"成立"或"不成立"的反馈信息。因此，基于比较排序的复杂度为：至少要经过多少次上述操作，才能得到排列 K，使得 $a_{k_1} \leqslant a_{k_2} \leqslant \cdots \leqslant a_{k_n}$ 成立。本小节所讨论的复杂度下界是指：对于任意的输入数组，最好的最坏情况，即最坏情况时间复杂度的下界。

不失一般性，假设所有的输入元素的值都是互异的。那么，有且仅有一个排列 K 为所求的答案，则问题转化为在所有 $n!$ 种排列中找出排列 K。事实上，对于每次操作询问的 $a_i > a_j$，我们都能根据反馈信息，将剩余的候选排列分成满足条件和不满足条件两部分。考虑最坏的情况，每次划分中满足条件的部分都是排列数量较多的部分，则此时每次最多只能将候选排列的数量减半。由此可知，至少需要进行 $O(\log(n!))$ 次操作，由斯特林公式可知：

$$\log(n!) = \log\left(\sqrt{2\pi n}\left(\frac{n}{e}\right)^n\left(1 + \frac{1}{12n} + \frac{1}{288n^2} + \cdots\right)\right) \sim O(n \log n)$$

更形式化的，可以使用一棵二叉决策树来对上述过程进行说明。图 10-15 示例给出了对序列 $[a_1, a_2, a_3, a_4]$ 进行排序的部分决策树。如图 10-15 所示，图中的每个非叶结点 $i : j$ 表示将 a_i 和 a_j 进行比较，若 $a_i < a_j$，则走向决策树的左子树，否则走向决策树的右子树；图中每个叶结点表示通过决策树决定的最终排列 K。注意到对于最终排列 K 中任意的 $a_{k_i} < a_{k_{i+1}}$，从根结点到该叶结点的路径中必定包含结点 $a_{k_i} : a_{k_{i+1}}$ 或结点 $a_{k_{i+1}} : a_{k_i}$。

在决策树中，我们不希望出现多余比较，即深度较深的比较不应该能由深度较浅的比较推导出来。例如，如果已知 $a_1 < a_2$ 且 $a_2 < a_3$，则对 a_1 和 a_3 的比较将会是多余的。在没有多余比较的情况下，叶结点与排列是一一对应的，这说明决策树中恰好有 $n!$ 个叶结点。假设在这棵树中，所有的非叶结点的深度均小于 d，则叶结点的数量最多为 2^d 个（完美二叉树时取到），那么

$$n! \leqslant 2^d \Rightarrow d \geqslant \lceil \log_2(n!) \rceil \sim O(n \log n)$$

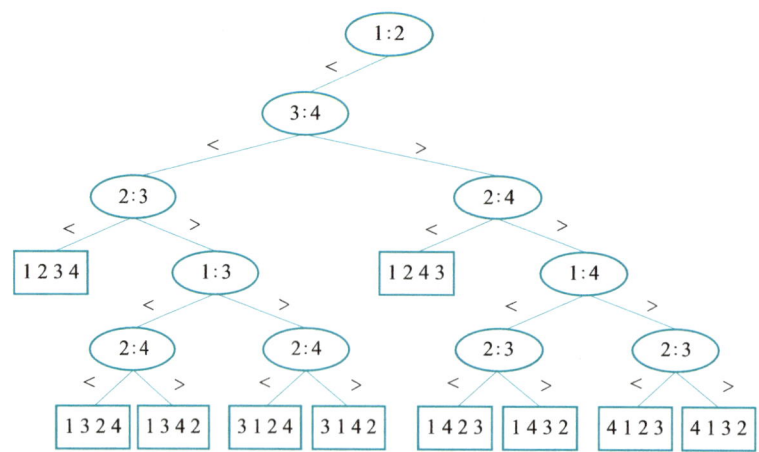

图 10-15   决策树示例

由此，同样可以得到决策树的非叶结点的深度至少为 $O(n \log n)$，即至少需要经过 $O(n \log n)$ 次比较。

10.7.2   基于比较排序的平均情况时间复杂度

10.7.1 小节讨论了最好的最坏情况，本小节将讨论最好的平均情况，即平均情况时间复杂度的下界。假设输入是随机的，每种排列都有相等的概率被取到，则拟讨论的问题转化为：对于一个有 $n!$ 个叶结点的二叉树，这些叶结点的平均深度的最小值是多少。

定理 10-1   当 $n > 1$ 时，在叶结点平均深度最小的情况下，深度最深的叶结点和深度最浅的叶结点的深度差至多为 1，即分别为 $\lceil \log_2(n!) \rceil$ 和 $\lfloor \log_2(n!) \rfloor$。

证明：首先证明，在叶结点平均深度最小的树中，对于每个非叶结点，都有两个子结点。考虑只有一个子结点的非叶结点，如果该结点的子结点是叶结点，那么将子结点移除后，该结点成为新的叶结点，且树的平均深度更小；如果该结点的子结点不是叶结点，则必定存在深度大于该结点的叶结点，将这个叶结点移动到该结点的子结点处，得到的树平均深度更小。

上面的结论说明，深度最深的叶结点必定成对出现，即为某个结点的子结点。如果深度差大于 1，假设最大深度叶结点的深度为 x，最小深度叶结点的深度为 y，则 $x-y>1$。我们将两个深度为 x 的结点移动到深度为 y 的结点下，作为其子结点，总深度减少，$x-y-1>0$，从而树的平均深度减少。

综上所述，命题得证。证毕。

实际上，可以对叶结点的平均深度的最小值进行更精确的计算。易知，假设有 N 个叶结点，设 $q = \lceil \log_2 N \rceil$，在最好的情况下，恰好有 $2N-2^q$ 个叶结点深度为 q，有 2^q-N 个叶结点深度为 $q-1$，那么总深度为

$$(q-1)(2^q - N) + q(2N - 2^q) = (q + 1)N - 2^q$$

设 $q = \log_2 N + \theta$，$0 \leq \theta < 1$，则上式转换为

$$N(\log_2 N + 1 + \theta - 2^\theta) \leq N(\log_2 N + 0.086\ 1)$$

等号成立时，$\theta = -\ln\ln 2/\ln 2$。将 $N = n!$ 代入，可知在任何排序方案中平均比较次数的下限为 $O(n \log n)$。

10.7.3　最少比较排序

对于长度为 n 的序列，找到一个对于所有的输入都能达到 $O(n \log n)$ 的比较排序算法很容易，而找到一个能在最坏情况下比较次数最少的排序算法则较为困难。考虑最简单的二分插入排序算法：每次将一个数二分插入一个有序数组中，则需要的比较次数为

$$N_b = \sum_{i=1}^{n} \lceil \log_2 i \rceil = n\lceil \log_2 n \rceil - 2^{\lceil \log_2 n \rceil} + 1$$

当 $n \leq 4$ 时，N_b 恰好与下界 $\lceil \log_2(n!) \rceil$ 相等；当 $n \geq 5$ 时，

$$N_b = \sum_{i=1}^{n} \lceil \log_2 i \rceil > \lceil \sum_{i=1}^{n} \log_2 i \rceil = \lceil \log_2(n!) \rceil$$

特别地，分析长度为 5 的序列，可以注意到 $N_b = 8 > 7 = \lceil \log_2(n!) \rceil$。那么，是否存在一个算法，最多只要比较 7 次就能对长度为 5 的数组进行排序呢？答案是"存在"。在开始时分别比较数组元素 1、2 和数组元素 3、4，再将两者的较大者进行比较，可以得到如图 10-16 所示的次序图，图中 $a \rightarrow b$ 表示 $a < b$。再通过最多两次比较将 a_5 插入 a, b, d 中的适当位置，此时确定了 a, b, d, a_5 的相对顺序。然后，再通过最多两次比较，将 c 插入 a, b, d, a_5 中的适当位置即可。一共只进行了 7 次比较。

而当 $n > 5$ 时，这个问题变得更加复杂，迄今为止，现有的研究都无法给出一个通用的算法，使得其对于所有的 n，在最坏情况下都有最小的比较次数。值得一提的是，是否存在一个算法能在平均情况下有最小的比较次数，也是一个富有价值的研究课题。然而，该问题一般比上面的问题更为困难。

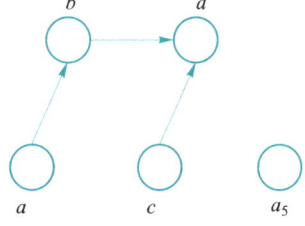

图 10-16　次序图

10.8　基于分配的排序

前面所介绍的几种排序方法都是基于比较−移动的排序方法，本节将介绍几种基于

分配的排序方法：计数排序、桶排序和基数排序。一般地，基于分配排序不需要进行元素之间的比较，但是需要对元素的分布有一定的先验假设。

10.8.1　计数排序

计数排序假设 n 个输入元素均为 $0 \sim k$ 之间的整数。其基本思想是：对于每一个元素 x，确定小于 x 的元素个数，这样就可以将 x 放在排好序的数组的对应位置上。当有多个 x 相同时，统计相同 x 的数量，再依次存放即可。

图 10-17 展示了计数排序的执行过程示例。首先，统计 $0 \sim k$ 间的每个整数出现了多少次，记录在数组 cnt 中，然后计算 cnt 的前缀和，即将 $cnt[0] \sim cnt[x]$ 的和记录在 $cnt[x]$ 中。此时 $cnt[x]$ 恰好表示小于或等于 x 的元素个数。接着，从后往前将数组 A 的每个元素 x 放入数组 B 中 $cnt[x]$ 的位置，并将 $cnt[x]$ 的值减一，直到数组 B 被填满，则此时数组 B 即为排好序的数组。

计数排序的伪代码实现如算法 10-15 所示。

算法 10-15：计数排序 CountingSort(a, l, r, k)

输入： 序列 a，左端点下标 l，右端点下标 r，元素最大值 k

输出： 调整 $a_l, a_{l+1}, \cdots, a_r$ 元素顺序，使元素按照非递减顺序排列

注意： 假设输入元素均为 $0 \sim k$ 之间的整数

1.　　$b \leftarrow$ **new** ElemSet $[r - l + 1]$　//临时存放有序序列的数组
2.　　$cnt \leftarrow$ **new int** $[k + 1]$ ()　　　//计数数组，初始全零
3.　　**for** $i \leftarrow l$ **to** r **do**
4.　　| $cnt[a_i] \leftarrow cnt[a_i] + 1$
5.　　**end**
6.　　**for** $i \leftarrow 1$ **to** k **do**
7.　　| $cnt[i] \leftarrow cnt[i-1] + cnt[i]$
8.　　**end**
9.　　**for** $i \leftarrow r$ **downto** l **do**
10.　| $p \leftarrow cnt[a_i] - 1$ 　//a_i 应该在 b 中的位置
11.　| $b_p \leftarrow a_i$　　　　//将 a_i 放入
12.　| $cnt[a_i] \leftarrow cnt[a_i] - 1$
13.　**end**
14.　**for** $i \leftarrow l$ **to** r **do**　//将有序的 b 放回 a 中
15.　| $a_i \leftarrow b_{i-l}$
16.　**end**

在算法伪代码中，第 3~8 行统计小于或等于每个元素的数的数量，时间复杂度为 $O(n + k)$；第 9~13 行根据 cnt 将元素放至正确位置，时间复杂度为 $O(n)$；第 14~16 行将完成排序的元素放回原序列，时间复杂度为 $O(n)$。排序过程中需要两个额外数组 b 和

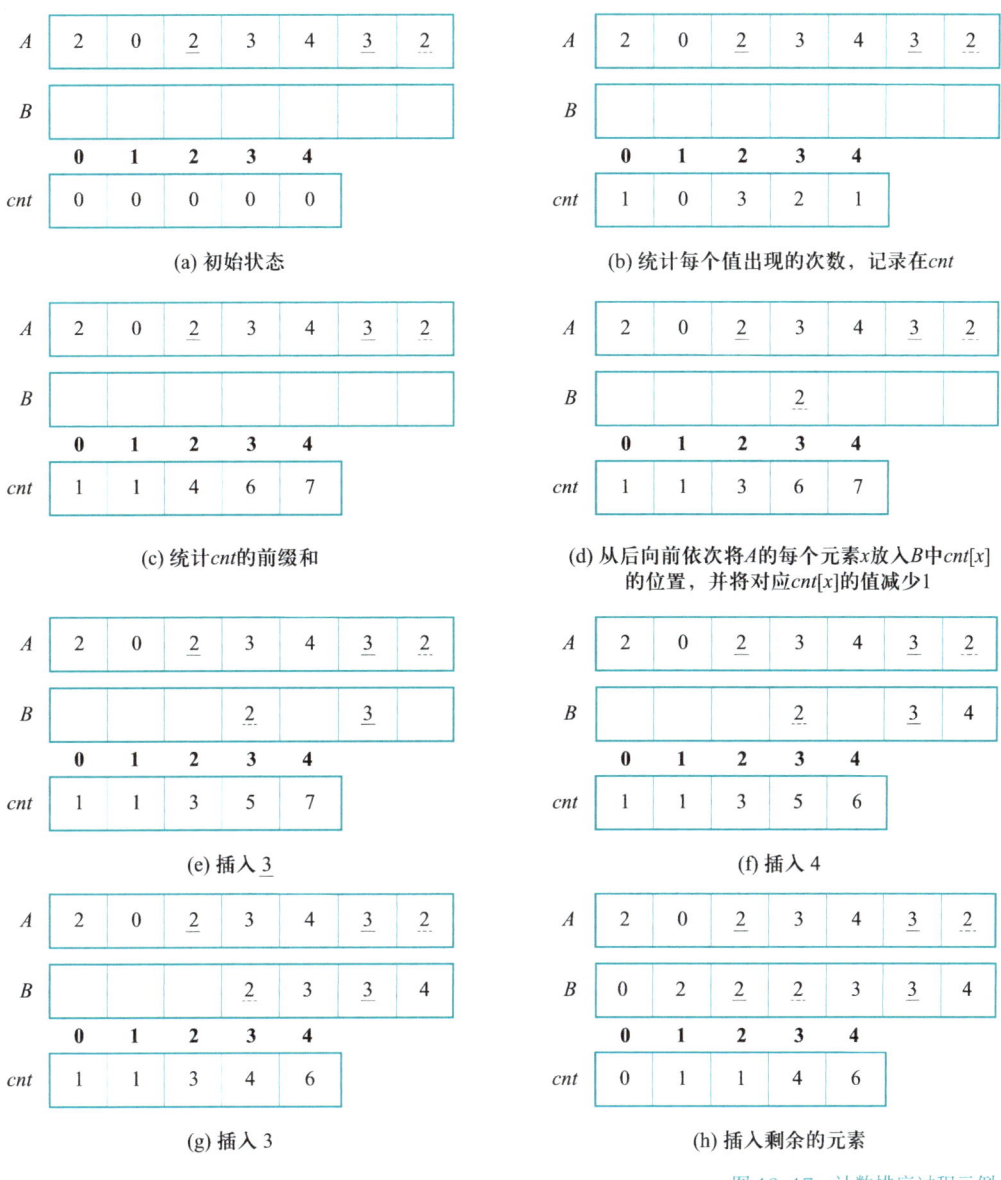

图 10-17 计数排序过程示例

cnt。因此，计数排序的时间复杂度和空间复杂度均为 $O(n + k)$。当 k 为 n 的常数 c 倍，即 $k=cn$ 时，计数排序的时间复杂度为 $O(n)$。

此外，需要说明的是：计数排序是稳定的。计数排序通常作为基数排序的一个子过程出现，其稳定性将会为基数排序的稳定性提供保证。

当输入数据不是 $0\sim k$ 之间的整数时，计数排序可以推广为桶排序。桶排序的基本思想是：通过一个单调映射函数 f，将 n 个元素分配到 k 个桶中，然后对每个桶中的元素进行排序（一般使用插入排序），最后从这 k 个桶中依次取出所有元素就得到有序的序列。计数排序可以看成映射函数为 $f(x)=x$，桶个数为元素最大值的桶排序。此时，由于同一桶内的元素大小均相等，所以不需要再对桶内元素排序，而改为计数。

如果对每个桶的排序所使用的算法是稳定的，那么桶排序也是一个稳定的排序算法。桶排序的效率主要取决于两个因素：映射函数和桶的数量。如果映射函数不能把元素较均匀地分配到各个桶，或者桶的数量很少，就会存在大量桶内排序的代价。假设映射函数把元素均匀地分配到 k 个桶，此时桶排序的平均情况时间复杂度为 $O(n + \dfrac{n^2}{k} + k)$，空间复杂度为 $O(n+k)$。当 $k=n$ 时，桶排序的平均情况时间复杂度达到最小，即 $O(n)$。此外，桶排序可以很容易地在桶层面上进行并行化排序。

10.8.2　基数排序

在电子计算机被发明以前，基数排序就已经在老式穿卡机上开始使用了。该方法以关键字的数字为基础，依次对关键字取值进行分类并排序。

形式化地，先定义两个 d 维元组 $X = (x_1, x_2, \cdots, x_d)$ 和 $Y = (y_1, y_2, \cdots, y_d)$ 的大小关系：若存在 $1 \leqslant i \leqslant d$，满足 $x_1 = y_1, x_2 = y_2, \cdots, x_{i-1} = y_{i-1}, x_i < y_i$，则 $X < Y$；若存在 $1 \leqslant i \leqslant d$，满足 $x_1 = y_1, x_2 = y_2, \cdots, x_{i-1} = y_{i-1}, x_i > y_i$，则 $X > Y$；否则 $X = Y$。

基数排序首先要将输入元素转换成基于基数的元组表示。例如，对于十进制整数，以 10 为基数，则每个数的元组表示为由各个数位依次组成的列表，即
$$a_i = v_i^1 10^{d-1} + v_i^2 10^{d-2} + \cdots + v_i^d 10^0 = (v_i^1, \cdots, v_i^{d-1}, v_i^d) = v_i$$
其中，$0 \leqslant v_i^j \leqslant 9$。对这些元组进行排序，就是对输入元素进行排序。将待排序元素序列 $a_l, \cdots, a_r$ 转换为元组序列 $v_l, \cdots, v_r$，v_i^1 为元组关键字值的最高位，v_i^d 为元组关键字值的最低位。基数排序对该元组序列进行排序（以升序为例），使得排序完成后对于任意的 v_i 和 $v_j (i < j)$，都有 $v_i \leqslant v_j$。

在基数排序中将基于计数排序来排序每一位，算法 10-16 中给出了基数排序中使用的计数排序版本。和原始计数排序实现的不同点在于，cnt 数组不再使用待排序元素 a_i 的原始值作为下标，而是使用 GetDigit 函数得到元素 a_i 以元组表示的第 k 位作为下标（称 k 为计数位），即算法伪代码第 5 行中的 c_{i-l}；同时计数排序会输出 cnt 数组，用于基数排序中确定基数相同的元素区间。

算法 10-16：基数排序中使用的计数排序 CountingSort2($a, l, r, radix, k, d$)

输入：序列 a，左端点下标 l，右端点下标 r，基数 $radix$，计数位 k，元组长度 d

输出：调整 $a_l, a_{l+1}, \cdots, a_r$ 元素顺序，使元素按照计数位 k 非递减顺序排列，并返回统计小于每个基数元素个数的 cnt 数组

1.　$b \leftarrow$ **new** ElemSet $[r-l+1]$　//临时存放有序序列的数组
2.　$c \leftarrow$ **new** DigitSet $[r-l+1]$　//存储元素第 k 位的数组

3.　$cnt \leftarrow$ **new int** $[radix]\,(\,)$　　　//计数数组，初始全零

4.　**for** $i \leftarrow l$ **to** r **do**

5.　| $c_{i-l} \leftarrow$ GetDigit($a_i, radix, k, d$) //得到 a_i 在基数 $radix$ 下元组表示的第 k 位

6.　| $cnt[c_{i-l}] \leftarrow cnt[c_{i-l}]+1$

7.　**end**

8.　**for** $i \leftarrow 1$ **to** $radix-1$ **do**

9.　| $cnt[i] \leftarrow cnt[i-1]+cnt[i]$

10.　**end**

11.　**for** $i \leftarrow r$ **downto** l **do**

12.　| $p \leftarrow cnt[c_{i-l}]-1$　//a_i 应该在 b 中的位置

13.　| $b_p \leftarrow a_i$　　　　　//将 a_i 放入

14.　| $cnt[c_{i-l}] \leftarrow cnt[c_{i-l}] - 1$

15.　**end**

16.　**for** $i \leftarrow l$ **to** r **do**　//将有序的 b 放回 a 中

17.　| $a_i \leftarrow b_{i-l}$

18.　**end**

19.　**return** cnt

有两种实现基数排序的方法：最高位优先（most significant digit first，MSD）基数排序和最低位优先（least significant digit first，LSD）基数排序。

1. MSD 基数排序

在 MSD 基数排序中，首先按关键字值的最高位 v_i^1 使用计数排序，可得到若干个最高位值都相同的序列。接着对每个序列分别按关键字值的 v_i^2 位使用计数排序，再将其分成若干个子序列，此时每个子序列的最高位和次高位的值都相同。以此类推，第 p 轮将对 v_i^p 位使用计数排序，直到每个子序列中都仅含一个元素，或者所有位都经过排序。最后，再把各单元素序列拼在一起，即得到所求的有序序列。按这种方法进行的基数排序称为 MSD 基数排序。图 10-18 所示为基数为 10 的 MSD 基数排序的示例，其中第二个 026 下方添加了横线以和第一个 026 区分。

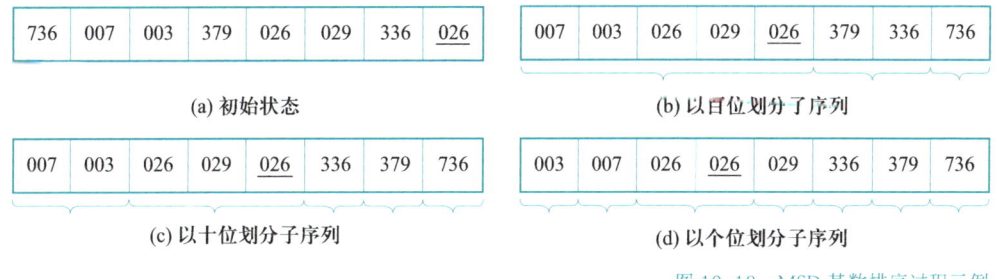

| 736 | 007 | 003 | 379 | 026 | 029 | 336 | <u>026</u> |

(a) 初始状态

| 007 | 003 | 026 | 029 | <u>026</u> | 379 | 336 | 736 |

(b) 以百位划分子序列

| 007 | 003 | 026 | 029 | <u>026</u> | 336 | 379 | 736 |

(c) 以十位划分子序列

| 003 | 007 | 026 | <u>026</u> | 029 | 336 | 379 | 736 |

(d) 以个位划分子序列

图 10-18　MSD 基数排序过程示例

MSD基数排序算法的递归实现如算法10-17所示。

算法10-17：MSD基数排序 MSDRadixSort($a, l, r, radix, k, d$)
输入：序列a，左端点下标l，右端点下标r，基数$radix$，计数位k，元组长度d
输出：调整$a_l, a_{l+1}, \cdots, a_r$元素顺序，使元素按照计数位$k$非递减顺序排列
初始调用：MSDRadixSort ($a, l, r, radix, 1, d$)

1.　**if** $l \geqslant r$ **or** $k > d$ **then** //子序列长度不足2，或计数位超过元组长度
2.　| **return**
3.　**end**
4.　$cnt \leftarrow$ CountingSort2($a, l, r, radix, k, d$)
5.　**for** $i \leftarrow 0$ **to** $radix-2$ **do**
6.　| MSDRadixSort($a, l + cnt_i, l + cnt_{i+1}-1, radix, k + 1, d$)
7.　**end**
8.　MSDRadixSort ($a, l+cnt_{radix-1}, r, radix, k+1, d$)

以对大小在1 000以内的自然数序列$a_1, a_2, \cdots, a_n$进行排序为例，设基数$radix = 10$，元组长度则为$d = 3$，因此初始时调用函数MSDRadixSort($a, 1, n, 10, 1, 3$)。算法伪代码的第1~3行检查子序列是否仍需排序，第4行调用计数排序对当前序列排序并得到cnt数组，第5~8行递归调用，每个子序列基于之后的计数位排序。

2. LSD 基数排序

在LSD基数排序中，首先按关键字值的最低位v_i^d值的大小将元组序列分成若干个子序列，再按v_i^d值从小到大依次将各个子序列收集起来，产生一个新序列。接着对新的元组序列按关键字值的v_i^{d-1}位值的大小分成若干个子序列，再按v_i^{d-1}位值从小到大依次将各个子序列收集起来，又产生了一个新的序列。以此类推，再按$v_i^{d-2}, \cdots, v_i^1$位的值依次重复上述过程。最后，可得到排好序的元组序列。按这种方法进行的基数排序称为LSD基数排序。图10-19所示为基数为10的LSD基数排序的示例。

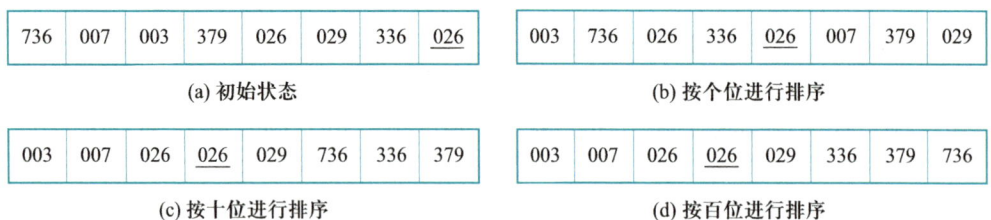

| 736 | 007 | 003 | 379 | 026 | 029 | 336 | <u>026</u> |

(a) 初始状态

| 003 | 736 | 026 | 336 | <u>026</u> | 007 | 379 | 029 |

(b) 按个位进行排序

| 003 | 007 | 026 | <u>026</u> | 029 | 736 | 336 | 379 |

(c) 按十位进行排序

| 003 | 007 | 026 | <u>026</u> | 029 | 336 | 379 | 736 |

(d) 按百位进行排序

图 10-19　LSD 基数排序过程示例

LSD基数排序算法的伪代码实现如算法10-18所示。

算法 10-18：LSD 基数排序 LSDRadixSort($a, l, r, radix, d$)

输入：序列 a，左端点下标 l，右端点下标 r，基数 $radix$，元组长度 d

输出：调整 $a_l, a_{l+1}, \cdots, a_r$ 元素顺序，使元素按照非递减顺序排列

1. **for** $i \leftarrow d$ **downto** 1 **do**
2. | CountingSort2($a, l, r, radix, i, d$)
3. **end**

对大小在 1 000 以内的自然数序列 $a_1, a_2, \cdots, a_n$ 进行排序，基数 $radix = 10$，元组长度 $d = 3$ 时，调用函数 LSDRadixSort($a, 1, n, 10, 3$)。LSD 基数排序的正确性可以通过归纳法证明。

3. 两种基数排序的时空复杂度分析

MSD 基数排序和 LSD 基数排序的时间复杂度都主要取决于算法 10-16 CountingSort2 函数被调用的次数。对于 LSD 基数排序来说，调用了 d 次 CountingSort2 函数来执行计数排序，因此时间复杂度为 $O(d(n + radix))$。MSD 基数排序中调用函数 CountingSort2 的次数和划分出的子序列数量直接相关，最坏情况下划分的子序列个数会远远多于 d，即其时间复杂度比 LSD 更高。

两种基数排序的空间复杂度均为 $O(n + radix)$，MSD 基数排序使用递归实现，实际使用空间会比 LSD 基数排序更大。

在实际应用时，基数通常取 2 的幂次，这样能通过位运算快速得到元组表示中计数位的值。对基数排序的研究表明：对整数和字符串，基数排序的效率优于快速排序。同时，由于基数排序的核心算法是计数排序，故基数排序是稳定的。

*10.9 索引排序

在之前提到的排序算法中，不论是基于比较的排序还是基于分配的排序，都需要复制或移动序列中的元素。当元素移动和复制的代价很大时，需要尽可能减少元素移动和复制的次数。例如，在数据库中一个数据表可能包含非常多列数据，当仅需基于其中少数列排序时，如果要对完整的一条数据进行移动和复制，其时间开销会非常大。索引排序是一种不对原始元素复制或移动的情况下，对元素的索引进行排序的方法。该方法可用于几乎所有前面提到的排序算法。

以基于插入排序的索引排序为例（见算法 10-19），其中创建了一个索引序列 idx，在排序时使用原序列元素进行比较，使用索引序列进行元素交换。最后，算法会给出排序后的索引序列。

在得到排序的索引序列以后，需要基于索引序列调整原序列中的元素顺序使其有序。一种简单的方法是新建一个临时序列 tmp，令 $tmp_i = a_{idx_i}$，然后将 tmp 复制回 a。但是这种方法会使用较多的存储空间。实际上，可以仅使用 $O(1)$ 的空间和 $O(n)$ 的时间，在得到排序的索引序列后调整原序列的元素顺序使其有序。其伪代码实现见算法 10-20 所示。

算法 10-19：基于插入排序的索引排序 IndexedInsertionSort(a, idx, l, r)

输入：序列 a，索引序列 idx，左端点下标 l，右端点下标 r
输出：更新的索引序列 idx，$idx_i = p$ 指 a_p 是原序列中第 i 大的元素
初始调用：idx 初始化为 $idx_i = i$

1.　　**for** $i \leftarrow l+1$ **to** r **do**
2.　　| $t \leftarrow idx_i$
3.　　| **for** $j \leftarrow i$ **downto** $l+1$ **do**
4.　　| | **if** $a_{idx_{j-1}} > a_t$ **then**
5.　　| | | $idx_j \leftarrow idx_{j-1}$
6.　　| | **else**
7.　　| | | **break**
8.　　| | **end**
9.　　| **end**
10.　　| $idx_j \leftarrow t$
11.　　**end**

算法 10-20：元素顺序调整 ElementAdjust(a, idx, l, r)

输入：序列 a，索引序列 idx，左端点下标 l，右端点下标 r
输出：调整 $a_l, a_{l+1}, \cdots, a_r$ 元素顺序，使元素按照非递减顺序排列

1.　　**for** $i \leftarrow l$ **to** r **do**
2.　　| **if** $idx_i \neq i$ **then**
3.　　| | $j \leftarrow i$
4.　　| | $t \leftarrow a_i$
5.　　| | **while** $idx_j \neq i$ **do**
6.　　| | | $a_j \leftarrow a_{idx_j}$
7.　　| | | $k \leftarrow idx_j$
8.　　| | | $idx_j \leftarrow j$
9.　　| | | $j \leftarrow k$
10.　　| | **end**
11.　　| | $a_j \leftarrow t$
12.　　| | $idx_j \leftarrow j$
13.　　| **end**
14.　　**end**

算法 10-20 按顺序检查第 i 个位置的元素，看其位置是否正确。如果该位置应放的元素非 a_i，则将 a_i 暂存，并记录元素空缺位置 $j = i$。之后，对于位置 j，该位置的元素已被移走，而应在该位置的元素为 a_{idx_j}，所以将 a_{idx_j} 移至 a_j，并更新索引序列 idx_j 和元素空缺位置 j。重复该操作，直到应放元素为 a_i 为止。将 a_i 放入空缺位置并更新索引序列，此时，所有在循环中访问到的元素均已归位，同时其索引序列中的索引位置也变为 $idx_i = i$。算法伪代码仅使用一个临时变量储存元素；同时在一次循环移动中，经过 k 次移动就可以将 k 个元素移至正确位置，因此最大移动次数为 n 次。

☆ 10.10　拓展延伸

本章前面几节介绍了经典排序算法的原理和特点。本节从库函数实现的角度，介绍两个拓展知识点：

① 内省排序。内省排序是 C++ 语言中常用的排序函数 std∷sort( ) 实现时采用的排序算法。它是快速排序的一种拓展，是以快速排序为主干，混合堆排序和插入排序的一种混合排序算法。

② Tim 排序。Tim 排序是 Java 语言中的排序函数 Collection.sort( ) 和 Python 语言中的排序函数 sorted( ) 实现时采用的排序算法。它是归并排序的一种拓展，主要思想是对序列中的有序（顺序或逆序）子序列加以利用来提高效率，同时混合了插入排序作为优化。

10.10.1　内省排序

在所有基于比较的排序中，快速排序是平均运行速度最快的排序方法。然而，快速排序有其劣势，在某些情况下的表现不如其他排序算法。为了提升排序算法的效率和稳定性，在快速排序的基础上，David Musser 在 1997 年提出了内省排序算法。内省排序算法是一种混合排序算法，其思想是：先使用快速排序，当递归超过一定深度后转为堆排序；同时，如果元素个数过少，则会采用插入排序算法。算法 10-21 给出了内省排序的伪代码实现。

算法 10-21：内省排序 IntroSort(a, l, r, d)

输入：序列 a，左端点 l，右端点 r，深度阈值 d

输出：调整 $a_l, a_{l+1}, \cdots, a_r$ 元素顺序，使元素按照非递减顺序排列

1.　**if** $r{-}l < kThrLen$ **then**　　//若小于短子序列的阈值
2.　| InsertSort(a, l, r)

3.   **else if** $d=0$ **then**
4. | HeapSort(a, l, r)
5.   **else**
6. | $i \leftarrow$ Partition(a, l, r)
7. | IntroSort($a, l, i-1, d-1$)
8. | IntroSort($a, i+1, r, d-1$)
9.   **end**

　　快速排序最显著的问题是最坏情况时间复杂度会退化至 $O(n^2)$，这在一些情况下是不可接受的。例如在网络服务中，攻击者可以构造特殊的序列，使服务器需要花费比普通序列更多的时间用于排序，从而使攻击者容易对服务器进行拒绝服务（DoS）攻击。一些更加准确的轴点选择策略虽然可以避免快速排序退化（例如使用中位数查找算法找到序列中位数作为轴点），但是策略本身的开销较大，导致快速排序失去其"快速"的特点。

　　内省排序在保留快速排序对常规数据排序高性能的同时，可以避免快速排序退化至 $O(n^2)$。它会设置一个递归深度阈值 d，当使用快速排序时，若递归深度超过该阈值，则不再使用快速排序，而是使用堆排序对剩余元素排序。经验上递归深度阈值 d 可以设置为 $1.5\log_2 n \sim 2\log_2 n$。由于快速排序发生退化时必定具有较深的递归深度，因此通过内省排序算法可以避免快速排序退化。使用该算法，对于普通序列而言，基于快速排序即可快速得到排序结果；而对于会使快速排序退化的情形，内省排序则会在深度过大时切换成堆排序。由于堆排序的最坏情况时间复杂度为 $O(n \log n)$，因此内省排序的最坏情况时间复杂度也为 ($n \log n$)。

　　在内省排序中，除了使用堆排序改善快速排序的最坏情况时间复杂度外，还使用插入排序优化长度较短的子序列排序时的效率。虽然插入排序的时间复杂度是 $O(n^2)$，但是当序列较短时，其实际元素比较和交换次数与时间复杂度为 $O(n \log n)$ 的算法相比并没有明显劣势，甚至更少。同时，快速排序需要对子序列递归进行排序，在元素个数很少时递归的开销较大。因此，通过设定一个序列长度阈值 *kThrLen*，当序列长度小于该阈值时换为使用插入排序，从而提升排序效率。*kThrLen* 的选取是利用短子序列时需要考虑的一个重要问题。在目前主流的一些短子序列改进实现中，*kThrLen* 取值一般为 6~32。类似地，短子序列优化同样可以用于归并排序中。

10.10.2   Tim 排序

　　Tim 排序由 Tim Peters 在 2002 年提出，它结合了归并排序和插入排序的思想，对输入序列中的有序（顺序或逆序）子序列加以利用，通常能更好地用于实际场景中的数据排序。该算法自 Python 2.3 版本以来，一直作为其标准排序算法；在 Java SE 7、Swift 和

Rust等语言中，也使用该算法对非原始类型的数组进行排序。Tim排序的基本思想是：先找到输入数据中的有序连续子序列 *run*，然后通过某种方式归并这些子序列，以得到有序的数组。

1. 算法过程及示例

使用Tim排序算法将一个长度为 n 的数组按升序进行排序的过程如下：

① 根据输入数组长度确定最小有序子序列长度阈值 *kminRun*。

② 将输入数组划分成长度不小于 *kminRun* 的非递减或严格递减的连续子序列 *run*。若当前已有的 *run* 长度小于 *kminRun*，则将后面相邻的元素通过插入排序的方式依次插入当前 *run* 中，直到当前 *run* 的长度大于或等于 *kminRun*。如果得到的 *run* 为严格递减的子序列，则将其进行翻转反序（即首尾两两交换）。

③ 对 *run* 进行合并。每得到一个新的 *run*，都将其压入栈 S 中。将栈内 *run* 按栈顶到栈底的顺序从 S_1 开始编号。当栈内 run 个数不小于三个时，设任意连续三个 *run* 分别为 S_x，S_{x+1} 和 S_{x+2}，要求其满足如下两个限制：

a. $|S_{x+2}| > |S_{x+1}| + |S_x|$

b. $|S_{x+1}| > |S_x|$

若任一限制不被满足，则将 S_{x+1} 与 S_x、S_{x+2} 中的较短者归并形成一个新的 *run*，放入栈中 S_{x+1} 所在位置（若 S_x 和 S_{x+2} 长度一样，考虑到计算机缓存，优先与 S_x 归并）。再检查任意连续三个 *run*，若仍然不满足上述限制，则继续归并直到限制被满足为止。特别地，当栈内 *run* 的个数为2时，若 $|S_1| > |S_2|$，则将 S_1 和 S_2 归并。在实现中，每次归并只需要检查前两组 *run*，即 (S_1, S_2, S_3) 和 (S_2, S_3, S_4) 是否满足要求即可。

④ 从栈顶到栈底依次归并剩余的 *run*。

下面用图10-20的示例来说明Tim排序的执行过程，设示例中 *minRun* 为3。由于最长的非递减连续子序列为（1, 10），其长度小于 *minRun*，要通过插入排序将其长度扩展到至少为 *minRun*，由此得到长度均为3的 run_0、run_1 和 run_2。此时，栈顶的三个 *run* 不满足栈顶元素长度限制，而同时考虑到计算机缓存的影响，故将 run_1 和 run_2 归并。接下来得到非递减连续子序列为（11, 12, 13, 14），其长度大于 *minRun*，不需要再进行插入排序。最后，得到如图10-20（1）所示的栈 S，从栈顶到栈底依次归并即完成排序。

此外，需要说明的是，在划分 *run* 时，对于降序的子序列，由于要经过翻转，必须限制其严格递减，这样才能保证排序过程的稳定性。

2. 算法伪代码实现

前面描述了Tim算法的基本思想和算法执行过程示例，具体伪代码实现见算法10-22所示。

算法10-22的第27行合并了子序列 S_1 和 S_2。根据Tim排序的步骤③，需要合并子序列 S_2 和 S_3，但在Python语言的官方实现中则合并了 S_1 和 S_2。可以证明两种合并方式

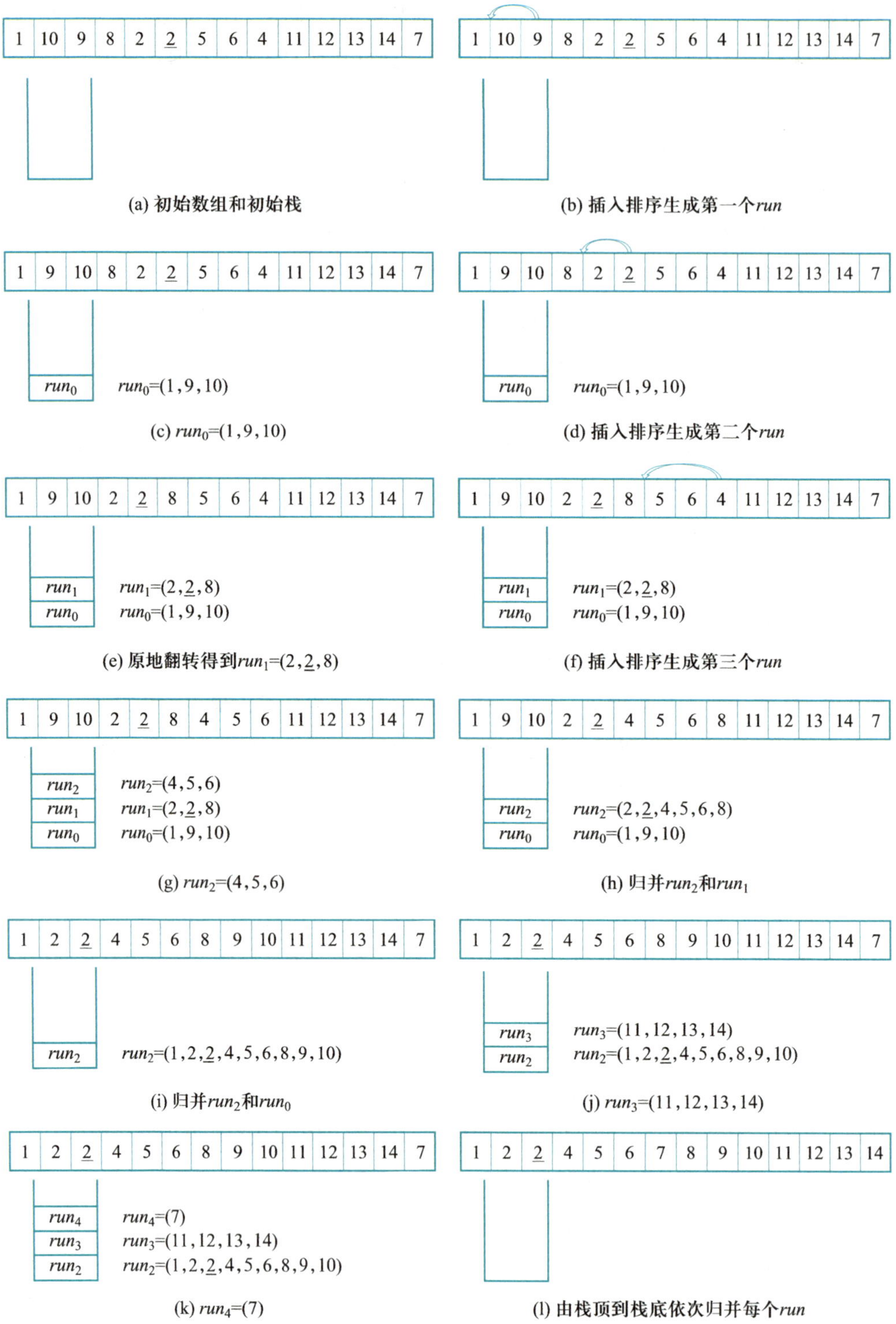

| 1 | 10 | 9 | 8 | 2 | 2 | 5 | 6 | 4 | 11 | 12 | 13 | 14 | 7 |

(a) 初始数组和初始栈

| 1 | 10 | 9 | 8 | 2 | 2 | 5 | 6 | 4 | 11 | 12 | 13 | 14 | 7 |

(b) 插入排序生成第一个 run

| 1 | 9 | 10 | 8 | 2 | 2 | 5 | 6 | 4 | 11 | 12 | 13 | 14 | 7 |

run_0　$run_0 = (1, 9, 10)$

(c) $run_0 = (1, 9, 10)$

| 1 | 9 | 10 | 8 | 2 | 2 | 5 | 6 | 4 | 11 | 12 | 13 | 14 | 7 |

run_0　$run_0 = (1, 9, 10)$

(d) 插入排序生成第二个 run

| 1 | 9 | 10 | 2 | 2 | 8 | 5 | 6 | 4 | 11 | 12 | 13 | 14 | 7 |

run_1　$run_1 = (2, 2, 8)$
run_0　$run_0 = (1, 9, 10)$

(e) 原地翻转得到 $run_1 = (2, 2, 8)$

| 1 | 9 | 10 | 2 | 2 | 8 | 5 | 6 | 4 | 11 | 12 | 13 | 14 | 7 |

run_1　$run_1 = (2, 2, 8)$
run_0　$run_0 = (1, 9, 10)$

(f) 插入排序生成第三个 run

| 1 | 9 | 10 | 2 | 2 | 8 | 4 | 5 | 6 | 11 | 12 | 13 | 14 | 7 |

run_2　$run_2 = (4, 5, 6)$
run_1　$run_1 = (2, 2, 8)$
run_0　$run_0 = (1, 9, 10)$

(g) $run_2 = (4, 5, 6)$

| 1 | 9 | 10 | 2 | 2 | 4 | 5 | 6 | 8 | 11 | 12 | 13 | 14 | 7 |

run_2　$run_2 = (2, 2, 4, 5, 6, 8)$
run_0　$run_0 = (1, 9, 10)$

(h) 归并 run_2 和 run_1

| 1 | 2 | 2 | 4 | 5 | 6 | 8 | 9 | 10 | 11 | 12 | 13 | 14 | 7 |

run_2　$run_2 = (1, 2, 2, 4, 5, 6, 8, 9, 10)$

(i) 归并 run_2 和 run_0

| 1 | 2 | 2 | 4 | 5 | 6 | 8 | 9 | 10 | 11 | 12 | 13 | 14 | 7 |

run_3　$run_3 = (11, 12, 13, 14)$
run_2　$run_2 = (1, 2, 2, 4, 5, 6, 8, 9, 10)$

(j) $run_3 = (11, 12, 13, 14)$

| 1 | 2 | 2 | 4 | 5 | 6 | 8 | 9 | 10 | 11 | 12 | 13 | 14 | 7 |

run_4　$run_4 = (7)$
run_3　$run_3 = (11, 12, 13, 14)$
run_2　$run_2 = (1, 2, 2, 4, 5, 6, 8, 9, 10)$

(k) $run_4 = (7)$

| 1 | 2 | 2 | 4 | 5 | 6 | 7 | 8 | 9 | 10 | 11 | 12 | 13 | 14 |

(l) 由栈顶到栈底依次归并每个 run

图 10-20　Tim 排序过程

均可以使栈中子序列满足两条限制。

为了使 Tim 排序拥有更好的性能，在实际实现时会加入大量的优化。例如，在算法中设计了 Galloping 模式，即在适当情况下使用二分比较和整体移动的方式代替一般归并过程中的双指针逐一比较的方式。同时，Tim 排序使用指数搜索的二分策略，能优化序列较短或目标位置比较靠前时的算法效率。

算法 10-22：Tim 排序 TimSort(a, l, r)

输入：序列 a，左端点下标 l，右端点下标 r

输出：调整 $a_l, a_{l+1}, \cdots, a_r$ 元素顺序，使元素按照非递减顺序排列

---

1.   InitStack(S)   //初始化存放有序段的栈
2. $p \leftarrow l$ //初始化有序段的起始位置
3.   **while** $p \leqslant r$ **do**
4. | $run \leftarrow$ GetRun(a, p, r)   //获取一个有序段
5. | Push(S, run)   //存入栈中
6. | $p \leftarrow p + |run|$ //下一个有序段的起始位置
7. | **while** $|S| > 1$ **do**
8. | | 将 S 顶上两元素自顶向下顺序记为 S_1 和 S_2
9. | | **if** $|S| = 2$ **then**   //只有 2 个段
10. | | | **if** $|S_1| > |S_2|$ **then**   //需要归并
11. | | | | Merge(S_1, S_2)   //从 S 中弹出 S_1 和 S_2，合并后压回栈顶
12. | | | **else**   //不需要归并
13. | | | | **break**
14. | | | **end**
15. | | **else**   //至少有 3 个段
16. | | | 将 S 中自顶向下第 3 个元素记为 S_3
17. | | | **if** $|S_2| \leqslant |S_1|$ 或 $|S_3| \leqslant |S_1| + |S_2|$ **then**   //条件不满足，需要归并
18. | | | | **if** $|S_1| \leqslant |S_3|$ **then**
19. | | | | | Merge(S_1, S_2)   //从 S 中弹出 S_1 和 S_2，合并后压回栈顶
20. | | | | **else**
21. | | | | | 从 S 中弹出 S_1
22. | | | | | Merge(S_2, S_3)   //从 S 中弹出 S_2 和 S_3，合并后压回栈顶
23. | | | | | Push(S, S_1)
24. | | | | | **if** $|S| > 3$ **then**   //归并可能引起 S_2、S_3、S_4 不满足约束
25. | | | | | | 将 S 中元素自顶向下顺序记为 S_1、S_2、S_3、S_4
26. | | | | | | **if** $|S_4| \leqslant |S_2| + |S_3|$ **then**
27. | | | | | | | Merge(S_1, S_2)   //从 S 中弹出 S_1 和 S_2，合并后压回栈顶
28. | | | | | | **end**
29. | | | | | **end**
30. | | | | **end**
31. | | | **else**   //不需要归并
32. | | | | **break**
33. | | | **end**

34. | | **end**
35. | **end**
36.   **end**
37.   **while** $|S| > 1$ **do**
38. | Merge(S_1, S_2)   //从 S 中弹出 S_1 和 S_2，合并后压回栈顶
39.   **end**

3. 算法性能分析

将数组分解成 *run* 可以在线性时间内完成。算法 10-22 伪代码的主循环中最多需要 $O(n|S|_{max})$ 次比较，其中 $|S|_{max}$ 为栈的最大高度，且满足 $|S|_{max} \leq \log n$。最后的归并使用了启发式的从小长度到大长度的归并，时间复杂度为 $O(n \log n)$，故总体时间复杂度为 $O(n \log n)$。算法的空间复杂度为 $O(n)$。

10.11　应用场景：考试录取中的成绩排序

在考试录取工作中，为了兼顾公平原则和个性化需求，一般按考试成绩从高到低的顺序根据考生填报的志愿进行录取。以高考（普通高等学校招生全国统一考试）为例，考试和录取按省份分别开展，各省考试人数从几万人到一百多万人不等，这样大规模的录取工作需要计算机来处理，其中最核心的步骤就是将考生按考分进行排序，排序的效率会直接决定录取工作的处理时长。

在高考这个实际的例子中，由于考生众多，很容易出现总分同分的现象。为了决定在总分同分时的录取顺序，还需要制定更详细的比较规则。以浙江省为例，在录取时会依次按总分、语文及数学科目总分、语文或数学单科成绩、外语单科成绩、选考科目单科成绩由高到低，以及志愿号由小到大决定录取顺序。从排序的角度来讲，总分是排序的主关键字（第一关键字），语文及数学科目总分是次关键字（第二关键字），语文单科成绩是第三关键字，依此类推。这些比较项目全部相同的考生为同位次（实际应用中出现这种情况的可能性非常小）。

本章小结

本章介绍了若干经典的排序方法，包括插入排序、冒泡排序、选择排序、归并排序、快速排

序、堆排序、Shell 排序、计数排序、基数排序、桶排序，还扩展介绍了 C++、Java 和 Python 语言的库函数中实现的内省排序和 Tim 排序。

通常认为插入排序、冒泡排序和选择排序这三种排序方法为基本排序方法。它们具有的共同特点是实现方法比较简单，只需要一个辅助单元即可，时间复杂度为相对较高的（$O(n^2)$）。

归并排序、快速排序和堆排序是三种平均情况时间复杂度为 $O(n \log n)$ 的高效排序方法。

快速排序是一种高效、不稳定的排序方法。在某些情况下（如待排序序列已经接近排序完成时），其时间复杂度会变为 $O(n^2)$，并占用 $O(n)$ 的存储空间。

堆排序是对选择排序的改进，利用堆结构快速实现堆内最大元素的查找，其排序过程不需要额外的存储开销，且排序所需时间比较稳定。堆排序是不稳定的。

归并排序是一种稳定的排序方法，且排序所需时间与待排序序列的顺序无关。该方法也常用于外排序过程。

Shell 排序是对插入排序的改进，是一种介于基本排序方法和高效排序方法之间的方法，其时间复杂性依赖于增量序列的选取。

上述排序是基于比较-交换的排序，而计数排序、基数排序、桶排序是基于"分配"的排序。对于基于比较-交换的排序，可以证明其最坏情况时间复杂度的下限是 $O(n \log n)$，而基于分配的排序则具有线性的时间复杂性。对于整数、字符和字符串排序，计数排序、基数排序或桶排序具有很高的效率。

在表 10-1 中，我们给出了各种排序方法的比较（由于 Shell 排序的复杂性还有待研究，在表 10-1 中并未给出）。

表 10-1　排序方法比较

排序方法	平均情况时间复杂度	最坏情况时间复杂度	最坏情况辅助空间复杂度	稳定性
插入排序	$O(n^2)$	$O(n^2)$	$O(1)$	稳定
冒泡排序	$O(n^2)$	$O(n^2)$	$O(1)$	稳定
选择排序	$O(n^2)$	$O(n^2)$	$O(1)$	不稳定
归并排序	$O(n \log n)$	$O(n \log n)$	$O(n)$	稳定
快速排序	$O(n \log n)$	$O(n^2)$	$O(n)$[①]	不稳定
堆排序	$O(n \log n)$	$O(n \log n)$	$O(1)$	不稳定
计数排序	$O(n+k)$	$O(n+k)$	$O(n+k)$	稳定
基数排序（LSD）	$O(d(n+radix))$	$O(d(n+radix))$	$O(n+radix)$	稳定
桶排序	$O(n+k+\dfrac{n^2}{k})$	$O(n^2+k)$	$O(n+k)$	稳定

① 快速排序的平均情况辅助空间复杂度是 $O(\log n)$，表中其他排序的平均情况辅助空间复杂度与最坏情况辅助空间复杂度相等。

续表

排序方法	平均情况时间复杂度	最坏情况时间复杂度	最坏情况辅助空间复杂度	稳定性
内省排序	$O(n \log n)$	$O(n \log n)$	$O(\log n)$	不稳定
Tim 排序	$O(n \log n)$	$O(n \log n)$	$O(n)$	稳定

本章习题

1. 分别对待排序列（24, 86, 48, 56, 72, 36）进行如下排序，并给出详细的排序过程图示。

（1）插入排序，（2）选择排序，（3）冒泡排序，（4）归并排序，（5）快速排序，（6）堆排序，（7）LSD 基数排序

2. 设一数组中原有数据为 15，13，20，18，12，60。下面是一组由不同排序方法（插入排序、选择排序、冒泡排序、计数排序）进行一轮排序后的结果，请在括号内补充填写具体的排序方法。

使用排序方法：（   ），排序的结果为：12，13，15，18，20，60。

使用排序方法：（   ），排序的结果为：12，15，13，20，18，60。

使用排序方法：（   ），排序的结果为：13，15，20，18，12，60。

使用排序方法：（   ），排序的结果为：12，13，20，18，15，60。

3. 什么排序方法是稳定的？什么排序方法是不稳定的？请为每一种不稳定的排序方法举出一个不稳定的实例。

4. 在执行某种排序算法的过程中，出现了排序码朝着最终排序序列相反的方向移动的情况，从而认为该排序算法是不稳定的。这种说法对吗？为什么？

5. 算法 10-23 是一个伪冒泡排序算法：

算法 10-23：伪冒泡排序 PseudoBubbleSort(a, l, r)

输入：序列 a，左端点 l，右端点 r

输出：调整 $a_l, a_{l+1}, \cdots, a_r$ 元素顺序，使元素按照非递减顺序排列

```
1.   for i←l to r do
2.   | for j←l to r do
3.   | | if aᵢ<aⱼ then
4.   | | | Swap(aᵢ, aⱼ)
5.   | | end
6.   | end
7.   end
```

请判断上述算法能否将数组 a 进行升序排序，并说明原因。

6. 给定元素大小互异，长度分别为 n 和 m 的有序数组 A 和有序数组 B，且 $n+m$ 为奇数。请给出一个时间复杂度不高于 $O(\log(\min(n, m)))$ 的算法，找到两个序列合并后的中位数。

7. 给定一个包含 n 个大小互异的元素的随机数组 $a_1, a_2, \cdots, a_n$，能否在 $O(\log n)$ 时间内找到一个位置 i，使得 $a_i > a_{i-1}$ 且 $a_i > a_{i+1}$？特别地，对于边界元素 a_1 和 a_n，约定 $a_0 < a_1$，$a_n > a_{n+1}$。

8. 请给出一个算法，使得仅需 $\left\lceil \dfrac{3n}{2} \right\rceil - 2$ 次比较就能从一个未排序的数组中找到最大值和最小值。

9. 假设定义堆为满足下列性质的三叉树：

（1）空树为堆。

（2）根结点的值不小于所有子树根的值，且所有子树均为堆。

请给出一个满足上述性质的三叉树，编写基于该三叉树进行排序的算法，并分析其时间复杂度。

10. 如果输入数组 $[a_1, a_2, \cdots, a_n]$ 中的元素并不互异，请问基于比较排序的复杂度下界是否依然成立？

11. 请证明 LSD 基数排序算法的正确性。

12. 请给出一个时间复杂度为 $O(n)$ 的算法，对 n 个元素进行排序，保证每个元素都是 $1 \sim n^2$ 之间的整数。

13. 请给出一个时间复杂度为 $O(n)$ 的算法，将一个包含 n 个元素的整数序列中的所有负数都放于所有非负数之前，要求算法中交换次数最少。

14. 若有大写字母、小写字母和数字组成的集合存放在一维数组中，请写一个算法，使得数组中的字符按大写字母、数字和小写字母的顺序排列。设字符个数为 n，要求算法时间复杂度为 $O(n)$、辅助空间复杂度为 $O(1)$。

15. 算法 10-24 为"臭皮匠排序"算法：

算法 10-24：臭皮匠排序 StoogeSort(a, l, r)

输入：序列 a，左端点 l，右端点 r
输出：调整 $a_l, a_{l+1}, \cdots, a_r$ 元素顺序，使元素按照非递减顺序排列

1.   **if** $r-l+1 \geqslant 3$ **then**
2. | $m \leftarrow \left\lfloor \dfrac{r-l+1}{3} \right\rfloor$
3. | Stooge($a, l, r-m$)
4. | Stooge($a, l+m, r$)
5. | Stooge($a, l, r-m$)
6.   **else if** $a_l > a_r$ **then**
7. | Swap(a_l, a_r)
8.   **end**

请分析算法 10-24 的正确性，并给出其运行的时间复杂度。

*16. 由于快速排序的递归操作在元素数量少时开销很大，内省排序采用了短子序列方法优化排序效率。请给出使用快速排序对长度为 n 的随机序列排序时的平均递归调用次数。设插入

排序的时间复杂度常数为 a，快速排序的时间复杂度常数为 $b=2a$，一次递归调用的时间开销为 $c=10a$，此时 n 在什么范围内插入排序的效率优于快速排序？

*17. Tim 排序算法的原始伪代码如算法 10-25 所示。请问该代码能否始终满足 10.10.2 小节中讨论的对栈中 run 长度关系的两个限制？如果是，请证明；如果否，请举出反例。

算法 10-25：Tim 排序 OriginalTimSort(a, l, r)

输入：序列 a，左端点下标 l，右端点下标 r
输出：调整 a_l, a_{l+1}, $\cdots$, a_r 元素顺序，使元素按照非递减顺序排列

```
1.    InitStack(S)    //初始化存放有序段的栈
2.    p←l //初始化有序段的起始位置
3.    while p ≤ r do
4.    | run←GetRun(a, p, r)    //获取一个有序段
5.    | Push(S, run)    //存入栈中
6.    | p←p+|run|    //下一个有序段的起始位置
7.    | while |S|>1 do
8.    | | 将S顶上两元素自顶向下顺序记为S₁和S₂
9.    | | if |S|=2 then    //只有2个段
10.   | | | if |S₁|>|S₂| then    //需要归并
11.   | | | | Merge(S₁, S₂)    //从S中弹出S₁和S₂，合并后压回栈顶
12.   | | | else    //不需要归并
13.   | | | | break
14.   | | | end
15.   | | else //至少有3个段
16.   | | | 将S中自顶向下第3个元素记为S₃
17.   | | | if |S₂| ≤ |S₁| 或 |S₃| ≤ |S₁|+|S₂| then    //条件不满足，需要归并
18.   | | | | if |S₁| ≤ |S₃| then
19.   | | | | | Merge(S₁, S₂)    //从S中弹出S₁和S₂，合并后压回栈顶
20.   | | | | else
21.   | | | | | 从S中弹出S₁
22.   | | | | | Merge(S₂, S₃)    //从S中弹出S₂和S₃，合并后压回栈顶
23.   | | | | | Push(S, S₁)
24.   | | | | end
25.   | | | else    //不需要归并
26.   | | | | break
27.   | | | end
28.   | | end
29.   | end
30.   end
31.   while |S|>1 do
32.   | Merge(S₁, S₂)
33.   end
```

溯源与参考文献

　　冒泡排序、插入排序和选择排序是一批最早应用于计算机的排序算法。它们都是日常生活中常用的排序算法，自然也被用于计算机中的排序问题。但这几种直观的排序方法的时间复杂度较高，平均情况时间复杂度均为 $O(n^2)$。因此，如何使用计算机高效进行排序一直是被关注和研究的问题。Donald L. Shell 在1959年发明了 Shell 排序算法[3]，是对简单插入排序的一种改进，该方法排序时不需要额外空间，且与简单插入排序相比效率较高。

　　对于基于比较的排序算法，John von Neumann 在1945年基于分而治之思想首次发明了归并排序算法，将排序的时间复杂度降为 $O(n \log n)$。Tony Hoare 在1961年发明了快速排序算法[4]，其平均情况时间复杂度也是 $O(n \log n)$。快速排序的常数是主流排序算法中最小的，直到今天也仍然是最优秀的排序算法之一。J. W. J. Williams 于1964年发明了堆排序算法[5]。堆排序算法是稳定的，最坏情况时间复杂度有保证，且只需要 $O(1)$ 的额外空间。

　　计数排序和基数排序由 Harold H. Seward 于1954年发明[6]，它们是基于分配的排序方法，当待排序元素范围有限时，时间复杂度为 $O(n)$，在特定问题中表现优秀。

　　近年来，随着对排序算法需求的增加，不断有新的排序算法出现，例如内省排序[7]和 Tim 排序。内省排序在保持了快速排序的高性能的同时，对快速排序可能会退化以及对少量元素排序效率较低的问题进行改进，已成为主流 C++ 标准库中的默认排序算法。Tim 排序则针对真实情况下数据种类繁多、结构复杂的情形进行优化，并广泛应用于 Python、Java 等编程语言中。

本章参考文献

[1] MCILROY M D. A killer adversary for quicksort[J]. Software−Practiceand & Experience, 1999, 29(4): 341–344.

[2] BLUM M, FLOYD R W, PRATT V R, et al. Time bounds for selection[J]. Journal of Computer and System Sciences, 1973, 7 (4): 448–461. DOI: 10.1016/S0022−0000(73)80033−9.

[3] SHELL D L. A high−speed sorting procedure[J]. Communications of the ACM, 1959, 2 (7): 30–32.

[4] HOARE C A R. Algorithm 64: quicksort[J]. Communications of the ACM, 1961, 4(7): 321.

[5] WILLIAMS J W J. Algorithm 232: heapsort[J]. Communications of the ACM, 1964, 7(6): 347–349.

[6] SEWARD H H. Information sorting in the application of electronic digital computers to business operations[D]. Massachusetts Institute of Technology. Department of Electrical Engineering, 1954.

[7] MUSSER D R. Introspective sorting and selection algorithms[J]. Software: Practice and Experience, 1997, 27(8): 983–993.

第 11 章

查　找

当在一本书中查阅某一章节的内容时，可在其目录中通过查找相应标题快速获得页码信息；在制订出行计划时，可通过网络查询航班并搜索酒店信息。生活中很多实际应用都属于不同数据、不同形式的查找问题。在当今信息化时代，人们每天都在和各类数据进行交互，查询获得想要的信息，可以说查找是数据结构中使用最频繁的操作之一。所谓查找，是指在一个包含众多数据元素（或记录）的结构化数据集中找出某个"特定的"数据元素（或记录）。

本章引子

第 2~9 章介绍了各种线性或非线性的数据结构。本章将讨论数据结构中的一个关键应用问题——查找。11.1 节通过生活中的手机通讯录引入查找问题；11.2 节介绍查找的定义；11.3 ~ 11.5 节分别讨论静态查找表、动态查找表和散列方法；11.6 节介绍查找的应用；11.7 节是本章的拓展延伸内容，介绍分布式散列表的概念；最后，11.8 节介绍查找在词频统计中的应用场景。

11.1 问题引入：手机通讯录

在现实生活和工作中查找的例子很多。例如，某开发团队进行手机系统功能研发，其中的通讯录模块已具备插入新的联系人、修改联系人、删除联系人等基本功能，联系人信息包括姓名、电话号码、住址等具体信息。现需要开发新功能：根据联系人姓名查询其详细信息，假设通讯录中没有重名的人。那么，如何实现该查询功能？

此外，还有类似词频统计问题、顺序统计问题、装箱问题等也都需用到查找方法。针对这些问题，又怎么来实现高效的数据查找？本章将讨论这些问题的解决方案。

11.2 查找的定义

查找是数据结构中最基本的操作。通常将用于查找的数据结构称为查找表，查找就是要确定指定关键字值的数据元素或记录在查找表中是否存在。每个数据元素的关键字值通常是不同的，但某些场合下也可能有少量的数据元素有相同的关键字值。在本书的讨论中，假设每个数据元素的关键字值不同。

如果查找表中的数据元素个数和每个数据元素的值是不变的，则这样的查找表通常称为静态查找表。例如，一本电子词典就是一个静态查找表。如果对查找表不仅要进行查找操作，还要进行插入、删除等操作，那么查找表将是动态变化的，其记录的数据元素个数并不是一个稳定的常数，这样的查找表通常称为动态查找表。例如，存放在手机中的通讯录就是一个动态查找表。静态查找表的处理比较简单，要求也比较单一，仅要求查找速度快即可。而对于动态查找表而言，不仅要求查找迅速，而且要求插入、删除操作也必须速度快、效率高。

被查找的所有数据元素全部存放在内存中的查找操作称为内部查找。如果数据元素太多，不能全部放在内存之中，只能将其存放到外存中，这时的查找操作便称为外部查找。

在内部查找中，一般以关键字的比较次数（或称查找长度）作为衡量时间性能的标准。在外部查找中，由于被查找的数据是存储在外存中的，查找时必须把外存上的数据读入内存。与外存访问相比，比较时间是微不足道的，所以在外部查找中一般以外存的访问次数作为衡量标准。减少访问外存的次数，将会大大降低查找的时间代价（外部查找将在第 14 章中详细介绍）。

不同查找表和不同的查找方法，其时间复杂度也可能是不同的。除了可以用时间复杂度进行查找算法性能比较之外，还可以用平均查找长度（average search length，ASL）进行查找算法性能的精确比较。对于具有 n 个记录的查找表，如果用 P_i 表示第 i 个元素的查找概率，C_i 表示查找第 i 个元素需要的关键字值比较次数，则平均查找长度计算公式为

$$ASL = P_1C_1 + P_2C_2 + \cdots + P_nC_n = \sum_{i=1}^{n} P_iC_i \qquad （11-1）$$

这里 C_i 随查找过程不同而不同。

11.3   静态查找表

静态查找表有不同的表示方法，在不同的表示方法中实现查找操作的方法也不同。典型的静态查找技术包括：

① 采用线性结构作为查找表的查找算法，如顺序查找、索引查找、二分查找，以及二分查找的改进算法——插值查找和斐波那契查找等。

② 采用树形结构作为静态查找表的静态最优查找树、KD 树等。限于篇幅，本章没有对静态最优查找树进行介绍，读者可自行查阅相关文献，而有关 KD 树的内容将在第 12 章进行介绍。

11.3.1   顺序查找

顺序查找就是依次对比查找表中的关键字值，直到找到这个元素；或者找遍整个查找表都没有找到要找的元素，则结束查找。顺序查找对查找表是否有序没有要求，适用于查找表中关键字值为任意顺序的线性结构。顺序查找可以在顺序存储结构上进行，也可以在链式存储结构上进行。如果不考虑其他因素，顺序存储结构编程简单，是更常用的存储结构。

顺序查找的过程为：从查找表中指定位置（一般为最后一个，将第 0 个位置设为"岗哨"）的记录开始，沿某个方向将记录的关键字值与给定关键字值进行比较。若某条记录的关键字值和给定关键字值相等，则查找成功；反之，若找完整个查找表都没有找

到与给定关键字值相等的记录，则此查找表中没有满足查找条件的记录，查找失败。顺序查找的伪代码如算法11-1所示。

算法11-1：查找表的顺序查找 SequentialSearch(*record*, *n*, *key*)

输入：查找表*record*，表长*n*，待查关键字*key*

输出：*key*在*record*中的位置，若不存在则返回0

1.　　*record*[0].*key* ← *key*　　//第0个位置设为岗哨
2.　　*i* ← *n*
3.　　**while** *record*[*i*].*key* ≠ *key* **do**
4.　　| *i* ← *i*−1
5.　　**end**
6.　　**return** *i*

在算法11-1中给定静态查找表*record*，查找表记录从位置*record*[*n*]开始。对*record*[0]的关键字赋值*key*，其目的在于免去查找过程中每一次都要检测整个查找表是否查找完毕。*record*[0]起到了一个岗哨的作用，在数据量较大时，能一定程度地减少查找的时间（即减少了每次是否到达表头的判断时间）。

对于顺序查找，一般只需要一个辅助存储单元空间。因此，顺序查找的空间复杂度为$O(1)$。查找算法的基本运算是给定值与查找表中记录关键字值的比较，因此常以比较次数作为查找算法好坏的依据。

在最好情况下，第一次比较就成功找到所需数据，时间复杂度为$O(1)$。在最坏情况下，所查找的记录不在查找表中，这时需要和整个查找表的记录进行比较，比较的次数为n，时间复杂度为$O(n)$。平均情况下，假设顺序查找中若每个记录的查找概率相等，即

$$P_i = 1/n \tag{11-2}$$

则根据式（11-1），在等概率情况下顺序查找的平均查找长度为

$$ASL_S = \sum_{i=1}^{n} P_i C_i = \frac{1}{n} \sum_{i=1}^{n} (n - i + 1) = \frac{n+1}{2} \tag{11-3}$$

同时得到顺序查找的平均时间复杂度为$O(n)$。

实际情况下表中各记录的查找概率大多并不相等。例如，将全校学生的病历档案建立一张查找表存放在计算机中，则就医次数较多的学生，其病历的查找概率必定高于普通学生。若能预先得知查找表中每个记录的查找概率，则可先对查找概率进行排序，将表中记录按查找概率由大到小重新排列，以便提高查找效率。

然而一般情况下，记录的查找概率无法预先确定。为了提高查找效率，可在每个记录中附设一个访问频度域，并使查找表中的记录始终保持按访问频度非递减的次序排列，使得查找概率大的记录在查找过程中不断往后移，以便在以后的逐次查找中减少比

较次数。也可根据最近的访问记录最有可能下次被访问的规律，在每次查找之后都将刚被查到的记录移至表尾。

顺序查找的优点是算法简单且适用面广；缺点是平均查找长度较大，特别是当 n 很大时，查找效率极低。顺序查找对静态查找表的结构无任何要求，无论记录是否按关键字值有序排列均可应用，因此可适用于无序及有序的静态查找表，而且上面的查找方法对线性链表同样适用。

到目前为止，平均查找长度的分析都是以查找一定能成功为前提，但有时也会出现查找失败的情况。如果考虑此种情况，平均查找长度就是查找成功和不成功的平均查找长度之和。在顺序查找情况下，查找不成功时的比较次数为查找表的长度。假设查找成功和不成功的可能性相同，对每条记录的查找概率也相等，则查找的平均查找长度为

$$ASL_S = \frac{n + \dfrac{n+1}{2}}{2} = \frac{3n+1}{4} \tag{11-4}$$

11.3.2　二分查找

二分查找又称折半查找，其优点是比较次数少、查找速度快、平均性能好。但二分查找的适用条件是查找表中各个记录按关键字值有序排列，就像是字典中所有的单词按字母表序升序排列一样，所以二分查找只适用于不经常变动且查找频繁的静态查找表。

在查找过程中，二分查找与顺序查找不同的是：首先从有序静态查找表（假设为升序）的中间位置开始查找，将目标元素与中间位置元素进行比较。如果相等，则查找成功；如果不等，则说明目标元素可能会出现在查找表的前半部分或后半部分。具体来说，如果目标元素大于（小于）查找表的中间位置元素，根据查找表有序排列的特征，则其一定会出现在查找表的后（前）半部分。此时，只需在查找表的这部分进行查找即可，另一部分的数据可以直接弃用。因此，每经过一次比较，查找的数据量就会在现有基础上减少一半，这样一直反复进行下去，不断缩小查找表中的候选区间，直到找到目标元素；否则，目标元素不在查找表中，查找失败。

例 11.1　给定有序查找表 {1, 7, 10, 12, 16, 20, 26, 28, 32, 56, 62}，使用二分查找法查找记录 $key=32$。

设该查找表保存在一维数组中，为了便于界定每次比较后剩余元素在数组中的位置，设置指针 low、$high$ 分别指示待查数据所在范围的下界和上界，使用指针 mid 指示查找区间的中间位置，即 $mid = \lfloor (low+high)/2 \rfloor$。初始时，查找区间为包含全部数据的数组区间，$low=1$，$high=n$。

在查找过程中，首先判断 *mid* 指针指示的记录是否为待查找记录，如果是，则返回其在有序表中的位置（即 *mid* 值）；否则，根据比较结果修改查找区间的上界或下界。如果目标记录可能存在后半部分，则修改 *low* = *mid* + 1；反之，如果目标记录可能存在前半部分，则修改 *high* = *mid* − 1。反复递归执行这个过程。

例 11.1 中查找记录 32 的二分查找过程如图 11-1 所示。

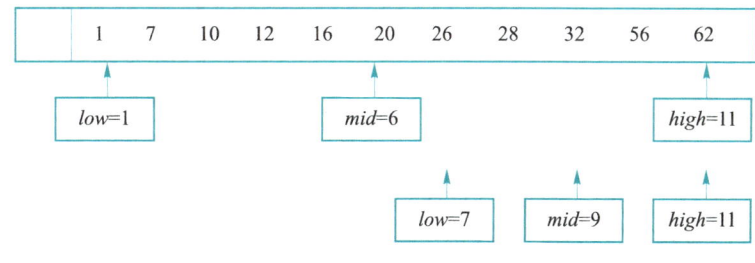

图 11-1　二分查找过程示例

首先计算初始查找区间的中间位置 *mid* = (1+11)/2 = 6，指针 *mid* 指向的记录为 20，小于目标记录 32，则可以判断接下来应在后半区间中进行查找。修改查找区间的下界 *low* = *mid* + 1 = 7，而上界指针 *high* 的值不变，即在区间 [7, 11] 内继续查找；修改中间位置指针 *mid* = (7+11)/2 = 9，此时 *mid* 所指记录恰好是 32，所以查找成功。

二分查找算法的伪代码实现如算法 11-2 所示。

算法 11-2：二分查找 BinarySearch(*record*, *low*, *high*, *key*)

输入：查找表 *record*，待查数据所在下标范围的下界 *low* 和上界 *high*，待查关键字 *key*

输出：*key* 在 *record* 中的位置，若不存在，则返回 0

初始调用：BinarySearch(*record*, 1, *n*, *key*)

1. 　　*pos* ← 0　　//第 0 个位置设为岗哨
2. 　　**if** *low* ≤ *high* **then**
3. 　　| 　*mid* ← (*low* + *high*)/2
4. 　　| 　**if** *key* < *record*[*mid*].*key* **then**
5. 　　| 　| 　*pos* ← BinarySearch(*record*, *low*, *mid*−1, *key*)
6. 　　| 　**else if** *key* > *record*[*mid*].*key* **then**
7. 　　| 　| 　*pos* ← BinarySearch(*record*, *mid*+1, *high*, *key*)
8. 　　| 　**else**　//*key* = *record*[*mid*].*key*
9. 　　| 　| 　*pos* ← *mid*
10. 　　| 　**end**
11. 　　**end**
12. 　　**return** *pos*

注意到算法 11-2 的接口与顺序查找不同，这是因为采用了递归实现，用户必须指定查找的范围 *low* 和 *high*，而不是元素的个数 *n*。一般而言，查找函数的通用接口为 Search(*record*, *n*, *key*)，读者可以根据该接口定义自行实现二分查找算法。

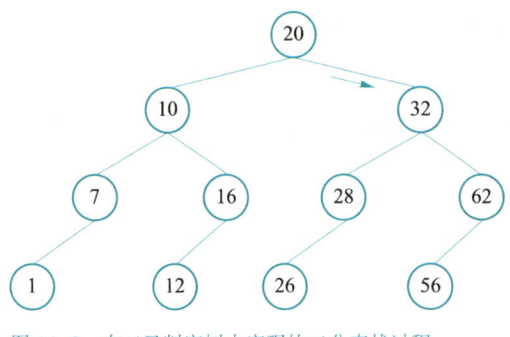

图 11-2　在二叉判定树上实现的二分查找过程

例 11.1 的二分查找过程可用图 11-2 所示的二叉判定树实现。树中每一个结点表示一个记录，结点中的值为该记录的关键字值。在二分查找过程中，查找成功时需要比较的关键字个数至多为 $\lceil \log_2(n+1) \rceil$，查找不成功时需要比较的关键字个数也至多为 $\lceil \log_2(n+1) \rceil$。

不失一般性，设有序查找表的长度为 $n=2^h-1$，则描述二分查找过程的二叉判定树为完美二叉树，树高 $h=\log_2(n+1)$。假设每个记录的查找概率相等，即 $P_i=1/n$，由于完美二叉树第 i 层有 2^{i-1} 个结点，则二分查找方法在查找成功时的平均查找长度为

$$ASL = \sum_{i=1}^{n} P_i C_i = \frac{1}{n}(1 \times 2^0 + 2 \times 2^1 + \cdots + h \times 2^{h-1})$$

$$= \frac{n+1}{n}\log_2(n+1) - 1 \approx \log_2(n+1) - 1 \qquad (11-5)$$

所以，二分查找的时间复杂度为 $O(\log_2 n)$。二分查找的平均性能和最坏性能相当接近，平均情况下比顺序查找的效率高。适合二分查找的存储结构必须具有随机存取的特性，因此二分查找的查找表只适用于顺序表，不适用于单链表或双向链表，且要求查找表中的元素按关键字值有序排列。

11.3.3　索引查找

索引查找又称为分块查找。索引和数据表不同，一般情况下，总是先创建存储数据的表，然后再根据查询要求建立相应的索引。

1. 索引的定义

索引在现实生活中用得很多。比如有些英文字典会提供一个目录，通常形如：A…01；B…13；…，这样就能迅速翻到相应首字母所在的页码（实际上也知道了首字母结束的位置），同时字典每页左上角或右上角的单词也说明了本页的单词范围（可以判断所查单词是否在此页）。这就是索引的基本思想。

使用索引能够快速定位查找范围。从查字典的经验来看，索引是提高查找效率的方法之一。比如，字典目录可以使字典内容分布更清晰，并使读者快速找到所需单词。类似地，如果计算机数据太多以至内存无法完全存放时，也可以采用建立"目录"的形式，先查找目录，然后根据目录将需要的数据块读入内存，从而实现只对小部分数据进行查询即可得到查询结果，以提高查找效率。

索引中的每项索引项一般按关键字值顺序排列。因此，对块内数据查找时可采用顺序查找，而对索引块查找时可采用顺序查找、二分查找或其他形式的查找算法。

2. 索引的构建

通常可以通过如下三个基本步骤建立索引：

① 按表中数据的关键字值分成 L 块：$R_1, R_2, \cdots, R_L$，满足第 R_k 块中所有关键字值≤第 R_{k+1} 块中所有关键字值，$k=1, 2, \cdots, L-1$，称为"分块有序"（递增），也可以满足第 R_k 块中所有关键字值≥第 R_{k+1} 块中所有关键字值，此时分块降序排列。本书以分块递增为例。

② 为每块建立一个索引项，每一个索引项包含以下两项内容：

a. 关键字 key：该块中最大关键字值。

b. 指针 $link$：该块第一个记录在表中位置。

③ 将所有索引项组成索引表。

3. 索引查找

索引查找分两步进行：

① 查找索引。将外存上含有索引区的页块调入内存，根据索引表的关键字值查找记录所在块，根据其指针确定所在块的第一个记录的物理地址。

② 查找数据。将含有该数据的页块调入内存，在块内部根据关键字值查找记录的详细信息。

注意：当索引表不大时，索引表可一次读入内存，在查找数据时只需两次访问外存：一次读索引，一次读实际数据。由于索引表有序，对索引表的查找可用顺序查找、二分查找等方法。

<u>例11.2</u> 某查找表中具体数据为 22, 12, 13, 8, 9, 20, 33, 42, 44, 38, 24, 48, 60, 58, 74, 49, 86, 53，设计索引查找方法查找该表中的数据。

首先建立索引表。本查找表有18个数据，可以分成3块，每块6个数据，建立的索引表如图11-3所示。

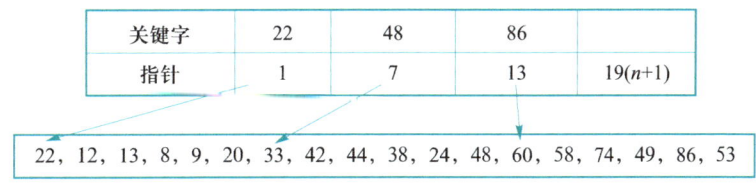

关键字	22	48	86	
指针	1	7	13	19(n+1)

22, 12, 13, 8, 9, 20, 33, 42, 44, 38, 24, 48, 60, 58, 74, 49, 86, 53

图 11-3 为查找表建立索引表示例

查找过程分为两步：第一步确定待查记录所在索引项，定位块；第二步在块内进行顺序查找，如果查找地址到下一个块，则结束。所以，在最后一个块的地址后增加一个值为 $(n+1)$ 的虚地址，其中 n 是数据总量，目的在于对最后一个块的查找用相同方法结束块内查找。

例如，假设输入的查找表记为 *record*，本例中要查找关键字 *key*=38 的数据，则具体查找过程为：第一步在索引表中进行查询，将关键字值与索引表中的索引项对比，可知 *key*=38 的数据在第 2 块中；第二步从 *record*[7] 开始，直到 *key*=*record*[*i*].*key* 或 *i*>12 为止。由于 *record*[10].*key*=38，查找成功。

再如，查找关键字 *key*=50 的数据，具体过程为：第一步在索引表中查找，将关键字值与索引表中的索引项对比，可知关键字值为 50 的数据在第 3 块中，从 *record*[13] 开始顺序查找，找到 *record*[18]，整个第 3 块查完也没找到关键字值等于 50 的数据，查找失败。

4. 索引表的顺序查找算法

根据前述采用顺序查找方法进行索引表和表内数据查找的基本思想，可得到索引表顺序查找的算法伪代码如算法 11-3 所示。其中，索引表 *idx* 是一个一维数组，数组每一项由两个字段组成：关键字 *key* 和指针 *link*。

算法 11-3：索引表的顺序查找 IndexSequentialSearch(*record*, *idx*, *m*, *l*, *key*)

输入：查找表 *record*，索引表 *idx*，索引表长 *m*，块长 *l*，待查关键字 *key*

输出：*key* 在 *record* 中的位置，若不存在，则返回 0

```
1.   ret ← 0    //初始化为查找不成功的返回值0
2.   for i←1 to m do
3.   |  if key ≤ idx[i].key then
4.   | |   break
5.   |  end
6.   end
7.   if i ≤ m then
8.   |  start ← idx[i].link    //在record中查找的起始位置
9.   |  for j←0 to l-1 do    //在第i块中顺序查找
10.  | |   if key=record[start+j].key then
11.  | | |   break    //在start+j位置上找到了key
12.  | |   end
13.  |  end
14.  |  if j<l then
15.  | |   ret ← start+j    //查找成功
16.  |  end
17.  end
18.  return ret
```

5. 性能分析

索引项间和索引块内部都采用顺序查找，则查找的平均查找长度为项间 L_m 以及块内 L_w 平均查找长度之和，即

$$ASL = L_m + L_w = \frac{1}{m}\sum_{j=1}^{m}j + \frac{1}{l}\sum_{i=1}^{l}i = \frac{m+1}{2} + \frac{l+1}{2} = \frac{m+l}{2} + 1 = \frac{1}{2}\left(\frac{n}{l}+l\right) + 1 \quad （11\text{-}6）$$

其中 n 为表长，均匀分为 m 块，每块含有 l 个记录，则 $m=n/l$。从平均查找长度可知：索引表顺序查找的时间复杂度不仅和表长 n 有关，而且和每一块中的记录个数 l 有关。可见，为了提高查找效率，在 n 确定的情况下，应该选择合适的 l。容易证明，当 l 取 $\sqrt{n}$ 时，ASL 取最小值 $\sqrt{n+1}$。

11.4　动态查找表

动态查找表的特点是，查找表结构本身是在查找过程中动态变化的。例如，对于给定 key 值，若查找表中存在其关键字值等于 key 的记录，则查找成功返回，否则插入关键字值等于 key 的记录。动态查找表亦可有不同的表示方法，本节和 11.5 节将分别讨论树形结构和散列结构两种典型的动态查找表的表示、构建和查找的实现。

11.4.1　二叉查找树

我们将 11.1 节中的查询问题重新描述为：某开发团队进行手机系统功能研发，其中的通讯录模块已具备基本功能，包括随时插入新的联系人、修改联系人、删除联系人等。现需要开发新功能：根据姓名查询联系人详细信息，当查询不到联系人时，在通讯录中加入该联系人，同时还可以随时进行删除操作。

该功能需要满足通讯录随时变动的需求，同时还要实现高效查询。由于查找表会动态更新，必须采用动态查找技术。本节将讨论以二叉查找树结构表示的一种典型的动态查找表。

如果在构建通讯录时，有意按照姓氏拼音顺序构建了一棵二叉树，那么这棵树要如何构建才能实现高效的查询和结点的动态增删？本小节将介绍二叉查找树的基本概念，以及结点的查找、插入和删除操作。

1. 二叉查找树的定义

二叉查找树（binary search tree，BST）或者是一棵空树，或者是具有下列性质的二叉树：

① 若左子树不空，则左子树上所有结点的值均小于根结点的值；若右子树不空，则右子树上所有结点的值均大于根结点的值。

② 左、右子树本身也是一棵二叉查找树。

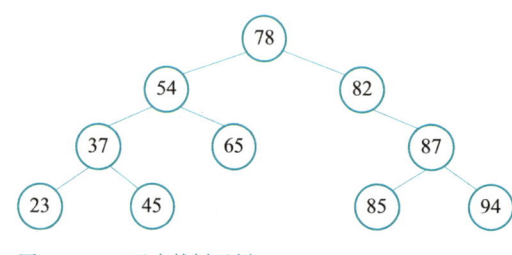

图 11-4   二叉查找树示例

图 11-4 所示树就是一棵二叉查找树。这棵二叉查找树的中序遍历序列为 23，37，45，54，65，78，82，85，87，94，这是一个从小到大的有序序列。一般地，任何一棵二叉查找树的中序遍历序列都是一个有序序列。

2. 查找操作

（1）查找方法

根据二叉查找树的特点，在二叉查找树中查找关键字值为 key 的结点，具体过程如下：

① 若二叉查找树为空二叉树，则查找失败。

② 若二叉查找树非空，比较 key 值与根结点关键字值的大小，若相等则查找成功，否则：若 key 值小于根结点的关键字值，在根结点的左子树上继续查找，转向步骤①；若 key 值大于根结点的关键字值，在根结点的右子树上继续查找，转向步骤①。

根据上述思想，可写出二叉查找树的查找算法伪代码，如算法 11-4 所示。

算法 11-4：二叉查找树的查找 SearchBST($bstree$, key)

输入：二叉查找树 $bstree$，待查关键字 key

输出：key 在 $bstree$ 中的位置，若不存在，则返回 NIL

1. $ret \leftarrow$ NIL   //初始化为查找不成功的返回值 NIL
2.   **if** $bstree \neq$ NIL **then**   //若不是空树
3. | **if** $key < bstree.data.key$ **then**
4. | | $ret \leftarrow$ SearchBST($bstree.left$, key)
5. | **else if** $key > bstree.data.key$ **then**
6. | | $ret \leftarrow$ SearchBST($bstree.right$, key)
7. | **else**   //$key = bstree.data.key$
8. | | $ret \leftarrow bstree$
9. | **end**
10. **end**
11. **return** ret

例如，在图 11-4 所示的二叉查找树中查找关键字 $key = 45$ 的结点，具体过程为：首先，将 $key = 45$ 和根结点的关键字值进行比较，由于 $key = 45 < 78$，因此要在结点 78 的左子树上继续进行查找。其次，观察发现此时结点 78 的左子树不空，且 $key = 45 < 54$，因此要在结点 54 的左子树上继续查找。此时结点 54 的左子树不空，且 $key = 45 > 37$，则在结点 37 的右子树上继续查找，此时 key 和结点 37 的右子树根结点的关键字值相等，则查找成功，返回结点 45 的指针值。

（2）查找性能分析

二叉查找树的查找算法时间复杂度为 $O(h)$，其中 h 为树的高度。

3. 插入操作

二叉查找树的结构通常不是一次生成的，而是在动态查找过程中通过插入新结点陆续形成的。构造一棵二叉查找树的过程就是逐渐插入结点的过程。新插入的结点一定是一个新添加的叶结点，并且是查找不成功时查找路径上访问的最后一个结点的左子结点或右子结点。算法 11-5 的伪代码展示了二叉查找树中结点的递归插入过程。

算法 11-5：二叉查找树的插入 InsertBST(*bstree*, *x*)

输入：二叉查找树 *bstree*，待插入的数据结点 *x*，其关键字值 *x.key*

输出：插入 *x* 后的 *bstree*。若 *x.key* 已存在于树中，则不重复插入

1.　　**if** *bstree* = NIL **then**　//若是空树
2.　　| *bstree* ← **new** TreeNode(*x*, NIL, NIL)　//为 *x* 创建新的根结点，左、右子结点设置为NIL
3.　　**else**　//若不是空树
4.　　| **if** *x.key* < *bstree.data.key* **then**
5.　　| | *bstree.left* ← InsertBST(*bstree.left*, *x*)
6.　　| **else if** *x.key* > *bstree.data.key* **then**
7.　　| | *bstree.right* ← InsertBST(*bstree.right*, *x*)
8.　　| **end**　//*x.key* = *bstree.data.key* 时不重复插入
9.　　**end**
10.　**return** *bstree*

例11.3　设一序列为 63，90，70，55，67，42，98，83，10，45，58，以该序列为结点构造一棵二叉查找树。

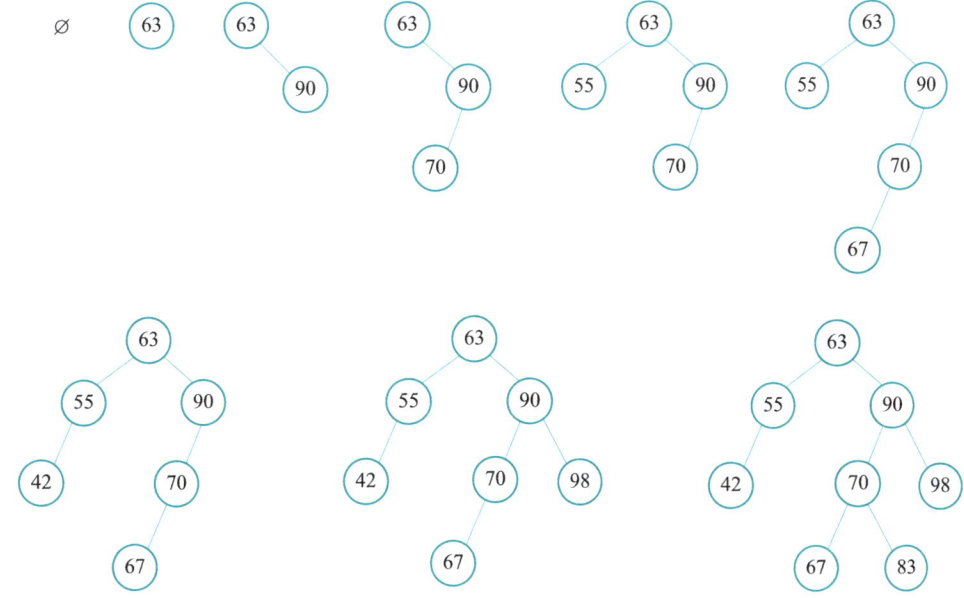

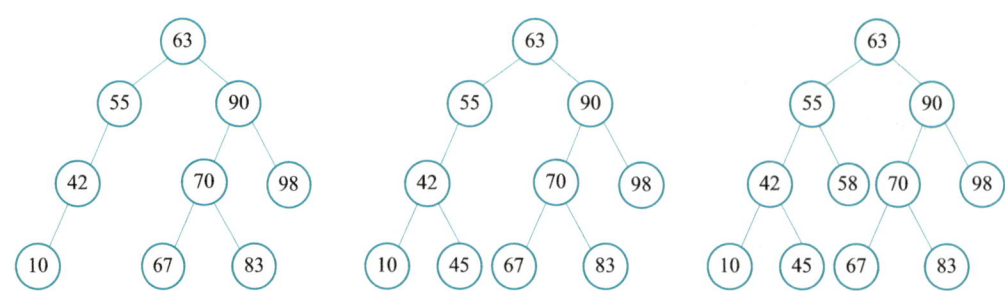

图 11-5   用给定序列构造二叉查找树的过程示例

分析：可以将该序列中的数作为新的结点，通过将这些新结点逐次插入二叉查找树的方式构造这棵二叉查找树。具体过程如图11-5所示。

4. 删除操作

从二叉查找树中删除一个结点，要使得删除结点后仍然是一棵二叉查找树。设待删结点为 p（p 为指向待删结点的指针），其父结点为 f（f 为指向待删结点的父结点的指针），分以下三种情况进行讨论：

① p 为叶结点。由于在二叉查找树中删除叶结点不影响整棵二叉查找树的特性，所以只需将结点 f 相应的指针域改为空指针即可，如图11-6所示。

② p 为单分支结点，即 p 结点只有右子树 P_R 或只有左子树 P_L。此时，只需将 f 结点的子结点替换成子树 P_R 或 P_L 的根结点即可，如图11-7所示。

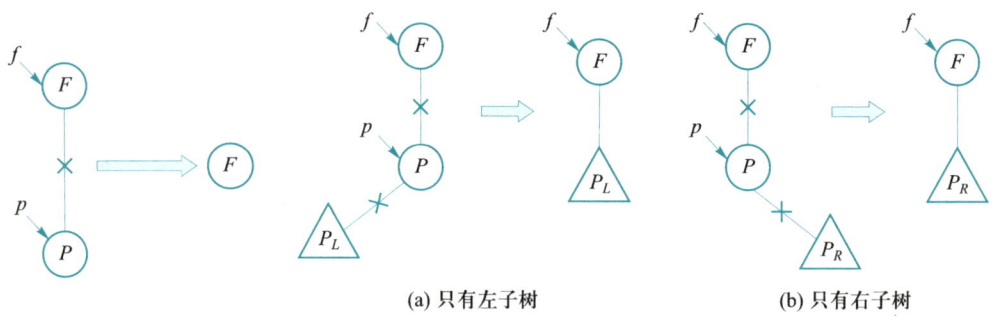

(a) 只有左子树   (b) 只有右子树

图 11-6   删除叶结点   图 11-7   删除单分支结点

③ 结点 p 既有左子树 P_L，又有右子树 P_R。删除结点 p 后，为了保证二叉查找树的性质，以及中序遍历该二叉树得到的序列中其他元素之间的相对位置不变，应找到 p 结点的左子树中的最大值结点或右子树中的最小值结点，然后将其代替被删的结点 p，之后删除该左子树中最大值或右子树中最小值的结点即可。以左子树中最大值结点为例，该结点在二叉排序树的中序遍历结果序列中刚好是 p 结点的前驱结点。令中序遍历序列中 p 的前驱为 s，那么删除 p 的过程为：用 p 的前驱 s 代替 p，然后删除 s，此处 s 结点没有右子树，采用②描述的过程进行删除，如图11-8所示。这里中序遍历序列中 p

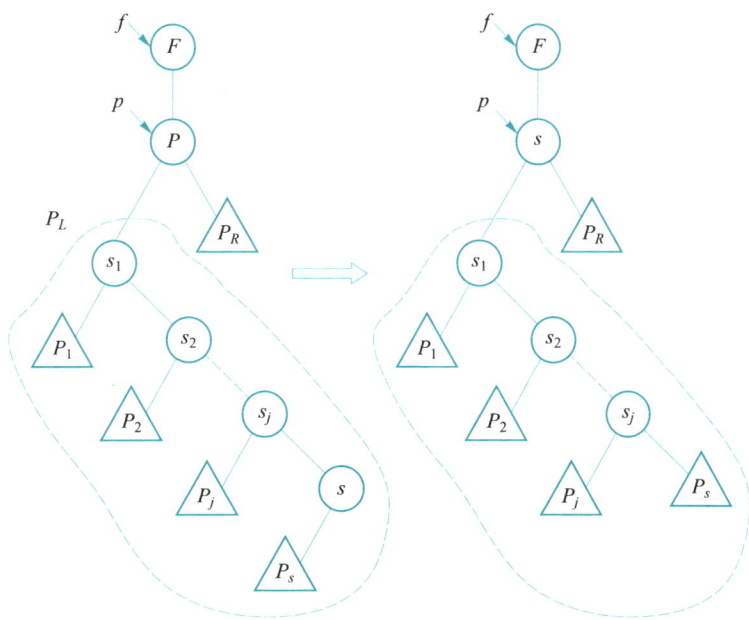

图 11-8 删除既有左子树又有右子树的结点

的前驱 s，即为 p 结点的左子树中的最大值结点。

从二叉查找树中删除关键字值为 key 的结点，其算法伪代码如算法 11-6 所示。

对给定序列建立二叉查找树，若其左、右子树均匀分布，这时建立的二叉树就比较均衡，也就是每个结点的左、右分支的结点数量大致相当，此时要在此二叉查找树中查找给定关键字值的结点也较快。但是算法不能保证树是完全平衡的，在最坏的情况下，二叉查找树会退化为一个单链表。例如，在一棵空的二叉查找树上一次输入 1、2、3、4、5、6、7、8、9，形成的二叉查找树中的每个结点都只有右孩子而没有左孩子，这时二叉树就变成单链表。所以在一棵有 n 个结点的树中查找，最坏情况下的查找时间是 $O(n)$。

算法 11-6：二叉查找树的删除 DeleteBST($bstree$, key)

输入：二叉查找树 $bstree$，待删除的关键字值 key

输出：删除以 key 为关键字值的数据后的 $bstree$。若 key 不在树中，则不改变原树

1.　　**if** $bstree$=NIL **then**　//若是空树
2.　　| key 不在树中，可输出错误信息
3.　　**else**　//若不是空树
4.　　| **if** $key < bstree.data.key$ **then**
5.　　| | $bstree.left \leftarrow$ DeleteBST($bstree.left$, key)
6.　　| **else if** $key > bstree.data.key$ **then**
7.　　| | $bstree.right \leftarrow$ DeleteBST($bstree.right$, key)
8.　　| **else**　//$key = bstree.data.key$ 找到了，删除之

9.　‖ ‖ **if** *bstree.left* ≠ NIL 且 *bstree.right* ≠ NIL **then**　//左、右子树都有

10.　‖ ‖ ‖ *t* ← *bstree.left*　//t用于寻找中序遍历中 *bstree* 的前驱

11.　‖ ‖ ‖ **while** *t.right* ≠ NIL **do**

12.　‖ ‖ ‖ ‖ *t* ← *t.right*

13.　‖ ‖ ‖ **end**

14.　‖ ‖ ‖ *bstree.data* ← *t.data*　//用前驱结点的数据替换 *bstree* 的数据

15.　‖ ‖ ‖ *bstree.left* ← DeleteBST(*bstree.left*, *t.data.key*)　//从左子树中删去 *t*

16.　‖ ‖ **else**　//至多只有一棵子树

17.　‖ ‖ ‖ *t* ← *bstree*

18.　‖ ‖ ‖ **if** *bstree.left* =NIL **then**

19.　‖ ‖ ‖ ‖ *bstree* ← *bstree.right*

20.　‖ ‖ ‖ **else if** *bstree.right* =NIL **then**

21.　‖ ‖ ‖ ‖ *bstree* ← *bstree.left*

22.　‖ ‖ ‖ **end**　　　//此时 *bstree* 指向唯一子树，或NIL

23.　‖ ‖ ‖ **delete** *t*　//释放删除的结点空间

24.　‖ ‖ **end**

25.　‖ **end**

26.　**end**

27.　**return** *bstree*

5. 查找的性能分析

　　从前述的图11-4的例子可见，在二叉查找树上查找其关键字值等于给定结点的过程，就是走了一条从根结点到该结点的路径的过程，与给定值比较的关键字个数等于路径长度加1。因此，二叉查找树和二分查找类似，与给定值比较的关键字个数不超过树的高度。然而二分查找长度为 *n* 的表的判定树是唯一的，但含有 *n* 个结点的二叉查找树却不唯一。例如，图11-9所示的两棵二叉查找树中结点的值都相同，但图11-9（a）的

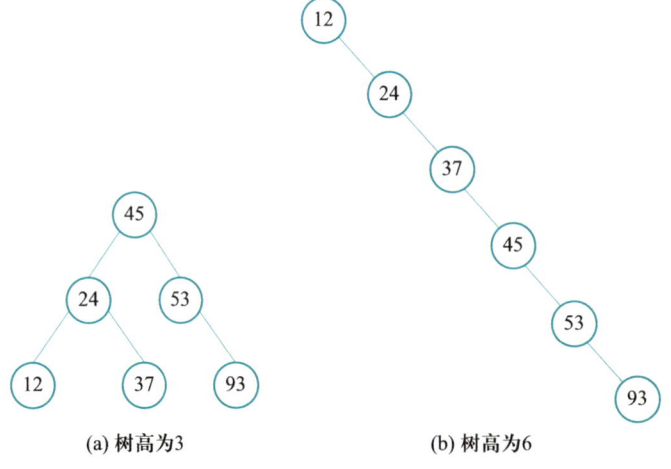

(a) 树高为3　　　　　　　　(b) 树高为6

图 11-9　结点值相同但形态不同的二叉查找树

二叉树由关键字序列（45, 24, 53, 12, 37, 93）构成，树的高度为3；而图11-9（b）的二叉树由关键字序列（12, 24, 37, 45, 53, 93）构成，树的高度为6。

再从平均查找长度来看，假设6个记录的查找概率相等，为 $\frac{1}{6}$，则图11-9（a）中树的平均查找长度为

$$ASL(a) = \frac{1}{6}(1+2+2+3+3+3) = \frac{14}{6}$$

而图11-9（b）中树的平均查找长度为

$$ASL(b) = \frac{1}{6}(1+2+3+4+5+6) = \frac{21}{6}$$

因此，含有 n 个结点的二叉查找树的平均查找长度和树的形态有关。当先后插入的关键字值有序时，构成的二叉查找树为单枝树。树的高度为 n，其平均查找长度为 $(n+1)/2$，和顺序查找相同。这是最差的情况。显然，最好的情况是二叉查找树的形态和二分查找的判定树相同，其平均查找长度和 $\log_2 n$ 成正比。因此，对于需要经常进行查找操作的二叉查找树，需要在插入和删除结点操作时通过特定的操作来调整树的高度，以便维持二叉查找树的整体平衡。

11.4.2　AVL 树

二叉查找树的查找操作在最好情况下只需要 $O(\log_2 n)$ 的时间代价，而在最坏情况下却需要 $O(n)$ 的时间代价。为了获得较好的查找性能，Adelson Velskii 和 Landis 在其基础上发明了 AVL 树（发明者姓氏的缩写），即任意时刻任一结点左、右子树的高度差不超过1，使得二叉查找树的高度维持在 $O(\log_2 n)$，所以 AVL 树是一种平衡的二叉查找树。也因 AVL 树是一种特殊的二叉查找树，在 AVL 树上的查找操作和二叉查找树上的查找操作相同，故不再赘述。本小节将重点介绍 AVL 树在结点插入和删除时的"平衡化"旋转操作。

1. AVL 树的定义

AVL 树或者是一棵空树，或者是满足下列条件的二叉查找树：它的左、右子树都是 AVL 树，并且左、右子树的高度差不超过1，即每个结点的左、右子树高度之差均不超过1。

图11-10给出了两棵二叉查找树，每个结点旁标的数字是以该结点为根的二叉查找树中左子树与右子树高度之差，称为该结点的平衡因子。AVL 树中任意一个结点的平衡因子只可能是1、0和-1三者之一。若某棵二叉查找树中存在平衡因子的绝对值大于1的结点，那么该二叉查找树就不是 AVL 树。因此，图11-10（a）所示的二叉查找树为 AVL 树，而图11-10（b）所示的二叉查找树不是 AVL 树。

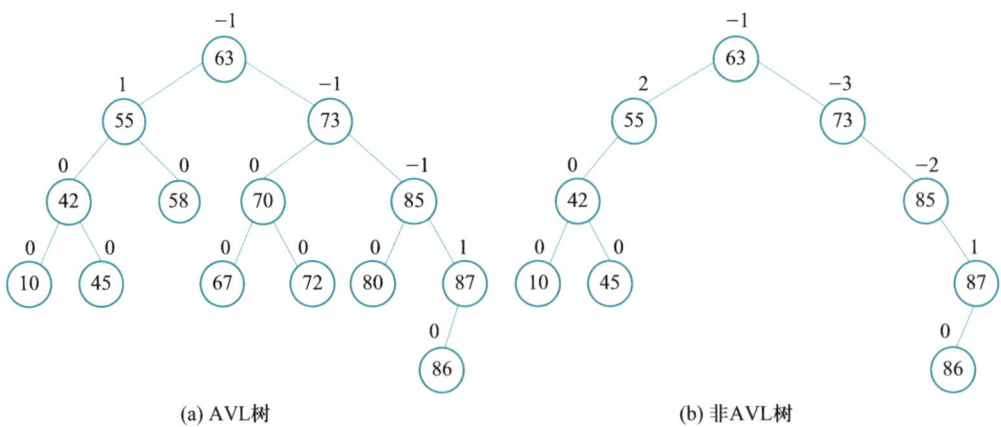

(a) AVL树　　　　　　　　　　(b) 非AVL树

图 11-10　AVL 树和非 AVL 树

2. 将二叉查找树调整为 AVL 树

在一棵AVL树中插入或删除结点后，可能会使其失去平衡，需要做相应调整以便恢复平衡。下面先看一个例子。

例11.4　假设逐步插入的关键字序列为(13, 24, 37, 90, 53)。图 11-11（a）只含结点13的树显然是平衡的二叉树。在插入24之后仍然是平衡的，如图 11-11（b）所示，根结点的平衡因子由0变为-1。再继续插入37之后，由于结点13的平衡因子由-1变成-2，由此出现了不平衡的现象，如图 11-11（c）所示。此时，对图 11-11（c）进行调整，使其变成图 11-11（d）所示二叉树就平衡了。此时结点13和24的平衡因子都是0，而且仍保持二叉查找树的特性。再继续插入90和53之后，由于结点37的平衡因子

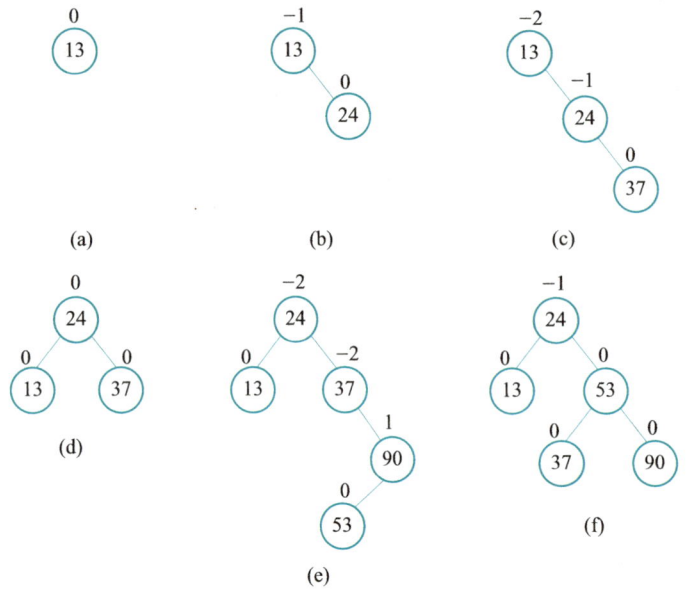

图 11-11　AVL 树生成过程

由−1变成−2，二叉查找树中又出现了新的不平衡现象，如图11-11（e）所示，调整后如图11-11（f）所示。

假设结点a是失去平衡的最小子树的根结点，可从RR型、LL型、LR型和RL型4种不平衡情况对此子树进行调整。其中，RR型与LL型、LR型与RL型不平衡都是镜像对称。下面将详细讨论这4种情况。

（1）RR型不平衡

当二叉查找树是因在结点的右孩子的右子树上插入结点导致失衡时，即为RR型不平衡，可用左单旋转法进行调整。例如，图11-12（a）所示的二叉查找树中，B、D、E三棵子树的高度均为h，并且这三棵子树本身是AVL树，因此结点a的平衡因子为−1，结点c的平衡因子为0。因而，图11-12（a）所示的二叉树是一棵AVL树。

在结点a的右孩子的右子树上插入一个结点x后，结点c的平衡因子由0变为−1，结点a的平衡因子由−1变为−2，此时该二叉查找树的平衡被打破，如图11-12（b）所示。

若想使这棵失衡的二叉查找树恢复平衡，需要对其进行相应调整。调整策略为：以结点c为轴，做逆时针旋转，旋转以后结点a将作为结点c的左孩子，而结点c原来的左子树D则作为结点a的右子树。根据中序遍历规则，这时二叉树仍然是二叉查找树，并且将原来不平衡的二叉查找树调整成为一棵AVL树，如图11-12（c）所示。

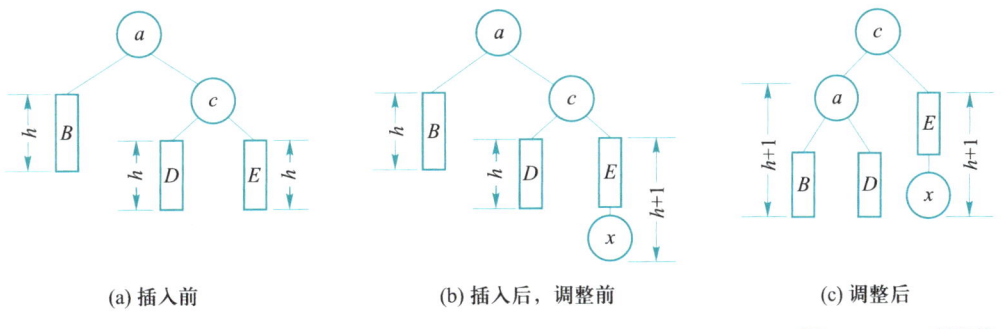

(a) 插入前　　　　　　　　　　(b) 插入后，调整前　　　　　　　　　(c) 调整后

图 11-12　RR 型调整

（2）LL型不平衡

当二叉查找树是因在结点的左孩子的左子树上插入结点导致失衡时，即为LL型不平衡，可用右单旋转法进行调整。例如，图11-13（a）所示的二叉查找树是一棵AVL树，在结点a的左孩子的左子树上插入一个结点x后，该二叉查找树失去平衡，如图11-13（b）所示。若想使这棵失衡的二叉查找树恢复平衡，需要对其进行相应调整。调整策略为：以结点c为轴顺时针旋转，旋转以后将结点a作为结点c的右孩子，结点c原来的右子树D作为结点a的左子树。根据中序遍历规则，这时该二叉树仍然是二叉查找树，并且调整后的二叉查找树是一棵AVL树，如图11-13（c）所示。

（3）LR型不平衡

当二叉查找树是因在结点的左孩子的右子树上插入结点导致失衡时，即为LR型不

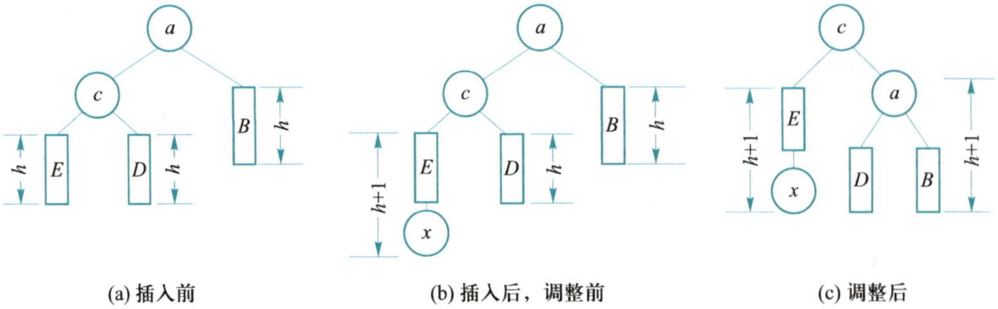

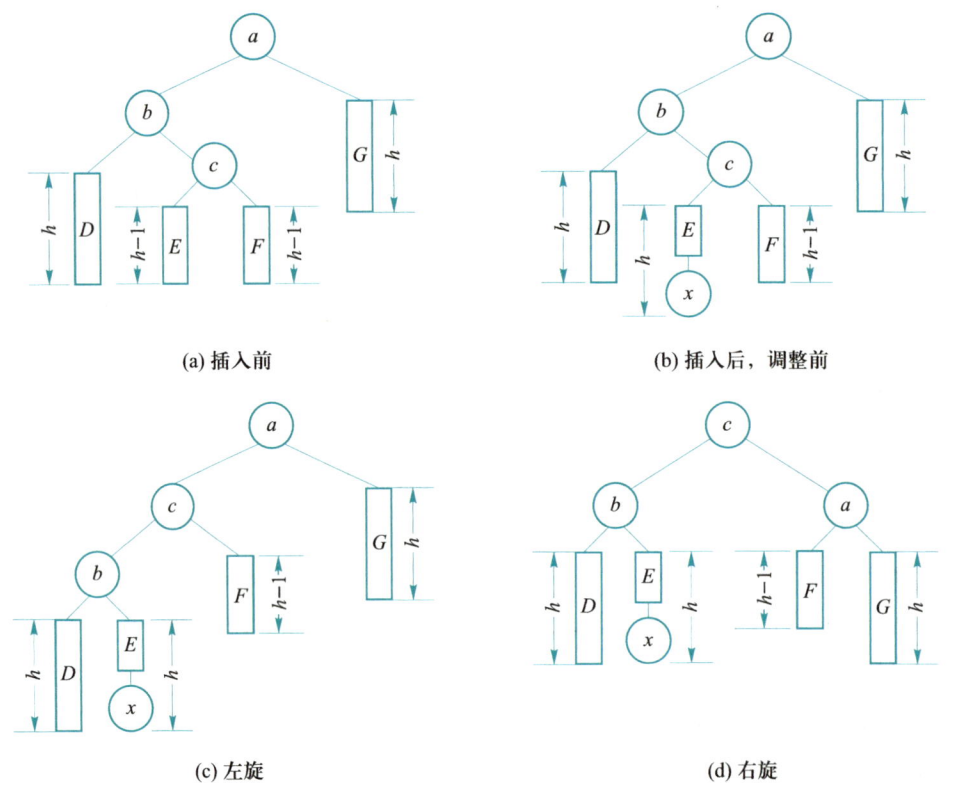

图 11-13   LL 型调整

平衡，可用先左后右双向旋转进行调整。例如，图 11-14（a）所示的二叉查找树是一棵 AVL 树，根结点 a 的左子树比右子树高 1。当将结点 x 插入结点 b 的右子树后，结点 b 的右子树高度增加 1，从而使结点 a 的平衡因子由 1 变为 2，此时该二叉查找树又失去平衡，如图 11-14（b）所示。

若想使这棵失衡的二叉查找树恢复平衡，需要对其进行两次调整。第一次调整：对以结点 b 为根结点的子树，以结点 c 为轴，向左逆时针旋转，将结点 c 的左子树 E 作为结点 b 的右子树，将结点 b 作为结点 c 的左子树，如图 11-14（c）所示。调整后结点 x 在结点 a 的左孩子的左子树上，此时二叉树还是失衡的，需要再进行一次调整。第二次

图 11-14   LR 型调整

调整：以结点c为轴，向右顺时针旋转，结点c的右子树F作为结点a的左子树，如图 11-14（d）所示。这时，二叉查找树已调整为一棵 AVL 树。

（4）RL 型不平衡

当二叉查找树是因在结点的右孩子的左子树上插入结点导致失衡时，即为 RL 型不平衡，可用先右后左双向旋转进行调整。例如，图 11-15（a）所示的二叉查找树是一棵 AVL 树，根结点a的平衡因子为 -1。当在该二叉查找树中插入结点x后，该二叉查找树失去平衡，如图 11-15（b）所示。两次调整过程如下：先以结点c为轴，向右顺时针旋转，如图 11-15（c）所示。再以结点c为轴，向左逆时针旋转。经过两次旋转后，该二叉查找树恢复平衡，如图 11-15（d）所示。

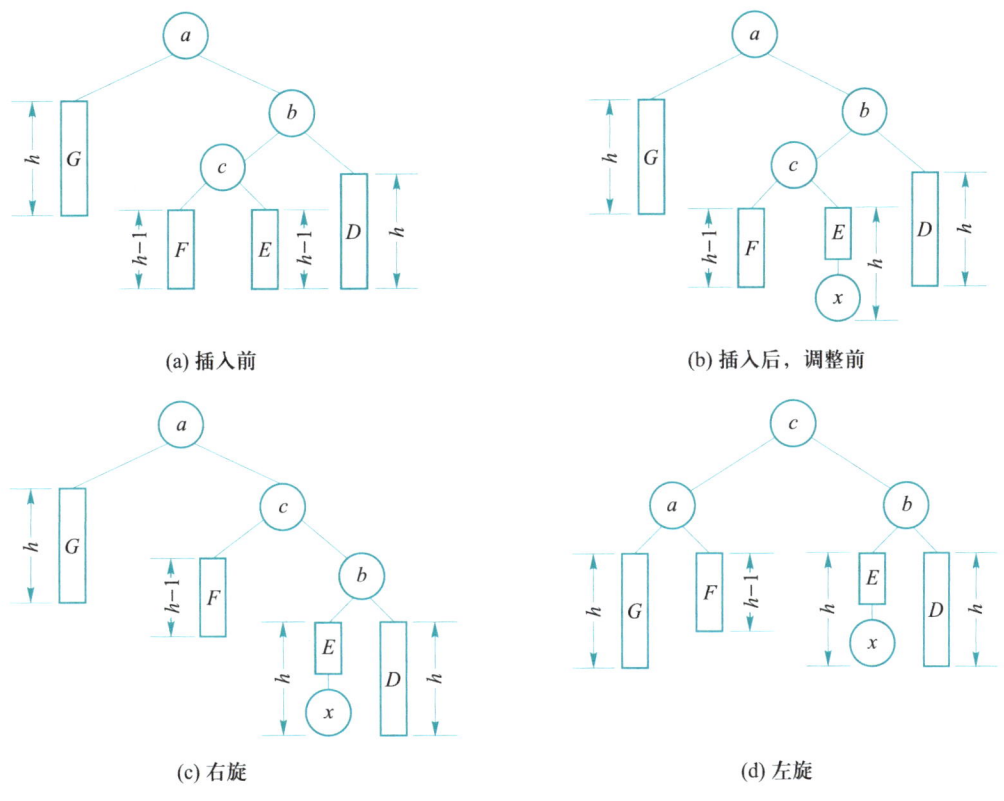

(a) 插入前　　　　　　　　　　　　(b) 插入后，调整前

(c) 右旋　　　　　　　　　　　　(d) 左旋

图 11-15　RL 型调整

3. 插入

AVL 树的新结点插入过程可以分为结点插入和平衡化两个步骤。首先是寻找新结点插入的位置并插入结点，这一步和普通二叉查找树插入新结点的操作类似。不同的是，在 AVL 树中插入结点后可能会破坏 AVL 树的平衡性，这时就需要更新平衡因子来判断是否破坏了平衡性。如果出现不平衡，则需及时进行平衡化调整，以保持 AVL 树的性质。调整的方法根据新插入结点与最低不平衡结点（平衡因子不为 -1、0、1 的祖

先结点）的位置关系进行判断，然后采用相应的 LL 型、RR 型、LR 型和 RL 型旋转方法进行调整处理。如果调整后仍然不平衡，则重复该调整过程，继续向树根方向寻找祖先结点进行调整。

可以看到，以上的结点插入方法可采用递归来实现。以下给出在 AVL 树中插入一个数据元素为 x 的结点的递归算法描述：

① 若 AVL 为空树，则插入一个数据元素为 x 的新结点作为 AVL 的根结点，树的高度增加 1。

② 若 x 的关键字值和 AVL 的根结点的关键字值相等，不进行插入。

③ 若 x 的关键字值小于 AVL 的根结点的关键字值，并且在 AVL 的左子树中不存在与 x 有相同关键字值的结点，则将 x 插入 AVL 的左子树（递归）；当插入后左子树的高度增加时，分别就下列情况进行处理：

a. AVL 树的根结点的平衡因子为 −1，则将根结点的平衡因子改为 0，AVL 树的高度不变。

b. AVL 树的根结点的平衡因子为 0，则将根结点的平衡因子改为 1，AVL 树的高度增加 1。

c. AVL 树的根结点的平衡因子为 1，若 AVL 的左子树根结点的平衡因子为 1，则需进行右旋 LL 型的单向旋转平衡处理，右旋处理之后，将根结点和其右子树根结点的平衡因子改为 0，树的高度不变；若 AVL 的左子树根结点的平衡因子为 −1，则需做先左后右 LR 型的双向旋转平衡处理，旋转处理之后，更改根结点和其左、右子树根结点的平衡因子，树的高度不变。

④ 若 x 的关键字值大于 AVL 根结点的关键字值，而且在 AVL 的右子树中不存在和 x 有相同关键字值的结点，则将 x 插入 AVL 的右子树上，插入之后，若右子树的高度增加，还需就不同情况进行旋转处理，其处理过程和③中的步骤类似。

综合这 4 种情况，在 AVL 树中插入结点的递归算法如算法 11-7 所示。算法中 AVL 树结点由 4 个字段构成：数据字段 $data$，用于保存结点的值；树高字段 $height$，用于存储该结点的高度；指针字段 $left$，用于保存该结点的左孩子地址；指针字段 $right$，用于保存该结点的右孩子地址。算法中用到的函数 GetHeight 直接返回输入结点的高度，只是当输入结点为空时，返回 0。这里没有在结点中直接存放平衡因子，是为了使函数接口与二叉查找树的插入（算法 11-5）保持一致。如果用平衡因子替换树高，则必须将"结果树是否平衡"这个信息作为参数进行传递，从而破坏了接口一致性。有兴趣的读者可以考虑如何设计在结点中不保存高度而是保存平衡因子的算法。

算法 11-7：AVL 树的插入 InsertAVL(*tree*, *x*)

输入：AVL 树 *tree*，待插入的数据结点 *x*，其关键字值为 *x.key*

输出：插入 *x* 后的 *tree*。若 *x.key* 已经存在于树中，则不重复插入

1.	**if** *tree* = NIL **then**　　//若是空树，为 *x* 创建新的根结点
2.	| *tree* ← **new** TreeNode(*x*, 1, NIL, NIL)　　//数据为 *x*，*height* 为 1，左、右孩子设置为 NIL
3.	**else**　　//若不是空树
4.	| **if** *x.key* < *tree.data.key* **then**
5.	| | *tree.left* ← InsertAVL(*tree.left*, *x*)
6.	| | **if** GetHeight(*tree.left*)−GetHeight(*tree.right*) > 1 **then**　　//左子树变高失衡
7.	| | | **if** *x.key* < *tree.left.data.key* **then**　　//右单旋转 (LL 型)
8.	| | | | *tree* ← LLSingleRotation(*tree*)
9.	| | | **else**　　//先左后右双向旋转 (LR 型)
10.	| | | | *tree* ← LRDoubleRotation(*tree*)
11.	| | | **end**
12.	| | **end**
13.	| **else if** *x.key* > *tree.data.key* **then**
14.	| | *tree.right* ← InsertAVL(*tree.right*, *x*)
15.	| | **if** GetHeight(*tree.left*)−GetHeight(*tree.right*) < −1 **then**　　//右子树变高失衡
16.	| | | **if** *x.key* > *tree.right.data.key* **then**　　//左单旋转（RR 型）
17.	| | | | *tree* ← RRSingleRotation(*tree*)
18.	| | | **else**　　//先右后左双向旋转（RL 型）
19.	| | | | *tree* ← RLDoubleRotation(*tree*)
20.	| | | **end**
21.	| | **end**
22.	| **end**　　//*x.key* = *tree.data.key* 时不重复插入
23.	**end**
24.	*tree.height* ← Max(GetHeight(*tree.left*), GetHeight(*tree.right*))+1
25.	**return** *tree*

　　算法 11-7 中涉及的 4 种旋转，分别由算法 11-8 和算法 11-9 给出 RR 单旋和 LR 双旋的伪代码实现，对称的另外两种旋转算法请读者自行练习。

算法 11-8：AVL 树的左单旋转（RR 型）RRSingleRotation(*root*)

输入：AVL 树失衡子树根结点 *root*

输出：旋转后的平衡子树根结点

1.	*new_root* ← *root.right*
2.	*root.right* ← *new_root.left*
3.	*new_root.left* ← *root*
4.	*root.height* ← Max(GetHeight(*root.left*), GetHeight(*root.right*))+1
5.	*new_root.height* ← Max(GetHeight(*new_root.left*), GetHeight(*new_root.right*))+1
6.	**return** *new_root*

算法11-9：AVL 树的先左后右双向旋转（LR 型）LRDoubleRotation(*root*)

输入：AVL 树失衡子树根结点 *root*

输出：旋转后的平衡子树根结点

1.   *middle* ← *root.left*
2.   *new_root* ← *middle. right*
3.   *middle.right* ← *new_root. left*
4.   *new_root.left* ← *middle*
5.   *root.left* ← *new_root. right*
6.   *new_root.right* ← *root*
7.   *middle.height* ← Max(GetHeight(*middle. left*), GetHeight(*middle. right*))+1
8.   *root.height* ← Max(GetHeight(*root.left*), GetHeight(*root. right*))+1
9.   *new_root.height* ← Max(*middle.height*, *root. height*)+1
10.   **return** *new_root*

4. 删除

AVL 树删除结点操作是先找到该结点，然后进行删除。由于删除结点的位置不同，导致删除后结点调整的方式也不同。删除结点的位置可分为以下4类：

① 删除叶结点。具体操作为：直接删除，然后依次向上调整为 AVL 树。

② 删除非叶结点，且该结点只有一个左子（右子）结点。具体操作为：将该结点的值替换为其左子（右子）结点的值，然后删除相应的左子（右子）结点。

③ 删除非叶结点，且该结点既有左子结点，又有右子结点。具体操作为：将该结点的值替换为该结点的前驱（后继）结点，然后删除前驱（后继）结点。

删除结点后，如果原 AVL 树失衡，则根据其旋转类型进行单向或双向旋转调整使之平衡。具体 AVL 树的删除算法，请读者自行完成。

5. AVL 树高度的上下界分析

下面讨论 AVL 树的最大高度的范围。

（1）AVL 树高度的下界

对于下界，可将问题转换为高度为 h 的树最多有多少结点。当树高为 h 时，最大结点数当然是把能填的都填满，构成满二叉树。这样结点数 n 应为

$$n = 2^{h+1} - 1 \tag{11-7}$$

可求出 h 应为

$$h = \lceil \log_2(n+1) \rceil - 1 \tag{11-8}$$

这就是 AVL 树高度的下界。

（2）AVL 树高度的上界

对于上界，可将问题转换为高度为 h 的树最少有多少结点。图11-16给出了树高 h

分别为1, 2, 3, 4, 5时具有最少结点的AVL树结构。

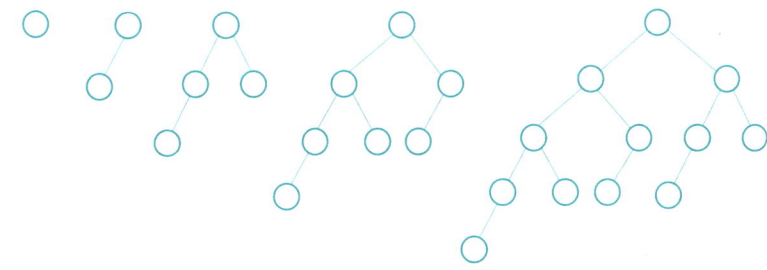

图 11-16　高度为 1, 2, 3, 4, 5 时最少结点的 AVL 树结构

设高度为h的树（树的高度h从1开始计数）最少结点为$n(h)$，通过观察不难发现，当树的高度一定时，每个结点的左、右子树高低都差1时树的结点数最少。其中，

$$n(0) = 0 \text{为空树}, \quad n(1) = 1, \quad n(2) = 2$$

若高度为h时结点数最少，左、右子树的高度分别是$h-1$和$h-2$，那么总结点数可以建立下面的递推关系式：

$$n(h) = n(h-1) + n(h-2) + 1, \, h \geqslant 3 \tag{11-9}$$

将式（11-9）左、右同时$+1$，得到如下的递推公式：

$$n(h) + 1 = (n(h-1)+1) + (n(h-2)+1) \tag{11-10}$$

令$F(h) = n(h) + 1$。则递推公式（11-10）变为

$$F(1) = 2$$

$$F(2) = 3$$

$$F(h) = F(h-1) + F(h-2)$$

由线性特征根法，特征方程为$x^2 = x + 1$，解方程得

$$x_1 = \frac{1-\sqrt{5}}{2}, \quad x_2 = \frac{1+\sqrt{5}}{2}$$

得到数列的通项为$F(h) = Ax_1^h + Bx_2^h$，代入x_1, x_2得到递推式为

$$F(h) = \frac{5-3\sqrt{5}}{10}\left(\frac{1-\sqrt{5}}{2}\right)^h + \frac{5+3\sqrt{5}}{10}\left(\frac{1+\sqrt{5}}{2}\right)^h$$

$$n(h) = \frac{5-3\sqrt{5}}{10}\left(\frac{1-\sqrt{5}}{2}\right)^h + \frac{5+3\sqrt{5}}{10}\left(\frac{1+\sqrt{5}}{2}\right)^h - 1$$

当h比较大时，前一项约等于0，因此上界为

$$n(h) \approx \frac{5+3\sqrt{5}}{10}\left(\frac{1+\sqrt{5}}{2}\right)^h - 1$$

故

$$h \leqslant 1.44 \log_2(n+2) - 0.328 \tag{11-11}$$

11.5 散列方法

散列方法是一种借助散列表作为查找表来查找目标元素的动态查找方法。散列方法适用于大多数场景，本节将对散列表、散列函数、散列冲突解决方法以及散列查找方法进行介绍。

11.5.1 基本概念

本章前面几节介绍的查找算法有一个共同的特点：通过一系列比较来确定关键字值为key的记录在查找表中的"地址"，平均查找长度ASL一般都大于1。那么，能否提高查找效率，使得ASL=1呢？那就是不通过比较，直接在关键字和存储地址之间建立映射关系，每次查找可以通过关键字值直接定位到记录所在位置，这种方法的查找效率最高，通常将该方法称为哈希法或杂凑法、散列法。本书统一称为散列法，并将按这种方法建立的查找表称为散列表。

散列表是根据关键字值key直接进行访问的数据结构。也就是说，它通过把关键字值映射到表中一个位置来访问记录，以加快查找的速度。这个映射函数称为散列函数。

形式化描述，设地址空间D是长度为n的表，A是含有m个记录的关键字集合，散列查找的核心就是在A和D之间建立一种函数关系H，使得对A中任一关键字值key_i，均有$0 \leqslant H(key_i) \leqslant n-1$，$i=1, 2, \cdots, m$；同时，$key_i$所标识的记录$record_i$在表$D$中的地址是$H(key_i)$，称函数$H$为关键字集合$A$到地址空间$D$之间的散列函数，地址空间$D$为散列表。如图11-17所示。

图11-17 散列函数的关键字集合与地址空间映射关系图

散列函数不一定是一对一的。例如，当$m>n$时，对任何散列函数H，至少存在两个关键字值$key_i \neq key_j$，使得$H(key_i)=H(key_j)$。这种对不同关键字值得到同一地址的现象，称为冲突。有时，即便$m<n$，也可能存在两个关键字值$key_i \neq key_j$，但$H(key_i)=H(key_j)$。一般来说，要找到一个散列函数对所有序列都不冲突是很困难的，冲突不可避免。

因此，在应用散列查找方法时，需要解决两个主要技术问题：一是散列函数的构造方法，散列函数构造得好，能够尽可能地减少冲突；二是解决冲突的方法，解决冲突的方法选得好，能够在尽可能短的时间内搜索到需要的信息。

11.5.2 散列函数

构造散列函数的方法很多，首先要明确怎样的散列函数才算是"好"的。若对于关键字集合中的任一个关键字值，经散列函数映射到地址集合中任何一个地址的概率是相等的，则称此类散列函数为均匀的散列函数。也就是说，关键字经过散列函数后得到一个随机的地址，使得一组关键字的散列地址均匀分布在整个地址区间中，从而减少冲突。一般来说，一个好的散列函数应满足两个条件：计算简单容易且很少有冲突。

下面介绍几种常用的散列函数的构造方法。

1. 直接地址存储法

直接地址存储法就是取关键字本身或关键字的某个线性函数值作为散列地址，以此构造散列函数，即

$$H(key) = key \text{ 或 } H(key) = a \times key + b \text{（} a, b \text{为常数）}$$

例如：有一份1949年以后的出生人口调查表，每条数据都包含出生年份、人数等数据项，其中出生年份为关键字，则散列函数可取为 $H(key) = key + (-1948)$，这样就可以方便地存储和查找1948年以后任一年的出生人数等情况，如表11-1所示。

表 11-1　直接地址存储法求散列地址示例

散列地址	01	02	03	...	22	...
出生年份	1949	1950	1951	...	1970	...
出生人数	××××	××××	××××	...	××××	...

2. 数字分析法

设 n 个 d 位数的关键字，由 r 个不同的符号组成。这 r 个符号在关键字各位出现的频率不一定相同，可能在某些位上均匀分布，即每个符号出现的次数都接近 n/r 次，而在另一些位上分布不均匀。选择其中分布均匀的 k 位作为散列地址，以此构造散列函数，即

$$H(key) = key \text{ 中数字均匀分布的} k \text{位}$$

例如，有80个关键字，每一个关键字值为8位十进制数（$n = 80$, $r = 10$, $d = 8$）。因为共有80个数据，只需要百位以内的地址即可存储，因此，从8位关键字值中找均匀分布的两个数字组合成存储地址即可。图11-18列出了80个数据中的一部分，通过对关键字值的各位进行观察和分析，可以发现第1、第2位数字都是8和1，第3位数字只

```
       ⋮
8 1 3 4 6 5 3 2
8 1 3 7 2 2 4 2
8 1 3 8 7 4 2 2
8 1 3 0 1 3 6 7
8 1 3 2 2 8 1 7
8 1 3 3 8 9 6 7
8 1 3 5 4 1 5 7
8 1 3 6 8 5 3 7
8 1 4 1 9 3 5 5
       ⋮
```

图 11-18　数字分析法求散列地址示例

取3或4，第8位数字只取2、5或7，即10个数字在这4个数位上分布不均匀，因此不能选取。余下的4个数位，即第4、5、6、7位数字随机分布，均匀出现，因此可在第4、5、6、7位中任取两位作为散列地址。例如，取第4、6两位组成的两位十进制数作为每个数据的散列地址，则图11-18中列出的关键字的散列地址分别为45，72，84，03，28，39，51，65，13。

3. 平方取中法

平方取中法是指取关键字平方后的中间几位作为散列地址，以此构造散列函数，即

$$H(key) = key^2 \text{ 的中间几位}$$

其中，所取的位数由散列表的大小确定。

例如，要为BASIC源程序中的标识符建立一个散列表，假设BASIC语言中允许的标识符为一个字母或一个字母加一个数字。取标识符在计算机中的八进制数为其关键字。假设表长为$2^9 = 512$，则可取关键字平方后的中间3位八进制数作为散列地址（存储地址），如表11-2所示。

表 11-2   平方取中法求散列地址示例

标识符	关键字	（关键字）^{2}	散列地址	标识符	关键字	（关键字）^{2}	散列地址
A	0100	0010000	010	P2	2062	4314704	314
I	1100	1210000	210	Q1	2161	4734741	734
J	1200	1440000	440	Q2	2162	4741304	741
I0	1160	1370400	370	Q3	2163	4745651	745
PI	2061	4310541	310				

平方取中法思想是以关键字的平方值的中间几位作为存储地址，其目的是扩大差别和贡献均衡，即关键字的各位都在平方值的中间几位有所贡献，散列地址中应该有各位的"影子"。

4. 折叠法

折叠法是指当关键字位数较长时，可将关键字分割成位数相等的几部分（最后一部分位数可以不同），取这几部分的叠加和（舍去高位的进位）作为散列地址，位数由存储地址的位数确定。

相加时有两种方法：一种是移位叠加法，即将每部分的最后一位对齐，然后相加；另一种是边界叠加法，即把关键字看作一个纸条，从一端向另一端沿边界逐次折叠，然后对齐相加。

设关键字$key = d_{3r} \cdots d_{2r+1} d_{2r} \cdots d_{r+1} d_r \cdots d_2 d_1$，允许的存储地址有$r$位。移位叠加的结果如图11-19（a）所示，边界叠加的结果如图11-19（b）所示。

$$\begin{array}{rccc} & d_r & \cdots\ d_2 & d_1 \\ & d_{2r} & \cdots\ d_{r+2} & d_{r+1} \\ +) & d_{3r} & \cdots\ d_{2r+2} & d_{2r+1} \\ \hline & S_r & \cdots\ S_2 & S_1 \end{array}$$

(a) 移位叠加法

$$\begin{array}{rccc} & d_r & \cdots\ d_2 & d_1 \\ & d_{r+1} & \cdots\ d_{2r-1} & d_{2r} \\ +) & d_{3r} & \cdots\ d_{2r+2} & d_{2r+1} \\ \hline & S_r & \cdots\ S_2 & S_1 \end{array}$$

(b) 边界叠加法

图 11-19　折叠法求散列地址示例

5. 除留取余法

除留取余法是指取关键字被某个不大于散列表长度m的数k除后的余数作为散列地址，以此构造散列函数，即

$$H(key) = key \ \% \ k \ (k \leqslant m)$$

其中，k的选择很重要，如果选得不好会产生很多冲突。比如，若k含质因子p，所有含因子p的关键字的散列地址均为p的倍数。例如，在图11-20中，当$k=21=3\times7$时，图中所列含因子7的关键字对21取模的散列地址均为7的倍数，从而增加了冲突发生的可能性。因此，使用这种方法时，通常将k取为质数。

关键字	28	35	63	77	105
散列地址	7	14	0	14	0

图 11-20　除留取余法求散列地址示例

6. 随机数法

随机数法是指选择一个随机函数，取关键字的随机函数值作为它的散列地址，以此构造散列函数，即

$$H(key) = \mathrm{Random}(key)$$

其中Random为随机函数。

上面介绍了几种常用的散列函数构造方法，实际工作中需根据不同情况采用不同方法来构造散列函数。在整个过程中通常需要考虑的因素包括以下几方面：

① 计算散列函数所需的时间（包括硬件指令的因素）。

② 关键字的长度。

③ 散列表的大小。

④ 关键字的分布情况。

⑤ 记录的查找频率。

例11.5　请为英文字典建立散列表，使得使用者能够根据英文单词快速找到该单词的解释。假设散列表长$table_size$为10 007，英文单词x的长度不超过8。

英文单词的每一个字符是ASCII码，故可以采用

$$H(x) = (\Sigma x[i]) \ \% \ table_size, \ 1 \leqslant i \leqslant 8$$

但$0 \leqslant x[i] \leqslant 127$，则$0 \leqslant H(x) \leqslant 127 \times 8 = 1\ 016$。这就造成字符串的散列值在前1 016个空间集聚，容易产生冲突。可以考虑扩大字单词x的每一位值的范围，修改散列函数为

$$H(x) = (x[0] + x[1] \times 27 + x[2] \times 27^2) \ \% \ table_size$$

如果只看最高范围的位，字母表的字母共26个，则$26 \times 27^2 = 18\ 954$，超过表长范

围10 007，因此不会出现集聚。但实际情况是仅考虑字符串前3位的各种组合情况少于3 000，仍旧会出现大量单词集聚在前3 000位置的情况。所以，可以进一步改进散列函数，设法让单词的每一位都能参与散列函数映射，且因为乘法运算计算量大，可以考虑修改为左移5位代替乘以32（32>27，范围更大）的乘法运算，修改散列函数为

$$H(x) = (\Sigma x[n-i-1] \times 32^i) \% \ table\_size$$

这样得到的散列函数既考虑到每一位都参与运算，又计算简单且均匀分布。相应的算法伪代码见算法11-10所示。

算法11-10：英文字典的散列 StringHash(*string*, *table_size*)

输入：待处理的字符串*string*，散列表的大小*table_size*
输出：*string*的散列值

1.   *hash_v* ← 0
2.   *i* ← 0
3.   **while** *string*[*i*] ≠ EndCode **do**
4. | *hash_v* ← (*hash_v* ≪ 5) + (*string*[*i*] − 'a')
5. | *i* ← *i* + 1
6.   **end**
7.   **return** *hash_v* % *table_size*

11.5.3　散列冲突解决方法

冲突是指由关键字值得到的散列地址上已有其他数据占用，而处理冲突就是为该关键字值找到另一个"空"的散列地址。例如，某个散列表的地址集为0~(*n*-1)，某关键字值得到的散列地址*j*（0 ≤ *j* ≤ *n*-1）的位置上已存有数据，则此时就发生了冲突。

在冲突处理过程中，可能需要一个地址序列h_i，*i* = 1, 2, ⋯, *k*（0 ≤ h_i ≤ *n*-1），若第一个散列地址h_0冲突，下一个散列地址h_1仍是冲突的，再求下一个散列地址h_2；若h_2还是冲突，继续求下一个散列地址h_3；以此类推，直至h_k不发生冲突为止，则h_k为该数据在散列表中的地址。

前面曾提到均匀的散列函数可以减少冲突，但不能避免冲突。因此，怎样处理冲突是散列表构造不可缺少的一部分。常用的冲突处理方法有下面几种：

1. 开放地址法

当冲突发生时，形成一个探测序列，沿此序列逐个对地址进行检查，直到找到一个空位置（开放的地址），将之前发生冲突的记录放到该地址中，即

$$h_i = (H(key) + d_i) \% \ table\_size（i = 1, 2, \cdots, table\_size-1）$$

其中，h_i为第*i*次冲突的地址，*H*(*key*)为散列函数值，*table_size*为散列表表长，d_i为增量序列。

d_i一般有如下三种取法：

① $d_i = 1, 2, 3, \cdots, table\_size-1$，称为线性探测。

② $d_i = 1^2, -1^2, 2^2, -2^2, 3^2, \cdots, \pm k^2$（$k \leqslant table\_size/2$），称为二次探测。

③ $d_i =$ 伪随机序列或$d_i = i \times H_i(key)$，称为伪随机探测。

例11.6　在长度为16的散列表中已有关键字值分别为19、70和33的三个记录，散列函数取为$H(key)=key \% 13$，现有第4个关键字值为18的数据要填入表中。由散列函数得地址为5，产生冲突，用线性探测的方法处理，得到下一个地址6，仍冲突；再求得下一个地址7，仍冲突；直到散列地址为8的位置为空，冲突处理完毕，数据填入散列表中序号为8的位置。

若用二次探测，第4个关键字值18会被填入序号为4的位置。而若用伪随机探测，假设伪随机序列当前值为9，则可以得到第4个关键字18的地址为14。三种方法的探测过程及结果如表11-3所示。

表 11-3　开放地址法处理散列冲突示例

增量序列	0	1	2	3	4	5	6	7	8	9	10	11	12	13	14	15
线性						70	19	33								
						70	19	33	18							
						h_1	h_2	h_3								
二次					18	70	19	33								
					h_2		h_1									
伪随机						70	19	33							18	
															h_1	

从上述线性探测的过程可以看到一个现象：线性探测导致某一块位置上都有元素，另一块位置上全是空的，产生"初级聚集"，即被映射到一个聚集中的元素会放到聚集的边缘，让这个聚集变大，导致情况越来越坏。二次探测采用二次函数计算探测的跳跃步长可以缓解这个问题。但二次探测带来的问题是，如果两个不同数据在第一个散列地址相同，会争夺同一个后续散列地址，这种现象称为"二次聚集"。使用线性探测处理冲突可以保证只要散列表未被填满，总能找到一个不发生冲突的地址h_k；而使用二次探测则有可能即使有空位也找不到。研究表明，如果散列表长m为形如$4j+3$（j为整数）的素数时，只要表中有空位就一定能探测到该位置。

2. 再散列法

两个元素一旦发生冲突，线性探测法会使这两个元素同时进入一个"聚集地"，所有冲突的元素会使这个探测过程越来越长。二次探测的步长是呈平方级增长的，所以一旦进入一个聚集地，会越来越快地"逃离"该聚集地，避免聚集。但因所有在同一位置冲突的元素都将按同一规律探测，所以二次聚集仍不能避免。为了更好地解决冲突，这里介绍另一种解决冲突的方法——再散列。

设$h_i=RH_i(key)$ $(i=1, 2, \cdots, n)$为n个不同的散列函数，即将n个不同的散列函数排成一个序列，当发生冲突时，由RH_i确定第i次冲突的地址h_i。这种方法不会产生"聚类"，但会增加计算时间。

3. 链地址法

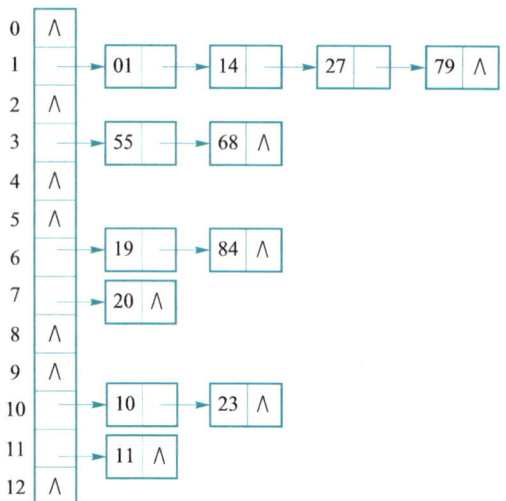

图 11-21   用链地址法处理散列冲突示例

链地址法就是将关键字值发生冲突的记录存储在同一个线性链表中。假设某散列函数产生的散列地址在[0, m-1]区间中，则设一个指针型向量$linked\_ht[m]$，其每一个分量的初始值都是空指针。凡散列地址为i的记录都插入头指针为$linked\_ht[i]$的链表中，记录在链表中的插入位置可以在表头或表尾，也可以在中间，以保持同义词在同一线性表中按关键字值有序排列。

例11.7   一组关键字值序列为{19, 14, 23, 01, 68, 20, 84, 27, 55, 11, 10, 79}，散列函数为$H(key)=key\%13$，采用链地址法处理冲突，构造所得的散列表如图11-21所示。

4. 公共溢出区法

假设某散列函数的值域为[0, m-1]，向量$ht[0..m-1]$为散列表，每个分量存放一个记录；另设一个向量$overflow[0..l]$为溢出表，将与散列表中的关键字值发生冲突的所有记录都填入溢出表中。

例如，对于例11.7中的序列，采用公共溢出区法处理冲突得到的结果如图11-22所示。

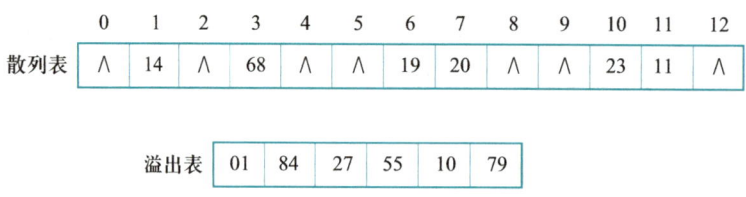

图 11-22   用公共溢出区法处理冲突示例

11.5.4 散列查找算法及查找性能分析

前面已经描述了通过散列函数以及散列冲突解决方法构建散列表的过程，本小节将介绍在已构建好的散列表上进行查找运算的过程。

1. 散列查找算法

在散列表上查找的过程和散列表的构造过程基本一致。给定 key 值，根据构造表时所用的散列函数求散列地址 p，若此位置无记录，则查找不成功；否则，比较关键字值，若和给定的关键字值相等则查找成功，若不相等则根据构造表时设定的冲突处理方法找"下一地址"，直到找到某个位置为"空"或表中所填数据的关键字值与给定的关键字值相等时为止。

算法 11-11 给出了以开放地址法处理冲突的散列表的查找过程，其他方法的查找算法请读者自行思考。算法中，散列表数据结构由三个字段构成，一个是数组 ht，用于存储散列表数据；一个是 $size$，用于存储散列表当前数据元素个数；一个是 $table\_size$，用于存储散列表表长。此外，散列表的数据除了存储原始数据的 $data$ 字段外，还需要一个标识域 $status$，取值分为 Empty、Active、Inactive 三种，依次对应数据域为空、有数据、有数据但该数据已经被删除的三种状态。这种设置表示散列表的元素删除一般采取"懒惰删除"，即并不是真正抹去该位置上的数据，而只是将其标识改为 Inactive。读者可以思考一下，这种删除策略有哪些优点和缺点。

算法 11-11：开放地址法散列查找 SearchHash($htable$, key)

输入：散列表 $htable$，待查找关键字 key
输出：若 key 在 ht 中，返回其位置；否则，返回最后查找终止的空位

1. $hash\_v \leftarrow$ H(key)   //求得散列地址
2. $p \leftarrow hash\_v$
3. $count \leftarrow 0$ //记录冲突次数
4.   **while** $htable.ht[p].status \neq$ Empty 且 $htable.ht[p].data.key \neq key$ **do**
5. | $count \leftarrow count+1$ //记录 1 次冲突
6. | $p \leftarrow p+$SolveCollision(key, $count$, $hash\_v$)   //求下一探查地址
7. | **if** $p \geqslant htable.table\_size$ **then**
8. | | $p \leftarrow p\%htable.table\_size$
9. | **end**
10.   **end**
11.   **return** p //这时 $htable.ht[p].data.key=key$ 或 $htable.ht[p].status=$ Empty

利用算法 11-11 可以实现散列表的插入，即先查找待插入的数据是否已在散列表中，若返回的位置 p 不是有数据的状态，则将数据插入这个位置，如算法 11-12 所示。

算法 11-12：开放地址法散列插入 InsertHash($htable$, x)

输入：散列表 $htable$，待插入的元素 x
输出：插入 x 后的散列表 ht

1. $p \leftarrow$ SearchHash($htable$, $x.key$)   //查找 x

2.　**if** *htable.ht*[*p*].*status* ≠ Active **then**　　//这里可以插入

3.　| *htable.ht*[*p*].*data* ← *x*

4.　| *htable.ht*[*p*].*status* ← Active

5.　| *htable.size* ← *htable.size*+1

6.　**end**

例11.8　对于例 11.7 的一组关键字序列，按散列函数 $H(key) = key\%13$ 构建散列表，采用线性探测再散列处理冲突，所得散列表 *ht.data*[0, 1, …, 12] 如图 11-23 所示。

0	1	2	3	4	5	6	7	8	9	10	11	12
	14	01	68	27	55	19	20	84	79	23	11	10

图 11-23　关键字序列的散列表

给定 *key*=84 的查找过程如下：首先求得散列地址 $H(84)=6$，因为 *ht.data*[6] 不空，且 *ht.data*[6].*key*=19 ≠ 84，所以冲突。其次找第一次冲突处理的地址 $h_1 = (6+1)\%13 = 7$，*ht.data*[7] 不空，且 *ht.data*[7].*key*=20 ≠ 84，所以冲突。继续找第二次冲突处理的地址 $h_2 = (6+2)\%13 = 8$，*ht.data*[8] 不空，且 *ht.data*[8].*key*=84，查找成功，返回数据在散列表中的序号 8。

给定 *key*=38 的查找过程如下：首先求得散列地址 $H(38)=12$，因为 *ht.data*[12] 不空，且 *ht.data*[12].*key*=10 ≠ 38，所以冲突。其次找下一次冲突处理的地址 $h_1 = (12+1)\%13 = 0$，由于 *ht.data*[0] 没有存放数据，表明散列表中不存在关键字值为 38 的记录，查找失败。

2. 散列查找性能分析

从散列表的查找过程可以发现：

① 虽然散列函数在关键字值与记录位置之间建立了直接映射，但由于冲突的存在，使得散列表的查找过程仍然存在给定值与关键字值进行比较的过程。因此，仍需用平均查找长度来衡量散列表的查找效率。

② 查找过程中需和给定值进行比较的关键字值的个数取决于三个因素：散列函数、冲突处理的方法和散列表的装填因子。散列表的装填因子定义为

$$\alpha = \frac{表中填入的记录数}{散列表的长度} \qquad (11-12)$$

α 表示散列表的装满程度。α 值越小，散列表中填入的数据越少，发生冲突的可能性就越小；反之，α 值越大，说明散列表中填入的数据越多，再填数据时发生冲突的可能性就越大。

散列函数的质量影响到冲突出现的频繁程度。均匀的散列函数出现冲突的概率较

低，而一般情况下设定的散列函数都是均匀的，所以可以不考虑它对平均查找长度的影响。

对同样的一组关键字值设定相同的散列函数，冲突处理的方法不同，得到的散列表也不同，则其平均查找长度也不同。例如，对于例11.6和例11.7中的两个散列表，在数据的查找概率相同的情况下，后者（链地址法）查找成功的平均查找长度为

$$ASL(12) = 1/12(1 \times 6 + 2 \times 4 + 3 + 4) = 1.75$$

前者（线性探测）查找成功的平均查找长度为

$$ASL(12) = 1/12(1 \times 6 + 2 + 3 \times 3 + 4 + 9) = 2.5$$

一般情况下，冲突处理方法相同的散列表，其平均查找长度依赖于散列表的装填因子。可以证明：线性探测的散列表查找成功的平均查找长度为

$$S_{ns} \approx \frac{1}{2}\left(1 + \frac{1}{1-\alpha}\right) \tag{11-13}$$

伪随机探测、二次探测和再散列的散列表查找成功的平均查找长度为

$$S_{nr} \approx \frac{1}{\alpha}\ln(1-\alpha) \tag{11-14}$$

链地址法处理冲突的散列表查找成功的平均查找长度为

$$S_{nc} \approx 1 + \frac{\alpha}{2} \tag{11-15}$$

由于散列表查找不成功时所用的比较次数也与给定值有关，因此可以类似地定义查找不成功时的平均查找长度为：查找不成功时需和给定值进行比较的次数期望值。同样可证明，不同冲突处理方法所得到的散列表查找不成功的平均查找长度如下：

线性探测：

$$U_{ns} \approx \frac{1}{2}\left(1 + \frac{1}{(1-\alpha)^2}\right) \tag{11-16}$$

伪随机探测：

$$U_{nr} \approx \frac{1}{1-\alpha} \tag{11-17}$$

链地址法：

$$U_{nc} \approx \alpha + e^{\alpha} \tag{11-18}$$

散列表的平均查找长度是 α 的函数，而不是 n 的函数。所以不管 n 有多大，总可以选择一个合适的装填因子将平均查找长度限定在一定范围内。

对于预先知道且规模不大的关键字值集合，有时也可以找到不发生冲突的散列函数。因此，对频繁进行查找的关键字值集合，还应尽量设计一个相对完美的散列函数。

11.6　查找的应用：手机通讯录的查找

针对11.1节和11.4节介绍的手机通讯录，可以根据联系人姓名快速找到相应的详细信息。

假设有n个数据元素，记为Person，元素关系是线性关系，这样运用线性表的查找功能可以根据姓名查找到其相应电话号码。其实，还可以运用顺序查找、索引查找、散列查找等典型查找算法。这里分析这些查找算法的效率。

① 顺序查找：只能逐一顺序查找数据元素，则查找时间复杂度为$O(n)$。

② 索引查找：根据姓名首字母建立索引，索引有26项。n个数据元素，每个索引对应的数据元素个数平均为$n/26$，实际上出现频率最高的首字母元素个数远大于$n/26$，则查找的时间复杂度为$O(kn)$，k为索引项数目。当k较小时，可以认为$O(kn)=O(n)$。

③ 散列查找：姓名是字符串，因为没有重名的人，如果能够找到冲突很少的散列函数，则查找效率接近$O(1)$。因此，可选用散列查找实现通讯录的快速查找。散列函数可以采用例11.6的方法建立，也可采用典型的字符串散列函数。

☆ 11.7　拓展延伸：分布式散列表

当面对分布式系统时，传统的用于单机系统的散列表数据结构已无法支撑数据存储应用需求。此时，需要采用能够支撑分布式系统的散列数据结构，即分布式散列表。分布式散列表是一种分布式存储方法，它将一个关键字值的集合分散到所有在分布式系统的结点中，这里的结点类似于散列表中的存储位置，并且可以有效地将信息传送到唯一一个拥有查询者提供的关键字值的结点。

如图11-24所示，在分布式系统中使用一个足够大的ID空间，系统中的所有结点和数据（这里的数据对于不同的分布式散列表来说，可能是文件、索引或地址信息等）均具有唯一的ID标志。每个结点和数据的ID是通过散列函数得到的。

分布式散列表可用于建立更复杂的服务，例如分布式档案系统、点对点技术档案分享系统、合作的网页快取、多播、任播、网域名称系统以及即时通信等。这些系统使用分散在互联网上的各项资源提供文件分享服务，特别在带宽及存储空间上受益良多。

另外，狭义来看，区块链是一种按照时间顺序将数据区块以顺序相连的方式组成的一种链式数据结构，是以密码学方式保证的不可篡改、不可伪造的分布式账本。而每

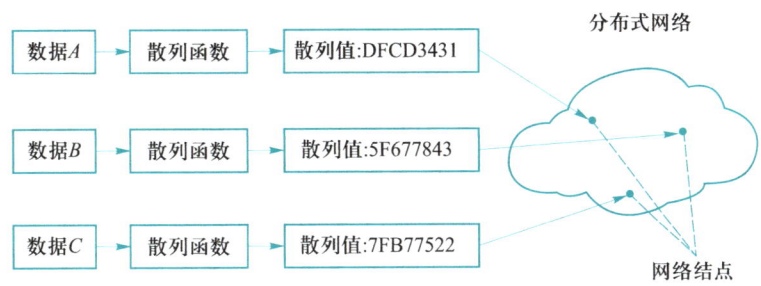

图 11-24　分布式散列表示意图

个区块都是通过分布式散列与前继的区块链接在一起，这样一直可以追溯到初始区块，形成一条绵延不断的链。

可见，分布式散列表在很多领域都有着重要的应用。

11.8　应用场景：词频统计

给定一个英文文本文件，统计文件中所有单词出现的频率，并输出词频最大的前10%的单词及其词频。假设单词字符定义为大小写字母、数字和下划线，其他字符均认为是单词分隔符，不予考虑。

这里涉及对单词的管理问题。一个单词从文本中被切分出来，但我们不知道前面是否出现过，所以要对到目前为止出现的所有单词进行管理，查找前面是否已出现过该单词。如果找到，则把对应的词频加1，否则该单词就是首次出现，将其加到单词表中，并把其词频设为1。这就是一个查找及插入的过程，也是一种动态查找。采用散列查找是一种很好的单词管理方法，即通过构造散列表来存放单词。

当所有单词都查找及插入完毕后，就要统计这些单词出现的次数（即词频）。一般统计词频的过程为：先对散列表从头到尾查找一遍，统计最大的词频是多少，哪个单词的词频最大，再用一个数组记录从1开始到最大词频及所出现的单词数。从这一数组可以得到出现每　个频次的单词数量，以便计算高词频的单词。

本章小结

本章介绍了查找的概念。查找过程往往是依据数据元素的某个数据项进行的，这个数据项通常是数据的关键字。可唯一确定一个数据元素的关键字称为主关键字，不能唯一确定一个数据元素的关键字则称为次关键字。常用的查找方法可以分为静态查找表和动态查找表。

典型的静态查找技术包括：采用线性结构的查找算法，如顺序查找、索引查找、二分查找以及二分查找的改进算法插值查找、斐波那契查找等。

动态查找表的特点是查找表结构本身是在查找过程中动态变化的，即对于给定值key，若查找表中存在其关键字值等于key的记录，则查找成功返回；否则，插入关键字值等于key的记录。本章介绍了采用树形结构的二叉查找树以及AVL树这两种动态查找表结构，讨论了查找表的动态构建以及查找操作。

散列查找算法又称哈希查找算法，是一种借助散列表（哈希表）查找目标元素的动态方法，查找效率最高时对应的平均查找长度为1。散列查找算法适用于大多数场景，该算法支持在有序序列及无序序列中查找目标元素。本章详细介绍了典型的散列函数设计方法、冲突解决方法和散列查找方法，以及平均成功查找时间与平均失败查找时间的计算方法。

本章习题

1. 对有n个元素的有序顺序表和无序顺序表进行顺序搜索，试就下列三种情况分别讨论两者在等搜索概率时的平均搜索长度是否相同：

（1）搜索失败。

（2）搜索成功，且表中只有一个关键字值等于给定值k的对象。

（3）搜索成功，且表中有若干个关键字值等于给定值k的对象，要求一次搜索找出所有对象。

2. 假定对有序表 {3, 4, 5, 7, 24, 30, 42, 54, 63, 72, 87, 95} 进行折半查找，试回答下列问题：

（1）画出描述折半查找过程的判定树。

（2）若查找元素54，需依次与哪些元素比较？

（3）若查找元素90，需依次与哪些元素比较？

（4）假定每个元素的查找概率相等，求查找成功时的平均查找长度。

3. 请画出在图11-25所示的二叉查找树中删除结点4之后的二叉查找树。

4. 已知一个长度为12的表 {Jan, Feb, Mar, Apr, May, June, July, Aug, Sep, Oct, Nov, Dec}，试按表中元素的次序，依次插入一棵初始为空的二叉查找树（字符之间以字典顺序比较大小）；并画出对应的二叉

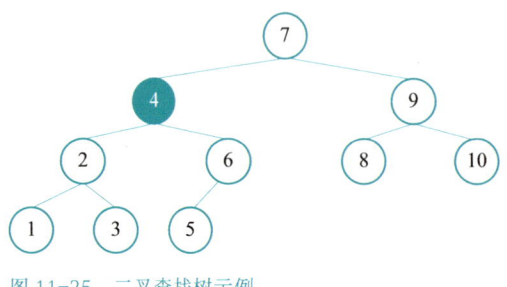

图 11-25　二叉查找树示例

查找树，求出在等概率情况下查找成功的平均查找长度。

5. 给定关键词输入序列 {CAP, AQU, PIS, ARI, TAU, GEM, CAN, LTB, VIR, LEO, SCO}，假定关键词比较按英文字典顺序。请画出从一棵空的平衡树开始，依上述顺序（从左到右）输入关键词，用平衡树的查找和插入算法生成一棵平衡树的过程，并说明生成过程中采用了何种旋转方式进行平衡调整。

6. 设有一组关键字序列 {19, 01, 23, 14, 55, 20, 84, 27, 68, 11}，采用散列函数 $H(key)=key\%13$，采用开放地址法的线性探测再散列法解决冲突，试在 0~18 的散列地址空间中对该关键字值序列构造散列表。

7. 假设散列函数为 $H(k)=k\%11$，试采用链地址法处理冲突：

（1）根据输入的关键字序列 {09, 31, 26, 19, 01, 13, 02, 11, 27, 16, 05, 21} 构造散列表。

（2）计算查找关键字值 02 的成功平均查找长度。

*8. Chord 算法是分布式散列算法的一种典型实现，请自行查阅 Chord 算法的具体实现方法，并讨论该算法的时间和空间复杂度。

溯源与参考文献

二分查找最早由 John W. Mauchly 于 1946 年在摩尔学院讲座中提出，1960 年由 Derrick H. Lehmer 整理成型并发表[1]。插值查找由 Yehoshua Perl、Alon Itai 等于 1978 年提出[2]。斐波那契查找则由 Mordecai Avriel 和 Douglass J. Wilde 于 1966 年提出[3]。

二叉查找树是由 P. F. Windley、Andrew D. Booth、Andrew Colin、Thomas N. Hibbard 等研究人员在 1960 年提出的。AVL 树由 G. M. Adelson-Velsky 和 E. M. Landis 于 1962 年提出[4]。

散列表是由 IBM 计算机科学家 Hans P. Luhn 于 1953 年撰写的一份 IBM 内部备忘录中提出[5]。

分布式散列表可参考 Ali Ghodsi 的博士论文[6]。

本章参考文献

[1] LEHMER D H. Teaching combinatorial tricks to a computer[J]. Proceedings of Symposia in Applied Mathematics 10, 1960: 180–181. DOI: 10.1090/psapm/010.

[2] PERL Y, ITAI A, AVNI H. Interpolation search—a log log N search[J]. Communications of the ACM, 1978, 21(7): 550–553. DOI:10.1145/359545.359557.

[3] AVRIEL M, WILDE D J. Optimality proof for the symmetric Fibonacci search technique[J]. Fibonacci Quarterly, 1966, 4(3): 265–269.

[4] ADELSON-VELSKY G M, LANDIS E M. An algorithm for the organization of information[J].

Proceedings of the USSR Academy of Sciences, 1962, 146 (1962): 263−266 (Russian). English Translation in Soviet Mathematics Doklady, 1962, 3: 1259−1263. DOI: 10.1103/ PhysRevA.37.4671.

[5]　STEVENS H. Hans Peter Luhn and the birth of the hashing algorithm[J]. IEEE Spectrum, 2018, 55(2): 44−49.

[6]　GHODSI A. Distributed k−ary system algorithms for distributed hash tables [D]. Stockholm: KTH Royal Institute of Technology, 2006. DOI: 10.1.1.109.6474.

第 12 章

高级查找

第 11 章介绍了常用的查找方法。实际应用中，不少程序设计语言的标准库，操作系统中的进程调度管理、虚拟内存管理、定时器管理等，都会根据实际情况采用更高效的查找方法。

本章引子

本章将介绍几种高级查找方法。12.1 节以网上购物引入高级查找问题；12.2 ～ 12.6 节分别介绍线段树、跳表、红黑树及其变种 AA 树、伸展树、树堆等高级查找方法；12.7 节是本章的拓展延伸内容，介绍多维树形索引中的 KD 树和四叉树；最后，12.8 节介绍高级查找在虚拟内存管理中的应用场景。

12.1　问题引入：网上购物

生活中网络购物已成为人们普遍使用的一种购物方式。用户通常在终端设备（手机、iPad、计算机等）上查询并下单购买商品，不同平台上的网店中货物齐全，种类繁多，几乎能满足用户的各种需求。那么，网店中的众多商品数据是如何组织和管理的？如何做到既能满足用户的快速查询、订购，又能及时地更新（插入、删除、修改）商品信息，甚至还能对用户的查询和购买信息进行分析和推送？

实际上，购物平台上的网店就如同一个大型超市，其数据组织和管理也是按类别进行的，类似于第1章1.1节的大型超市商品三层分类结构，商品的类与子类是一对多的关系，通常采用树形结构。当有许多用户都在查找某商品，而某网店没有该商品或该商品缺货时，系统就应插入该商品实现进货或补货；而当某商品滞销时，网店就应下架该商品，并将其从商品目录中删除。因此，网店系统不仅要提供及时查询功能，还要支持较快的插入和删除功能。在前面介绍的各种内部查找方法中，AVL树的查找效率很高，时间复杂度为 $O(\log_2 n)$，但该结构在插入和删除操作中为了保持其强平衡性需要多次旋转，效率不高。要在保持高效查找的基础上，提高插入/删除效率，就需要改进AVL树。

下面将介绍几种满足不同需求的查找结构。

12.2　线段树

当需要查询一个区间内的数据，或对某区间内的数据进行求和、求最大/最小值、修改等操作时，线段树是一种效率非常高的数据结构。

12.2.1　线段树的定义

线段树是一种二叉查找树，它将一段区间 $[l, r]$ 划分为若干单位区间，树的每一个结点都存储着一个区间。线段树的思想和分治思想很相像：将一段区间 $[l, r]$ 平均划分成2个小区间 $[l, (l+r)/2]$ 与 $[(l+r)/2+1, r]$，每一个小区间都再平均分成2个更小的区间……以此类推，直到每一个区间的 l 等于 r，使得这个区间仅包含一个结点的信息，无法再被继续划分。通过对这些子区间的修改、查询，实现对大区间的修改与查询。

线段树是满足下面条件的二叉查找树 seg_tree：根结点 $p=1$，记为 $seg\_tree[p]=v$，表示线段区间 $[l, r]$ 的值是 v。例如，为查找区间最小值而设计的线段树中，这个值就是区间内所有元素的最小值；如果是为求区间和设计的线段树，这个值就是区间内所有元素的和。区间的长度 $n=r-l+1$。

① 如果 $n>1$，则 $seg\_tree[2p]$ 是区间 $[l, r]$ 的左孩子的值，表示的范围是 $[l, (l+r)/2]$；$seg\_tree[2p+1]$ 是区间 $[l, r]$ 的右孩子的值，表示的范围是 $[(l+r)/2+1, r]$。

② 如果 $n=1$，$seg\_tree[p]$ 是叶结点。

比如，图12-1是求区间 $[1, 14]$ 最小值的线段树。根结点 $[1, 14, 3]$ 表示 $seg\_tree[1]=3$，即 $[1,14]$ 范围的最小值是3。其中，叶结点用深色填充显示。

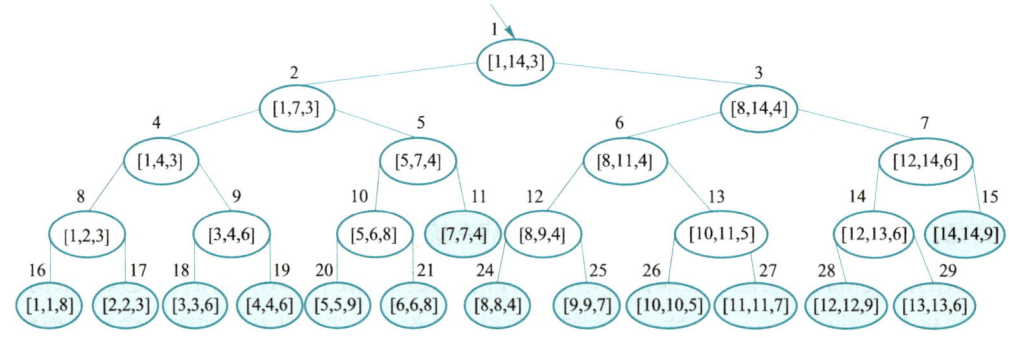

图 12-1　求最小值的线段树示例

在继承二叉查找树基本属性和操作的基础上，线段树还有以下几个特殊的重要操作：

① BuildSegTree(seg_tree, $array$, n)：根据 $array$ 中存储的 n 个数据构建线段树 seg_tree。

② Update(seg_tree, idx, $value$)：更新 $array[idx]$ 的值为 $value$，并更新线段树 seg_tree。

③ Query(seg_tree, ql, qr)：根据线段树 seg_tree 查询区间 $[ql, qr]$ 中的值。

需注意的是，在真实的大规模应用场景中数据不是一个简单的数值，所以，在进行如查找最大/最小值的操作时，我们不会在线段树的结点中存放整个数据，而是仅存放该数据在 $[l, r]$ 区间中的位置，即数据的索引。这里为了方便读者理解算法思想做了简化的假设，即结点中直接存储数值。

线段树可以采用二分法进行递归构造，因此是平衡二叉树，线段树的结点总数 = 叶结点个数 n + 内部结点个数 $n-1=2n-1$。当然，线段树也有非递归的构造方法，其执行效率比递归方法更高，读者可以尝试实现。本书采用递归方法，是因为递归形式易懂，介绍算法思路时更为清晰。

12.2.2 线段树的存储实现

线段树是二叉查找树，可以采用二叉链表存储，也可以扩充为完全二叉树，按照层序编号，用数组存储线段树的数据。按照完全二叉树的层序编号方法，第 i 个结点如果有父结点，父结点在 $[i/2]$ 位置，如果有左、右孩子，则左孩子在 $2i$ 位置，右孩子在 $2i+1$ 位置。如图 12-1 所示，每个结点外的数字表示该结点在线段树数组中的存储位置索引，其中位置 11 的结点 $l=r=7$ 为叶结点，所以采用完全二叉树存储时，对其左、右孩子只分配空间而不存储具体数据。

对于范围是 $[1, n]$ 的线段树，采用数组作为完全二叉树的存储结构，需要 $2n-1$ 个空间存储 n 个叶结点和 $n-1$ 个内部结点。但采用递归方法存储线段树时，部分叶结点并不在最后一层，如图 12-1 中的叶结点 $[7, 7, 4]$。因此，需要分配大于 $2n$ 的空间。通常采用大于 $2n$ 的 2 的幂次的最小值，即 $4n$ 个空间，所以树高 $=\log_2(4n+1) < 2+\log_2(n+1)$。

构建线段树的伪代码如算法 12-1 所示。算法第 9 行的处理用于求最小值，如果是其他操作（如求最大值、区间和等），则第 7 行的处理方式要做相应改变。

算法 12-1：构建最小值线段树 BuildSegTree(seg_tree, $array$, l, r, p)

输入：线段树 seg_tree，存储原始数据的数组 $array$，区间左、右端点值 l 和 r，区间的最小值在 seg_tree 中的位置 p

输出：根据 $array$ 建成的求最小的线段树 seg_tree

初始调用：BuildSegTree(seg_tree, $array$, 1, n, 1)，其中 n 为原始数据个数

```
1.    if l=r then
2.    |  seg_tree[p] ← array[l]    //在叶结点存储数据
3.    else
4.    |  m ← (l+r)/2    //二分的中点值
5.    |  lp ← 2p         //左孩子位置
6.    |  rp ← 2p+1       //右孩子位置
7.    |  BuildSegTree(seg_tree, array, l, m, lp)
8.    |  BuildSegTree(seg_tree, array, m+1, r, rp)
9.    |  seg_tree[p] ← Min(seg_tree[lp], seg_tree[rp])   //求最小值
10.   end
```

12.2.3 线段树的动态维护操作

线段树的动态维护主要有单点更新和区间查询与更新两种操作。

1. 单点更新

如果修改区间为 $[l, r]$ 的线段树中端点值为 idx 的叶结点值为 $value$，则只需从根结点 $p=1$ 开始，按照二分查找方法，判断 idx 与 $m=(l+r)/2$ 的大小关系，确定线段树的搜索路径（$idx \le m$ 到位于 $2p$ 的左子树，$idx > m$ 到位于 $2p+1$ 的右子树），直到到达 $m=idx$ 的叶结点。修改 $seg\_tree[p]=value$，并在回溯时修改沿途结点对应的区间值。

例如，在图 12-2 所示区间为 $[1, 14]$ 的线段树中，修改端点值为 7 的叶结点值为 1。先从根结点向下递归，根据 l、r 关系，依次索引 p 值为 1、2、5、11 的 4 个结点，在 $p=11$ 的叶结点位置做结点值更新操作，即 $seg\_tree[11]=1$。然后，递归回溯到 $p \leftarrow p/2$ 的位置修改：$seg\_tree[p]=\min(seg\_tree[2p], seg\_tree[2p+1])$。依次修改索引 p 值为 5、2、1 的结点值：$seg\_tree[5]=\min(seg\_tree[10], seg\_tree[11])=1$；$seg\_tree[2]=\min(seg\_tree[4], seg\_tree[5])=1$；$seg\_tree[1] = \min(seg\_tree[2], seg\_tree[3])=1$。

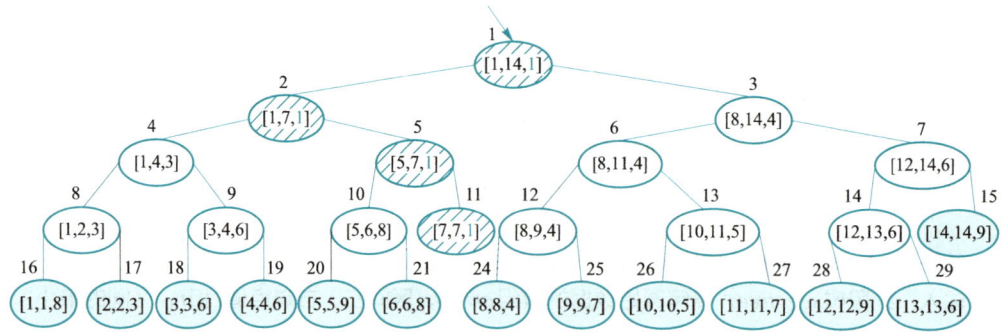

图 12-2　线段树的单点更新示例

在图 12-2 中，更新操作先向下递归到目标叶结点，修改叶结点的值后，再回溯修改路径上结点的值，得到修改后的线段树。因此，单个数据的更新操作访问次数不超过树高 $O(\log n)$。

求最小值线段树中单点更新操作过程如算法 12-2 所示。

算法 12-2：求最小值线段树的单点更新 Update(seg_tree, l, r, p, idx, $value$)

输入：求最小值线段树 seg_tree，其区间左、右端点值 l 和 r，$[l, r]$ 在线段树中的对应根结点位置 p，需要更新的点在原始数据序列中的端点值 idx（$l \le idx \le r$），更新值 $value$

输出：更新后的线段树 seg_tree

初始调用：Update(seg_tree, 1, n, 1, idx, $value$)，其中 n 为原始数据个数

1.　**if** $l=r$ **then**
2.　| $seg\_tree[p] \leftarrow value$　//更新叶结点
3.　**else**
4.　| $m \leftarrow (l+r)/2$　//二分的中点值
5.　| $lp \leftarrow 2p$　//左孩子位置
6.　| $rp \leftarrow 2p+1$　//右孩子位置

7. | **if** $idx \leqslant m$ **then**

8. | | Update($seg\_tree, l, m, lp, idx, value$)

9. | **else**

10. | | Update($seg\_tree, m+1, r, rp, idx, value$)

11. | **end**

12. | $seg\_tree[p] \leftarrow$ Min($seg\_tree[lp], seg\_tree[rp]$)   //更新根的最小值

13.   **end**

2. 区间查询与更新操作

（1）区间查询操作

在 $[l, r]$ 线段树中求区间 $[ql, qr]$ 的运算结果（比如求最小值/最大值/求和值等），可以采用线段树的区间操作。

以求最小值为例。首先，判断 $[ql, qr]$ 是否在线段树范围 $[l, r]$ 中，如果不在该范围内，则区间操作结束，操作结果为 $kMaxNum$，即一个特殊的比其他所有关键字值都要大的常数（如果不是求最小值，则需要设置为其他值）。如果在该范围内，则判断 $[ql, qr]$ 范围是否包含 $[l, r]$，如果是，则根结点的值就是 $[ql, qr]$ 的值；否则，计算 $m=(l+r)/2$，在左、右分支进一步进行区间的递归操作。

也就是说，如果区间操作在线段树的某个区间，则先从根结点向下递归定位该区间所在分支，查看区间范围是否覆盖左、右分支的部分结点和中间部分结点。其中，两侧的结点一直向下递归到子树的 $ql=l$、$qr=r$ 时才停止向下，然后回溯。所以，左、右两侧最多向下递归到叶结点，中间在 $ql=l$、$qr=r$ 时就停止了。因此，最大的递归次数是不超过两侧的树高。

求最小值线段树的区间查询过程如算法12-3所示。

算法12-3：求最小值线段树的区间查询 Query($seg\_tree, l, r, p, ql, qr$)

输入：线段树 seg_tree，区间左、右端点值 l 和 r，$[l, r]$ 在线段树中的对应根结点位置 p，查询区间的左、右端点值 ql 和 qr

输出：区间 $[ql, qr]$ 中的最小值 ret

初始调用：Query($seg\_tree, 1, n, 1, ql, qr$)，其中 n 为原始数据个数

---

1. **if** $qr<l$ 或 $ql>r$ **then**   //$[ql, qr]$ 与 $[l, r]$ 完全无交集

2. | $ret \leftarrow kMaxNum$ //返回一个大常数

3. **else if** $ql \leqslant l$ 且 $r \leqslant qr$ **then**   //$[ql, qr]$ 完全包含 $[l, r]$

4. | $ret \leftarrow seg\_tree[p]$

5. **else**   //$[ql, qr]$ 与 $[l, r]$ 有交集

6. | $m \leftarrow (l+r)/2$ //二分的中点值

7. | $lp \leftarrow 2p$ //左孩子位置

8. | $rp \leftarrow 2p+1$ //右孩子位置

9. | $left \leftarrow$ Query($seg\_tree, l, m, lp, ql, qr$)

10. | *right* ← Query(*seg_tree*, *m*+1, *r*, *rp*, *ql*, *qr*)
11. | *ret* ← Min(*left*, *right*)
12. **end**
13. **return** *ret*

注意到上面列出的函数接口有比较多的参数，这是因为递归的需要。事实上，不用递归就可以简化接口中的区间端点[*l*, *r*]和*seg_tree*[*l*, *r*]在线段树中的位置*p*等信息。读者可以自行尝试实现非递归版本的操作。

（2）区间更新操作

另外一个操作是对指定区间[*ql*, *qr*]内的数据做统一的修改，例如将区间内的所有数据减去*c*。当然可以对区间内每个元素按照算法 12-2 做单点更新操作，但这样不够快捷，如果对全区间的*n*个数据逐一做点更新，则复杂度就会变为*O*(*n* log *n*)。

一种巧妙的解决方案是：在每个树结点上增加一个"懒惰标记"*lazy*，用于记录该结点对应的区间内的数据值需要修改的量。例如，要使[*ql*, *qr*]区间内的所有数据都减去*c*，则将完全包含在该区间内的各个树结点的*lazy*值都记为"−*c*"。

以图 12-1 为例，如果要把区间[5, 11]内的所有元素都减去2，则将位置为5和6的树结点对应的区间[5, 7]和[8, 11]的*lazy*值都存为−2，此外它们存的最小值也执行减2操作。标记了这两个结点后，就无须继续向下走了，这样不必触达[5, 11]内的每个叶结点就可以完成更新操作，因此速度很快。

具体而言，线段树进行区间更新操作是从根结点向子树递归执行的，主要步骤如下：

① 如果当前结点的区间完全包含在待更新的区间范围内，则直接更新结点值，并打上*lazy*标记。

② 如果当前结点的区间与待更新的区间有交集但不完全包含，则继续递归向下更新其左、右子结点，对有*lazy*值的结点进行以下操作：

a. 将当前结点的*lazy*标记传递给左、右子结点，在子结点进行延迟更新操作。

b. 清除当前结点的*lazy*标记。

c. 在左、右分支递归结束后，根据获得的左、右子结点的值，更新当前结点的值。

简单来说，整个过程分为两个阶段：下传阶段和回溯阶段。在下传阶段，通过传递*lazy*标记实现延迟更新，保证只有在需要时才会更新子结点，并清除自身的*lazy*标记。回溯阶段用于更新父结点的值。因为下传不必进行到叶结点，所以比逐一单点更新效率更高。

下面以区间内元素统一增加一个常数值的操作为例，给出带有*lazy*标记的求最小值线段树的区间更新过程。具体伪代码实现如算法 12-4 所示。

算法 12-4：求最小值线段树的区间增值更新 RangeUpdate(*seg_tree*, *lazy*, *l*, *r*, *p*, *ql*, *qr*, *c*)

输入：线段树 *seg_tree*，懒惰标记数组 *lazy*，区间左、右端点值 *l* 和 *r*，[*l*, *r*] 在线段树中的对
　　　应根结点位置 *p*，待增值区间的左、右端点值 *ql* 和 *qr*，区间值的增量 *c*

输出：更新后的线段树和 *lazy* 数组

初始调用：RangeUpdate(*seg_tree*, *lazy*, 1, *n*, 1, *ql*, *qr*, *c*)，其中 *n* 为原始数据个数，*lazy* 数组
　　　　　元素初始值为 0

1.　**if** $ql \leqslant l$ 且 $r \leqslant qr$ **then**　//[*ql*, *qr*] 完全包含 [*l*,*r*]
2.　| $lazy[p] \leftarrow lazy[p]+c$　//加懒惰标记
3.　| $seg\_tree[p] \leftarrow seg\_tree[p]+lazy[p]$　//更新结点值
4.　**else if** $qr \geqslant l$ 且 $ql \leqslant r$ **then**　//[*ql*, *qr*] 与 [*l*,*r*] 有交集
5　| $lp \leftarrow 2p$　//左孩子位置
6.　| $rp \leftarrow 2p+1$　//右孩子位置
7.　| **if** $lazy[p] \neq 0$ **then**　//下推懒惰标记，可以写成一个函数调用
8.　| | $seg\_tree[lp] \leftarrow seg\_tree[lp]+lazy[p]$　//更新左孩子
9.　| | $lazy[lp] \leftarrow lazy[lp]+lazy[p]$
10.　| | $seg\_tree[rp] \leftarrow seg\_tree[rp]+lazy[p]$　//更新右孩子
11.　| | $lazy[rp] \leftarrow lazy[rp]+lazy[p]$
12.　| | $lazy[p] \leftarrow 0$　//清除当前结点 *seg_tree*[*p*] 的懒惰标记
13.　| **end**
14.　| $m \leftarrow (l+r)/2$　//二分的中点值
15.　| RangeUpdate(*seg_tree*, *lazy*, *l*, *m*, *lp*, *ql*, *qr*, *c*)
16.　| RangeUpdate(*seg_tree*, *lazy*, *m*+1, *r*, *rp*, *ql*, *qr*, *c*)
17.　| $seg\_tree[p] \leftarrow$ Min($seg\_tree[lp]$, $seg\_tree[rp]$)
18.　**end**

　　后面做区间查询时，如果中途遇到带非零 *lazy* 值的结点，此时才真正完成该结点的更新——所以这种策略也称为延迟更新。在不得不更新结点值时，才把延迟更新的信息传递给左、右子结点，同时把这个结点的 *lazy* 标记取消。

　　仍然以图 12-1 为例，当已把区间 [5, 11] 内的所有元素都减去 2，并做了 *lazy* 标记后，如果要查询 [10, 12] 内的最小值，会发现 6 号结点对应 [8, 11] 的 *lazy* 值为 -2，这时其最小值已经是 4-2=2，需要将 -2 操作向下推给两个子结点，即 12、13 号结点，同时把 6 号结点的 *lazy* 值置为 0。继续递归到 13 号结点时，发现对应区间 [10, 11] 完全包含在要查询的区间内，此时直接返回结点中存的最小值 5-2=3。

　　具体而言，在区间更新使用了 *lazy* 标记之后，区间查询操作就是在算法 12-3 的基础上，如果发现当前结点的区间与查询区间有交集但不完全包含，就需要增加下推 *lazy* 的步骤。带 *lazy* 标记的区间查询的伪代码，就是在算法 12-3 的第 9 行之前插入下推 *lazy* 标记的代码，即算法 12-4 的第 7-13 行。因为只在每层递归增加了 $O(1)$ 的操作，所以不影响区间查询的整体时间复杂度。

12.2.4 树状数组

线段树对于数据的区间操作是很有效的，不过对于区间求和操作则有一种更高效的方法，这就是树状数组。

假设有大小为 n 的顺序表（数组）$A = \{a_1, a_2, \cdots, a_n\}$，需要有两类操作：

① 单点修改操作，即更改指定元素 a_i 的值。

② 区间求和操作，即计算第 i 个元素到第 j 个元素的和。

对于顺序表，单点修改操作的时间复杂度是 $O(1)$。对于区间求和操作，可以简单地通过循环求解顺序表区间段的和，循环次数就是该区间元素的个数，因此其平均情况时间复杂度和最坏情况时间复杂度都是 $O(n)$。如果这两类操作最多需要做 m 次，那么最坏情况时间复杂度是 $O(nm)$。

区间和计算的另外一种基本思路是：预处理顺序表 A，计算出前缀和数组 S，即数组的第 i 个分量 s_i 是 $a_1 \sim a_i$ 的区间和，然后通过计算 $s_j - s_{i-1}$，就可以算出 a_i 到 a_j 的区间和。设 $s_0 = 0$，采用递推式 $s_k = s_{k-1} + a_k$，可在 $O(n)$ 的时间复杂度内依次求出 $s_0, s_1, s_2, \cdots, s_n$。随后，当需要计算第 i 个元素到第 j 个元素的和时，可以直接通过 $s_j - s_{i-1}$ 得到结果，时间复杂度为 $O(1)$。

上述方法在求解区间和时很方便也很有效。但是，当有单点更新操作发生时，前缀和数组 S 就需要重新计算。当修改了顺序表 A 中的元素 a_i 的值时，前缀和数组中 s_i，$s_{i+1}, s_{i+2}, \cdots, s_n$ 的值都将发生改变，需要重新递推计算，这个过程的时间复杂度是 $O(n)$。

从上面的分析可以看出：采用简单的循环遍历方法时，区间求和的时间复杂度是 $O(n)$，而单点更新的时间复杂度是 $O(1)$；采用预处理前缀和方法时，区间求和的时间复杂度是 $O(1)$，而单点更新的时间复杂度是 $O(n)$。

要将区间求和与单点更新的复杂度降低到 $O(\log n)$，前面介绍的线段树是可以做到的，但树状数组是专门用于求前缀和/区间和的数据结构。后面可以看到，树状数组的区间求和及单点更新操作的时间复杂性都是 $O(\log n)$。虽然其时间复杂度看上去和线段树一样，但树状数组的常数小。

树状数组的基本思想是将区间求和与整数的二进制表示联系起来。在介绍树状数组前，首先介绍 Lowbit 运算的定义：对于一个正整数 k，Lowbit(k) 将 k 的二进制表示中最低位的 1 保留，其余位都变为 0。举例而言，Lowbit(5) = Lowbit($(101)_2$) = $(1)_2$ = 1，Lowbit(6) = Lowbit($(110)_2$) = $(10)_2$ = 2，Lowbit(8) = Lowbit($(1000)_2$) = $(1000)_2$ = 8。

在计算机整数的补码表示中，$-k$ 的二进制表示将 k 的二进制表示各位取反后再加一。因此，$-k$ 与 k 在二进制表示上，除了最低位的 1 及其后的 0 序列（即 Lowbit(k) 所表示的部分）相同，其余各位上都是相反的。所以，可以用位运算 k & $-k$ 快速计算出 Lowbit(k)。

为了方便理解，这里举出几个例子：

$$5\&-5=(101)_2\&((010)_2+1)=(101)_2\&(011)_2=(001)_2=1$$

$$6\&-6=(110)_2\&((001)_2+1)=(110)_2\&(010)_2=(010)_2=2$$

$$8\&-8=(1000)_2\&((0111)_2+1)=(1000)_2\&(1000)_2=(1000)_2=8$$

树状数组使用一个额外的数组 $C=\{c_1, c_2, \cdots, c_n\}$ 来存储顺序表 A 中的一些特定的区间和。具体而言，对于任意正整数 $k\in[1,n]$，定义 $f(k)=k-\mathrm{Lowbit}(k)$，$c_k$ 存储顺序表 A 中从第 $f(k)+1$ 个元素到第 k 个元素的区间和，即 $c_k=\sum\limits_{i=f(k)+1}^{k} a_i$。例如，$f(4)=0$，因此 c_4 对应 $a_1{\sim}a_4$ 的区间和；而 $f(6)=4$，因此 c_6 对应 $a_5{\sim}a_6$ 的区间和。

图 12-3 展示了一个 $n=8$ 时的树状数组的例子，树上结点之间的父子关系对应着求和区间的包含关系。例如，$c[4]$ 对应 $a[1]{\sim}a[4]$ 的区间和，这个区间包含了子结点 $c[2]$、$c[3]$、$a[4]$ 对应的区间。

基于树状数组，可以改进前述计算前缀和的方法，使得区间求和计算以及单点更新操作的时间复杂度都是 $O(\log n)$。

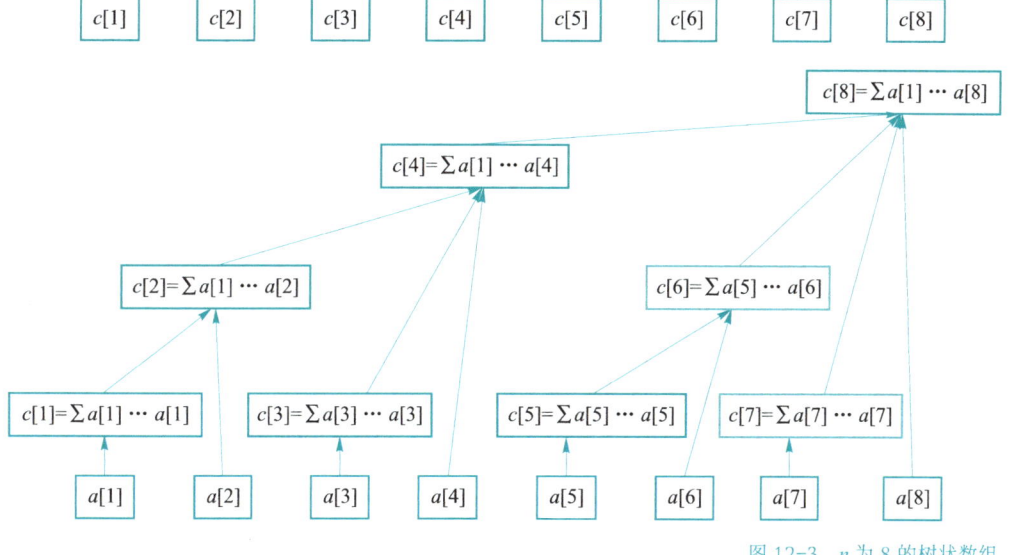

图 12-3　n 为 8 的树状数组

1. 区间求和

区间求和计算仍然可以采用两个前缀和相减的方法，但是为了降低单点更新操作的时间复杂度，这里不是直接从顺序表 A 中计算前缀和数组 S，而是基于树状数组来计算。对于前缀和 S 中 s_k（$s_k\in S$）的计算为：如果 $k=0$，则直接有 $s_k=0$；否则，基于树状数组可以将其分解为 $s_k=c_k+s_{f(k)}$。将分解操作递归地进行，则有 $s_k=c_k+c_{f(k)}+c_{f(f(k))}+\cdots$。

例如，在图 12-3 中：

$$s_3=c_3+s_{f(3)}=c_3+c_2+s_{f(2)}=c_3+c_2$$

$$s_7=c_7+s_{f(7)}=c_7+c_6+s_{f(6)}=c_7+c_6+c_4+s_{f(4)}=c_7+c_6+c_4。$$

树状数组区间求前缀和的伪代码实现如算法12-5所示。

算法12-5：树状数组区间求前缀和 GetPrefixSum(c, k)

输入：树状数组 c，整数下标 $k \geqslant 0$

输出：前缀和数组 S 第 k 项 s_k 的值

1.　　$sum \leftarrow 0$
2.　　**while** $k>0$ **do**
3.　　| $sum \leftarrow sum+c[k]$
4.　　| $k \leftarrow k-$Lowbit(k)　// 即 $k=f(x)$
5.　　**end**
6.　　**return** sum

2. 单点更新

当元素 a_k 的值发生改变时，所有求和区间包含该元素的树状数组结点的值都将随之发生改变，即若 a_k 的值发生改变，则所有满足 $f(i)+1 \leqslant k \leqslant i$ 的 c_i 的值都将随之改变。

定义 $g(k)=k+$Lowbit(k)，不难发现，所有符合条件的 i 可以由 k, $g(k)$, $g(g(k))$, $g(g(g(k)))$, …逐一得到。结合图12-3能更好地理解这一结论。例如：若 a_2 的值发生改变，则首先与 a_2 对应的树状数组结点 c_2 的值将随之改变，然后 c_2 的父结点的值也随之改变（ c_2 的父结点是 $c_{g(2)}$，即 c_4），最后 c_4 的父结点的值也随之改变（ c_4 的父结点是 $c_{g(4)}$，即 c_8）；若 a_5 的值发生改变，则首先与 a_5 对应的树状数组结点 c_5 的值将随之改变，然后 c_5 的父结点的值也随之改变（ c_5 的父结点是 $c_{g(5)}$，即 c_6），最后 c_6 的父结点的值也随之改变（ c_6 的父结点是 $c_{g(6)}$，即 c_8）。

树状数组单点更新的伪代码实现如算法12-6所示。

算法12-6：树状数组单点更新 Update(c, n, k, d)

输入：树状数组 c，数组总长度 n，拟修改的元素位置 k，拟修改增加值 d

输出：更新后的树状数组 c

1.　　**while** $k \leqslant n$ **do**　　// 当超出数组总长度时停止
2.　　| $c[k] \leftarrow c[k]+d$
3.　　| $k \leftarrow k+$Lowbit(k)　// 即 $k=g(k)$
4.　　**end**

对于树状数组的区间求和操作，任何正整数 $k \in [1, n]$，最多经过 $\log_2 n$ 次 f 函数后将变为 0，因此树状数组的区间求和操作的时间复杂度为 $O(\log n)$。对于树状数组的单点更新操作，任何正整数 $k \in [1, n]$，最多经过 $\log_2 n$ 次 g 函数后将大于 n，因此树状数组的单点更新操作的时间复杂度也为 $O(\log n)$。

可以看出，树状数组的本质是通过一种巧妙的基于二进制的方法划分出 n 个区间，使得任意前缀区间都可以由这 n 个区间中不超过 $\log_2 n$ 个区间组合而成，且每一个元素

最多被这 n 个区间中的 $\log_2 n$ 个区间包含。

树状数组最适合于求区间和或区间积。事实上，只要任一区间内的计算可以通过两个前缀计算的逆运算得到就可以，例如减法是加法的逆运算，除法是乘法的逆运算等。但像求区间最大值/最小值这种运算，就还是用线段树比较方便了。

12.3　跳表

跳表是一种可以进行快速查找的数据结构，它是一种扩展的有序链表，通过在原有链表的基础上增加多级索引，使得查找效率大大提高，理论上可以达到和平衡树一样的查找效率。

12.3.1　跳表的定义

动态查找是在一组变化的元素集合中寻找所需要的元素，也就是查找、插入、删除操作都有可能发生。如果简单地将 n 个元素按照大小顺序组成一个有序的链表，则查找、插入和删除操作的时间复杂度都是 $O(n)$。

跳表在有序链表的基础上引入"分层"的思想，使得查找、插入和删除操作的时间复杂度能降至 $O(\log n)$。这里的分层思想与第 2 章 2.4.6 小节介绍的块状链表的分块思想有一定的相似性，不过块状链表仅将链表分成了两层，而跳表则将链表分成了若干层。

跳表由若干层有序链表组成，其中第一层链表为原始的有序链表，之后每一层的链表仅保留前一层链表的部分结点，位于第 i 层的链表结点有超参数 p（一般取 0.5）的概率被保留在第 $i+1$ 层中。如果继续分层没有任何结点被保留，则不再继续分层，以当前层作为跳表的最高层，记为第 L 层。图 12-4 给出了一个跳表的例子，共有 4 层，$L=4$，每一层的有序链表结点除了存储其在当前层有序链表上的后继结点指针（图 12-4 中的向右指针）外，还存储其对应的前一层的有序链表中的结点指针（图 12-4 中的向下指针）。

12.3.2　跳表的基本操作

本小节简要介绍跳表的查找、插入与删除等基本操作。

1. 查找操作

在跳表上需要查找值为 k 的元素时，首先从第 L 层开始，从左往右找到当前层最

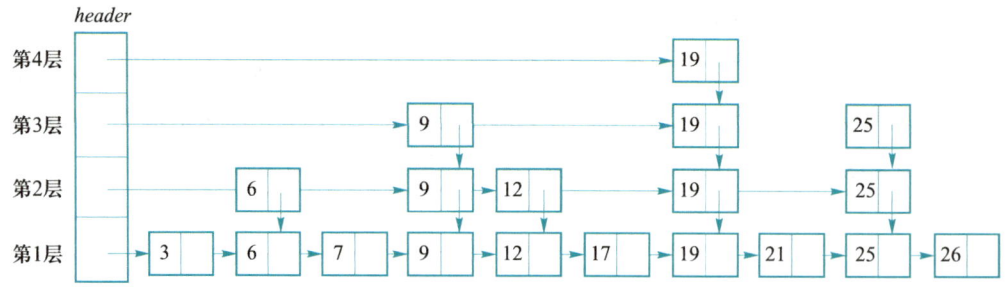

图 12-4　跳表示例

后一个值小于或等于 k 的结点 v。如果结点 v 存在，则跳转至第 $L-1$ 层与结点 v 对应的结点，否则跳转至第 $L-1$ 层的头结点。随后在第 $L-1$ 层继续重复上述操作，在 $L-2$ 层继续重复上述操作……直至到达第一层。如果在第一层找到结点 v 的值等于 k，则返回查找结果，否则值为 k 的元素不存在，查找失败。

例如，在图 12-4 所示的跳表中，查找值为 17 的元素时所经历的查找路径如下：

第 4 层头结点→第 3 层头结点→第 3 层的结点 9→第 2 层的结点 9→第 2 层的结点 12→第 1 层的结点 12→第 1 层的结点 17。

2. 插入与删除操作

当向跳表中插入一个值为 k 的元素时，需要先执行一遍查找操作，确定每一层有序链表中插入 k 的位置。随后从第一层开始，将值为 k 的结点插入当前层有序链表，然后以 p 的概率随机决定是否要进入上一层。如果要进入上一层，则继续在第二层重复上述操作，否则停止。需要注意的是，在插入元素时，有可能使跳表的总层数增加。

从跳表中删除一个值为 k 的元素时，同样需要先执行一遍查找操作，随后将查找路径上值等于 k 的所有结点从所在层的有序链表中删除。需要注意的是，删除元素可能导致跳表的总层数减少。

对于原始链表上的每一个元素而言，其最高在第 i 层依然被保留的概率为 $(1-p)p^{i-1}$，则每个元素的最高保留层数的期望为 $\sum_{i=1}^{\infty} i(1-p)p^{i-1} = \dfrac{1}{1-p}$，跳表上结点总数的期望为 $\dfrac{n}{1-p}$。因此，跳表的空间复杂度为 $O(n)$。

在跳表上查找元素时，如果在某一层内的查找路径包含 i 个结点，意味着其中 $i-1$ 个结点都没有在高一层被保留下来，这种情况发生的概率不超过 $(1-p)^{i-1}$。进而可以求得每一层内查找路径的长度的期望不超过 $\sum_{i=1}^{\infty} i(1-p)^{i-1} = \dfrac{1}{p^2}$，为常数；跳表层数的期望为 $\log n_{1/p}$，因此查找路径的长度期望存在上界 $\dfrac{\log n_{1/p}}{p^2}$。由于 p 是常数，因此跳表上查找操作的时间复杂度为 $O(\log n)$。跳表上的插入/删除操作都是伴随查找操作同时进行的，因而时间复杂度也是 $O(\log n)$。

12.4　红黑树

红黑树是1972年由Rudolf Bayer发明的，当时被称为平衡二叉B树，1978年被Leo J. Guibas和Robert Sedgewick修改为如今的"红黑树"。红黑树和AVL树类似，两者都是在插入和删除结点操作时通过特定的操作来调整树的高度，从而维持二叉查找树的整体平衡，获得较高的查找性能。

二叉查找树的查找性能与二叉树的高度相关，最好情况下与二分查找相当，查找性能为 $O(\log n)$；最坏情况下退化为顺序查找，查找性能为 $O(n)$。为了获得较好的查找性能，有两种思路：一是通过增大结点的分支数来降低树的高度，于是就有了2-3树、B树系列（第14章14.5节动态索引中将予以介绍）；二是维持树的高度在一个较优的低值（比如AVL树，它是一种强平衡二叉查找树），通过保持任意时刻任一结点左、右子树高度差的绝对值不超过1来维持二叉树的平衡，使得二叉查找树的高度维持在 $O(\log n)$，这种平衡称为强平衡或高度平衡。

AVL树很好地解决了二叉查找树退化成链表的问题，其查找效率较高，但在具有频繁插入、删除的应用中，可能会因为大量的旋转操作出现效率下降问题。红黑树是介于普通二叉查找树和AVL树之间的一种弱平衡二叉树，它不再严格限定二叉查找树的左、右子树高度差1，但仍然实现了查找、插入和删除操作的时间复杂度均为 $O(\log n)$。

12.4.1　红黑树的定义

红黑树是满足下述性质的二叉查找树：

① 每个结点或者为黑色，或者为红色。

② 根结点为黑色。

③ 每个空结点[1]（空指针指向的是一个虚拟结点，称为空结点）都为黑色。

④ 如果一个结点是红色的，那么它的两个孩子都是黑色（不能有两个相邻的红结点）。

⑤ 对于每个结点，从该结点到其所有子孙空结点的路径中所包含的黑结点数量必

---

[1]　Thomas H. Cormen 等编写的 *Introduction to Algorithms* 一书中将空指针也看成一个结点，命名为叶结点："每个叶结点（NIL）是黑色的"。为了和二叉树的叶结点区分，这里将其命名为空结点。

须相等。

总结起来，就是满足如下两个性质：

① 着色性质。二叉查找树中每个结点着色为红、黑两色中的一种颜色，根结点为黑色，任一红结点的孩子只能为黑色。

② 黑高度相等性质。每个结点 x 到其所有子孙空结点的路径中所包含的黑结点个数（不包含结点 x）必须相等，并称该个数为结点 x 的黑高度，记为 $bh(x)$。规定空结点的黑高度为 0，根结点的黑高度为红黑树的黑高度。

图 12-5 是一棵红黑树示意图，结点旁边的数字是该结点的黑高度。为了方便起见，本书在红黑树中用 ● 表示黑结点（图中深色结点），○ 表示红结点，◉ 表示可能是红结点也可能是黑结点，■ 表示空结点。

例如，结点 5 的左、右孩子都是空结点，空结点也是黑色，所以 $bh(5)=1$；结点 10 的左、右孩子都只有空结点是黑色，因此 $bh(10)=1$；结点 15 的左、右孩子本身是黑色，加上左、右孩子的黑高度，所以 $bh(15)=1+1=2$。

注意，黑结点 15 本身是黑色，但计算黑高度的时候不能把自身结点加入。黑高度计算的是左、右分支的黑高度。

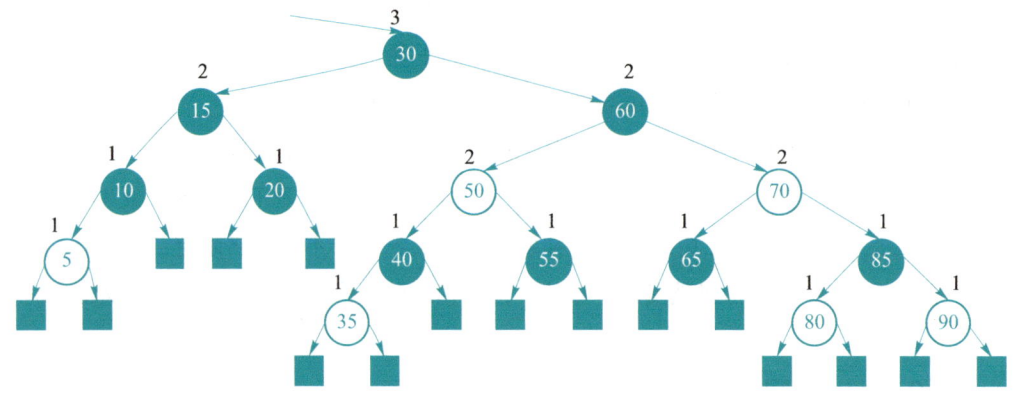

图 12-5　红黑树示意图

根据红黑树的"红黑性质"，可以得到红黑树的高度性质：任意一棵有 n 个结点（空结点不计算在 n 中）的红黑树，其高度至多为 $2\log(n+1)$。

证明：要证明红黑树的高度 $h \leqslant 2\log(n+1)$，可以证明 $n \geqslant 2^{h/2}-1$，而黑高度 $bh(x) \leqslant 2h(x)$，因此只需证明 $n \geqslant 2^{bh(x)}-1$。这里采用数学归纳法证明。

① 只有一个根结点 x 时，x 的黑高度 $bh(x)=1$，以 x 为根的红黑树中，结点数 $n=1$，而 $2^{bh(x)}-1=2^1-1=1$，$n \geqslant 2^{bh(x)}-1$，结论成立。

② 假设当结点 x 的黑高度 $bh(x)=j$ 时，结论成立，即以 x 为根的子树中，结点数 $n \geqslant 2^j-1$。

③ 当结点 x 的黑高度 $bh(x)=j+1$ 时，结点 x 至多有两个子结点，以 x 为根的子树中

至少包含结点数 n = 左子树至少包含的结点数 + 右子树至少包含的结点数 +1。这时，若左、右孩子都为红色，则结点数可以达到最多；若左、右孩子都为黑色，则结点数最少，而左、右子结点的黑高度均为 $bh(x)-1=j$，由归纳假设知，黑高度为 j 的子树至少包含 2^j-1 个结点。所以，以 x 为根的子树的黑高度为 $j+1$，至少包含结点数 $n \geqslant (2^j-1)+(2^j-1)+1=2 \cdot 2^j-1=2^{j+1}-1=2^{bh(x)}-1$，结论成立。

设红黑树的高度为 h，在这个高度的路径上最坏情况下是红黑结点交替排列，此时，红黑树根结点的黑高度是 $\frac{1}{2}h$。即高度为 h 的红黑树，其黑高度至少为 $\frac{1}{2}h$。因此，高度为 h 的红黑树包含的结点数 $n \geqslant 2^{\frac{1}{2}h}-1$，整理可得到 $h \leqslant 2\log(n+1)$，即红黑树的高度至多为 $2\log(n+1)$。证毕。

该性质表明：给定红黑树的结点数 n，则红黑树的最大高度 h 为 $2\log(n+1)$。

12.4.2 红黑树的存储实现

在继承二叉查找树基本属性和操作的基础上，红黑树结点中还需要增加一个颜色域 color 用于标识结点的颜色，一个指针域 parent 用于存储其父结点的位置，采用二叉链表结构存储红黑树的左、右子结点位置。为了实现红黑树的查找、插入、删除等操作，还需要实现下面几个特殊操作：

LRotate($rbtree, x$)：对树 $rbtree$ 中结点 x 进行左旋操作。

RRotate($rbtree, x$)：对树 $rbtree$ 中结点 x 进行右旋操作。

InsertAdjust($rbtree, x$)：对树 $rbtree$ 中新插入的结点 x 进行调整。

DeleteAdjust($rbtree, x$)：对树 $rbtree$ 中最后要删除的结点 x 进行删除调整，并释放该结点的空间。

12.4.3 红黑树基本操作实现及性能

本小节简要介绍红黑树的旋转、插入与删除等操作。

1. 红黑树的旋转

对红黑树进行插入、删除等操作时，会出现不满足红黑树定义的情况。例如，图 12-6（a）插入红结点 C 的父结点也是红色，图 12-6（b）删除黑结点 C 造成父结点 B 的左、右孩子黑高度不相等。因此，需要调色和旋转，使其满足红黑树的定义。对于二叉查找树，旋转一定要满足根结点值比左子树所有结点值都大、比右子树所有结点值都小的性质，而满足这种性质的旋转策略有多种，比如第 11 章 11.4.2 小节介绍的 AVL 树的 4 种旋转。为了保持红黑树的性质，红黑树有两种旋转策略：左旋和右旋。

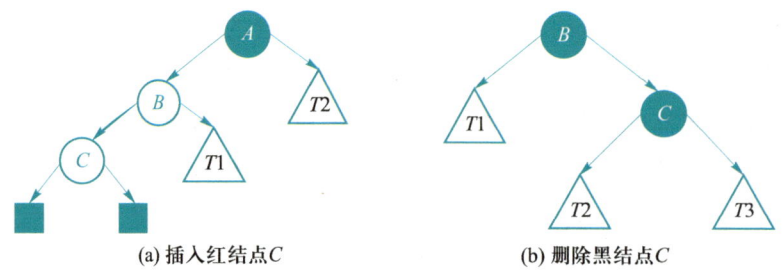

(a) 插入红结点 C　　　　　(b) 删除黑结点 C

图 12-6　插入、删除造成不满足红黑树性质的两种情况

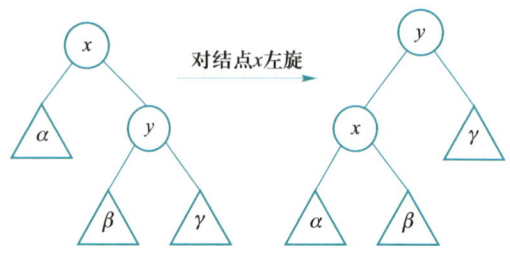

图 12-7　红黑树左旋示意图

左旋操作以某个结点为支点，逆时针方向将其右子结点提升为新的根结点，原来的根结点成为新根结点的左子结点，原来右子结点的左子结点成为原根结点的右子结点，如图 12-7 所示。

右旋操作与左旋相反，以某个结点为支点，顺时针方向将其左子结点提升为新的根结点，原来的根结点成为新根结点的右子结点，原来左子结点的右子结点成为原根结点的左子结点，如图 12-8 所示。其伪代码实现如算法 12-7 所示。

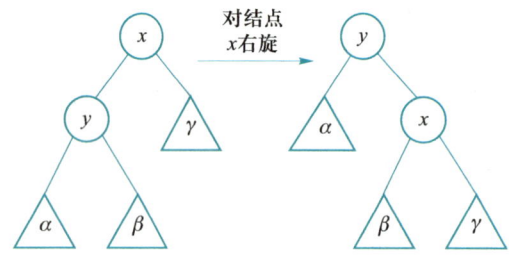

图 12-8　红黑树右旋示意图

算法 12-7：红黑树中的右旋 RRotate($rbtree$, x)

输入：对树 $rbtree$ 中结点 x 进行右旋操作。须保证 x 及其左孩子均不是 NIL

输出：调整后的红黑树 $rbtree$

1.　　$y \leftarrow x.left$
2.　　$p \leftarrow x.parent$
3.　　$x.left \leftarrow y.right$　　//调整 x
4.　　**if** $x.left \neq$ NIL **then**
5.　　| $x.left.parent \leftarrow x$
6.　　**end**
7.　　$x.parent \leftarrow y$
8.　　$y.right \leftarrow x$　　　　//调整 y
9.　　**if** $x = rbtree$ **then**
10.　| $rbtree \leftarrow y$
11.　| $y.parent \leftarrow$ NIL
12.　**else**

13.　｜ *y.parent ← p*
14.　｜ **if** *p.left=x* **then**
15.　｜｜ *p.left ← y*
16.　｜ **else**
17.　｜｜ *p.right ← y*
18.　｜ **end**
19.　**end**

　　这两种旋转与AVL树的单旋操作（如红黑树的左旋与算法11-8给出的左单旋）是基本一致的，只是需要同时调整*parent*，并且不需要关注平衡因子的变化。

　　通过旋转操作，可以保持红黑树的平衡性，确保红黑树继续满足其性质，从而保证了红黑树的高效性和可靠性。同时，在进行旋转操作时，可以对结点的颜色进行相应的调整以满足红黑树的着色性质。

2. 红黑树的插入

　　红黑树的新结点插入操作类似于普通二叉查找树插入新结点的操作。区别在于，在红黑树中插入结点后作为一个叶子结点，并将其着色为红色，以避免破坏黑高度性质。如果新结点的父结点是黑色，则没有破坏红黑树的颜色和黑高度性质；反之，如果新结点的父结点是红色，将会破坏红黑树的颜色性质，需要进行左旋、右旋和重新着色等一系列操作，将插入新结点后的红黑树调整为符合红黑树性质的结构，以保持红黑树的平衡和特性。

　　当父结点是红色时，可分如下两种情况分别进行调整：

　　第一种情况：插入结点的父结点及其兄弟结点都是红色，调整父结点及其兄弟结点为黑色，将祖先结点设置为红色，然后将祖先结点作为当前插入结点，继续看是否需要进一步调整。

　　第二种情况：插入结点的父结点是红结点，父结点的兄弟结点是黑结点（空结点也是黑结点），父结点是祖先结点的左孩子/右孩子，共有4种不同的形态（分别称为LL型、LR型、RR型和RL型），如图12-9所示，最终调整结果如图12-10所示。这4种情况调整的核心思路是：先设置祖先结点为红色，旋转后的子树根结点设为黑色。

　　红黑树中插入结点后的颜色调整过程如算法12-8所示。

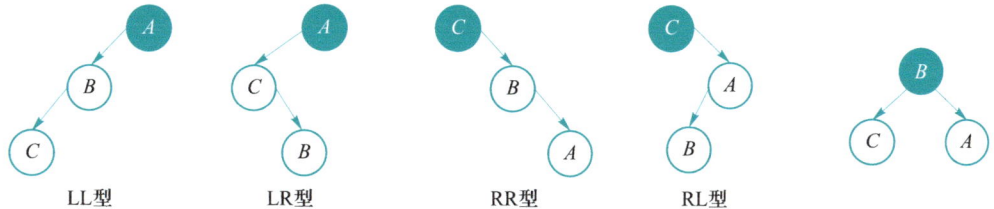

　　　LL型　　　　　　　LR型　　　　　　　　RR型　　　　　　RL型

图 12-9　插入结点的父结点是红结点，　　　　图 12-10　图 12-9
父结点的兄弟是黑结点（含空结点）的 4 种情况　　4 种情况的调整结果

算法 12-8：红黑树中插入结点后的调整 InsertAdjust($rbtree$, x)

输入：红黑树 $rbtree$ 中新插入的结点 x。须保证 x 不是 NIL 且 $x.color = Red$

输出：调整后的红黑树 $rbtree$

1.　$p \leftarrow x.parent$　　//p 是 x 的父结点
2.　**while** $p \neq$ NIL 且 $p.color = Red$ **do**　　//x 和其父结点都是红色，需要调整
3.　| $gp \leftarrow p.parent$　　//gp 是 x 的祖先结点
4.　| **if** $p = gp.left$ **then**　//p 是 gp 的左孩子
5.　| | $y \leftarrow gp.right$　　//y 是 p 的兄弟结点
6.　| | **if** $y \neq$ NIL 且 $y.color = Red$ **then**　　//第一种情况：p 及其兄弟结点都是红色
7.　| | | $p.color \leftarrow Black$
8.　| | | $y.color \leftarrow Black$
9.　| | | $gp.color \leftarrow Red$
10.　| | | $x \leftarrow gp$
11.　| | | $p \leftarrow x.parent$
12.　| | **else**　//第二种情况：p 的兄弟是黑结点
13.　| | | **if** $x = p.right$ **then**　　//图 12-10 的 LR 型
14.　| | | | LRotate($rbtree$, p)
15.　| | | | $p \leftarrow x$
16.　| | | | $x \leftarrow p.left$
17.　| | | **end**　//至此保证 x 是 p 的左孩子，即图 12-10 的 LL 型
18.　| | | $p.color \leftarrow Black$
19.　| | | $gp.color \leftarrow Red$
20.　| | | RRotate($rbtree$, gp)　//此时 p 是黑色，退出循环
21.　| | **end**
22.　| **else**　//p 是 gp 的右孩子，与以上代码完全对称
23.　| | $y \leftarrow gp.left$　//y 是 p 的兄弟结点
24.　| | **if** $y \neq$ NIL 且 $y.color = Red$ **then**　　//第一种情况：p 及其兄弟结点都是红色
25.　| | | $p.color \leftarrow Black$
26.　| | | $y.color \leftarrow Black$
27.　| | | $gp.color \leftarrow Red$
28.　| | | $x \leftarrow gp$
29.　| | | $p \leftarrow x.parent$
30.　| | **else**　//第二种情况：p 的兄弟是黑结点
31.　| | | **if** $x = p.left$ **then**　　//图 12-10 的 RL 型
32.　| | | | RRotate($rbtree$, p)
33.　| | | | $p \leftarrow x$
34.　| | | | $x \leftarrow p.right$
35.　| | | **end**　//至此保证 x 是 p 的右孩子，即图 12-10 的 RR 型
36.　| | | $p.color \leftarrow Black$
37.　| | | $gp.color \leftarrow Red$
38.　| | | LRotate($rbtree$, gp)　//此时 p 是黑色，退出循环
39.　| | **end**

40. | **end**
41. **end**
42. *rbtree.color* ← *Black* //确保树根为黑色

例12.1 绘制向图12-11所示的红黑树依次插入红结点60、30后的红黑树。

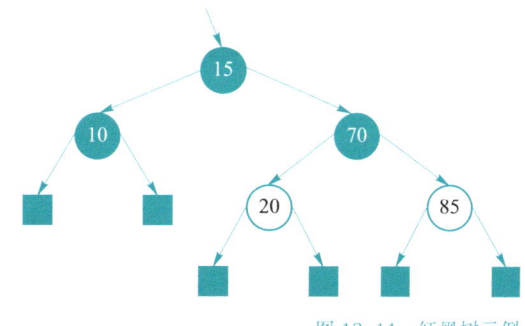

图 12-11 红黑树示例

首先插入红结点60。根据插入红结点与其父结点和祖先的关系，插入红结点60后，其父结点、父结点的兄弟结点都是红色，破坏了红黑树的颜色性质。调整策略：先将其父结点、父结点的兄弟结点调整为黑色，并将祖先结点调整为红色，再以祖先结点70为当前插入结点继续调整，结点70的父结点是黑色，满足红黑树性质，结束调整。如图12-12所示。

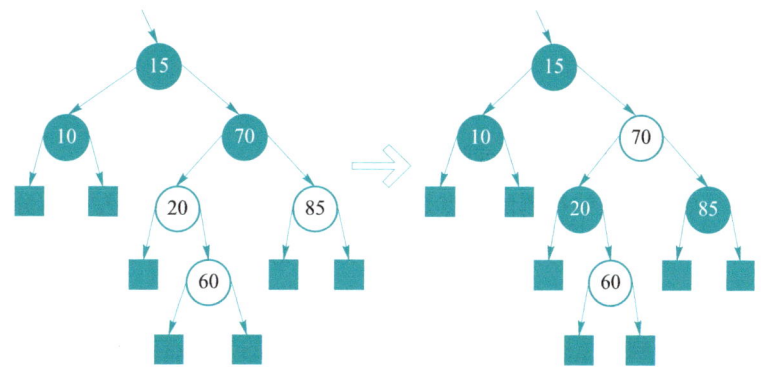

图 12-12 插入红结点 60 及调整后的红黑树

接着插入红结点30。插入该结点后，其父结点是红色，父结点的兄弟结点是黑色，需要将其父结点调整为黑色，并将其祖先结点调整为红色，然后做1次右旋、1次左旋，如图12-13所示。

3. 红黑树的删除

红黑树的删除操作分为以下三种情况：

① 空树：删除失败。

② 待删除关键字不在红黑树中：删除失败。

③ 待删除关键字在红黑树中：红黑树首先是二叉查找树，因此先采用二叉查找树的删除操作删除关键字所在结点，然后查看是否破坏了红黑树的性质，如果已破坏，则通过旋转进行调整。

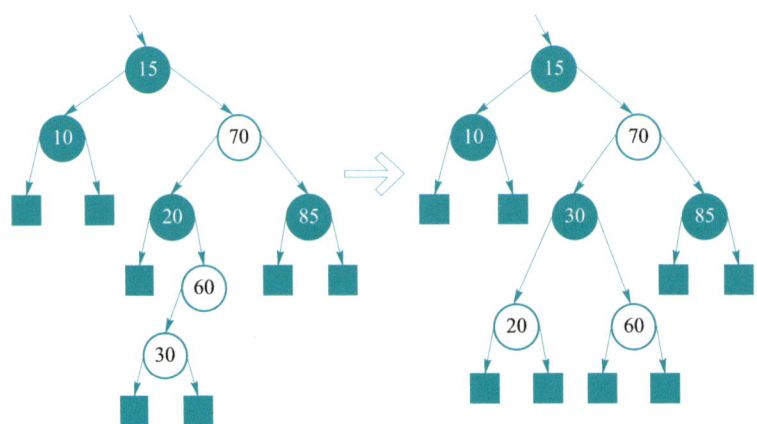

图 12-13　插入红结点 30 及调整后的红黑树

根据二叉查找树的删除操作，最终删除的结点最多只有一个分支。因此，删除操作最终在叶结点或单分支结点处完成实际删除操作。实际删除操作中叶结点的后继结点是空结点，单分支的后继结点是被删除结点的唯一子结点。为避免删除后操作空结点的问题，先将被删除结点暂存到 *deleted* 结点中，调整结束后才真正删除该暂存的 *deleted* 结点。

如果真正的待删除结点是红结点，删除该结点不会破坏红黑树的性质，则直接让父结点指针指向空结点或唯一单孩子。

如果真正的待删除结点是黑结点，会造成父结点的左、右分支黑高度不平衡，则需要调整。调整的目标是在待删除黑结点的路径上增加一个黑结点，以便删除该黑结点后，所有路径的黑结点个数一样。具体的调整方法和父结点颜色有关。比如图 12-14 所示的两棵红黑树，假设结点 X 是实际删除的黑结点或向根调整的路径上造成父结点的左、右黑高度不平衡的结点，这两棵红黑树除了结点 X 的父结点 B 的颜色不同之外，其他都完全相同。

对于图 12-14（a）所示情况，只需将结点 X 的兄弟结点 C 的右红孩子 D 调整为黑色，父结点 B 左旋，得到如图 12-15（a）所示的红黑树，调整后的黑高度仍然保持删除结点之前的黑高度，调整结束。

对于图 12-14（b）所示情况，需要考虑结点 X 的兄弟结点 C 的左孩子的颜色，如果是黑色，只需要沿父结点左旋，得到如图 12-15（b）所示的红黑树，调整后的黑高度仍然保持删除结点之前的黑高度，调整结束。如果结点 C 的左孩子 E 是红色，如图 12-15（c）所示，则调整方法为：置结点 B 和 D 为黑色、结点 C 为红色，然后沿结点 C 左旋，调整后如图 12-15（d）所示。

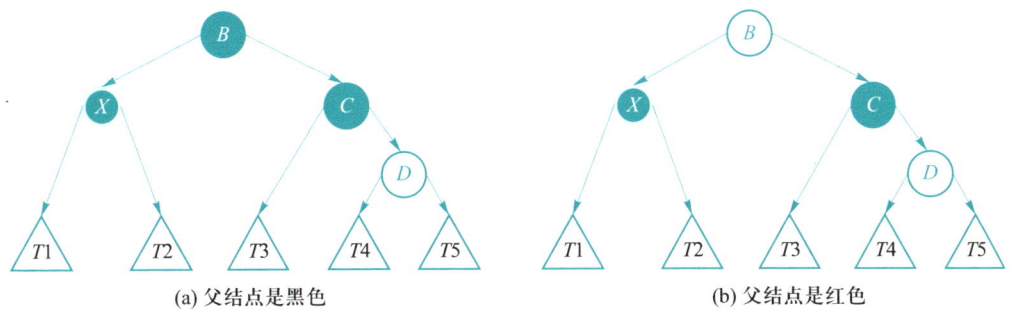

(a) 父结点是黑色　　　　　　　　　　　(b) 父结点是红色

图 12-14　其他结点完全相同，父结点颜色不同的两棵不平衡红黑树

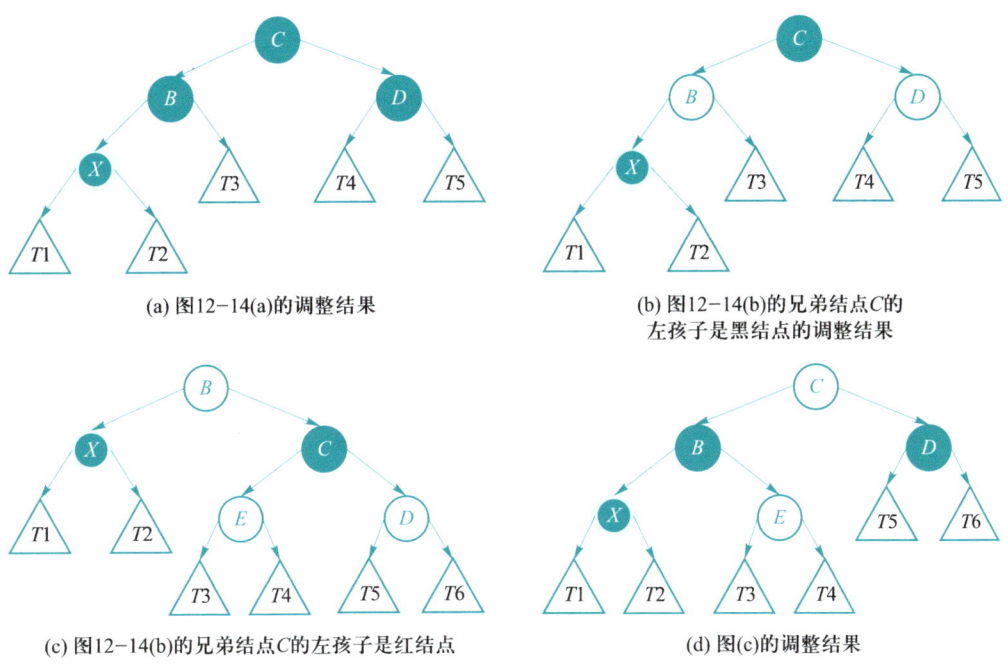

(a) 图12-14(a)的调整结果

(b) 图12-14(b)的兄弟结点C的
左孩子是黑结点的调整结果

(c) 图12-14(b)的兄弟结点C的左孩子是红结点

(d) 图(c)的调整结果

图 12-15　根据图 12-14 的两棵红黑树做调整后的结果

　　这种考虑父结点颜色的旋转和调色都很简单，但需要考虑的分类特别多。仅考虑调整结点是父结点的左孩子这一种情况，实际要细分成8类不同情况考虑。因此，Thomas H. Cormen 等编写的 *Introduction to Algorithms* 一书将分类进行了简化，对图12-14所示的两棵红黑树，不考虑父结点颜色，就如图12-16（a）所示，其中结点◉表示颜色可能是红色，也可能是黑色。综合考虑得到的统一调整方案如下：将父结点B的颜色赋给兄弟C结点，父结点B置黑色，兄弟结点C的右孩子D置黑色，父结点B左旋，操作结果如图12-16（b）所示。

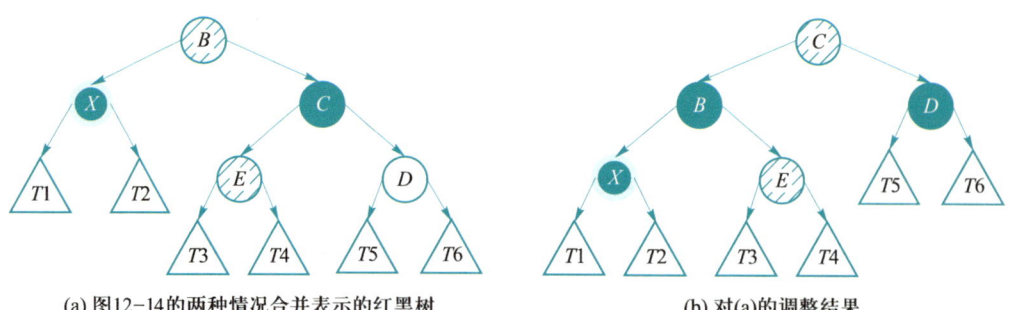

(a) 图12-14的两种情况合并表示的红黑树   (b) 对(a)的调整结果

图 12-16   图 12-14 两种情况合并的红黑树

总结：针对黑结点删除造成的黑高度不平衡问题，需要将多余的黑色去除掉，调整策略是通过旋转将多余的黑色上移，直到下面情况之一发生，则停止调整：

① 当前调整的结点 X 为红结点，将其着为黑色即可。

② 当前结点 X 为根结点。

在调整过程中需保持红黑树的性质，特别是黑高性质。结点 X 为父结点的左孩子的调整情况分类如下（X 为右孩子的情况是镜像对称的）：

情况1：结点 X 的兄弟结点为红色。将兄弟结点置黑色，父结点置红色，父结点左旋，然后将结点 X 作为当前结点继续调整，如图 12-17 所示。

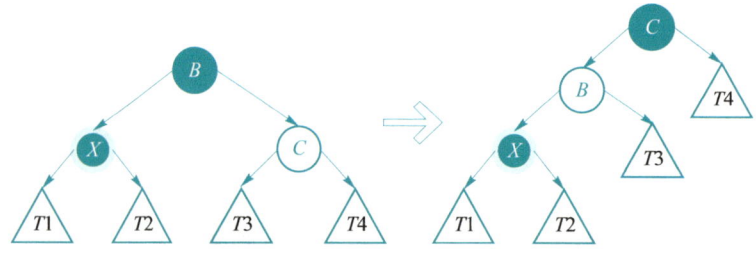

图 12-17   情况 1：结点 X 的兄弟结点为红色的调整

情况2：结点 X 的兄弟结点及兄弟结点的孩子均为黑色。将兄弟结点置红色，父结点 B 作为当前结点 X，进入下一次调整循环，如图 12-18 所示。

情况3：结点 X 的兄弟结点及兄弟结点的右孩子为黑色，兄弟结点的左孩子为红色。将兄弟结点置红色，兄弟结点左孩子置黑色，兄弟结点右旋，转为情况4，如图 12-19 所示。

情况4：结点 X 的兄弟结点为黑色，兄弟结点的右孩子为红色。将兄弟结点置为父结点的颜色，父结点置为黑色，兄弟结点的右孩子置为黑色，父结点左旋，如图 12-20 所示，调整结束。

删除黑结点前的颜色调整过程见算法 12-9 所示。

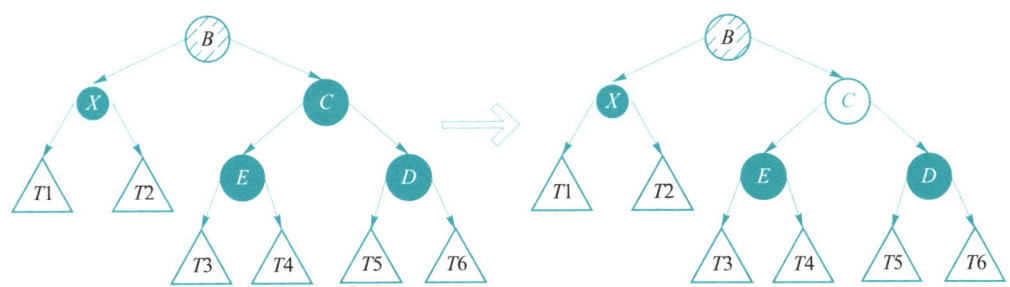

图 12-18　情况 2：结点 X 的兄弟结点及其孩子均为黑色的调整

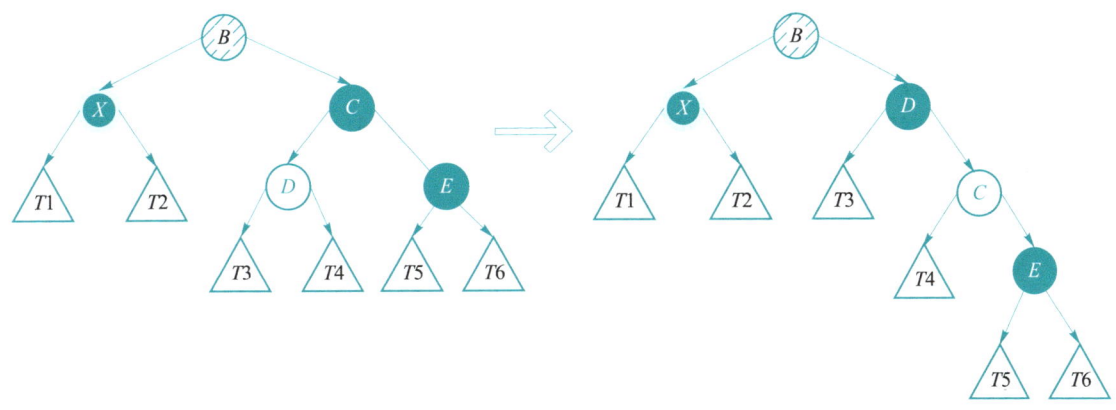

图 12-19　情况 3：结点 X 的兄弟结点及其右孩子为黑色、左孩子为红色的调整

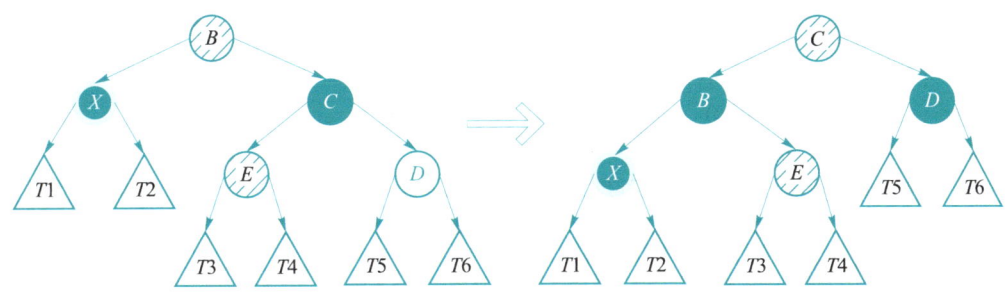

图 12-20　情况 4：结点 X 的兄弟结点及其左孩子为黑色、右孩子为红色的调整

算法 12-9：删除黑结点前的颜色调整 DeleteAdjust($rbtree$, x)

输入：红黑树 $rbtree$ 中待删除的结点 x。须保证 x 不是 NIL 且 $x.color = Black$

输出：删除了 x 并调整后的红黑树 $rbtree$

1.　　$p \leftarrow x.parent$　//p 是 x 的父结点
2.　　**while** $x \neq rbtree$ 且 $x.color = Black$ **do**　//x 是黑色的非根结点，需要调整
3.　　| **if** $x = p.left$ **then**　//x 是左孩子
4.　　| | $w \leftarrow p.right$　//w 是 x 的兄弟结点
5.　　| | **if** $w.color = Red$ **then**　//情况 1：兄弟是红色
6.　　| | | $w.color \leftarrow Black$
7.　　| | | $p.color \leftarrow Red$
8.　　| | | LRotate($rbtree$, p)
9.　　| | | $w \leftarrow p.right$

10. | | **end**　//此时保证 x 和兄弟都是黑色，即情况2~4
11. | | **if** IsBlack($w.left$)＝**true** 且 IsBlack($w.right$)＝**true** **then**　//情况2：w 双子黑色
12. | | | $w.color \leftarrow Red$　//如果指针非空，直接用 color 判断，否则通过函数 Is Black 判断
13. | | | $x \leftarrow p$
14. | | | $p \leftarrow x.parent$ //继续循环
15. | | **else**
16. | | | **if** IsRed($w.left$)＝**true** 且 IsBlack($w.right$)＝**true** **then**　//情况3：w 左红右黑
17. | | | | $w.color \leftarrow Red$
18. | | | | $w.left.color \leftarrow Black$
19. | | | | RRotate($rbtree, w$)
20. | | | | $w \leftarrow p.right$
21. | | | **end**　//此时保证 x 的兄弟 w 的右孩子是红色，即情况4
22. | | | $w.color \leftarrow p.color$
23. | | | $p.color \leftarrow Black$
24. | | | $w.right.color \leftarrow Black$
25. | | | LRotate($rbtree, p$)
26. | | | $x \leftarrow rbtree$　//此设置只为跳出循环
27. | | **end**
28. | **else**　//x 是右孩子，与以上代码完全对称
29. | | $w \leftarrow p.left$　//w 是 x 的兄弟结点
30. | | **if** $w.color＝Red$ **then**　//情况1：兄弟是红色
31. | | | $w.color \leftarrow Black$
32. | | | $p.color \leftarrow Red$
33. | | | RRotate($rbtree, p$)
34. | | | $w \leftarrow p.left$
35. | | **end**　//此时保证 x 和兄弟都是黑色，即情况2~4
36. | | **if** IsBlack($w.left$)＝**true** 且 IsBlack($w.right$)＝**true** **then**　//情况2：w 双子黑色
37. | | | $w.color \leftarrow Red$
38. | | | $x \leftarrow p$
39. | | | $p \leftarrow x.parent$ //继续循环
40. | | **else**
41. | | | **if** IsRed($w.right$)＝**true** 且 IsBlack($w.left$)＝**true** **then**　//情况3：w 右红左黑
42. | | | | $w.color \leftarrow Red$
43. | | | | $w.right.color \leftarrow Black$
44. | | | | LRotate($rbtree, w$)
45. | | | | $w \leftarrow p.left$
46. | | | **end**　//此时保证 x 的兄弟 w 的左孩子是红色，即情况4
47. | | | $w.color \leftarrow p.color$
48. | | | $p.color \leftarrow Black$
49. | | | $w.left.color \leftarrow Black$
50. | | | RRotate($rbtree, p$)
51. | | | $x \leftarrow rbtree$　//此设置只为跳出循环

52. | | **end**
53. | **end**
54. **end**
55. *x.color ← Black* //若*x*是红色则染黑，或保证根结点是黑色

<u>例12.2</u>　在图 12-21 所示的红黑树中删除黑结点 10。

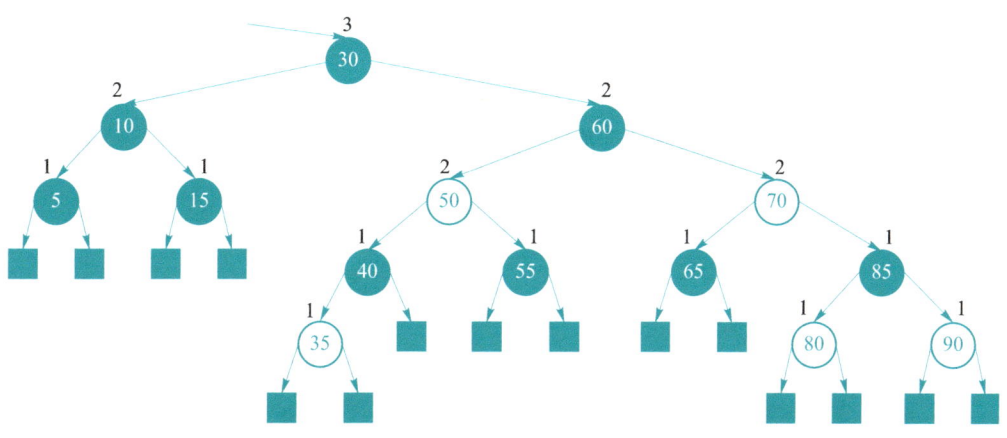

图 12-21　待删除黑结点 10 的红黑树

在图 12-21 所示的红黑树中删除黑结点 10，结点 10 有两个黑孩子，以 10 的左孩子或右孩子替换 10 并删除替换结点。这里采用左孩子 5 替换 10，再在替换后的结点 5 的左子树真正删除结点 5，用 5' 表示待删除结点 5，如图 12-22（a）所示。这里结点 5' 是当前结点*x*，同时让 *deleted* 也指向真正要删除的结点 5'。

结点*x*是黑结点，其兄弟结点 15 也是黑色，兄弟结点 15 的 2 个孩子都是黑色，根据图 12-18 所示的情况 2 调整策略：将兄弟结点 15 置红色，父结点 5 作为当前结点，调整后如图 12-22（b）所示。这时这条路径上的黑结点数量和删除前相比少 1，把路径上增加 1 个黑结点的工作交给父结点继续处理。

父结点 5 现在是当前结点*x*，*x*结点的兄弟结点 60 是黑色，兄弟结点 60 的左孩子是红色，根据图 12-19 所示的情况 3 调整策略：将兄弟结点置红色，兄弟结点左孩子置黑色，兄弟结点右旋，调整后如图 12-22（c）所示，这时需要转为情况 4 继续处理。

根据图 12-20 所示的情况 4 调整策略：将兄弟结点置为父结点的颜色，父结点置为黑色，兄弟结点的右孩子置为黑色，父结点左旋。这时将根结点的右子树的黑色借给了根的左子树，根结点的左、右子树的黑高度平衡且黑高度不变，这种情况结束调整。删除 *deleted* 所指结点 5'，最后得到红黑树如图 12-22（d）所示。

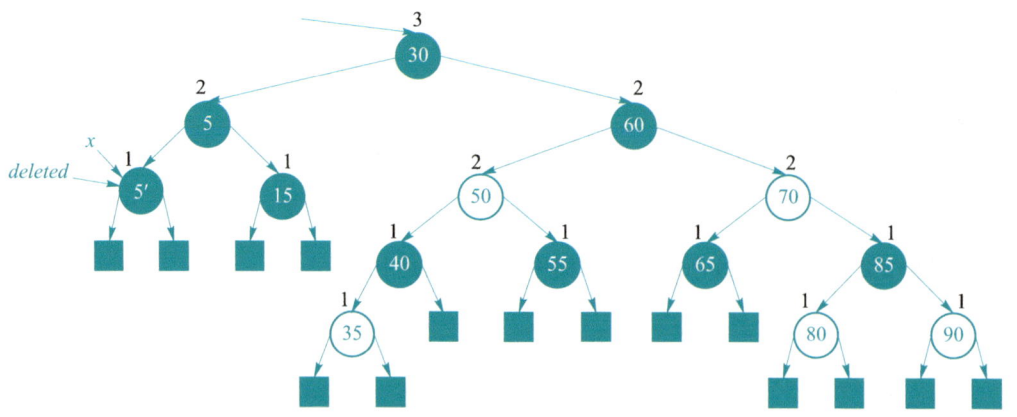

(a) 图12-21的结点5替换结点10后的红黑树

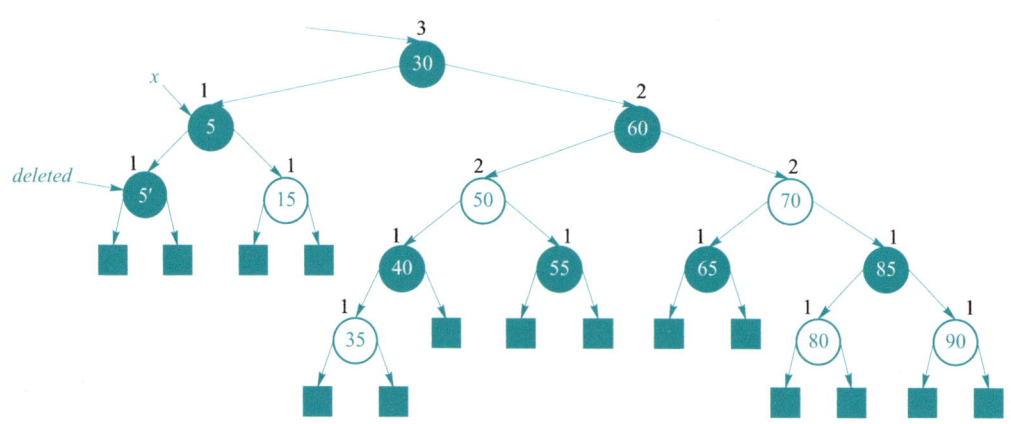

(b) 图(a)的x结点采用情况2调整策略的调整结果

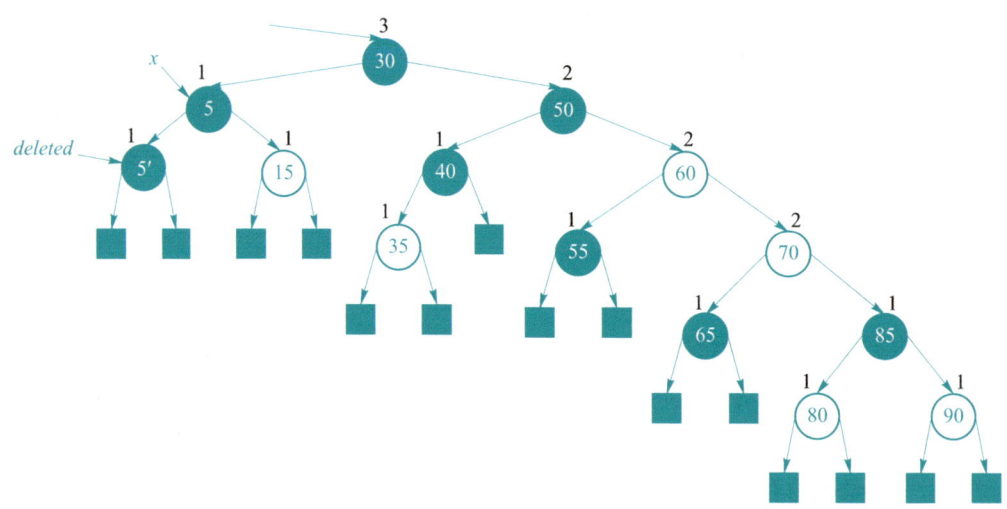

(c) 图(b)的x结点采用情况3调整策略后的结果

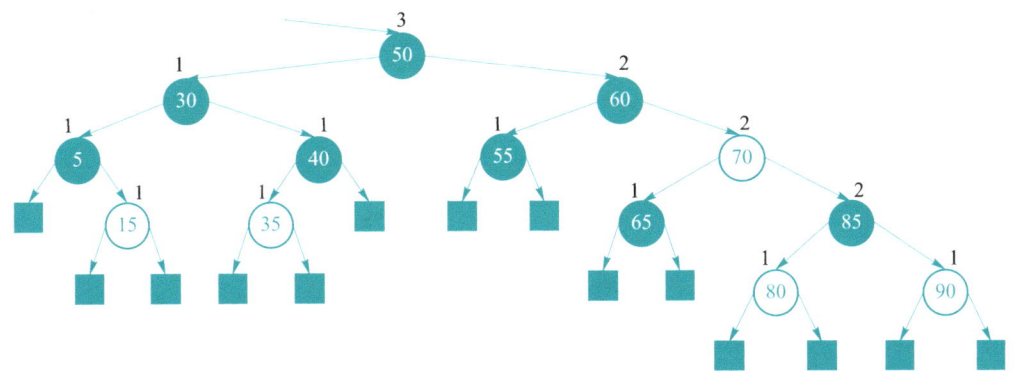

(d) 图(c)采用情况4调整策略的结果

图 12-22 从图 12-21 中删除结点 10 调整之后的红黑树

★12.4.4 红黑树的变种：AA 树

红黑树是一种容易操作的平衡二叉树，但删除操作分类情况比较多且实现复杂。因此，Arne Andersson 在 1993 年发表的 "Balanced search trees made simple" 一文中对红黑树进行了改进。这种改进的红黑树根据作者姓名命名为 AA 树。

1. AA 树的定义

AA 树是红黑树的一种变种，该结构中每个结点没有颜色信息，而是存储层次信息。AA 树具有如下性质：

① 红结点只能作为其父结点的右子结点；黑结点既可以作为其父结点的左子结点，也可以作为右子结点。

② 结点中的层次相当于红黑树中黑结点的高度。

③ 红结点的层次与其父结点的层次相同。

④ 黑结点的层次比其父结点的层次小 1。

由于红结点的层次和父结点的层次相同，可将父结点指向红结点的右指针画为从左向右的水平箭头，称为水平链。例如，图 12-23 给出了一棵红黑树以及相应的 AA 树示例。

根据 AA 树的性质，可以判断出左子结点（只能是黑结点）的层次比父结点的层次小 1，右子结点的层次与父结点的层次相同（红结点），或者右子结点的层次比父结点的层次低一层（黑结点）。其中，叶结点及同层次的父结点的层次高度为 1。需注意的是，层次高度为 1 的黑结点不一定是叶结点，可能存在右红结点。

由于 AA 树中结点不可能出现同层的左孩子，也不可能出现连续同层的右孩子，所以这两种情况在 AA 树的插入或删除过程中是不可能出现的，需要进行调整。如图 12-24 所示。

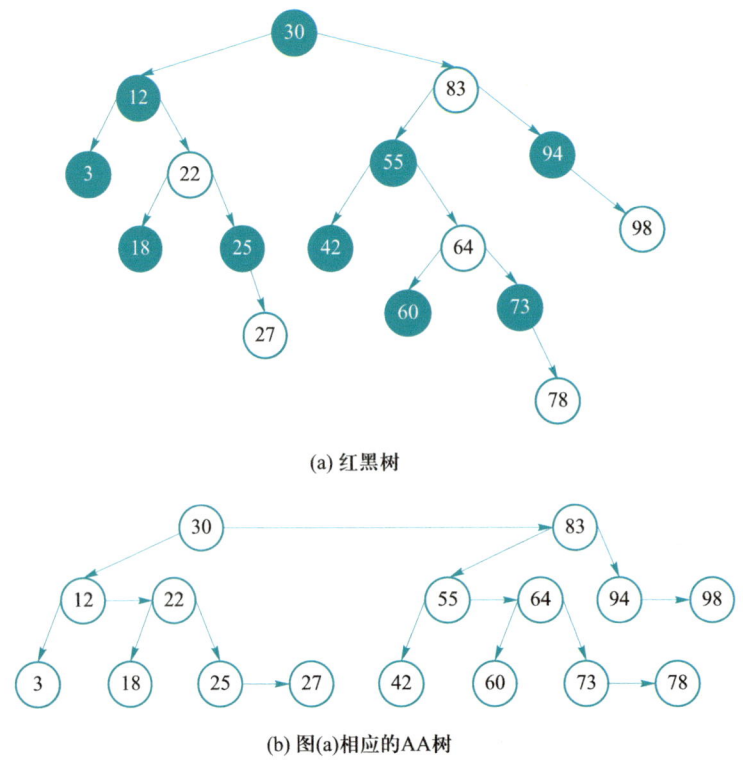

(a) 红黑树

(b) 图(a)相应的AA树

图 12-23   红黑树及相应的 AA 树示例

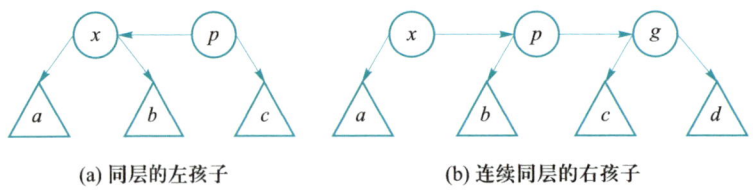

(a) 同层的左孩子   (b) 连续同层的右孩子

图 12-24   AA 树禁止出现的两种情况

2. AA 树的基本操作实现

AA 树也是一种二叉查找树，在做插入或删除操作后，可能会破坏AA树的性质，因此也需要调整。适合AA树的调整方法同样有左旋和右旋两种，如图12-25所示。

如图12-25（a）所示，插入的新结点x在结点p的左边，出现同层左孩子的情况，不满足AA树性质，须进行右旋。旋转后，结点x成为结点p的父结点，结点p成为结点x的同一层次右子结点，如图12-25（b）所示。

如图12-25（c）所示，当插入的新结点g是结点p的右结点，出现连续同一层次的右子结点情况，不满足AA树性质，须进行左旋。旋转后结点p成为上一层次的结点，x和g成为p的左、右黑子结点，如图12-25（d）所示。如果结点p的父结点旋转后是同一层次的左孩子或连续同一层次的右孩子的情况，则还需继续旋转。

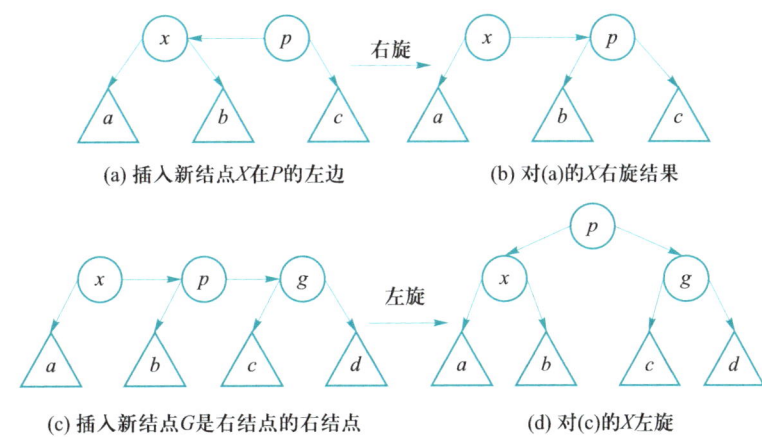

(a) 插入新结点X在P的左边   (b) 对(a)的X右旋结果

(c) 插入新结点G是右结点的右结点   (d) 对(c)的X左旋

图 12-25　AA 树的两种旋转规则

因此，当AA树进行插入和删除操作时，如果出现同一层次的左子结点，则进行右旋；如果出现连续同一层次的右子结点，则进行左旋。直至满足AA树性质。

12.5　伸展树

伸展树由Daniel D. Sleator和Robert E. Tarjan于1985年提出，它不是一种严格平衡的二叉查找树，不需要通过高度、平衡因子等辅助数据保证插入/删除操作后的平衡性，而是通过将操作目标旋转到根结点进行操作。由于最近访问的数据可能经常被多次访问，且在旋转过程中所经路径上的结点的深度大约减少一半，从而可在大量操作后达到均摊时间为对数的运行时间。

12.5.1　伸展树的定义与调整方法

伸展树也是一种二叉查找树，其特点是在访问某个结点后，通过一系列调整操作使该结点成为新的根结点，从而提高后续对相同结点的访问效率。

在伸展树中共有以下三种调整情况：

1. zig 型 /zag 型调整

如果待访问的结点x的父结点y是根结点，且结点x是结点y的右孩子（或左孩子），则称为zig型（或zag型）。如图12-26所示，此时可以通过一次左

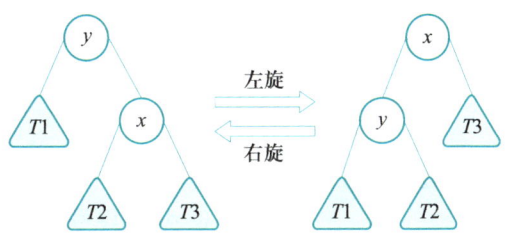

图 12-26　两层的 zig 型调整

旋（或右旋）进行调整。

2. zig-zig 型 /zag-zag 型调整

如果待访问的结点 x 的父结点 y 不是根结点，假设结点 y 有父结点 z，且结点 x 和结点 y 都是右孩子 RR 型（或左孩子 LL 型），则称为 zig-zig 型（或 zag-zag 型），此时可以通过两次左旋（或两次右旋）进行调整。如图 12-27 所示，先对图（a）的结点 z 左旋 1 次，结点 y 旋转为根，再对结点 y 左旋一次，结点 x 旋转为根，即得到图（b）所示的调整后的伸展树。

3. zig-zag 型 /zag-zig 型调整

假设结点 x 是结点 y 的右孩子（或左孩子），结点 y 是结点 z 的左孩子（或右孩子），即 RL 型（或 LR 型），则称为 zag-zig 型（或 zig-zag 型）。如图 12-28 所示，此时可以通过先右后左（或先左后右）旋转进行调整。

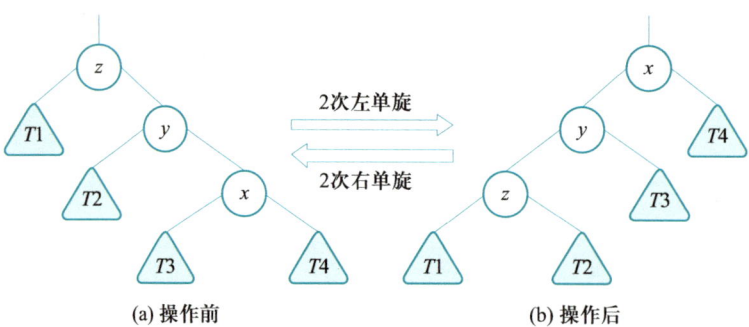

图 12-27　zig-zig 型的调整

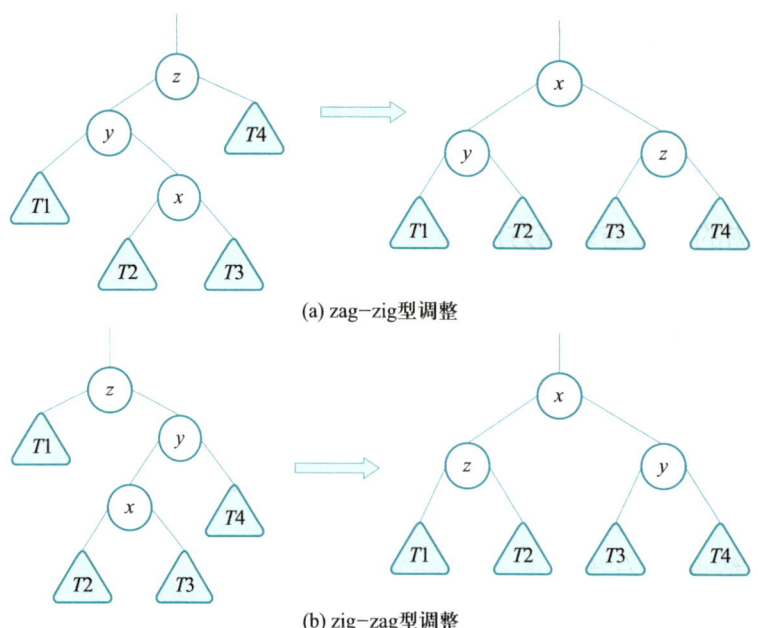

图 12-28　zig-zag 型的调整

通过这三种调整情况的操作，可以将访问的结点 x 调整为新的根结点，从而提高对该结点的后续访问效率。注意每次进行调整后，需要更新相应的父子结点关系，以确保伸展树的结构和二叉查找树的特性仍然保持不变。

伸展树可以采用和二叉查找树完全相同的存储结构表示，其操作也和二叉查找树的操作完全相同，有插入、删除和查找等。这些操作的实现和二叉树类中的实现非常相似，只是在完成插入、删除和查找后都要进行一次伸展，使被访问的结点旋转到根结点。伸展树的具体操作实现可作为习题由读者自行完成。

12.5.2 伸展树的性能分析

伸展树在进行插入、删除和查找操作后，均要把目标结点通过两层或者三层旋转最终伸展到根结点，时间复杂度可能会达到 $O(n)$（n 是伸展树的元素个数）。比如，查找单分支伸展树的叶结点，随着伸展过程的三层旋转，每次可以把多数结点深度降低一半，且上次搜索过的结点在根结点，下次再查找相同结点的次数就变成常数。伸展树的均摊时间复杂度实际为 $O(\log n)$，下面将采用势能法进行证明。

用 T 表示一棵伸展树，$|T|$ 表示伸展树的结点数量。x、y、z 等表示伸展树的结点，$|x|$ 表示以 x 为根结点的伸展子树的结点数量。$x \in T$ 表示 x 是伸展树 T 中的结点。

定义势能函数：

$$\Phi(T) = \sum_{X \subset T} R(x), R(x) = \log|x|$$

命名 $R(x)$ 为结点 x 的秩。因为 $|x| \geqslant 1$，所以 $R(x) = \log|x| \geqslant 0$，即 $\Phi(T) \geqslant 0$，因此势能合法。

且 $\forall |x| \leqslant |T|$，所以 $\Phi(T) \leqslant |T|\log|T|$，这是一个宽松的上界。

伸展树有自根向下的查找代价和查找目标伸展到根的代价。其中，伸展到根采用旋转操作，和查找相比，旋转操作的复杂性不会变化，只是常数增加。因此，可以忽略旋转代价。下面仅分析伸展代价。

下面通过 zig、zig-zag、zig-zig 这三种旋转，证明均摊时间复杂度是 $O(\log|T|)$。zig 的一次旋转和 zig-zag、zig-zig 两次旋转的本身代价，用 $\mathrm{cost}(1)=1$ 和 $2\mathrm{cost}(1)=2$ 表示。令 $T1$ 为旋转前的伸展树，$T2$ 为旋转后的伸展树。

1. zig 旋转

如图 12-26 所示的 zig 旋转，假设 zig 的伸展对象是 x，父结点是 y，则经过 zig 旋转之后，只有 x 和 y 的子树发生了变化。令 b 为旋转均摊代价，c 为旋转实际时间开销，则一次 zig 旋转均摊代价有下式成立：

$$b = c + \Phi(T_2) - \Phi(T_1)$$
$$= c + R_2(x) + R_2(y) - R_1(x) - R_1(y)$$
$$\leqslant 1 + R_2(x) - R_1(x)$$

上述不等式成立，是因为满足

$$R_2(x) = R_1(y), \text{且} R_2(x) > R_2(y)$$

又因为

$$R_2(y) < R_1(y), R_2(x) \geqslant R_1(x)$$

因此有

$$b \leqslant 3(R_2(x) - R_1(x))$$

2. zig-zig 旋转

如图 12-27 所示的 zig-zig 旋转，只有 x、y、z 发生了变化，一次 zig-zig 旋转均摊代价为

$$b = c + \Phi(T_2) - \Phi(T_1)$$
$$= 2 + R_2(x) + R_2(y) + R_2(z) - (R_1(x) + R_1(y) + R_1(z))$$
$$\leqslant 2 + R_2(x) + R_2(z) - (R_1(x) + R_1(y))$$
$$\leqslant 2 + R_2(x) + R_2(z) - 2R_1(x)$$

上述不等式成立，是因为有

$$R_2(y) \leqslant R_1(z), \ R_1(x) \leqslant R_1(y)$$

由 $R(x)$ 的定义，可以推导出

$$R_1(x) + R_2(z) - 2R_2(x) \leqslant -2$$

从而有

$$b \leqslant 3(R_2(x) - R_1(x))$$

3. zig-zag 旋转

如图 12-28 所示的 zig-zag 旋转，只有 x、y、z 发生了变化，一次 zig-zag 旋转均摊代价为

$$b = c + \Phi(T_2) - \Phi(T_1)$$
$$= 2 + R_2(x) + R_2(y) + R_2(z) - (R_1(x) + R_1(y) + R_1(z))$$
$$\leqslant 2 + R_2(y) + R_2(z) - R_1(x) - R_1(y)$$
$$\leqslant 2 + R_2(y) + R_2(z) - 2R_1(x)$$

上述不等式成立，是因为有

$$R_1(z) = R_2(x), R_1(x) \leqslant R_1(y)$$

由 $R(x)$ 的定义，可以推导出 $b \leqslant c + 2(R_2(x) - R_1(x))$

又因为 $R_2(x) \geqslant R_1(x)$，所以有

$$b \leqslant 3(R_2(x) - R_1(x))$$

综上，三种伸展均摊代价均满足 $b \leqslant 3(R_2(x)-R_1(x))$。

而伸展树的一个结点 x 伸展到根，除了最后一步可能是 zig 操作，其他或者是 zig-zig 操作，或者是 zig-zag 操作。假设总共伸展了 k 次，第 i 次伸展后的伸展树的 x 结点的秩是 $R_i(x)(0 \leqslant i \leqslant k)$，则总的伸展代价为

$$b \leqslant 1 + \sum_{i=1}^{k} 3\,(R_i(x)-R_{i-1}(x))$$

$$= 1 + 3R_k(x) - 3R_0(x)$$

而 $R_0(x)$ 是 x 的初始秩，$R_k(x)=R(T)$，因为最后一次旋转后 x 是根，所以有

$$b = O(\log n)$$

由第 6 章 6.5.4 节的势能法：$b_i = c_i + \Phi(D_i) - \Phi(D_{i-1})$，我们继续证明 m 次连续操作的平均实际操作时间不超过 $\log n$。

假设执行 m 次连续的操作，建立一棵结点数为 n 的伸展树，其中 T_0 是空树，T_i 是第 i 次伸展操作后的树（$0 \leqslant i \leqslant m$）。假设 b_k 表示第 k 次伸展均摊代价，c_k 表示第 k 次操作的实际操作时间，则有

$$b_i = c_i + \Phi(T_i) - \Phi(T_{i-1})$$

m 次操作累加，有

$$\sum_{i=1}^{m} b_i = \sum_{i=1}^{m} c_i + \Phi(T_m) - \Phi(T_0)$$

$$\sum_{i=1}^{m} c_i = \sum_{i=1}^{m} b_i + \Phi(T_0) - \Phi(T_m)$$

前面已经证明 $b_i = O(\log n)$，初始 $\Phi(T_0) \leqslant n \log n$，$\Phi(T_m) \geqslant 0$，所以有

$$\sum_{i=1}^{m} c_i \leqslant \sum_{i=1}^{m} b_i + \Phi(T_0) \leqslant m \log n + |n \log n| = (m+|n|)\log n$$

如果 T_0 是空树，则 $\Phi(T_0)=0$，则有

$$\sum_{i=1}^{m} c_i \leqslant m \log n$$

因此，均摊时间复杂度是 $O(\log n)$。

12.6 树堆

普通二叉查找树的树高具有很强的不确定性，为 $O(\log n)\sim O(n)$，如果数据特殊，建树时可能会直接变成一条单分支二叉查找树（退化为单链表形态）。不仅如此，插入／

删除时，还可能打乱二叉查找树的结构，使得遍历和查找性能较差。

随着对二叉查找树的改进，出现了 AVL 树、红黑树等平衡二叉树，它们都可以通过旋转树结构来动态维护树的平衡性，使得查找的复杂度稳定在 $O(\log n)$ 级别。

树堆也是一种平衡二叉树，它为每个结点随机生成一个优先级，这样将堆的性质巧妙地运用在二叉查找树中，使其查找、插入、删除等操作的期望复杂度保持在 $O(\log n)$。

12.6.1　树堆的概念

树堆是二叉查找树与堆结合产生的一种具有堆性质、平衡的二叉查找树，可以理解为"树堆 = 二叉查找树 + 堆"。

二叉堆是一棵完全二叉树，在 n 个结点的二叉树中树高最低。但要建立一棵完全二叉树，使其既满足二叉查找树性质，又满足堆的性质很困难。所以，树堆并不采用完全二叉树的存储结构，而是给二叉查找树的每个关键字额外增加了一个随机优先级，让关键字满足二叉查找树的结构，且让优先级满足二叉堆的性质。这样从关键字角度是一棵二叉查找树，从优先级角度是一个二叉堆，从而成为一棵平衡树。如图 12-29 所示，结点用 (*key*, *priority*) 表示，*key* 是关键字，*priority* 是优先级。图 12-29 是小顶堆（数字越小，优先级越高）。

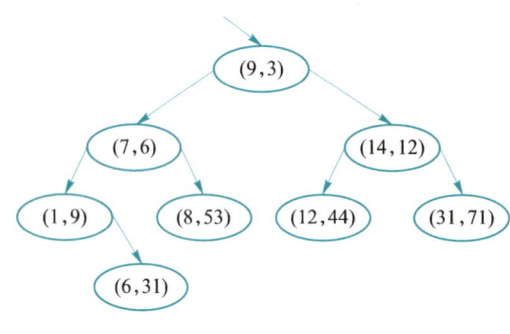

图 12-29　树堆示例

树堆并不是一个规则形态的二叉查找树，更不是二叉堆这样的完全二叉树，也不符合 AVL 树或红黑树等平衡树的要求，而是一棵近似平衡的二叉查找树。但是，如果生成树堆优先级的随机性出现某种顺序特征，则可能使得生成树堆的高度比较高，形态接近单分支二叉树。

树堆在继承二叉查找树基本属性和操作的基础上，增加了优先级属性。树堆有以下几个特殊的重要操作：

InitTreap(*treap*)：初始化树堆，即按照关键字建立二叉查找树，按照优先级调整成为树堆 *treap*。

DestroyTreap(*treap*)：释放 *treap* 占用的所有空间。

LRotate(*treap*, *x*)：对树堆结点 *x* 进行左旋操作，返回旋转后的新根结点。

RRotate(*treap*, *x*)：对树堆结点 *x* 进行右旋操作，返回旋转后的新根结点。

InsertTreap(*treap*, *x*)：向 *treap* 插入元素 *x*。

DeleteTreap(*treap*, *x*)：从*treap*中删除元素*x*对应的结点。

12.6.2 树堆的基本操作

树堆的关键字是一棵二叉查找树，优先级是堆。树堆在操作过程中也可能会破坏树堆的性质，可以采用相应的左旋或右旋调整使其既满足二叉查找树的性质，又满足堆的性质。

1. 旋转

当树堆根结点或子树根结点的优先级变得比其子结点的优先级低时，需要旋转，使得旋转后的根的优先级比子结点的优先级更高。例如，在图12-30中，子树在根的左侧，需要右旋；子树在根的右侧，需要左旋。

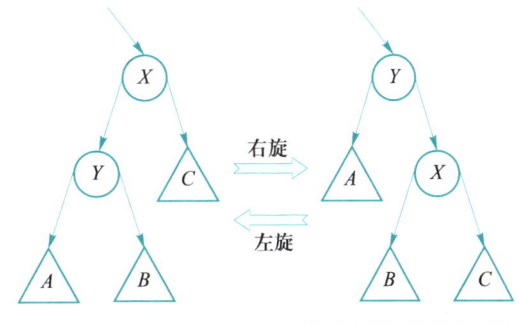

图 12-30　树堆的旋转

树堆的旋转操作与AVL树的单旋操作完全一致，且不需要考虑平衡因子问题，在此不再重复给出伪代码。

2. 查找

树堆按照二叉查找树的规则，根据关键字值进行查找操作，查找的时间复杂度不超过树高。

3. 插入

树堆的插入操作与平衡二叉查找树的插入操作非常相似，区别只是用优先级属性取代了树高。具体过程为：首先给新结点随机分配一个优先级，再根据关键字值，按照二叉查找树的插入规则，将新结点插入成为二叉查找树的叶结点。然后查看该结点与其父结点的优先级是否满足当前堆的性质，如果父结点优先级小于新结点优先级，则根据旋转规则旋转，旋转后父结点作为当前结点，继续向根调整，直到调整到根结点，或者父结点优先级大于其子结点的优先级。

<u>例12.3</u>　在如图12-31所示的树堆（小顶堆）中插入关键字值7, 14，其优先级分别是6, 12。请绘制插入后的树堆。

按照二叉查找树的插入方法插入结点(7, 6)，该结点是结点(12, 44)的左孩子。结点(7, 6)的优先级比父结点优先级44高，右旋，旋转后的结点(7, 6)比其父结点优先级31高，再左旋，调整得到一个小顶树堆，如图12-32所示。

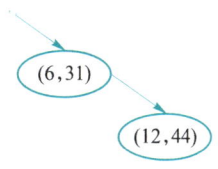

图 12-31　树堆示例

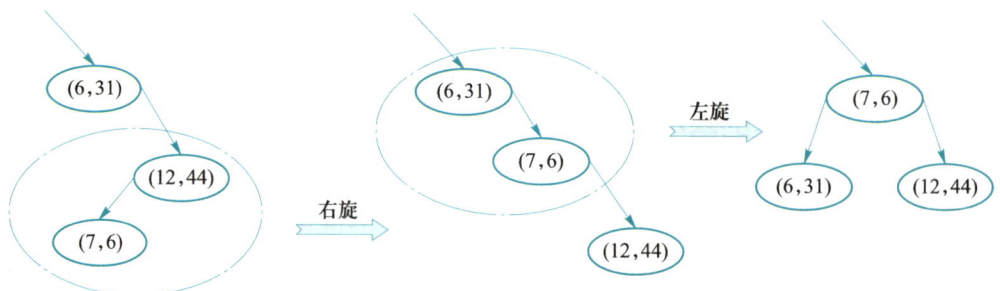

图 12-32　插入结点 (7, 6) 后的树堆

再按照二叉查找树的插入方法插入结点(14, 12)，该结点是结点(12, 44)的右孩子，优先级比父结点高，左旋，如图12-33所示，旋转后满足小顶树堆的性质。

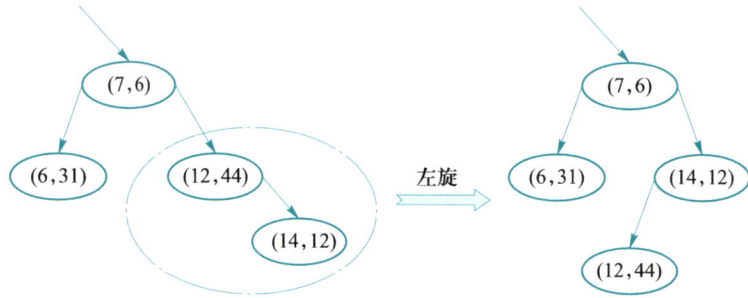

图 12-33　插入结点 (14, 12) 后的树堆

树堆的插入过程如算法12-10所示。

算法 12-10：树堆的插入 InsertTreap(*treap*, *x*)

输入：树堆 *treap*，待插入的数据结点 *x*，其关键字值为 *x.key*

输出：插入 *x* 后的 *treap*。若 *x.key* 已存在于树中，则不重复插入

1.　　**if** *treap* = NIL **then**　//若是空树，为 *x* 创建新的根结点，*priority* 取随机数 Rand( )
2.　　| *treap* ← **new** TreeNode(*x*, Rand( ), NIL, NIL)　//左、右孩子设置为NIL
3.　　**else**　//若不是空树
4.　　| **if** *x.key* < *treap.data.key* **then**
5.　　| | *treap.left* ← InsertTreap(*treap.left*, *x*)
6.　　| | **if** *treap.left.priority* < *treap.priority* **then**　//左孩子优先级高
7.　　| | 　*treap* ← RRotate(*treap*)
8.　　| | **end**
9.　　| **else if** *x.key* > *treap.data.key* **then**
10.　| | *treap.right* ← InsertTreap(*treap.right*, *x*)
11.　| | **if** *treap.right.priority* < *treap.priority* **then**　//右孩子优先级高
12.　| | 　*treap* ← LRotate(*treap*)
13.　| | **end**
14.　| **end** //*x.key* = *treap.data.key* 时不重复插入
15.　**end**
16.　**return** *treap*

4. 删除

树堆的删除操作和二叉查找树及平衡二叉查找树的操作类似：若查找失败，不用删除；否则，将该结点和优先级高的子结点做旋转。反复进行该操作，直到待删除结点成为叶结点，再将其父结点指向该结点的指针位置空，删除该结点。具体树堆的删除算法，留给读者自行完成。

例12.4 从图12-34所示的树堆中删除关键字值为9的结点。

首先在树堆中查找关键字值9所在结点，刚好是根结点，然后将其和左、右子树中优先级高的左子树(7, 6)右旋，再和左、右子树优先级高的(14, 12)左旋，再和左、右子树优先级高的(12, 44)左旋，最后和唯一左子树(8, 53)右旋，使得(9, 3)到达叶结点，如图12-35（a）所示。删除结点(9, 3)，使得父结点(8, 53)的右孩子指针为空，如图12-35（b）所示。

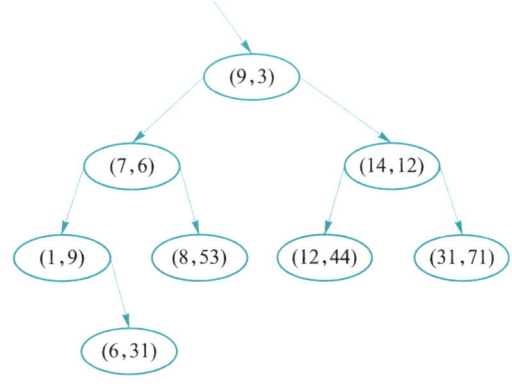

图 12-34　树堆

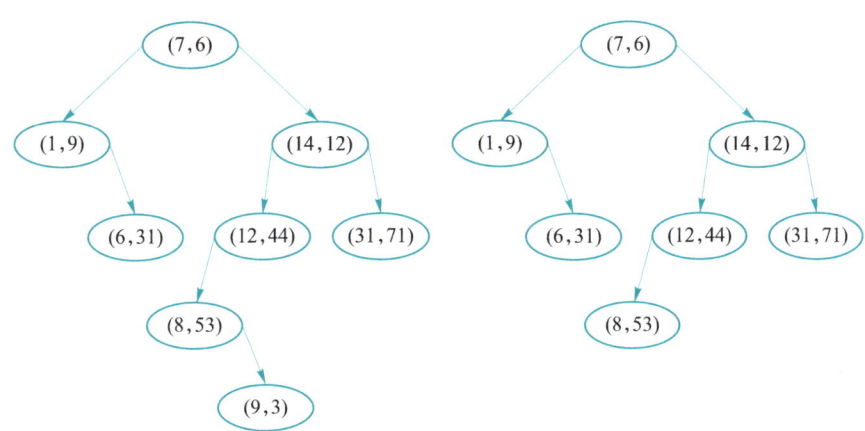

(a) 旋转待删除结点(9,3)到叶结点 　　　　 (b) 删除结点(9,3)，父结点右指针为空

图 12-35　在图 12-34 所示的树堆中删除结点 (9, 3)

✩ 12.7　拓展延伸

除了我们之前讨论的线段树、红黑树、伸展树和树堆等高级搜索树之外，还有一些其他类型的搜索树，如 KD 树和四叉树，它们在特定的应用场景中有着重要的作用。

12.7.1　KD 树

KD树是用来分割k维数据空间的数据结构，常用于多维空间的关键数据的搜索。这里先介绍一下超平面概念。R^n空间中的某个超平面是该空间内的一个$n-1$维的仿射子空间。$n-1$维仿射子空间即$n-1$维子空间的一个平移。

KD树是每个结点均为k维数值点的二叉树，其中每个结点代表一个超平面，该超平面垂直于当前划分维度的坐标轴，在该维度上将空间划分为两部分，一部分在其左子树，另一部分在其右子树。也就是，若当前结点的划分维度为d，其左子树上所有点在d维的坐标值均小于当前值，右子树上所有点在d维的坐标值均大于或等于当前值。

通常，对于维度为k、数据点数为n的数据集，KD树适用于n远大于2^k的情形。

1. KD 树的建立

KD树是一棵二叉树，它的每一个结点包括［特征坐标，切分轴，指向左子结点的指针，指向右子结点的指针］。其中：

特征坐标是线性空间R^n中的一个点$(x_1, x_2, \cdots, x_n)$。

切分轴由一个整数r表示，这里$1 \leqslant r \leqslant n$，是$n$维空间中沿第$r$维进行的一次分割。

结点的左分支和右分支分别都是KD树，并且满足：在切分维度r上，结点x的r维值用x_r表示，如果y是左分支的根结点，y_r是结点y的r维值，那么$y_r \leqslant x_r$；如果z是右分支的根结点，z_r是结点z的r维值，那么$z_r \geqslant x_r$。

根据一个给定的数据样本集$S \subset R^n$和切分轴r，可以构建一个基于该数据集的KD树。例如，平面8个点的坐标为(2, 6), (9, 9), (4, 7), (1, 5), (7, 3), (8, 2), (3, 8), (6, 1)，建KD树的算法步骤如下：

（1）建立根结点

令$r=1$，将8个点按x轴排序：(1, 5), (2, 6), (3, 8), (4, 7), (6, 1), (7, 3), (8, 2), (9, 9)。中位数索引是5（向上取整），第5个数据坐标是(6, 1)，如图12-36（a）所示，(6, 1)的竖线将平面划分的左、右两个区域中顶点数量大致相等，图12-36（b）是图12-36（a）对应的KD树结构。

（2）建立根结点的左、右分支

$r = (r+1)\%n = 2$，在y轴继续划分平面，建立KD树的左、右分支，操作过程如下：

① 将根结点(6, 1)的左分支上的点按照y轴排序：(1, 5), (2, 6), (4, 7), (3, 8)。中位数索引是3，即第3个数(4, 7)是根结点(6, 1)的左分支结点，如图12-37（a）所示，结点(6, 1)左侧的横线将该左侧区域沿y轴分成了上下两个区域，其中下区域是左分支结点集合((1, 5), (2, 6))，上区域是右分支结点集合((3, 8))。

② 将结点(6, 1)的右分支上的点按照y轴排序：(8, 2), (7, 3), (9, 9)。中位数的索引是2，即第2个数(7, 3)是右分支的根结点，如图12-37（a）所示，结点(6, 1)右侧的横线将该右侧区域也分割成上下两个区域，其中下区域是结点(7, 3)的左分支结点，上区域

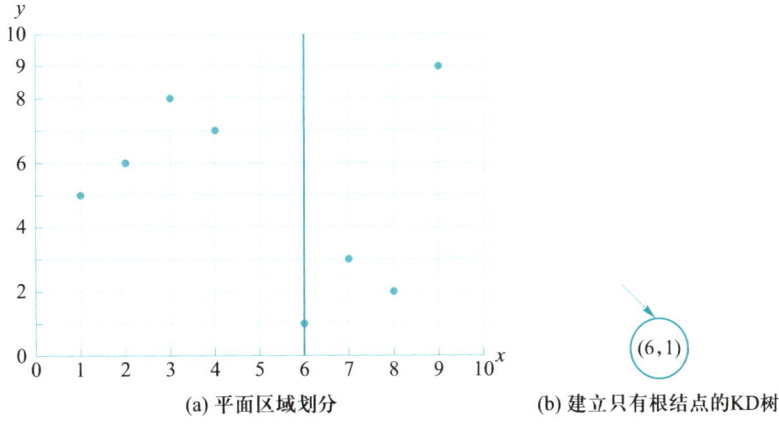

图 12-36 建立 KD 树的根结点

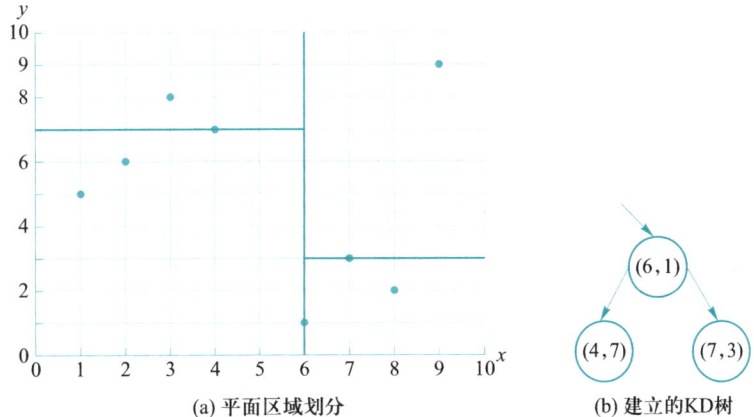

图 12-37 建立根结点的左、右分支

是结点 (7, 3) 的右分支结点。依照这个过程建立的 KD 树如图 12-37（b）所示。

③ 继续建立以结点 (4, 7) 和结点 (7, 3) 为根的子树。最终绘制如图 12-38 所示的平面区域划分和对应的 KD 树。

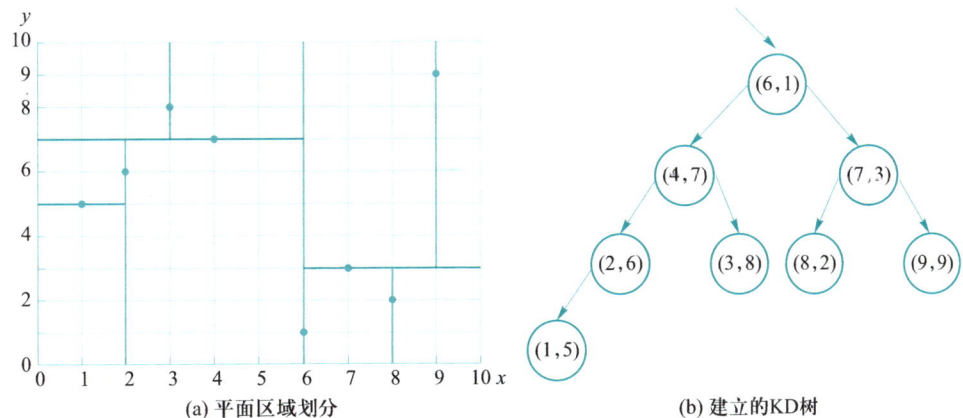

图 12-38 平面 8 个点建立 KD 树的平面区域划分图和 KD 树

2. KD 树的主要操作

（1）查找

查找分为查找关键字值和查找某维度 d 的最大值 / 最小值。

① 查找关键字值。根据待查找的数据，从 $r=1$ 维度开始，依次和根结点的对应维度关键字值比较大小，相等则在本结点继续比较 $r=(r+1)\%n$ 的下一个维度的关键字值。如果所有维度的关键字值都相同，则查找成功；否则，如果待查找数据比当前结点的对应维度关键字值小，则转左分支，如果待查找数据比当前结点的对应维度关键字值大，则转右分支。然后继续比较 $r=(r+1)\%n$ 的下一个维度的关键字值大小。直到找到所有维度相同的关键字值，则查找成功；或者找到空指针，则待查找数据不在 KD 树中，查找失败。

② 查找某维度 d 的最大值 / 最小值。以查找最大值为例，查找步骤如下：

a. 首先从 KD 树的根结点开始，从 $r=1$ 维开始。

b. 如果 $r==d$，若右分支不空，则到当前结点的右分支继续查找维度 d 的最大值；若右分支为空，则当前结点第 d 维的值就是这棵 KD 树的第 d 维的最大值。

c. 如果 $d<>r$，则需要在当前结点的左、右子树递归寻找维度 d 的最大值，且最大值 $=\max$（左子树第 d 维的最大值，右子树第 d 维的最大值，当前结点第 d 维的最大值）。

（2）插入

从 $r=1$ 维度开始，将 KD 树的根结点和待插入结点的第 r 维数据比较大小。如果待插入结点的第 r 维数据更小，则到左子树插入；否则，到右子树插入。直到 KD 树的空指针，则分配结点，将待插入数据存储到新结点，并让 KD 树的空指针指向新结点。

（3）删除

在 KD 树中查找到待删除结点，根据二叉查找树的删除方法，也分如下几种情况讨论 KD 树结点的删除：

① 叶结点：直接删除该结点。

② 只有右子结点：将右子树对应的第 r 维的最小值所在结点替换该待删除结点，再删除最小值结点。

③ 只有左子结点：将左子树对应的第 r 维的最大值所在结点替换该待删除结点，再删除最大值结点。

3. KD 树的应用

可以运用 KD 树查找与给定结点最近的结点，以及用 KD 树实现 K 近邻（k-nearest neighbor，KNN）算法。

12.7.2 四叉树

四叉树是一种空间索引树，树中每一个结点都代表着一块矩形区域。在平面直角坐标系中，平面可以被分为4个象限，四叉树的每一个结点也类似，可以分裂为4个子结点，子结点在满足条件的情况下可以继续分裂，这样就构成了一个四元的树状结构，即四叉树。

四叉树的结构比较简单，并且当空间数据对象分布比较均匀时，具有比较高的空间数据插入和查询效率。因此，四叉树是地理信息系统中常用的空间索引之一。在常规的四叉树结构中，地理空间对象都存储在叶结点上，中间结点以及根结点不存储地理空间对象。

如图12-39所示的二维平面图中有7个数据块，平面被均分成4个子区域a、b、c、d。其中，b和d子区域中数据块的数据超过1块，继续均分成4个子区域，命名为$b1$、$b2$、$b3$、$b4$和$d1$、$d2$、$d3$、$d4$。这时，这8个子区域的数据块都不超过1个，因此停止继续划分成更小的子区域。如果某个子区域的数据块超过1个，则仍然要继续均分为4个更小的子区域，直到每个子区域中的数据块最多为1块。

根据图12-39得到的四叉树如图12-40所示。根结点有4个子结点，其中第一个子结点是区域a，其中只有一个数据1；第二个子结点是区域b，其中的数据超过1，平均分成4个子区域，因此b结点又有4个子结点，分别存储$b1$、$b2$、$b3$、$b4$这4个区域中的数据块，依次是2, 3, 4, 4。其中，数据块4在$b3$和$b4$两个区域，所以$b3$和$b4$两个区域都存储数据块4。当然，数据块4还在c区域中，因此c区域也存储了数据块4。最后，d区域也均分成4个更小的子区域，分别存储数据块5、5、6、7。

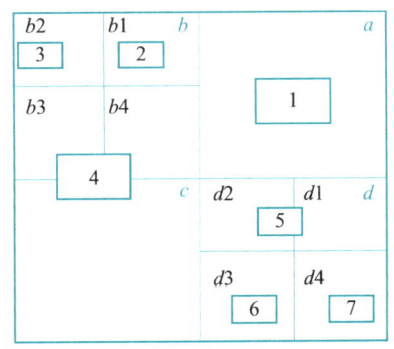

图 12-39 二维平面的 7 个数据块

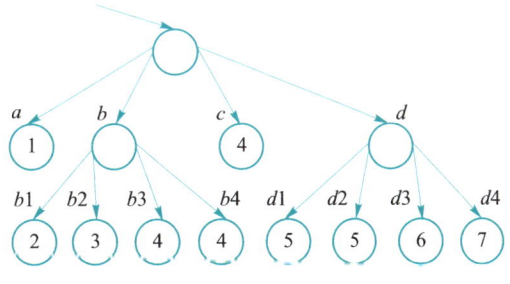

图 12-40 图 12-39 对应的四叉树

1. 四叉树的主要操作

（1）查找

从四叉树的根结点开始，根据数据块所在象限的位置，确定进一步检索的子树。

如果当前结点无子树，且存储的数据不是待查找的数据，则查找失败；如果存储的数据是待查找的数据，则查找成功；如果当前结点有子树，则继续根据数据块位置查找对应的子结点。四叉树的查找数据块操作的时间复杂度为 $T(n)=O(d)$，即四叉树的深度。

四叉树查找算法的优点是检测效率和对象数量无关，只和树的深度有关。

四叉树属于区域查询，效率比较高。但是，如果空间对象分布不均匀，随着地理空间对象的不断插入，四叉树的层次会不断地加深，将形成一棵严重不平衡的四叉树，使每次查询的深度大大增加，从而导致查询效率急剧下降。

四叉树主要用于二维空间的检索，八叉树可以用于三维空间。相同原理，可将 2^n 叉树用于 n 维空间的检索。

（2）插入

如果插入数据所在结点是空结点，则直接存储该数据块；如果不空，且没有子结点，则分裂该结点，得到 4 个子区域。如果每个子区域最多一个数据块，则将原结点数据和插入数据分别存储在新的子区域对应的结点中；如果存在子区域多于一个数据块，则这个子区域继续分裂，直到每个子区域中的数据块最多一个，再将数据存储在对应的叶结点中。

例如，在如图 12-41（a）所示的二维平面中插入数据块 8，由于 $d1$ 子区域数据块大于 1，所以将该区域分裂为 4 个子区域，其中新分裂的第二和第三子区域仍然存在数据块大于 1 个，因此继续分裂成更小的子区域，分裂结果如图 12-41（b）所示。根据分裂结果得到的四叉树如图 12-42 所示。

（3）删除

四叉树的删除操作需要先查找到待删除元素结点，因为是叶结点，可以直接删除。但因待删除数据可能在多个区域，因此需要将所有包含该数据的结点都删除，之后还可能进行子结点的合并。

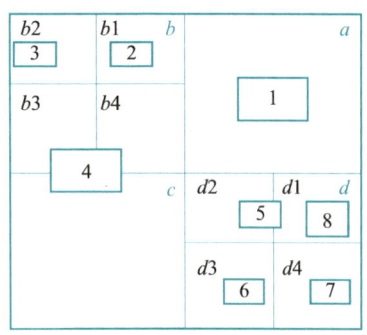
(a) 插入数据块 8

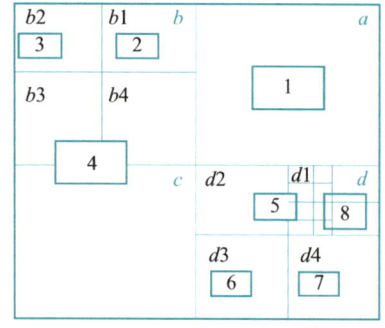
(b) 子区域划分

图 12-41   插入数据块 8 的子区域划分

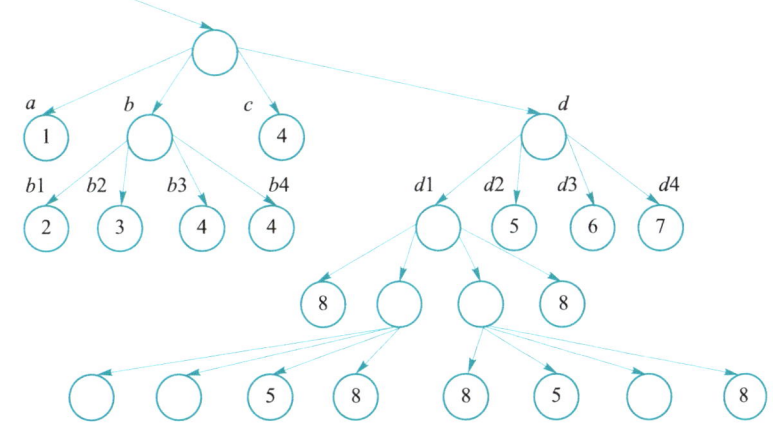

图 12-42 插入数据块 8 之后的四叉树

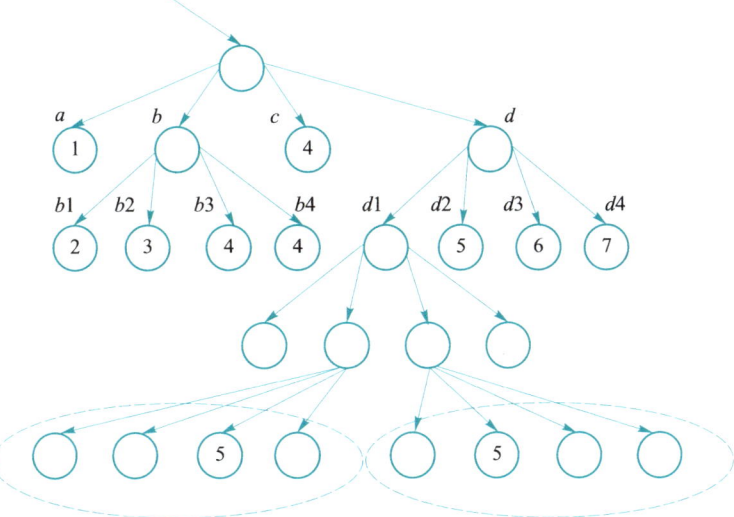

(a) 删除所有含有8的结点

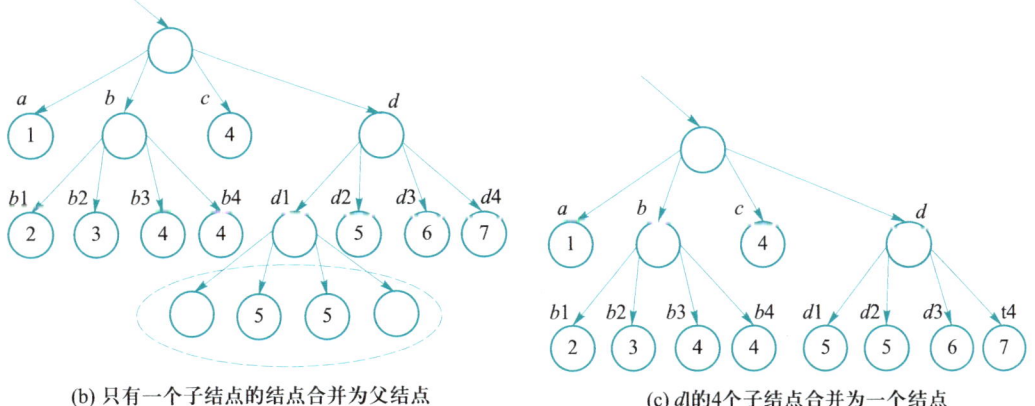

(b) 只有一个子结点的结点合并为父结点   (c) d1的4个子结点合并为一个结点

图 12-43 在图 12-42 中删除数据块 8

如果在图 12-42 中删除数据块 8，则需要删除所有包含 8 的结点，如图 12-43（a）所示。其中，只有一个子结点则合并到父结点，如图 12-43（b）所示。这时，$d1$ 的 4 个子结点中有 2 个空结点，2 个子结点是相同数据，继续合并，如图 12-43（c）所示。

游戏开发中遇到的平面图形通常是频繁移动的，移动后常采用重建四叉树，这避免了大量插入 / 删除操作。当然，如果平面图形仅有少数图形缓慢移动，就可以只修改因为移动造成变化的元素，即先删除再插入这些元素。

2. 四叉树的应用

四叉树常见的应用有图像处理、空间数据索引、2D 中的快速碰撞检测、稀疏数据等。

12.8 应用场景：虚拟内存管理

在第 2 章 2.7 节线性表的应用场景中介绍了采用线性表的方式进行内存管理。在实际场景中，内存管理使用更多的是二叉平衡树，如红黑树。例如，C++ 语言标准函数库和 Java 语言集合框架中的集合函数，Linux 操作系统的进程调度管理、虚拟内存管理、定时器管理等，都是通过红黑树实现的。以 Linux 操作系统的虚拟内存管理为例，Linux 借助存储管理部件管理虚拟内存，主要是内存的增、删、查、改。

虚拟内存空间是由双向链表组织的。但是，用双向链表查找需要 $O(n)$ 的时间复杂度，插入 / 删除也要先定位到待删除的空间，再通过修改指针实现相应操作，仍然是 $O(n)$ 的时间复杂度。而采用红黑树进行查询和插入 / 删除操作，都只需要 $O(\log n)$ 的时间复杂度。因此，一般使用红黑树来管理虚拟内存。红黑树中结点的关键字值是对应虚拟内存块的开始地址，内存的增、删、查、改等操作都是通过红黑树完成，最坏情况时间复杂度为 $O(\log n)$。查找或者分配新的虚拟内存、回收旧的虚拟内存，均按照红黑树的查找、插入和删除操作进行，详细代码请查阅 Linux 内核的相关函数。

本章小结

本章介绍了几种高级动态查找方法。

线段树是在特定区域内对数据元素的查找，它高效地支持在线维护修改和查询，包括区间求和、求区间内的最大值 / 最小值、求区间内的最大公约数 / 最小公倍数、区间更新、单点更新等操作。线段树的思想和分治思想很相似，但是必须满足原问题的解可以由不相交的子问题的解合并得到，否则不能用线段树求解。

跳表是在有序链表的基础上引入分层的思想，使得查找、插入和删除操作的时间复杂度降低。这里的分层与块状链表的分块思想有一定的相似性，但是块状链表仅将链表分成两层，而跳表则将链表分成若干层。

红黑树是介于二叉查找树（BST）和AVL树之间的一种"弱"平衡二叉树，其结点的颜色保持树的平衡性，即根据查找路径上黑结点的个数以及红、黑结点之间的联系来维持二叉树的平衡。红黑树是一种容易操作的平衡二叉树，但其删除操作分类情况比较多且复杂，不容易实现，于是有了红黑树的变种——AA树，每个结点没有颜色信息，而是存储了层次信息。红结点的层次与父结点的层次相同，而黑结点的层次是父结点的层次-1。

伸展树是一种自调整的二叉查找树，它通过旋转操作将最近访问的结点移动到树的根结点，从而提高这些结点的访问效率。相较于其他自平衡树，伸展树的实现相对简单，没有额外的平衡条件，能够适应各种不同的数据分布和访问模式，但这又使得伸展树无法保证严格的平衡。伸展树在平均情况下具有较好的性能，但在最坏情况下其时间复杂度可能会退化到$O(n)$。

树堆是基于堆的二叉查找树，它既不是一个规则形态的二叉查找树，也不是二叉堆这样的完全二叉树，且不符合AVL树或红黑树这些平衡树的要求，而是一种近似平衡的二叉查找树。树堆的插入/删除操作简单直观，速度也不错，但是这里的堆是随机生成的，所以不能保证每一个操作都在一定的时限内完成。

KD树是分割k维数据空间的数据结构，主要应用于多维空间关键数据的搜索。树的每一个结点包括［特征坐标，切分轴，指向左子结点的指针，指向右子结点的指针］。KD树可用于寻找最邻近点或者KNN算法。

四叉树是一种空间索引树，树的每一个结点都代表着一块矩形区域。在平面直角坐标系中，平面被分为4个象限，四叉树的每一个结点也分裂为4个子结点，子结点在满足条件的情况下可以继续分裂，这样构成了一个四元的树状结构，即四叉树。

本章习题

1. 请将图12-1修改为求区间和的线段树，并说明如何求出区间[3, 7]的元素和。

2. 在第1题建好的区间求和线段树T中，将[8, 11]区间的值都增加3，并采用懒惰标记法修改线段树，求出区间[5, 10]的和值。

3. 试给出求区间和的线段树的初始化、单点更新、区间查询的非递归算法。

*4. 线段树和树状数组都能解决区间问题，请分析这两种结构各自的特点和适用场合。

*5. 已知数组 $A=[5, 3, 8, 2, 6, 1, 4, 7]$，请建立树状数组，并根据树状数组求出 [3, 6] 的和值。

6. 分别打印在图 12-4 所示的跳表中查找关键字值为 19 和 7 的结点经过的关键字序列。

7. 在图 12-4 所示的跳表中依次插入关键字值 22、8，再删除关键字值 9 和 6。请绘制完成上述操作后的跳表。说明：关键字值 22 进入上一层的概率分别是 0.8、0.2、0.6，关键字值 8 进入上一层的概率分别是 0.7、0.6、0.3；其中插入的数据被保留在上一层的超参数 p 设置为 0.5，大于该概率则进入上一层，否则不进入。

8. 依次向初始为空的红黑树中插入数据集 {10, 85, 15, 70, 20, 60, 30, 50, 65, 80, 90, 40, 5, 55, 35}。请详细绘制插入每一个数据后调整得到的红黑树。

9. 在从第 8 题得到的红黑树中删除 15 和 65 两个结点，请绘制删除结点之后的红黑树。

10. 红黑树和 AVL 树相比有哪些优缺点？红黑树的颜色为什么使得平衡性减弱？只有红、黑两种颜色，设计红黑树的结构时能否用位运算而非字符或整数来表示颜色？

11. 若一棵红黑树的黑结点被删除，其父结点也是黑结点，如图 12-44 所示，结点 X 是实际删除的黑结点或向根调整的路径上造成父结点的左、右黑高度不平衡的结点。请问为什么不采用直接将父结点左旋的方法进行调整？

*12. 向图 12-23 所示的 AA 树中插入 32、37、44 这三个结点，请绘制插入后的 AA 树。

*13. 试写出 AA 树的左旋、右旋和插入操作的算法伪代码。

*14. AA 树用层次和 AVL 树的树高有什么区别？为什么要从 AVL 树调整为红黑树，又调整为 AA 树？如果有大量数据进行多次索引，这三种平衡二叉树是否有各自更适用的场合？请尝试分析并得出结论。

15. 向初始为空的伸展树中顺序插入 {13, 56, 7, 1, 83, 67}，然后执行：查找 7、删除 13、插入 25。请绘制每一步操作后的伸展树。

*16. 请编程实现伸展树的查找、插入、删除等算法伪代码。

17. 树堆保持堆性质的优先级属性如果不随机，可能会出现什么情况？最坏情况如何？

*18. 向初始为空的树堆中插入 10 个关键字值 {31, 87, 65, 12, 4, 77, 9, 10, 29, 91}，插入时用某随机数算法生成的 10 个优先级（数字越大优先级越高）是 {44, 6, 88, 12, 9, 77, 18, 6, 9, 54}。请绘

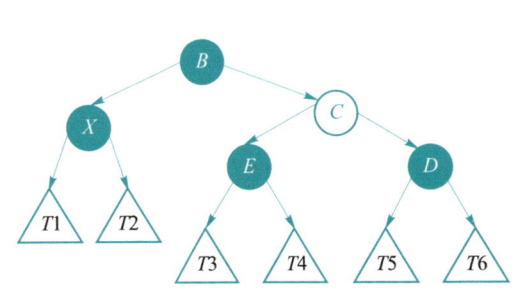

图 12-44　红黑树的黑结点 B 的左子树删除一个黑结点

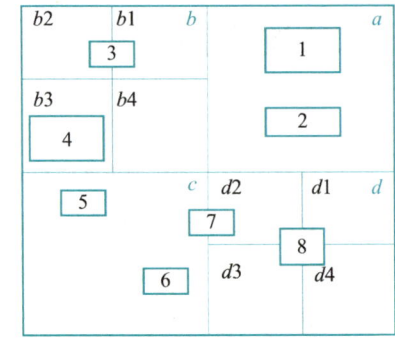

图 12-45　二维平面的 8 个数据块

制得到的树堆，再绘制删除关键字值65之后的树堆。

*19. 根据如图12-38（b）所示的KD树，求出距离点(7, 3)位置最近的3个点。

*20. 请根据图12-45绘制对应的四叉树。

溯源与参考文献

线段树于1977年由Jon L. Bentley提出，用于维护区间信息[1]。跳表由William Pugh于1990年提出[2]。跳表由若干层有序链表组成，可以有效地支持动态查找。

红黑树是一种特殊的B树，于1978年由Leonidas J. Guibas和Robert Sedgewick从对称二叉B树中推导得出[3]。伸展树由Daniel D. Sleator和Robert E. Tarjan于1985年提出，其动机是将高频条目放在靠近树根的位置，以减少查找时间[4]。树堆由Cecilia R. Aragon和Raimund Seidel在1989年提出，该结构实现简单[5]。

AA树是红黑树的一种变种。Arne Andersson在1993年发表的论文 "Balanced Search Trees Made Simple" [6]中指出，设计AA树的目的是减少红黑树考虑的不同情况。区别于红黑树的是，AA树的红结点只能作为右叶结点，从而大大简化了维护2-3树的过程。

KD树由Jon L. Bentley于1975年提出，它能维护k维空间中的实例点并进行快速检索[7]。

Raphael Finkel和Bentley在1974年提出的四叉树[8]常应用于二维空间资料的分析与分类。

本章参考文献

[1] BENTLEY J L. Algorithms for Klee's rectangle problems. Unpublished notes. Computer Science Department, Carnegie Mellon University, 1977.

[2] PUGH W. Skip lists: a probabilistic alternative to balanced trees[J]. Communications of the ACM, 1990, 33(6): 668–676.

[3] GUIBAS L J, SEDGEWICK R. A dichromatic framework for balanced trees[J]. 16th Annual Symposium on Foundations of Computer Science (SFCS' 1978), 1978: 8–21.

[4] SLEATOR D D, TARJAN R E. Self-adjusting binary search trees[J]. Journal of the Association for Computing Machinery, 1985, 32(3): 652–686.

[5] ARAGON C R, SEIDEL R G. Randomized search trees[J]. Proceedings of the 30th Annual Symposium on Foundations of Computer Science (FOCS' 1989). Washington: IEEE Computer Society Press, 1989：540–545.

[6] ANDERSSON A. Balanced search trees made simple[C]. WADS'93: Proceedings of the 3rd Workshop on Algorithms and Data Structures, 1993: 60–71.

[7] BENTLEY J L. Multidimensional binary search trees used for associative searching[J]. Communications of the ACM, 1975, 18 (9): 509–517. DOI:10.1145/361002.361007.

[8] FINKEL R. BENTLEY J L. Quad trees: a data structure for retrieval on composite keys[J]. Acta Informatica, 1974, 4 (1): 1–9. DOI:10.1007/BF00288933.

第 13 章

外排序

本书前面介绍的数据结构基本上都存储在内存中，相应的算法也是针对内存中的数据进行操作。但有些时候应用程序需要存储和处理的数据

本章引子

量太大，而内存空间相对有限，不可能同时把所有数据放到内存中进行处理，这就需要把数据存放到容量更大也更低廉的外存设备中。而 CPU 只能和内存直接交换数据，所以需要根据数据处理的要求，每次从外存选择读入部分信息到内存，然后在内存中进行相应的运算。

外排序是外存运算的经典算法。作为内排序的延伸和扩展，外排序是指将外存文件中的待排序对象通过内存与外存之间的数据交换，以及被交换到内存中那些数据的内排序，完成对整个外存文件的排序。外排序是数据库、搜索引擎等实际应用中需要频繁执行的运算，具有非常重要的作用。

读写同样规模的数据，外存操作比内存操作所用的时间要多 100 万倍，因此外排序算法的关键就是利用尽可能少的输入/输出操作完成文件排序。

本章介绍的外排序是基于磁盘的一种应用程序开发。13.1 节首先以内存与外存的根本差异作为问题引入；13.2 节介绍在外存中文件的组织形式和相关操作；13.3 节介绍外排序的处理过程；13.4、13.5 节分别介绍二路归并外排序和多路归并外排序；13.6 节介绍最佳归并树；13.7 节详细讲解置换选择外排序；13.8 节作为拓展延伸内容，介绍并行归并和分布式归并；最后，13.9 节介绍外排序在数据库系统中的应用场景。

13.1 问题引入：内存与外存

计算机的存储设备通常可以分为内存（也称主存储器，简称主存）和外存（也称外存储器、辅助存储器）。存储设备的层次结构如图13-1所示，一般越往上存储设备容量越小，速度越快，存储每字节的成本越高；越往下存储设备的容量越大，速度越慢，存储每字节的成本越低。存储器层次结构的中心思想是：对于每个k，位于第k层的更快更小的存储设备可以用作位于第$k+1$层的更大更慢的存储设备的缓存。

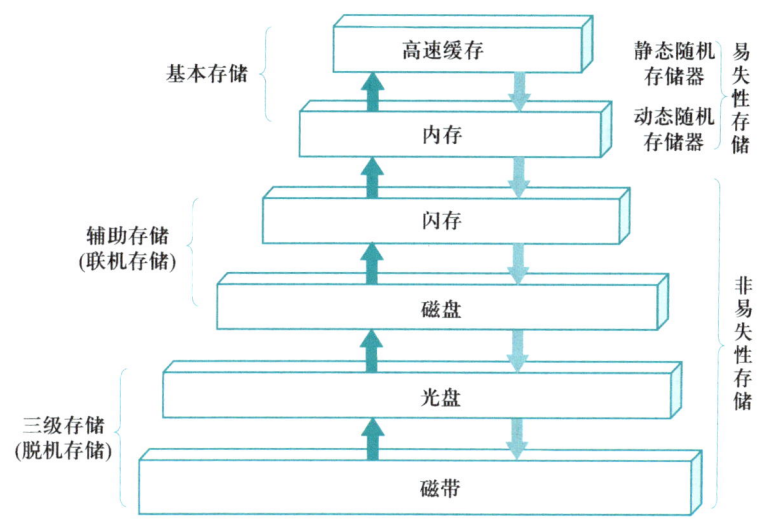

图 13-1　计算机的存储设备层次结构示意图

目前，尽管计算机的内存越来越大，但用户需要存储的数据量也在飞速增长，内存容量的增长速度还是赶不上用户不断增长的数据存储需求。另一方面，由于内存价格相对高昂，将用户的大量数据全部用内存来存放也是不现实的。

CPU只能和内存直接交换数据，外存中存储的数据必须先读入内存才能处理，因此访问外存中的数据会比访问内存中的数据慢得多。虽然外存设备速度较慢，但是外存设备容量更大且价格低廉，恰好能够满足用户的需求。

硬盘是使用最为广泛的外存设备。早期的机械硬盘由磁盘、磁头等机械部件构成，利用机械旋转读取数据。如今普遍使用的固态硬盘则是使用固态电子存储芯片阵列制作而成，由控制单元、存储单元和缓存单元组成，整个固态硬盘结构无机械装置，完全由电子芯片和电路板构成，因此固态硬盘有着更快的读写速度，也摆脱了旋转延迟的问题。

外存相比内存还有两个突出的优点：永久存储能力和便携性。外存（如磁盘和磁带）对内容的存储是永久的，在断电以后其中所存放的信息不会被清除；而用作内存的随机存储器却是易失的，其中存放的信息在断电后就丢失了。此外，一些外存设备（如光盘、移动硬盘、U 盘等）可以便捷地在计算机上插拔使用，有助于人们快速传输信息。

但是，外存的缺陷也是很明显的，访问磁盘中的数据比访问内存要慢五六个数量级，如访问机械硬盘的时间为 4 ms~10 ms（1 ms = 10^{-3} s），而标准个人计算机中内存的访问时间为 9 ns~70 ns（1 ns = 10^{-6} ms）。尽管磁盘和内存的访问时间都在缩短，固态硬盘访问时间为几十 μs~100 μs（1 μs = 10^{-3} ms），目前较新型号的内存的访问时间通常为 0.15 ns~0.6 ns，但它们是以大致相同的速率缩短。它们之间 15 年前的速度之比和今天的速度之比基本上是一样的，访问时间的差距仍然在 10 万倍到 100 万倍之间。也就是说，某个在内存中花 20 s 就能完成的操作，在外存中要花将近一个月的时间才能完成。

综上所述，在涉及外存数据操作时，必须遵循一个重要原则：尽量减少访外次数。

一般采用三种策略来减少访外次数：合理组织文件结构、预读外存和压缩存储在磁盘中的信息。文件在合理组织的结构下，只需要两三次甚至一次访外，就能够得到外存中的数据。预读外存技术使每次磁盘访问都能得到更多的数据，从而减少将来的访问次数，同时还可以预测紧接着需要什么数据，预先把它们取到内存。从磁盘或磁带中读取几百个连续字节的数据与读取一个字节的数据所需要的时间没有太大的差别，因此一次访外是读取一整个磁盘页块（也就是扇区）的数据。

第 10 章内排序等章节已经大量地讨论了内存的空间/时间权衡问题，使用更多的内存往往可以获得更快的运行速度；反之，如果有严格的空间限制，则往往只能牺牲运行时间。20 世纪曾经有不少进行磁盘压缩的技术，在处理存储在磁盘上的数据时，压缩存储在磁盘中的信息，程序就会运行得更快。随着硬盘技术和制造业的进步以及成本的降低，磁盘压缩软件在 20 世纪 90 年代后期被淘汰。但是在外排序、外存文件索引等需要频繁读取磁盘文件数据的应用场景下，还是要注意外存和网络的空间/时间权衡原则，也就是尽量节省空间意味着可以节省时间。

为了解决访问速度的问题，外存上的数据通常采用分块访问的方式。外存空间被划分成长度固定的存储块，称为页（page），每一页包含一定数量的数据单元。数据以页块为单位进行存取，这样可以减少外存的定位次数，减少外存读写的时间耗费。

在实际应用中顺序访问外存数据的情况非常普遍，缓冲方式特别适合需要顺序访问外存的情况。一次外存访问把一个或几个页块的内容读入内存的缓冲区，增加即将访问数据在内存中的可能性，避免临时读取外存数据，从而极大地提高效率。但由于缓存处理等机制，文件存储在不同块区时依旧会降低硬盘的读取速度。

13.2 文件与文件流

本节介绍文件在外存中的组织形式和相关操作，并以 C++ 语言中的文件描述方式为例。

外存上的数据一般都组织成文件的形式，其数据结构称为文件结构。文件是一些记录的汇集，其中每条记录由一个或多个数据项（也称字段或属性）。其值能唯一标识记录的数据项或数据项的组合称为主码（也称主关键字或主键，本章及第 14 章也简称为关键字）[1]。例如，表 13-1 所示的选课学生文件样例包含的数据项有学号、姓名、性别、系所名称、专业名称等，其中学号就是关键字。

在实际应用中经常会遇到对文件的各种运算，如记录检索、更新等。为了方便各种应用，提高存储效率和运算效率，就必须研究文件的组织结构。

表 13-1 选课学生文件样例

学号	姓名	性别	系所名称	专业名称
1900011440	张志昊	男	物理学院	物理学
1900012739	李子润	男	信息科学技术学院	电子信息工程
1900012769	周学平	男	信息科学技术学院	微电子科学与工程
1900012772	刘松涛	男	信息科学技术学院	集成电路设计与集成系统
1900012817	赖念远	男	信息科学技术学院	电子信息科学与技术
1900012948	吕本厚	男	信息科学技术学院	计算机科学与技术
1900015558	李恩硕	男	经济学院	国际经济与贸易
1900015938	张琦丽	女	光华管理学院	会计学
1900016007	刘宇阳	男	光华管理学院	市场营销
1900017729	萧伯涵	男	元培学院	金融学
2000012407	吴天凌	男	地球与空间科学学院	物理学（地球物理）
2000094805	李乾浩	男	信息科学技术学院	软件工程
2100011790	朴小海	男	化学与分子工程学院	化学
2100094806	刘睃优	男	信息科学技术学院	智能科学与技术
2200921820	张嬿慈	女	光华管理学院	工商管理
2200921842	黄紫缇	女	外国语学院	英语

---

[1] 由于外排序及索引是数据库等实际应用中频繁使用的技术，本章及 14 章在阐述中将使用数据库领域的常用术语。

13.2.1 文件组织

对使用高级程序语言的编程人员而言，存储在磁盘中可以随机访问的文件被当作一段连续的字节，这些字节结合起来构成记录，这种文件被称为逻辑文件。但是实际存储在磁盘中的物理文件通常不是一段连续的字节，而是成块地分布在整个磁盘中。文件管理器是操作系统的一部分，当应用程序请求从逻辑文件中读取数据时，它把这些逻辑位置映射为磁盘中具体的物理位置。本小节将介绍磁盘上文件的逻辑结构与存储结构。

1. 文件的逻辑结构

一个文件可看作由多条记录组成的数据结构，把构成该文件的各记录看作结点，文件中各记录之间存在着逻辑关系。当一个文件的各条记录按照某种次序排列时(这种排列的次序可以是记录中关键字值的大小，也可以是各条记录存入该文件的时间先后等)，各记录间就自然地形成了一种线性关系。在这种次序下，文件中每条记录最多只有一个后继记录和一个前驱记录，而文件的第一个记录只有后继没有前驱，文件的最后一个记录只有前驱而没有后继。因而，文件可看成是一种线性结构。

2. 文件的存储结构

下面介绍几种不同存储结构实现的文件：

（1）顺序结构：顺序文件

文件中的记录按照其存入文件的时间先后依次存放，当记录的物理存放顺序与逻辑顺序一致时，就是顺序文件。顺序文件比较适合于顺序存取（尤其是磁带设备）。

（2）计算寻址结构：散列文件

散列文件中记录的存放地址是其关键字值经过散列函数计算来确定的。不同的关键字值经散列函数的转换后可能会得到相同的地址，从而产生冲突。因此，在散列文件中关键在于选择恰当的散列算法以尽量避免冲突的出现，并选择好的方法有效处理冲突。这与第11章中讨论的内存散列有类似之处，本章不予深入讨论。散列文件适用于随机存取。

（3）带索引的结构：索引文件

索引文件带有一个索引表，索引表中的每一项内容包含一个关键字值和对应于该关键字值的在被索引的主文件中的相应地址。一般说来，索引表本身是按关键字值的大小顺序排列的，而索引文件本身内容的物理顺序与其逻辑顺序可以是一致的，也可以是不一致的。如果一致，则称为索引顺序文件。

当索引表十分庞大时，通常还需要建立索引的索引，形成多级索引。这样索引本身已不是一种线性结构，而是一种树结构了，例如第14章将介绍到的B/B+树索引。

在实际应用中，不仅需要按关键字值查找记录进而找到记录中其他数据项值，而且常需要按记录中的其他数据项（或属性）值来查找记录。这样就需要对某属性按属性值建立索引，这种索引表中的每项内容包含一个属性值和具有该属性值的各记录的地址。由于这种索引不是由记录来确定属性值，而是由属性值来确定记录位置，因而称为倒排索引。带有倒排索引的文件称为倒排索引文件，简称倒排文件。搜索引擎中，为了方便按照关键词进行检索，预先建立了所有网页的关键词倒排索引。这些内容都将在第14章予以介绍。

索引顺序文件既适用于随机存取，又适用于顺序存取。

13.2.2　流文件

本书是基于面向对象和抽象数据类型的观点来编写的，下面以C++为例来介绍文件的相关操作。

C++的前身C语言是与UNIX操作系统一起设计的，在UNIX以及其衍生版本Linux中，一切皆是文件，目录是文件，设备是文件，文件是文件……UNIX/Linux通过编程对文件进行操作的方式有文件描述符和文件流两种机制，其中：文件描述符的类型为int，其操作更底层；文件流的类型为FILE*（文件指针），其操作更高级且更丰富。

文件流是基于文件描述符来实现的，所以可以从文件流中提取并操作文件描述符，比如"int fileno(FILE*); fileno(file_stream)"。文件流本身不是文件，而只是以外存文件为输入/输出对象的数据流。每一个文件流都有一个内存缓冲区与之对应，从而减少了使用read和write系统调用的次数，这样可以减少用户态与核心态切换的开销。可以说，文件流就是对文件描述符和缓冲的一个封装，把数据传输（包含输入和输出）的过程看作水流一样，从一个地方流到另一个地方。输入文件流是从内存流向外存文件的数据，输出文件流是从外存文件流向内存的数据。对于一个文件，如果涉及格式化的输入/输出，以及面向字符或行的输入/输出，更推荐使用文件流进行操作。

C++程序员对随机访问文件的逻辑视图是一个单一的字节流，即字节数组，通常不需要知道字节如何在扇区、簇内部进行存储。逻辑位置和物理地址之间的映射由文件系统负责，操作系统会自动进行扇区级缓冲。

C++提供了多种机制操作二进制文件。在C++的I/O类库中定义了几种文件类，专门用于对磁盘文件的输入/输出操作，即程序与文件的交互。C++流文件本质上就是预定义的类对象。标准输入/输出流类包括istream、ostream和iostream类。其中：istream是通用输入流和其他输入流的基类，支持输入；ostream是通用输出流和其他输出流的基类，支持输出；iostream是通用输入/输出流和其他输入/输出流的基类，支持输入/输出。

此外，还有三个用于文件操作的文件类：

① ifstream类：从istream类派生，用来支持从磁盘文件的输入。

② ofstream 类：从 ostream 类派生，用来支持向磁盘文件的输出。

③ fstream 类：从 iostream 类派生，用来支持对磁盘文件的输入/输出。

上述三个文件类中最常用的是 fstream 类，它包含一些主要成员函数，利用这些函数可以操作可随机访问的磁盘文件中的信息。这些函数构成了文件的抽象数据类型定义，具体如下：

ADT File { //文件的抽象数据类型定义
数据对象：
　　字节数组 *c*。
基本操作：
　　Open(*file_name*, *open_mode*)：打开文件进行处理。
　　Read(*file_ptr*, *n_bytes*)：　　　从指针位置开始往后读取 *n_bytes* 个字节，随着字节的读取，指针位置向前移动。
　　Write(*file_ptr*, *n_bytes*)：　　　从指针位置开始往后写入 *n_bytes* 个字节，随着字节的写入，文件当前位置向前移动。
　　SeekRead(*pos*, *base*)：　　　改变读指针位置到基地址 *base* 往后偏移 *pos* 个字节的位置。
　　SeekWrite(*pos*, *base*)：　　　改变写指针位置到基地址 *base* 往后偏移 *pos* 个字节的位置。
}

C++ 以流对象进行输入/输出。首先，必须定义针对磁盘文件的输入（或输出）文件流类的对象，通过文件流对象将数据从内存输出到磁盘文件，或者将数据从磁盘文件输入内存。cin 和 cout 是标准设备的输入/输出流对象，cin 是 istream 的对象，cout 是 ostream 的对象，这两个对象事先已在 iostream.h 中定义，不需要用户自行定义。

常见的三个基本文件操作为：把文件指针设置到指定位置（移动文件指针）、从文件的当前位置读取字节和向文件中的当前位置写入字节。这三个基本文件操作都是围绕指针进行的。

关于 C++ 流文件的相关知识，读者可以阅读 C++ 语言的相关教材，这里不再赘述。

13.2.3 缓冲区和缓冲池

外存中的数据必须先读入内存才能处理。由于外存访问时间是内存的近一百万倍，所以需要设法减少磁盘访问次数，一旦读取了一个扇区，就将其信息存储在内存中，这样如果下一次磁盘请求要访问的扇区信息保存在内存，就不需要再从磁盘中读取了，这称为缓冲或缓存信息。实际上，大多数磁盘请求的位置都接近于前一次请求的位置（至少在逻辑文件中是这样），也就是说，下一次请求"命中缓存"的可能性比随机情况下的机会高很多。存储在一个缓冲区中的信息通常称为一页，往往对应一次读取外存的磁盘块大小，这些缓冲区合起来称为缓冲池。缓冲池的目标是增加内存中存储的信息量，希望对于新的信息请求，从缓冲池中得到请求信息的可能性更大，从而不必再从磁盘中读取。

目前磁盘的平均访问时间比过去更少，这不仅仅是因为硬件比原来更快，还因为现在的信息存储技术使用了更好的算法和更大的缓冲区，使从磁盘中取出信息的次数更少。

扇区级缓冲一般由操作系统提供，经常建立在磁盘控制器硬件中。大多数操作系统至少维护两个缓冲区，一个用于输入，另一个用于输出。对于输入缓冲区或输出缓冲区，操作系统往往会使用多重缓冲技术，即使用多个缓冲区来保存数据。多重缓冲的优势在于能够使缓冲区的读者始终看到完整的数据。以输入缓冲区为例，在CPU使用某一缓冲区内的数据时，磁盘控制器可以同时写入另一缓冲区，无须担心无意间破坏正在读取的缓冲区内的数据。

缓冲区中的每个块总有一个备份存放在磁盘上，但是在磁盘上的备份可能比在缓冲区中的备份旧。负责缓冲区空间分配的子系统称为缓冲区管理器。程序在访问磁盘块时向缓冲区管理器提出请求（或称为调用缓冲区管理器），如果此块已在缓冲区中，缓冲区管理器将把该块从内存中传输给请求者；否则，缓冲区管理器首先在缓冲区中为该块分配空间（必要时会把其他块移出内存来为新块腾出空间，被移出的块若在最近一次写回磁盘后时被修改过，就会被写回磁盘），然后将新块从磁盘读入缓冲区，并将该块的内存地址传输给请求者。缓冲区管理器的内部动作对发出磁盘块请求的程序是透明的。

图13-2是Linux系统中写文件操作的缓冲区调用示意图。内核操作文件会使用高速缓冲区，进程把用户数据写到缓冲区，然后内核把数据从缓冲区写到磁盘文件。当进程不断写入数据时，内核可以等缓冲区满了再一次性往磁盘写入，从而提高性能。

理想情况下，在替换缓冲池中某个块时，应选择一个最近且最不可能被用到的缓冲区块，但缓冲区管理器不太可能确切地知道未来的访问模式，只能根据一些决策方法来决定替换策略。

在操作系统和数据库系统中，"最近最少使用"（LRU）策略是普遍使用的替换策略。假定最近被访问过的块最有可能再一次被访问，因此替换最近访问最少的块。LRU策略将缓冲区用链表来存储实现，当一个缓冲区被访问后，将该缓冲区放到链表的最前面，当有新的缓冲区请求时，使用链表最后面的缓冲区（最近最少使用的缓冲区）。

目前很多操作系统都支持虚拟存储，它使程序员能够把内存和外存结合起来使用，得到一个容量很大且速度足够快的"虚拟内存"。虚拟存储的数据需要全部存放在外存中。虚拟内存管理器先将一部分数据载入内存缓冲池，另一部分留在磁盘中。如果没有足够的内存空间，则系统自动选择部分内存空间，把其中原有的内容交换到磁盘上，释放出的内存空间能够置入新的数据。当然，使用虚拟存储技术的程序比不使用该技术而把数据全部存储在内存中的程序慢。但是，当程序需要很大的内存，而物理内存有限时，优秀的虚拟存储系统不需要修改程序就可以使用超出物理内存限制的更大内存。

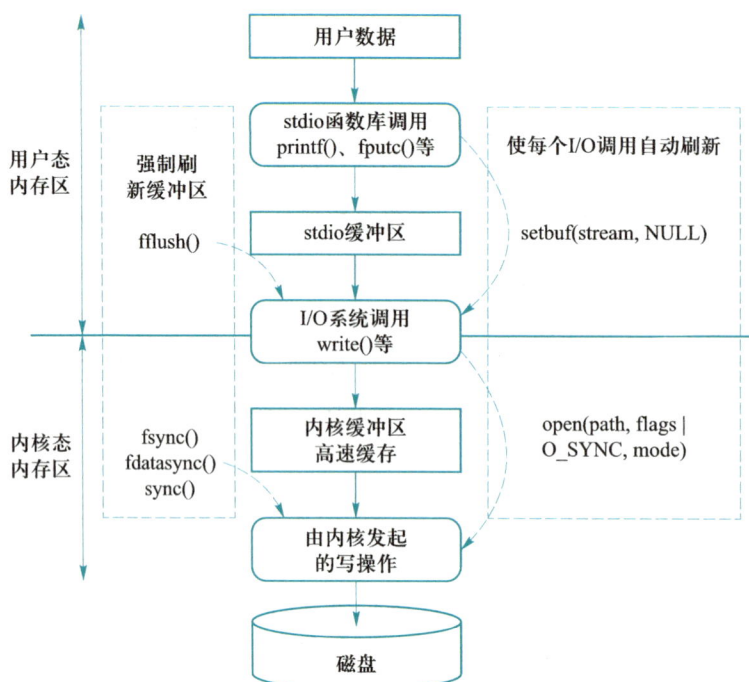

图 13-2　Linux 系统中写文件操作的缓冲区调用示意图

13.3　外排序处理过程

　　许多应用程序需要对外存中的大量记录进行排序，如工资管理软件或其他大型商业数据库管理系统。由于文件很大，无法把整个文件的所有记录同时调入内存中进行排序，需要用到外排序技术。外排序方法与各种外存设备的特征有关，本书只讨论利用磁盘进行排序的情况，不讨论机器细节。

　　由于内存空间的限制，对于待排序的大文件，外排序只能先从磁盘中读出部分记录，在内存中排好序，然后再把这些记录写回磁盘；不断重复这个过程，直到对整个文件完成排序，其中每个记录可能被从外存读写多次。显然，外排序算法的主要目标是尽量减少读写磁盘的次数。外排序需要通过缓冲区来进行操作，根据磁盘页块和对应的缓冲区大小，一次读入或写出的磁盘页块可能包含多条记录。

　　对外存文件进行排序，通常采用归并排序法。这种方法基本上由两个阶段组成：

　　① 用某种有效的内排序方法对文件的各段进行初始排序，这些经过排序的段通常称为顺串，它们生成之后立即被写回到外存上。

　　② 逐趟把第一阶段所生成的顺串加以归并（如若干次二路归并），直至变为一个顺串为止，即形成一个已排序的文件。

外排序算法的各种变体，大多都依据上述思路。

外排序所需要的时间由三部分组成：内排序所需要的时间、外存信息读写所需要的时间和内部归并所需要的时间。由于外排序必须不断地在内存与外存之间传送数据，而外存的读写速度与内存相比要慢得多，因此减少外存信息的读写次数是提高外排序效率的关键。

对同一个文件而言，进行外排序所需读写外存的次数与归并趟数有关，因为每做一趟归并，所有数据都要被读入内存进行归并排序，排好的结果还需要写到外存等待下一轮继续进行归并。归并趟数越多，数据重复被读写就更多。假设有 m 个初始顺串，每次对 k 个顺串进行归并，则归并趟数为 $\lceil \log_k m \rceil$。因此，为了减少归并趟数，可以从两个方面着手：一是减少初始顺串的个数 m，二是增加归并的路数 k。本章后续将要讨论的置换选择算法和多路归并算法可解决这个问题。

13.4 二路归并外排序

合并外部顺串时，最简单的二路归并外排序方法类似于内排序中的归并排序。外排序实现顺串的两两归并时，用两个输入数据流读取数据，用一个输出数据流建立归并后的文件，即把内存空间分成三个页块，其中两个页块用作输入缓冲区，另一个页块用作输出缓冲区。需要多次进行外存的读写操作。

这种外排序的方法来自归并的思想。下面通过一个例子来说明二路归并外排序算法的过程。设有一个文件，内含 4 500 条记录：A_1，A_2，$\cdots$，$A_{4\,500}$，现在要对该文件进行排序，但可占用的内存空间至多只能对 750 条记录进行排序。输入文件（被排序的文件）放在磁盘上，页块长为 250 条记录。排序过程如下：

① 每次对三个页块（750 条记录）进行内排序，整个文件得到 6 个顺串 R_1~R_6，这可用第 10 章所述的内排序算法来实现，把这 6 个顺串存放到磁盘上，如图 13-3 所示。

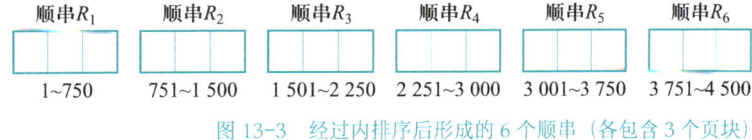

图 13-3　经过内排序后形成的 6 个顺串（各包含 3 个页块）

② 取三个内存页块，每块可容纳 250 条记录，把其中两块作为输入缓冲区，另一块作为输出缓冲区。先对顺串 R_1 和 R_2 进行合并。可把每一个顺串的第一个页块读入输入缓冲区。从两个输入缓冲区的顶部开始逐步比较记录中待排关键字的大小，将小的那个记录送到输出缓冲区，从而对这两个顺串的页块加以合并。如果输出缓冲区被

写满，就将数据写入磁盘；如果输入缓冲区的数据被处理完，就把同一顺串中的下一页块读入。这样不断进行，直到顺串 R_1 与 R_2 的归并完成为止。在 R_1 和 R_2 的归并完成之后，再归并 R_3 和 R_4，最后归并 R_5 和 R_6。至此，归并过程已对整个文件的所有记录扫描一遍。"扫描一遍"意味着文件中每一条记录被读写一次（即从磁盘上读入内存一次和从内存写到磁盘一次），并在内存中参加一次归并。这一遍扫描所产生的结果为3个顺串，每个顺串含6个页块，共1 500条记录。再用上述方法把其中2个顺串归并起来，结果得到一个大小为3 000条记录的顺串；最后把这个顺串和剩下的那个长为1 500条记录的顺串进行归并，从而得到所求的排序文件。图13-4显示了这个归并过程。

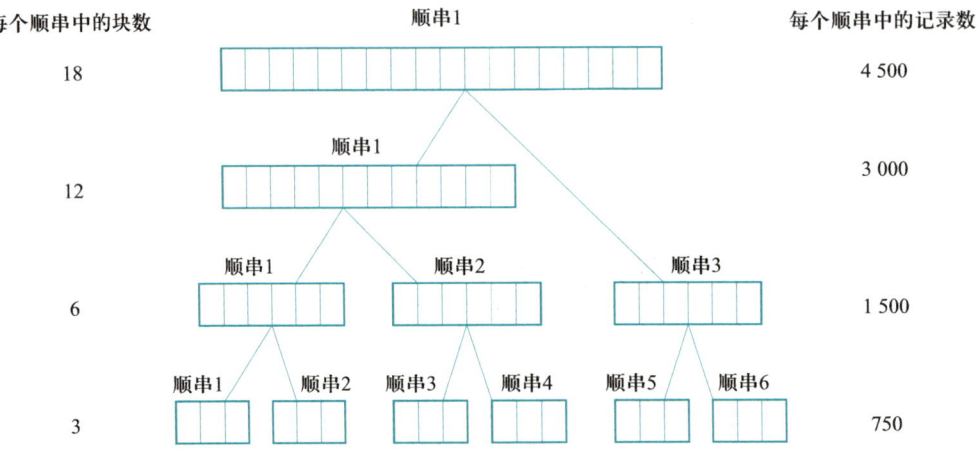

图 13-4　6个顺串的合并过程

从归并过程可见，扫描的遍数对于归并过程所需要的时间起着关键的作用。上例中，除了在内排序形成初始顺串时需做一遍扫描外，最后归并成已排序文件共需 $2\frac{2}{3}$ 遍扫描：把6个长为750条记录的顺串归并为3个长为1 500条记录的顺串，需要扫描一遍；把2个长为1 500条记录的顺串归并为1个长为3 000条记录的顺串，需要扫描 $\frac{2}{3}$ 遍；把一个长为3 000条记录的顺串与另一个长为1 500条记录的顺串进行归并，需要扫描一遍。

不考虑形成初始顺串的扫描遍数（后面13.7小节将讨论初始顺串的形成，正好对原始待排数据进行一遍扫描），如果初始顺串长度增加一倍，成为1 500条记录，那么4 500条记录的文件将只有3个长度为1 500条记录的初始顺串，最后归并成已排序文件共需 $1\frac{2}{3}$ 遍扫描，比长度为750条记录的初始顺串整整减少了一遍扫描。因此，为一个磁盘文件创建尽可能大的初始顺串将大大减少扫描遍数。

★13.5 多路归并外排序：选择树

如果初始顺串有 m 个，那么按照二路归并算法所生成的归并树就有 $\lceil \log_2 m \rceil + 1$ 层，要对数据进行 $\lceil \log_2 m \rceil$ 遍扫描。采用多路归并可减少扫描遍数，图13-5显示了一个3路归并的情况。

在 k 路归并中，为了确定下一条要输出的记录，需要在 k 条记录中寻找具有最小关键字值的记录，显然比二路归并要复杂些。最直接的方法就是做 $k-1$ 次比较来找出所要的记录，但这样做花的代价较大。下面介绍采用选择（比赛）树的方法来实现 k 路归并。选择树是完全二叉树，有两种类型：胜者树和败者树。

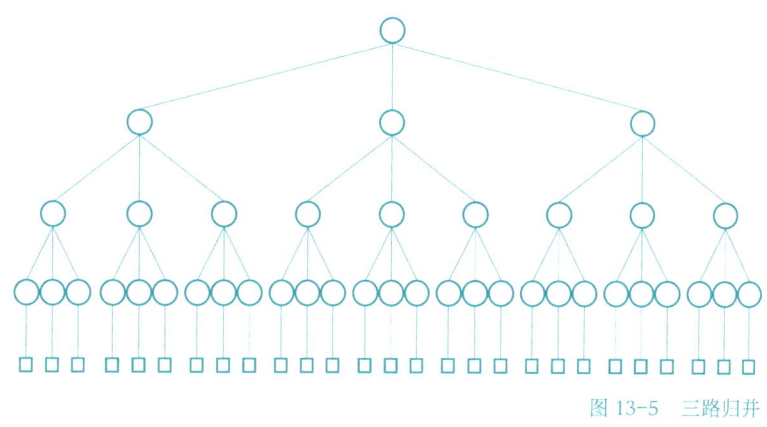

图 13-5 三路归并

13.5.1 胜者树

图13-6是一个8路归并的胜者树，树中的叶结点用数组 L 表示，代表在外存中待归并的各顺串的当前记录（图中标出了它们各自的关键字值），各顺串当前记录所在磁盘块的数据已被提前读入缓冲区，该当前记录是由一个指针位来指引的。分支结点用数组 B 表示，每个分支结点代表其两个子结点中胜者（关键字值较小的）所对应数组 L 的索引。因此，根结点是树中最终胜者的索引，即为下一个要输出的记录结点。这种胜者树的构造可比作一种比赛游戏，其中获胜者便是那个具有较小关键字值的记录。于是，树中每个非叶结点代表一场比赛中的获胜者，而根结点则代表全胜者。之所以称其为胜者树，是因为树中每一个内部结点都记录了对应比赛的赢家。一次比赛的全局获胜者将被送入输出缓冲区，如果输出缓冲区被填满，就向磁盘文件中导出一次数据。

图13-6中，根结点所指向的 $L[4]$ 记录具有最小的关键字值6，它所指的记录是顺串4的当前记录，该记录即为下一个要输出的记录。该记录输出后，顺串4的下一个记录（关键字值15）成为新的当前记录进入胜者树，之后需要重构胜者树。为了重构这

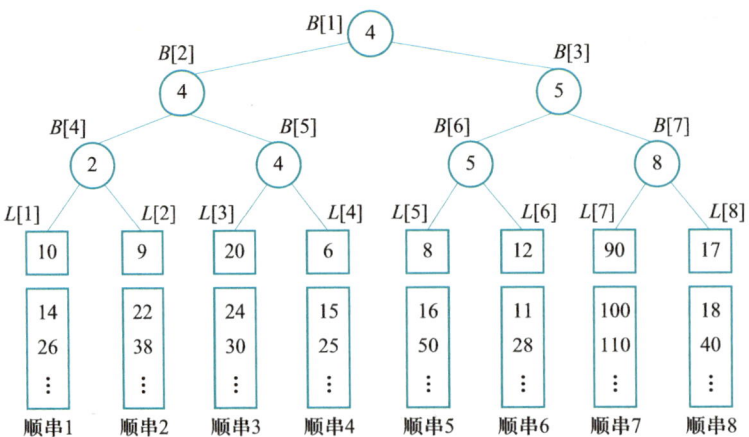

图 13-6   8 路归并的胜者树

棵树，需沿着从结点 $L[4]$ 到根结点的路径重新进行比赛。比赛在孪生结点之间进行，结果（获胜者）放入父结点中。这样，结点 $L[3]$ 和 $L[4]$ 进行比赛，获胜者是结点 $L[4]$（因为 15 < 20），于是结点 $L[4]$ 的索引值 4 被放入父结点 $(B[5])$ 中；结点 $B[4]$ 和 $B[5]$ 之间的获胜者是结点 $B[4]$（因为 $L[B[4]] < L[B[5]]$，即 $L[2] < L[4]$，亦即 9 < 15），于是结点 $B[4]$ 中存放的叶结点索引值 2 被放入父结点 $B[2]$ 中。类似地，结点 $B[2]$ 和 $B[3]$ 之间的获胜者是结点 $B[3]$（因为 $L[B[3]] < L[B[2]]$，即 8 < 9），于是把结点 $B[3]$ 中保存的索引值 5 放入根结点 $B[1]$ 中。重构后的树如图 13-7 所示。图中只给出了 8 个顺串中每一个顺串的部分关键字值。

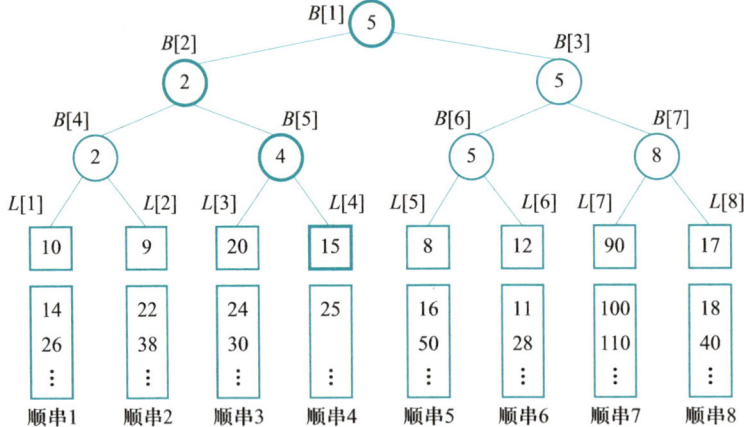

图 13-7   重构后的胜者树（改动的结点用粗框显示）

13.5.2 败者树

下面将采用选择树的另一种形式——败者树的方法来简化重构的过程，减少重构选择树的代价。图13-8显示了与图13-6相对应的败者树，树中每个非叶结点均存放其两个子结点中的败者所对应叶结点的索引值，胜者的索引值向上层传递继续参加比赛。这样一层层向上比赛，最后得到一个全局获胜者的索引值。在败者树中，需要另加进一个结点，即结点 $B[0]$，以代表比赛的全局获胜者的索引值。

图13-8败者树的构建过程如下：$B[4]$ 中存放了 $L[1]$、$L[2]$ 中败者（10和9的较大值是10）的索引1，而将索引2作为胜者继续向上传递。在 $B[4]$ 与 $B[5]$ 这对兄弟结点进行比较时，$B[4]$ 上的胜者索引2与 $B[5]$ 上的胜者索引4进行比较，将败者索引2放入 $B[2]$ 中，索引2对应了 $L[1]$、$L[2]$、$L[3]$、$L[4]$ 中败者索引（9是10、9、20、6四个数中第二小的），而将胜者的索引4继续向上传递。以此类推，可以使得所有非叶结点存放的是其两个子结点对应关键字的败者的索引值，而额外的 $B[0]$ 则存放全局获胜者的索引值。

一次比赛后就输出全局获胜者记录，即将0结点所指的记录（图13-8顺串4的当前记录，其关键字值为6）输出后，就把顺串4的下一条记录（其关键字值为15）进入该树，于是就需沿着从结点 $L[4]$ 到结点 $B[0]$ 的路径进行比赛，重构这棵树。进行这些比赛所用的记录仅涉及该路径上的结点记录。比赛过程如下：将新进入树的结点与其父结点进行比赛，把败者存放在父结点中，而把胜者再与上一级的父结点进行比赛，不断进行这样的比赛，直到结点 $B[1]$ 处比完(把败者的索引放在结点 $B[1]$，把胜者的索引放到结点 $B[0]$)为止。

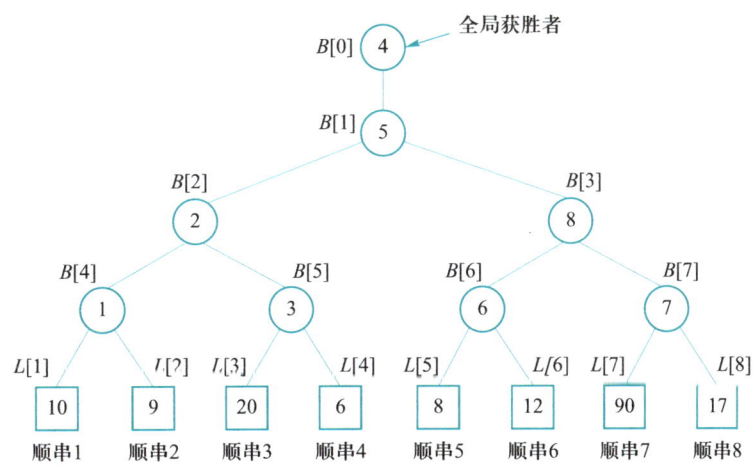

图 13-8　对应于图 13-6 的败者树

在图13-9中显示了图13-8的败者树输出全局获胜者记录并进行重构后的情况。结点 $L[4]$（关键字值为15）与结点 $L[3]$（关键字值为20）进行比较，败者（关键字值20）的索引3放在结点 $B[5]$ 中，而胜者（关键字值15）继续与结点 $B[2]$（关键字值为9）进行比赛，败者（关键字值15）的索引4放在结点$B[2]$中，而胜方（关键字值9）进一步与结点$B[1]$（关键字值为8）比赛，败者（关键字值9）的索引2放在结点1中，而胜者（关键字值为8）的索引5放到结点$B[0]$中。

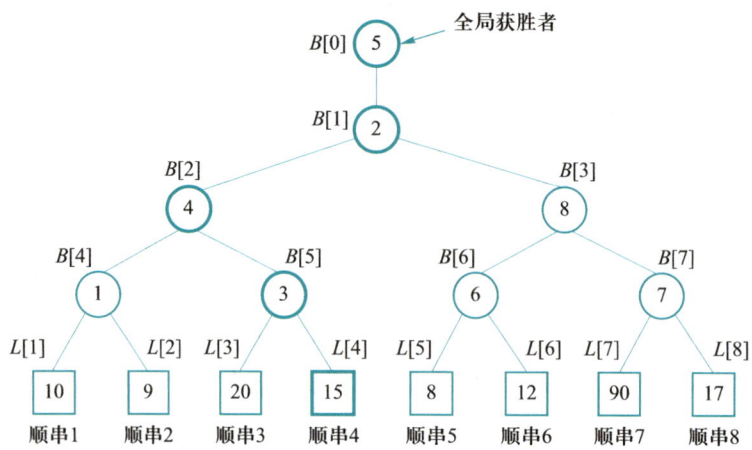

图 13-9　败者树重构后的情况

　　败者树的基本操作包括：*初始化败者树，返回最终胜者，从选手i到树根的路径上重新进行比赛。*

　　为了实现败者树的操作，必须能够确定每一个外部结点$L[i]$所对应的内部结点$B[p]$。当外部结点的数目为n时，最底层最左端的内部结点编号为2^d，其中$d=\lfloor \log_2(n-1) \rfloor$。因此，最底层的内部结点数为$n-2^d$，最底层的外部结点数为内部结点数的2倍，记为$n_L$，$n_L=2 \times (n-2^d)$。令$n_B$代表最底层外部结点之上的所有结点数目，$n_B=2^{d+1}-1$。对于任何一个外部结点$L[i]$，其内部结点$B[p]$满足以下公式：

$$p=\begin{cases} (i+n_B)/2, & i \leqslant n_L \\ (i-n_L+n-1)/2, & i>n_L \end{cases}$$

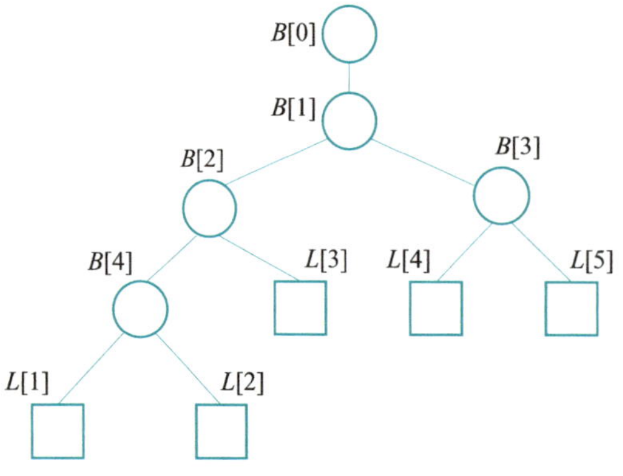

从图13-10中可以方便地看到败者树中各结点与数组L和B的对应关系。其中：$n=5$，$d=2$；最底层最左端的内部结点为$B[2^d]=B[4]$，该层的内部结点数为$n-2^d=1$个；$n_L=2 \times (n-2^d)=2$，最底层外部结点数为2；倒数第2层最左端的外部结点号为$L[n_L+1]$，即$L[3]$。

败者树的抽象数据类型定义如下：

图 13-10　含有 5 个选手的败者树

ADT LoserTree { //败者树的抽象数据类型定义

数据对象：

　　$kMaxSize, n, n\_L, n\_B, B, L$。

数据关系：

　　$kMaxSize, n$ 分别表示最大选手数和当前选手数。

　　n_L, n_B 分别表示最底层外部结点数和最底层外部结点之上的结点总数。

　　B 表示存放下标的胜者树数组。

　　L 表示元素数组。

基本操作：

　　InitLoserTree(*tree*, *array*, *size*)：　根据有 *size* 个元素的数组 *array* 初始化败者树 *tree*。

　　Winner(*tree*, *x*, *y*)：　　　　　　　比较两个元素并返回胜者。

　　Loser(*tree*, *x*, *y*)：　　　　　　　 比较两个元素并返回败者。

　　Play(*tree*, *p*, *left*, *right*)：　　　在初始化时，从内部结点 *p* 到根结点的路径上进行比赛。

　　RePlay(*tree*, *i*)：　　　　　　　　 重构时，从外部结点 *i* 到根结点的路径上重新进行比赛。

　　FinalWinner(*tree*)：　　　　　　　 根据败者树 *tree* 返回最终胜者。

}

　　具体实现时败者树的数据对象包括：允许的最大选手数 *kMaxSize*，败者树初始化时的选手数 *n*，内部结点数组 *B*，外部结点数组 *L*，*n_L*，*n_B*。作为 Play 和 RePlay 引用参数的全局函数，Winner(*tree*, *x*, *y*) 的返回值是 *tree.B*[*x*] 和 *tree.B*[*y*] 之间的胜者，Loser(*tree*, *x*, *y*) 的返回值是 *tree.B*[*x*] 和 *tree.B*[*y*] 之间的败者。

　　算法 13-1～算法 13-3 给出了败者树重要操作的实现。

算法 13-1： 初始化败者树 InitLoserTree(*tree*, *array*, *size*)

输入： 元素数组 *array*，元素个数 *size*

输出： 败者树 *tree*

1.　　$tree.n \leftarrow size$

2.　　$tree.L \leftarrow array$

3.　　$d \leftarrow \lfloor \log_2(tree.n{-}1) \rfloor$

4.　　$tree.n\_L \leftarrow 2 \times (tree.n{-}2^d)$

5.　　$tree.n\_B \leftarrow 2^{d+1}{-}1$

6.　　$i \leftarrow 2$

7.　　**while** $i \leqslant tree.n\_L$ **do**

8.　　$|$　$p \leftarrow (i{+}tree.n\_B)/2$

9.　　$|$　Play(*tree*, *p*, *i*-1, *i*)　　// 最底层外部结点比赛

10.　$|$　$i \leftarrow i{+}2$

11.　**end**

12.　// 处理其余外部结点

13.　**if** $tree.n\%2 = 1$ **then**　　// *n* 为奇数，内部结点和外部结点比赛

14.　$|$　//这里用 *L*[*n_L*+1] 和它的父结点比较

15.　$|$　//因为此时它的父结点中存放的是其兄弟结点处的比赛胜者索引

16. | Play(*tree*, *tree.n*/2, *tree.B*[(*tree.n*−1)/2], *tree.n_L*+1)
17. | *i* ← *tree.n_L*+3
18. **else**
19. | *i* ← *tree.n_L*+2
20. **end**
21. **while** *i* ≤ *tree.n* **do**
22. | *p* ← (*i*−*tree.n_L*+*tree.n*−1)/2
23. | Play(*tree*, *p*, *i*−1, *i*)　 // 剩余外部结点的比赛
24. | *i* ← *i*+2
25. **end**

算法 13-2：从内部结点到根结点的路径上进行比赛 Play(*tree*, *p*, *left*, *right*)

输入：败者树 *tree*，当前内部结点索引 *p*，待比赛的两个结点索引 *left* 和 *right*
输出：比赛后更新的败者树 *tree*

1. *tree.B*[*p*] ← Loser(*tree*, *left*, *right*)　　 // 将败者索引放在 *B*[*p*] 中
2. *winner*1 ← Winner(*tree*, *left*, *right*)　　 // 将胜者索引暂存在 *winner*1 中
3. **while** *p* > 1 且 *p*%2 = 1 **do**　　 // *p* 是某个结点的右孩子，需要沿路径继续向上比赛
4. // 胜者和 *B*[*p*] 的父结点所标识的外部结点相比较
5. | *winner*2 ← Winner(*tree*, *winner*1, *tree.B*[*p*/2])　　 // 新的胜者索引暂存在 *winner*2 中
6. | *tree.B*[*p*/2] ← Loser(*tree*, *winner*1, *tree.B*[*p*/2])　　 // 新的败者索引存在 *B*[*p*/2] 中
7. | *winner*1 ← *winner*2
8. | *p* ← *p*/2
9. **end**
10. // 结束循环（*B*[*p*] 是左孩子，或者 B[1]）之后，在 *B*[*p*] 的父结点写入胜者索引
11. *tree.B*[*p*/2] ← *winner*1

算法 13-3：重构时从外部结点到根结点的路径上重新进行比赛 RePlay(*tree*, *i*)

输入：败者树 *tree*，外部结点索引 *i*
输出：比赛后更新的败者树 *tree*

1. **if** *i* ≤ *tree.n_L* **then**　　 // 确定父结点的位置
2. | *p* ← (*i*+*tree.n_B*)/2
3. **else**
4. | *p* ← (*i*−*tree.n_L*+*tree.n*−1)/2
5. **end**
6. *tree.B*[0] ← Winner(*tree*, *i*, *tree.B*[*p*])　 // *B*[0] 中始终保存胜者的索引
7. *tree.B*[*p*] ← Loser(*tree*, *i*, *tree.B*[*p*])　　 // *B*[*p*] 中保存败者的索引
8. **while** *p*/2 ≥ 1 **do**　 // 沿路径向上比赛
9. | *winner* ← Winner(*tree*, *tree.B*[*p*/2], *tree.B*[0])　 // *winner* 临时存放胜者的索引
10. | *tree.B*[*p*/2] ← Loser(*tree*, *tree.B*[*p*/2], *tree.B*[0])
11. | *tree.*B[0] ← *winner*
12. | *p* ← *p*/2
13. **end**

　　下面对败者树的实现做一下分析。算法13-2的函数Play负责从位置$B[p]$处开始比赛。刚开始第一次比赛在$L[left]$和$L[right]$之间进行，败者的索引放在$B[p]$中。如果$B[p]$在败者树中是左孩子，则直接把比赛双方的胜者索引暂时存放在$B[p]$的父结点中。如果$B[p]$在败者树中是右孩子，则继续向上比赛，即p处的胜者和p的父结点所指向的选手（这是p结点的左兄弟在前面比赛时暂存的胜者）比赛，将败者的索引存放在$B[p]$的父结点中；继续这个循环过程，直到某个$B[p]$是败者树中的左孩子，或者$B[p]$的父结点就是$B[0]$为止，此时在$B[p]$的父结点中写入此时的胜者索引值。

　　注意，败者树也是一种二叉树，不同于普通二叉树的深度搜索或广度搜索的遍历轨迹，算法Play可以看作从左到右对二叉树进行垂直处理，每次处理两个纵列。先进行右孩子分支的循环，循环结束（不管是0次还是多次循环）时，正好处理左孩子的情况。这个Play函数被初始化函数InitLoserTree所调用，由于在InitLoserTree函数中按叶结点索引顺序进行比赛，所以在Play函数中采取遇到右孩子才向上继续比赛的做法。

　　算法13-1的InitLoserTree函数负责败者树的初始化工作。首先初始化败者树的各成员变量，然后从败者树的所有外部结点开始向上比赛，在第一个while循环处进行从最外层外部结点的比赛。根据比赛者的数目n确定紧接着的一组比赛者：如果n为奇数，需要进行一次内部结点和外部结点的比赛，注意这里用$L[n_L+1]$和它的父结点$B[(n-1)/2]$所指向的选手进行比赛，因为此时它的父结点中存放的是其兄弟结点处的比赛胜者索引；如果n为偶数，则是两个外部结点之间的比赛。最后一个while循环则把剩余的外部结点间的比赛完成。经过以上的步骤，就建立了一棵败者树。当选手i的值改变之后，算法13-3的函数RePlay重新进行从外部结点$L[i]$到根$B[1]$路径上的比赛。

　　完成败者树之后，就可以利用败者树进行多路归并排序，具体过程如算法13-4所示。归并过程首先初始化一棵败者树，取得最终胜者索引。之后是while循环，直到胜者是极大值EndCode，代表所有的顺串文件都已经处理完。在循环体中，先把胜者插入输出缓冲区，如输出缓冲区已满，就向磁盘文件中倒出一次数据。然后，再从输入缓冲区中读入一个新的竞赛者。具体的策略如下：如果对应的输入缓冲区不为空，就直接读入一个数据；如果输入缓冲区为空，在对应的输入文件还有数据的情况下，从输入文件读取一批数据进输入缓冲区，并把输入缓冲区中第一个数据置为新的竞赛者，如果对应输入文件已经没有数据了，就在新的竞赛者位置置入EndCode。置入新的竞赛者之后，重新进行比赛，并得到新的最终胜者。while循环结束之后，把输出缓冲区中残留的数据也写进输出文件，归并结束。

算法 13-4: 利用败者树进行多路归并排序 MultiMerge(*tree, racer, buffer_pool, f, size*)

输入: 败者树 *tree*, 最初的竞赛者 *racer*, 缓冲池 *buffer_pool*, 输入/输出文件句柄数组 *f* (其中输出文件句柄是 *f*[0], 输入文件句柄是 *f*[1] ~ *f*[*size*]), *size* 为输入文件的数目

输出: 排序结果存在磁盘文件中

1.　　InitLoserTree(*tree, racer, size*)　　// 初始化败者树
2.　　*winner* ← FinalWinner(*tree*)　　　// 取得最终胜者索引
3.　　**while** *racer*[*winner*] ≠ EndCode **do**　　　// 把胜者插入输出缓冲区中
4.　　| **if** *buffer_pool*[0].IsFull( )＝**true then** // 输出缓冲区满, 倒出到磁盘文件
5.　　| | *buffer_pool*[0].Flush(*f*[0])
6.　　| **end**
7.　　| *buffer_pool*[0].Write(*racer*[*winner*])
8.　　| // 从输入缓冲区读入一个新的竞赛者
9.　　| **if** *buffer_pool*[*winner*].IsEmpty( )＝**false then**　　// 输入缓冲区不为空
10.　　| | *buffer_pool*[*winner*].Read(*racer*[*winner*])　　　// 从缓冲区读入值放进 *racer*[*winner*]
11.　　| **else**
12.　　| | **if** IsEmpty(*f*[*winner*])＝**false then** // 如果对应的输入文件还有数据
13.　　| | | FillBuffer(*f*[*winner*], *buffer_pool*[*winner*])　　// 从输入文件读入输入缓冲区
14.　　| | | *buffer_pool*[*winner*].Read(*racer*[*winner*])　　// 从缓冲区读数据放进 *racer*[*winner*]
15.　　| | **else** // 对应的输入文件没有数据
16.　　| | | *racer*[*winner*] ← EndCode
17.　　| | **end**
18.　　| **end**
19.　　| RePlay(*tree, winner*)　　// 重新进行比赛, 取得胜者索引
20.　　| *winner* ← FinalWinner(*tree*)
21.　　**end**
22.　　*buffer_pool*[0].Flush(*f*[0])　　// 把输出缓冲区中剩余的数据写进磁盘文件

＊13.6　最佳归并树

　　首先讨论一下多路归并的时间复杂度。假设败者树对 k 个顺串进行归并, 如果采用一种最原始的方法, 即在每一轮循环中直接扫描所有顺串的首结点, 找到其最小值, 输出到缓冲区中, 直到所有顺串为空。显然, 找到每一个最小值的时间是 $\Theta(k)$, 产生一个大小为 n 的顺串的总时间是 $\Theta(kn)$。如果采用败者树对 k 个顺串进行归并, 执行时间会有较大的改善: 初始化包含 k 个选手的败者树需要 $\Theta(k)$ 的时间; 把最小值输出到缓冲区后, 读入一个新值并重构败者树的时间为 $\Theta(\log k)$, 因此, 最后产生一个大小为 n 的顺串的总时间为 $\Theta(k+n \log k)$。

　　再来看一下最佳归并树的问题。如果在进行多路归并时各初始顺串的长度不同,

则对外存扫描的次数，即执行时间会产生影响。假设对9个初始顺串进行归并，这9个顺串在外存中所占的块数分别是6，13，25，8，9，2，14，7，10，可以用图13-11所示的两种方式进行归并。

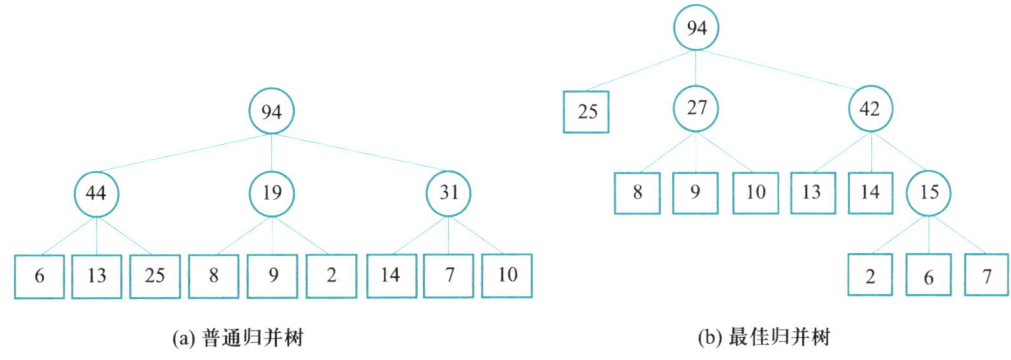

(a) 普通归并树　　　　　　　　　　　　　　(b) 最佳归并树

图 13-11　归并树示例

图13-11所示的归并树中，叶结点中是初始顺串的磁盘块数，非叶结点中是孩子结点磁盘块数的和。每个磁盘块被归并一次，需要读入和写出外存各一次。因此，图13-11（a）所示的归并树所需的访外总次数（读/写块次数）为$(6+13+25+8+9+2+14+7+10) \times 2 \times 2 = 376$；而图13-11（b）所示的最佳归并树总共所需的外存读/写块的次数为$(2+6+7) \times 3 \times 2+(13+14) \times 2 \times 2+(8+9+10) \times 2 \times 2+25 \times 2 = 356$。

可以看出，最佳归并树实际上是一个Huffman编码的问题。把所有初始顺串的块数作为树的叶结点，如果是k路归并则建立起一棵k叉Huffman树，那么这样的一棵Huffman树就是最佳归并树。通过最佳归并树进行多路归并可以使对外存的输入/输出降到最少，提高归并执行效率。

采用多路归并可以减少对数据的扫描遍数，从而减少了输入/输出量；而且采用选择树的方法会使内部（在内存中）的处理时间加快，但对整个外排序的影响不是很大。可以证明，内部处理时间与归并的路数k无关，但归并的路数k增大时就需要较多的缓冲区。若可供使用的内存空间是固定的，那么k的递增会使每个缓冲区的长度缩减，这就意味着内外存交换的数据页块的长度就得缩减，于是每遍数据扫描就需要读写更多的数据块，这样就增加了访外的次数和时间。由此可见，k值过大时，尽管所做的扫描遍数减少，但输入/输出时间仍可能增加，因此k值要选择适当。k的最优值与可用作缓冲区的内存空间大小有关，也与磁盘的特性参数有关。

13.7 置换选择外排序

前面讨论的归并排序的初始顺串，都可以采用第10章内排序的算法来处理。但是根据内排序的算法，假设某台机器的内存一次可以对 M 条记录排序，那么输入的记录和输出的记录都是 M。13.3节讨论过，为了减少归并趟数，可以减少初始顺串的个数 m。对于长度固定的待排大文件，如果能够生成更长的初始顺串，就能减少初始顺串的个数。

本节讨论怎样为一个磁盘文件创建尽可能长的初始顺串。假设外排序算法可以使用一个输入缓冲区、一个输出缓冲区、一个能存放 M 条记录的静态随机存储器内存块（可以看成大小为 M 的连续数组）。排序操作可以利用缓冲区，但只能在 RAM 中进行。

最简单的方法是不断地从文件中读入数据，填满 RAM，然后使用快速排序等内排序算法为 RAM 中的记录数组排序。假设分配给数组的可用内存大小是 M 条记录，那么就可以把输入文件分成若干个长度都是 M 的初始顺串。

下面介绍一种更好的外排序方法：置换选择算法。平均情况下，这种算法可以创建长度为 $2M$ 条记录的顺串。置换选择实际上是堆排序算法的一个微小变种。尽管堆排序算法比快速排序算法稍慢，但在整个外排序过程中无关紧要。对于 n 个元素的处理，这两种排序算法都是 $\Theta(n \log n)$ 量级，对于有限的内存排序都能很快地完成。更主要的考虑是，输入/输出时间是外排序算法的决定性运行时间，往往不考虑内排序的时间复杂性。

置换选择算法把 RAM 看成一个长度为 M 的连续数组，还需要一个辅助的输入缓冲区和一个输出缓冲区。由于使用了缓冲区，一次磁盘输入/输出就可以处理一个磁盘块。如果操作系统支持双缓冲技术，可以增加输入和输出缓冲区以提高处理速度。输入文件和输出文件都被当作记录流。处理过程为：从输入文件读取记录（一整块磁盘中的所有记录），进入输入缓冲区；在 RAM 中放入待排序记录；记录被处理后，写回到输出缓冲区；输出缓冲区写满时，把整个缓冲区写回到一个磁盘块。当输入缓冲区为空时，从磁盘输入文件读取下一块记录。这个过程大致如图 13-12 所示。

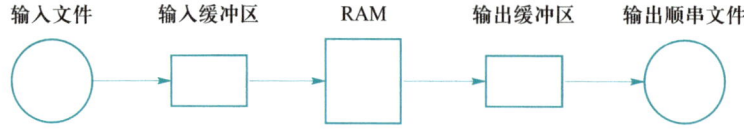

输入文件　　　输入缓冲区　　　RAM　　　输出缓冲区　　　输出顺串文件

图 13-12　置换选择算法处理过程示意图

置换选择算法的核心排序过程使用了第 6 章介绍的优先级队列，即最小堆。最小堆是每个结点记录的关键字值都小于其子孙结点记录的关键字值的完全二叉树。堆的大小正好为 RAM 的大小 M，数组下标范围为 $1\sim M$，且 RAM[0] 中存放一个比最小关键字值都小的数值 MinCode 作为岗哨。

假设在某个状态下堆的规模为 curr_size。形成堆后，堆的根结点马上被输出，然后查看输入缓冲区紧接着的输入记录关键字值 record.key 是否小于刚输出到输出缓冲区中的记录关键字值。

如果新记录关键字值 record.key 大，那它肯定可以安全地加入堆中。这种情况下，这个新输入记录 record 可以补充到 RAM[1] 位置，并重建堆。重排后，堆的规模还是 curr_size。

如果新记录关键字值 record.key 小，那它肯定也小于堆中所有其他关键字值，它就不应该被添加到堆中，否则下一条输出必然是它，那就破坏了顺串的不减性质（它比刚输出的值还小，却排在其后，显然不可以）。这种情况下，这个新输入的 record 只能被存放在某个地方，等待将来处理。而顺串的下一条记录只能从堆中剩下的 curr_size-1 条记录和输入缓冲的下一条记录中产生，因此把原来堆中的最后元素 RAM[curr_size] 移到 RAM[1]，并重建堆。重排后，堆的规模正好为 curr_size-1，而 RAM[curr_size] 位置空缺出来，正好存放记录 record。

所以，当输入记录关键字值 record.key 比刚输出到输出缓冲区中的记录关键字值小时，堆会缩小一个单位。当这种情况重复发生时，置换选择的堆会慢慢缩小直至为空，此时就完成了第一个顺串。而 RAM 数组中也填满了不能处理的数据，正好留待作为下一个顺串来处理。紧接着可以直接把它建成堆，然后再不断逐个输出根结点。

重复上述置换选择过程。图 13-13 展示了置换选择算法创建顺串的局部过程。算法 13-5 给出了算法处理过程的伪代码。

如果堆的大小是 M，一个顺串的

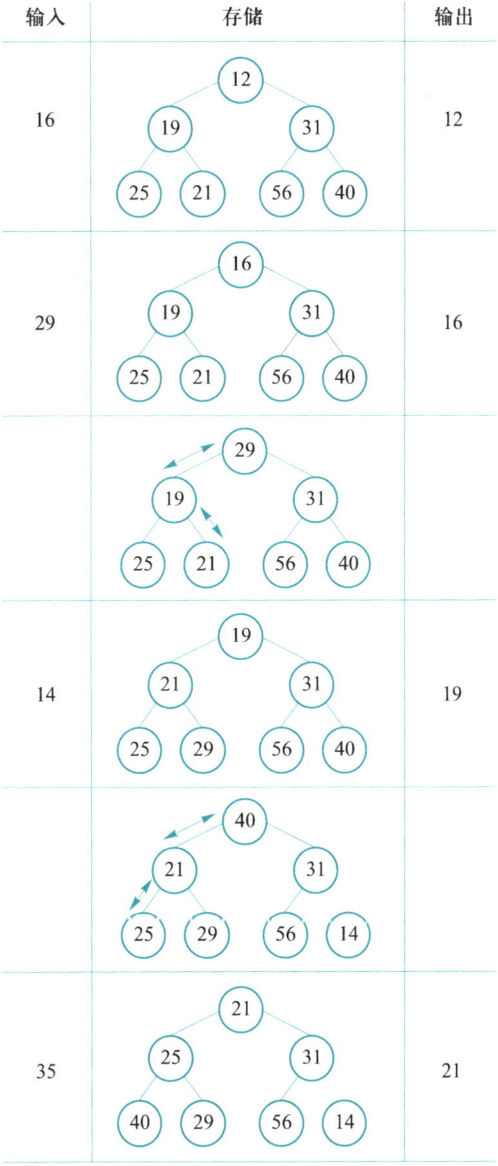

输入	存储	输出
16	12 / 19 31 / 25 21 56 40	12
29	16 / 19 31 / 25 21 56 40	16
14	29 / 19 31 / 25 21 56 40	
14	19 / 21 31 / 25 29 56 40	19
35	40 / 21 31 / 25 29 56 14	
35	21 / 25 31 / 40 29 56 14	21

图 13-13 置换选择算法示例

最小长度就是 M 条记录，因为至少原来在堆中的那些记录将成为顺串的一部分。例如输入是逆序的，那么顺串的长度只能是 M。最好的情况下，例如输入已经是正序的，则有可能一次就把整个文件生成为一个顺串。

算法 13-5：置换选择算法 ReplacementSelection(*ram_array*, *m*, *file_in*, *file_out*)

输入：外存中读入的数组 *ram_array*，数组中元素个数 *m*，输入文件 *file_in*
输出：输出文件 *file_out* 中存放生成的若干有序顺串

1.　　ReadToRAM(*file_in*, *m*, *ram_array*)　　//从磁盘读 *m* 条记录放到数组 *ram_array* 中
2.　　*h* ← **new** MinHeap(*ram_array*, *m*)　　//初始化一个最小堆，以 *ram_arry* 为数组，*m* 为其规模
3.　　*buffer_in* ← InitInputBuffer(*file_in*)　　//初始化输入缓冲区，读入一部分数据
4.　　*buffer_out* ← InitOutputBuffer( )　　//初始化输出缓冲区
5.　　**while true do**
6.　　| MakeHeapDown(*h*)　　//建最小堆
7.　　| **while** *h.size* > 0 **do**　　//堆不为空就重复循环
8.　　| | *min_rec* ← *h.data*[0]　　//堆的最小值
9.　　| | SendToOutputBuffer(*min_rec*, *buffer_out*, *file_out*)　　//把 *min_rec* 送到输出缓冲区
10.　| | *buffer_in*.Read(*record*)　　//从输入缓冲区读入一条记录 *record*
11.　| | **if** *record.key* ⩾ *min_rec.key* **then**
12.　| | | *h.data*[0] ← *record*　　//把 *record* 放到根结点
13.　| | **else**
14.　| | | *h.data*[0] ← *h.data*[*h.size*-1]　　//否则用最后元素代替根结点
15.　| | | *h.data*[*h.size*-1] ← *record*　　//把 *record* 放到最后位置，下标为 *h.size*-1
16.　| | | *h.size* ← *h.size* – 1
17.　| | **end**
18.　| | **if** *h.size* > 0 **then**
19.　| | | SiftDown(*h*, 0)　　//重新排列堆，筛出根结点
20.　| | **end**
21.　| **end**
22.　| //算法结束一个顺串，把输出缓冲区中剩余的数据写进磁盘文件
23.　| Flush(*buffer_out*, *file_out*)
24.　| *h.size* ← *m*　//准备将堆的数组重建一个新的最小堆
25.　| **if** *h.data*[0].*key* = EndCode **then**　　//如果此时根结点关键字值为空
26.　| | **break** //意味着输入数据已经读完，跳出循环
27.　| **end**
28.　**end**
29.　EndUpOutputBuffer(*h*, *buffer_out*, *file_out*)　　//将堆中剩余数据输出

"扫雪机"模型可以对置换选择算法产生的顺串长度进行估计，如图 13-14 所示。假设在一次降雪量很大但很均匀的暴风雪中，扫雪机沿着一个环形道路前进（这里为了方便说明，将环形道路画成了直线道路，以横截面显示）。扫雪机转了至少一圈后，靠近扫雪机后面的路面是空的，因为刚刚清扫过；雪覆盖得最厚的路面在扫雪机的最前

面，因为这个地方被扫雪机清扫后降雪的时间最长。稳定状况下，任何时刻整个路面上的雪量都为 S，雪以稳定的速率在轨道上不停落下。有一半雪落在扫雪机的"前面"，另一半雪则落在扫雪机的"后面"。在扫雪机的下一圈清扫中，道路上所有的雪量 S 再加上新落下的雪量一半被清除了。由于一切都处于稳定的状态，在一圈清扫

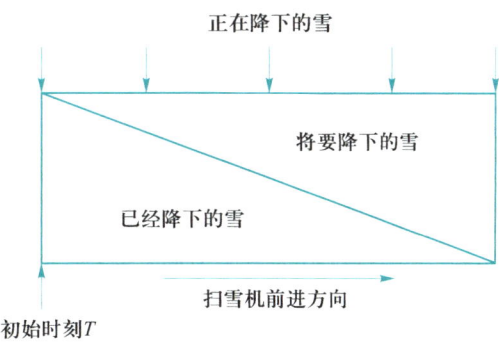

图 13-14　扫雪机模型

之后，在道路上仍然有雪量 S，所以在一圈清扫中落下了 $2S$ 的雪量，扫雪机清除了 $2S$ 的雪量。

　　在置换选择方法的开始，几乎所有来自输入文件的值（即"在扫雪机前面"）都比这个顺串最新输出的关键字值大，因为这个顺串中的初始关键字值都很小。随着对顺串的处理，最新输出的关键字值变得越来越大，从而使得来自输入文件的新关键字值很可能太小（即"在扫雪机的后面"）；这些记录放到了数组的底部。根据"扫雪机"模型的分析，可以预计平均情况下顺串总长度是数组长度的两倍。当然，这要假定到来的关键字值在关键字值范围内平均分布（在扫雪机问题中假定雪在整个路面上均匀落下）。特殊情况下，正序的输入文件和逆序的输入文件不符合这种假设，因此会改变平均顺串的长度。

☆13.8　拓展延伸：并行归并和分布式归并

　　实际应用中经常需要对海量的外部数据进行排序。即便采用了较优的数据结构与算法，单一的处理器、内存和磁盘的排序速度可能仍然无法满足应用的实时性要求。为了进一步提升外排序的性能，改善数据库查询的响应时间，将外排序算法并行化以利用更多的处理器是一条可行的途径。本节首先介绍采用多处理器实现的几种内存并行归并排序算法，然后讨论如何将并行归并排序算法应用到分布式外排序场景中。

1. 采用多处理器实现的内存并行归并排序算法

　　归并排序是一种经典的分治算法，其分、治、合三个阶段中的后两个，也就是段内排序、两段有序序列合并这两个步骤是彼此独立的。因此，一个自然的想法是利用递归调用实现并行，将两个分解后的子问题指派给两个不同的处理器进行排序，排序后的两个序列使用串行的归并算法进行合并。通过分析容易知道，在不考虑处理器数量的限

制时，该并行算法的最坏情况时间复杂度为 $O(n)$，串行归并阶段是该算法的瓶颈。下面介绍几种常用的归并方法。

（1）中位数归并

为了进一步提高并行排序算法的速度，归并排序算法的归并阶段可以利用多个处理器并行完成。首先，利用二分搜索从长度均为 $\frac{n}{2}$ 的两个有序序列中挑选出全局的中位数，这需要 $O(\log n)$ 的时间。然后，以该中位数为分隔，将小于该中位数的两个子串的归并问题分配给一个处理器，大于该中位数的两个子串的归并问题分配给另一个处理器以实现并行。在不考虑处理器数量的限制时，最后一次归并需要 $O(\log n)$ 的时间，倒数第二次归并需要 $O(\log n/2)$ 的时间，依此类推。因此，并行阶段需要的时间为 $O(\log n + \log n/2 + \log n/4 + \cdots) = O((\log n)^2)$ 的时间。如果设归并排序算法所需的最坏时间为 $T(n)$，则递归关系式为 $T(n) = T(n/2) + O((\log n)^2)$，由主定理（第 15 章 15.3.2 小节将详细介绍）可知，该并行归并排序算法的最坏情况时间复杂度为 $O((\log n)^3)$，这相比于朴素的基于递归调用的并行算法是一个很大的改进。

在归并两个有序数列时，除了上述利用中位数将原数列分隔为子串进行分治的并行方式，还可以借鉴奇偶归并网络和双调归并网络的思想，将原数列分隔为子序列进行分治。

（2）奇偶归并网络

设长度分别为 m、n 的有序序列为 a、b，归并后的有序序列为 c，采用奇偶归并网络的归并算法步骤如下：

① 对于一个有序序列，定义次序为奇数的所有元素构成奇子序列、次序为偶数的所有元素构成偶子序列。

② 将有序序列 a、b 的奇子序列进行归并，得到有序序列 d。

③ 将有序序列 a、b 的偶子序列进行归并，得到有序序列 e。

④ 对于所有 $i=1, 2, \cdots, m+n$，

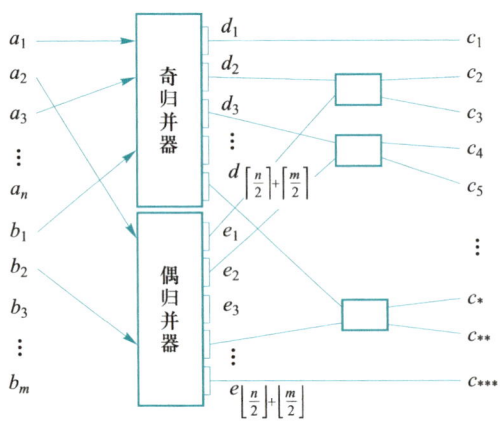

图 13-15　奇偶归并算法过程示意

$$c_i = \begin{cases} \min\left(d_{\frac{i}{2}+1}, e_{\frac{i}{2}}\right), & i \text{ 为偶数} \\ \max\left(d_{\frac{i-1}{2}+1}, e_{\frac{i-1}{2}}\right), & i \text{ 为奇数} \end{cases}$$

算法的第 2、3 步可以并行处理，算法的第 4 步也可以并行处理。算法过程如图 13-15 所示。

（3）双调归并网络

设两有序序列的长度均为 n，两有序序列连接为长度为 $2n$ 的双调序列 a，归并后的有序序列为 c，则采用双调归

并网络的归并算法步骤如下：

① 对于所有 $i=1, 2, \cdots, n$，比较 a_i, a_{i+n}，较小的元素构成双调序列 d，较大的元素构成双调序列 e。

② 对双调序列 d 进行归并，得到有序序列 d'。

③ 对双调序列 e 进行归并，得到有序序列 e'。

④ 将 d' 和 e' 连接，即可得到有序序列 c。

算法的第 1 步可以并行处理，算法的第 2、3 步也可以并行处理。算法过程如图 13-16 所示。

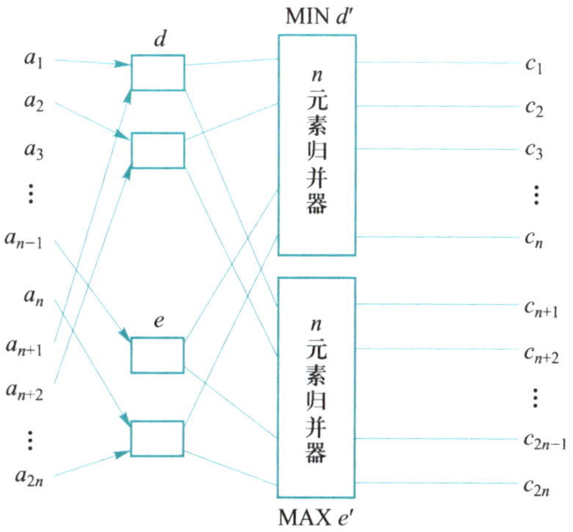

在不考虑处理器数量的限制时，上述采用奇偶归并网络和双调归并网络的归并算法均需要 $O((\log n)^2)$ 的时间，因此利用该并行归并算法的排序算法时间复杂度为 $O((\log n)^3)$。

（4）多路归并

图 13-16　双调归并算法过程示意

也可以使用多路归并的思想实现并行。考虑具有 p 个编号分别为 $1, 2, \cdots, p$ 的处理器的机器，算法将长度为 n 的序列分配给所有的处理器进行排序，每个处理器需要排序至多 $\left\lceil \dfrac{n}{p} \right\rceil$ 个元素。

算法对于所有 $j = 1, 2, \cdots, p-1$，寻找全局次序为 $j\dfrac{n}{p}$ 的分隔元素。每个处理器可以利用分隔元素将已排序的 $\left\lceil \dfrac{n}{p} \right\rceil$ 个元素分隔为 p 个部分，第 i 个部分发送给 i 号处理器进行归并。并行多路归并排序算法过程如图 13-17 所示，其中横轴代表元素在序列中的位置，纵轴的高度代表元素的大小。第 1 排为分配给每个处理器的无序元素。在各处理器中使用内排序算法，变成第 2 排显示的在各处理器中的有序序列。第 2 排的短竖线代表全局的分隔元素，每个处理器将 p 个部分发送给对应的处理器，发送后元素的分布如图中第 3 排所示。每个处理器对 p 个有序序列进行归并，归并后的数组如第 4 排所示。按照处理器的编号将已排序的数列依次相连，即可得到第 5 排那样排好序的数组。该算法的时间复杂度为

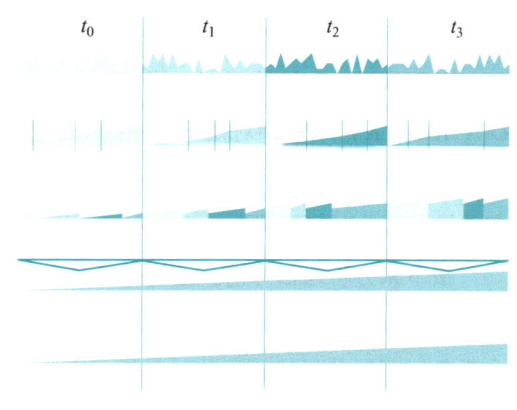

图 13-17　并行多路归并排序算法过程示意

$$O\left(\frac{n}{p}\log\left(\frac{n}{p}\right)+p\log\left(\frac{n}{p}\right)\log(n)+\frac{n}{p}\log(p)\right)。$$

2. 并行归并排序算法在分布式外排序场景中的应用

在分布式外部归并排序的场景中，通过网络连接多个计算节点，每个处理器拥有专属的内存和磁盘，处理器之间可以通过网络等互联方式进行数据交换。值得注意的是，除了磁盘输入/输出时间，并行外排序算法还需要将计算节点之间的信息交互代价纳入考虑。因此，在数据规模较小时，由于计算节点之间的通信开销相对较大，分布式归并的运行效率不及串行归并。只有在数据规模较大，并行开销与计算节点之间的通信开销可以忽略的情况下，分布式归并才能取得较好的效果。

下面以一个实际应用来说明如何在分布式场景中实现并行外排序。假设在一个服务器集群中有 M 台服务器，每台服务器都在硬盘中分布式存储了 N 条数据，现在需要从这 MN 条数据中找出前 K 大的数据并排序。该问题在现实世界中有着广泛的应用场景，例如热门视频排行榜、被转发最多的微博等。在大多数应用场景中，K 和 M 是小于 N 的，因此可以假设 $K < N$ 和 $M < N$ 恒成立。以下是分布式并行归并算法的步骤：

① 在每台存有待排序数据的服务器上，使用求前 K 大元素算法找到前 K 大元素并执行外排序。

② 设目前存有待排序数据的服务器共 $m \leqslant M$ 台，这些服务器从1开始编号为 $s_1, s_2, \cdots, s_m$。

③ 对于编号为奇数的服务器 s_i，将其存储的已排序的前 K 大数据传输至服务器 s_{i+1}。此时仅编号为偶数的服务器存有待排序数据。

④ 对于每台编号为偶数的服务器 s_j，如果它收到了其他服务器传输来的前 K 大数据，则使用归并排序算法找到传输来的数据和自己存储的数据中前 K 大的数据。

⑤ 如果目前存有待排序数据的服务器只有一台，该服务器上存有的数据即为最终排序结果；否则将有数据的服务器重新编号，回到第2步循环执行。

由于算法包含循环，可以考虑第2步至第5步的循环执行轮数。由于每执行一次循环，存有待排序数据的服务器数量都会减少一半，因此需要执行 $\log M$ 次。

下面来看一下计算开销。第1步的计算开销为求前 K 大元素和对 K 个元素排序，为 $O(N+K\log K)$。第4步对两个有序数组求前 K 大元素，在使用归并排序的情况下，找出前 K 大数据后即可提前结束归并，计算开销为 $O(K)$。由于循环需要执行 $\log M$ 次，多次归并排序的总时间开销为 $O(K\log M)$。因此，总计算开销为 $O(N+K\log KM)$。

接下来分析通信开销。通信开销产生于第3步，此时所有编号为奇数的服务器需要传输 K 个有序数据给另一台服务器。假设服务器发送或接收一条数据需要 t 的时间。多台服务器可以并行运算和传输数据，在计算开销时可以并行的部分不会计算为多倍开销，因此通信开销为 $O(Kt)$。由于第3步需要执行 $\log M$ 次，总通信开销为 $O(Kt\log M)$。

13.9 应用场景：数据库系统中的外排序

外排序作为一种处理大规模数据集的排序算法，在数据库中被广泛应用于对超出内存容量的数据进行排序操作。数据库中的外排序常用于处理大型表的排序需求，例如按照某一列对表进行排序或执行包含排序操作的查询。

数据库管理系统允许人们组织、存储和检索计算机中的数据，在计算机的发展历史中起到了非常重要的作用。1960年，Charles W. Bachman设计了集成数据库系统，即第一个数据库管理系统。IBM公司随后创建了自己的数据库系统IMS。这两个数据库系统都是导航数据库的先驱。1970年，Edgar Codd撰写了一系列论文，概述了构建数据库的新颖方法。他的想法最终形成一篇名为"大型共享数据库的数据关系模型"的论文，该文描述了用于存储数据和处理大型数据库的新方法。

IBM公司于1974年开发了结构化查询语言SQL，成为至今依然广泛使用的数据库标准查询语言。计算机销量的快速增长推动了数据库市场的发展，关系数据库系统获得了商业上的成功。DB2成为IBM公司的旗舰数据库产品，并且IBM PC的引入导致许多新数据库公司的成立。目前，世界上三大数据库公司是Microsoft、IBM和Oracle。与此同时，国产数据库也在高速发展，百花齐放。除了如人大金仓、武汉达梦等传统数据库厂商，阿里巴巴、腾讯、百度等互联网企业和华为、中兴等电信行业厂商也纷纷加入国产数据库的竞争中。目前，代表性的国产数据库包括PingCAP的TiDB分布式数据库、阿里巴巴的OceanBase数据库、华为GaussDB数据库、达梦DM数据库等，它们支撑着传统交易业务、互联网业务、数据决策分析、人工智能等许多应用场景。

如今数据库无处不在，从个人云存储到天气预报，人们所使用的许多服务背后都有数据库的支持。

数据库管理系统通常将数据存储在磁盘上，而内存容量有限。当需要对大量数据进行排序时，无法将所有数据加载到内存中进行排序，因此需要采用外排序算法。外排序的基本思想是将数据划分为适合放入内存的块，并对每个块进行排序。排序完成后，通过多路归并将排好序的块合并为一个有序的结果。

外排序的优点是可以处理大规模数据，且不需要过多的内存资源。然而由于需要磁盘输入/输出操作，外排序算法相比内排序算法更加耗时。因此，在数据库中，根据具体的场景和排序需求，需要平衡内存和磁盘输入/输出，选择合适的排序算法和参数来优化外排序的性能。

本章小结

作为内排序的延伸和扩展，外排序指将外存文件中的待排序对象通过内存与外存之间的数据交换，以及被交换到内存中那些数据的内排序，完成对整个外存文件的排序。外排序学习的重点是掌握利用尽可能少的输入/输出操作完成文件排序过程的技术。

多路归并排序的基本原理是：把多个顺串归并成一个顺串，即形成一个已排序的文件。可以采用胜者树和败者树这两种完全二叉树形式的选择树，其中败者树由于操作简便而更为常用。败者树的比赛过程如下：将新进入树的结点与其父结点进行比赛，把败者存放在父结点中，而把胜者再与上一级的父结点进行比赛，这样的比赛不断进行，直到根结点处，最终将全局获胜者的索引值存放在一个额外的结点中。败者树的构造过程是从左到右进行的。

如果在进行多路归并时各初始顺串的长度不同，对外存扫描的次数即执行时间会产生影响。把所有初始顺串在外存中所占的块数作为树的叶结点的权值，如果是 K 路归并则建立起一棵 K 叉 Huffman 树，即最佳归并树。通过最佳归并树进行多路归并，可以使对外存的输入/输出降到最少，提高归并执行的效率。

置换选择排序的核心思想是：利用最小堆对数据进行处理，以产生尽可能长的顺串。每输出一个最小值，就从缓冲区中读入下一个数；如果该值不比刚输出的值小，则将该值放在堆顶，从堆顶向下调整为新堆；如果该值比刚输出的值小，则堆的规模缩小 1；直到堆为空，则置换选择过程结束。如果堆的大小是 M，一个顺串的最小长度就是 M 条记录，最好情况下可以使整个待排文件都成为一个顺串，利用"扫雪机"模型可以估计置换选择产生的平均顺串长度为 $2M$。

对海量的外部数据进行排序时，需要充分利用更多的处理器和计算节点。本章介绍了在内存中利用多处理器的并行归并排序算法，还讨论了分布式外部归并排序的算法思想。

本章最后在应用场景中介绍了数据库系统中的外排序。根据具体的场景和排序需求，平衡内存和磁盘输入/输出，选择合适的排序算法和参数来优化外排序的性能。

本章习题

1. 假设有一个计算机系统能对某大公司的所有雇员记录排序。由于公司归并，其雇员数量扩大为原来的100倍，计算机在可接受的时间内不能对数量如此庞大的记录进行外排序了。请问下面几种对计算机系统进行升级的独立方案，哪些能够满足新的外排序要求？

（1）CPU 的速度增长两倍。

（2）磁盘输入/输出时间缩短至原来的一半。

（3）内存访问时间缩短至原来的一半。

（4）内存大小增长两倍。

2. 假定使用缓冲池管理虚拟存储器，缓冲池中包含5个缓冲区，每个缓冲区存储一块数据，存储器访问根据块ID进行。假定有下列一组存储器访问：

5 2 5 12 3 6 5 9 3 2 4 1 5

9 8 15 3 7 2 5 9 10 4 6 8 5

对于下面每一种缓冲池替换策略，请说明替换最后缓冲池中的内容（假定缓冲池初始为空）：

（1）先进先出。

（2）最不经常使用（只保留当前内存中块的计数）。

（3）最不经常使用（保留所有块的计数）。

（4）最近最少使用。

3. 如果某个文件经内排序得到80个初始归并段，试问：

（1）若使用多路归并执行3趟完成排序，那么应取的归并路数至少应为多少？

（2）如果操作系统要求一个程序同时可用的输入/输出文件的总数不超过15个，则按多路归并至少需要几趟可以完成排序？如果限定这个趟数，可取的最低路数是多少？

4. 设置换选择排序所用的堆空间就是一个缓冲区块的大小，而且对于一个特定的待排文件，一个缓冲区可以容纳8条记录。

（1）采用置换选择排序方法创建关键字由小到大的初始顺串，对有1 600条记录的文件，产生的初始顺串最少为多少个，最多为多少个？平均情况下是多少个？请解释是怎样得到这个结果的。

（2）写出当对关键字值为61，12，72，18，79，3，48，25，65，22，90，58，14、22、16、100、18、45、11、20、38、30、26、107、50、55、17、27的记录进行置换选择排序后，所产生的初始顺串。

5. 有8个顺串，每个顺串的第一条记录的关键字值分别为14，22，24，15，16，11，100，18，而第二条记录的关键字值分别为26，38，30，26，50，28，110，40。请画出对顺串开始8路归并时的败者树。在败者树输出一个全局获胜者（并有相应的一个记录进入败者树）后需对败者树进行重构，请画出输出第一个全局获胜者并进行重构后的败者树。

6. 有8个顺串，每个顺串的第一条记录的关键字值分别为14，22，24，15，16，11，100，18，而第二条记录的关键字值分别为26，38，30，26，50，28，110，40。请画出对顺串开始8路归并时的胜者树。在胜者树输出一个全局优胜者（并有相应的一条记录进入败者树）后需对胜者树进行重构，请画出输出第一个全局优胜者并进行重构后的胜者树。

7. 输入文件包含下列记录（仅列出其关键字值）：14，22，7，24，15，16，11，100，10，9，20，12，90，17，13，18，26，38，30，25，50，28，110，21，40，…，采用外部结点数为8的

败者树方法对该文件生成初始顺串。请画出最初产生的败者树和最终输出的初始顺串。

    8. 如果存在一种并行归并算法，使用该算法归并长度为 n 的两个有序序列只需要 $O(\log n)$ 的时间。请问使用该并行归并算法的排序算法的时间复杂度是多少？

溯源与参考文献

    1883 年，英国作家和数学家 Charles L. Dodgson（Lewis Carroll）首先提出了竞赛树的概念[1]。

    1986 年，Keith McLuckie 和 Angus Barber 总结了基于败者树的锦标赛排序（Tournament Sort）算法[2]，能够显著降低树排序对于内存的需求，在外排序中具有应用优势。1996 年，Vijay Kumar 和 Eric J. Schwabe 提出了一种输入/输出高效的胜者树变体[3]，并将其拓展应用于计算几何学和图算法的实现。

    胜者树和败者树用于在 m 路平衡归并中高效维护这一值中最小或者最大元素的数据结构。两者都是扩充的完全二叉树，叶结点用来代表各顺串在归并过程中的当前记录，胜者树在内部结点中存储"胜者"，而败者树在内部结点中存储"败者"，从而进一步降低了树结构的重构代价。

    置换选择排序能够将磁盘中的记录排序成初始顺串。它最早由 Martin A. Goetz 提出，目的是将磁盘中的记录排成尽可能长的初始顺串[4]。

    奇偶排序网络和双调排序网络最早由 Ken E. Batcher 于 1968 年提出，通过多个处理器并行提高并行排序算法的速度[5]。

    本章描述的分布式外部归并排序的实现，借鉴了 Dina B. Friedland 于 1982 年发表的技术报告[6]。在数据规模较大，并行开销与计算节点之间的通信开销可以忽略的情况下，分布式归并可以取得比较好的效果。

本章参考文献

[1]   DODGSON C L. Lawn tennis tournaments. the true method of assigning prizes, with a proof of the fallacy of the present method[M]. Macmillan, 1883.

[2]   MCLUCKIE K, BARBER A. Tournament sort[J]. Sorting Routines for Microcomputers, 1986: 68-86. DOI: 10.1007/978-1-349-08147-9_5.

[3]   KUMAR V, SCHWABE E J. Improved algorithms and data structures for solving graph problems in external memory[C]. In Proceedings of SPDP'96: 8th IEEE Symposium on Parallel and Distributed Processing, New Orleans, 1996: 169-176. DOI: 10.1109/SPDP.1996.570330.

[4]   GOETZ M A. Internal and tape sorting using the replacement-selection technique[J].

Communications of the ACM, 1963, 6(5): 201–206. DOI:10.1145/366552.366556.

[5]   BATCHER K E. Sorting networks and their applications[C]. In Proceedings of the Spring Joint
      Computer Conference, 1968: 307−314.

[6]   FRIEDLAND D B. Design, analysis, and implementation of parallel external sorting algorithms[D].
      University of Wisconsin−Madison, Department of Computer Sciences, 1982.

第 14 章

索　引

在《新华字典》中查询某个字的释义时，根据字的读音或字形，可使用音序查字法或部首查字法快速地找到该字所在的页面。显然，这两种方法的查询效率都高于逐页翻找。在该过程中，人们从包含大量汉字信息的字典中找到特定字的行为称为检索或查找，而字典中按拼音或按部首和笔画组织汉字则称为构建索引。可以看到，利用索引能够大大提高检索的速度。

本章引子

数据结构设计的重要目标之一就是提高操作速度，例如数据库中查找数据的速度。实际上索引是为查找服务的，而排序又是为索引服务的。第 11 章 11.5 节所讨论的散列方法，本质上是对关键字的索引，其对应的记录数据可能存放在其他地方，所以散列既是一种查找技术，又是一种高效的索引技术。第 11~12 章讨论的 AVL 树、局部平衡的红黑树、自组织的伸展树等二叉查找树具有良好的查找性能，也非常适合于基于内存的索引。但当数据规模非常大，相应的索引结构也特别大而不能全部存放在内存中时，基于平衡二叉树的索引就不太适合了，因而需要引入多分树、B/B+ 树、R 树等多叉的高阶树结构。随着内存容量的扩大以及各种内存数据库技术的兴起，内存中的索引也可以采用 B/B+ 树等高阶树结构。

本章将介绍几种常用的索引技术。14.1 节引入索引和查找问题；14.2 节给出索引的定义和基本概念；14.3 节介绍线性索引与静态索引；14.4 节介绍倒排索引；14.5 节介绍动态索引；14.6 节介绍位索引；14.7 节是本章的拓展延伸内容，介绍适用于多维数据的 R 树及其改进版本 R* 树；最后，14.8 节介绍索引在搜索引擎中的应用场景。

14.1 问题引入：索引和查找

　　名词索引通常是图书的组成部分，它把书中的重要名词按照某种顺序罗列出来，并给出所在页码，方便读者快速查找有关名词的释义和描述。图书目录也是一种索引，通过在文前列出多级目录的方式，方便读者快速定位到相关章节的页码，继而查找特定的内容。大型商业中心或写字楼往往也在醒目位置给出各公司或门店的门牌号码索引，方便人们快速找到目标地址。

　　在计算机科学中，查找是在数据元素集合中，通过一定的方法找出与给定关键字值相同的数据元素的过程。查找算法通常取决于待查找的数据结构，甚至可能包括关于数据的先验知识。例如，在无序线性表中查找指定的元素，只能按顺序逐个比较线性表中的数据；而对于有序线性表，就可以使用速度更快的二分查找法。通过特殊构造的数据结构，如查找树、散列映射等数据索引，可以使查找算法更加高效快捷。

　　随着大数据时代的到来，许多计算机应用程序都以大型数据库为中心，这些数据库因体量太大而只能存放在外存中。存储有很多信息的文件或数据库，往往需要支持高效的插入、更新、删除和查找等操作，这就需要对这些数据信息建立有效的索引。此外，互联网应用每天都涌现出大量的数字化信息，要使这些信息有序化并得以高效利用，也需要建立有效的索引。人们常用的搜索引擎就是在高效的全文索引基础上，支持高效的查找。大型数据库文件和大型搜索引擎的查找都不能直接在内存中完成，而需要在外存中预先建立合理的索引信息，通过索引迅速查找该数据的位置，然后直接访问或修改文件或数据库中的相应信息。可以说，索引是高效查找的基础，而查找又是其他操作的基础。

14.2 索引的定义和基本概念

　　索引技术可以提高文件或数据库表上数据检索操作的速度，但代价是需要额外的存储空间来维护这种辅助高效查找操作的数据结构。索引的形式与图书目录相似，其本质是关键字-地址（key，pointer）对。索引中的key就像图书目录中的标题，而pointer

则指向被索引数据的地址，相当于目录中的页码。有了索引之后，就不需要在整个文件或数据库中搜索某一个特定值了，而是可以通过索引快速确定该值的位置，然后直接访问该值所对应的数据库记录。索引可以使用数据库表的一个或多个列创建，从而为实现快速随机查找和高效访问有序记录提供基础。

索引技术涉及以下基本术语：

① 输入顺序文件。输入顺序文件按照记录进入系统的顺序存储记录，其结构相当于一个磁盘中未排序的线性表，因此不支持高效检索。有人可能考虑按照检索关键字的顺序存储记录，可是人们往往需要检索多个关键字，而记录在磁盘中的排列顺序只有一种。因此，事实上仅仅改变记录在磁盘中的顺序无法适应所有的检索需要。

② 主码。数据库中每条记录的唯一标识。例如，高校教师信息的主码可能是职工工资号。为方便讨论大多采用的整数类型，本章后续阐述中常使用"关键字"。

③ 辅码。辅码是数据库中可以出现重复值的码。例如，教师所在院系可以是高校教师信息的辅码。大多数检索都是利用辅码来完成的。辅码索引把一个辅码值与具有该值的每一条记录的主码值关联起来。

④ 索引。索引是把一个关键字与其数据记录位置相关联的过程，往往是记录在主文件中的信息。

⑤ 索引文件。索引文件是用于记录关键字–地址联系的文件组织结构，其（key，pointer）二元组将每个关键字和一个指针关联，该指针指向主要数据库文件（也称为主文件）中的完整记录。索引文件并不需要重新排列记录在磁盘中的顺序。一个数据库可能有多个相关的索引文件，每个索引文件往往支持一个主码或辅码域，可以通过该索引文件高效访问主文件中相应的记录。索引技术是组织大型数据库的一种重要技术。

当数据库文件中的记录不按照关键字的顺序排列时（比如按照加入的顺序排列），需要对每一条记录建立一个索引项，这样建立的索引被称为稠密索引。如果记录在磁盘中是按照关键字的顺序存放，则可以把记录分成多个组（块），对一组记录建立一个索引项，这种索引称为稀疏索引。稀疏索引项的指针指向该组记录在磁盘中的起始位置。

14.3　线性索引与静态索引

线性索引的索引文件被组织成一组简单的（key，pointer）对序列。线性索引文件按照关键字的顺序进行排序，文件中的指针指向存储在磁盘上的文件记录的起始位置或主索引中主码的起始位置，如图 14-1 所示。只要内存空间允许，把索引存储在内存中能大大地提高查找速度。

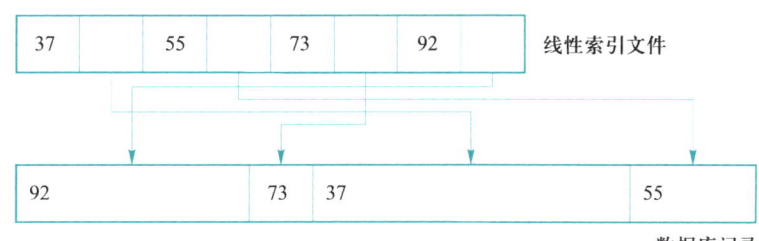

图 14-1 线性索引文件示例（图中的数据库记录不等长）

线性索引有如下一些优点：

① 线性索引为访问变长数据库记录提供了一种简单而有效的处理方式。索引文件中的关键字记录和指针记录都是定长的，而且索引中的关键字是有序的，可以很容易地访问索引文件中的记录。

② 使用线性索引可以对数据进行高效查找和随机访问，因为对线性索引可以使用二分查找，而二分查找的时间复杂度是 $O(\log n)$ 的。

③ 在一些需要对数据进行顺序处理的应用中，线性索引文件也具有较好的效果，例如比较操作和批处理操作。

④ 相对于后面将要介绍的其他类型的索引文件来说，线性索引也是一种节省空间的索引方法。

线性索引的主要问题是：如果存在大量的数据库记录，那么索引文件可能会因为太大而无法完整地存储到内存中，这样在一次查找过程中有可能多次访问磁盘，从而影响查找的效率。为此，引入二级线性索引来解决这个问题。

1. 二级线性索引

二级线性索引文件中同样是（key，pointer）对序列。每一条二级线性索引记录都对应于一个线性索引文件的磁盘块，关键字值与对应的线性索引文件的磁盘块中第一条记录（从物理位置上看的第一条）的关键字值相同，而指针则指向相应线性索引文件的磁盘块的起始位置。例如，如果磁盘块的大小是 1 024 B，线性索引中每个（key，pointer）对记录需要 8 B，那么每个磁盘块可以存储 128 条这样的记录。假设线性文件索引中包含 10 000 条记录，那么该线性索引占用 79 个磁盘块，相应地，二级线性索引文件中有 79 项记录。如图 14-2 所示，二级线性索引记录中的关键字值与相应磁盘块中第一条记录的关键字值相同，指针则指向相应磁盘块的起始位置。

在进行查找操作时，被读入内存的不是线性索引文件，而是二级线性索引文件。在图 14-2 所示的例子中，如果查找关键字值为 2555 的记录，首先在内存中的二级线性索引文件中找到关键字值小于或等于 2555 的最大关键字所在的记录——关键字值为 2003 的记录，再根据记录中的指针找到其对应线性索引文件的磁盘块，并把该块读入内存，然后再按照二分法对该块进行查找，找到记录在磁盘上的位置，最后把所需记录

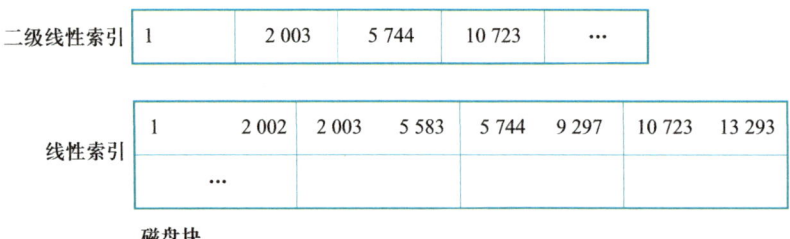

图 14-2　二级线性索引文件示例

　　读入，完成查找操作。由于二级索引往往存储在内存中，通常只需要访问两次磁盘即可：一次读入线性索引文件，一次读入数据库记录。

2. 多叉树

　　组织索引一般不用二叉树而采用多叉树，这样能大大减少访问外存的次数。如图 14-3 所示的树，原来是一棵较大的二叉树，图中所示有6层，若每存取一个结点需访问一次外存，则检索这棵二叉树需要访问6次外存索引（还需要1次访问外存数据块的操作）；若把结点按图中的虚框进行组合，则每个组合块包含7个结点，把这样的组合块作为新的结点，则构成了多叉树——每个结点有8个分支的八叉树，检索这棵多叉树只需访问两次外存索引。

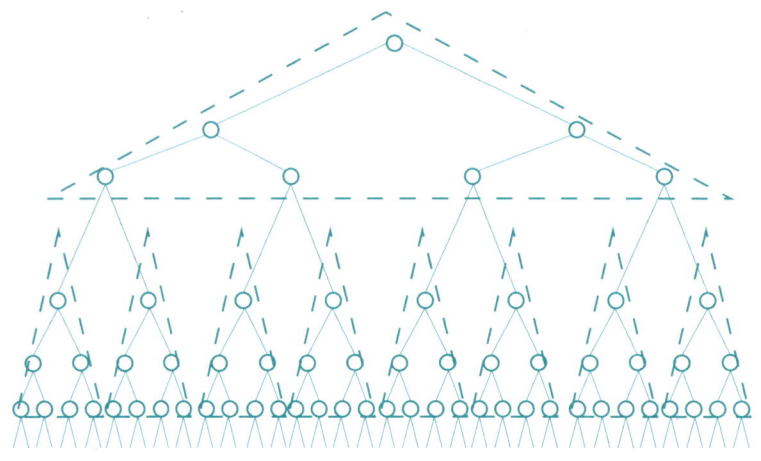

图 14-3　多叉树

　　当然，对多叉树来说，如果每个结点更大一些，即带有更多的分支（例如128个分支），就能以更少的外存访问次数来完成查找。但是，这样一来就需要较大的缓冲区，而且读入一个结点也需要较多时间，因而结点的大小要适宜。一个结点最好能够放在一个磁盘块中。多叉树的叶结点存放数据记录，这些叶结点合在一起称为数据基本区；多叉树的非叶结点存放其各子树结点中的最大值（或最小值）的关键字，这些结点合在一起称为索引区。在运行过程中，如果数据基本区中应插入某记录的结点已满则发生溢出，此时把溢出的记录存放到另开辟的溢出区中，而不改变索引的结构。

索引顺序存取方法 ISAM 是多叉树的应用。ISAM 是解决需要频繁更新的大型数据库的一个早期尝试，它采用多级索引：主索引、柱面索引、磁道索引。若文件很大需占用很多柱面，此时主索引也可以包含很多层。在采用基于 B+ 树的虚拟存储存取方法 VSAM 之前的 20 世纪 60 年代，IBM 公司曾经广泛地采用 ISAM 技术，较好地解决了大型数据库频繁更新数据的问题。

3. 静态索引

线性索引的另一个问题是：如果在数据库中插入或者删除了记录，就必须更新线性索引。这是因为线性索引是顺序存储的，插入点（删除点）后的所有记录都必须移动位置；而且若有二级线性索引，所有与其相关的二级线性索引也都必须更新。所以线性索引的插入和删除操作代价巨大，它更适合于一种静态索引，其索引结构在文件创建、初始装入记录时生成，一旦生成就固定下来，在系统运行（如插入和删除记录）过程中并不改变索引结构，只有当文件再组织时才允许改变索引结构。本章 14.5 节将讨论能够高效支持插入和删除操作的动态索引技术。

*14.4　倒排索引

在实际应用中，不仅需要按关键字值检索记录进而找到记录中其他数据项值，而且经常需要按照记录中的其他数据项，也就是属性值来检索记录。这样就需要按属性值建立索引。这种索引表中的每一项都包含一个属性值和具有该属性值的各记录地址。由于这种索引不是由记录来确定属性值，而是反过来由属性值确定记录的位置，因而称为倒排索引。带有倒排索引的文件称为倒排索引文件，简称倒排文件。

14.4.1　基于属性的倒排

在实际应用中，常常要求检索结构中某个或若干个属性满足一定条件的结点，这类检索简称为基于属性的检索。

例如，表 14-1 是一个数据库主表示例——某高校教师登记表。每个教师的数据是表中的一条记录，以职工号 EMP# 为主关键字，另外有姓名 Name、系 Department、职称 Profession、专长 Specialty，地址 Address 等属性。关键字 EMP# 可以唯一标识一个教师，而其他属性则不能。例如，学校里可能有同名教师，那么就会有两个或更多的教师记录的 Name 属性具有相同值。计算机系有几十名教师，那么这些教师记录的

Department属性都是"计算机"。

表 14-1　数据库主表示例：教师登记表

EMP#	Name	Department	Profession	Specialty	Address
0155	李宇	数学	教授	代数	C105
0421	刘阳	外语	助教	英语	E310
0208	赵亮	物理	助教	力学	C211
0211	张伟	物理	讲师	原子物理	D508
0132	王亮	数学	助教	几何	E220
0119	王卓	数学	讲师	代数	B102
0330	孙丽	计算机	教授	软件	A108
0455	刘珍	外语	讲师	法语	A225
0310	周兵	计算机	讲师	英语	B423
0341	何江	计算机	助教	软件	F406
……………					

对表14-1可能提出这样的检索要求：列出职称为讲师的所有职工号，列出计算机系擅长英语的教师名单等。这些要求都是基于属性的检索。用前面讨论过的查找技术也可以处理这些要求，不过代价比较大。处理前一个检索需要顺序扫描所有记录，把Profession属性为"讲师"的那些记录的EMP#值记下来；处理后一个检索也需要顺序读取所有记录，对每个记录先检查其Department属性，对那些值为"计算机"的记录，再看其Specialty属性是否为"英语"，若是则记下Name值，这样处理的效率很低。

为有效处理基于属性的检索，考虑使用特殊的存储形式：倒排表。倒排表是基于属性的倒排的线性表，即在保留原表的同时，对于感兴趣的属性（即可以用来作为检索参数）的每个值都建立一个倒排表，并存放与此属性值相对应的所有关键字值。

例如，对于表14-1所示的教师登记表，可以分别建立关于系Depatment、职称Profession、专长Speciality的倒排表，如表14-2所示。

表 14-2　数据库倒排表示例：教师登记表的倒排表

Department list	EMP#
数学	0155, 0132, 0119
物理	0208, 0211
计算机	0330, 0310, 0341
外语	0421, 0455
Profession list	**EMP#**
教授	0155, 0330
讲师	0211, 0119, 0455, 0310
助教	0421, 0208, 0132, 0341

续表

Specialty list	EMP#
代数	0155，0119
几何	0132
力学	0208
原子物理	0211
软件	0330，0341
英语	0421，0310
法语	0455

有了倒排表，再来处理上面提出的检索要求，效率就比较高了。对于前一个要求，只要查 Profession 属性为"讲师"的倒排表，得到职工号集合 {0211，0119，0455，0310}；对于第二个要求，首先通过 Department 倒排表得到属性为"计算机"的职工号集合 {0330，0310，0341}，再通过 Specialty 倒排表得到属性为"英语"的职工号集合 {0421，0310}，两个集合的交集是 {0310}，按交集的关键字值检索主表，得到相应的 Name 域值"周兵"。

倒排表不能代替原来的主表，而只是主表的辅助，需要与主表并存。因为若取消了主表，那么当提出"打印出职工号为 0330 的教师的信息"这样的要求时就不好处理了。

在倒排表中进行插入和删除时，不但要改变主表，而且要改变倒排表的表目。例如，删除关键字值为 0132 的记录时，就涉及在 Department 值为"数学"的倒排表、在 Profession 值为"助教"的倒排表和在 Specialty 值为"几何"的倒排表中都删掉 0132 这个表目。

由此可见，采用倒排文件，可以先对相应的倒排表进行交、并运算，然后再按结果集合中的主码在主文件中的地址指针（为可读起见，表 14-2 中用主码代替指针）存取记录，从而可极大地减少记录的存取量，提高检索速度。

倒排表能够对基于属性的检索进行高效的处理。但是，倒排表也有如下一些缺点：保存倒排表需要一定的存储代价；完成倒排表集合的运算需要较大的内存空间；更新主文件时，维护倒排索引的工作量也比较大。

14.4.2　对正文文件的倒排

随着电子数据的急剧增长，各种电子格式的文件数量不断增加，正文文件的索引技术因此受到越来越多的关注。为了更好地利用这些文本数据，文本数据的检索和管理变得愈发重要。

正文索引处理的目标就是：构建一个数据结构，以实现对文本内容的快速检索。

建立正文索引的方法主要有两种：词索引和全文索引。词索引的基本思想是：把正文看作由符号和词所组成的集合，从正文中抽取出关键词，然后用这些关键词组成一些适合快速检索的数据结构。这项技术适用于多种文本类型，特别是那些可以很容易就解析成一组词的集合文本，例如英文的文本。但是，这项技术不适合生物学数据和一些东方语言书写的文本。对建立了词索引的正文进行查询，查询词需要被限制在词索引的关键词范围内。

全文索引的基本思想是：把正文看作一个长字符串，在数据结构中记录子字符串的开始位置，这样查询就可以针对正文中的任何子字符串。这种方法使得人们可以对每一个字符建立索引，从而使查询词不再限于关键词。但是，建立全文索引通常需要更大的空间，在很多应用中受到了限制。

倒排文件是使用最广泛的词索引。一个倒排文件就是一个排序关键词的列表，其中每个关键词指向一个倒排表posting list，指向该关键词出现的文档集合以及在该文档中的位置。对于词t_i，它的posting list可表示为$\{(d_{i1}, f_{i1}, a_{i1}^*)+(d_{i2}, f_{i2}, a_{i2}^*)+\cdots\}$，其中$d_{i1}$、$d_{i2}$为文档编号，$f_{i1}$、$f_{i2}$为词$t_i$在文档中的出现次数（依此对posting list中出现的文档进行排序），a_{i1}^*、a_{i2}^*为词t_i在文档中出现信息（位置、权重等）的罗列。

为节省存储空间、提高查询响应时间，可把posting list的词的出现次数f_{i1}、f_{i2}（频率信息）去掉，简单表示成$\{(d_{i1}, a_{i1}^*)+(d_{i2}, a_{i2}^*)+\cdots\}$；甚至还可以把位置信息去掉，而只保留该关键词所出现的文档编号。

例如，表14-3是6个正排文档的内容，表14-4是相应的倒排文件内容。表14-4中记录了关键词在文档中出现的单词位置，实际应用中可以记录关键词在文件中的字节位置，以便快速定位。

表 14-3　正排文档内容

文档编号	文本内容
1	Pease porridge hot, pease porridge cold,
2	Pease porridge in the pot,
3	Nine days old.
4	Some like it hot, some like it cold,
5	Some like it in the pot,
6	Nine days old.

表 14-4　正文倒排文件的全文本索引

编号	词语	（文档编号，位置）
1	cold	(1,6) (4,8)

续表

编号	词语	（文档编号，位置）
2	days	(3,2) (6,2)
3	hot	(1,3) (4,4)
4	in	(2,3) (5,4)
5	it	(4,3) (4,7) (5,3)
6	like	(4,2) (4,6) (5,2)
7	nine	(3,1) (6,1)
8	old	(3,3) (6,3)
9	pease	(1,1) (1,4) (2,1)
10	porridge	(1,2) (1,5) (2,2)
11	pot	(2,5) (5,6)
12	some	(4,1) (4,5) (5,1)
13	the	(2,4) (5,5)

建立一个正文倒排文件通常需要以下几个步骤：

① 对文档集中的所有文件都进行分割处理，把正文分成多条记录。如何切分正文记录，取决于程序的需要。一条记录可以是正文中的一个定长块、一个段落或者一个章节。如果正文本身就是一组文档，那么一条记录还可以是一篇文档。

② 给每条记录赋一组关键词，这些关键词以人工或自动的方式从记录中抽取出来。通常还需要确定一组停用词，例如一些助词和介词，这些词不会被索引。在英语等西文中还经常用到"抽词干"技术，例如computer、computing、computed等词，都处理为只剩下"comp"词干。抽词干技术使得人们可以使用一个关键词来表示一组语义上相近的索引和检索项。在汉语等东方语言中，因为词与词之间没有空格分割，要把词从句子中划分出来还需要进行切词处理，这需要自然语言理解技术的支持。

③ 得到各个关键词的集合，对于每一个关键词，得到其倒排表，然后把所有倒排表存入文件，并记录每个倒排表在索引文件中的起始位置以及每个表的大小。

建立倒排文件之后，对关键词的检索通常分为以下两步：

① 在倒排文件中检索关键词。

② 如果找到了关键词，则获取对应的倒排表，并获取倒排表中的记录。

为了在索引文件中高效检索关键词，通常使用另一个索引结构进一步对关键词表进行有序索引。对关键词表进行索引的常用技术有散列和B+树等，如果关键词表可以全部放入内存，也可以用二叉查找树建立索引。

虽然倒排索引支持高效的检索，而且被广泛应用于很多文本数据库系统，但是倒排索引所支持的检索类型还是非常有限的。因为只有在索引文件中的关键词才可以用作检索词，而且某些应用在倒排文件中的索引效率并不高，例如对短语、习惯用语和完整字符串的检索；此外，倒排文件需要的空间代价往往也很高。例如，如果把文本中每个词都抽出来做关键词，一个未压缩的倒排文件的大小往往是原始文件的50%~300%。

*14.5　动态索引

动态索引结构在文件创建、初始装入记录时生成，当系统运行过程中插入或删除记录时，索引结构本身也可能发生改变，以保持较好的检索性能。本节将介绍B树、B+树等适用于动态索引的数据结构并分析其性能，在此基础上分析对比静态索引结构和动态索引结构的性能优劣。

14.5.1　B树

二叉查找树不能保证平衡，有可能退化为线性表，从而降低检索效率。外存索引结构的平衡性能非常重要，因为退化的树结构将导致树索引的失败，而面临巨大的访外开销。AVL树和红黑树通过调整树的高度使得二叉查找树始终保持$O(\log n)$级的平衡状态，但其频繁的插入/删除调整对于外层树索引来说，也意味着很大的磁盘输入/输出访外开销。

因为一个磁盘页块可以存储多个关键字-地址对，外存中组织索引一般不用二叉树，而采用多叉树，实际上就是增大结点的分支数而降低树的高度，从而提高查找效率。由14.3节中多叉树的讨论可以看出，外存索引树结点在不超过磁盘页块大小限制的前提下，应该尽量增加每个结点内关键字的数目。

但多叉树是一种自底向上构建的树结构，每一级索引块都尽可能填满了索引信息，是一种静态的索引结构。如何使多叉树结点中关键字尽可能多的情况下，插入/删除操作不需要太多调整树结构的动作？

1970年Rudolf Bayer和Edward M.Mccreight提出了一种B树[①]，它是一种平衡的多叉树，适用于组织动态的索引结构。

定义一个m阶的B树满足下列条件：

---

① 有些图书也将其译为"B-树"，实际上"-"只是英文的连字符，需注意不要误称为"B减树"。

① 每个结点至多有 m 个子结点。

② 除根结点和叶结点外，其他每个结点至少有 $\lceil m/2 \rceil$ 个子结点。

③ 根结点至少有两个子结点（例外情况：根可以为空，或者独根）。

④ 所有的叶结点在同一层，可以有 $\lceil m/2 \rceil - 1 \sim m-1$ 个关键字。

⑤ 有 k 个子结点的结点（分支结点）恰好包含 $k-1$ 个关键字。

B 树的最大子结点数称为"阶"，往往是根据磁盘页块、关键字、地址指针等所占空间的大小而决定的。B 树限定子结点数在全满到半满之间，并限定叶结点同高，通过这两个限制来保持树的平衡性能。

在 B 树中，每个结点中的关键字从小到大排列，并且当该结点的子结点也是内部结点时，该 $k-1$ 个关键字正好是 k 个子结点关键字的值域分划。

最底层的叶结点的指针指向空（对应于失败检索）。空指针数目正好等于树中所包含关键字的数加 1。

一棵包含 j 个关键字、$j+1$ 个指针的 B 树结点的一般形式如图 14-4 所示。其中 K_i 是关键字值，$K_1 < K_2 < \cdots < K_j$，P_i 是指向关键字 $K_i \sim K_{i+1}$ 的子树的指针。事实上，对应于每个关键字还有一个隐含域，存储该关键字所代表的记录信息，一般情况下是指向该记录在主文件中位置的指针。

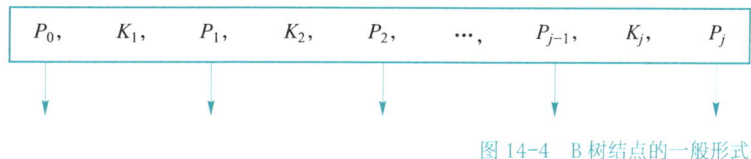

图 14-4　B 树结点的一般形式

从后面 14.5.3 小节 B 树的性能分析可以看到，B/B+ 树的一个结点对应于一个磁盘块，而树的阶是根据磁盘块大小和被索引记录的关键字所占位数，以及下级磁盘块指针所占位数计算出来的。实际应用中 B 树的阶非常高，可以到达 100 左右。为了画图方便，本章给出的是阶比较小的示例。

图 14-5（a）是一棵 3 阶的 B 树，每个结点的子结点的个数在 $\lceil 3/2 \rceil$ 即 2 和 3 之间，因此每个结点可包含 1 或 2 个关键字；所有的叶结点都在第 2 层（第 0 层为根），每个结点中的关键字按字典顺序排列。根结点中，18 和 33 之间的指针指向的是大于 18 且小于 33 的那些关键字所在的 c 子树。有些教材还像图 14-5（b）那样画出叶结点指向的空结点。B 树的每个关键字本身都隐含着指向该记录在主文件中位置的指针，如图 14-5（c）所示，这在 14.5.3 小节计算 B 树的存储效率时非常重要。

1. B 树的查找

在 B 树中查找给定的关键字值是交替的两步过程。首先读取根结点，在根结点所包含的关键字 K_1, K_2, $\cdots$, K_j 中查找给定的关键字值（当结点包含的关键字不多时可用顺

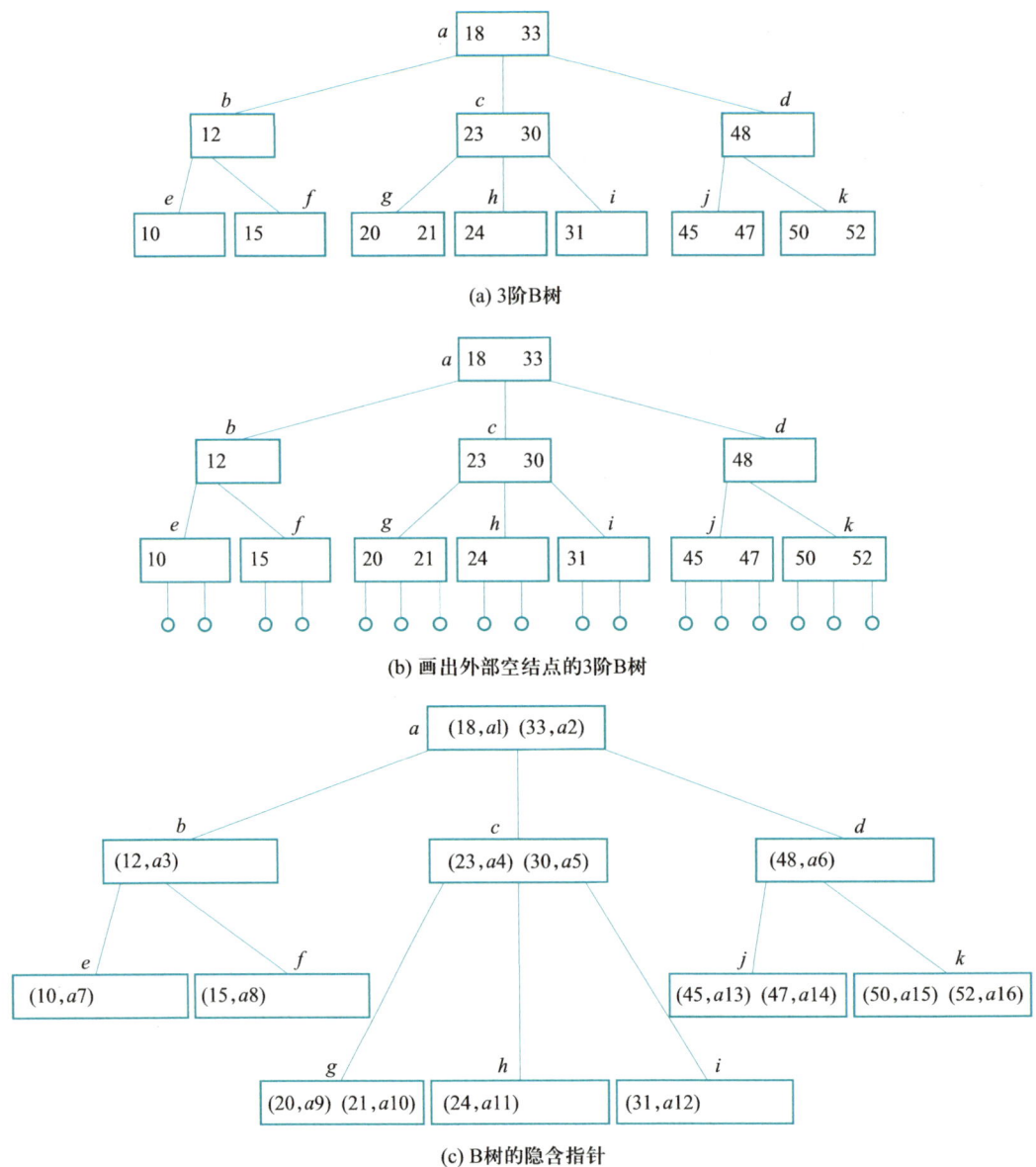

(a) 3阶B树

(b) 画出外部空结点的3阶B树

(c) B树的隐含指针

注：a1~a16代表关键字所在主文件中具体磁盘块的索引地址

图 14-5　3 阶 B 树示例①

序查找，否则可用二分查找），若找到则查找成功，否则，一定可以确定待查关键字值
是在某个 K_i 和 K_{i+1} 之间（因为在结点内部的关键字是有序的）。接下来取 P_i 所指向的结
点继续查找，直到找到或 P_i 为空指针，表示查找失败。

设B树的高度为h（独根树高为1），则在自顶向下查找到叶结点的过程中可能需要进行h次读索引盘，再加上根据关键字中隐含指针找到该记录在主文件中位置的1次读数据盘，最多需要$h+1$次访外。

例如在图14-5（c）所示的3阶B树中查找关键字值31，需要3次访问索引树结点（a、c、i），外加1次读关键字值31所在主文件的数据盘a12，共4次访外。而查找关键字值12，则需要2次访问索引树结点（a、b），外加1次读关键字值12所在主文件的数据盘a3，共3次访外。

2. B树的插入

在B树中插入一个关键字的方法也很简单。插入可能导致B树朝着根结点的方向生长。首先查找此关键字是否在B树中，若在则拒绝插入；若不在，则最后找到的叶结点即为待插入位置。如果插入后该叶结点中关键字数小于m，则插入完成；否则，关键字数等于m，产生上溢。这种情况下，取这m个关键字的中位数为分界码，叶结点分裂为分别具有$\lceil (m-1)/2 \rceil$和$\lfloor (m-1)/2 \rfloor$个关键字的两个结点。将分界码插入父结点中；如果父结点没有发生上溢，则插入操作结束；否则，该分裂过程继续往根结点的方向传递，有可能会一直分裂到根结点。

若向图14-5（a）所示的3阶B树中插入关键字值14，则直接插入15所在的叶结点f，只需要1次写操作（从根开始查找到结点f，需要3次读盘操作）。继续插入关键字值55，因为要插入的结点k已包含2个关键字，插入新结点将导致溢出。在这种情况下，要把结点k分裂为两个结点（新申请一个结点k'），并把（50，52，55）的中位关键字值52取出插入该结点的父结点d中，结果如图14-6所示。

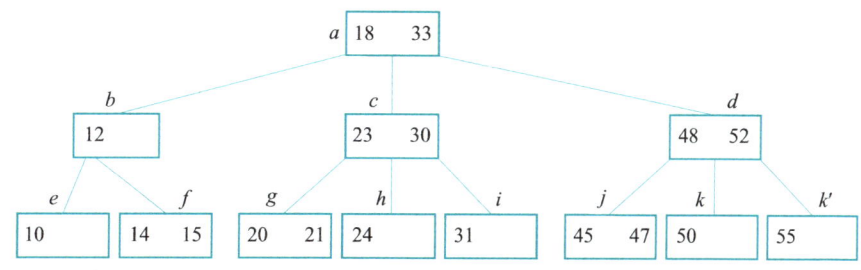

图14-6　在图14-5（a）的3阶B树中插入关键字值14、55后的结果

如果父结点也可能是满的，就需要继续分裂，再往上插。最坏的情况是这个过程可能会一直传到根结点。如果需要分裂根结点，由于根结点是没有父结点的，这就需要建立一个新的根结点，使整个B树增加一层。例如，在图14-5（a）所示的B树中插入关键字值19后，结点g分裂为两个结点g、g'，（19，20，21）的中位关键字值20上传，与父结点c一起继续分裂为c、c'两个结点；中位关键字值23上传到根结点，使根结点分裂为a、a'两个新结点，并且中位关键字值23成为新的根结点r中的关键字。其过程如图14-7所示。

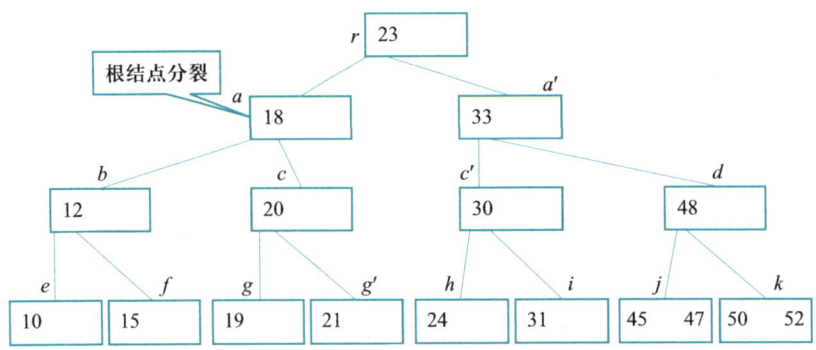

图 14-7 在图 14-5（a）的 3 阶 B 树中插入关键字值 19 后导致根结点分裂

在图 14-7 的插入过程中，有 10 次对 B 树的访外操作，其中读盘 3 次（a、c、g），写盘 7 次（g、g'、c、c'、a、a'、r）。这里不考虑对主数据文件的访外操作，也不考虑申请新磁盘块的开销。

假设内存工作区足够大，使得在向下查找时读入的结点都保存在内存缓冲区中，在插入后向上分裂时不必再从磁盘读入。B 树插入操作的读盘次数与查找相同。如果不分裂，直接把新关键字所插入的结点写到磁盘，最少写盘次数为 1 次。一次插入操作最多读写次数可以如下：假设总共 h 层，每层都需要分裂（包括根结点），每分裂一个非根结点要向磁盘写出 2 个结点，分裂根结点（最后一次）要写出 3 个结点，因此，

$$插入操作最多访外次数 = 找插入结点向下读盘次数 +$$
$$分裂非根结点时写盘次数 +$$
$$分裂根结点时写盘次数$$
$$= h + 2(h-1) + 3$$
$$= 3h + 1 \tag{14-1}$$

根据式（14-1），图 14-7 中的根结点也产生分裂，可以计算出访外为 $3 \times 3 + 1 = 10$ 次。

为什么根结点允许的子结点数目范围在 2~m，而内部结点的子结点数目在 $\lceil m/2 \rceil$~m？这是因为插入算法分裂到根结点时会分为 2 个子结点，并产生一个新根。如果要求与其他内部结点具有同样的出度，那么就需要对 B 树进行比较大的调整，这就违背了 B 树操作的局部调整原则。而且，实际运行时根结点往往在内存中保存（当然最终它还是要写回外存，因此也有 m 的上限），不需要遵守内部结点的子结点数目下限 $\lceil m/2 \rceil$ 的约束；大部分内部结点在外存中，需要保证存储块至少半满，以折中存储效率和操作效率，因此限制在 $\lceil m/2 \rceil$~m。所以，根结点的子结点数据范围在 2~m。根结点不可能只有一个子结点，这样太浪费。

B/B+ 树在插入时，如果发生上溢则分裂，而不是送给邻居一些关键字。这是由于插入操作可能发生在创建阶段，分裂的结点很快就会增加新的关键字，而送关键字涉及

读和修改邻居结点，访外开销大，且操作麻烦。

3. B树的删除

在B树中删除一个关键字的操作过程比插入操作稍微复杂些。如果删除的关键字不在叶结点层，则需要先把此关键字与其后继关键字对换位置，然后再删除该关键字。如果删除的关键字在叶结点层，则直接从叶结点中删除，这可能导致此结点所包含的关键字的个数小于 $\lceil m/2 \rceil - 1$，产生下溢。

在产生下溢的情况下，考察该结点的直接左兄弟或右兄弟（习惯上先左后右），从兄弟结点中借若干个关键字到该结点中来。实际上，往往是将被删除结点和被借结点的关键字，以及父结点中的分界码一起排列，取中位数为新分界码，尽量使两个新兄弟结点中所含关键字的个数基本相同（这样可以延迟下一次删除引起的下溢）。只有在兄弟结点的关键字个数也很少，且刚好等于 $\lceil m/2 \rceil - 1$ 时，不能借关键字。这种情况下，要把删除关键字的结点、其左/右兄弟（先左后右）结点及父结点中的分界码合并为一个结点。合并的情况导致父结点中减少了一个关键字，这样有可能导致进一步的合并。合并如果一直传递到根结点，将导致根结点与两个子结点进行合并，形成新的根结点，从而使整个树减少一层。

删除过程中，一般情况下，出现下溢时先看是否能借关键字，借不了再考虑合并。如果阶比较小，例如阶为3（关键字数在1~2个）、阶为4（关键字数在1~3个）的情况，此时删除可能会出现空结点情况，可以先考虑能否合并再考虑借关键字，这样有可能降低树的高度。实际应用中B树的阶很大，不会出现删除一个关键字使得结点变空的情况。

例如，对图14-8（a）所示的5阶B树删除关键字值120。首先将120与结点 h 中它的后继关键字值134交换，在叶结点 h 中删除120后关键字值下溢。向左邻居 g 借关键字，将其与两个兄弟结点和父结点中的分界码134一起排序，取（108, 110, 115, 118, 134, 146）的中位数118成为新分界码（第二个中位数，使得左结点比右结点多一个关键字），形成图14-8（b）的B树。

继续删除关键字值150，将150与其后继关键字值156交换，删除叶结点 i 中关键字值156后，只剩下177一个关键字值，产生下溢。此时，其左兄弟 h 无关键字可借，因此 h、150、i 合并为新 i 结点，释放空结点 h。合并后，父结点 c 也下溢，b、103、c 继续合并为新根结点，释放空结点 b、c，产生图14-8（c）所示的B树。

上述两个连续删除的操作，其访外次数是一起考虑的。删除关键字值120，读盘（a、c、h、g），写盘 h、g、c；继续删除关键字值150，可以认为相关的 a、c、h 已在内存中，只要新读入 i，合并时写出 i，读入 b，写出 a。

4. B树的性质

如果B树的阶为3，则称为"2-3树"。反过来说，B树也可以看作2-3树的一种推广。B树有如下性质：

① B树总是树高平衡的，所有的叶结点都在同一层。

② B树的更新和查找操作只影响一些磁盘块，因此性能很好。

③ B树把相关的记录（即关键字具有接近的值）放在同一个磁盘块中，从而利用了访问局部性原理。

④ B树保证树中至少有一定比例的结点是满的，这样既能保证一定的空间利用率，又能使插入和删除操作不必像静态多叉树那样频繁地修改结点，从而总体上减少了磁盘读取数。

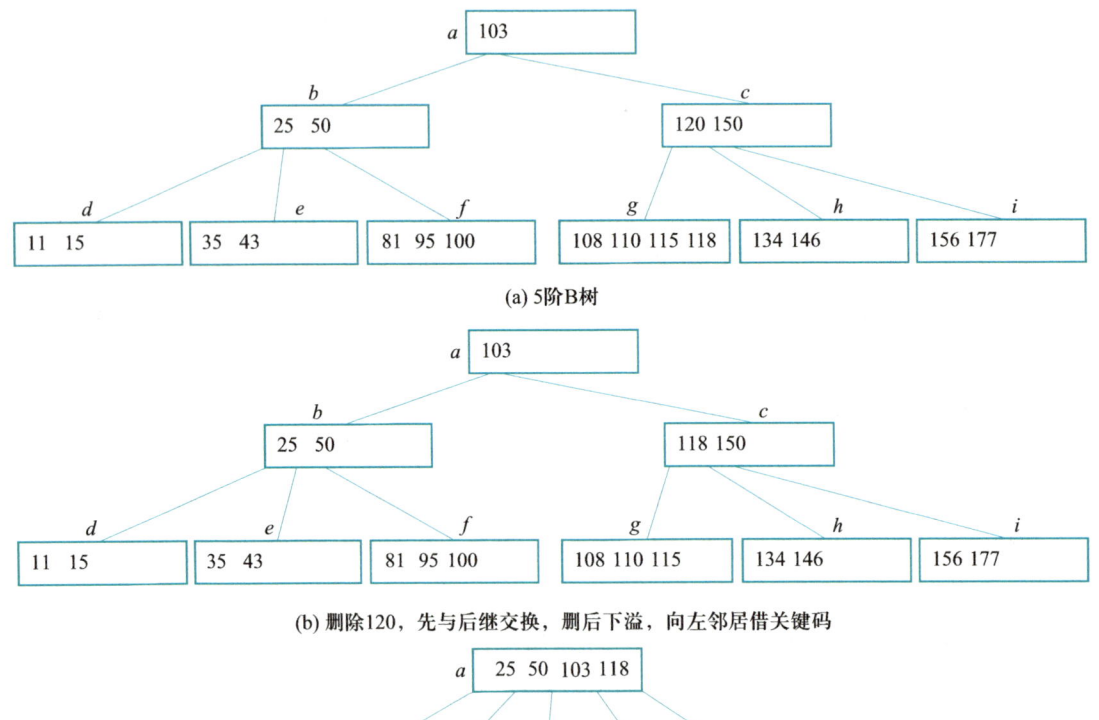

图 14-8   在 5 阶 B 树中连续删除关键字值 120、150 过程示意图

14.5.2   B+ 树

在实际应用中产生了一些B树的变形。例如：每个结点的充盈度可以不同；树在不同层上可有不同的阶；每个关键字的长度可变；把关键字全部顺序存储在叶结点上，而索引部分是每个结点内最大（或最小）关键字值的复写等。本小节主要介绍应用广泛的B+树。

m阶B+树的结构定义如下：

① 每个结点至多有m个子结点。

② 每个结点（除根结点外）至少有$\lceil m/2 \rceil$个子结点。

③ 根结点至少有两个子结点（例外情况：根可以为空，或者独根）。

④ 所有的叶结点在同一层，可以有$\lceil m/2 \rceil \sim m$个关键字，叶结点包含全部关键字以及相应的记录信息（例如该记录在主文件中的位置指针），叶结点之间可以用双向链表顺序链接。

⑤ 有k个子结点的结点（分支结点）必有k个关键字。

图14-9是一个3阶（$m=3$）B+树的例子，其所有的关键字均出现在叶结点上，上面各层结点中的关键字均是下一层相应结点中最大关键字的复写（当然也可采用最小关键字复写原则）。由图中可以看出，B+树的构造是由下而上的，m限定了结点的大小，自底向上地把每个结点的最大关键字或最小关键字复写到上一层结点中。B+树中也可以不画叶结点的链接。

B+树的查找、插入、删除过程基本上与B树类似，但也有一些差别。

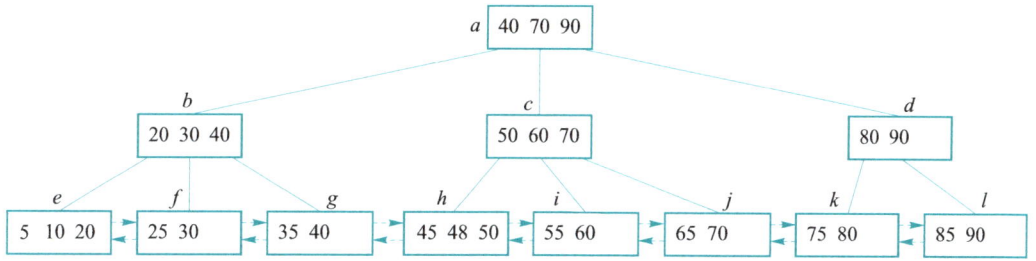

注：B+树示意图中，指向子结点的连线应在对应的关键字正下方画出，表示该关键字为其对应的子结点在上层的复写，而非分界。

图 14-9　3阶B+树示例

1. B+ 树的查找

在B+树中有两个头指针，一个指向B+树的根结点，另一个指向具有最小关键字的叶结点。可以对B+树进行随机查找和顺序查找两种形式的访问。

随机查找过程从根结点开始，自顶向下，若在上层已找到待查关键字并不停止，而是继续沿指针向下一直查到叶结点层的该关键字。同样地，对应于叶结点的每个关键字还有一个隐含指针，指向该记录在主文件中的位置（其实叶结点的阶也可以与内部结点不一样）。随机查找适合于查找任意关键字，也是插入和删除操作的基础。

顺序查找适合于进行范围查询，可以从叶头结点开始，也可以从随机查找过程查找到的范围内的第一个叶结点起，通过叶结点链，顺序读取范围内的其余数据。

2. B+ 树的插入

当在B+树中插入时，一个全满的m个关键字的结点中再加入一个新关键字，就要分裂为两个结点，分别具有$\lceil (m+1)/2 \rceil$和$\lfloor (m+1)/2 \rfloor$个关键字，并要保证上层结点中有这两个结点的最大关键字（或最小关键字）复写。

图 14-10 是在图 14-9 所示的 3 阶 B+ 树中插入关键字值 15 后的结果。沿结点 a、b、e 查找，找到叶结点；在叶结点 e 中插入 15，发生上溢，（5，10，15，20）分裂为两个结点 e 和 e'；左结点 e 的新索引码 10 上传到父结点 b，(10，20，30，40) 分裂为 b 和 b'；左结点 b 的新索引码 20 上传到父结点 a，（20，40，70，90）分裂为两个结点 a 和 a'，并产生两个新索引码 40 和 90 作为新根结点 r 的关键字值，树增高一层。整个过程读盘 3 次（a、b、e），写盘 7 次（e、e'、b、b'、a、a'、r）。

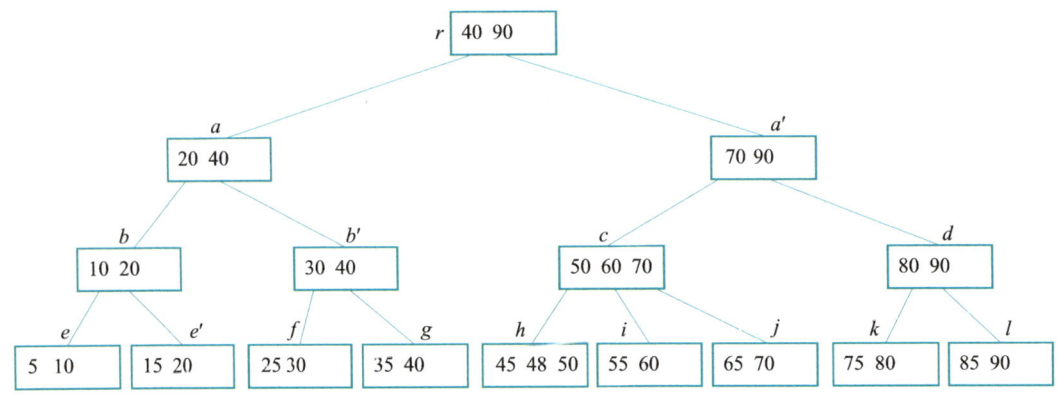

图 14-10　在图 14-9 的 3 阶 B+ 树中插入关键字值 15 后，树增高一层

3. B+ 树的删除

当删除时，关键字在叶结点层删除后，把真正的最大关键字替代其父结点中相应的分界码值。如果不影响查找，也可以保留原来的分界复本。当删除操作造成下溢（关键字个数小于 $\lceil m/2 \rceil$）时，其处理过程与 B 树类似，即首先考虑借兄弟结点的关键字，借不了则需要与左（或右）兄弟结点合并。

图 14-11 是在图 14-9 所示的 3 阶 B+ 树中删除关键字值 75 后的结果。沿结点 a、d、k 查找，找到叶结点；在 k 中删去 75，发生下溢，剩余关键字值 80 与右邻居 l 结点合并为新 k（80，85，90）；父结点 d 中原分界码 80 删除，d 结点下溢，借左邻居 c 的关键字，c 和 d 的关键字平分；父结点 a 中的分界码 70 修改为 60。整个过程读盘 5 次（a、d、k、l、c），写盘 4 次（k、d、c、a），释放了一个空磁盘块 l。

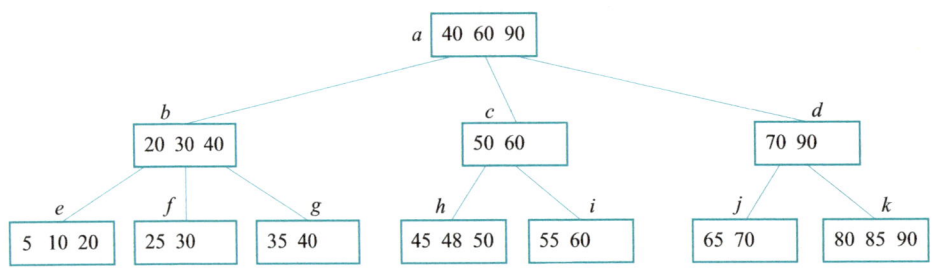

图 14-11　从图 14-9 的 3 阶 B+ 树中删除关键字值 75 后的结果

4. 混合型 B+ 树

可以看到，B+树的分支结点实际上只起到引导向叶结点方向查找的作用，叶结点中才真正存放了数据记录在主文件中的地址，内部分支结点与叶结点可以不同阶。图14-12是一种混合型B+树：分支层采用图14-5的B树，阶为4（2~4个子结点，1~3个关键字），分界码是下层子结点中最小关键字复写；叶层采用图14-9的B+树形式（也可不画出B+树中叶结点的链接），阶为5（3~5个关键字）。如果只有一个叶结点，则不需要建立内部分支层。

这种混合型B+树的查找也必须到达相应的叶结点。例如，在图14-12所示的混合型B+树中查找关键字值40，首先找到根结点a开始查找，存储在a中的值40只是作为占位符，表示大于或等于40的关键字值可以在c子树中找到；40<48，因此进入c的第一个分支h，找到关键字值40及其主文件索引指针。

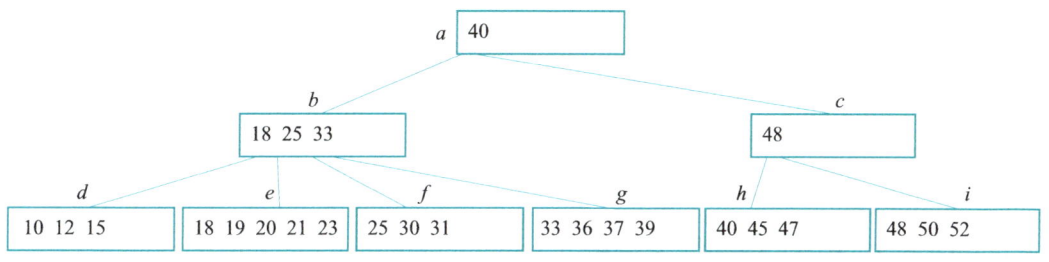

图 14-12 混合型 B+ 树，内部分支结点阶为 4，叶结点阶为 5

混合型B+树的插入过程类似于B树的插入过程。首先找到应包含记录的叶结点L，如果L未满，就把新记录添加进去，不影响到B+树的其他结点；如果叶结点L已满了，就把它分裂成两个结点（在两个结点之间平均分配记录），然后把新形成的右结点中最小关键字的复本写入父结点。这也可能会引起一系列分裂，甚至传递到根结点，从而引起B+树增加一层。注意内部结点的分裂类似于B树的分裂处理方式。

例如，在图14-12的混合型B+树中插入关键字值22。首先查找结点a、b、e，将22插入e后，e分裂为两个结点e和e'；右叶结点e'的最小关键字值21复写到b，引起b的分裂，（18,21,25,33）分成（18,21）和（33），中位数25上传到根结点a。插入的结果如图14-13所示。

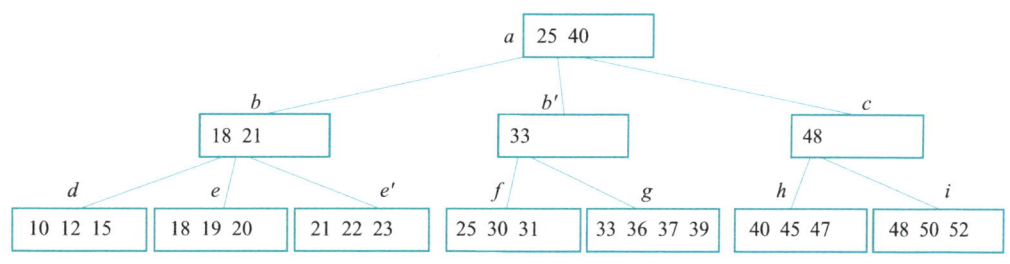

图 14-13 在图 14-12 混合型 B+ 树中插入关键字值 22 后的结果

要从混合型B+树中删除关键字K，首先找到包含K的叶结点L，如果叶结点L超过半满，那么只需直接删除K（可以不修改父结点中的复写关键字，因为目前不影响查找）。如果删除后使得叶结点中的记录数目下溢，那就需要向兄弟叶结点借关键字或与兄弟叶结点合并。

例如，从插入关键字值22之后的图14-13中删除关键字值40，叶结点h下溢，其右邻居结点i没有关键字可借（不能向堂兄弟g借关键字），因此结点h和i合并，形成新叶结点h。父结点c需要删除一个分界码，也发生下溢，b'和c合并，父结点a中的分界码40修改为45并下移，形成图14-14所示的B+树。

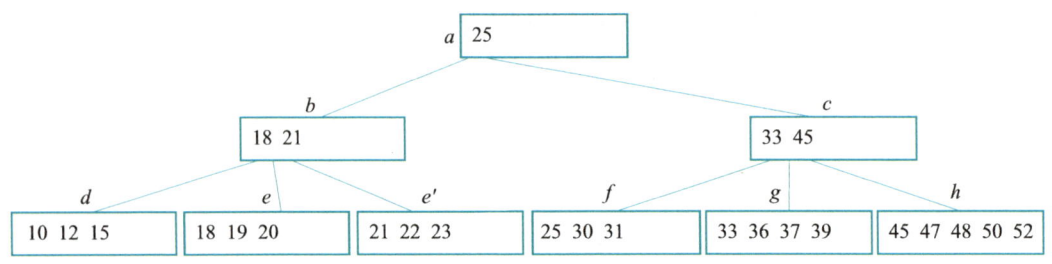

图 14-14 在图 14-13 混合型 B+ 树中删除关键字值 40 后的结果

14.5.3 B/B+ 树的性能分析

我们来讨论B/B+树的查找效率及应用情况。

1. B 树的层数及 B/B+ 树索引的文件规模

设B树包含N个关键字，因此有$N+1$个扩展的外部空结点（对应于失败查找），设外部结点都在第I层（根为第0层）。因为根至少有两个子结点，因此第一层至少有两个结点。

除根结点和叶结点外，其他结点至少有$\lceil m/2 \rceil$个子结点。因此，第二层至少有$2\lceil m/2 \rceil$个结点，第三层至少有$2\lceil m/2 \rceil^2$个结点，…，第I层（扩展的外部结点层）至少有$2\lceil m/2 \rceil^{I-1}$个结点，于是有

$$N+1 \geqslant 2\lceil m/2 \rceil^{I-1}$$

即

$$I \leqslant 1 + \log_{\lceil m/2 \rceil}\left(\frac{N+1}{2}\right) \tag{14-2}$$

如果关键字数$N=1\ 999\ 998$，B树的阶$m=199$，代入式（14-2），得到层数I至多等于4。也就是说一棵索引了近两百万个关键字的B树，其层数至多为4。B树的一次查找最多比较次数不超过其层数，每一层对应于一个磁盘页块，即一次查找至多进行I次外存的读取。因此，式（14-2）保证了B树的检索效率是相当高的。

下面再从另一个角度来估计B+树的索引规模。B/B+树的一个结点对应于一个磁

盘块，每次读入一个磁盘块正好把相应数据放入一块内存缓冲区。假定磁盘块大小为 4 096 B，且整数型关键字值为 4 B，指针为 8 B。不考虑存储块块头信息所占空间，满足 $4m+8(m+1) \leqslant 4\,096$ 的最大整数值 m 就是 B+ 树的阶，$m=340$。假若磁盘块的平均充满度介于最大和最小中间，即平均有 255 个指针。对于 3 层的 B+ 树，根结点有 255 个子结点，有 $255^2=65\,025$ 个叶结点；每个叶结点也有 255 个索引记录，即可以有 255^3 约 16.6×10^6 个指向记录的指针。也就是说，记录数小于或等于 16.6 MB 的文件都可以被 3 层的 B+ 树容纳，3 次访外就可以获得关键字在主文件中的地址。实际上，对 B+ 树的访问还可以减少到一次磁盘输入/输出访外操作。因为 B+ 树的根结点通常处于内存中，而且目前的系统内存空间都比较大，B+ 树的第二层结点完全保存在缓冲区中也是合理的。这样，只需要读一次叶结点磁盘块。

2. B 树进行插入时需分裂的结点数的上限

设 k 是内部结点数，N 是 B 树包括的关键字数。当根结点包含一个关键字，除根结点外的所有内部结点都包含 $\lceil m/2 \rceil -1$ 个关键字时，B 树所包含的总关键字数最少。因此有 $N \geqslant 1+(\lceil m/2 \rceil-1)(k-1)$，可得 $k-1 \leqslant \dfrac{N-1}{\lceil m/2 \rceil -1}$。现在考虑最坏的情况，即从第二个结点开始，每个结点均是经过分裂而得到的，也就是说，插入 N 个关键字的过程中进行了 $k-1$ 次分裂，那么每插入一个关键字平均分裂的结点个数为

$$s=\frac{k-1}{N} \leqslant \frac{N-1}{(\lceil m/2 \rceil-1) \cdot N} \leqslant \frac{1}{\lceil m/2 \rceil -1} \qquad (14\text{–}3)$$

从式（14–3）可以看出，B 树中插入一个关键字平均分裂的结点数只与 B 树的阶有关，而与 B 树中的关键字数无关。假设 B 树的阶 $m=199$，代入式（14–3），该 B 树中插入一个关键字平均分裂的结点数为 0.01。也就是说，平均每插入 100 个结点才需要分裂一次，因此 B 树的插入效率也是比较高的。

3. B/B+ 树的存储效率

B+ 树内部分支结点（非叶层）中的关键字不需要像 B 树那样带隐含指针。下面的分析表明，在磁盘页块容量一致、页块指针大小相同的情况下，索引同一个主文件，B 树的高度大于 B+ 树，也就是 B+ 树的索引效率更高。

设一个主文件有 N 个记录。假设关键字所占字节数与指针相同，一个磁盘页块可以存 m 个（关键字，子结点页块指针）二元对。充盈度指的是磁盘页块中实际使用的（关键字，子结点页块指针）二元对占磁盘页块容量的比例。根据 B+ 树的定义，其最小充盈度为 0.5，假设 B+ 树平均充盈度为 $(1+0.5)/2=0.75$，即平均每个结点有 $0.75m$ 个子结点，则 B+ 树的高度为 $\lceil \log_{0.75m} N \rceil$。

由于 B 树结点除关键字和子结点页块指针外，还有指向本关键字在主文件中页块

地址的隐含指针，即存储（关键字，隐含指针，子结点页块指针）三元组，因此一个B树结点最多容纳$2m/3$个这样的三元组，即相应的B树为$0.67m$阶。假设B树充盈度也是0.75，则B树每个结点平均有$0.5m$个子结点，B树的高度为$\lceil \log_{0.5m} N \rceil$。

4. B/B+ 树的应用

B/B+树非常适合于索引大规模的外存数据，因而是数据库系统的重要技术之一。而且随着内存容量的扩大，以及各种内存数据库技术的兴起，内存中的索引也可以采用B/B+树结构。特别是B树这样的内部关键字是子树分界码的多叉树，查找、插入、删除等算法也非常便捷。例如查找算法，对于数据规模相同的内存数据，B树比各种平衡二叉树的层次要少，这意味着指针操作更少，当查到相应结点时再处理一个B树结点的数据也很高效。

B树只适用于随机查找，不适用于顺序查找；而B+树把所有的关键字都存在叶结点上，可以把B+树的叶层形成顺序链表，为顺序查找提供了方便。B+树这种索引顺序文件既能进行顺序存取、又能进行随机存取，因此在实际应用中基本上都是采用B+树。

虚拟存储存取方法VSAM是B+树应用的一个典型例子。它是一种索引顺序文件的组织方式，这种文件组织的实现使用了IBM 370系列操作系统的分页功能。这种存取方法与存储设备无关，与柱面、磁道等物理存储单位没有必然的联系，其存储单位是逻辑的，即虚拟的。

14.5.4　动态索引和静态索引性能的比较

我们来讨论基于多叉树的静态索引结构和基于B树及B+树的动态索引结构的性能比较。

静态索引结构在多次插入/删除后，一方面溢出区中记录越来越多，溢出区拉链越来越长，大大降低了检索效率；另一方面有些数据区却有很多空单元处于无用状态，严重影响了空间利用率，这样发展到一定时机就需要进行文件再组织。

动态索引结构的优点是：能保持较高的检索效率，查找一个后插入的记录和查找一个原记录具有相同的速度；可动态地分配和释放存储空间，使得保持平均75%的存储利用率，而且动态索引结构不需要进行文件再组织。因而，基于B+树的VSAM通常被作为大型索引顺序文件的标准组织方式。

但是，动态索引存在下列问题：

① 要考虑并行策略。当某个用户在查找数据时，可能会有另一个用户在插入数据而修改了索引，导致第一个用户找不到数据，因此须考虑并行策略问题。而静态索引在修改时只要锁住正在修改的结点，其余的均不会改变，不存在并行策略问题。

② 辅助索引维护困难。对主文件的动态索引会给属性项索引（辅助索引，例如倒

排索引）带来不便，因为索引的动态改变会造成关键字（连同其记录）改变其地址，这就会引起辅助索引指针的改变。而静态索引中记录是不移动的，当插入新记录时可采用溢出区拉链的方法，所以辅助索引可以直接用其地址作为指针。

③ 索引层数多。因为每个结点都可能要进行分裂，所以必须在上层中保留其指针，指针所占据的空间使得结点中所含关键字数减少，增加了索引层数，影响了效率。而静态索引的指针不发生变化，因此许多指针可以省略，使得一个结点可以包含较多的关键字，从而减少了索引层数。

由于上述问题的存在，很多情况下静态索引在性能上超过动态索引。但是静态索引需要进行文件再组织，非常麻烦且开销很大。因此，动态索引的应用更广泛；尤其当系统根本没有时间进行文件再组织时，更需要使用动态索引结构。

*14.6 位索引

B/B+树对低基数的数据域几乎毫无价值。例如，性别属性只有"男""女"取值，这种情况不适合建立B/B+树索引。对于这类低基数列的情况，可以考虑采用位索引技术，使用位数组进行存储和计算操作。位数组是一种数据结构，其中每个二进制位代表一个数据元素或数据记录是否取某个值，例如性别属性中"男"为1、"女"为0。

位索引技术有位图索引和签名文件两大类。其中，位图索引以记录位向量的形式对重要的数据域的所有可能取值进行索引。计算机可以迅速地执行位图映射操作，因此，位图索引是一种非常高效的索引，对于低基数列特别适用。签名文件被广泛应用于文本信息检索中，其核心思想是把文本的特征用签名位串来表示。签名文件比原文件小得多，因此可以提供更快速的检索。

位索引技术在处理大量数据时非常高效，特别是当数据范围很大或数据排序和搜索频繁时。例如，在处理大量的二进制数据或者在特定的数据排序和查找应用中，位索引可以提供快速的检索和排序操作。

14.6.1 位图索引

假设数据库的记录数为n，其数据域x的一个位图索引是长度为n的位向量集合。每一个位向量对应于域x可能出现的值。如果第i个记录的数据域x的值为v，那么对应于值v的位向量在位置i上的取值为1；否则该位向量在位置i上的取值为0。

图14-15（a）是某连锁公司的百货销售数据库记录，以及数据域State=NY（纽约

州）对应的位向量。图14-15（b）是数据域State的位向量集合。图14-15（c）是数据域Class的位向量集合。

查询纽约州销售等级为A的记录，将位向量101010和110110进行按位与运算，得到100010，则第1条记录和第5条记录为满足查询要求的销售记录。

位图索引也能帮助回答范围查询，只需根据要求获取范围内的位向量并进行相应的位运算即可。

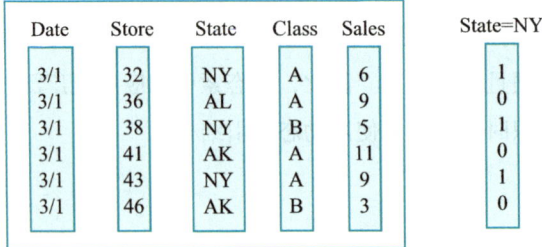

(a) 百货销售数据库记录以及State=NY(纽约州)的位向量

State=AK	State=AL	…	State=NY
0	0		1
0	1		0
0	0	…	1
1	0		0
0	0		1
1	0		0

(b) 数据域State的位向量集合　　　　(c) 数据域Class的位向量集合

图 14-15　百货销售数据库记录的位图索引示意

对于具有规范结构的文件，也可以方便地找到指定的第i个记录。例如，假设文件的记录结构是（F, G），其中数据域F为整型，G为字符串型。目前文件有编号为1~6的记录，其值依次为(30, foo)、(30, bar)、(40, baz)、(50, foo)、(40, bar)、(30, baz)。

第一个数据域F的位图索引有3个值，对应于3个位向量，每个长度为6。30所对应的位向量为110001，因为第1、第2和第6条记录的数据域F取值为30；相应地，$F=40$的位向量为001010，$F=50$的位向量为000100。

如表14-5所示，数据域G的位图索引也有3个位向量，因为有3个不同的字符串出现。

表 14-5　文件中 G 数据域的位图索引

值	向量
Foo	100100
Bar	010010
Baz	001001

把数据库的一条记录看成一行，某个属性在各记录中的取值看成列，位图索引实质上是按列存储数据。一个位图索引需要的比特位总数是记录数和该数据域取值数的乘积。列数据比行数据更易进行压缩，可节省50%的磁盘空间，其索引空间比B+树小。

当数据记录发生改变时，相应的位图向量都需要修改；尤其是增加或删除记录时，位向量长度也要有相应的改变，这给位图索引的管理带来了很大的麻烦。相比之下，B+树的修改是非常便利的。因此，很多情况下人们宁愿选择B+树，即使它比压缩位图占用更多的空间。

14.6.2 签名文件

签名文件广泛应用于文本信息检索中。

最简单的签名文件采用二维数组实现。二维数组M的每一列代表一个关键词，每一行代表一个文档（反之亦可）。数组中的元素$M[i, j]$存储一个位标志，标志为"1"表示第i个文档中存在关键词j，为"0"则表示不存在。例如，用户想检索出包含某三个关键词的文档，可以把这三个关键词所表示的三个列取出来，对三个位向量进行"并"操作，把那些位标志为1的文档号返回给用户。

目前主流的签名文件技术通过散列函数及重叠编码为每个文档产生一个称为"签名"的位串，然后顺序存入一个单独的文件（签名文件）中。首先采用停用词表来忽略普通的词，同时对英文词进行抽词干处理，对中文进行切词处理，最后采用散列数值函数产生签名位串。保留词在文档中的位置信息，将每个词的签名串联起来就得到该文档的签名，这样可以产生无重叠编码的签名文件。

此外，人们还提出了具有更高检索速度的二级签名文件、签名树以及基于签名的分割等。

签名文件方法的优点在于实现简单，插入操作效率高，能够处理词的部分查询，能够支持不断增长的文件以及拼写错误的容错性，而且该方法易于并行化。其主要缺点是对大文件的操作时间较长，不易处理日益增长的词汇表，且签名集合的设计需要巨大的开销。

☆ 14.7 拓展延伸：多维的外存索引——R 树

B树结构通常用于低维（一维）数据的存储与查找。然而，在现实生活有许多数据是多维的（例如地图上各个建筑物的坐标数据等），如果使用存储低维数据的B树结构来存储与索引高维数据，将会导致查找数据的时间复杂度过高。Guttman在1984年提出了一种类似于B+树的数据结构——R树。R树往往用于处理多维空间数据，可以高效地存储与索引二维或更高维的区域对象组成的空间数据。

R树的每个非叶结点都存储着(*cp*，*rectangle*)形式的实体。其中，*cp*表示指向子结点的指针，*rectangle*表示这个结点所代表的矩形，该矩形是包括所有子结点的最小矩形。非叶结点所对应的二维空间数据，是包含其所有子结点所存储二维空间数据的最小二维空间。其实，R树可以用来存储多维数据，矩形只是二维的情况。为方便起见，本书以二维为例。

R树的每个叶结点的一般存储形式为二元组(*Oid*，*rectangle*)。其中，*Oid*一般表示一个存储在数据库中的空间对象，*rectangle*则表示能够包含这个空间对象的最小的矩形。进行高维空间查询时，只需要遍历少数几个叶结点所包含的指针，查看这些指针指向的数据是否满足要求即可，查找效率很高。

图14-16显示了一棵简单的存储二维空间数据的R树结构。图14-16（a）展示的是R树中结点对应的二维空间，图14-16（b）是这棵R树的结构示意图。该R树的根结点包含有两个(*cp*，*rectangle*)的实体*R1*、*R2*，叶结点包含指向数据对象的指针以及对应的矩形数据。图14-16（b）所示的R树中的每个结点都对应图14-16（a）中的一个二维空间。

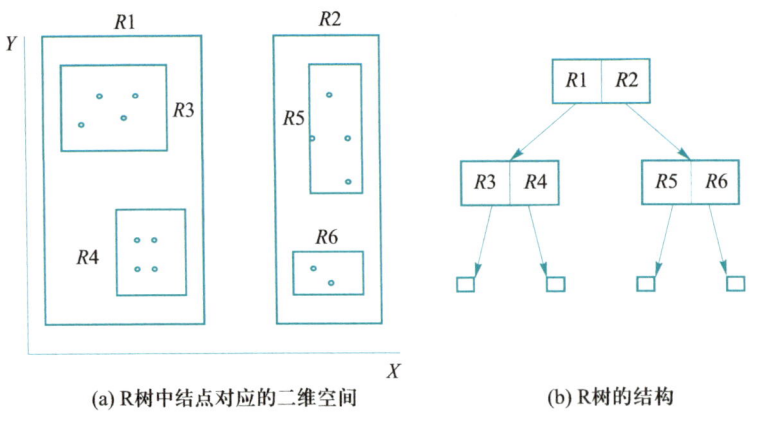

(a) R树中结点对应的二维空间　　　　　　(b) R树的结构

图14-16　一棵简单的存储二维空间的R树示意图

假设*m*是R树中一个结点所包含的最少实体个数，而*M*是R树中结点可以包含的最多实体个数。因为R树符合B+树结构，所以有关系$2 \leqslant m \leqslant M/2$。一棵正确的R树应该满足下面的条件：

① 根结点如果不是叶结点，那么应该至少有2个子结点。

② 对于每个既不是叶结点也不是根结点的内部结点，它所具有的子结点数在*m*~*M*。

③ 每个叶结点有*m*~*M*个实体，除非它是根结点。

④ 所有的叶结点都处在同一层。

图 14-16 是一种简单的 R 树，其中的矩形没有互相重叠覆盖。而 R 树的主要问题就是多维空间存在重叠覆盖，如图 14-17 所示。当 R 树出现矩形高度重叠时，检索性能会大大下降。之所以存在这种问题，是因为 R 树要支持数据库中的各种复杂查询，如果一个查询所需要的结果都在一个矩形区域中，那么速度将是最快的。但是，由于各个矩形之间复杂的关系，调整一个矩形的大小必然会影响到很多与其相关

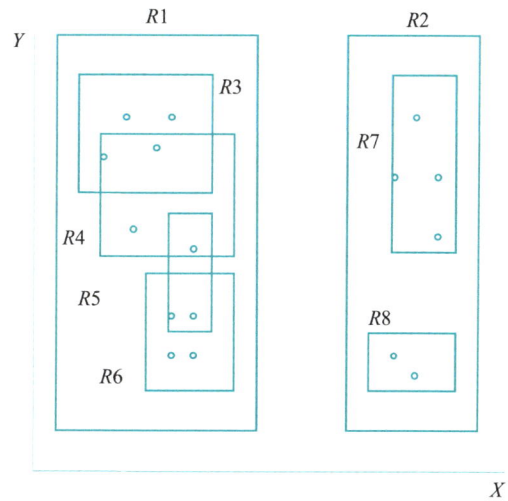

图 14-17　R 树出现高度重叠情况

的其他矩形，所以很难找到一种合适的方法来确定单个矩形的大小。

试验表明，如果满足下面几个条件，R 树的性能会比较好：

① 覆盖某个区域的矩形应该最小化。

② 矩形之间的重叠应该最小化，这样进行检索时能够减少需要搜索的路径。

③ 矩形的周长应该尽可能地小。

R 树的操作和 B+ 树类似。R 树的查找操作，对于输入一个空间范围，返回所有符合查找信息的记录条目。R 树的插入操作，如果在插入时叶结点溢出，那么就需要从叶结点开始进行分裂操作。R 树的删除操作也会涉及压缩等操作。

1990 年，Norbert Bechmann 等人提出了一种 R 树的改进结构 R* 树，该结构主要是对 R 树的分裂等策略加以调整。与 R 树的选择算法相比，R* 算法增加了减少叶结点覆盖的步骤，以提高检索的效率；R* 树中的分裂综合考虑矩形面积、空白区域和重叠的因素；R* 树还可以删除当前不合适的结点并且进行重新插入，使其更加完善。

Bechmann 等人的广泛实验表明，R* 树的代价仅仅是稍微高于 R 树，但却可以同时支持点和其他空间数据，因此 R* 树的应用非常广泛。R 树的最佳应用范围是处理 2~6 维的数据，而对于更高维的存储会变得非常复杂且不实用。

14.8　应用场景：搜索引擎中的索引

搜索引擎是一种部署在互联网上的软件系统，它能够以某种规则搜集和整理互联网数据，并针对用户以文本形式发出的查询请求，返回与查询关键词相关的信息列表。

1. 搜索引擎的历史

第一个有据可考的面向内容的搜索引擎，是1990年由加拿大麦吉尔大学开发的Archie。该程序下载了位于公共匿名FTP网站上的所有文件的目录列表，并创建了一个可搜索的文件名数据库。它能根据用户提供的文件名信息找到对应的FTP服务器的地址，并返回文件长度、存放文件的计算机名、目录名等内容。Archie所确立的先搜集整理信息再提供检索服务的框架一直被沿用，但其面向的资源对象是FTP文件，搜集过程是根据已有的关于FTP站点地址的知识，直接对站点依次访问进而获得文件目录信息。而现代搜索引擎面向的是HTML文档，需要依据文档间的连接关系进行网页"爬取"与解析，这二者之间有较大区别。第一个做到依照网页链接关系逐个抓取网页内容的程序，是1993年由Matthew Gray开发的World Wide Web Wanderer。该程序的设计初衷只是为了统计互联网上的服务器数量，随后不少人在此基础上进行了改进，其中1994年问世的WebCrawler率先支持了全文爬取与搜索，这成为之后主要搜索引擎的标准。同年，现代搜索引擎元老之一的Lycos问世并迅速投入商用。

此后，许多知名搜索引擎逐渐开始出现，1994年的Yahoo!以及1996年的Sohu。这两个早期的搜索引擎都相当依赖人工整理的网站分类目录。北大天网于1997年10月29日正式在CERNET上向广大互联网用户提供Web信息搜索及导航服务，是国内第一个基于网页索引搜索的搜索引擎。当网络数据量日益增大时，过于依赖人力已不太现实，所以随后1998年的Google和2000年的Baidu开发了更多的自动化算法，其中最重要的就是基于网页链接计算网页重要度的算法，包括Google的PageRank与Baidu的RankDex。除了上述几个搜索引擎，还有许多现存的知名搜索引擎，包括Petal Search、Sogou、Bing、DuckDuckGo等。

2. 搜索引擎的框架

这里简要介绍现代搜索引擎的基本框架。由于搜索引擎需要在极短的时间内，从以亿为单位的网页中查找与查询关键词相关的文档，所以不可能在接收查询之后再去获取数据与处理数据。所以，搜索引擎的框架通常包含4部分：数据搜集，数据预处理，构建索引以及提供查询服务（如图14-18所示）。

（1）数据搜集

数据搜索，即从互联网上搜集网页数据来构成搜索引擎的数据库。数据库的维护通常可以分为定期搜集和增量搜集。定期搜集每次都会重新遍历整个目标互联网重新搜集数据，实现方式较为简单，但花销大，且由于两次搜集的间隔时间较长而不具有实时性。而增量搜集在最开始完成一次全局搜集后，之后每次只对新网页或者有变更的网页进行搜索和更新，这样每次的搜索量得到了有效控制，可以频繁更新数据库，但是整个系统的设计与实现都会变得更加复杂。这两种策略均采用了"爬取"的数据抓取方式，即将网页集合看成有向图，搜索过程从给定的初始URL集合S开始，依照深度或者广

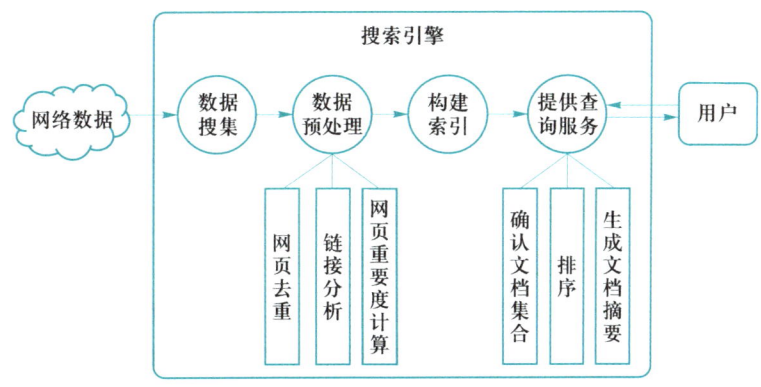

图 14-18 搜索引擎框架示意图

度优先的方式遍历图中未访问的节点，并将被遍历节点加入集合 S。

（2）数据预处理

数据预处理的目的在于加快后续数据处理的速度，且提高最终返回结果的质量，其中主要包含三个操作：网页去重、链接分析和网页重要度计算。

网页去重旨在消除内容重复或主题重复的网页文档，节省计算资源以及提升有效信息的传输效率。链接分析主要处理引用链接中所包含的文本内容未体现的信息，提高后续检索准确度。而网页重要度计算，则是对返回结果进行排序的重要依据之一。直观上来说，如果返回的结果列表中越靠前的网页越符合用户的查询期望，则该次查询是成功的。但在预处理阶段用户的查询是不可见的，所以人们引入了"重要度"这一概念来定义一种与查询无关的顺序。最为知名的计算网页重要度的算法，当属 Google 的 PageRank。

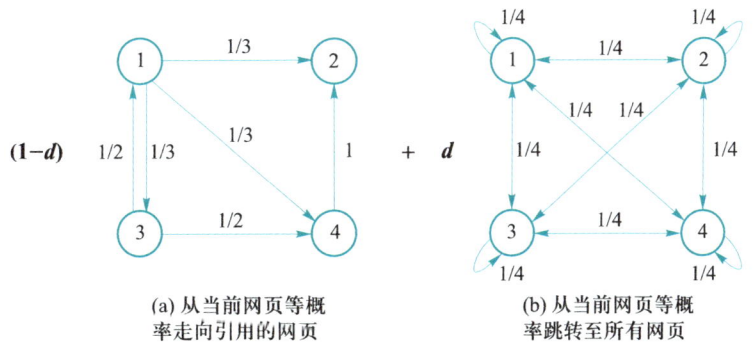

(a) 从当前网页等概率走向引用的网页   (b) 从当前网页等概率跳转至所有网页

图 14-19 PageRank 算法示意图

如图 14-19 所示，PageRank 算法将人们在网页上的浏览过程视作有向图上的一阶马尔可夫过程，并定义了两类转移方式：一类是从当前网页沿链接等概率走向其引用的网页，若当前网页引用了 d_i 个网页，则走向这些网页的概率均为 $1/d_i$；另一类是从当前网页等概率跳转至所有网页,若网页数量为 n，则从当前网页走向所有网页的概率均为 $1/n$。这两种转移方式的线性组合构成了新的马尔可夫过程，且该过程一定具有平稳分布。最终平稳分布所对应的每个网页节点的概率，即所求网页的重要度。

（3）构建索引

构建索引阶段使用的技术主要是倒排索引中的词索引。具体来说，在经过数据预处理的数据库上，程序首先会扫描整个文档集合，对文档进行分词，将网页的非结构化文本切分成一系列词语，经过去除停用词等筛选步骤后，剩余的词均作为排序关键词。这样，一个网页一般会得到 200 个左右的关键词。这个过程中通常还会统计词数、词频等信息，并基于这些信息来分配适当的运算和存储资源用于构建倒排文件。接着，程序会再次扫描整个文档集合，使用词索引的方式构建倒排文件，使得每个关键词指向一个倒排表，表中记录了关键词出现的文档标号、出现次数、出现位置及其他有效信息（技术细节可参考 14.4.2 小节内容）。最后，由于关键词通常是一个字符串，所以需要构建有效的索引方式来将其组织成字典，用来记录每个关键词所对应的信息。通常使用 Trie树或者散列表的方法来构建该字典。

可以发现，一旦倒排文件构建成功，关键词查询的响应时间即是查询串长度的线性函数，且查询操作可以高度并行。倒排索引用大量的额外空间与预处理时间换取高通量与低延迟的查询响应，这与搜索引擎的索引需求能很好地契合。

（4）提供查询服务

查询服务，即响应用户查询请求并返回一个结果列表的过程。对每一个查询，首先假设用户希望程序能返回包含所输入查询文字的网页。在这个前提下，搜索引擎按照以下步骤来得到返回结果：

① 程序得到结果文档集合。该过程需要对查询字串进行分词，对于每一个词，在倒排索引的关键词字典中进行检索，若该关键词存在，则获取所对应的倒排表以及倒排表中的记录，进而找到对应文档。对所有关键词所对应的文档集合求交集，就得到了返回结果集合。

② 对结果排序，将集合转成列表。通常人们希望与查询越相关的文档应该排在越前面，一种直观的衡量相关性的方式是统计查询词在对应文档中出现的频率。还有一些更精细的设计将频率换成了 TF-IDF（词频除以相应词出现的文档频率）来更好地反映相关性。但是这些指标容易受到一些随意编写的低价值网页的影响，所以通常还要考虑相关性之外的指标，其中最有代表性的就是前文提到的网页重要度。网页重要度与查询相关性的综合指标是目前搜索引擎对查询结果进行排序的主要依据。

③ 生成文档摘要。搜索引擎的文档摘要生成方式较为简单，主要有两种：一种是独立于查询的生成方式，比如截取文档正文开始的固定字节长度的文本内容。这种方式实现简单，但是不利于用户根据摘要判断该网页与查询目标的符合程度。另一种是和查询相绑定的动态摘要，返回的摘要内容为查询关键词的上下文并高亮显示关键词。该摘要的生成可以基于倒排文件中存储的关键词位置来实现。

本章小结

索引就是把关键字与其主文件中数据记录位置相关联的过程，索引文件则是用于记录这种联系的文件组织结构。索引技术的目的是在支持高效数据（尤其是外存的大量数据）检索的同时，支持高效的插入和删除操作。它是数据库的核心技术之一。

实际应用中常常需要根据属性的值来查找记录，因此采用倒排索引技术。倒排表的每一项都包括一个属性值和具有该属性值的记录地址。由于不是由记录来确定属性值，而是由属性值来确定记录的位置，因而称为倒排索引。带有倒排索引的文件称为倒排文件。

线性索引被组织成简单的"关键字–地址"的序列，按照关键字的顺序进行排序，其常用检索技术是二分查找。当数据规模太大，索引文件无法完全存储到内存时，可以采用二级线性索引。

多叉树静态索引结构在文件创建、初始装入记录时生成且固定不变，其插入和删除操作非常不方便，只有当文件再组织时才允许改变索引结构。

B/B+树都是动态的索引结构，其本质上是平衡的多叉树，索引结构中的结点对应于一个磁盘块。B树中的关键字没有重复，父结点中的关键字是其子结点的分界。B+树中的关键字是其子结点代表性（最大或最小）关键字的复写。B+树是B树的一种变形，其本身也有很多变体。B树、B+树的插入与删除操作都要特别注意保持其平衡性质，特别是等高、子结点个数、关键字个数的上下界限制。B+树同时支持随机查找和顺序查找（尤其是范围查找），在实际中应用比较多。

对于唯一值极少（低基数）的数据域，适合采用位图索引技术，用位串来代表数据库列中是否存储该数据域取值。计算机可以迅速地执行位图映射操作，这是一种非常高效的索引。

签名文件被广泛应用于文本信息检索中，其核心思想是把文本的特征用签名位串来表示。签名文件比原文件小得多，因此可以提供更快速的检索。

R树的结构类似于B+树，它是一种用于处理多维数据的数据结构，可以用来索引由二维或更高维的区域对象组成的空间数据。R*算法对R树的分裂等策略加以改进，其应用更广泛。

本章最后介绍了索引和查找的应用——搜索引擎。搜索引擎之所以能够迅速地返回与查询关键词相关的信息列表，就是提前以某种规则搜集和预处理互联网数据，构建索引并提供查找服务。

本章习题

1. 假定一个计算机系统有4 096 B的磁盘块，存储的每一条记录中有4 B是关键字，64 B是数据域。记录已经排序，顺序地存放到磁盘文件中。线性索引的结构为（每块的最小关键字，该块的磁盘地址），地址指针为4 B。通过线性索引访问磁盘文件中的记录。

（1）如果线性索引的大小是2 MB，最多可以在磁盘文件中存储多少条记录？

（2）如果线性索引也存储在磁盘中（这样其大小仅受二级索引限制），而且使用4 096 B（即1 024个关键字值）的二级索引时，文件中最多可以存储多少条记录？二级索引中的每个单元引用线性索引磁盘块中的最小关键字值。

2. 设有一个员工文件，该文件由表14-6所示的5条记录组成，其中员工号为关键字。

（1）若该文件为顺序文件，请写出文件的存储结构。

（2）若该文件为索引顺序文件，请写出索引表。

（3）若该文件为倒排文件，请写出关于性别的倒排索引和关于职业的倒排索引。

表 14-6　员工文件表

磁盘地址	员工号	姓名	性别	岗位	年龄	年收入 / 元
A	39	张三	男	大数据工程师	25	222 000
B	50	王二	女	AI 架构师	31	389 000
C	10	李四	男	数据安全分析师	28	293 500
D	75	丁一	女	数据库管理员	18	186 500
E	27	赵五	男	数据库开发工程师	33	172 750

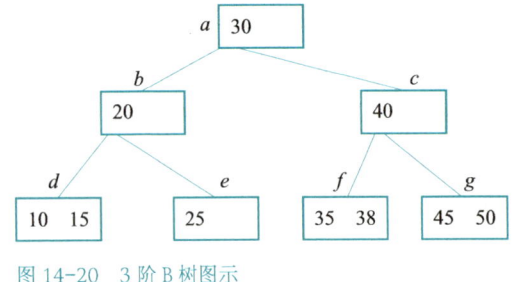

图 14-20　3 阶 B 树图示

3. 设有一棵阶 $m=3$ 的 B 树，如图14-20所示，其中 $a, b, \cdots, g$ 是结点的名称，结点内的整数为关键字值。若在该 B 树中插入关键字值55，请画出插入后 B 树的状况，并计算完成该插入所需要的访外次数（假定一次访外存取一个结点），同时具体说明每次访外的功能。

4. 假设按如下方法修改从 B 树中删除元素的方式：如果一个结点既有最相邻左兄弟，又有最相邻右兄弟，那么在合并前对两个兄弟都要做检查。请计算从一棵高度为 h 的 B 树中删除元素时，需要的最大磁盘访问次数是多少。

5. 假设一个数据文件的每个记录对象大小为128 B（其中关键字大小为4 B），且所有记录均已按关键字有序地存储在主磁盘文件中。设磁盘页块大小为2 048 B，若内存中有12 MB空间可以用来存储索引结构，索引项中每一个地址指针占8 B。请简要回答以下问题（需写明计算过程）：

（1）使用 B 树索引，B 树的阶 m 最多可以为多少？

注：在 B 树中找到关键字的同时，应该可以得到其在主文件中的地址。

（2）4层 m 阶 B 树，最多可以索引多少字节的数据文件？

注：独根B树算1层，空B树算0层；要求根据题目给出的数据，给出计算结果和具体的计算过程。

（3）假设尽量把B树的头几层放入内存（本题规定不能超过12 MB），那么给定关键字，通过B树查找到问题（2）中主数据文件的一个记录，最少需要几次访外？最多需要几次访外？

（4）将问题（1）~（3）中的B树换成B+树，请做相应解答。

6. 图14-21所示为一棵混合型B+树，假定内部结点的阶为4，叶结点的阶为3。

（1）画出插入关键字C以后的B+树。

（2）画出删除关键字I以后的B+树。

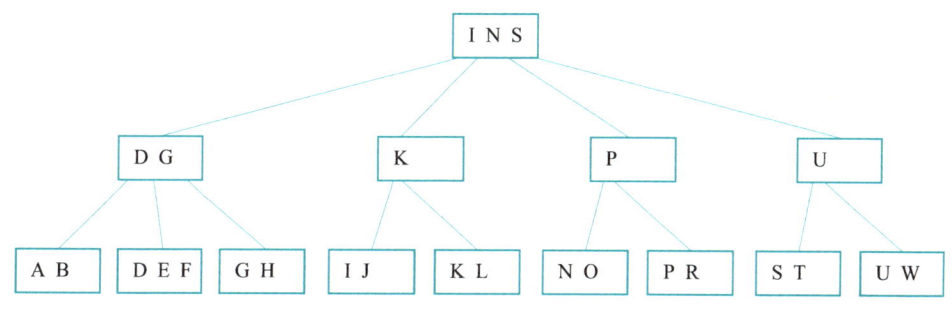

图 14-21   混合型 B+ 树示意图

7. 考虑一个包含1 000 000条记录的文件，其数据域F有m个不同值。

（1）F的位图索引有多少字节？

（2）假定数据域F的每个取值每隔m条记录出现一次，请设计一种合适的压缩存储方案，并计算该压缩索引需要多少字节。

8. B*树是内部结点包含至少$\lceil 2m/3 \rceil$个子结点的B树。请考虑B*树的插入和删除操作引起的分裂与合并，应采取怎样的策略并实现之？

*9. R树与B树有什么区别和联系？

溯源与参考文献

索引技术中最常见的形式是树形索引，其系统性定义由Edward H. Sussenguth Jr于1963年提出[1]。采用多叉树结构的索引处理文件可同时方便文件的高效搜索和修改。树结构仍是目前文件系统实现的主流方法。

倒排索引技术由Jacob Leibowitz等人于1958年发明[2]，该技术最早用于对专利文件进行高效的可变范围搜索。倒排索引是信息检索系统中最常用的数据结构，它存储了在全文搜索下某个单词在一个（或一组）文档中的存储位置的映射。

签名文件技术起源于Calvin Mooers于1947年发明的Zatocoding（一种基于叠加代码的机械信息检索系统）[3]。Chris Faloutsos等人使用签名文件作为文档中关键字信息的压缩表示，用于大规模文档集合中的关键字搜索[4]。

B树由Rudolf Bayer和Edward M. McCreight于1970年提出[5]，其目的是有效管理大型随机存取文件的索引页。B+树由Douglas Comer于1979年提出[6]。相较于B树，B+树的存储、索引效率较高，且支持关键字的范围查找。

R树由Antonin Guttman于1984年提出[7]。R树是用来做空间数据存储的树形数据结构，例如给地理位置、矩形和多边形这类多维数据建立索引。1990年Norbert Beckmann等人对R树的操作策略加以调整[8]后提出了R*树，其代价稍高于R树，但却可以同时支持点和其他空间数据，应用更为广泛。

PageRank是Google搜索引擎中用来计算网页重要度的算法，由Larry Page和Sergey Brin于1996年提出，并在1998年正式以论文形式发表[9]。该算法把对网页的浏览过程视作一阶马尔可夫过程，并使用马尔可夫链的平稳分布来代表网页的重要性。

本章参考文献

[1] SUSSENGUTH Jr E H. Use of tree structures for processing files[J]. Communications of the ACM, 1963, 6(5): 272−279. DOI:10.1145/366552.366600.

[2] LEIBOWITZ J, FROME J, ANDREWS D D. Variable scope patent searching by an inverted file technique[R]. Office of Research and Development, Patent Office, 1958.

[3] MOOERS C. Putting probability to work in coding punched cards: Zatocoding[R]. Zator Technical Bulletin, 1947.

[4] FALOUTSOS C, CHRISTODOULAKIS S. Signature files: an access method for documents and its analytical performance evaluation[J]. ACM Transactions on Information Systems (TOIS), 1984, 2(4): 267−288. DOI: 10.1145/2275.357411.

[5] BAYER R, MCCREIGHT E. Organization and maintenance of large ordered indices[C]. In Proceedings of the 1970 ACM SIGFIDET (now SIGMOD) Workshop on Data Description, Access and Control (SIGFIDET'70). Association for Computing Machinery, New York, 1970: 107–141. DOI: 10.1145/1734663.1734671.

[6] COMER D. Ubiquitous B−tree[J]. ACM Computing Surveys, 1979, 11(2): 121–137. DOI: 10.1145/356770.356776.

[7] GUTTMAN A. R−trees: a dynamic index structure for spatial searching[C]. In Proceedings of the 1984 ACM SIGMOD International Conference on Management of Data, 1984: 47–57. DOI: 10.1145/602259.602266.

[8] BECKMANN N, KRIEGEL HP, SCHNEIDER R, et al. The R*−tree: an efficient and robust access method for points and rectangles[C]. In Proceedings of the International Conference on

Management of Data (SIGMOD'90), 1990: 322–331.

[9]   BRIN S, PAGE L. The anatomy of a large-scale hypertextual web search engine[J]. Computer Networks and ISDN Systems, 1998, 30(1-7): 107-117. DOI: 10.1016/S0169-7552(98)00110-X.

★第 15 章

算法设计基础

中国古典名著《红楼梦》中有一段"大观园试才题对额",说的是众人给大观园中亭子的匾额题名:或直接移用,从《醉翁亭记》"有亭翼然"中取"翼然"二字;或借鉴化用,从"泻出于两峰之间"中拈出一个"泻"字以体现此亭"压水而成",题为"泻玉";或根据情境独创,取更为新雅的"沁芳",点出花木映水的佳境,不落俗套。可见,不同的思路可以产生不同的艺术效果。

本章引子

算法也是一种艺术,艺术都是相通的。若是写一段"大学园斗智寻捷径",则也有一番类似说道:给定图中一个源点,求其到另一顶点的最短路径,可以怎样做到?小贾同学提出对每个顶点枚举所有可能的路径,自然可以从中选出最短者。老师指出这个算法虽然简单明了,但时间复杂度高到离谱,断不可取。小乙同学说可以通过回溯剪枝或分支限界减少候选的路径数量,从而提高效率。小邴同学问可有分而治之的办法?小丁同学想了想,说分而治之不如动态规划,却是一条捷径。最后,迪杰斯特拉(Dijkstra)老师笑了笑,说其实贪心就可以了。

在计算机的世界里有很多算法,前面章节介绍了涉及排序与查找问题的最为基础的算法,本章将介绍几种经典的算法设计技术。15.1 节介绍分书问题与枚举法;15.2 节介绍回溯法与分支限界法;15.3 ~ 15.5 节分别介绍分治法、动态规划和贪心法;15.6 节介绍经典算法在背包问题中的应用;15.7 节是本章的拓展延伸内容,介绍启发式算法;最后,15.8 节介绍部分经典算法在代码查重中的应用场景。

15.1 分书问题与枚举法

在运筹学和优化模型中，有一类问题称为"分派问题"，即将 m 件物品分派给 n 个对象，要求满足一定的约束条件，并且使得某个优化函数的值取到最佳。如果采用数学语言，可以严格定义这类问题如下：

给定 m 件物品与 n 个对象的分派代价/收益关系矩阵 $\boldsymbol{T} = (t_{ij})$，其中 t_{ij} 表示第 i 个对象获得第 j 件物品要付出的代价或是能获得的收益。要求算出最优解矩阵 $\boldsymbol{X} = (x_{ij})$，其中 $x_{ij} = 1$ 表示第 i 个对象被分派了第 j 件物品；否则 $x_{ij} = 0$。所谓最优解，必须满足以下三个条件：

① 对所有 $i = 1, 2, \cdots, n$，有 $\displaystyle\sum_{j=1}^{m} x_{ij} = 1$，即每个对象只能获得 1 件物品。

② 对所有 $j = 1, 2, \cdots, m$，有 $\displaystyle\sum_{i=1}^{n} x_{ij} = 1$，即每件物品只能分派给 1 个对象。

③ 优化函数 $f(\boldsymbol{X}) = \displaystyle\sum_{i=1}^{n} \sum_{j=1}^{m} t_{ij} x_{ij}$ 取最佳值——如果 $\boldsymbol{T}$ 是代价，则最佳值一般指最小值；如果 $\boldsymbol{T}$ 是收益，则最佳值一般指最大值。

分派问题有很多版本，求解难易不一，其中分书问题是最简单的版本之一。我们将首先借助这个简单的问题，介绍一种简单的算法。

15.1.1 分书问题

分书问题是指：已知 n 个人对 m 本书的喜好（$n \leqslant m$），现要将 m 本书分给 n 个人，每个人只能分到 1 本书，每本书也最多只能分给 1 个人，并且还要求每个人都能分到自己喜欢的书。列出所有满足要求的方案。

套用分派问题的一般描述，关系矩阵 $\boldsymbol{T} = (t_{ij})$ 就对应了每个人对每本书的喜好，即 $t_{ij} = 1$ 表示第 i 个人喜欢第 j 本书，换言之，这个人获得自己喜欢的书会获得 1 分快乐；否则 $t_{ij} = 0$。那么，优化函数 $f(\boldsymbol{X}) = \displaystyle\sum_{i=1}^{n} \sum_{j=1}^{m} t_{ij} x_{ij}$ 能取到的最大值就是 n，即这 n 个人中每个人都分得了自己喜欢的书。

实际上，根据问题要求，因为 1 个人只能得到 1 本书，只需为每个人存其分得的那本书即可，所以最优解的表示可以简化为一个状态向量 $\vec{s} = (s_1, s_2, \cdots, s_n)$，其中 s_i 是第 i 个人分到的书的编号。只要这个状态向量的每个分量都满足以下两个条件：

① $s_i \neq s_j$ 对所有 $i \neq j$ 成立，即不同的人分到不同的书。

② $t_{is_i} = 1$，即第 i 个人喜欢第 s_i 本书。

则这个状态向量就一定对应了一种最优分配方案。

如果问题要求我们列出所有满足要求的方案，则一种最直截了当的算法是逐一检查每一种可能的分配方案。这种算法的正确性是显而易见的，只要存在一种最优分配方案，就一定会在检查中被发现。于是问题变成了"如何将每一种分配方案生成一遍？"。

对于给定的 n 和 m，如果数值不太大的话，是可以直接用嵌套循环来解决的。例如，给定 $n = 3$、$m = 4$，则只要写 3 重循环，每重循环对应一个状态分量，遍历 4 本书即可。其伪代码如算法 15-1 所示。

算法 15-1：小规模分书问题的嵌套循环算法 BookAssignment(T)

输入：3 人分 4 本书的关系矩阵 T
输出：满足约束条件的分书方案

```
1.  for s₁ ← 1 to 4 do
2.  | for s₂ ← 1 to 4 do
3.  | | for s₃ ← 1 to 4 do
4.  | | | if 状态 (s₁, s₂, s₃) 代入 T 后满足上述两个条件 then
5.  | | | | print (s₁, s₂, s₃)
6.  | | end
7.  | end
8.  end
```

这种通过枚举所有可能性来找到解的算法就是枚举法，其英文名称为 brute-force search，所以有时人们也称之为"蛮力枚举"。

15.1.2 枚举法的设计思想

一般情况下，枚举法用于解决这样一类问题：

① 状态有限：问题的解可以表达为有限状态的集合。例如，分书问题中的状态向量 $\vec{s} = (s_1, s_2, \cdots, s_n)$。

② 值域有限：每个状态的取值范围是已知的，并且是有限、可数的。例如，分书问题中，每个状态 s_i 有 m 个不同的整数值可以取。

③ 可验证：每个候选的解可以在有限时间内得到验证，得出其是否满足约束条件的结论。

设问题的解状态可以表示为向量 $\vec{s} = (s_1, s_2, \cdots, s_n)$，其中每个分量 s_i 的值域为有限可

数集合 S_i，则枚举法的算法思想为：设计 n 重嵌套循环，逐一枚举所有可能的状态。对每一个状态向量，根据问题的约束条件验证其是否能使问题得解。算法 15-2 给出了枚举法用嵌套循环实现的通用伪代码。

算法 15-2：枚举法的嵌套循环实现 IterBruteForce(T)

输入：关系矩阵 T

输出：满足约束条件的解状态

```
1.   for 每一个 s₁∈S₁ do
2.   | for 每一个 s₂∈S₂ do
3.   | | ……
4.   | | … for 每一个 sₙ∈Sₙ do
5.   | | … | if 状态 (s₁, …, sₙ) 代入 T 后满足问题得解的约束条件 then
6.   | | … | | print (s₁, …, sₙ)
7.   | | … end
8.   | | ……
9.   | end
10.  end
```

对一般问题来说，状态的个数 n 为变量，这导致嵌套的循环个数是不固定的。例如，算法 15-1 只能解决 3 个人的分书问题，如果再加 1 个人，程序员就需要在代码中增加一重循环。那么，如果有 100 个人分书呢？这么做显然很不聪明。

要设计一种通用的实现解决 n 个人的分书问题，就需要令程序结构摆脱对 n 的依赖。换言之，程序的代码行数应该与 n 无关。递归就是一个很好的解决方案。算法 15-3 给出了枚举法用递归实现的伪代码。如果将递归函数的执行过程展开成循环结构，会发现这个代码的执行效果与算法 15-2 是等价的，但当 n 的数值变化时，我们不再需要对程序结构进行调整了。

算法 15-3：枚举法的递归实现 RecBruteForce (T, s, i, n)

输入：关系矩阵 T，当前状态序号 i 和状态总数 n

输出：满足约束条件的解状态

初始调用：RecBruteForce(T, s, 1, n)

```
1.   if i > n then  // 完成了一组状态的枚举
2.   | if 状态 (s₁, s₂, …, sₙ) 满足问题得解的约束条件 then
3.   | | print (s₁, s₂, …, sₙ)
4.   | end
5.   else
6.   | for 每一个 sᵢ∈Sᵢ do
7.   | | RecBruteForce (T, s, i + 1, n)
8.   | end
9.   end
```

回到分书问题，将枚举法的递归实现应用到解决这个问题上，需要将算法 15-3 中的各个环节具体化。算法 15-4 给出了完整实现的伪代码。注意到关系矩阵 T 被存储在二维数组 table 中，状态向量 $\vec{s}$ 被存储在一维数组 s 中。因为 C++ 中的数组下标从 0 开始，所以我们也在此假设状态和书的编号都从 0 开始，则判断一组枚举完成的条件就需要改为 "$i=n$"，而不再是 "$i>n$"。

算法 15-4：分书问题的递归枚举算法 BookAssignmentBF (table, s, i, n, m)

输入：n 是分书的人数，m 是书的数量，s 存储状态数组，table 存储关系矩阵
输出：满足约束条件的分书方案
初始调用：BookAssignmentBF (table, s, 0, n, m)

```
1.   if i=n then  //完成了一组状态的枚举
2.   | result ← true
3.   | for i ← 0 to n-1 do   //检查条件1
4.   | | for j ← 0 to n-1 do
5.   | | | if i ≠ j and s[i]=s[j] then   //不同的人分到了同一本书
6.   | | | | result ← false
7.   | | | | break
8.   | | | end
9.   | | end
10.  | | if result = false then
11.  | | | break
12.  | | end
13.  | end
14.  | if result=true then   //条件1满足，检查条件2
15.  | | for i ← 0 to n-1 do
16.  | | | if table[i][s[i]] ≠ 1 then   //第i个人不喜欢自己分到的书
17.  | | | | result ← false
18.  | | | | break
19.  | | | end
20.  | | end
21.  | end
22.  | if result = true then   //条件1和2都满足
23.  | | print (s[0], …, s[n-1])
24.  | end
25.  else
26.  | for s[i] ← 0 to m-1 do
27.  | | BookAssignmentBF (table, s, i + 1, n, m)
28.  | end
29.  end
```

枚举法最大的优点是设计思想直观，可使算法易于理解，并且其正确性也是显而易见的。当然，这种算法的缺点也比较明显，即时间复杂度呈问题规模的指数级增长。

仍然以分书问题为例，按照算法 15-4，除去输入/输出的时间外，核心函数 BookAssignmentBF 的时间复杂度高达 $O(m^n \times n^2)$，其中 m^n 是枚举所有状态的总数量，n^2 是代码第 2~21 行检查是否不同的人分到不同的书所耗费的时间。

一般情况下，枚举法的时间复杂度由两个因素决定：

① 所有状态向量的总量 $\prod_{i=1}^{n} |S_i|$。

② 验证每个状态向量是否满足约束条件的时间 $T_{验证}$。

算法的整体时间复杂度即为 $O(\prod_{i=1}^{n} |S_i| \times T_{验证})$。如果采用递归实现的话，还会需要递归额外产生的 $O(n)$ 空间复杂度。

15.1.3 枚举法的优化方向

虽然枚举法不太适合解决较大规模的问题，但我们可以通过仔细分析其时间复杂度的两个因素来找出可以优化这个算法的方向，即减少枚举总量和降低验证耗时。

注意到在分书问题中，当 $s_1 = 1$ 时，首先得到一个部分状态确定的向量 $\vec{s} = (1, ?, \cdots, ?)$；当进入第 2 重循环时，首先赋值的是 $s_2 = 1$，对应 $\vec{s} = (1, 1, \cdots, ?)$——因为编号为 1 的书只能分给一个人，所以这时不需要继续进入下一重循环（或下一层递归），我们就应该知道这个状态向量是不满足约束条件的。但枚举法的问题在于必须进行到最后一步，对向量的所有分量完成赋值后才验证约束条件，这就浪费了时间。

所以，如果我们能尽可能早地发现一个状态向量部分确定的状态不满足约束条件，就可以节省继续无效赋值的时间。不仅如此，所有具有这个部分状态的向量都不必再被验证了。

另一方面，如果能尽可能降低验证约束条件所耗费的时间，算法的效率也可以提高。以算法 15-4 中第 2~21 行的验证部分为例，这里需要检查两个条件是否都满足，其中验证"不同的人分到了不同的书"时，耗费的时间最多，采用的又是枚举法，用两重循环检查所有的 (i, j) 对。但是，如果我们采用另一个一维数组 book 来做标记，对每个 $s[i]$，如果 $book[s[i]]$ 的值是 0，表示 $s[i]$ 这本书是第一次被分配，这样分配就是合法的，此时将 $book[s[i]]$ 的值设置为 1。如果遇到第 j 个人，分配的是第 $s[j]$ 本书，但是此时 $book[s[j]]$ 已经被标记为 1 了，就说明 $s[j]$ 已经被分配给了别人，那么这次分配就是不合法的。这样，只需要扫描一遍 s 的值，检查 book 的标记是否合法，就达到了验证的目的。这种算法的时间复杂度就降到了 $O(n)$，这是典型的用空间换时间的技巧。

对于一般问题，枚举法的优化方向为：

① 减少枚举总量。这里又分两个子方向：一是尽早发现不满足约束条件的状态子

集，避免对后续状态进行无效赋值；二是避免重复验证相同的状态子集。

② 降低验证耗时。这里也分两个子方向：一是采用更高效的算法进行验证；二是将问题拆解为若干个小规模的子问题，以期降低问题的复杂程度，得到更高的整体效率。

从不同方向对枚举法进行优化，就衍生出了更多经典的算法。

15.2　回溯法与分支限界法

枚举法的复杂度通常是非常高的，一个很重要的原因是，只有完全生成了一个解的状态向量之后，才去判断其是否满足解的约束条件。而有时其实不需要生成全部的状态，就能知道一些状态向量不可能是解。

回溯法和分支限界法可以被看作是"聪明的"枚举。它们的高明之处在于设计了一种机制，使得一些不可能的情况被尽早筛除，从而减小搜索的空间。这两种方法都不能保证一定比枚举法的效率高，但大多数时候它们的效果是很不错的。

要理解这两种方法的思想，需要借助第 5 章 5.8 节提到的决策树来形象地表达问题的解空间与状态搜索。

15.2.1　问题的解空间与状态搜索

枚举法及其改进的算法解决的都是一类有限、可数状态的问题，即问题的解可以表达为有限可数状态的集合，且每个状态的取值范围是有限可数的。我们仍然设问题的解可以表示为一个状态向量 $\vec{s} = (s_1, s_2, \cdots, s_n)$，则问题的解空间可以表达为 $S = \{(s_1, s_2, \cdots, s_n) | s_i \in S_i, i = 1, 2, \cdots, n\}$。又给定约束条件集合 R，S 中满足 R 的全部约束的状态向量就是该问题的一个解。

为了便于理解，人们通常用决策树来表示解空间。树的根结点表示状态向量中每个分量都未确定的初始状态；下一层的结点则对应第 1 个分量 s_1 各种可能的取值，而这一层中每个结点继续向下延伸出的一层结点对应的是在其父节点取了某个值后，第 2 个分量 s_2 各种可能的取值；以此类推。例如，图 15-1 给出了 3 人分 4 本书的分书问题的决策树。

注意到对比图 15-1 和算法 15-1，这里已经自然过滤了不同的人分同一本书的状态，即从根结点出发，沿任何一条路径到某个叶结点，路上每个状态分量的取值都是不重复的。

决策树中第 i 层的每一个中间结点对应了一个部分解 $(s_1, s_2, \cdots, s_i)$，每个叶结点都对应了一个解空间中可能的解，所以叶结点的个数就是这个解空间的规模。例如，在图

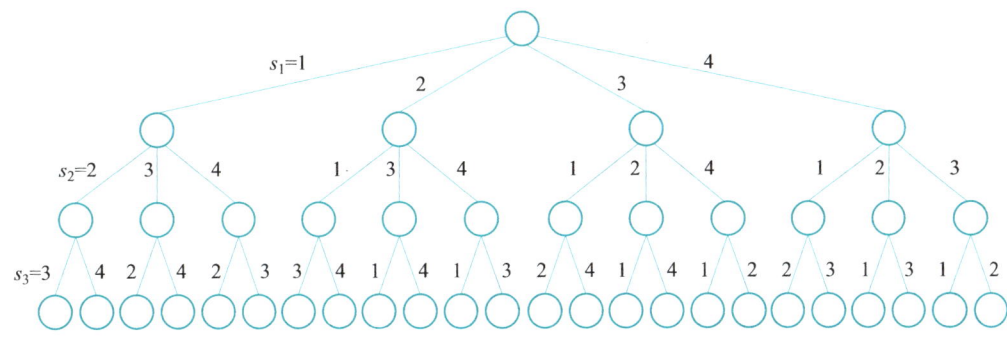

图 15-1　分书问题的决策树求解过程示意：3 人分 4 本书

15-1 中有 24 个叶结点，意味着 3 人分 4 本书的解空间有 24 个候选解。一般情况下，n 个人分 m 本书的解空间会有 $\dfrac{m!}{(m-n)!}$ 个候选解。这比 15.1 节中提到的简单枚举法（解空间规模为 m^n）有了一些进步。

有了决策树，我们可以将求解的过程理解为树的某种遍历，即所谓的状态搜索。如果在搜索过程中加入约束条件的判断，就有可能提前发现不可能成为解的状态，从而及时止损，转而搜索其他更有可能的状态，达到节省时间的目的。

状态搜索可以深度优先，也可以广度优先，不同的搜索顺序对应了不同的经典算法。

15.2.2　回溯法的设计思想

回溯法对应的是从决策树的根结点开始的深度优先遍历。算法思想可以用一个生活中的场景来解释——把给定的一批（n 件）家具放进一套房子里。我们可以将家具一件一件地放入，意味着解决方案是一个状态向量 $\vec{s}=(s_1, s_2, \cdots, s_n)$，其中 s_i 是第 i 件家具的位置。如果已经放好了 i 件家具，在放进第 $i+1$ 件家具时，客户对其位置不满意，则将其换一个位置；如果所有能放的位置都不能令客户满意，则将其撤出，将前面第 i 件家具换一个令客户满意的位置，再将第 $i+1$ 件家具放入；而如果前面第 i 件家具找不到令客户满意的位置，则只好将前面第 i 件家具也撤出，把再前面第 $i-1$ 件家具换个位置……这样直到所有家具都在客户满意的条件下被放入为止。如果回溯到房间里一件家具也没有的状态，说明这个客户的要求无论如何都不可能被满足。回溯法与枚举法的不同之处在于，有些状态回溯法是根本不会去考虑的，比如把化妆台放在厨房里。

一般情况下，回溯法的设计思想是：在逐步生成解空间的一个状态向量的过程中，及时判断约束条件集合 R 是否满足，即每步给状态向量的一个分量赋值，若已有满足 R 的部分解 $(s_1, s_2, \cdots, s_i)$，$i < n$，则添加下一个 $s_{i+1} \in S_{i+1}$，检查 $(s_1, s_2, \cdots, s_i, s_{i+1})$ 是否满足 R，若满足则继续添加 $s_{i+2} \in S_{i+2}$，否则尝试其他 $s_{i+1} \in S_{i+1}$；若 S_{i+1} 中所有元素都不能构成部分解，则从解中删除 s_i，回溯到 $(s_1, s_2, \cdots, s_{i-1})$ 的状态，添加下一个尚未考察过的 $s_i \in S_i$；

如此反复进行，直至得到全部解或证明无解。

在回溯法的状态搜索中，当某个结点向下一层的所有边都不能满足约束条件集合R时，这个结点即被删除，同时以这个结点为根结点的整棵子树也被删除，不必进行无用的遍历，所以回溯法通常比枚举法的效率高。这个删除子树的过程被形象地称为"剪枝"。算法15-5给出了回溯法的通用伪代码。

算法15-5：回溯法的通用伪代码 Backtracking (i, n)

输入：状态数量n，约束条件R

输出：满足约束条件的解状态

初始调用：Backtracking $(1, n)$

1.　$result \leftarrow$ **false**
2.　**if** $i>n$ **then**　$//(s_1, s_2, \cdots, s_n)$均已解决，成功结束
3.　| **print** $(s_1, s_2, \cdots, s_n)$
4.　| $result \leftarrow$ **true**
5.　**else**
6.　| **for** 每一个 $s_i \in S_i$ **do**
7.　| | **if** 状态$(s_1, s_2, \cdots, s_i)$满足问题得解的约束条件R **then**
8.　| | | $result \leftarrow$ Backtracking $(i + 1, n)$;　// 继续深度优先搜索
9.　| | | **if** $result =$ **false then**　// 说明S_{i+1}中所有元素都不能构成部分解
10.　| | | | 消除s_i的影响，回溯到$(s_1, s_2, \cdots, s_{i-1})$
11.　| | | **end**
12.　| | **end**
13.　| | **if** $result =$ **true then** // 找到了解
14.　| | | **break**
15.　| | **end**
16.　| **end**　// 结束对所有$s_i \in S_i$的检查
17.　**end**
18.　**return** $result$

对比算法15-5与算法15-3可以看到，回溯法最关键的改进是将约束条件的检查换了位置。枚举法是在状态向量全部赋值后（即$i > n$时）才检查，而回溯法在遍历每个s_i时就检查了。

再次回到3人分4本书的问题，给定以下关系矩阵：

$$T = \begin{bmatrix} 0 & 1 & 0 & 1 \\ 1 & 0 & 0 & 0 \\ 1 & 1 & 0 & 0 \end{bmatrix}$$

图15-2展示了回溯法在解决这个问题时搜索的过程。其中，深色结点表示被剪枝的结点，白色结点对应从未被搜索过的结点，有小旗图标的结点对应找到的一个解。从该图中可以形象地看到回溯法比枚举法节省了多少时间。

这里需要特别提醒初学者，决策树只是一种帮助大家理解算法流程的工具，千万

不要真正在实现算法的程序里生成一棵决策树！否则，生成树所耗费的时间就等于原始枚举了。

为了帮助读者更好地理解算法，下面来看一道例题。

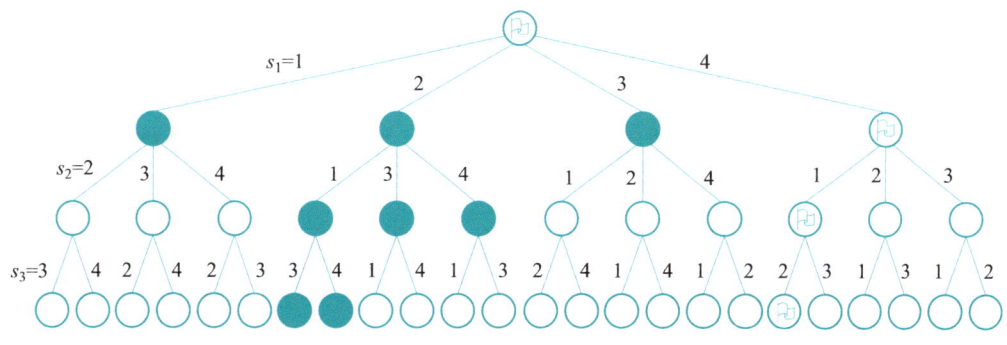

图 15-2　分书问题的回溯求解过程示意：3 人分 4 本书

例 15.1　点集重构问题。

给定 x 轴上 n 个点的坐标 $x_1, x_2, \cdots, x_n$，不妨假设 $0 = x_1 \leqslant x_2 \leqslant \cdots \leqslant x_n$。因为任意两点间存在一个距离，所以能够很容易算出共有 $n(n-1)/2$ 个距离的值。但是如果从给定距离值的集合重构点集坐标就困难多了，目前还没有算法能保证在多项式时间内得到解，回溯法也不能。然而，巧妙地运用回溯法有可能会获得比枚举法更高的效率。下面通过一个具体的例子来解释回溯法的解题过程。

例如，给定距离值的集合 $D = \{3, 4, 6, 8, 1, 3, 5, 2, 4, 2\}$。首先，根据 $n(n-1)/2 = 10$ 推算出 $n = 5$；再因为假设了 $x_1 = 0$，而最大距离值为 8，可以推出最右边的 $x_5 = 8$。剩下的事情就是推算中间 3 个点的坐标。

记当前的部分解为 $X = \{0, x_2, x_3, x_4, 8\}$。为了更有效地剪枝，我们先把距离集合中的值按非升序排列好，并且将已确定位置点对的距离值删除，即调整为 $D_0 = \{6, 5, 4, 4, 3, 3, 2, 2, 1\}$。回溯搜索的步骤如下：

① 从 D_0 中取出最大值 $d_{max} = 6$。对应这个距离的点坐标最多只有两种可能，或者是最左边的 $x_2 = 8-6 = 2$，或者是最右边的 $x_4 = 6$。此时，不妨先令 $x_2 = 2$，即部分解为 $X = \{0, 2, x_3, x_4, 8\}$。

② 确定 $x_2 = 2$ 之后，将随之确定的距离值 2、6 删除，将距离值集合调整为 $D_1 = \{5, 4, 4, 3, 3, 2, 1\}$。

③ 从 D_1 中取出最大值 $d_{max} = 5$。对应这个距离的点坐标最多只有两种可能，或者是最左边的 $x_3 = 8-5 = 3$，或者是最右边的 $x_4 = 5$。此时，不妨先令 $x_3 = 3$，即部分解为 $X = \{0, 2, 3, x_4, 8\}$。

④ 确定 $x_3 = 3$ 之后，将随之确定的距离值 3、1、5 删除，将距离值集合调整为 $D_2 = \{4, 4, 3, 2\}$。

⑤ 从 D_2 中取出最大值 $d_{max} = 4$。对应这个距离的点坐标只有一种可能，即 $x_4 = 4$。但这个坐标点到其他点的距离值为 4、2、1、4，其中 1 不在 D_2 中，所以 $X = \{0, 2, 3, 4, 8\}$ 这个解是不可能的。但是，因为 x_4 已经没有别的选择余地了，所以必须回溯，即消除 $x_3 = 3$ 的影响，将距离集合恢复到 D_1。

⑥ 对应 D_1 中最大值 $d_{max} = 5$ 还有另一种可能，即最右边的 $x_4 = 5$，对应部分解 $X = \{0, 2, x_3, 5, 8\}$。

⑦ 确定 $x_4 = 5$ 之后，将随之确定的距离值 5、3、3 删除，将距离集合调整为 $D_2 = \{4, 4, 2, 1\}$。

⑧ 从 D_2 中取出最大值 $d_{max} = 4$。对应这个距离的点坐标只有一种可能，即 $x_3 = 4$。将其对应的距离值从 D_2 中删去，毫无违和，并且 D_2 变成了空集。此时可以确定最终的解为 $X = \{0, 2, 4, 5, 8\}$。

将算法 15-5 套用到这个问题上，可以得到算法 15-6。注意到在这个具体问题中，递归函数的参数不是简单的 i 和 n，而是当前待解决的子问题的左、右边界；判断问题是否已解决也不是简单地判断 $i > n$，而是判断距离值集合是否为空。此外，由于每个状态分量 x_i 对应的子空间 S_i 就只有 2 种可能，所以不需要 for 循环，直接枚举两种可能性即可。课后习题给出了更多问题，读者可以练习如何套用算法 15-5 给出的通用模板来解决不同的具体问题。

算法 15-6：点集重构问题回溯算法的伪代码 PointSetReconstruction(x, D, n, $left$, $right$)

输入：数组 $x[0]..x[n-1]$ 存放点坐标，其中 $x[0]..x[left-1]$ 和 $x[right+1]..x[n-1]$ 已被赋值，特别是，已经完成了初始化：$x[0] = 0$，$x[n-1] =$ 原始问题中的最大距离；D 为 $n(n-1)/2$ 个距离值的集合

输出：待定坐标 $x[left]..x[right]$。求解成功返回 **true**，否则返回 **false**

初始调用：PointSetReconstruction(x, D, n, 1, $n-2$)

1.　*result* ← **false**　//初始化标志
2.　**if** D 为空集 **then**
3.　| *result* ← **true**　//则顺利结束
4.　**else**
5.　| *d_max* ← FindMax(D)　//取 D 中最大值
6.　| //以下枚举两种可能：$x[left] = x[n-1] - d\_max$ 或 $x[right] = d\_max$
7.　| //可能性 1：$x[left] = x[n-1] - d\_max$
8.　| **if** $|x[n-1]-d\_max-x[i]| \in D$ 对所有已赋值的点 $x[i]$ 都成立 **then**
9.　| | //将 $x[left]$ 加入，然后更新 D
10.　| | $x[left]$ ← $x[n-1]-d\_max$
11.　| | **for** i ← 0 **to** $left-1$ **do**
12.　| | | Delete($|x[left]-x[i]|$, D)
13.　| | **end**
14.　| | **for** i ← $right+1$ **to** $n-1$ **do**

15. | | | Delete($|x[left]-x[i]|$, D)

16. | | **end**

17. | | *result* ← PointSetReconstruction(x, D, n, *left* + 1, *right*)   //继续深度优先搜索

18. | | **if** *result* = **false then**   //若此路不通，则回溯

19. | | | //消除 $x[left]$ 的影响，恢复原有的 D

20. | | | **for** i ← 0 **to** *left*-1 **do**

21. | | | | Insert($|x[left]-x[i]|$, D)

22. | | | **end**

23. | | | **for** i ← *right* + 1 **to** n-1 **do**

24. | | | | Insert($|x[left]-x[i]|$, D)

25. | | | **end**

26. | | **end**

27. | **end**   //完成可能性1的检查

28. | **if** *result* = **false then**   //若可能性1不可行

29. | | //考虑可能性2: $x[right]=d\_max$

30. | | **if** $|d\_max-x[i]| \in D$ 对所有已赋值的点 $x[i]$ 都成立 **then**

31. | | | //将 $x[right]$ 加入，然后更新 D

32. | | | $x[right]$ ← d_max

33. | | | **for** i ← 0 **to** *left*-1 **do**

34. | | | | Delete($|x[right]-x[i]|$, D)

35. | | | **end**

36. | | | **for** i ← *right* + 1 **to** n-1 **do**

37. | | | | Delete($|x[right]-x[i]|$, D)

38. | | | **end**

39. | | | *result* ← PointSetReconstruction(x, D, n, *left*, *right*-1)   //继续深度优先搜索

40. | | | **if** *result* = **false then**   //若此路不通，则回溯

41. | | | | //消除 $x[right]$ 的影响，恢复原有的 D

42. | | | | **for** i ← 0 **to** *left*-1 **do**

43. | | | | | Insert($|x[right]-x[i]|$, D)

44. | | | | **end**

45. | | | | **for** i ← *right* + 1 **to** n-1 **do**

46. | | | | | Insert($|x[right]-x[i]|$, D)

47. | | | | **end**

48. | | | **end**

49. | | **end**   //完成可能性2的检查

50. | **end**

51. **end**   //当前子问题搜索完成

52. **return** *result*

回溯法的效率在很大程度上依赖于以下4个因素：

① 产生状态向量中一个分量 s_i 的时间。

② 问题解子空间 S_i 的规模。

③ 检查状态向量 $(s_1, s_2, \cdots, s_i)$ 是否满足约束 R 的时间。

④ 使约束条件 R 被满足的 s_i 的个数。

一般来说，一个好的约束函数 R 可以显著地减少需要搜索的结点数。但是，这样的函数往往计算量较大。我们通常需要在约束函数的计算量与其能"杀死"的结点数之间做个权衡，以期达到总时间最少的效果。

对回溯法的分析中最难以确定的是第 4 个因素——使 R 被满足的 s_i 的个数，也即在决策树中被激活的结点数，它随问题的内容以及结点的不同激活方式而变动。我们很难预测回溯法解一个具体问题时的算法效率。有一些概率的方法可给出激活结点数的上界，基本思路是在决策树中产生一条随机的路径，然后沿此路径来估算满足 R 的结点总数。

最后一个要注意的点是，当不同的 S_i 有不同的规模时，搜索中选取 S_i 的顺序就可能影响效率。图 15-3 中给出了同一问题的 2 种不同的决策树，其中 S_i 有 $i + 1$ 个元素。如图 15-3（a）中按照 $i = 1, 2, 3$ 的顺序求解时，若从 S_1 中删除一个元素，则其子树中的其他 15 个结点也同时被删除；而如 15-3（b）中按照 $i = 3, 2, 1$ 的顺序求解时，从 S_3 中删除一个元素只连带删除了其子树中的 9 个结点。可见，在选取 S_i 的顺序时，让元素个数少的 S_i 优先将更为有效。同理，在摆放家具的问题中，大型家具可以放置的位置比较少，小型家具的安放选择就比较多，所以我们在向房间中放置家具时，可以先把所有家具按照其大小降序排列，再顺次摆放，这样会更省力一些。

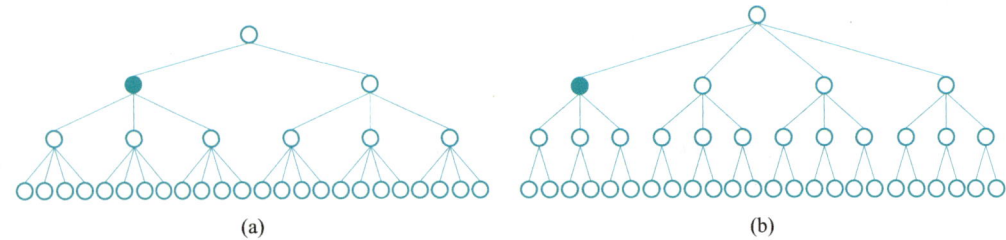

图 15-3   同一问题的 2 种决策树

15.2.3   分支限界法的设计思想

分支限界法与回溯法相似，也是在一棵决策树中进行搜索的算法，只不过它一般采用的是广度优先搜索。两种算法的区别主要在以下两个方面：

① 解决问题的目标不同。回溯法一般用于求任意一个解，或者找出全部解；分支限界法则一般求最优解，也就是使某一目标函数取极值的解。例如，在图中给定起点和终点，求一条可达路径，比蛮力枚举法略好一点的方法是回溯法，而要找一条最短的路径，则分支限界会比回溯法有一点进步。

② 剪枝策略不同。回溯法是根据约束条件集合 R 来进行剪枝；分支限界法则在检验

约束条件的同时，还通过对目标函数设计有效的限界来进行剪枝。例如，求两点间最短路径时，可以将两点间任一条路径的长度作为当前的限界；在搜索过程中，只要部分路径的长度达到限界，这条路径就可以被剪掉，因为它肯定比限界长，不可能是最短路径。

一般情况下，不妨假设待解决的问题要求目标函数取最小值，或者说，可以将问题目标理解为求代价最小的解。则分支限界法的设计思想是：对每一个部分解$(s_1, s_2, \cdots, s_i)$，定义代价函数$C(s_1, s_2, \cdots, s_i)$，该函数应满足：

$$C(s_1, s_2, \cdots, s_i) \leqslant C(s_1, s_2, \cdots, s_i, s_{i+1}) \tag{15-1}$$

如果部分解的代价$C(s_1, s_2, \cdots, s_i)$已大于某个上界（比如取某个可行解的代价），则根据公式（15-1）可知，由其扩展出的解必定不是代价最小的解，故该部分解对应的结点及其子树可被剪除。

有时代价函数不易或不可即时计算，也可以用一个易于计算的函数$LB(s_1, s_2, \cdots, s_i)$来代替，该函数应在满足公式（15-1）的同时恒不大于$C(s_1, s_2, \cdots, s_i)$，故$LB(s_1, s_2, \cdots, s_i)$也称为下界函数（$LB$即为下界lower bound的缩写）。对$LB$函数进行巧妙设计，可以得到使$C$函数取极小值的解。

为了帮助读者更好地理解算法，我们再来看一道例题。

例15.2　有限期的任务调度问题。

给定n个任务和1台处理器，其中完成第i个任务需t_i时间单位，其完工的截止期限为d_i，在截止期限前完工可获得收益p_i。显然，$d_i \geq t_i$是必要的前提条件。要求从n个任务中找出一个子集，使得子集中所有任务都可在截止期限前完成，且获得的总收益最大。

为与前面的讨论形式统一，可将收益函数的极大解转化为代价函数的极小解问题，即求子集J，使得选择该子集所造成的损失$C = \sum\limits_{i=1}^{n} p_i - \sum\limits_{j \in J} p_j$达到极小值。

下面通过一个具体的例子来解释分支限界法的解题过程。

给定4个任务$\bar{x} = (1, 2, 3, 4)$和1台处理器，其t_i、d_i、p_i在表15-1中列出。那么，如何取舍任务使总收益最大？

表 15-1　4任务问题的耗时、截止期限与收益

i	1	2	3	4
t_i	1	2	1	1
d_i	1	3	2	1
p_i	5	10	6	3

注意到该问题的解不一定是全部任务的排列，而可能只包含一个任务的子集。根据这一特点，可以构造另一种决策树，如图15-4所示。树中结点按广度优先遍历的顺

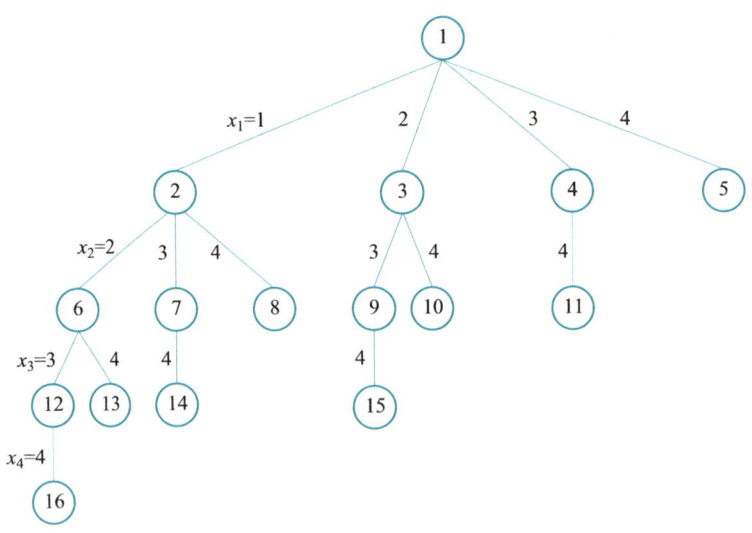

图 15-4　4 任务问题的决策树

序标出，若第 1 层分支 $x_1 = i$，则意味着放弃选择任务 $1, 2, \cdots, i-1$。因此，当从结点 1 扩展到结点 3 时，表示任务 1 已经完全不在考虑范围内，所以结点 3 及其子树代表的是抛弃了结点 2（即任务 1）以后的解。其他结点的定义类似。

考虑代价最小的解。注意到对每一个非叶结点 v 而言，因为搜索到 v 时还不知道 v 的子树中哪些结点将被访问，所以无法计算包含 v 结点在内的解的代价。但是，可以通过定义代价函数的上、下界来达到迅速剪枝的目的。

定义 $u(v) = \sum_{i=1}^{n} p_i - \sum_{j \in J_v} p_j$，其中 J_v 表示从根到结点 v 所确定入选的任务集。则 $u(v)$ 就是从根到结点 v 所能失去的最大收益，即除 J_v 以外的任务全部放弃所造成的损失。据此定义上界（upper bound，UB）函数：

$$UB = \min\{u(v) | v \text{为当前被激活的结点}\} \qquad (15\text{-}2)$$

由于 $C(v)$ 无法得到，定义下界函数：

$$LB(v) = \sum_{j \in L_v} p_j \qquad (15\text{-}3)$$

其中，L_v 表示从根到结点 v 所确定已经失去的任务集。例如，在图 15-4 中，激活结点 3 就意味着任务 1 已确定放弃，激活结点 10 就意味着任务 1 和 3 都被放弃，即 $L_3 = \{1\}$，$L_{10} = \{1, 3\}$。$LB(v)$ 作为下界函数，表示从根到结点 v 时至少已经失去的收益。

若某一结点 v 的 $LB(v) > UB$，则该结点及子树都肯定不包含最优解，可以被删除。

就本问题而言，初始状态下 J_1 和 L_1 均为空集，$UB = \sum_{i=1}^{4} p_i = 24$，$LB(1) = 0$。基于队列的广度优先搜索，分支限界法的步骤如下：

① 顺序检查结点 1 的子结点 2~5。根据公式（15-2）和（15-3），可以计算出 $u(2) = 19$，$u(3) = 14$，$u(4) = 18$，$u(5) = 21$。更新上界 $UB = \min\{u(i) | 2 \leqslant i \leqslant 5\} = 14$。再计算 $LB(2) = 0$，$LB(3) = 5$，$LB(4) = 15$，$LB(5) = 21$；比较 $LB(i)$ 与 UB，可见结点 4、5 都应删除，而结点 2、3 进入队列。

② 从队列中弹出结点 2，检查其子结点 6~8，计算得到 $u(6) = 9$，$u(7) = 13$，而任务 1 和 4 不可能同时被收入，故结点 8 因不满足约束条件而被删除。此时，更新上界 $UB = \min\{14, u(6), u(7)\} = 9$。再计算 $LB(6) = 0$，$LB(7) = 10$，因为 $LB(7) > UB$，所以结点 7 也被删除。结点 6 进入队列，目前队列中有结点 $\{3, 6\}$。

③ 从队列中弹出结点 3，检查其子结点 9、10，得到 $u(9) = 8$，$u(10) = 11$，更新 $UB = \min\{9, u(9), u(10)\} = 8$。再计算 $LB(9) = 5$，$LB(10) = 11$，可知结点 10 应被删除。结点 9 进入队列，目前队列中有结点 $\{6, 9\}$。

④ 从队列中弹出结点 6，发现在已有任务 1、2 的基础上，不可能再添加任务 3、4 中的任何一个，故其子结点 12、13 均因不满足约束条件而被删除。结点 6 对应的一个可行解为 $J_6 = \{1, 2\}$，$C(6) = \sum\limits_{i=1}^{4} p_i - \sum\limits_{j \in J_6} p_j = 9$。

⑤ 从队列中弹出结点 9，发现在已有任务 2、3 的基础上，不可能再添加任务 4，故结点 15 也因不满足约束条件而被删除。结点 9 对应另一个可行解为 $J_9 = \{2, 3\}$，$C(9) = \sum\limits_{i=1}^{4} p_i - \sum\limits_{j \in J_9} p_j = 8$。

这时队列为空，搜索结束。比较两个可行解易知，$J_9 = \{2, 3\}$ 是代价最小，也即收益最大的解。

图 15-5 演示了限界剪枝对决策树的改变，结点 i 旁标出的上方数字为 $u(i)$，其中粗体带下划线的数字是被选为 UB 的值；结点 i 旁标出的下方数字为 $LB(i)$；深色结点是因不满足约束条件而被删除的结点；加斜线底纹的结点为因下界函数值大于上界值而被剪掉的结点；没有标记数字的白色结点为从未被激活过的结点。最后，有标记数字的白色结点是可行解对应的结点。

分支限界法的效率与上下界函数的选择密切相关。对一个具体问题定义上下界函数也许不困难，困难的是如何估计所定义的函数对搜索效率的影响。

同时，需要注意的是，我们改进算法的目的是用最少的时间、最少的空间得到解，而不仅仅是减少激活结点的个数。单纯地为了减少激活结点个数而设计过于复杂的上下界函数，不一定能提高算法的整体效率。

分支限界法因其上下界函数的定义，一般可比回溯法更有效地剪枝。然而，回溯法所用的空间往往比分支限界法少很多。一般而言，回溯法需要的空间与决策树中最长路径的长度相关，而对于分支限界法，其需要的空间则是与决策树中的全部结点数

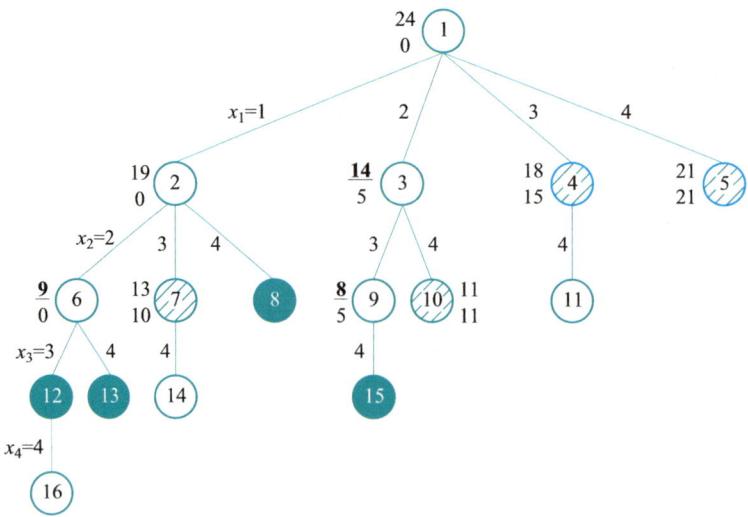

图 15-5 限界剪枝后的决策树

相关。对于规模为 n 的问题，通常回溯法的空间需求是 $O(n)$ 的，而分支限界法则需要 $O(2^n)$ 甚至 $O(n!)$ 的空间。在空间有限的情况下，用户可能会牺牲一些等待时间，转而使用回溯法求解。

15.3 分治法

网络上流传着一份"程序员文史综合卷"，有一道题如图 15-6 所示。

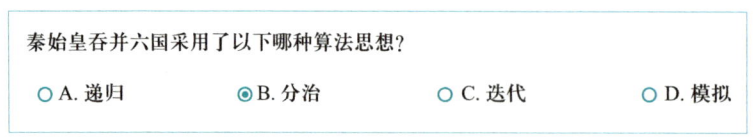

图 15-6 网络上的一道程序员文史综合卷试题

秦灭六国是个非常复杂的任务，秦在当时也并没有一击而成，形成"统治"的实力。最后这个任务终于能够完成，很重要的一个策略就是把总任务进行了分解。如果任务分解后再被各个击破需要消耗的力量比一次击破的力量要小，那么"分治"就是一种好的选择。

15.3.1 分治法的设计思想

分治法对于读者并不陌生，前面介绍过的归并排序、快速排序、二分查找、树的遍历等诸多算法，其实采用的都是分治的策略。

分治法的实施包含"分""治""合"三个步骤：

① "分"：将一个难以直接解决的大问题，分割成若干个规模较小而结构相同的子问题。

② "治"：将划分出的子问题分别解决。

③ "合"：将各个子问题的解合并处理，得到原问题的解。

很多问题都可以用分治法解决，只是在不同问题中上述三个步骤所占的比重可能不太一样。例如，在归并排序中，"分"是很简单的事，关键在于"治"和"合"；而在快速排序中，"分"和"治"是比较复杂的，"合"是水到渠成之事；在二分查找中的"分"很简单，核心在于"治"，根本不需要"合"。

因为分解后的子问题都有相同的结构，只是规模不同，则递归技术就成为实现分治法的有效工具。分治法的一般伪代码描述由算法15-7给出。

算法15-7：分治法的伪代码描述 DivideAndConquer(Q, n)

输入：待解决的问题 Q，问题的规模 n，存储子问题的解的数组 sub_solution

输出：问题的解 solution

---

1. **if** $n < kMinSize$ **then**   //若问题规模小于给定阈值
2. | $solution \leftarrow$ Conquer(Q, n) //直接处理
3. **else**
4. | Divide (n, α);   //将规模为 n 的原问题分割为 α 个子问题
5. | **for** $i \leftarrow 0$ **to** $\alpha-1$ **do**
6. | | $sub\_solution[i] \leftarrow$ DivideAndConquer（Q，第 i 个子问题的规模）
7. | **end**
8. | $solution \leftarrow$ Merge($sub\_solution, n$);   //将 α 个子问题的解合并得到最终解
9. **end**
10. **return** $solution$

分治法的时间复杂度可以通过递推方程进行分析。

正常情况下，阈值 kMinSize 是一个小常数，小到调用 Conquer 处理的时间可以被认为是 $O(1)$，所以不妨就设 kMinSize 是 1。又设每个子问题的平均规模为 n/β，合并 α 个子问题的函数 Merge 耗时也是 n 的函数，记为 $f(n)$。则分治法的时间复杂度满足：

$$T(1) = 1, \quad T(n) = \alpha T(n/\beta) + f(n) \tag{15-4}$$

例如，归并排序就有 $T(n) = 2T(n/2) + O(n)$。在第10章中已经推导过，这个算法的时间复杂度是 $T(n) = O(n \log n)$。此外，快速排序在最好情况下的时间复杂度也有同样的递推式，所以也得到 $T(n) = O(n \log n)$。当然，这并不意味着分治法总

是得到同样的结论。例如，二分查找在最坏情况下，时间复杂度的递推是 $T(n) = T(n/2) + O(1)$，这时推出的结论是 $T(n) = O(\log n)$。又如，完美二叉树的后序遍历满足 $T(n) = 2T(n/2) + O(1)$，推出的结论是 $T(n) = O(n)$；而快速排序中如果选择的轴点元素（或称主元）不合适，则可能造成 $T(n) = T(n-1) + O(n)$，结果就是 $T(n) = O(n^2)$。

可见，分治法的设计思想虽然非常简单，但要通过"分治"达到比"统治"更好的效果，需要设计合理的"分"和"治"策略，即采用效果最佳的 α 和 β 的值；同时也需要充分高效的"合"算法，使得 $f(n)$ 尽可能小，这样才能获得良好的整体表现。为了帮助读者更好地理解这一点，我们来看一道例题。

例 15.3　最近点对问题。

给定二维平面上 n 个点的坐标，找出其中两个点，使其满足条件：在这 n 个点中，任意两点间的距离都不小于该两点间的距离，即找出最接近的一对点。

最简单的办法就是把所有 $n(n-1)/2$ 个点对的距离计算出来，从中选一对最近的。这是枚举法，时间复杂度是 $T(n) = O(n^2)$。此时，分治法是否有可能加快解决速度呢？

一个简单的思路是：先将 n 个点按其横坐标排序，这一步可以采用任何一种时间复杂度为 $O(n \log n)$ 的算法；随后将 n 个点的集合 S 按其横坐标分成规模相同的 2 个子集 X_1 和 X_2，分别求子集中的最近点对 $\{P_1^{(1)}, P_1^{(2)}\}$ 和 $\{P_2^{(1)}, P_2^{(2)}\}$；在"合"这一步，先求出跨越 X_1 和 X_2 分界线的最近点对 $\{P_1^{(3)}, P_2^{(3)}\}$，再从三对中选出一对距离最近的点作为结果返回。

如图 15-7 所示，记分治得到的 3 种最小距离为 $d_{左}$、$d_{右}$、$d_{中}$，易知 $d_{左}$、$d_{右}$ 可通过递归得到，现在最大的问题是如何有效地计算 $d_{中}$。

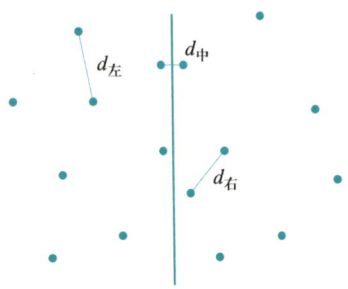

图 15-7　点集分治示意图

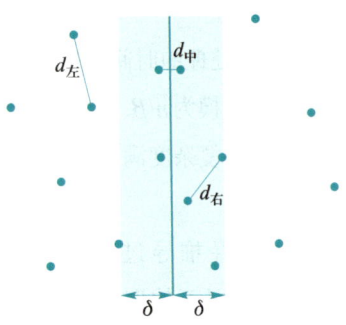

图 15-8　计算 $d_{中}$ 所涉及的中间带

如果采用简单枚举法求 $d_{中}$，即对图 15-7 中的中分线左侧的 $n/2$ 个点，枚举其右侧的 $n/2$ 个点，计算所有横跨中分线的点对距离并求最小值，则这一步的时间复杂度高达 $O(n^2)$。此时得到的递推式为 $T(n) = 2T(n/2) + O(n^2)$，由此得到分治部分的算法复杂度为 $T(n) = O(n^2)$。这比直接枚举所有距离还要差了，因为直接枚举只用两重循环计算，不需要递归。那么分治的意义何在？

注意到，递推式右侧的前半部分 $2T(n/2)$ 对应推导出的结果是 $O(n)$，可见严重拖累最终结果的就是求 $d_{中}$ 的算法——要想得到比 $O(n^2)$ 好的表现，必须想办法提升这部分效率。

如果 $d_{中}$ 真正能影响最后的结果，则一定有 $d_{中} < \delta = \min\{d_{左}, d_{右}\}$。这意味着只需考虑距中分线 δ 范围以内的点，如图 15-8 中阴影所示的中间带状区域。

理想状态下，若n个点均匀分布，特别是，如果落入中间带的点数不超过$O(\sqrt{n})$，则枚举中间带中的点距就可在$O\left((\sqrt{n})^2\right) = O(n)$时间内得到$d_{中}$。在这种理想状态下，就有$T(n) = 2T(n/2) + O(n)$，于是可以顺理成章地解出$T(n) = O(n \log n)$。

但是，最坏的情况是所有n个点都集中在中间带中，这时似乎设立中间带也不能提升$O(n^2)$的复杂度了。

进一步观察中间带内的点，若两点的y坐标之差大于δ，则这样的点对也不必考虑，这就将搜索的范围大大缩小了。如果将中间带内的点按其y坐标排序，对任一点P_i，只需向下比较$P_j(j > i)$，一旦$|P_i.y - P_j.y| > \delta$，则可结束对P_i的考察而转向考察P_{i+1}。

由δ的定义可知，对任一P_i，最坏情况下也只需比较5个点（不考虑有重合点的情况），如图15-9所示。这是因为在左、右两个$\delta \times \delta$的正方形区域内，若6个角上都有点，则该正方形内不可能有点，否则该点与某个角点的距离必然小于δ，与δ的定义矛盾。所以，最坏情况下只有6个点刚好落在两个正方形的角点上，而其中一个点是P_i。

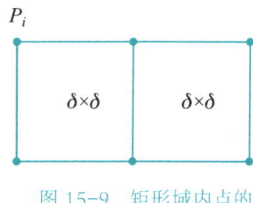

图 15-9　矩形域内点的稀疏性

如此对于中间带内的每个点，只需常数次操作就可以完成判定，那么即使所有点都集中在中间带里，也可以在$O(n)$时间内解决$d_{中}$的计算。

但是，在扫描每个点之前，需要先将这些点按其y坐标排序。如果在递归的每一层都要对y坐标进行排序，那么求$d_{中}$的复杂度实际上是$O(n \log n)$而不是$O(n)$，这样推导出的最终复杂度是$T(n) = O(n \log^2 n)$（该推导过程略复杂，将于15.3.2小节讨论）。

要进一步提升速度，需要在执行分治法之前对点集进行两次预排序，保存两个点列：

① 按x坐标排序后的点列，记为X。

② 按y坐标排序后的点列，记为Y。

X可以很容易地被划分为$X_左$、$X_右$两个子集，然后顺序扫描Y中的点，根据X的划分将Y中的点顺序放入$Y_左$、$Y_右$两个子集中，保证$Y_左$、$Y_右$仍然是按y坐标排好序的，这样就保证了得到$d_{中}$的时间复杂度为$O(n)$，而最终得到整体复杂度为$O(n \log n)$的算法。

15.3.2　算法复杂度分析与主定理

分治法的时间复杂度分析依赖于公式（15-4）给出的递推关系式。对于一般情况，有三种常用的分析方法可以帮助我们从公式（15-4）中解出$T(n)$：代入法、递归树法和主定理。

在介绍三种方法之前，先做两个简单化的假设：

① 无论(n/β)是否整数都不影响后续结论，所以不妨假设(n/β)是整数。

② 对充分小规模的问题，假设解决问题的时间复杂度是常数，即$T(n) = \Theta(1)$对充

分小的 n 成立。

1. 代入法

使用代入法求 $T(n)$ 要求我们有很好的直觉，首先"猜"一个结论，然后用数学归纳法证明这个结论。下面通过一个例子来介绍代入法的执行过程。

例15.4　给定递推式 $T(n) = 2T(n/2) + n$，求解 $T(n)$。

首先猜测结论是 $T(n) = O(n \log n)$。

证明：采用数学归纳法，假设结论对所有 $m < n$ 成立，即存在常数 c，使得 $T(m) \leqslant c \cdot m \log m$。下面要证明该不等式也对 n 成立。

因为 $m = n/2 < n$，所以有 $T(n/2) \leqslant c \cdot (n/2) \log(n/2)$。将此不等式代入给定的递推式，得到

$$
\begin{aligned}
T(n) &= 2T(n/2) + n \\
&\leqslant 2[c \cdot (n/2)\log(n/2)] + n \\
&= c \cdot n \log n + n(1-c) \\
&\leqslant c \cdot n \log n
\end{aligned}
$$

对任意常数 $c \geqslant 1$ 成立。这就完成了数学归纳法的证明。证毕。

这里要注意一个细节问题，当用数学归纳法证明结论对应的不等式时，对 n 成立的不等式必须与 $m < n$ 对应的不等式具有完全相同的形式，否则可能得出错误的结论。

例如，在求解例15-4时，如果错误地将结论猜测为 $T(n) = O(n)$，则在将 $m = n/2$ 对应的不等式 $T(n/2) \leqslant c \cdot (n/2)$ 代入递推式时，会得到

$$
\begin{aligned}
T(n) &= 2T(n/2) + n \\
&\leqslant 2[c \cdot (n/2)] + n \\
&= (c + 1) \cdot n
\end{aligned}
$$

此时我们能宣称 $T(n) = O(n)$ 吗？答案是：不能。只有证明了 $T(n) \leqslant c \cdot n$，即与 $T(m) \leqslant c \cdot m$ 有完全相同的不等式形式时，才算证明了结论。

代入法虽然不复杂，但对直觉的要求有点高。如果递推式本身比较复杂，我们不知道如何猜结论，该怎么办呢？

2. 递归树法

递归树是一种将递归过程形象展开的工具，用于帮助人们更清楚地看到递归每一层的工作量，然后对整体工作量进行评估。

递归树中每棵子树的根结点对应递归到该结点所在层中"合"的工作量，从根结点延伸出去的分支对应下一层的递归。图15-10给出了对应于公式（15-4）的递归树。

在图15-10中，根结点对应 $T(n)$ 中"合"的工作量 $f(n)$；根结点有 α 棵子树，每棵子树对应一个递归调用 $T(n/\beta)$。树右侧展示了每一层"合"的工作量。递归的层数是 $\log_\beta n$，最后一层有 $\alpha^{\log_\beta n} = n^{\log_\beta \alpha}$ 个 $\Theta(1)$，所以，总工作量就是所有递归层工作量的总和：

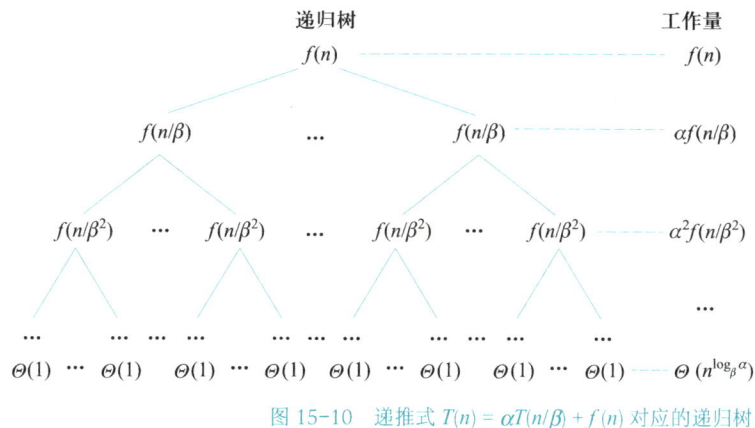

图 15-10 递推式 $T(n) = \alpha T(n/\beta) + f(n)$ 对应的递归树

$$T(n) = \sum_{j=0}^{\log_\beta n - 1} \alpha^j f(n/\beta^j) + \Theta(n^{\log_\beta \alpha}) \tag{15-5}$$

但是，当子问题的规模不是均匀划分时，递归树就不会像图15-10那么完美，准确求和也就变得比较困难了。下面来看一个例子。

例15.5 给定递推式 $T(n) = T(n/3) + T(2n/3) + n$，求解 $T(n)$。

当展开递归树时，会发现这棵树是不平衡的（见图15-11）。但是，因为树高是 $\log_{3/2} n$，每层的工作量不会超过 n，所以还是比较容易估计出总工作量是 $T(n) = O(n \log n)$。当然这种估计很不严谨，但也是有价值的，它为代入法提供了一个比盲猜更可靠的目标结论。接下来可以用代入法严格地证明这个结论。

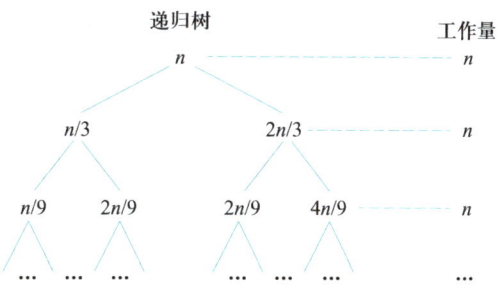

图 15-11 递推式 $T(n) = T(n/3) + T(2n/3) + n$ 对应的递归树

证明：采用数学归纳法，假设结论对所有 $m < n$ 成立，即存在常数 c，使得 $T(m) \leqslant c \cdot m \log m$。下面要证明该不等式也对 n 成立。

因为 $m = n/3 < n$，所以有 $T(n/3) \leqslant c \cdot (n/3)\log(n/3)$。同理还有 $T(2n/3) \leqslant c \cdot (2n/3) \cdot \log(2n/3)$。将两个不等式代入给定的递推式，得到

$$T(n) = T(n/3) + T(2n/3) + n$$
$$\leqslant c \cdot (n/3)\log(n/3) + c \cdot (2n/3)\log(2n/3) + n$$
$$= c \cdot n \log n - n\big[c (\log_2 3 - 2/3) - 1\big] \leqslant c \cdot n \log n$$

对任意常数 $c \geqslant 1/(\log_2 3 - 2/3)$ 成立。这就完成了数学归纳法的证明。证毕。

3. 主定理

分析具体问题的复杂度时，固然可以通过展开递推式做具体分析，但如果有通用

的定理结论可以套用，一定是最方便的。下面先介绍其中最经典的"主定理"。

定理 15-1　主定理。设 $T(n)$ 为定义在非负整数 n 上的函数，满足递推式 $T(n) = \alpha T(n/\beta) + f(n)$，其中常数 $\alpha \geq 1$，$\beta > 1$，$f(n)$ 为给定函数。则有下列结论：

① 若存在常数 $\varepsilon > 0$，使得 $f(n) = O(n^{\log_\beta \alpha - \varepsilon})$，则 $T(n) = \Theta(n^{\log_\beta \alpha})$。

② 若 $f(n) = \Theta(n^{\log_\beta \alpha})$，则 $T(n) = \Theta(n^{\log_\beta \alpha} \log n)$。

③ 若存在常数 $\varepsilon > 0$，使得 $f(n) = \Omega(n^{\log_\beta \alpha + \varepsilon})$，并且存在常数 $c < 1$，使得对充分大的 n 有不等式 $\alpha f(n/\beta) < cf(n)$，则 $T(n) = \Theta(f(n))$。

可以看到，关于 $T(n)$ 的结论取决于 $f(n)$ 和函数 $n^{\log_\beta \alpha}$ 谁更占优势，占优势的一方就决定了 $T(n)$；当两者势均力敌时，结论中会多出一项 $\log n$。

定理的证明思路比较简单：基于公式（15-5），将三种条件下的 $f(n)$ 代入运算，即可得到结论。

根据这个主定理，可以很容易地得到一些具体递推式的解。例如，完美二叉树的后序遍历对应 $\alpha = \beta = 2$，$f(n) = \Theta(1)$，对任何常数 $0 < \varepsilon < 1$，都有 $f(n) = O(n^{1-\varepsilon})$，对应结论①，所以有 $T(n) = O(n)$。又如，归并排序对应 $\alpha = \beta = 2$，$f(n) = \Theta(n)$，对应结论②，所以有 $T(n) = \Theta(n \log n)$。再如，最近点对问题中，如果求 $d_\text{中}$ 的时间复杂度是 $O(n^2)$，则由 $\alpha = \beta = 2$，对任何常数 $0 < \varepsilon < 1$，都有 $f(n) = O(n^2) = \Omega(n^{1+\varepsilon})$，便得到结论③，即 $T(n) = \Theta(n^2)$。

不过，虽然套用主定理的方法被称为"大师算法"（mater method，意指极强的适用性），该定理并不能解决一切问题。例如，最近点对问题中，如果求 $d_\text{中}$ 的时间复杂度是 $O(n \log n)$，这时仍然有 $\alpha = \beta = 2$，所以 $n^{\log_\beta \alpha} = n$。显然结论①和②都不适用，而结论③也不适用，因为无论 ε 多么小，只要它是正数，总有 $\log n = O(n^\varepsilon)$。也就是说，$f(n)$ 和 $n^{\log_\beta \alpha}$ 这两个函数，除了一方占优或势均力敌之外，还有一种可能，就是无法比较。这说明我们无法根据主定理直接得出递推式 $T(n) = 2T(n/2) + O(n \log n)$ 的解。

为了弥补主定理的缺陷，很多计算机理论科学家为此做出了各种努力，证明了不同形式的结论。下面是主定理的另外一个特殊情况下的版本。

定理 15-2　给定常数 $\alpha \geq 1$，$\beta > 1$，$p \geq 0$，递推式 $T(n) = \alpha T(n/\beta) + \Theta(n^k \log^p n)$ 的解有如下结论：

① 若 $\alpha > \beta^k$，则 $T(n) = O(n^{\log_\beta \alpha})$。

② 若 $\alpha = \beta^k$，则 $T(n) = O(n^k \log^{p+1} n)$。

③ 若 $\alpha < \beta^k$，则 $T(n) = O(n^k \log^p n)$。

这个版本的主定理能处理一类特殊的 $f(n)$，看上去和定理 15-1 想表达的意思是一样的，只是不直接比较 $f(n)$ 和 $n^{\log_\beta \alpha}$，而改为比较 α 和 β^k。这个版本完美地拯救了定理 15-1 中难以解决的一类问题，例如当 $\alpha = \beta = 2$ 且 $f(n) = O(n \log n)$ 时，套用定理 15-2，有 $k = p = 1$，于是结论②成立，得到 $T(n) = O(n \log^2 n)$。

15.4 动态规划

在分而治之的过程中，有时会分裂出重复出现的子问题。如果不告诉计算机哪些子问题是重复的，它就只会一遍又一遍地递归解决。

动态规划的英文为dynamic programming，之所以没有被翻译为"动态编程"，是因为programming在这里指的是一种通过查表来解决问题的方法，对应中文的"规划"更为合适。动态规划算法的核心就是用空间换取时间，通过让计算机"记住"一些信息来避免大规模重复计算，从而提高解决问题的效率。

什么是"用空间换取时间"？先来看一个简单的例子。

例15.6 斐波那契（Fibonacci）数列的计算。

斐波那契数列 $\{F_i\}_{i=0}^{\infty}$ 是用递归的形式定义的一个数列，初始值为 $F_0 = F_1 = 1$，随后对 $n \geq 2$，有 $F_n = F_{n-1} + F_{n-2}$。给定任意 $n \geq 0$，计算第 n 项斐波那契数的程序可以直接用递归函数实现。算法15-8给出了该函数的伪代码。

算法15-8：第 n 项斐波那契数的递归计算 RecFib(n)

输入：$n \geq 0$
输出：第 n 项斐波那契数

1. **if** $n \leq 1$ **then**
2. | **return** 1
3. **else**
4. | **return** RecFib($n-1$) + RecFib($n-2$)
5. **end**

该算法中递归定义配上递归实现，简直不能更加简单直观了。但是效率如何呢？

显然，算法15-8的时间复杂度满足一个与数列本身类似的递推式：$T(n) = T(n-1) + T(n-2) + 2 > F_n$。而已知斐波那契数列是呈指数级增长的，则算法15-8的时间复杂度也呈指数级增长。图15-12给出了计算 F_6 的递归树，从图中可以看到，整个计算过程进行了24次递归调用，然而真正的计算只需要6个不同的值而已。很多重复性的递归调用浪费了大量时间。如果计算机能"聪明"一点，把之前计算出来的结果存在一张表里，后面需要的时候直接查表取值就快得多了。更进一步，我们会发现，其实

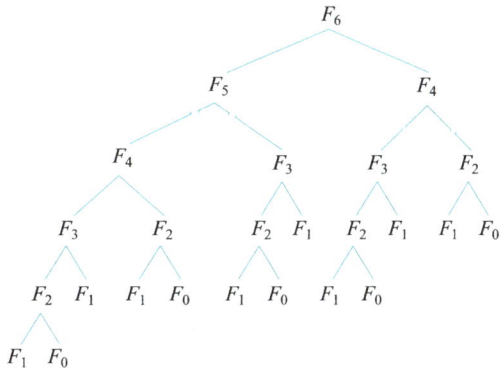

图 15-12 计算 F_6 的递归树

只需要存前面两步的值就够了，更小的值对后面的计算没有帮助，可以直接丢弃。算法 15-9 给出了第 n 项斐波那契数的循环计算，显然这段代码的时间复杂度只有 $O(n)$。

算法 15-9：第 n 项斐波那契数的循环计算 Fib(n)

输入：$n \geq 0$

输出：第 n 项斐波那契数

```
1.   if n ≤ 1 then
2.   |  answer ← 1
3.   else
4.   |  f0 ← 1
5.   |  f1 ← 1
6.   |  for i ← 2 to n do
7.   |  |  answer ← f1 + f0    // Fib(i) = Fib(i-1) + Fib(i-2)
8.   |  |  f0 ← f1             // f0 = Fib(i-1)
9.   |  |  f1 ← answer         // f1 = Fib(i)
10.  |  |  //准备好计算下一个 Fib(i + 1)
11.  |  end
12.  end
13.  return answer
```

当然，这个技巧并不总是奏效，动态规划能更好地解决问题，前提是这个问题具有"最优子结构"。

15.4.1　优化问题与最优子结构

在本章 15.1 节提到过的分派问题是优化问题的一个特例。更一般地，给定约束条件集合 R 和一个优化函数 f，所有满足 R 的解称为可行解；而在所有可行解中，使得 f 取值最优的那个解，称为最优解。优化问题就是在约束条件下求最优解的问题。

当一个优化问题比较庞大而复杂时，分而治之往往是降低求解难度的一种有效手段。如果将原始问题划分为若干个小规模的子问题，分别求最优解，那这些最优解能否通过"合"而得到原始问题的最优解呢？答案是：不一定。

考虑图中两个顶点 s 到 t 之间的最短路径问题：如果随便找一个顶点 v 来分而治之，分别求出 s 到 v 之间的最短路径和 v 到 t 之间的最短路径，这两条路径一定能合成 s 到 t 之间的最短路径吗？当然不一定，因为真正的最短路径可能根本就不经过 v。

但是，反过来想一下：如果 s 到 t 之间的最短路径经过了一个顶点 v，那么 s 到 v 之间的路径和 v 到 t 之间的路径都一定是最短的！这个结论可以很容易用反证法证明。这种解的结构就被称为具有最优子结构的性质。于是分而治之的思路就形成了：枚举每一个顶点 v，分别递归求出 s 到 v 之间的最短路径长度 l_1 和 v 到 t 之间的最短路径长度 l_2，则

令 $l_1 + l_2$ 取最小值的解就是最优解。

一般地，如果优化问题的最优解可以拆解为某种划分下若干个子问题的最优解，则称这个问题具有最优子结构。

当遇到一个优化问题时，可以首先试用分而治之的思路，将问题做递归拆解，然后分析原问题的最优解和子问题的最优解之间有什么关联。如果有最优子结构的性质，这个问题就至少可以用分而治之加枚举划分的思路递归地解出来了。

然而，递归的问题在于效率，有可能时空复杂度是指数级甚至阶乘级的。这时进一步分析递归过程，如果发现有大量的递归调用是重复性的，那就需要用到动态规划了。

动态规划的技巧是从最小规模的问题开始求解，并且将小规模的最优解存储下来——这就是所谓"带记忆"的求解。当问题的规模逐渐增大，需要根据小规模问题的解得到当前问题解的时候，我们不是递归地去求解小规模问题，而是直接查表，把之前存储的小规模问题的最优解拿过来用，这样就极大地节省了时间。

虽然动态规划的思想并不复杂，但面临一个个不同的问题，如何进行子问题分解、如何推导出最优解的关系公式、用什么顺序求解子问题，都是颇费脑力的事情。俗话说得好：只要你见过了一个动态规划问题，就等于见过了所有。本章习题中给出了多种适用动态规划算法求解的问题，帮助读者通过反复练习掌握这个算法的精髓。

15.4.2 应用案例分析

在前面的章节中，我们其实已经见过了动态规划的算法。例如，第8章8.2.3小节介绍的解决所有顶点对之间最短路径问题的Floyd-Warshall算法。读者可以回顾这个算法，理解动态规划的原理是如何在具体应用中起作用的。在此我们详细分析一个用动态规划解决的经典问题，以帮助读者熟悉这个算法的应用。

例15.7 矩阵连乘问题。

给定 n 个矩阵 $M_1, M_2, \cdots, M_n$，要求计算矩阵连乘积 $\prod_{i=1}^{n} M_i$。其中，M_i 有 r_i 行及 c_i 列（$i = 1, 2, \cdots, n$），并且满足矩阵连乘的合法性要求，即 $c_i = r_{i+1}(i = 1, 2, \cdots, n)$。由于矩阵的乘法运算满足结合律，所以可以有多种计算的顺序。要求找出最优的相乘顺序，使得所用的乘法次数最少。

回顾矩阵相关的知识，我们知道，任意两个相邻矩阵 M_{i-1} 和 M_i 的乘积需要 $r_{i-1} \times r_i \times r_{i+1}$ 次乘法运算。那么，不同的运算顺序对总运算量的影响真的很大吗？下面看一个具体的例子。

考虑如下4个矩阵的乘积（矩阵下标方括号中给出了矩阵的"行数 × 列数"）：

$$M_{[1 \times 100]} = M_{1[1 \times 2]} \times M_{2[2 \times 5]} \times M_{3[5 \times 1]} \times M_{4[1 \times 100]} \tag{15-6}$$

如果按照顺序 $M_1 \times (M_2 \times (M_3 \times M_4))$ 计算，那么总的乘法次数为 $5 \times 1 \times 100 +$

$2 \times 5 \times 100 + 1 \times 2 \times 100 = 1700$；而按照顺序$(M_1 \times (M_2 \times M_3)) \times M_4$计算，总的乘法次数只需要$2 \times 5 \times 1 + 1 \times 2 \times 1 + 1 \times 1 \times 100 = 112$。可见，运算量的差异还是很大的。

要解决这个问题，我们首先尝试分而治之的思路，看看最优解是否有最优子结构的性质。**注意**：在$i < j$的情况下，任一连续相乘的积$M_{i,j} = \prod_{l=i}^{j} M_l$，都是两个子问题$M_{i,k}$和$M_{k+1,j}$的乘积，其中$k$可以是从$i$到$j-1$的任何一个下标。记这个连乘的最优乘法次数为$m_{i,j}$，则容易证明结论：如果最优解对应的最优划分是$M_{i,k*}$和$M_{k*+1,j}$，则一定有

$$m_{i,j} = m_{i,k*} + m_{k*+1,j} + r_i \times r_{k*+1} \times r_{j+1} \qquad (15\text{-}7)$$

即最优解可以由某种划分对应的两个子问题的最优解计算出来，这就说明问题具有最优子结构的性质。那么，我们可以枚举所有可能的子问题划分方法，其中得到的最小值就是最优解。当然，如果$i = j$就不需要做任何乘法运算，显然有$m_{i,i} = 0$。结合式（15-7），可以得到式（15-8）：

$$m_{i,j} = \begin{cases} \min_{i \leq k < j} (m_{i,k} + m_{k+1,j} + r_i \times r_{k+1} \times r_{j+1}), & \text{若 } i < j \\ 0, & \text{若 } i = j \end{cases} \qquad (15\text{-}8)$$

如果直接用递归加枚举的方法去实现式（15-8），这个算法的时间复杂度会是怎样呢？

设解决原始问题$M_{1,n} = \prod_{l=1}^{n} M_l$的时间为$T(n)$，则对于每一种划分$M_{1,n} = M_{1,k} \times M_{k+1,n}$，解决的时间为$T(k)T(n-k) + c$。枚举每一种可能的$k$，就得到

$$T(n) > \sum_{k=1}^{n-1} T(k)T(n-k) \qquad (15\text{-}9)$$

先考虑递推式$t_n = \sum_{k=1}^{n-1} t_k t_{n-k}$，$t_1 = 1$。如果能从中解出$t_n$，则易见$T(n) = \Omega(t_n)$。解出$t_n$需要借助一个函数$p(x) = \sum_{i=1}^{\infty} t_i \cdot x^i$。比较$p(x)$和$p^2(x)$中$x^n$的系数，可以发现在$p(x)$中是$t_n$，在$p^2(x)$中是$\sum_{k=1}^{n-1} t_k t_{n-k}$，它们是相等的，即除了在$p(x)$中多出一项$x$以外，其他同类项的系数相等。于是得到

$$p^2(x) - p(x) + x = 0 \qquad (15\text{-}10)$$

将式（15-10）看作$p(x)$的一元二次方程，则利用求根公式以及$p(0) = 0$，得到

$$p(x) = \frac{1 - \sqrt{1 - 4x}}{2} \qquad (15\text{-}11)$$

利用$\sqrt{1-4x}$的泰勒（Taylor）展开公式，式（15-11）可写为

$$p(x) = \frac{1}{2}\left\{ 1 - \sum_{n=0}^{\infty} \binom{1/2}{n} (-4x)^n \right\} = \sum_{n=1}^{\infty} \left\{ \binom{1/2}{n} (-1)^{n+1} 2^{2n-1} \right\} x^n \qquad (15\text{-}12)$$

至此，可以得到t_n，即$p(x)$中x^n的系数：

$$t_n = \begin{bmatrix} 1/2 \\ n \end{bmatrix}(-1)^{n+1}2^{2n-1} = \frac{1}{n}\begin{bmatrix} 2(n-1) \\ n-1 \end{bmatrix} \qquad (15\text{-}13)$$

这就是著名的Catalan数，即$t_n = C(n-1)$，其中

$$C(n) = \frac{1}{n+1}\begin{bmatrix} 2n \\ n \end{bmatrix} = \Omega\,(4^n/n^{3/2}) \qquad (15\text{-}14)$$

值得一提的是，Catalan数虽然以1838年发表论文讨论这个问题的作者Eugène Catalan命名，但实际上中国的明安图在这篇论文发表前一个世纪就得出了这个数列，并应用于正弦函数的幂级数展开式的推导过程中。所以，Catalan数也称为明安图数。

上述分析表明，直接用递归分治求解，时间复杂度呈近乎指数级增长。但是，回顾公式（15-8），这里$m_{i,j}$其实一共只有n^2个不同的值而已，为什么计算$m_{1,n}$的工作量会这么大呢？这就意味着递归过程中一定有大量的重复调用。

注意到公式（15-8）中，计算$m_{i,j}$时对应的问题规模（即连乘的次数）为$(j-i)$，而计算时需要用到的所有子问题的规模都比这个规模小。这意味着只要从最小规模的问题出发，把求得的小问题的最优解存在表里，那么求较大规模的问题时就可以直接查表了。算法15-10给出了计算$m_{1,n}$的动态规划算法，易见该算法的时间复杂度只有$O(n^3)$。同时，还将每个子问题$M_{i,j}$的最佳划分位置k^*做了记录。利用这个划分记录可以很方便地递归计算$M_{1,n}$，这一步留给读者自己练习。

算法15-10： 计算$m_{1,n}$的动态规划算法 OptimalMatrixOrdering (m, p, r, n)
输入： n为矩阵个数；$r[1]..r[n+1]$记录矩阵的行列数，其中矩阵M_i有$r[i]$行、$r[i+1]$列
输出： $m[i][j]$存放计算$M_{i,j}$的最优乘法次数；
$\qquad\quad$ $p[i][j]$存放计算$M_{i,j}$的最优划分位置k，即$M_{i,j}=M_{i,k} \times M_{k+1,j}$

```
1.   for i ← 1 to n do
2.   |  m[i][i] ← 0   //最小规模问题的解：只有1个矩阵，不需要计算
3.   end
4.   for length ← 1 to n-1 do   //length=j-i，即M_{i,j}中矩阵相乘的次数
5.   |  for i ← 1 to n-length do
6.   |  |  j ← i + length        //在固定长度下从左到右顺序考察所有M_{i,j}序列
7.   |  |  m[i][j] ← Infinity     //将m[i][j]初始化
8.   |  |  for k ← i to j-1 do    //对应每个k划分，根据公式（15-8）计算当前最优
9.   |  |  |  this_m ← m[i][k] + m[k+1][j] + r[i] × r[k+1] × r[j+1]
10.  |  |  |  if this_m < m[i][j] then   //若当前值更优
11.  |  |  |  |  m[i][j] ← this_m    //则更新最优解
12.  |  |  |  |  p[i][j] ← k         //且记录划分位置
13.  |  |  |  end
14.  |  |  end
15.  |  end
16.  end
```

15.4.3　动态规划的设计思想

一般情况下，可用动态规划求解的优化问题具有以下两个特征：

① 具有最优子结构。动态规划中单个子问题的最优解并不一定是整体最优解的一部分，每一步的最优决策是在综合了所有子问题的最优解之后做出的。整体最优解对子问题最优解的依赖性，使得我们可以从最小问题出发构造出整个问题的解。

② 子问题大量重复。用分治法递归自顶向下求解时，分解出来的子问题并不总是新问题。动态规划正是利用问题的这一性质，反其道而行，自底向上求解，将每次解决的新问题存在表中，从而避免重复计算，提高解题效率。

需要注意的是，特征①是应用动态规划的正确性的必要前提，特征②是动态规划提升效率的前提。如果问题本身不具备最优子结构，例如前面一步的最优选择会导致错失后面的最优解，则这个问题根本不能用动态规划解决。另一方面，如果递归调用的子问题都没有重复，那直接递归解决就好了，用动态规划反而多用了存储空间。

应用动态规划解决问题时，一般有4个步骤：

① 确认问题具有最优子结构。

② 推导出子问题最优解之间的递推关系式。

③ 按照正确的顺序，从小规模开始计算并存储子问题的最优解，同时记录最优划分。须注意：每一步计算时都要保证用到的子问题是已经解决过的。

④ 根据最优划分构造出最优的解决方案。

虽然前面的例子都没有用递归去解决问题，但并不是说递归就不能用于实现动态规划算法了。只要把解决过的问题答案存在表里，递归时先查表，表里没有的才继续递归解决，效果也是一样的。这种带记忆的递归方法也称为"记忆化搜索"，只是因为递归比循环耗时，所以会比循环实现的动态规划算法慢常数倍。

但另一方面，递归通常用于解决规模不固定的问题。在本章15.1节中，我们讨论过枚举的循环实现与递归实现的区别。当规模不固定时，表格的大小就不固定，这就给存储答案带来了困难。所以，空间复杂度较高也是动态规划算法需要注意的一个问题。对一个具体问题而言，如果问题的解决不需要同时存储全部子问题的解，则空间复杂度就有优化的余地。

最后一个有趣的延展阅读话题是：既然有动态规划，相应地也有静态规划。在运筹学中还有一类规划算法就是相对"静态"的，即线性规划和非线性规划。这类算法也是解决优化问题的算法，并且可以和动态规划互相转换，各有所长。感兴趣的读者可以阅读运筹学相关图书，对两大类规划算法进行比较。

15.5 贪心法

贪心法也是解决优化问题的诸多算法之一。从某种意义上说，贪心法也被认为是更加"聪明"的动态规划。如前所述，当一个优化问题具有最优子结构时，动态规划中单个子问题的最优解并不一定是整体最优解的一部分，所以需要枚举所有子问题，找出整体最优解。但是，如果我们可以不需要枚举，一步断定某个子问题的最优解就是整体最优解，那么解决问题的效率就会大大提高。这就是贪心法中"贪"字寓意所在。

15.5.1 贪心法的设计思想

贪心法的设计思想很简单：将解决问题的过程分步骤进行，每一步都采取当前最优策略（也称为局部最优策略），并且不允许反悔。于是贪心法的关键点有两个：

① 划分步骤。可以递归地理解为：将原问题划分为执行当前的一步指令，再递归地解决剩下的结构相同的子问题。

② "贪"，即定义当前的最优策略。当然，首先这个策略必须能形成一个可行解，即满足问题的约束，因为执行了当前策略后，在解决剩余子问题时不允许反悔。其次，这个策略必须是当前约束条件下所能达到的最佳状态。

并非所有优化问题都可以用贪心法解决。例如，考虑用最少数量的硬币付款的问题，如果有一角、五角、一元面值的硬币，须付一元六角钱，则贪心的办法是每次拿出可行的面值最大的硬币：1个一元、1个五角、1个一角硬币，这样付出的硬币个数是最少的。然而，若已有的硬币面值为一角、五角、一元二角，则贪心法第一步用最大面值的1个一元二角硬币，后面不得不用4个一角硬币，这样所得到的就不是最优解了。更少硬币的付费法显然是用3个五角和1个一角，共4枚硬币。

当局部最优解就是全局最优解时，贪心法是得到最优解的非常有效的方法。例如，前面讲到的求单源最短路径的Dijkstra算法，求最小生成树的Prim和Kruskal算法，都是每一步取局部最优解（即当前未收集的最短距离），而最终得到全局最优解的成功范例。

15.5.2 应用案例分析

针对一个具体的优化问题，能否用贪心算法？如何划分步骤？如何制定贪心策略？这些都是需要仔细考虑的问题。本小节通过一个具体的例子，来帮助读者体验贪心法的设计。

例15.8　活动安排问题。

现有 n 个俱乐部来申请使用一间活动室，每个俱乐部的活动都有一个计划开始时间和结束时间。要求审批通过的所有活动在时间安排上不能有冲突，那么最多可以批准多少个俱乐部的申请？

记俱乐部的活动集合为 $S = \{a_i\}_{i=1}^n$，第 i 项活动 a_i 的活动时间为半开闭的区间 $[s_i, f_i)$。两项活动 a_i 和 a_j，如果满足 $s_i \geq f_j$ 或 $s_j \geq f_i$，就说明它们在时间安排上没有冲突。为了方便后续分析，不妨先将所有活动按其结束时间的非递减顺序排序，即有 $f_1 \leq f_2 \leq \cdots \leq f_n$。

在考虑贪心法之前，先考察一下这个优化问题的子结构。对任意 $1 \leq i \leq j \leq n$，记所有在 a_i 结束后才开始，并且在 a_j 开始前都结束的活动集合为 S_{ij}。如果这个子问题 S_{ij} 的最优解的集合中包含了活动 a_k，那么这个最优解中排在 a_k 之前的所有活动是否为 S_{ik} 这个子问题的最优解？排在 a_k 之后的所有活动是否为 S_{kj} 这个子问题的最优解？很容易用反证法证明，两个问题的答案都是"是"。这就是一个典型的最优子结构了。

记子问题 S_{ij} 的最优解中包含的俱乐部的数量为 m_{ij}，则根据最优子结构的性质，可以得到以下递推公式：

$$m_{ij} = \begin{cases} \max\limits_{a_k \subset S_{ij}}(m_{ik} + m_{kj} + 1), & 若 S_{ij} 不为空集 \\ 0, & 若 S_{ij} 为空集 \end{cases} \quad (15\text{-}15)$$

显然可以用动态规划在 $O(n^3)$ 时间内解决问题。

注意到，在式（15-15）中，因为不知道哪个 a_k 能带来最优解，所以必须枚举 S_{ij} 中的每个活动。如果能利用贪心法直接确定这个 a_k，就可以提高效率了。于是，现在的关键问题变成"应该如何正确地制定贪心策略"。

方法1：在保证无冲突的前提下，每次批准一项最早开始的活动，即"先到先得"。

但是，最早开始的活动如果持续时间很长，就会与很多其他活动产生冲突。图15-13展示了一个方法1无法得到最优解的例子。按照方法1，应该

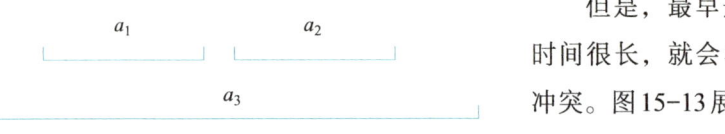

图 15-13　以最早开始时间为贪心策略的失败例子

首先选择 a_3，这样就错过了最优解 $\{a_1, a_2\}$。

方法2：在保证无冲突的前提下，每次批准一项时长最短的活动。

这个方法仍然有问题，因为冲突不一定是时长引起的。图15-14展示了一个方法2无法得到最优解的例子。按照方法2，应该首先选择 a_2，这样就错过了最优解 $\{a_1, a_3\}$。

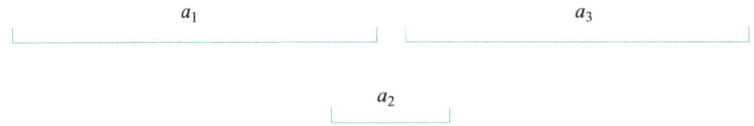

图 15-14　以最短时长为贪心策略的失败例子

方法3：在保证无冲突的前提下，每次批准一项冲突最少的活动。

然而图 15-15 展示了一个方法 3 也无法得到最优解的例子。按照方法 3，应该首先选择只有 2 个冲突的 a_6，这样必然无法选择 a_5 和 a_7，于是无论再怎样选，都会错过最优解 $\{a_1, a_5, a_7, a_{11}\}$。

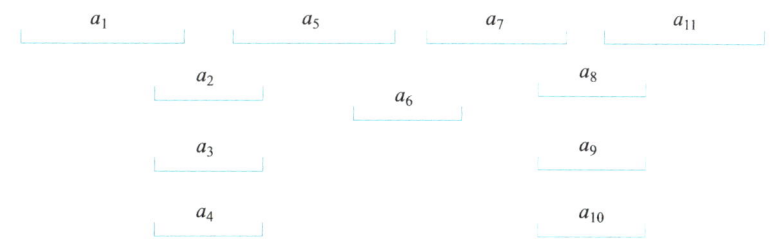

图 15-15　以最少冲突为贪心策略的失败例子

方法4：在保证无冲突的前提下，每次批准一项最早结束的活动。

这个方法可以让活动室尽可能早地腾出来给后面尽可能多的俱乐部用，并且看上去解决了前面 3 个方法均告失败的案例。但是，要确认这个方法真正能正确解决问题，还需要严格的证明。

算法 15-11 给出了方法 4 解决问题的伪代码。容易看到，这个算法的时间复杂度只有 $O(n)$。当然，前提条件是所有活动都已经按照其结束时间完成非递减排序。

算法 15-11：活动安排问题的贪心算法 ActivitySelection(a, k, n)

输入：$a[1] \sim a[n]$ 存储了 n 项活动的开始（$start$）和结束（$finish$）时间，并且按照 $a[i].finish$ 的非递减序存放。$a[0]$ 是一个虚设的活动，其结束时间为 0；$a[k]$ 是最新被收录进最优解的活动。

输出：最多可以批准的申请数量

初始调用：ActivitySelection($a, 0, n$)

1. 　//寻找开始时间在 $a[k]$ 结束之后的最早结束的活动
2. 　**for** $i \leftarrow k + 1$ **to** n **do**
3. 　| **if** $a[i].start \geqslant a[k].finish$ **then**
4. 　| | **break**
5. 　**end**
6. 　**if** $i \leqslant n$ **then**
7. 　| **return** $(1 + \text{ActivitySelection}(a, i, n))$
8. 　**else**
9. 　| **return** 0
10. **end**

从算法 15-11 构造解的过程可以看出，得到的解至少是一组可行解，因为 for 循环中寻找的是一定不会和前面已经收录进来的活动产生冲突的下一项活动。而因为活动是按结束时间有序的，所以找到的第一项不冲突的活动，就一定是未收录且不冲突的活动

集合中最早结束的那一项。但是，这样得到的一组解一定是最优解吗？

考虑一般情况下的子问题 S_{ij}，记这个子问题中最早结束的活动为 a_{k*}。假设这个子问题有一组最优解，然而最优解中不包含 a_{k*}，那么记这个最优解中最早结束的活动为 a_k，则一定有 $a_{k*}.finish \leqslant a_k.finish$，即贪心法选择的那个活动 a_{k*} 一定不会迟于最优解的第一个活动结束。而最优解中排在 a_k 后面的所有活动都不会与 a_{k*} 产生冲突，所以如果用 a_{k*} 替换掉 a_k，这个解仍然是可行的，并且因为这个解包含的俱乐部的数量并没有减少，所以这个解也是一个最优解。

此外，前面分析最优子结构时，我们已经知道，S_{ij} 的最优解中如果包含了 a_k，那么这个最优解一定是 a_k 和剩余的子问题 S_{kj} 的最优解合成的。这就意味着，如果采用贪心法获得第一项活动 a_{k*}，则它与剩余的子问题 S_{kj} 的最优解可以合成 S_{ij} 的最优解——这就证明了算法 15-11 的正确性。

15.5.3　贪心法的正确性分析

一般情况下，因为贪心法和动态规划解决的优化问题都具有最优子结构的特性，所以人们比较容易犯的错误是用动态规划去解决一个本来可以用贪心法就能解决的问题，或者错误地使用贪心法去解决一个只能用动态规划解决的问题。例如，15.5.2 小节提到的活动安排问题，如果给每个俱乐部加上权重，要求审批通过的所有俱乐部的总权重和最大，则贪心法就不好用了，但动态规划还是可行的。所以，在使用贪心法之前，最好分析一下正确性。

贪心法的正确性分析一般分为两个步骤：

① 证明可贪性。至少存在一组最优解是可以由贪心法得到的，也就是对任一组最优解，如果用贪心法决策的结果替换最优解的一部分，仍然可以得到一组最优解。这是贪心法与动态规划最关键的区别——动态规划在做决策时要枚举子问题的最优解，于是需要记录子问题的最优解以避免重复计算。而贪心法并不关心子问题的解是什么，只管根据眼前的局部问题特征取一个最优的选择。可贪性表明这个问题的最优解虽然不一定用贪心法得到，但贪心法也是可以得到一组最优解的。

② 证明单一最优子结构性质。在进行了一步贪心选择后，就只剩下一个子问题，并且能证明当前贪心的结果加上这个子问题的最优解可以构成全局最优解。单一最优子结构性质表明，贪心法选取的局部最优解就是全局最优解。

以第 5 章 5.5 节中介绍的 Huffman 算法为例。其实，作为一个经典的贪心算法，Huffman 算法的思路并不复杂，Huffman 的主要工作体现在通过证明两个重要结论来说明其算法的正确性：

① 可贪性。假设存在另一棵最优编码树，其深度最大的一对兄弟结点为 a 和 b。记

贪心法产生的深度最大的一对兄弟结点为 x 和 y。那么，在最优编码树中将 x 和 y 换到 a 和 b 的位置上去，得到的仍然是一棵最优编码树。

② 单一最优子结构。记贪心法产生的深度最大的一对兄弟结点为 x 和 y，其父结点 z 的权重是两个子结点的权重和。将 x 和 y 用 z 替换掉，求得替换后问题的最优编码树为 T；再将 T 中的 z 恢复为 x 和 y 的父结点，得到的树记为 T^*，则 T^* 是原始问题的最优编码树。也就是说，贪心法产生的结果和贪心决策后剩余问题的最优解，共同构成了全局最优解。

虽然贪心法不是对所有问题都能得到全局最优解，但通常作为一种启发式算法，可以得到最优解的很好的近似解。特别是当一个优化问题的解决没有多项式阶的算法时，启发式的贪心法通常成为实际应用中的首选算法。

15.6　经典算法的应用：背包问题

分派问题研究了如何将 m 件物品分派给 n 个对象，满足一定约束条件集合 R，并且使得某个优化函数 f 的值取到最佳。很多优化问题都可以转化为某个版本的分派问题。本节将介绍分派问题的一个著名版本——背包问题，并讨论各种经典算法在解决该问题中的应用。

15.6.1　连续背包问题

背包问题是将多件物品分派给 1 个对象的特殊分派问题，该问题又分为两个版本：连续问题和离散问题。本节先讨论连续问题。

记连续背包问题为 $P(W, S)$，其严格定义是：给定一个总承重为 W 的背包和 n 件物品的集合 $S = \{s_1, s_2, \cdots, s_n\}$，其中第 i 件物品有其重量 w_i 和价值 v_i。如果将第 i 件物品 s_i 的 x_i 部分（$x_i \in [0, 1]$）放入背包，则放入的重量为 $x_i w_i$，放入的价值为 $x_i v_i$。要求一种分派方案 $\vec{x} = (x_1, x_2, \cdots, x_n)$，在满足约束条件 R: $\sum_{i=1}^{n} x_i w_i \leqslant W$（即装入的物品总重量不超过背包承重）的前提下，使优化函数 $f(\vec{x}) = \sum_{i=1}^{n} x_i v_i$ 取极大值（即装入的物品总价值最大）。

因为 x_i 是一段连续区间里的实数，所以无法枚举所有满足约束 R 的可行解，因为存在无穷多组可行解。如此一来，回溯和分支限界这两种基于枚举的方法也都不在考虑范围内了。此时有经验的人一般首先会想到：用贪心法先试试，看看效果如何。

贪心法用于解决这个问题时是采用某种贪心策略：每一步选择一件物品放入背包，直到背包的剩余承重量为 0。如果被选中的物品的重量 w_i 不超过背包的剩余承重量 W_r，就把整件物品放入（即 $x_i = 1$），否则选择这件物品的一部分，即令 $x_i = W_r/w_i$，将背包填满。选择贪心策略的方法有如下几种：

方法 1：选择当前剩余物品中价值最大的。这种策略完全无视了重量的作用，很容易举出反例。例如，给定 2 件物品，价值依次为 10、2，重量依次为 20、1，如果背包承重量为 1，则按照这种贪心策略，会选择价值为 10 的第 1 件物品，但背包里只能放入其 1/20 的价值，就不如选择第 2 件物品的价值高了。

方法 2：选择当前剩余物品中重量最轻的。这种策略又完全无视了价值的作用，也很容易举出反例。例如，2 件物品的价值依次为 10、2，重量依次为 2、1，背包承重仍然是 1，则按照这种贪心策略，会选择重量为 1 的第 2 件物品，就不如选择第 1 件物品获得其 0.5 倍的价值高了。

方法 3：选择当前剩余物品中单位重量下价值（简称单位价值）最大的，即 v_i/w_i 的值最大的那件物品。这种策略看上去比较合理，至少前两种方法的反例都能用这种方法正确地解决。但是否能真正得到正确的最优解，还需要严格地论证。

根据贪心法的正确性分析，我们需要证明问题具有可贪性和单一最优子结构性质。

（1）证明可贪性

不妨设所有物品按照其单位价值（即 v_i/w_i）非递增有序。记连续背包问题 $P(W, S)$ 的最优解为 $\vec{x}^* = (x_1^*, x_2^*, \cdots, x_n^*)$，而按照方法 3 的策略执行贪心法获得的一组可行解为 $\vec{g} = (g_1, g_2, \cdots, g_n)$。我们需要证明的是，用贪心解的第 1 件物品去替换最优解中的一部分等重物品，得到的仍然是一个最优解。

证明：如果最优解中已经包含了 g_1（即 $x_1^* \geqslant g_1$），则命题得证。

如果 $x_1^* < g_1$，记 $\Delta x = g_1 - x_1^* > 0$。即最优解中的 s_1 的重量比贪心解少了 $\Delta w = \Delta x \cdot w_1$。

从最优解中挑出一部分总重量为 Δw 的物品集合 S'，将其替换为 s_1，替换后得到的解 $\vec{x}' = (g_1, x_2', \cdots, x_n')$ 仍然是一个可行解，因为总重量不变。又因为 s_1 是单位重量下价值最高的物品，所以最优解中被替换掉的 S' 的总价值一定不会超过重量为 Δw 的 s_1 的价值。这意味着替换后有 $f(\vec{x}') \geqslant f(\vec{x}^*)$，所以 $\vec{x}'$ 也是一个最优解。命题得证。证毕。

（2）证明单一最优子结构

记连续背包问题 $P(W, S)$ 的最优解为 $\vec{x}^* = (x_1^*, x_2^*, \cdots, x_n^*)$，则 $\vec{x}'^* = (x_2^*, \cdots, x_n^*)$ 是子问题 $P'(W', S')$ 的最优解，其中 P' 对应的物品的集合为 $S' = \{s_2, \cdots, s_n\}$，背包总承重量为 $W' = W - x_1^* w_1$。

证明：用反证法，假设 $\vec{x}'^* = (x_2^*, \cdots, x_n^*)$ 不是子问题 $P'(W', S')$ 的最优解。

记 $P'(W', S')$ 的最优解为 $\vec{y} = (y_2, \cdots, y_n)$，则以下两个不等式一定成立：

$$\sum_{i=2}^{n} y_i w_i \leqslant W' \qquad (15\text{--}16)$$

$$f(\vec{y}) = \sum_{i=2}^{n} y_i v_{i\cdot} > f(\vec{x}') = \sum_{i=2}^{n} x_i^* v_{i\cdot} \qquad (15\text{--}17)$$

式（15-16）表示最优解满足关于背包承重的限制，是个可行解。式（15-17）表示$\vec{y}$是最优解，而$\vec{x}'$不是，所以优化函数在$\vec{y}$代入后的取值比任何其他解代入后的取值都要大。

令式（15-16）的不等式两边同时加上$x_1^* w_1$，得到

$$x_1^* w_1 + \sum_{i=2}^{n} y_i w_{i\cdot} \leqslant x_1^* w_1 + W' = W \qquad (15\text{--}18)$$

这表明$\vec{y}' = (x_1^*, y_2, \cdots, y_n)$是原问题$P(W, S)$的一个可行解。而令式（15-17）的不等式两边同时加上$x_1^* v_1$，得到

$$f(\vec{y}') = x_1^* v_1 + \sum_{i=2}^{n} y_i v_i > x_1^* v_1 + \sum_{i=2}^{n} x_i^* v_i = f(\vec{x}') \qquad (15\text{--}19)$$

即$\vec{y}'$是比原问题$P(W, S)$的最优解$\vec{x}^*$更优的解，这就得出了矛盾。命题得证。证毕。

至此，已证明连续背包问题最优解的第1个分量用贪心选择替换后仍然是最优解，并且在选择了第1件物品后，剩下解是剩余子问题的最优解。这就证明了按照单位价值贪心策略获得的局部最优解的确是全局最优解，即证明了方法3给出的贪心策略是正确的。于是，可以在$O(n \log n)$的时间内求解，其中主要时间用于将原始物品集合按物品单位价值排序，随后选择过程花费的时间是$O(n)$。

算法15-12给出了上述算法的伪代码。在伪代码中将物品的重量w_i和价值v_i都作为物品$s[i]$的属性，即表示为$s[i].w$和$s[i].v$。

算法15-12：连续背包问题的贪心算法 Knapsack(W, s, x, n)

输入：背包的总承重W，存储n件物品的重量w和价值v的数组$s[1] \sim s[n]$

输出：优化函数f最优解的值，最优解存储在数组$x[1] \sim x[n]$

1.　$f\_value \leftarrow 0$　//初始化优化函数f最优解的值
2.　SortNonincreasing(s, n);　//将物品$s[\ ]$按单位价值$s[i].v / s[i].w$非递增排序
3.　**for** $i \leftarrow 1$ **to** n **do**
4.　| **if** $W > 0$ **then**
5.　| | $x[i] = 1.0$　　　　//首先默认第i件物品可以被完整地收入背包
6.　| | **if** $W < s[i].w$ **then**　//如果不能完整放下
7.　| | | $x[i] \leftarrow W / s[i].w$　//只取$s[i]$的$x[i]$部分
8.　| | **end**
9.　| | $f\_value \leftarrow f\_value + x[i] \times s[i].v$　//将$s[i]$的$x[i]$部分收入背包
10.　| | $W \leftarrow W - x[i] \times s[i].w$　//更新背包剩余承重量

11.   **| else**
12.   **| | break**   //背包已装满
13.   **end**
14.   **return** *f_value*

15.6.2   离散背包问题

背包问题的另一个版本是离散问题，其与连续问题的根本区别在于分派方案的分量 x_i 是整数，取值为 1 或 0。也就是说，每一件物品只有两种选择，或者完全放进背包，或者被完全舍弃。这类问题也称为 0-1 背包问题。

为什么解决连续问题的贪心法不能用于解决离散问题呢？仔细研究连续背包问题中关于单一最优子结构性质的证明，可发现这个性质对于离散问题也是成立的。然而，可贪性就不成立了，因为不能只取物品的一部分，所以不能保证最优解中其他物品可以正好凑出第一件物品的重量。例如，给定 3 件物品，重量分别为 2.0、1.5、0.6，价值分别为 6.0、4.4、1.7，背包总承重量为 2.5。按照贪心法应该首先选择单位价值最高的第 1 件物品，此后剩余 0.5 的承重就无法继续装入任何一件物品了，而最优解是选择第 2、3 件物品。

虽然不具备可贪性，但还有最优子结构的性质，人们自然会想到分治法。记对应背包承重 W 和物品集合 $\{s_i, \cdots, s_n\}$ 的优化函数最优值为 $f(W, i)$，则面对第 i 件物品时，有两种可能的选择：放弃或接受。最优解一定是两种选择中比较好的那个。于是，很容易根据最优子结构性质写出递推式：

$$f(W, i) = \begin{cases} \max\{f(W, i+1),\, v_i + f(W-w_i, i+1)\}, & \text{若 } w_i \leqslant W \\ f(W, i+1) & , \text{若 } 0 \leqslant W < w_i \end{cases} \tag{15-20}$$

算法 15-13 给出了根据最优子结构性质写出的递归分治解法。

算法 15-13：离散背包问题的递归分治解法 Knapsack01(W, s, x, f, n, i)

输入： 背包的总承重 W，存储 n 件物品的重量 w 和价值 v 的数组 $s[1] \sim s[n]$；存储当前可行解的数组 $x[1] \sim x[n]$，当前背包中的总价值 f

输出： 优化函数 f 最优解的值 *opt_value* 和最优解 *opt*[1]~*opt*[n] 为全局变量

初始调用： Knapsack01($W, s, x, 0, n, 1$)

1.   **if** $i > n$ 或 $W = 0$ **then**   //如果 s[ ] 已经处理完，或背包已满
2.   **| if** $f >$ *opt_value* **then** //当前整体可行解更优，则更新最优解
3.   **| |** *opt_value* ← *f*
4.   **| | for** j ← 1 **to** n **do**
5.   **| | |** *opt*[j] ← *x*[j]
6.   **| | end**
7.   **| end**

8.　　| **return** 0.0　　　//空集子问题的最优解为0.0
9.　　**end**
10.　**if** $s[i].w \leq W$ **then**　　//$s[i]$有可能被放进背包
11.　| $x[i] \leftarrow 1$ //放入，并计算最优结果
12.　| $take\_it \leftarrow s[i].v + \text{Knapsack01}(W - s[i].w, s, x, f + s[i].v, n, i+1)$
13.　| $x[i] \leftarrow 0$ //舍弃，并计算最优结果
14.　| $drop\_it \leftarrow \text{Knapsack01}(W, s, x, f, n, i+1)$
15.　| **return** Max($take\_it$, $drop\_it$) //返回两种选择中较好的解
16.　**else** //$s[i]$太重，不能放进背包
17.　| $x[i] \leftarrow 0$ //舍弃
18.　| **return** Knapsack01($W, s, x, f, n, i+1$)　　//递归处理剩下的问题
19.　**end**

算法15-13是对式（15-20）的直接伪代码呈现，然而这种递归实现复杂度是非常高的。由 $T(n) \leq 2T(n-1) + O(1)$ 可以推出 $T(n) = O(2^n)$，这等价于枚举算法。因为每件物品都有两种选择，所以 n 件物品就有 2^n 种可能的组合。算法15-13把每一种组合都尝试了一遍，所以复杂度是指数级的。因此，离散问题看似与连续问题区别不大，但解决问题的难度却有天壤之别——连续问题可以通过贪心法在 $O(n \log n)$ 的时间内解决，但离散问题至今无人找到复杂度为问题规模的多项式级别的算法来解决。

离散问题对应的决策树是一棵完美二叉树，第 i 层的两个分支分别对应 x_i 取值为1和0的情况，从根结点到一个叶结点的路径就对应了 n 件物品的一种分派组合。这棵树有 2^n 个叶结点，对应了全部 2^n 种可能的组合。枚举算法就是对这棵树的遍历，也可以采用回溯法或分支限界法，通过设计各种剪枝条件来努力提升效率。这两种算法作为习题留给读者练习。

在暂无办法完美解决原始问题的情况下，人们转而考虑启发式算法，即虽不保证能得到最优解，但希望在简捷的前提下能得到一个比较好的解。启发式算法有多种思路，我们将在15.7节介绍，其中一种思路是先尝试解决某些特殊情况下的问题。例如：问题中所有的重量都是整数的情况，如果 W 是非负整数，就可以作为数组的下标使用，子问题的解 $f(W, i)$ 就可以存储为一个二维数组的元素 $f[W][i]$；如果 W 的值不是很大，那么应该可以采用动态规划算法，在 O(Wn) 时间复杂度内完成求解。算法15-14给出了整数重量限制下离散背包问题的动态规划解法。

算法15-14：整数重量限制下离散背包问题的动态规划解法 Knapsack01(W, s, opt, n)

输入：背包的总承重 W，存储 n 件物品的重量 w（整型）和价值 v 的数组 $s[1] \sim s[n]$
输出：优化函数 f 最优解的值，最优解存储在数组 $opt[1] \sim opt[n]$

1.　$f \leftarrow$ **new** ElemSet[W][n] //生成一个二维数组 $f[W][n]$
2.　//$f[w][i]$ 存储背包承重 w 和物品集合 $s[i] \sim s[n]$ 对应子问题的优化函数最优值

3. $x \leftarrow$ **new** ElemSet$[W][n]$ //生成一个二维数组$x[W][n]$

4.   //$x[w][i]$存储背包承重w和物品集合$s[i] \sim s[n]$对应子问题的最优选择

5.   **for** $i \leftarrow 1$ **to** n **do**

6. | $f[0][i] \leftarrow 0.0$ //承重为 0 时最大价值为 0.0

7.   **end**

8.   **for** $w \leftarrow W$ **downto** 1 **do**

9. | //存储最小规模子问题的解

10. | **if** $w < s[n].w$ **then**

11. | | $f[w][n] \leftarrow 0.0$

12. | | $x[w][n] \leftarrow 0$

13. | **else**

14. | | $f[w][n] \leftarrow s[n].v$

15. | | $x[w][n] \leftarrow 1$

16. | **end**

17.   **end**

18.   **for** $i \leftarrow n-1$ **downto** 1 **do**

19. | **for** $w \leftarrow 1$ **to** W **do**

20. | | $f[w][i] \leftarrow f[w][i+1]$ //先默认舍弃$s[i]$

21. | | $x[w][i] \leftarrow 0$

22. | | **if** $w \geqslant s[i].w$ 且 $f[w][i] < (s[i].v + f[w-s[i].w][i+1])$ **then**   //如果放入背包结果更好

23. | | | $f[w][i] \leftarrow s[i].v f[w-s[i].w][i+1]$ //则$s[i]$放入背包

24. | | | $x[w][i] \leftarrow 1$

25. | | **end**

26. | **end**

27.   **end**

28. $opt[1] \leftarrow x[W][1]$ //承重为W时第 1 个物品的最优解

29.   **for** $i \leftarrow 2$ **to** n **do**   //获得剩余物品的最优解

30. | **if** $opt[i-1]=1$ **then**   //如果前一个物品被放入背包

31. | | $opt[i] \leftarrow x[W-s[i-1].w][i]$ //则下一个物品对应承重为$W-s[i-1].w$时的最优解

32. | | $W \leftarrow W-s[i-1].w$ //更新当前剩余承重

33. | **else**   //如果前一个物品被舍弃

34. | | $opt[i] \leftarrow x[W][i]$ //则下一个物品对应承重不变的最优解

35. | **end**

36.   **end**

37.   **return** $f[W][1]$ //结束计算时，$f[W][1]$中存储的是优化函数的最优值

注意，动态规划算法的计算顺序很重要。在计算每个$f[\ ][i]$时，必须保证$f[\ ][i+1]$已正确求得，所以是从仅剩最后一件物品的子问题$f[\ ][n]$出发逆推求解。

上述时间复杂度为$O(Wn)$的动态规划算法可以解决重量为整数的离散问题，但是这种算法只在W比较小的时候适用，如果W非常大，甚至超过了2^n数量级，那就比简单枚举还要慢了。

另外一种特殊情况是：如果所有物品的价值都是整数，那么即使 W 非常大并且不是整数，只要 $V = \sum_{i=1}^{n} v_i$ 不太大，还是可以用动态规划算法求解。这个问题将在第 16 章进一步讨论。

对于一般情况下的离散问题，还有很多方法可以近似求解。第 16 章将介绍一种近似算法，利用不同贪心式启发算法的组合得到一个效果可以度量的近似解。

15.7 拓展延伸：启发式算法概述

本章介绍了一些非常经典的算法，人们可以利用这些算法有效地解决生活中的一部分问题，但还有非常多的问题，至今没有人能想出有效的解决方法。这里的"有效"是指，解决问题的时间复杂度是问题规模的多项式级。超出这个级别的问题，被认为是一类"难"问题。特别对于优化问题而言，有时找一个可行解都非常困难，更不用说还要找最优解。一般优化问题的难点有三类：

① 需要决策的状态实在太多，例如状态数量随问题的规模呈指数级增长。

② 优化函数的值很难计算，特别是其中涉及随机元素时更是如此。

③ 约束条件可能随决策状态改变，更麻烦的是，可能对全局决策状态有所依赖。

尽管如此，研究人员仍未放弃解决这类问题。当求出真正的最优解实在太困难时，人们会退而求其次，设计一些相对简捷的算法，努力去求一个充分好的解。其中一类算法就是"启发式算法"。

启发式算法的一般思路是：在做决策时根据一个启发函数计算评估当前的状态，根据某种相对简单的原则，在短时间内做出选择。这种选择往往不要求严格遵守最优化条件，所以不一定能得到最优解，但也因此可能更加接近真实世界的表现。典型的启发式算法有模拟退火算法、遗传算法、蚁群算法等。

设计启发式算法需要很强的想象力和创造力，一般解决一些知名的困难问题都有不止一种启发式算法，在实际工作中更是如此。当我们设计一种新的启发式算法时，最低目标是能比现有方案效果好就行。所谓的"好"，除了尽可能让算法具备高效的时空复杂度和更接近最优解的结果外，通常还会考虑以下两个方面：

① 在真实世界里，解决方案的可理解性是很重要的，决策者特别需要理解算法中关键参数对结果的影响。所以，如果有几种不同的算法都能得到不错的结果，决策者会优先选择更好理解的算法。

② 解决方案的健壮性，即算法的结果不应对某些参数的变化特别敏感。如果一个参数取值的微小变化就能严重影响计算结果的质量，则这个算法在真实世界里是不适用的。

启发式算法不一定能得到最优解，但它得到的结果可以成为一类迭代求解的算法的初始值，也可以成为搜索算法的剪枝条件。而且解决问题不一定只用一种启发式算法，如果有条件做并行处理的话，还可以同时用多种启发式算法求解，然后从结果中选一个最好的。

贪心法通常是一种效果不错的启发式算法。但是，启发式算法并不是只有贪心这一条路。启发式算法从设计类型上可以不完全地被划分为以下几种：

① 随机式：设计随机算法生成可行解，例如第 16 章将要介绍的 Monte Carlo 算法。

② 分治式：将问题分解为相对简单的小规模问题，或归并，或递推，或迭代求解。

③ 归纳式：先解决简化的问题，再将方法逐步推广到越来越难的问题。

④ 拟合式：先解决一些特殊情况下的问题，推导出这些解之间的关系，再用推导出的关系式计算一般情况下的解。类似于在原始函数曲线上先取一些采样点，再用简单函数去拟合原始函数的道理。例如，先用动态规划算法解决 0-1 背包问题中承重量为整数或价值为整数的问题，再对一般非整数问题进行整数化处理，以期求得近似的解。

⑤ 构造式：采用某种策略逐步构造出一个可行解。贪心法正是这种类型的启发式算法，第 16 章将要介绍的 A* 算法也属于这种类型。

⑥ 改良式：从某个可行解（例如用贪心法得到一个结果）出发，在一个小范围内对这个解做调整，期望能改进结果；重复这个过程，直到再无改进为止。这类算法称作局部搜索算法，也将在第 16 章介绍。

当然，随着现代研究的不断推进，可能还会有更多不同类型的启发式算法被设计出来。

启发式算法的最大问题是很难对结果的质量做出严格的评估。这类算法首要保证的是解决问题的效率，即时空复杂度必须充分低，但也因此可能在最坏情况下令结果与最优解相去甚远。如果我们能分析出某个算法得到的解在最坏情况下与最优解的差距，则这个算法就被称为近似算法，第 16 章将会进行详细介绍。

15.8 应用场景：代码查重

代码查重即检测两段代码的相似程度。一般的策略是：首先获取每段代码的特征，亦称代码指纹，然后计算两组指纹的相似度。对应的技术关键点有两个：代码指纹的定义和获取方法，以及相似度的定义和计算方法。

代码指纹有多种定义，比较流行的算法都是基于字符串散列的，即通过不同的方法截取代码片段，计算散列值，再做一些特殊处理后形成一个高维向量——指纹特征向量；更强大的方法是将代码转换成语法树，将语法树序列化形成特征向量。不过由于不同编程语言的语法不同，所以这种方法只能是编程语言强相关的，即必须为每一种编程语言设计一套指纹提取算法。

获得了两段代码各自的指纹特征向量后，问题就变成了如何评价两个向量的相似度。如果两个向量维度相等，简单的欧式距离或者向量内积都可用于定义相似程度。问题是真实的应用场景中，某些作弊手段可以通过改变代码长度、替换变量名、交换函数位置等造成两段代码的指纹向量维度不同，简单的算法很容易失效。

目前流行的解决方案有两大类：

1. 将相似度定义为修改量

修改量是指一段代码通过加字符、减字符、改字符这三种操作，变换为另一段代码所用的最少操作次数。这个问题可以用动态规划法解决。记 $dp[i][j]$ 为将第一个字符串 $s_1 = s_1[0..n]$ 的子串 $s_1[0..i]$ 改变为第 2 个字符串 $s_2 = s_2[0..m]$ 的子串 $s_2[0..j]$ 所用的最少操作数，则可以推出对两个子串的最后一位执行三种操作所对应的操作数分别为：

① 加字符：$s_1[0..i]$ 改变为 $s_2[0..j-1]$，再加 $s_2[j]$，最优解为 $dp[i][j-1]+1$。

② 减字符：$s_1[0..i-1]$ 改变为 $s_2[0..j]$，再减 $s_1[i]$，最优解为 $dp[i-1][j]+1$。

③ 改字符：$s_1[0..i-1]$ 改变为 $s_2[0..j-1]$，如果 $s_1[i]$ 与 $s_2[j]$ 不同则需要修改，相同则不必修改，所以最优解为 $dp[i-1][j-1]+(s_1[i] \neq s_2[j])$。

因此，$dp[i][j]$ 就是上述三种情况中的最小值。这种用修改量衡量代码距离的方法由苏联数学家 Vladimir Levenshtein 于 1965 年提出，这个修改量也称为莱文斯坦距离。但是，这类方法最大的缺陷是不能很好地解决代码顺序调整问题，如果作弊者将两个函数的代码块换了顺序，莱文斯坦距离就会变大，导致计算出的相似度很低。

2. 最大公共子串的贪心匹配

贪心字符串平铺算法是另一类被广泛应用于查重系统的算法，它解决了代码块顺序改变带来的问题。该算法用动态规划法搜索当前两个字符串的最大公共子串（这个算法作为习题留给读者去完成），在原串中标记为"已匹配"，然后继续在剩下的字符串中搜索当前最大公共子串，直到无法找到长度大于给定阈值的公共子串为止。这个算法的整体思路是一种贪心法。至于子串匹配问题也有用引入散列的 KR 算法（见第 4 章 4.4.4 小节）来解决的，可以在一定程度上提高效率。

本章小结

本章介绍了 4 大类算法：枚举法及其改进算法（即回溯法与分支限界法）、分治法、动态规划和贪心法，讨论了每一类算法的原理和复杂性分析，并通过解决具体问题来理解其设计思路，此外还介绍了经典算法在经典的背包问题中的应用。作为拓展延伸内容，本章还介绍了一类解决困难问题的启发式算法。最后，介绍了代码查重应用场景中关键问题的算法思路。

本章习题

1. 以下陈述是否正确？请说明理由。

（1）在不考虑时空复杂度的前提下，任何优化问题都可以用枚举法解决。

（2）在回溯剪枝过程中，若不同的状态变量对应不同规模的解空间，则先从解空间规模最小的状态开始搜索效率更高。

（3）分支限界法的效率与上下界函数的选择密切相关，如何设计高效的限界函数是该算法最大的困难。

（4）只要问题具有最优子结构性质，就应该采用动态规划法解决。

（5）如果局部最优解不等价于全局最优解，则贪心算法不能保证得到正确的最优解。

2. 请改进算法 15-4 中第 2 行 ~ 第 21 行的验证约束部分，使得这部分算法的时间复杂度为 $O(n)$，其中 n 是分书的人数。

3. 在点集重构问题中，每一步都从当前的距离集合中选出最大值，据此进行搜索。可以将其中的选出最大值改为选出最小值吗？随机选出一个距离值又如何？

4. 考虑一种多路归并排序算法，将待排的 n 个元素等分为 $\sqrt{n}$ 段，递归分治后归并。试分析这个算法的时间复杂度。

5. 试用动态规划的观点解释求单源最短路径的 Dijkstra 算法。

6. 在活动安排问题中，如果将贪心原则改为在保证无冲突的前提下，每次批准一项最晚开始的活动，还能正确得到最优解吗？如果答"是"，请证明结论；答"否"请给出反例。

7. n 皇后问题。在 $n \times n$ 的国际象棋棋盘上放 n 个皇后，要求任意两个皇后间不能互相攻击。根据国际象棋规则，皇后可直行、横行、斜行任意多格进行攻击，故问题的要求实际上是：任意两个皇后不能放在同一行、同一列，或同一斜线（斜率为 ±1）上。请设计回溯算法解决 n 皇后问题。

*8. 旅行商问题。旅行商需要到若干城市去推销商品，已知各城市间的旅费，要求找到一条从驻地出发且经过每个城市仅一次，最后回到驻地的路线，使总旅费最少。请设计分支限界算法解决这个问题。

9. 最长公共子序列问题。给定序列 $X = \{x_1, x_2, \cdots, x_n\}$，其子序列是从该序列中删去若干元素后得到的序列。例如给定 $X = \{H, E, L, L, O\}$，则 $\{E, L, O\}$、$\{H, O\}$、$\{L\}$ 等均为其子序列。一个包含 n 个元素的序列有 2^n 个子序列。给定两个序列 $X = \{x_1, x_2, \cdots, x_n\}$ 和 $Y = \{y_1, y_2, \cdots, y_m\}$，请设计

算法找出 X 和 Y 的一个最长公共子序列。

10. 考虑带权的活动安排问题，即给每个俱乐部加上权重，要求审批通过的所有俱乐部的总权重和最大。请设计算法解决这个问题。

11. 教室安排问题。假设有 n 个俱乐部来申请使用活动教室，每个俱乐部的活动都有一个计划开始时间和结束时间。要求为每项活动安排可以使用的教室，保证所有活动在安排上不能有冲突，问最少需要多少间教室？试设计贪心算法解决此问题，并证明算法的正确性。

*12. 试设计回溯算法解决 0-1 背包问题。

*13. 试设计分支限界算法解决 0-1 背包问题。

溯源与参考文献

回溯法最早是由 Derrick H. Lehmer 于 20 世纪 50 年代提出的。分支限界法源自 1960 年 Ailsa Land 和 Alison G. Doig 在伦敦经济学院工作时做出的研究[1]。

分治法的思想源远流长，其中的主定理是由 Jon L. Bentley, Dorothea Haken 和 James B. Saxe 于 1980 年整理得到[2]。

动态规划最早由 Richard E. Bellman 于 1953 年在兰德公司工作时提出[3]，最经典的著作是文献 [4] 和文献 [5]。

贪心法从 20 世纪 50 年代进入学术界的视野，当初主要用于解决图论领域的问题。传说这个算法的名称 greedy algorithm 是 Edsger W. Dijkstra 在试图计算最小生成树问题时提出的。

本章参考文献

[1] LAND A H, DOIG A G. An automatic method of solving discrete programming problems[J]. Econometrica, 1960, 28(3): 497–520. DOI:10.2307/1910129.

[2] BENTLEY J L, HAKEN D, SAXE J B. A general method for solving divide-and-conquer recurrences[J]. Acm SIGACT News, 1980, 12(3): 36–44. DOI: 10.1145/1008861.1008865.

[3] BELLMAN R E. The theory of dynamic programming[J]. Bulletin of the American Mathematical Society, 1954, 60 (6): 503–516. DOI: 10.1090/S0002-9904-1954-09848-8.

[4] BELLMAN R E. Dynamic programming[M]. Princeton: Princeton University Press, 1957.

[5] BELLMAN R E, DREYFUS S E. Applied dynamic programming[M]. Princeton: Princeton University Press, 1962.

☆ 第 16 章

高级算法设计

　　第 15 章中提到了一类"难"问题，本章介绍几种针对此类问题的求解策略：一是通过近似算法在多项式时间内获得问题的近似最优解；二是通过启发式搜索算法引入针对具体问题的启发式信息，以减小解空间的搜索范围，加速问题求解过程；三是通过随机算法引入随机策略来降低最坏情况发生的概率，从而设计出在平均情况下高效的算法。

本章引子

　　本章 16.1 节介绍近似算法；16.2 节介绍启发式搜索算法；16.3 节介绍随机算法；16.4 节是本章的拓展延伸内容，介绍博弈搜索；最后，16.5 节介绍机器博弈的应用场景。

16.1　近似算法

针对难以在多项式时间内精确求得最优解的问题，一种可行的替代方案是：不追求最优解，而是退而求其次，找到一种方法能够在多项式时间内求得近似最优解。在实际应用中，近似最优解往往也能满足需要。求得近似最优解的算法就称为近似算法。

16.1.1　问题引入：无向图的顶点覆盖

无向图的顶点覆盖是图中一些顶点的集合，使得图中的每条边都至少以该集合中的一个顶点为端点。形式化地，无向图 $G = (V, E)$ 的一个顶点覆盖是一个顶点子集 $V' \subseteq V$，若 (u, v) 是 G 的一条边，则必有 $u \in V'$ 或 $v \in V'$，即 G 中每条边都至少有一个端点在 V' 中。顶点覆盖问题，是指在给定的无向图中找出一个包含顶点数最少的顶点覆盖，称这样的顶点覆盖为最优顶点覆盖。目前尚无精确求解该问题的多项式时间算法。

16.1.2　近似算法的性能比

通常使用"近似比"来衡量近似算法找到的解与最优解之间的差距。寻找一个问题的最优解往往可以建模为一个最优化问题，即寻找代价最优的解，假定所有代价均为正。最优化问题可以细分为最大化问题或最小化问题。对于一个最大化问题，最优解可以定义为代价最大的解。对于一个最小化问题，最优解可以定义为代价最小的解。

对于规模为 n 的输入，若近似算法得到的近似解的代价 C 与最优解的代价 C^* 满足：

$$\max \left(\frac{C}{C^*}, \frac{C^*}{C} \right) \leq \rho(n)$$

则称 $\rho(n)$ 为该近似算法的近似比。近似比为 $\rho(n)$ 的算法，也称为 $\rho(n)$ 近似算法。该定义对最大化问题和最小化问题均适用。

对于一个最大化问题，C 与 C^* 满足 $0 < C \leq C^*$，$\max(C/C^*, C^*/C) = C^*/C$，衡量最优解的代价是近似解的代价的多少倍。同理，对于一个最小化问题，C 与 C^* 满足 $0 < C^* \leq C$，$\max(C/C^*, C^*/C) = C/C^*$，衡量近似解的代价是最优解的代价的多少倍。由定义易知，近似比一定大于或等于 1。近似比越大表明近似解和最优解差距越大，近似

比越小则意味着近似解和最优解越接近。如果一个近似算法的近似比为 1，则该算法产生的解就是最优解。

16.1.3　近似算法的设计思想与分析方法

本小节通过几个具体实例简要介绍近似算法的设计思想，以及近似比的分析方法。

1. 顶点覆盖问题的近似算法与近似比分析

<u>例 16.1</u>　顶点覆盖问题的 2 近似算法。

顶点覆盖问题已在 16.1.1 小节中阐述。下面给出一个求解该问题的近似算法。算法以无向图 G 为输入，输出近似最优顶点覆盖集合 C。算法选取 G 中任意边 (u, v)，将顶点 u 和 v 加入集合 C，然后删除 G 中以顶点 u 或 v 为端点的所有边。重复执行上述步骤，直至 G 中所有边都被删除。最后，集合 C 即为近似最优顶点覆盖集合。该算法的伪代码实现如算法 16-1 所示。

算法 16-1：顶点覆盖问题的近似算法 VertexCoverApproximation(E)

输入：图的边集合 E

输出：近似最优顶点覆盖集合 C

1.　　InitSet(C)　//将顶点覆盖集合初始化为空
2.　　**while** IsEmpty(E) $\neq$ **true do**
3.　　| 从 E 中任意选取一条边 (u, v)
4.　　| Insert(C, u, v)　//将顶点 u 和 v 插入顶点覆盖集合
5.　　| Delete(E, u, v)　//从 E 中删除以顶点 u 或 v 为端点的所有边
6.　　**end**
7.　　**return** C

算法 16-1 在删边过程中访问了图的所有边，在将顶点放入集合 C 的过程中最多访问所有顶点。因此，若采用邻接表作为图的存储结构，算法的时间复杂度为 $O(n + m)$，n 为图中顶点个数，m 为边的条数。

图 16-1 给出了采用上述近似算法求解顶点覆盖问题的一个例子。图 16-1（a）是一个包含 5 个顶点和 6 条边的无向图。图 16-1（b）从图中任选一条边 (a, b)，并将顶点 a

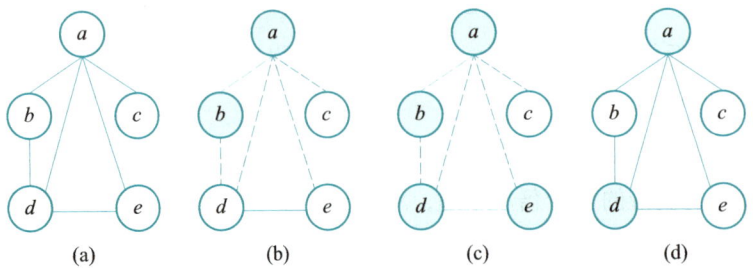

(a)　　　(b)　　　(c)　　　(d)

图 16-1　近似算法求解顶点覆盖问题示例

和 b 加入顶点覆盖集合 C，然后删除边 (a, b)，(a, d)，(a, e)，(a, c)，(b, d)。图16-1（c）从图中选一条边 (d, e)，并将顶点 d 和 e 加入顶点覆盖集合 C，然后删除边 (d, e)，此时所有边都被删除，算法结束。近似最优顶点覆盖集合包含4个顶点 $\{a, b, d, e\}$。而实际上，该问题的最优解如图16-1（d）所示，为顶点集 $\{a, d\}$。

定理16-1　算法 VertexCoverApproximation 的近似比为2。

证明：设 A 为算法每次迭代过程中选出的边 (u, v) 的集合，C^* 为最优顶点覆盖集合。在算法迭代过程中，若一条边被选中，与该边有共同端点的边随后都将被删去，故 A 中的边没有共同的端点。这意味着 C^* 中的一个顶点最多只能覆盖 A 中的一条边，故 C^* 中的顶点个数大于或等于 A 中的边数，即

$$|C^*| \geqslant |A|$$

又由于 A 中每次被选出的1条边的2个端点均被放入近似最优顶点覆盖集合 C 中，故 C 中顶点个数等于 A 中边数的2倍，即

$$|C| = 2|A|$$

综上，有

$$|C| = 2|A| \leqslant 2|C^*|$$

证毕。

定理16-1表明，算法 VertexCoverApproximation 返回的近似最优顶点覆盖集合 C 包含的顶点个数最多为最优顶点覆盖集合 C^* 的2倍。

2. 离散背包问题的近似算法与近似比分析

例16.2　离散背包问题的2近似算法。

在第15章15.6节中已经给出了背包问题的定义，同时介绍了一个针对连续背包问题的贪心算法，即每次选取"单位重量下价值最大"的物品放入背包，并进一步证明了该算法能够获得最优解。而对于离散背包问题，贪心算法不一定能够获得最优解，但可以利用两种贪心策略的组合得到一个效果可以度量的近似解。

假定共有 n 个物品，编号为 $1\sim n$。为了叙述方便，将第 i 个物品的重量记为 w_i、价值记为 v_i。具体做法是通过每次选取剩余物品中"价值最大"的物品获得一个贪心解 S_1，通过每次选取剩余物品中"单位重量下价值最大"的物品获得一个贪心解 S_2，然后从这两个解中选取总价值最大的解作为最终解。

算法16-2给出了上述算法的伪代码。在伪代码中，我们仍然将物品的重量 w_i 和价值 v_i 都作为物品 $s[i]$ 的属性，即表示为 $s[i].w$ 和 $s[i].v$。

算法16-2：基于贪心策略的离散背包问题近似算法 KnapsackGreedyApproximation(W, s, x, n)

输入：背包的总承重 W，存储 n 件物品的重量 w 和价值 v 的数组 $s[1]\sim s[n]$

输出：存储在数组 $x[1]\sim x[n]$ 中的近似解

1.　*sum_v*1 ← GreedyByValue(W, s, x_1, n)　　//按"最大价值"贪心策略求得一个解 S_1

2.　　$sum\_v2 \leftarrow \text{GreedyByUnitValue}(W, s, x_2, n)$　　//按"单位重量下价值最大"贪心策略求得
　　　　　　　　　　　　　　　　　　　　　　　　　　　　　　　//一个解 S_2

3.　　**if** $sum\_v1 > sum\_v2$ **then**　　//选取总价值最大的解作为最终解

4.　　| $x \leftarrow x_1$

5.　　| $ret \leftarrow sum\_v1$

6.　　**else**

7.　　| $x \leftarrow x_2$

8.　　| $ret \leftarrow sum\_v2$

9.　　**end**

10.　　**return** ret

定理 16-2 表明，上述算法所获得的物品总价值不会低于最优价值的一半。

定理 16-2　算法 KnapsackGreedyApproximation 的近似比为 2。

证明： 设所有物品中价值最大的物品的编号为 max，由上述贪心算法求得的总价值为 V，该问题的最优价值为 V^*，与该离散背包问题所对应的连续背包问题的最优价值为 V_{frac}。

首先，必有 $v_{max} \leq V^*$，否则可以把物品 max 放入背包，从而获得一个比 V^* 更大的总价值。

其次，对于同一个背包，若是离散背包问题，最优价值 V^* 对应的物品不一定能放满整个背包；而如果是连续背包问题，则可在此基础上，继续放入某物品的一部分，从而把背包装满，故有 $V^* \leq V_{frac}$。因此，有 $v_{max} \leq V^* \leq V_{frac}$。

此外，依据上述贪心算法得到的最优价值 $V = \max\{V_1, V_2\}$，其中 V_1 是基于"价值最大"贪心策略获得的最优价值，V_2 是基于"单位重量下价值最大"贪心策略获得的最优价值，故必有 $v_{max} \leq V$。

又由于 $V \geq V_2$，故 $V + v_{max} \geq V_2 + v_{max}$。$V_2$ 对应的物品不一定能放满整个背包，背包可能留有部分剩余空间；而若是连续背包问题，则可在此基础上继续放入某物品的一部分，从而把背包填满，使物品总价值达到 V_{frac}，但放入的部分物品价值必然小于 v_{max}，故 $V_2 + v_{max} \geq V_{frac}$。再结合上面推导出的 $V_{frac} \geq V^*$，可知 $V + v_{max} \geq V^*$。

综上，$V^*/V \leq 1 + v_{max}/V \leq 2$，即上述算法的近似比为 2。证毕。

例 16.3　离散背包问题的 $(1 + \varepsilon)$ 近似算法。

针对离散背包问题，在第 15 章 15.6 节中给出了一个时间复杂度为 $O(Wn)$ 的动态规划算法，其中 n 为物品数量，W 为背包能承受的最大重量。但这并不是一个多项式时间算法，该算法只在 W 为整数且值较小时适用；当 W 非常大，甚至超过了 2^n 数量级时，时间复杂度就非常高了。

　　这里从另一个角度给出一个动态规划算法。令 $f(i, v)$ 表示在前 i 件物品中选取总价值至少为 v 的物品所需要的最小重量，则离散背包问题的最优价值即为使 $f(n, v) \leq W$ 的最大的 v。

　　当我们考虑将哪些物品放入背包时，对于第 i 件物品，有两种可能的选择：

　　① 不将第 i 件物品放入背包，为使前 i 件物品的总价值达到 v，则需要在前 $i-1$ 件物品中选取总价值至少为 v 的物品，即 $f(i, v) = f(i-1, v)$。

　　② 选择第 i 件物品放入背包，此时背包中物品重量增加了 w_i，价值增加了 v_i。为使前 i 件物品的总价值达到 v，则只需在前 $i-1$ 件物品中选取总价值至少为 $v-v_i$ 的物品，即 $f(i, v) = w_i + f(i-1, v-v_i)$。因此，可以得到 $f(i, v)$ 的如下递推式：

$$f(i, v) = \begin{cases} 0, & v \leq 0 \\ \infty, & i = 0 \text{ 且 } v > 0 \\ \min\{f(i-1, v), w_i + f(i-1, v-v_i)\}, & \text{其他} \end{cases} \quad （16-1）$$

　　通过动态规划算法计算 $f(i, v)$，可将 $f(i, v)$ 的值存储为如图 16-2 所示的二维数组的元素 $f[i][v]$，其中 i 的最大值为物品总件数 n，v 的最大值为所有物品的价值总和 $\sum\limits_{i=1}^{n} v_i$，$f[i][v]$ 的值可通过 $f[i-1][v]$

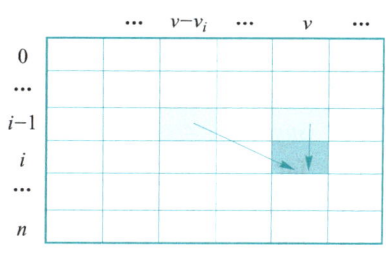

图 16-2　存储 f 值的二维数组

和 $f[i-1][v-v_i]$ 计算得到。设所有物品中价值最大的物品的编号为 max，其价值为 v_{max}，则显然有 $\sum\limits_{i=1}^{n} v_i \leq nv_{max}$，故动态规划算法的时间复杂度为 $O(n^2 v_{max})$。

　　当 v_{max} 值较小时，问题可以在多项式时间内解决。但是，当 v_{max} 值很大甚至超过 2^n 数量级时，则很难高效求解。此时，可以通过对物品的价值进行"压缩"操作来获得一个近似最优解。具体做法是：设置一个缩放尺度因子 $\theta = \varepsilon v_{max}/2n$，其中 ε 是预先设定的常数，且满足 $0 < \varepsilon \leq 1$。令 $\hat{v}_i = \lceil v_i/\theta \rceil$，即可将每个物品的价值 v_i 缩放为合理范围内的整数 $\hat{v}_i$。图 16-3 给出了一个例子，该例中 $n = 5$，$v_{max} = 2 \times 10^7$，ε 取 0.5，故 $\theta = 10^6$。

物品 i	价值 v_i	重量 w_i
1	958721	1
2	6685927	2
3	11523693	5
4	16835675	6
5	20000000	7

$\hat{v}_i = \lceil v_i/\theta \rceil$ →

物品 i	缩放后价值 $\hat{v}_i$	重量 w_i
1	1	1
2	7	2
3	12	5
4	17	6
5	20	7

图 16-3　对物品价值进行压缩操作的示例

令 $\overline{v}_i = \hat{v}_i \theta = \lceil v_i/\theta \rceil \theta$，可以看出，针对 $\hat{v}_i (1 \leqslant i \leqslant n)$ 的离散背包问题与针对 $\overline{v}_i (1 \leqslant i \leqslant n)$ 的离散背包问题有相同的最优解（选择放入背包的物品集合），其最优总价值只差 θ 倍。但是，我们的目的是求解针对 $v_i (1 \leqslant i \leqslant n)$ 的离散背包问题。进一步观察到，由于 $\overline{v}_i$ 与 v_i 非常接近，因此，可以把针对 $\overline{v}_i (1 \leqslant i \leqslant n)$ 的离散背包问题的最优解作为针对 $v_i (1 \leqslant i \leqslant n)$ 的离散背包问题的近似最优解。由此，可以给出基于动态规划的离散背包问题的近似算法，其伪代码实现如算法 16-3 所示。

算法 16-3：基于动态规划的离散背包问题近似算法 KnapsackDPApproximation(W, s, x, n, ε)

输入：背包的总承重 W；存储 n 件物品的重量 w 和价值 v 的数组 $s[1] \sim s[n]$；
　　　常数精度阈值 ε, $0 < \varepsilon \leqslant 1$

输出：近似解存储在数组 $x[1] \sim x[n]$

```
1     v_max ← FindMaxValue(s, n)
2     θ ← ε v_max/2n    //设置缩放因子
3     s′ ← s
4     for i ← 1 to n do    //将各物品的价值 v_i 缩放为 v̂_i
5     |   s′[i].v ← ⌈s[i].v/θ⌉
6     end
7     Knapsack01(W, s′, x, n);    //求解针对 v̂ 的离散背包问题，得到其最优解 x
8     sum ← 0
9     for i ← 1 to n do
10    |   sum ← sum + s[i].v × x[i]    //计算近似最优总价值
11    end
12    return sum
```

定理 16-3 和定理 16-4 给出了算法 16-3 的时间复杂度和近似比。

定理 16-3　算法 KnapsackDPApproximation 的时间复杂度为 $O(n^3/\varepsilon)$。

证明：算法 KnapsackDPApproximation 的时间复杂度依赖于算法第 7 行求解针对 $\hat{v}$ 的离散背包问题的时间复杂度。基于前面的介绍可知，其时间复杂度为 $O(n^2 \hat{v}_{max})$。

根据缩放操作的定义，有

$$\hat{v}_{max} = \left\lceil \frac{v_{max}}{\theta} \right\rceil$$

又由于

$$\theta = \frac{\varepsilon v_{max}}{2n}$$

故有

$$\hat{v}_{max} = \left\lceil \frac{v_{max} \cdot 2n}{\varepsilon v_{max}} \right\rceil = \left\lceil \frac{2n}{\varepsilon} \right\rceil$$

综上，算法的时间复杂度为

$$O(n^2 \hat{v}_{max}) = O\left(n^2 \left\lceil \frac{2n}{\varepsilon} \right\rceil\right) = O\left(\frac{n^3}{\varepsilon}\right)$$

证毕。

定理 16-4　如果 S 是算法 KnapsackDPApproximation 获得的解，S^* 是离散背包问题的任意可行解，则有 $(1+\varepsilon)\sum_{i \in S} v_i \geqslant \sum_{i \in S^*} v_i$。

证明：由于 $\bar{v}_i = \lceil v_i/\theta \rceil \theta$，必有 $\bar{v}_i \geqslant v_i$，因此

$$\sum_{i \in S^*} v_i \leqslant \sum_{i \in S^*} \bar{v}_i$$

又由于 S 是针对 $\bar{v}_i (1 \leqslant i \leqslant n)$ 的离散背包问题的最优解，故有

$$\sum_{i \in S^*} \bar{v}_i \leqslant \sum_{i \in S} \bar{v}_i \tag{16-2}$$

由于 $\lceil v_i/\theta \rceil \leqslant v_i/\theta + 1$，故 $\bar{v}_i = \lceil v_i/\theta \rceil \theta \leqslant (v_i/\theta + 1)\theta = v_i + \theta$，代入式（16-2），有

$$\sum_{i \in S} \bar{v}_i \leqslant \sum_{i \in S} (v_i + \theta) = \sum_{i \in S} v_i + \sum_{i \in S} \theta$$

由于 S 包含的物品件数 $\leqslant n$，故有 $\sum_{i \in S} \theta \leqslant n\theta$。又由 $\theta = \varepsilon v_{max}/2n$ 知，$n\theta = \varepsilon v_{max}/2$，因此有

$$\sum_{i \in S} v_i + \sum_{i \in S} \theta \leqslant \sum_{i \in S} v_i + n\theta = \sum_{i \in S} v_i + \frac{\varepsilon v_{max}}{2}$$

截至目前，已经推导出

$$\sum_{i \in S^*} v_i \leqslant \sum_{i \in S} v_i + \frac{\varepsilon v_{max}}{2} \tag{16-3}$$

S^* 是离散背包问题的任意一个可行解，即 S^* 是满足 $\sum_{i \in S^*} w_i \leqslant W$ 的任意物品集合，不妨令 $S^* = \{max\}$，其中 max 为价值最大的物品编号，即 S^* 只包含价值最大的那件物品。依据式（16-3），有

$$\sum_{i \in S^*} v_i = v_{max} \leqslant \sum_{i \in S} v_i + \frac{\varepsilon v_{max}}{2}$$

又由于 $0 < \varepsilon \leqslant 1$，即 $\varepsilon v_{max}/2 \leqslant v_{max}/2$，故有

$$v_{max} \leqslant \sum_{i \in S} v_i + \frac{v_{max}}{2} \tag{16-4}$$

式（16-4）可整理为

$$\frac{v_{max}}{2} \leqslant \sum_{i \in S} v_i$$

综上：

$$\sum_{i \in S^*} v_i \leqslant \sum_{i \in S} v_i + \frac{\varepsilon\, v_{max}}{2} \leqslant \sum_{i \in S} v_i + \varepsilon \sum_{i \in S} v_i = (1 + \varepsilon) \sum_{i \in S} v_i$$

证毕。

定理 16-4 表明，算法 KnapsackDPApproximation 获得的物品价值不会低于最优价值的 $1/(1 + \varepsilon)$，即算法的近似比为 $1 + \varepsilon$。进一步结合算法的时间复杂度 $O(n^3/\varepsilon)$ 可以看出：ε 越小，算法的速度越慢，精度越高；而 ε 越大，算法的速度越快，精度越低。因此，可以根据应用中的具体需要，通过合理设置 ε 的值在算法的速度和精度之间进行权衡。

16.2　启发式搜索算法

很多复杂问题可以建模为搜索问题，从初始状态开始，通过一系列动作达到目标状态，求得最终解。解决搜索问题的算法称为搜索算法。常用的搜索算法策略主要有两类：一类称为盲目搜索算法，即不考虑问题所具有的特定知识，根据事先确定好的固定顺序依次执行动作进行搜索，例如之前介绍的深度优先搜索和广度优先搜索均属于盲目搜索；另一类称为启发式搜索算法，即考虑问题本身的知识，有目的地动态确定动作序列，优先选择较优的动作，进而提升搜索效率。本节主要介绍启发式搜索算法，主要包括 A 算法与 A* 算法、局部搜索算法等。

16.2.1　问题引入：八数码问题

有一个 3×3 的九宫格棋盘，棋盘中放置 8 个棋子，每个棋子标有 1~8 的某个数字，不同棋子上标的数字各不相同。棋盘上还有一个空格，与空格相邻的棋子可以移到空格中。要解决的问题是：给定一个初始状态和一个目标状态，找出一种从初始状态变换为目标状态的最优方案，该方案使棋子的移动步数最少。图 16-4 给出了八数码问题初始状态和目标状态的一个示例。

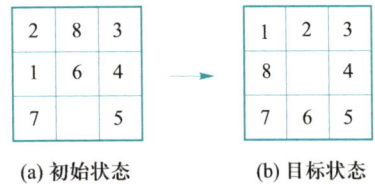

(a) 初始状态　　**(b) 目标状态**

图 16-4　八数码问题的初始状态和目标状态示例

对于每个状态，虽然有多个数字可以移动，但可以将数字的移动转换为空格的移动。例如，对于图 16-4（a）的状态，"数字 6 向下移动至空格"等价于"空格向上移动（即空格与 6 交换位置）"。因此，对于每个状态，可以定义 4 种动作，即空格向上、下、左、右 4 个方向移动（以空格不移出棋盘为前提）。对某个状态执行某个动作，即可得到下一个状态。在状态空间中，从初始状态经一系列动作到达目标状态的路径（状态序

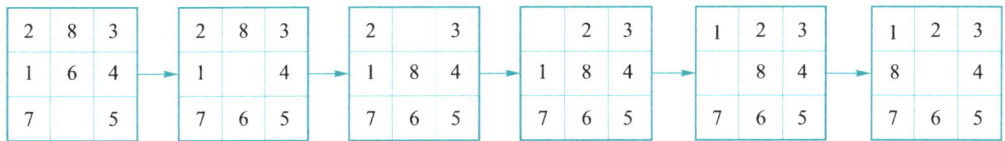

图 16-5　八数码问题的最优解示例

列），就是该问题的一个可行解，其中代价最小（包含状态数最少）的路径就是最优解。例如，图 16-5 给出了图 16-4 所示八数码问题的最优解。

八数码问题是一个经典的智力游戏，也是搜索算法的典型应用。若使用深度优先搜索或广度优先搜索等盲目搜索策略效率很低，而启发式搜索往往能获得更好的效果。

16.2.2　A 算法与 A* 算法

A 算法和 A* 算法是经典的启发式搜索算法，我们先来介绍 A 算法。

1. A 算法

在 A 算法中，定义如下评价函数对某一状态 X 进行评估：

$$f(X) = g(X) + h(X)$$

其中：X 表示当前状态；$g(X)$ 表示从初始状态到达当前状态 X 已经花费的代价，例如在图搜索中，可以是从起点到当前点的路径长度；$h(X)$ 称为启发函数，表示从当前状态 X 到目标状态所需最小代价的估计值，例如在图搜索中，可表示从当前点到目标点的最短路径长度的估计值。

因此，$f(X)$ 反映了从初始状态经过 X 到达目标状态的路径的最小代价估计值，$f(X)$ 越小意味着 X 越有可能在解路径上。在搜索过程中，A 算法每次选择 $f(X)$ 值最小的状态进行下一步搜索。

下面以八数码问题为例，说明 A 算法的搜索过程。

例 16.4　用 A 算法求解八数码问题。

对于八数码问题，其启发函数可以定义为

$$h(X) = 状态 X 对应的棋盘中不在目标位置的棋子个数$$

例如，图 16-4（a）中，棋子 1、2、6、8 都不在目标状态的位置上，故初始状态的启发函数值为 4。直观来看，$h(X)$ 越小，即不在位的棋子越少，说明当前状态 X 越接近目标状态；反之，$h(X)$ 越大，即不在位的棋子越多，说明当前状态 X 离目标状态越远。因此，该启发函数反映了当前状态与目标状态的距离。

使用 A 算法求解八数码问题的过程如图 16-6 所示，其中 g 表示从初始状态到当前状态所需移动棋子的最少步数，亦即初始状态（根结点）到当前状态的路径长度，圆圈数字表示搜索顺序。

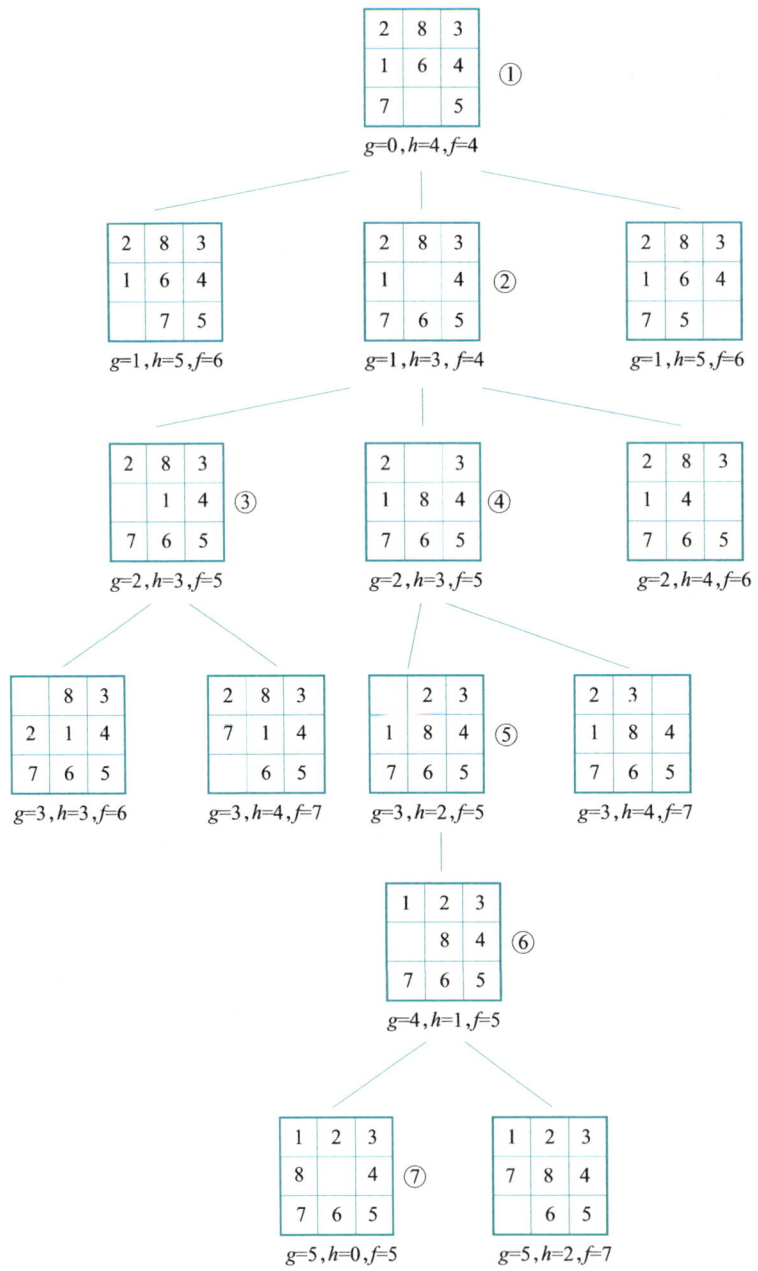

图 16-6   使用 A 算法求解八数码问题的搜索过程

由状态 X 生成其相邻状态 Y 的过程，可称为由 X 扩展出 Y。为实现 A 算法，可以设置一个 OPEN 表，存储已被生成但还未被扩展的结点（状态），即待扩展结点。此外，再设置一个 CLOSED 表，存储已被扩展过的结点。A 算法的伪代码框架如算法 16-4 所示。

算法16-4：A算法 A(h, *init_state*, *goal_state*)

输入：启发函数h，初始状态*init_state*，目标状态*goal_state*

输出：最终解

1.　　Insert(*OPEN*, *init_state*)　　//将初始状态加入*OPEN*表
2.　　$g(init\_state) \leftarrow 0$
3.　　$f(init\_state) \leftarrow g(init\_state) + h(init\_state)$
4.　　**while** IsEmpty(*OPEN*) $\neq$ **true do**
5.　　| $X \leftarrow$ ExtractMin(*OPEN*)　　　　//从*OPEN*表中选择f值最小的结点X
6.　　| Insert(*CLOSED*, X)　　　　　　//将X放入*CLOSED*表中
7.　　| **if** $X = goal\_state$ **then**
8.　　| | **return** solution　　　　　　　//成功找到解
9.　　| **for** each $Y \in$ Children(X) **do**　　//对每个由X扩展出的状态Y
10.　| | *new_cost* $\leftarrow g(X) +$ C(X, Y)　　// C(X, Y)为X到Y的代价
11.　| | **if** $Y \notin OPEN$ **and** $Y \notin CLOSED$ **then**
12.　| | | Insert(*OPEN*, Y)　　　　　//将Y放入*OPEN*表中
13.　| | | $g(Y) \leftarrow$ *new_cost*　　　　　//更新$g(Y)$与$f(Y)$
14.　| | | $f(Y) \leftarrow g(Y) + h(Y)$
15.　| | | $Y.parent \leftarrow X$　　//将Y的父结点设置为X，记录解的路径
16.　| | **else if** $Y \in OPEN$ **and** *new_cost* $< g(Y)$ **then**
17.　| | | $g(Y) \leftarrow$ *new_cost*
18.　| | | $f(Y) \leftarrow g(Y) + h(Y)$
19.　| | | $Y.parent \leftarrow X$
20.　| | **else if** $Y \in CLOSED$ **and** *new_cost* $< g(Y)$ **then**
21.　| | | Remove(*CLOSED*, Y)　　//将Y从*CLOSED*表移入*OPEN*表
22.　| | | Insert(*OPEN*, Y)
23.　| | | $g(Y) \leftarrow$ *new_cost*
24.　| | | $f(Y) \leftarrow g(Y) + h(Y)$
25.　| | | $Y.parent \leftarrow X$
26.　| | **end**
27.　| **end**
28.　**end**
29.　**return** failure　　//未找到解

搜索过程中，每次从*OPEN*表中选择评价函数值最小的结点X进行扩展。如果X是目标结点，则找到一个解，算法终止；若X不是目标结点，则扩展X。对于由X扩展出的结点Y：若Y既不在*OPEN*表中，也不在*CLOSED*表中，说明Y之前没有被扩展过，将Y加入*OPEN*表中；若Y已在*OPEN*表中，意味着找到了从初始结点到Y的两条路径，保留其中代价小的路径；若Y已在*CLOSED*表中，也意味着找到了从初始结点到Y的两条路径，如果新路径的代价低，则将Y从*CLOSED*表中取出，重新放入*OPEN*表中，以备后续重新扩展。重复以上过程，直至找到解或*OPEN*表为空。若算法以*OPEN*表为

空结束，意味着该问题没有解。

2. A* 算法

A 算法属于构造式的启发式搜索算法，并不保证一定能获得最优解。但如果启发函数 h 满足 $h(X) \leqslant h^*(X)$，其中 $h^*(X)$ 是 X 到目标状态的最优代价的实际值，则可以证明当问题存在解时，A 算法一定能够搜索到最优解。启发函数满足上述条件的 A 算法，称作 A* 算法。

从上面的搜索过程可以看出，某些已扩展完毕的结点可能会从 *CLOSED* 表中取出重新放入 *OPEN* 表中，后续重新被扩展，从而导致一个结点可能被多次扩展，影响搜索效率。

如果启发函数满足如下条件：

$$h(X) - h(Y) \leqslant C(X, Y)，且 h(T) = 0$$

其中，Y 是 X 的子结点，T 是目标结点，$C(X, Y)$ 是 X 到 Y 的代价，则称启发函数 h 满足单调限制条件。

例如，前面对八数码问题采用的启发函数就满足单调限制条件。可以证明，若算法使用的启发函数 h 满足单调限制条件，则算法选出一个结点扩展时，就已经发现了从初始结点到该结点的最小代价路径。换句话说，后扩展结点的评价函数值一定比先扩展结点的评价函数值大，搜索过程中不会发生一个结点被多次扩展的情况。此外，满足单调限制条件的启发函数也一定满足 $h(X) \leqslant h^*(X)$，即一定能找到最优解。

16.2.3　局部搜索算法

前面介绍的搜索算法系统地探索状态空间，在搜索过程中需要保存从初始状态开始的一条或多条路径。但是，在一些问题中关注的重点往往是能否到达目标状态，而不是从初始状态到目标状态的路径。例如，一些最优化问题的目标是基于评价函数找到最优状态，在这类问题中每个状态往往表示一个解。对这类问题，可以采用局部搜索算法，从初始状态开始，每步移动到其邻近的状态，直至到达局部最优状态。这属于一种改良式的启发式搜索算法。一般情况下这类算法不必保留整条搜索路径，所以只需占用较少的存储空间。这里主要介绍两类局部搜索算法：爬山算法和模拟退火算法。

1. 爬山算法

爬山算法是最简单的局部搜索算法之一。该方法首先设定一个评价函数来衡量解的质量。假定求解最大化问题，即目标是找使评价函数值最大的解。在搜索过程中，从一个初始解出发，每次对当前解施加局部修改，得到其邻域内的所有解。然后在这些解中选择使评分值增加最多的解，继续下一步搜索，直至某个解的邻域内没有更好的解为止，即无论对该解进行何种局部修改，都无法使解的评分值增加，则当前解就是搜索到的局部最优解。爬山算法的伪代码如算法 16-5 所示。

算法 16-5：爬山算法 HillClimbing(*f*, *init_solution*)

输入：评价函数 *f*，初始解 *init_solution*
输出：局部最优解

1.   *current_solution* ← *init_solution*
2.   **while true do**
3. | *S* ← Neighbors(*current_solution*);   //集合 *S* 存储当前解邻域内的所有解
4. | *max_df* ← − ∞
5. | **for** 每个 *s* ∈ *S* **do**   //在邻域内找使评分值增加最多的解 *next_solution*
6. | | $\Delta f = f(s) - f(\textit{current\_solution})$
7. | | **if** $\Delta f > \textit{max\_df}$ **then**
8. | | | *max_df* ← Δf
9. | | | *next_solution* ← *s*
10. | | **end**
11. | **end**
12. | **if** *max_df* ≤ 0 **then**   //若当前解邻域内没有更好的解
13. | | **return** *current_solution*   //则当前解即局部最优解
14. | **else**   //否则，以 *next_solution* 进行下一步搜索
15. | | *current_solution* ← *next_solution*
16. | **end**
17.   **end**

下面以本章 16.1.1 小节描述的最优顶点覆盖问题为例，说明爬山算法的流程。

一个顶点集合 *X* 的评价函数可定义如下：

$$f(X) = \text{被 } X \text{ 覆盖的边的条数} \times 2 - X \text{ 包含的顶点个数}$$

从函数定义易知，*f*(*X*) 值越大，被 *X* 覆盖的边越多，*X* 包含的顶点数越少，则 *X* 的质量越高。该评价函数能够刻画解的质量。对 *X* 的局部修改可以是对 *X* 增加一个顶点或删除一个顶点，即 *X* 的邻域内的解为对 *X* 增加一个顶点或删除一个顶点所得到的顶点集合。该问题的目标是找使 *f*(*X*) 值最大的顶点集合 *X*。

对于图 16-1（a）所示的图，以 *X* = ∅ 作为初始解，在省略等价解和之前已搜索过的解的情况下，爬山算法的求解过程如图 16-7 所示。此例中 *X* = {*a*, *d*} 即为求得的解。

爬山算法的优点在于简单灵活、易于实现，且能够避免遍历整个解空间，因而显著提升了搜索效率。但该算法的缺点是容易过早陷入局部最优解，而无法保证求得全局最优解，如图 16-8 所示。

一种改进方案是对多个随机生成的初始解分别使用爬山法求解，最后从多个局部最优解中选择评估值最优的解作为最终解，优中选优，从而达成算法效率与精度的一种权衡。

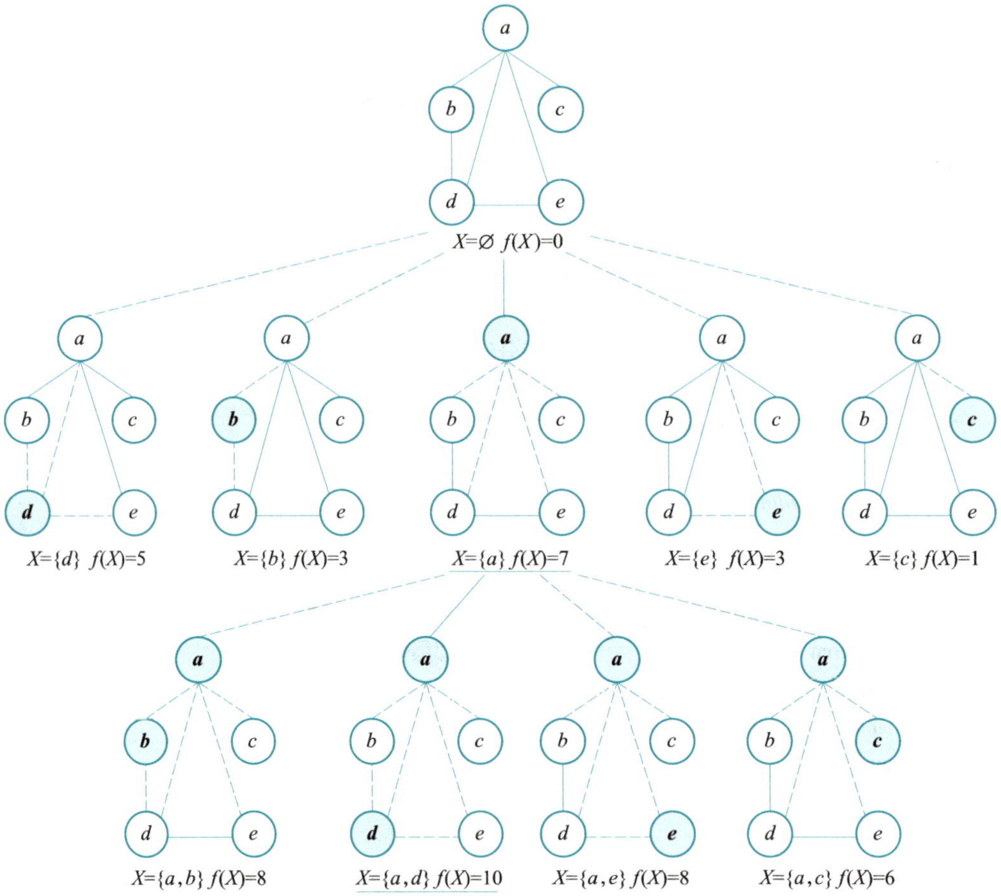

$X=\varnothing\ f(X)=0$

$X=\{d\}\ f(X)=5$　　$X=\{b\}\ f(X)=3$　　$X=\{a\}\ f(X)=7$　　$X=\{e\}\ f(X)=3$　　$X=\{c\}\ f(X)=1$

$X=\{a,b\}\ f(X)=8$　　$X=\{a,d\}\ f(X)=10$　　$X=\{a,e\}\ f(X)=8$　　$X=\{a,c\}\ f(X)=6$

图 16-7　爬山算法求解最优顶点覆盖问题示例

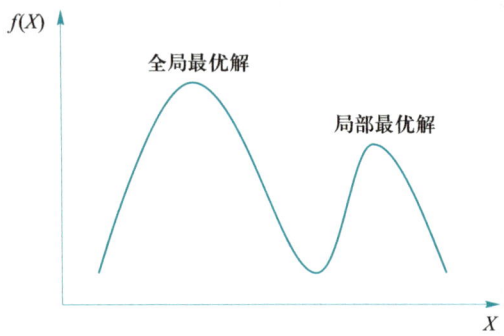

图 16-8　局部最优与全局最优示例

全局最优解

局部最优解

2. 模拟退火算法

爬山算法的另一种改进方案是模拟退火算法。模拟退火算法来源于物理学中的固体退火原理：将固体加温至充分高，再让其慢慢冷却，高温时固体内部粒子内能大，粒子的活跃度高，活动趋于无序状；当温度慢慢降低时粒子内能减小，活跃度降低，活动范围亦减小；最后，常温时粒子达到稳定状态，内能减为最小，物体达到能量最小的状态。

模拟退火算法在求解优化问题时，为每个解赋予一个能量值 E。能量相当于评价函数，但要求能量值越低解的质量越好，最优解具有最低的能量值。此外，引入一个温度参数 T，初始时 T 具有较大值，为模拟降温的过程，可以在算法每迭代一定次数后，T 按一定比例减小。在搜索过程中，每次在当前解的邻域内随机选择一个新解，若该解比当前解更好，则接受该解，否则以概率 $e^{-\frac{\Delta E}{kT}}$ 接受该解（其中 k 为预先设定的常数，ΔE 为新解和当前解的能量差），直至温度 T 减小到某一阈值时算法终止。模拟退火算法的伪代码实现如算法 16-6 所示。

算法 16-6：模拟退火算法 SimulatedAnnealing(*init_solution*, *E*, *T*, *α*, *k*, *iter_num*, *ε*)

输入：初始解 *init_solution*，能量函数 *E*，初始温度 *T*，降温系数 *α*，概率参数 *k*，
      迭代次数 *iter_num*，温度阈值 *ε*

输出：局部最优解

---

1.   *current_solution* ← *init_solution*
2.   **while** $T \geqslant \varepsilon$ **do**
3. | **for** $i \leftarrow 1$ **to** *iter_num* **do**   //每迭代 *iter_num* 次进行一次降温
4. | | //在当前解的邻域内随机选择一个解
5. | | *next_solution* ← RandomSelect(Neighbors(*current_solution*))
6. | | $\Delta E \leftarrow E(next\_solution) - E(current\_solution)$
7. | | **if** $\Delta E < 0$ **then**   //若新解比当前解更好，则接受新解
8. | | | *current_solution* ← *next_solution*
9. | | **else** //若新解比当前解差
10. | | | $pr \leftarrow e^{-\frac{\Delta E}{kT}}$ //以概率 $e^{-\frac{\Delta E}{kT}}$ 接受新解作为当前解
11. | | | **if** Random(0, 1) < *pr* **then**   //Random(0,1) 返回 0~1 的随机数
12. | | | | *current_solution* ← *next_solution*
13. | | | **end**
14. | | **end**
15. | **end**
16. | $T \leftarrow \alpha \times T$ //温度参数 T 以系数 α 减小
17.   **end**
18.   **return** *current_solution*

可以看到，模拟退火算法的主要优势在于：搜索初期选择邻域内下一解的策略具有一定的随机性，虽然可能会接受一个比当前解差的解，但是也会使算法避免过早陷入某个局部最优解，具有一定的跳出局部最优解的能力，从而尽可能多地探索解空间。随着温度的降低，算法逐渐收敛到某个最优解。

模拟退火算法中各参数的取值将影响算法性能，往往要根据具体问题并结合实验进行确定。

16.3　随机算法

随机算法通过引入随机数使算法的行为具有一定的随机性，进而提升问题的求解

效率。本节简要介绍随机算法的基本原理，以及伪随机数的生成方法。

16.3.1　问题引入：大素数测试

素数测试问题即判断一个给定的正整数 n 是否为素数。解决该问题的一种简单方法是试除法，即测试 n 能否被 3 到 $\sqrt{n}$ 的奇数整除（n 为 1 或大于 2 的偶数单独处理），最坏情况时间复杂度为 $O(\sqrt{n})$。当 n 很大时，算法计算开销很高。如果将 n 的二进制字长 $b = \lceil \log_2(n+1) \rceil$ 视为算法的输入规模，则试除法的时间复杂度为指数级。

16.3.2　随机算法的设计思想

如果一个算法的行为不仅由输入决定，而且也由随机数决定，则可称此类算法为随机算法。与之对应，未使用随机数做决策的算法可称为确定型算法。对于确定型算法，可能存在特定的输入数据总能导致最坏情况的运行时间。而对于随机算法，以相同的输入数据运行两次，往往会得到不同的运行时间。

对于一些问题，当算法在执行过程中面临某种选择时，随机性选择往往比最优选择省时，这种情况下将使得随机算法的效率优于确定型算法。而对于另一些问题，某些算法往往在平均情况下时间复杂度较低，仅在最坏情况下时间复杂度高，此时可以结合随机策略降低最坏情况发生的概率，从而设计出在平均情况下高效的算法。

随机算法主要包括 Las Vegas 算法和 Monte Carlo 算法两大类。Las Vegas 算法总能返回正确解，但算法的运行时间随机，往往由算法所选择的随机数决定。分析该类算法的重点在于分析其期望时间复杂度。Monte Carlo 算法的执行步数确定，但求得的解未必是一定正确的，属于启发式算法的一种，可能会有一定概率产生错误的解。分析该类算法重点往往在于分析其出错概率。

下面通过几个具体实例简要介绍随机算法的设计思想。

<u>例 16.5</u>　大素数测试。

这里介绍一个适合大素数测试的随机算法，算法的基础是费马（Fermat）小定理。

定理 16-5　费马小定理。若 n 是素数且 $0 < a < n$，则 $a^{n-1} \equiv 1 \pmod{n}$。

例如，17 是素数，因此 $2^{16} \equiv 1 \pmod{17}$。

由此可以得到一个素数测试算法：选取一个小于 n 的固定正整数 a（例如 $a = 2$），若 $a^{n-1} \neq 1 \pmod{n}$，则算法返回假，表示 n 为合数；否则，算法返回真，表示 n 为素数。上述算法可称为 Fermat 测试算法。其中，a^i 的计算可以基于二分思想：当 i 为偶数时，$a^i = a^{i/2} \times a^{i/2}$；当 i 为奇数时，$a^i = a^{\lfloor i/2 \rfloor} \times a^{\lfloor i/2 \rfloor} \times a$。该算法的时间复杂度为 $O(\log n)$。

费马小定理仅是 n 为素数的必要非充分条件，素数一定能通过 Fermat 测试，但通过

Fermat测试的数不一定都是素数，某些合数也能通过Fermat测试。这使得Fermat测试可能会出错，将某些合数误判为素数。

一种直觉上的改进方案是：随机选取一个a值进行Fermat测试，或随机选取多个a值进行多次Fermat测试，以效降低出错概率。但不幸的是，存在一类称为Carmichael数的合数集合，该集合里的合数n对于所有与其互质的a，都满足$a^{n-1} \equiv 1(\bmod\ n)$。例如，561就是一个Carmichael数。这意味着如果n是Carmichael数，Fermat测试几乎无效。

为此，可以增加一个测试条件，能够识别出Carmichael数，以降低算法出错的概率。增加的测试条件依赖于如下定理。

定理16-6　二次探测定理。若n是素数，且$0 < x < n$，则$x^2 \equiv 1(\bmod\ n)$仅有两个解，分别为$x = 1$或$x = n-1$。

证明：由$x^2 \equiv 1(\bmod\ n)$，可推出$x^2-1 \equiv 0\ (\bmod\ n)$，即$(x + 1)(x-1) \equiv 0(\bmod\ n)$。由于$n$为素数且$0 < x < n$，故$n$必然是或者整除$x + 1$，或者整除$x-1$。若$n$整除$x + 1$，则必有$n = x + 1$，即$x = n-1$；若$n$整除$x-1$，则必有$x-1 = 0$，即$x = 1$。证毕。

可以在计算$a^i \bmod n$的过程中进行上述测试，若违背二次探测定理，则说明n不是素数，算法直接终止，无须再进行后续计算。具体伪代码如算法16-7所示。

算法16-7：计算$a^i \bmod n$的幂取模算法 PowMod(a, i, n)

输入：整数a, i, n

输出：$a^i \bmod n$

1.　**if** $i = 0$ **then**
2.　| **return** 1　//$a^0 \bmod n = 1$
3.　**end**
4.　$x \leftarrow$ PowMod($a, i/2, n$)　//计算$a^{i/2} \bmod n$
5.　**if** $x = 0$ **then**
6.　| **return** 0　//若x为0，则n非素数，退出递归
7.　**end**
8.　$y \leftarrow (x \times x) \bmod n$　　//计算$(a^{i/2} \bmod n) \times (a^{i/2} \bmod n) \bmod n$
9.　**if** $y = 1$且$x \neq 1$且$x \neq n-1$　**then** //违反二次探测定理，退出
10.　| **return** 0
11.　**end**
12.　**if** $i \bmod 2 = 1$ **then**　　//若i为奇数，再多乘一次a
13.　| $y \leftarrow (y \times a) \bmod n$
14.　**end**
15.　**return** y

若PowMod($a, n-1, n$) $\neq 1$，则n一定为合数，否则n可能为素数。可以验证，算法16-7能够识别Carmichael数；且可以证明，若a是随机选取的，则算法将合数误判为素数的概率不超过1/4。因此，可以预先选定一个常数k，独立进行k次测试，那么算法出

错的概率可降为 $1/4^k$。例如，若 $k=10$，则算法出错概率至多为 $1/4^{10} < 0.000\ 001$。据此形成的算法称为 Miller-Rabin 素数测试算法，具体伪代码如算法16-8所示。显然，该算法属于 Monte Carlo 算法。

算法16-8：Miller-Rabin 素数测试算法 MillerRabin_IsPrime(n, k)

输入：整数 n，测试次数 k

输出：若 n 是素数，返回 **true**，否则返回 **false**

1.　**if** $n = 2$ **then**
2.　| **return true**
3.　**end**
4.　**if** $n < 2$ **or** n **mod** $2 = 0$ **then**
5.　| **return false**
6.　**end**
7.　**for** $i \leftarrow 1$ **to** k **do**　　//进行 k 次测试
8.　| $a \leftarrow$ Random$(2, n-1)$　　//选取 2~n-1 的随机数 a
9.　| **if** PowMod $(a, n-1, n) \neq 1$ **then**　　//计算 a^{n-1} mod n
10.　| | **return false**
11.　| **end**
12.　**end**
13.　**return true**

一般来说，对于几乎所有应用，选取 $k = 50$ 是足够的。结合倍增算法思想，Miller-Rabin 测试中 a^i mod n 的计算过程还可采用迭代形式。如果将 n 的二进制字长视为算法的输入规模，本节介绍的随机算法的时间复杂度为多项式级。

例16.6　随机快速选择算法。

快速选择问题是在包含 n 个元素的数组 A 中找第 $k(k < n)$ 小的数。算法的基本思想是基于快速排序的 Partition 操作，将数组分为三部分：左部分 $A[1..j-1]$、中间部分 $A[j]$ 和右部分 $A[j+1..n]$。如果左部分元素个数等于 k-1，则 $A[j]$ 即为第 k 小的元素，算法结束；如果左部分元素个数大于 k-1，则第 k 小的元素必在左部分，对左部分子数组继续递归查找第 k 小的元素；如果左部分元素个数小于 k-1，则第 k 小的元素必在右部分，若左部分包含 n_L 个元素，则对右部分子数组递归查找第 k-n_L-1 小的元素。

快速选择算法的时间复杂度依赖于 Partition 操作中轴点的选取。若每次都选择当前子数组的中位数作为轴点，则算法达到最好情况时间复杂度 $O(n)$；若每次都选择当前子数组的最小元素或最大元素作为轴点，则算法达到最坏情况时间复杂度 $O(n^2)$。可见，数组已排好序或接近有序时，算法性能较差，而这种情况在现实中经常出现。

一种改进方案是使用随机策略选取轴点，即在当前处理的子数组中随机选择一个元素作为轴点。该策略虽然无法避免最坏情况发生，但可以降低最坏情况发生的概率。该算法属于 Las Vegas 算法，定理16-7给出了该随机算法的期望时间复杂度。

定理16-7 随机快速选择算法的期望时间复杂度为$O(n)$。

证明：对于数组中的某个元素，若至少有1/4的元素比它小，且至少有1/4的元素比它大，则不妨称该元素为中心元素。约定在算法执行过程中，若当前所处理的子数组长度在$n(3/4)^{i+1}$和$n(3/4)^i$之间，称算法处于阶段i。

对于阶段i，若Partition操作选择当前子数组的中心元素作为轴点，则本次处理至少约减少1/4的元素，子数组长度至少缩减至原来的3/4，且当前阶段结束。

由于数组中有一半元素是中心元素，因此随机选到中心元素作为轴点的概率是1/2，即找到中心元素所需的期望迭代次数是2。换句话说，在阶段i花费的期望迭代次数最多为2。

当算法处在阶段i时，由于当前处理的子数组长度不超过$n(3/4)^i$，故阶段i一次迭代所需时间最多为$cn(3/4)^i$，其中c为常系数。前面已经指出，在阶段i花费的期望迭代次数最多为2，故算法在阶段i的期望运行时间$E(X_i)$不超过$2cn(3/4)^i$。

综上，算法的期望时间复杂度，即各阶段期望运行时间之和为

$$\sum_i E(X_i) \leqslant \sum_i 2cn\left(\frac{3}{4}\right)^i \leqslant 2cn\sum_i\left(\frac{3}{4}\right)^i \leqslant 8cn$$

即随机快速选择算法的期望时间复杂度为$O(n)$，证毕。

16.3.3　随机数的生成

随机算法依赖于随机数，实际上随机数在许多不同的研究领域中都有广泛的应用。一般来说，由计算机程序产生的随机序列通常被称作伪随机序列，是由递推公式和初值推出的，生成随机数的算法是一个确定型算法。但是，在一定范围的应用中，只要伪随机数能通过一系列统计检验，就可以把它们当成"真"随机数使用。

1. 均匀分布随机数

均匀分布的随机序列是指在一个指定范围内，所有数出现的概率相等。一般地，其他分布的随机序列可以借助于均匀分布的随机序列来实现。

线性同余法是应用最广泛、研究最彻底的随机数生成方法。1951年，Derrick H. Lehmer首次提出用线性同余法生成随机数。该方法由一个初始值X_0，三个数m、a、c及下面的递推关系式产生序列X_1，X_2，…，这个序列被称为线性同余序列。

$$X_{i+1} = (aX_i + c) \bmod m \tag{16-5}$$

其中，模数m、乘数a、增量c和初始值X_0为整数，且分别满足$m > 0$，$0 \leqslant a < m$，$0 \leqslant c < m$，$0 \leqslant X_0 < m$，$0 \leqslant i < m$。由上述递推式产生的随机整数介于0到$m-1$之间，初始值X_0称为种子。若想得到0到1之间的随机序列，只需令$U_n = X_n/m$即可。例如，若$m = 11$，$a = c = 5$，$X_0 = 1$，得到的序列为10，0，5，8，1，10，0，5，…。

在序列中第二次产生同一个数会导致重复的序列，序列中没有重复的最大长度称为该序列的周期。上例产生的序列周期为5。一个好的随机序列应当有相当长的周期，能够产生周期长度为m的随机序列的线性同余生成器，称为全周期线性同余生成器。但是，长周期仅仅是衡量随机序列质量的准则之一。例如，当$a=c=1$时，递推式转化为$X_{i+1}=(X_i+1)\bmod m$，可以得到周期长度为m的序列，但却很难说它是随机的。

可以看到，使用线性同余法生成随机序列时，参数a、c和m的取值非常重要，直接影响着随机序列的质量。模数m的选择应该考虑两方面的因素：由于序列的周期不可能大于m，为了使序列的周期尽可能大，希望m的取值也稍微大些；此外，选取的m值应使递推式的计算速度很快。增量c的取值会影响生成随机数的时间和序列周期长度，$c=0$时随机数的生成过程比$c\neq0$时要稍快些，但$c=0$会缩短序列的周期长度。

对于大多数应用而言，31位的素数$m=2^{31}-1$是常用的选择。1988年，Park和Miller建议$c=0$，$m=2^{31}-1=2\,147\,483\,647$，$a=16\,807$，由此得到的随机数生成程序称为最小标准随机数生成器。Linux下的GNU C函数库的随机数生成器取$c=12\,345$，$m=2\,147\,483\,647$，$a=1\,103\,515\,245$。

对线性同余法的一种改进是二次同余法，其递推式如下：

$$X_{i+1}=(aX_i^2+dX_i+c)\bmod m \qquad (16-6)$$

通过合理选择a、d、c的取值，可使二次同余法得到全周期序列。

2. 其他分布随机数

并不是所有的应用都需要均匀分布的随机数，某些仿真过程可能需要满足其他分布的随机数。

一个重要的连续分布是正态分布或称高斯分布，即所有的数值点连续地分布在其平均值左右，而且离平均值远的数据与离平均值近的数据相比，其出现概率要小得多。正态分布在统计学里有着重要地位。例如，成年人的身高就属于正态分布，一门课程的考试成绩往往也服从正态分布。常用的正态分布是具有均值为0和标准方差为1的正态分布，称为标准正态分布，记为$N(0,1)$。

1958年，Box和Muller给出了由两个均匀分布的随机变量生成两个正态分布的随机变量的算法，称为配极法。

设u_1、u_2是区间$(0,1)$上均匀分布的随机变量，且相互独立。令

$$x_1=\sqrt{(-2\log(u_1))}*\cos(2\pi u_2),\ x_2=\sqrt{(-2\log(u_1))}*\sin(2\pi u_2)$$

那么x_1、x_2服从$N(0,1)$分布，且相互独立。

另一种重要的分布是指数分布，可用于刻画随机事件发生的时间间隔。采用对数法生成指数分布的随机数相对较容易：如果u是一个在区间$(0,1)$上均匀分布的随机数，则令

$$x=-t\ln(u)$$

x 就是以 t 为均值的服从指数分布的随机数。

16.4　拓展延伸：博弈搜索

　　在一些问题中涉及多方的博弈，如棋类博弈等。计算机是如何下棋的呢？博弈双方往往通过搜索的方法来确定自己的决策策略，此类搜索方法称为博弈搜索。本节主要针对零和、完全信息、回合制博弈问题。在此类问题中，博弈双方可以看到双方完整的博弈局面，并且轮流做出决策，博弈结束时一方赢则意味着对方输，不存在双赢或双输。五子棋、象棋、围棋等大多数棋类游戏都属于此类问题。

　　本节以一个简单的井字棋游戏为例，简要介绍极大极小搜索算法及 α-β 剪枝算法的基本原理。井字棋是一种在 3×3 的九宫格棋盘上进行的三子连珠游戏，游戏双方的棋子分别用 O 和 × 表示，双方轮流落子，与五子棋类似，某方的棋子在横、竖、斜任意方向三子连珠则获胜。要解决的问题是：给定当前的棋局局面，找出对本方最有利的决策，即本方在哪落子最有希望获胜。

1. 博弈树

　　一种简单、直观的想法是，枚举本方在当前局面下所有可能的走法，看哪种走法所产生的新局面对本方最有利。例如，对于图 16-9 中所示棋局的局面 A，假定本方为 O 方，则可能会有多种走法，进而分别产生 B、C、D 等新局面，需要衡量哪个新局面对本方最有利。为此，可设计一个评价函数，评估某一局面对本方的有利程度，分值越高表示对本方越有利。对于井字棋问题，可以将评价函数设计为

$$f= \text{本方可能的三子连珠数目} - \text{对方可能的三子连珠数目}$$

　　例如，对于图 16-9 所示的局面 B，O 方有 6 种方式可能达成三子连珠，× 方有 4 种方式可能达成三子连珠，故该局面的评价函数值为 6-4 = 2。该评价函数可以直观理解为本方可能达成三子连珠的方式越多，对方可能达成三子连珠的方式越少，则本方获胜的可能性越高，故该评价函数可以反映某一局面对本方的有利程度。因此，如果仅考虑 B、C、D 三个局面的话，显然局面 C 对本方最有利。

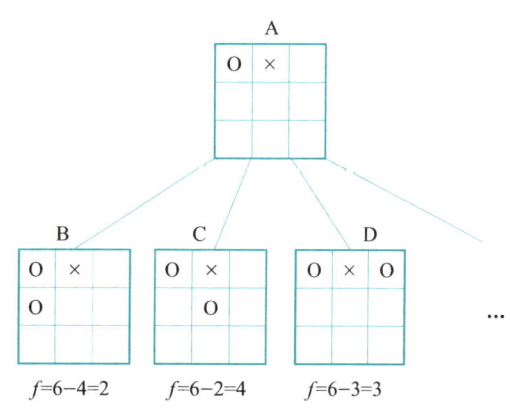

图 16-9　井字棋示例

　　但是，上述算法相当于只考虑了一步。而人类在下棋时，往往是考虑很

多步，即本方走棋后，对方可能如何走棋，然后本方进一步如何应对……以此类推。因此，图16-9可以进一步向下延伸为图16-10，所形成的树形结构被称为博弈树。

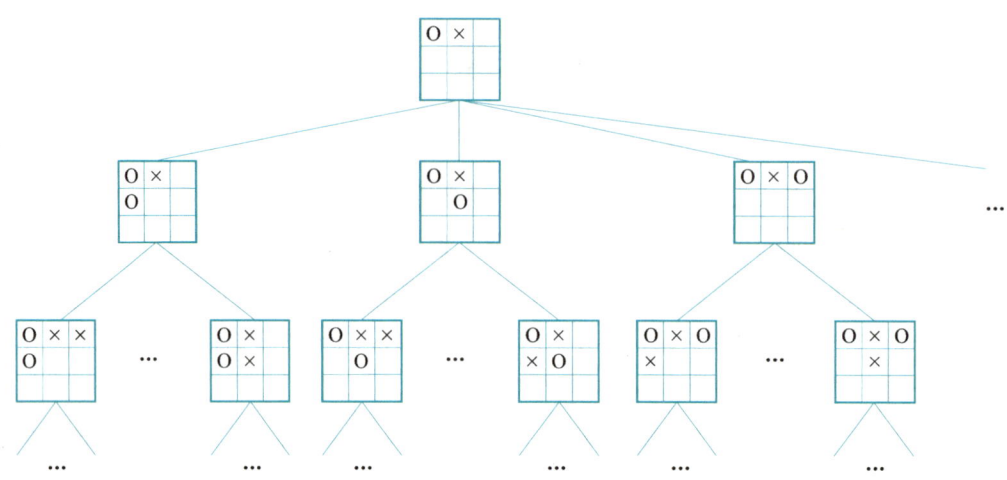

图 16-10   井字棋的博弈树示例

2. 极大极小搜索算法

理论上可以枚举所有可能的走法，这就需要生成整棵博弈树，但由于搜索空间巨大，实际上不可行的。因此，可以限定博弈树的搜索深度，例如搜索到 $d+1$ 层时则不再往下搜索，相当于下棋时只往后考虑 d 步。

可以通过如下方式确定每个结点的评估值。从当前局面状态开始，遍历本方的每种可能走法，然后对于本方的每种走法，遍历对方的每种走法，再接着遍历本方的每种走法……直至分出胜负或达到搜索深度限制 d。换句话说，以当前局面为根，生成一棵高度为 $d+1$ 的博弈树。例如，图16-11给出了一棵搜索深度为5的博弈树，其中方块结点表示本方走棋的状态，圆圈结点表示对方走棋的状态，结点中的数字表示对对应棋局的评估值。对博弈树的叶结点可通过评价函数进行评估，使用评价函数直接计算结点的评估值。

每个非叶结点的评估值如何确定呢？例如，图16-11中第4层第1个结点表示对方走棋的状态，该局面下对方有两种走法，分别产生评分为2的局面和评分为8的局面。对方是希望本方输，应选择对本方最不利（评分最低）的走法，故该结点的评估值应取各子结点评估值的最小者，即为2。按此方法，可以得到第4层所有结点的评估值。而对于第3层第1个结点，表示本方走棋的状态，该局面下本方有两种走法，分别产生评分为2的局面和评分为9的局面。本方的目的是赢，应选择对本方最有利的走法，故该结点的评估值应取各子结点评估值的最大者，即为9。

综上，在搜索过程中，圆圈结点（对方走棋的状态）的评估值应取子结点评估值的最小值，因此圆圈结点也称为极小结点；方块结点（本方走棋的状态）的评估值应取

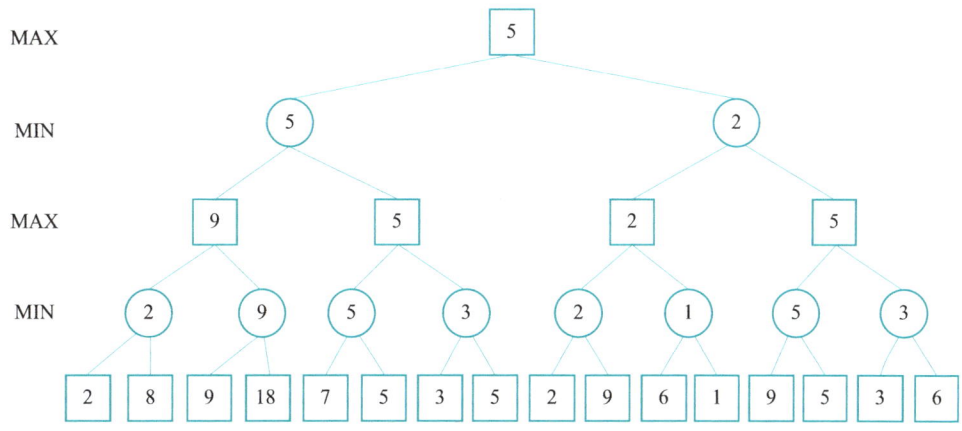

图 16-11　博弈树的极大极小搜索示例（结点中的数字表示评估值）

子结点评估值的最大值，方块结点也称为极大结点。据此形成的算法称为博弈树的极大极小搜索算法，其搜索过程相当于是对博弈树的后序遍历。

当确定了每个结点的评估值后即可进行决策，选当前棋局结点（根结点）的评估值最大的子结点，作为本次行棋的走法。例如，对于图 16-11 所示的例子，当前局面下有两种走法，分别产生 5 分和 2 分的局面，显然前者对本方最有利。

3. α-β 剪枝算法

可以看出，在使用同一评价函数的前提下，搜索深度越大，决策结果越准。所以，我们希望在同样的时间内尽可能搜索更多层。但是，增加搜索深度并非易事，博弈树的结点数目随搜索深度的增加呈指数级增长。α-β 剪枝算法是对极大极小搜索算法的一种优化，通过对搜索进行剪枝，避免搜索不必要的结点，从而显著提升搜索效率。下面仅通过两个简单的例子说明 α-β 剪枝的基本思想。

如图 16-12（a）所示，结点 B 的评估值是 3，由于 A 的评估值是其所有子结点的最大值，故 A 的评估值必然大于或等于 3。因此，结点 C 的评估值只有大于或等于 3 时，才会对 A 有意义。而当搜索到结点 C 时，发现其第一个子结点 D 的评估值为 2，因为 C 的评估值是其子结点的最小值，故 C 的评估值必然不会超过 2。这意味着结点 C 对 A 来说已无意义，结点 C 的 D 之后的子结点无须搜索。这种剪枝策略称为 α 剪枝。

对于图 16-12（b），结点 F 的评估值是 7，由于 E 的评估值是其所有子结点的最小值，故 E 的评估值必然小于或等于 7。因此，结点 G 的评估值只有小于或等于 7 时，才会对 E 有意义。而当搜索到结点 G 时，发现其第一个子结点 H 的评估值为 8，因为 G 的评估值是其子结点的最大值，故 G 的评估值一定会大于或等于 8。这意味着结点 G 对 E 来说已无意义，结点 G 的 H 之后的子结点无须搜索。这种剪枝策略称为 β 剪枝。

在实际应用中，α-β 剪枝算法大约可将搜索的结点数目由 n 降为 $\sqrt{n}$，其中 n 为博弈树包含的结点个数。

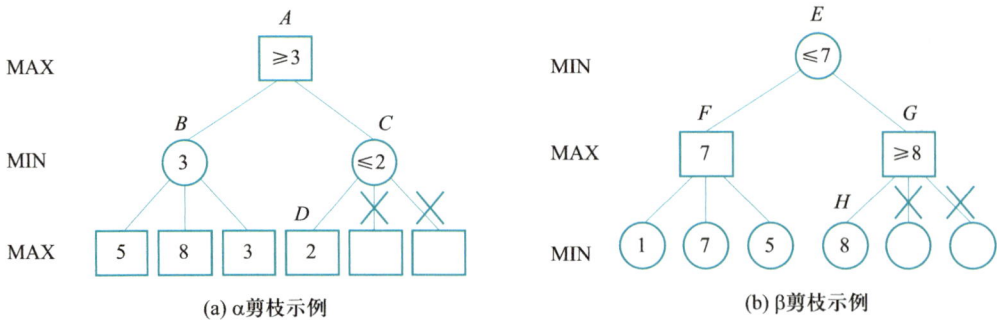

图 16-12　α-β 剪枝算法示例

16.5　应用场景：机器博弈

机器博弈也称计算机博弈，是人工智能领域的一个重要研究方向。1997 年，IBM 公司基于博弈树极大极小搜索算法和 α-β 剪枝算法开发的国际象棋程序深蓝 II 战胜了当时的国际象棋世界冠军卡斯帕罗夫，成为人工智能史上的里程碑事件。2006 年，我国开发的中国象棋软件浪潮天梭战胜了柳大华等组成的中国象棋特级大师联队，后又与当时的中国象棋第一人许银川战平。

但是，上述算法在围棋上效果不佳，一个重要的原因是围棋的局面评估困难，很难设计出精准的评价函数。为此，研究者们引入基于 Monte Carlo 算法的随机策略对棋局局面进行评估。其主要思想是：对于某一棋局局面，随机地模拟双方走棋，即我方随机走一步，对方随机走一步……直到分出胜负为止。通过多次模拟，计算该局面下本方的胜率，从而基于胜率高低对局面进行评估。算法在随机模拟走棋的同时建立一棵博弈树，因此上述算法称为 Monte Carlo 树搜索算法。该算法以当前局面为根结点，通过选择结点、扩展结点、随机模拟、反向传播 4 个步骤不断迭代，进而构建博弈树并计算出每个结点的评估值，如图 16-13 所示。

2006 年，研究者将最大置信上界决策方法引入 Monte Carlo 树搜索算法，在第一步选择待扩展的结点时，把"选择历史胜率高的结点"和"选择截至目前被随机模拟次数少的结点（可能是未来有潜力的好结点）"两种策略做加权折中，从而使计算机围棋水平得到大幅提升。

2016 年，Google 公司进一步将基于最大置信上界的 Monte Carlo 树搜索算法与深度学习技术相结合，开发了围棋软件 AlphaGo，战胜了当时现役棋手中获世界冠军次数最多的棋手李世石。2017 年，AlphaGo 的升级版 AlphaGo Master 又战胜了当时世界排名第一的我国棋手柯洁。

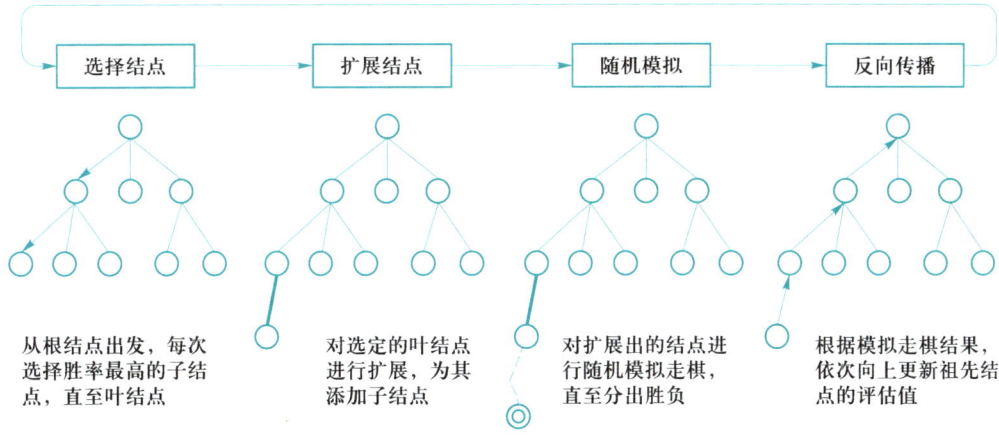

图 16-13　Monte Carlo 树搜索算法的主要步骤

本章小结

本章针对一些"难"问题简要介绍了近似算法、启发式搜索算法和随机算法。近似算法不追求最优解，而是退而求其次，通过多项式时间近似算法求得近似最优解。启发式搜索算法通过引入针对具体问题的启发式信息来减小搜索空间，从而加速求解过程。随机算法通过引入随机策略来降低算法最坏情况发生的概率。此外，针对博弈类问题，介绍了博弈树的极大极小搜索算法和 α-β 剪枝算法的基本原理。

本章习题

1. 请基于近似算法 VertexCoverApproximation，给出求解图 16-14 的近似最优顶点覆盖的过程。

2. 对于离散背包问题，对于 $n = 5$，$W = 11$，各物品的重量分别为（1, 2, 5, 6, 7），价值分别为（1, 6, 18, 22, 28），请给出基于算法 KnapsackGreedyApproximation 求解该问题的过程。

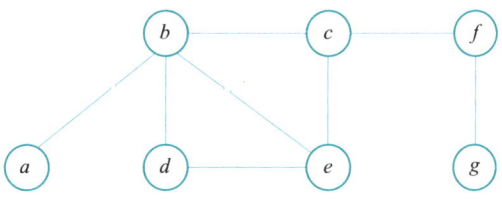

图 16-14　求解图的近似最优顶点覆盖习题图

3. 使用 16.2.3 小节定义的最优顶点覆盖问题的评价函数，给出基于 A* 算法求解图 16-15 所示八数码问题的过程。

4. 请使用 16.2.3 小节定义的评价函数，给出基于爬山法求解图 16-16 局部最优顶点覆盖的过程。

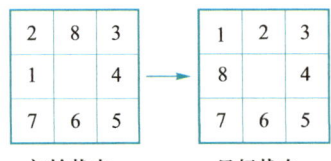

图 16-15　八数码问题习题图 1

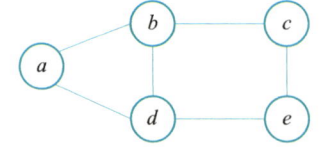

图 16-16　求解局部最优顶点覆盖习题图

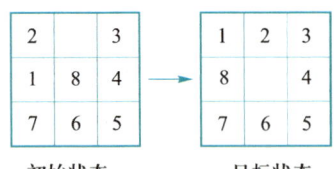

图 16-17　八数码问题习题图 2

5. 若将评价函数定义为当前棋盘中不在目标位置的棋子个数，试使用爬山法求解图 16-17 所示八数码问题。

6. 若求图中源点到给定目标点的最短路径，请分析使用 Dijkstra 算法和 A* 算法有何区别。

7. 对于随机快速选择算法，在最坏情况下，需随机选择多少次轴点？在最好情况下，需随机选择多少次轴点？

*8. 假定本方为先手，试以井字棋初始状态（即双方都未落子的空棋盘）为根结点，生成一棵高度为 3 的博弈树，并使用 16.4 节给出的评价函数对各状态进行估值，进而决策出本方第一步应在何处落子才能使获胜概率最高。

溯源与参考文献

第一个近似算法被认为由 R. L. Graham 于 1966 年提出[1]。1974 年 David S. Johnson[2] 给出了近似算法的形式化定义并提出了近似比的概念。近似算法的主要动机是对于某些精确求解非常困难的优化问题，采用多项式时间算法求得问题的近似最优解，并且近似最优解的质量（即与实际最优解的接近程度）是可以度量的。

1958 年，Herbert A. Simon 和 Allen Newell[3] 提出了在问题求解中使用启发式信息的思想。1965 年，Allen Newell 和 George Ernst[4] 提出了"启发式搜索"这一术语。A* 算法由 Peter E. Hart、Nils J. Nilsson 和 Bertram Raphael 于 1968 年提出[5]，主要动机是在启发式搜索过程中同时考虑当前路径代价及当前点到目标点代价的估计值。该算法后于 1972 年做了进一步修正[6]。

局部搜索算法最早可以追溯到 1671 年提出的牛顿法[7]，该方法可以看作是在连续空间上基于梯度的局部搜索方法。模拟退火算法的思想最早由 N. Metropolis 等人于 1953 年提出[8]，当时用于计算热力学系统中分子的能量分布。1983 年，S. Kirkpatrick 等人[9] 在 Science 上发表了一篇颇具影响力的论文 "Optimization by Simulated Annealing"，将退火思想引入组合优化领域，用于求解旅行商问题（traveling salesman problem），并首次提出"模拟退火"这一术语，其出发点是基于物理系统中固体的退火过程与组合优化问题求解过程的相似性。其后，局部搜索算法被广泛应用于求解优化问题。

Miller-Rabin 素数测试算法由 Gary L. Miller 和 Michael O. Rabin 分别于 1976 年和 1980 年独立提出 [10, 11]。

1928 年，John von Neumann 提出并证明了极大极小定理 [12]，为建立博弈论奠定了重要基础，他也被称为"博弈论之父"。1956 年，John MacCarthy 最早构思了 α-β 剪枝算法，并由 Timothy Hart 和 Daniel Edwards 于 1961 年正式提出 [13]，1975 年，Donald E. Kunth 和 Ronald W. Moore 进一步证明了 α-β 剪枝算法的正确性，并分析了其时间复杂度 [14]。

本章参考文献

[1] GRAHAM R L. Bounds for certain multiprocessing anomalies[J]. Bell Labs Technical Journal, 1966, 45(9): 1563-1581. DOI: 10.1002/j.1538-7305.1966.tb01709.x.

[2] JOHNSON D S. Approximation algorithms for combinatorial problems[J]. Journal of Computer and System Sciences, 1974, 9(3): 256-278. DOI:10.1016/S0022-0000(74)80044-9.

[3] SIMON H A, NEWELL A. Heuristic problem solving: the next advance in operations research[J]. Operations Research, 1958, 6(1): 1-10. DOI: 10.1287/opre.6.1.1.

[4] NEWELL A, ERNST G. The search for generality[C]. In Proceedings of IFIP Congress, 1965, 1: 17-24.

[5] HART P E, NILSSON N J, RAPHAEL B. A formal basis for the heuristic determination of minimum cost paths[J]. IEEE Transactions on Systems Science and Cybernetics, 1968, 4(2): 100-107. DOI: 10.1109/TSSC.1968.300136.

[6] HART P E, NILSSON N J, RAPHAEL B. Correction to 'a formal basis for the heuristic determination of minimum cost paths'[J]. ACM SIGART Bulletin, 1972, 37: 28-29. DOI: 10.1145/1056777.1056779.

[7] NEWTON I. Methodus fluxionum et serierum infinitarum. Upublished Notes, 1671.

[8] METROPOLIS N, ROSENBLUTH A W, ROSENBLUTH M N, et al. Equation of state calculations by fast computing machines[J]. Journal of Chemical Physics, 1953, 6: 1087-1092. DOI: 10.1063/1.1699114.

[9] KIRKPATRICK S, GELATT C D, VECCHI M P. Optimization by simulated annealing[J]. Science, 1983, 220(4598): 671-680. DOI: 10.1126/science.220.4598.671.

[10] MILLER G L. Riemann's hypothesis and tests for primality[J]. Journal of Computer and System Sciences, 1976, 13(3): 300-317. DOI: 10.1016/S0022-0000(76)80043-8.

[11] RABIN M O. Probabilistic algorithm for testing primality[J]. Journal of Number Theory, 1980, 12(1): 128-138. DOI: 10.1016/0022-314X(80)90084-0.

[12] NEUMANN J V. Zur theorie der gesellschaftsspiele[J]. Mathematische Annalen, 1928, 100: 295-320. DOI: 10.1007/BF01448847.

[13] HART T, EDWARDS D. The alpha-beta heuristic[R]. Technical Report. Cambridge: Massachusetts

Institute of Technology, 1961.

[14] KNUTH D E, MOORE R W. An analysis of alpha−beta pruning[J]. Artificial Intelligence, 1975, 6(4): 293−326. DOI: 10.1016/0004−3702(75)90019−3.

术语对照表

第 1 章　绪论

数据结构　data structure

线性结构　linear structure

算法　algorithm

集合　set

元素　element

查找　searching

排序　sorting

抽象数据类型　abstract data type, ADT

逻辑结构　logical structure

物理结构　physical structure

渐近复杂度　asymptotic complexity

时间复杂度　time complexity

空间复杂度　space complexity

第 2 章　线性表

线性表　linear list

顺序表　sequential list

链表　linked list

插入　insert

删除　delete

单链表　singly linked list

双向链表　doubly linked list

循环链表（环状链表）　circular linked list

静态链表　cursor implementation of linked list

广义表　generalized list

数组　array

多维数组　multi-dimensional array

矩阵　matrix

对角矩阵　diagonal matrix

三角（形）矩阵　triangular matrix

稀疏矩阵　sparse matrix

舞蹈链　dancing link

第 3 章　栈与队列

栈　stack

队列　queue

顺序栈　sequential stack

链式栈　linked stack

入栈（进栈、压栈）　push

出栈（退栈、弹栈）　pop

栈顶　stack top

栈底　stack bottom

后进先出　last in first out, LIFO

先进先出　first in first out, FIFO

入队（进队）　enqueue

出队（退队）　dequeue

队首（队头）　head/front

队尾（队末）　tail/rear

顺序队列　sequential queue

链式队列　linked queue

双端队列　double-ended queue/deque

优先级队列（优先队列）　priority queue

递归　recursion

递归函数　recursive function

第 4 章　字符串

字符串（串）　string

模式匹配　pattern matching

模式串　pattern string

目标串　target string

子串　substring

蛮力算法　brute force algorithm

正则表达式　regular expression

通配符　wildcard

第 5 章　树与二叉树

树　tree

结点　node

根结点　root node

父结点　parent node

子结点　children node

边　edge

祖先　ancestors

子孙　descendants

度　degree

叶结点　leaf node

中间结点　interior node

兄弟结点　sibling node

层次　level

深度　depth

二叉树　binary tree

空树　empty tree

满二叉树　full binary tree

完全二叉树　complete binary tree

完美二叉树　perfect binary tree

遍历　traversal

深度优先遍历　depth first traversal

前序遍历　preorder traversal

中序遍历　inorder traversal

后序遍历　postorder traversal

广度优先遍历　breadth first traversal

层次遍历　level traversal

哈夫曼树　Huffman tree

路径　path

带权路径长度　weighted path length, WPL

哈夫曼编码　Huffman code

森林　forest

父亲表示法　parent representation

孩子表示法　list of children representation

孩子兄弟表示法　child-sibling representation/
　left-child right-sibling representation

Trie 树（检索树，也称前缀树、字典树）　Trie /
　prefix tree

后缀树　suffix tree

后缀自动机　suffix automaton

决策树　decision tree

第 6 章　优先级队列

堆　heap

二叉堆　binary heap

最大堆　max-heap

最小堆　min-heap

多叉堆（D 堆）　d-ary heap

可并堆　mergeable heap

左堆（左式堆、左偏树）　leftist heap/tree

空路径长度　null path length, NPL

斜堆　skew heap

二项堆　binomial heap

均摊分析　amortized analysis

聚合法　aggregate method/analysis

记账法 / 核算法　accounting method

势能法 / 位能法　potential method

双端优先级队列（双端优先队列）　double-
　ended priority queue

最小最大堆　min-max heap

离散事件模拟　discrete event simulation

第 7 章　图

图　graph

图论 graph theory

顶点 vertex

有向图 directed graph

无向图 undirected graph

有向边（弧） directed edge (arc)

无向边 undirected edge

入度 in-degree

出度 out-degree

完全图 complete graph

加权图（网络） weighted graph (network)

简单路径 simple path

回路（环） cycle

子图 subgraph

连通分量 connected component

强连通分量 strongly connected component

生成树 spanning tree

邻接矩阵 adjacency matrix

邻接表 adjacency list

深度优先搜索 depth first search, DFS

广度优先搜索 breadth first search, BFS

欧拉回路 Eulerian circuit

割点 cut point

割边（桥） cut edge (bridge)

双连通分量 biconnected components

语义网络 semantic network

第 8 章 图应用

最短路径 shortest path

最优子结构 optimal substructure

单源最短路径 single-source shortest path

最小生成树 minimum spanning tree

拓扑排序 topological sorting

关键路径 critical path

二部图（二分图） bipartite graph

匹配 matching

最大匹配 maximum matching

增广路 augmenting path

网络流 network flow

最大流最小割定理 maximum flow minimum cut theorem

图计算 graph computing

第 9 章 不相交集

不相交集 disjoint set

等价关系 equivalence relation

自反性 reflexivity

对称性 symmetry

传递性 transitivity

等价类 equivalence class

商集 quotient set

路径压缩 path compression

最近公共祖先 lowest common ancestor, LCA

第 10 章 内排序

内排序 internal sort

插入排序 insertion sort

选择排序 selection sort

堆排序 heap sort

冒泡排序 bubble sort

快速排序 quicksort

轴点（支点） pivot

归并排序 merge sort

计数排序 counting sort

桶排序 bucket sort

基数排序 radix sort

内省排序 introsort/introspective sort

第 11 章 查找

平均查找长度 average search length, ASL

顺序查找 sequential search

二分查找（折半查找） binary search

索引查找（分块查找） indexed sequential search

二叉查找树 binary search tree, BST

平衡二叉树 balanced binary tree

平衡因子　balanced factor

旋转　rotation

散列（哈希）表　hash table

散列（哈希）函数　hash function

冲突　collision

装填因子　load factor

分布式散列（哈希）表　distributed hash table, DHT

第 12 章　高级查找

线段树　segment tree

AA 树　AA tree

树状数组（二进制下标树）　Fenwick tree/binary indexed tree

跳表　skip list

红黑树　red-black tree

伸展树　splay tree

树堆　treap

KD 树　k-dimensional tree/KD tree

四叉树　quadtree

第 13 章　外排序

外排序　external sort

文件　file

记录　record

流　stream

缓冲区　buffer

最近最少使用　least recently used, LRU

二路归并　binary merge

多路归并　multi-way merge

选择（锦标赛）树　tournament tree

胜者树　winner tree

败者树　loser tree

置换选择排序　replacement-selection sort

并行归并排序　parallel merge sort

奇偶排序网络　odd-even sorting network

双调排序网络　bitonic sorting network

并行外排序　parallel external sort

数据库管理系统　database management system

第 14 章　索引

索引　index

主码（主关键字、主键）　primary key

索引顺序存取方法　indexed sequential access method, ISAM

虚拟存储存取方法　virtual storage access method, VSAM

倒排索引　inverted index

B 树　B tree

B+ 树　B+ tree

位数组　bit array

位图索引　bitmap index

签名文件　signature file

R 树　R tree

R* 树　R* tree

搜索引擎　search engine

第 15 章　算法设计基础

枚举法（穷举搜索）　brute-force search

回溯　backtracking

分支限界　branch and bound

分治　divide and conquer

动态规划　dynamic programming

贪心算法　greedy algorithm

背包问题　knapsack problem

贪心字符串平铺算法　greedy string tiling algorithm

第 16 章　高级算法设计

近似算法　approximation algorithm

顶点覆盖　vertex cover

近似比　approximation ratio

启发式搜索算法　heuristic search algorithm

A* 算法　A* search algorithm

随机算法　randomized algorithm

素数测试　primality test

参考文献

[1]   WEISS M A. Data structures & algorithm analysis in C++[M]. 4th ed. Pearson Press, 2013.

[2]   翁惠玉，俞勇. 数据结构：思想与实现 [M].2 版. 北京：高等教育出版社，2017.

[3]   CORMEN T, LEISERSON C, RIVEST R, et al. Introduction to algorithms[M]. 4th ed. The MIT Press, 2022.

[4]   KLEINBERG J, TARDOS E. Algorithm design[M]. Pearson Press, 2005.

[5]   张铭，王腾蛟；赵海燕. 数据结构与算法 [M]. 北京：高等教育出版社，2008.

[6]   严蔚敏，吴伟民. 数据结构（C 语言版）[M]. 北京：清华大学出版社，1997.

[7]   刘大有. 数据结构 [M]. 2 版. 北京：高等教育出版社，2010.

[8]   林劼，刘震，陈端兵，等. 数据结构与算法 [M]. 北京：北京大学出版社，2018.

[9]   CARRANO F M, PRITCHARD J J. Data abstraction and problem solving with C++: walls and mirrors[M]. 3rd ed. Addison Wesley, 2001.

[10]   DROZDEK A. Data structures and algorithms in C++[M]. 4th ed. Cengage Learning, 2012.

[11]   SHAFFER C A. Data structures and algorithm analysis in C++[M]. 3rd ed. Dover Publications, 2011.

[12]   STALLINGS W. Operating systems: internals and design principles[M]. 5th ed. Prentice Hall, 2003.

[13]   RUSSELL S, NORVIG P. Artificial intelligence: a modern approach[M]. 3rd ed. Pearson Press, 2009.

[14]   刘叙华，姜云飞. 人工智能原理 [M]. 长春：吉林大学出版社，1995.

[15]   李德毅. 人工智能导论 [M]. 合肥：中国科学技术出版社，2018.

[16]   姚期智. 人工智能 [M]. 北京：清华大学出版社，2022.

图书在版编目（CIP）数据

数据结构 / 俞勇等主编 . -- 北京：高等教育出版
社，2024.7（2025.8 重印）
ISBN 978-7-04-061509-8

Ⅰ.①数… Ⅱ.①俞… Ⅲ.①数据结构 - 高等学校 -
教材 Ⅳ.① TP311.12

中国国家版本馆 CIP 数据核字 (2024) 第 012744 号

Shuju Jiegou

策划编辑	倪文慧	出版发行	高等教育出版社
责任编辑	倪文慧	社　　址	北京市西城区德外大街4号
封面设计	王凌波	邮政编码	100120
版式设计	王凌波	购书热线	010-58581118
责任绘图	黄云燕	咨询电话	400-810-0598
责任校对	马鑫蕊	网　　址	http://www.hep.edu.cn
责任印制	赵义民		http://www.hep.com.cn
		网上订购	http://www.hepmall.com.cn
			http://www.hepmall.com
			http://www.hepmall.cn

印　　刷	北京盛通印刷股份有限公司
开　　本	787mm×1092mm　1/16
印　　张	39.25
字　　数	780 千字
版　　次	2024 年 7 月第 1 版
印　　次	2025 年 8 月第 7 次印刷
定　　价	79.00 元

本书如有缺页、倒页、脱页等质量问题，
请到所购图书销售部门联系调换

版权所有　侵权必究
物 料 号　61509-00